主动健康与
蜂产品营养

主编／邵兴军

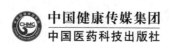
中国健康传媒集团
中国医药科技出版社

图书在版编目（CIP）数据

主动健康与蜂产品营养 / 邵兴军主编 . -- 北京：
中国医药科技出版社 , 2025. 3. -- ISBN 978-7-5214
-5223-5

　Ⅰ . S896；R151.3

中国国家版本馆 CIP 数据核字第 2025P8J597 号

美术编辑　陈君杞
版式设计　也　在

出版　**中国健康传媒集团** | 中国医药科技出版社
地址　北京市海淀区文慧园北路甲 22 号
邮编　100082
电话　发行：010-62227427　邮购：010-62236938
网址　www.cmstp.com
规格　787 × 1092mm $\frac{1}{16}$
印张　24 $\frac{3}{4}$
字数　542 千字
版次　2025 年 3 月第 1 版
印次　2025 年 3 月第 1 次印刷
印刷　北京印刷集团有限责任公司
经销　全国各地新华书店
书号　ISBN 978-7-5214-5223-5
定价　**88.00 元**

获取新书信息、投稿、
为图书纠错，请扫码
联系我们。

编委会

序 一

在我国人口老龄化趋势加剧、亚健康人群数量不断攀升、慢性疾病发病率持续上升的情况下，人们对健康的关注度显著提高，健康观念正在发生转变：从传统的治疗疾病转向预防疾病、提升个体功能、保持良好健康状态和延长健康寿命，从被动医疗转向主动健康。主动健康理念强调将健康防线前移，注重个体的自主性和积极性，重视生命个体行为的持续参与。这既是应对人口老龄化的关键策略，也是所有年龄段人群应树立的健康观念，更应该成为老年人主动追求健康老龄化生活的重要条件。

蜜蜂产品作为纯天然的功能食品和广谱性祛病良药，历经数千年实践检验，到现代愈发受到重视，是食药同源产品中的佼佼者。在国际上，蜂产品受到世界各国人民的喜爱：欧洲国家将其作为改善食品，美国将其定义为健康食品，而日本更是蜂产品消费大国，视其为功能食品和嗜好食品。我国蜜蜂养殖历史悠久，早在东汉、西汉时期，蜂蜜、蜂花粉、蜂幼虫等就被作为贡品或孝敬老人的珍贵物品。古典医书《神农本草经》和《本草纲目》等对蜂产品给予了高度评价，将其列为上品药。

近年来，国内外学者十分重视蜂产品应用于健康和医药领域的基础研究，在蜂产品生物活性成分、深加工技术、生物学活性及其作用机制等方面发表了很多高质量的研究成果，为发挥蜂产品营养促进主动健康提供了理论支撑。

消费者对蜂产品的喜爱与日俱增，对蜂产品的了解也逐步加深，但对蜂产品还存在一些知识盲区和误区，因此向大家及时准确地普及蜂产品的营养科学知识显得尤为重要，《主动健康与蜂产品营养》一书正是顺应了这一需求。本书作者是在蜂产品科技和产业领域深耕多年的专家，他结合多年的实践、研究，从蜂产品营养对主动健康的积极作用出发，汇集了国内外学者的最新研究成果，结合细胞健康理论和传统中医健康理论，深入探讨了蜂产品营养对人类健康的基础性作用。另外，本书还系统性地整理了蜂产品在慢性病防控方面的最新科研成果，全面、客观、真实地向公众揭示了蜂产品及其制品的保健和医疗价值。蜂产品行业横跨第一、第二、第三产业，具有跨度广、影响大等特点，本书作者围绕蜂业的高质量发展，充分发挥养蜂业的经济和生态价值，提出了蜂业科技工作者、蜂产品生产企业、蜂产品健康管理师（销售人员）、养蜂人、蜂产品消费者、康养企业在推动蜜蜂、人类与生态可持续发展过程中所承担的责任。

本书选题新颖，内容丰富，研究方法严谨，创新性强，是蜂产品研究和实践中具有系统性、专业性、创新性的一部著作。它的出版有助于推动我国蜂产品在主动健康领域的应用，推进我国蜂产品行业的可持续发展。

是为序！

中国工程院院士

江南大学校长

国家功能食品工程技术研究中心主任

2025 年 1 月

序 二

在健康理念不断演进的今天，"主动健康"已经成为健康时代的关键词，引领人们追求更高质量的生活方式。蜂产品，这一蕴含蜜蜂智慧与自然精华的神奇馈赠，经过多年的健康验证，正在主动健康领域展现出巨大的潜力与活力。

蜜蜂，这种广受人们喜爱的昆虫，是人类发现的天然甜味剂"蜂蜜"的来源。令人惊叹的是，早在近万年前，人类就已经开始享用蜂蜜了。在西班牙的一个洞穴中，一幅大约9000年前的壁画为此提供了证据。画中描绘了一位石器时代的男子正攀爬在树上，从树洞中取出天然的蜂窝，并用陶罐小心翼翼地收集着蜂蜜以备食用。这表明，在人类学会从植物中提取糖分之前，蜂蜜就已经被用作甜味剂了。

自古以来，从食疗实践到科学研究，蜂产品的营养价值和药用价值不断被揭示和验证。蜂蜜的甘甜不仅滋养身体也抚慰心灵，其含有丰富的酶类、维生素和矿物质发挥着温和而持久的功效；蜂胶以其强大的抗菌消炎和抗氧化特性，为身体的防御机制提供保障，通过增强免疫力抵御外界病原体的侵袭；蜂王浆含有独特的营养成分，在调节内分泌、滋养神经组织等方面发挥重要作用；蜂花粉则如同一座微型的营养宝库，补充人体日常饮食中可能缺失的多种营养素，促进新陈代谢，激发细胞活力。

邵兴军博士是蜂产品科研与产业化领域的资深专家。我有幸多次参与由他及其团队举办的蜂业学术交流和文化活动，包括2010年博鳌世界蜂胶论坛、2011年创下"世界上最长的蜜蜂与蜂胶文化书画长卷"世界纪录的深圳国际蜂胶文化节、2012年国际蜂联第四届国际蜂产品医疗与质量论坛以及2024年"520世界蜜蜂日"活动。他勤奋、谦逊的精神以及对蜂业科技产业化持续创新的追求，给我留下了深刻的印象。

近年来，蜂产品及其对健康影响的基础研究领域吸引了医药、食品等多个行业专家们的广泛关注。从分子、细胞层面的生物学研究到动物模型和临床实验研究，科研人员正致力于揭示蜂产品背后神奇健康功效的科学原理。作为蜂产品生产和消费大国，中国在蜂产品的科普教育方面扮演着至关重要的角色，这对于消费者做出明智的选择和使用以及推动蜂产品行业的高质量发展具有深远的意义。

本书从主动健康的视角深入剖析了蜂产品的营养奥秘，在系统总结近年来蜂产品基础和应用研究最新成果的基础上，全面阐释了蜂产品的营养成分、基础生物学活性、蜂产品对亚健康和抗衰老以及常见慢性疾病的调理改善作用、优质蜂产品的研发和生产等。同时，从养蜂业促进生态可持续发展的角度出发，探讨了养蜂业、蜂产品加工业与蜜蜂康养业的有机融合。

本书内容丰富，创新性强，学术水平高，是一部难得的蜂产品科普图书。愿每位翻开此书的读者，都能在蜂产品与主动健康的知识海洋中获得新知，开启自己的健康新篇章。

特此作序！

亚洲蜂联主席

国际著名的昆虫学家和蜜蜂学家

泰国朱拉隆宫大学教授、泰国皇家终身教授

2025 年 1 月

前　言

一、营养是慢性病防控和健康老龄化的关键物质基础

在人类当前面临的健康挑战中，慢性非传染性疾病的迅猛增长尤为引人注目，已经成为影响我国民众健康的主要因素。健康不仅是个人福祉的根基，也是经济社会发展的关键支柱。面对非传染性疾病、营养问题、人口老龄化等多重健康挑战的叠加，我国采取了果断措施，提出了健康中国战略，并在 2012 年颁布了《中国慢性病防治工作规划（2012—2015 年）》，通过一系列精准且有效的措施和手段，积极应对这些挑战，不断提升人民的健康水平。

据统计数据显示，心脑血管疾病、癌症、慢性呼吸系统疾病以及糖尿病这四大类疾病，不仅患者数量庞大，而且占据了总死亡人数的 80% 以上，疾病负担极为沉重。进一步的数据分析揭示，心脏病、恶性肿瘤、脑血管病、呼吸系统疾病以及内分泌、营养和代谢疾病等非传染性疾病在城市居民和农村居民的主要疾病死亡率中均占主导地位。不仅如此，随着平均寿命的增长，阿尔茨海默病、帕金森等神经退行性病变患病人数增长快速。这反映出我国慢性非传染性疾病的防控形势严峻，迫切需要采取切实有效的措施加强疾病预防和控制。预防为主是我国健康管理中的重要政策方针，随着预防非传染性疾病宣传教育的广泛传播和深入人心，越来越多的人提升了健康意识，不仅积极主动地获取健康知识，而且更重要的是，他们开始逐渐树立预防意识，并采取主动的健康行动。

营养作为维持人类生命、促进生长发育和保持健康的关键物质基础，其重要性愈发凸显。长期以来，营养一直是国内外学者研究的焦点之一。他们从多角度、多层面探讨了营养摄入、营养功能、营养与健康及营养与疾病的关系、合理的膳食结

构等课题，并进行了大量的理论与实证研究。这些研究从不同视角证实了营养对健康具有不可替代的作用。通过调整营养素摄入量和优化营养结构，我们能够有效地减少健康风险因素的影响，改善健康状况，提高健康水平。

居民的营养状况和慢性病的流行情况是衡量一个国家经济社会发展水平、卫生保健质量以及人口健康素质的关键指标。2017 年 7 月 13 日，国务院办公厅正式发布了《国民营养计划（2017—2030 年）》，这是首次将营养问题提升至国家级别的计划和规划层面。该计划旨在满足人民日益增长的食品多样化和更高层次的需求，对食品消费模式、食品产业的发展以及食品产业的结构优化和升级转型具有深远的影响和指导意义。

我国老年人口的绝对数量极为庞大，并且增长速度迅猛。根据国家统计局最新发布的数据显示，2024 年我国 60 岁及以上人口超 3.1 亿人，占全国人口的 22%。老龄化带来的挑战之一是健康问题。对于我国庞大的老年人群来说，其健康状况令人担忧，尤其是心脑血管疾病、癌症、慢性呼吸系统疾病和糖尿病这四种主要慢性病发病率较高。

2019 年 11 月 21 日，中共中央、国务院正式颁布了《国家积极应对人口老龄化中长期规划》。该规划强调了推进健康中国建设的重要性，旨在构建一个高质量的健康服务体系。规划中提出要建立和完善一个综合且连续的老年健康服务体系，涵盖健康教育、预防保健、疾病诊治、康复护理、长期照护以及安宁疗护等多个方面，以促进老年人的身心健康。

在健康老龄化战略中，营养的优质供给和有效干预是其中的关键环节。我国正面临失能和部分失能老年人数量不断增加的挑战，他们迫切需要长期照护服务。因此，我们应高度重视并积极推进老年人营养改善工作。通过宣传营养知识、加强营养干预、提升服务能力以及开展公益活动等多种措施并行，营造一个有利于老年人营养健康的社会氛围。同时，政府、高等院校、企业等多方携手合作，定期对老年人进行营养风险评估，并制定相应的营养方案。此外，发布专业的膳食指南和科普读物，也有助于提高老年人群的营养健康水平。研究表明，老年抚养系数的上升会带动医疗保健消费支出的增加，进一步凸显了老年人在保健食品和营养素补充剂消费中的重要地位。通过营养的优质供给和有效干预，能够有效降低失能老人比例，提升老年人生存质量，推动健康老龄化的实现。

二、营养干预是主动健康管理的重要支撑

如何成为健康的第一责任人，并实现主动健康目标？早在 1992 年，世界卫生组织就提出了健康的四大基石，即合理膳食、适量运动、戒烟限酒和心理平衡。可见，膳食营养是健康的基础。这四大基石在全球范围内都具有普遍适用性。

中医养生学拥有悠久的历史和深厚的内涵，在其理论指导下，中医健康管理秉持以人为本的原则，注重从人体生命力和能量的角度出发，实现主动的健康管理。

在科学领域，能量被视为物质间相互作用的一种表现形式，其本质上是一种力。而在传统中医理论中，这种概念被称作"气"。正如我们常言"人活一口气"，这里的"一口气"实际上指的是生命活动所依赖的能量。

元气是生命的本原，藏于"命门"；精气具有先天遗传的作用，位于人的"下焦"；胃气是后天之气，由脾胃运化水谷精微产生的能量，位于人的"中焦"；清气是呼吸氧气时所摄取的自然之气，也是燃烧时产生的能量，位于人的"上焦"。在元气的推动下，清气、胃气和精气经过内外三焦的转化，形成了卫气和营血，从而维持人体正常的生命活动并产生生命所需的能量。这些能量随后通过奇经八脉分配给十二脏腑和十二正经，以供其使用。在这一过程中，奇经八脉扮演着类似水闸的角色，而人体的能量则类似于上游的水库，十二正经与十二脏腑则相当于下游的河流与农田。人体能量的流转过程，就好比是调控水流以灌溉农田的过程。奇经八脉负责调节这些能量的流量，成为能量流转的关键枢纽。这个过程就是能量的生成、分配和使用。在这三个层面中，能量的来源是否充足，能量的开阖是否正常，能量的运转是否畅通，这些都关系到生命力是否旺盛，人是否健康。

中医特色的主动健康管理围绕能量的生成、分配和使用，创建了静神、动形、通络、营养四项健康行动。

静神：能量的开阖

人是否健康，首先是神定不定的问题，在健康四大基石中就是心理平衡的问题。如何做到心理平衡，中医的方法是静神。"静则神藏，躁则消亡"，神为气之母。静神是中医养生、调病的第一步。许多疾病的根源就是心理失衡，情志失调。由此可见静神对健康的重要性。静神最好的方式是静坐与站桩，以此达到身心同调，形神合一。

动形：能量的交换

与静神相对应的是动形，动形其实就是适量运动的问题，中医讲"形与神俱，动静平衡"。中医认为人与自然存在着信息互通和能量交换的关系。通过练习"导引养生功法"，人们可以实现与自然的能量互通互换。传统养生功法如八段锦、易筋经、太极拳等，无不是通过肢体舒展和呼吸吐纳来唤醒我们自身的能量，从而与大自然的能量进行交换，借助大自然的美好气场来改变自身的负能量，从而获得身心健康。

通络：能量的输布

经络畅通关系到能量的分配。我们常说："经络不通百病生"，"痛则不通，通则不痛"。疼痛代表着瘀堵，说明气机受堵，能量不能正常运转。通络的目的就是通过疏通经络，使能量可以正常输布。这样脏腑的功能才能正常运化，生命力才能旺盛。中医适宜技术如热敏灸、雷火灸、全息刮痧、蜂蜡疗法等，每一种都是有效的通络方法，凝聚着中医的博大智慧。

营养：能量的来源

人类的生存，本质上依赖于营养的供给。随着时光的推移，体内的营养逐渐耗散，能量也随之减少，这是自然界的普遍规律。面对这一现象，我们应采取何种策略？最直接且有效的方法是通过摄取营养物质来提升生命力。从中医的视角出发，所有营养物质均源于天地，蕴含着自然的精气。它们的生长环境、形态、色泽、味道、所属经络以及四气（即寒、热、温、凉四种性质）共同决定了其功效。自然界中那些兼具食用价值和药用价值的稀有天然资源，无疑是转化成营养、增强能量的理想选择。

营养是解决能量来源的问题，通络是解决能量输布的问题。

动形是解决能量交换的问题，静神是解决能量开阖的问题。

三、食药同源类功能食品是实现主动健康的有效营养来源

中华民族的祖先为了生存，尝百草、吃野果，创造和实践了"食药同源""寓医于食""膳药同功"的养生保健哲学思想。李时珍在《本草纲目》中提到，"轩辕氏出，教以烹饪，制为方剂，而后民始得遂养生之道"。这说明至少在五千年前，从"神农尝百草"开始，我国人民就在探索食物功能与养生保健的关系。食疗是人类从天然资源中寻找健康之道。

三千年前的周代，我国医事制度中就设有负责饮食营养管理的专职人员。公元前1066年食疗已成形，为保护王室健康，周朝建立了世界上最早的医疗体系。将医生分为食医、疾医（即内科医生，用五味、五谷、五药养其病）、疡医（即外科医生，以酸养骨，以辛养筋，以咸养脉，以苦养气，以甘养肉，以滑养窍）。被尊为药王的唐代大医学家孙思邈指出："安身之本，必资于食；救急之速，必凭于药。不知食宜者，不足以存生；不明药忌者，不能除病也。"由于食疗养生的特点是"润物细无声""王道无近功"，所以食疗一定要持之以恒，才能收到成效。明代医药学巨匠李时珍则明确指出，"饮食者，人之命脉也"。从古至今，食物对健康有益的特性一直激发着人们的研究热情，并持续吸引着人们的兴趣。受限于古代科学技术的发展，人们无法在微观层面揭示"食疗"和"食补"的深层机制。然而，即便在那个时代，人们已经认识到摄取发酵食品如酸奶（古称"酪"）以及天然食材如大蒜、红枣、生姜和黄芪等，对健康具有积极影响。《黄帝内经》等众多经典古籍中对食物与健康之间的关系进行了论述和总结；著名医学家张仲景在《伤寒论》和《金匮要略》中均强调了饮食在调节身体健康中的重要作用，并系统总结了各类食材的功能、营养价值和食用方法。在《红楼梦》的描述中，饕餮盛宴不仅展现了养生、调理和滋补的药食智慧，还展示了缓解疲劳的桂圆汤、健脾益气的枣泥山药糕、润肺消积的杏仁茶等美食。如今，随着生命科学领域的不断进步，"食疗"和"食补"的科学基础正逐渐被揭开。研究人员已经证实，食品中含有的有益微生物以及具有特殊功效的多肽、有机酸、多糖、多酚和酯类等化合物，是赋予人们美妙口感和健康益处的功能性成分。这些成分在增强免疫力、改善心血管健康、促进神经发育以及调节情绪等方面的作用及其机制，现已研究得更加清楚。随着公众健康意识的增强，消费这类功能性食品已经成为实现主动健康便捷、有效的途径。

全国人大代表、江南大学陈卫院士提出建议，应进一步拓展"食药同源"的理论范畴。建立适应我国国民体质的膳食健康调控理论体系和食药物质资源挖掘技术体系，助力创造具有可持续性、强功能、高营养和有益健康的食品新原料。

四、蜂产品是经过历史检验和人群验证、基础研究证实的有效功能性食品

原始社会时期，蜜蜂在自然界处于野生状态，森林是蜜蜂的栖息场所，它们生

存繁衍于树洞里、岩隙间。人类的远祖以采集天然植物和渔猎为生，在采集的过程中发现了蜜蜂。原始人类从野生动物掠食蜜蜡得到启示，学会了从树洞、岩穴中寻取蜂巢，野生蜜蜂巢便成为原始人类的采猎对象。最初是捣毁蜂巢，火烧成蜂，掠食蜜蜡、蜂子。后来，人类改变了对蜜蜂"既毁尔室，又取尔子"的原始掠夺式采集方式，发展成为烟熏驱蜂，保留蜂巢，只取蜜蜡、蜂子的再生产采集方式。

自史前时代起，蜂蜜、蜂胶以及其他天然药物便被用于提取和制备纯天然物质。有确凿的证据显示，早在新石器时代，人类就已经开始利用蜜蜂产品，尽管目前尚不明确这些产品主要是被当作食物还是药物使用。然而，新石器时代人类牙齿上发现的蜂蜡作为牙填充物使用，证明了其医疗用途。关于其他蜂产品的医疗用途，其历史记录可追溯至遥远的古代。数千年来，古代埃及、希腊和中国的文献中均有记载，这些文献不仅包括宗教文本，如《吠陀经》《圣经》和《古兰经》等，也广泛流传于其他文化传统之中，描述了蜂产品的治疗特性和营养价值。

蜜蜂的产品按照来源划分，可以分为以下三大类。

第一类是从植物上采集原料，经蜜蜂加工而成，具有纯天然、高营养的特点，是纯真的天然保健品，这一类产品有蜂蜜、蜂花粉。

第二类则是蜜蜂本身身体的不同发育阶段或分泌物，如蜂幼虫、蜂蛹、蜂尸为蜜蜂的躯体，蜂王浆则是蜜蜂咽腺的分泌物，蜂蜡由蜜蜂腹部的蜡腺分泌，蜂毒为蜜蜂尾部螫针基部的毒腺分泌而成。

第三类是蜜蜂从胶源植物新生枝腋芽、花蕾、创伤处采集的树脂类物质，经蜜蜂注入其腺体分泌物，反复加工转化而成的胶状物质，也就是蜂胶。蜂胶是动物和植物的精华部分汇集而成的。

其中，蜂蜜和蜂蜡是人类最早利用的产品，其余产品则是人类在研究蜜蜂的历史进程中陆续发现并加以开发利用的蜜蜂产品。在这三大类蜂产品中，蜂蜜、蜂王浆、蜂花粉是满足蜜蜂生长发育和强体力劳动（蜜蜂每采集 1kg 蜂蜜，仅飞行的路程就可绕地球 10 多圈）所需要的，蜂胶则是蜜蜂王国防病治病的良药。

与其他蜂产品相比，蜂胶的来历要更复杂。从进化的角度看，每一种生物的生存和发展常常受到外界各种恶劣环境的威胁与挑战。当蜜蜂要想进化到新的群居生活——整个群体都能继续生存时，群居性的蜜蜂以较为隐蔽的树洞、土穴、石缝等作为它们的主要居住场所，不仅避免了风吹日晒的不良环境，而且为有效地调温保湿、避敌御敌提供了保障。然而，蜂巢空间往往狭小、阴暗，在蜜蜂繁殖的整个阶段，巢温一直都要保持在34℃，相对湿度超过40%，甚至高达80%，这些是蜜蜂发育的最佳条件。此外，蜂巢内储存着大量营养丰富的蜂蜜、蜂粮（由蜂花粉制成）以及蜂王浆等，这无疑为微生物的生长和繁殖提供了最佳的营养来源。而且数万只蜜蜂天天外出觅食，随时都有可能将外界的各种病原微生物带回巢内。那怎样才能有效地抑制和杀灭病原微生物？怎样避免疾病感染和食物的失活、发霉变质？蜜蜂面临着一系列棘手的问题。

在漫长的自然选择过程中，聪明的蜜蜂从自然界中找到了解决问题的方法。它们观察到某些树木会分泌出具有抗菌特性的胶质物质，于是便采集这些胶质带回蜂巢。蜜蜂将这些物质与自身的分泌物混合，用以涂抹蜂巢内部，填补空隙，从而加固了蜂巢结构，并有效地抑制了病菌的生长。这一行为不仅保持了蜂巢内部环境的稳定，也确保了巢内清洁卫生。成蜂能健康生活，幼虫能正常发育成长，巢内所有食物——花粉、王浆、蜂蜜在无菌状态下受到了良好的保护，这种神奇而伟大的物质就是蜂胶。

数千年间，蜂产品对人类健康做出了巨大贡献。作为少数既无自然替代品也无合成替代品的天然物质之一，蜂产品在功能食品、医药和化妆品等多个领域获得广泛应用，并且其有效性和安全性已经得到了广泛人群的验证。

蜂产品吸引了众多学科领域科学家的广泛关注。围绕蜂产品的应用及其对人类健康的价值，科研人员已从现代营养学和现代前沿医学的角度取得了丰富的研究成果，并构建了关于蜂产品与人类健康的知识体系。本书基于细胞健康理论和中医健康理论，系统整理了国内外学者关于蜂产品促进主动健康和慢性病防控的最新研究成果。基于养蜂业的经济价值和生态价值，提出了加速养蜂业新质生产力发展、推动蜂产品行业高值化发展的策略。

由于时间有限，书中疏漏和不足之处在所难免，恳请读者随时批评指正。如有问题，您可发邮件至 xjshao@163.com，以便今后修改、增删，使之日臻完善。

编　者

2025 年 1 月

目　录

第三章
蜂产品对主动健康的基础作用：基于中医健康视角

第四章
蜂产品在慢性疾病防控中的作用

第五章
蜂产品外用：对口腔、眼睛与皮肤的养护

第六章
蜜蜂、生态与人类的可持续发展：蜂产品的高值化利用

第七章
基于红外热成像与中医 AI 技术对蜂产品调理效果的可视化检测实例

第一章

蜂产品中的生物活性成分

第一节　蜂胶中的营养成分

根据现行蜂胶国家标准 GB/T 24283–2018《蜂胶》以及《中华人民共和国药典》（以下简称《中国药典》），蜂胶被定义为"工蜂采集的胶源植物树脂等分泌物与其上颚腺、蜡腺等分泌物混合形成的胶黏性物质"。

蜂胶是一种珍贵的自然资源，一个由 5 万至 6 万只蜜蜂组成的蜂群，一年仅能生产出 100 多克的蜂胶，因此蜂胶被誉为"紫色黄金"。作为全球最大的养蜂国家，截至 2024 年，我国的蜂群数量近 1000 万群，其中意大利蜂是我国主要饲养的蜜蜂品种。同时，我国也是全球最大的蜂胶生产国，每年的蜂胶产量在 350~400 吨之间，许多国家的蜂胶原料供应都依赖于中国。紧随其后的是巴西，作为世界第二大蜂胶生产国，巴西的蜂群饲养量约为 100 多万群，蜂胶年产量大约为 180 吨。在巴西，以凶悍强壮著称的非洲化杂交蜜蜂（又称"杀人蜂"）是主要的蜜蜂品种。

由于温带、亚热带和热带地区的气候条件各不相同，植物的分布也呈现出多样性，这导致了不同地区蜂胶的植物来源存在显著差异。依据《蜂胶国际标准》（ISO 24381:2023），在蜂胶原料的分类体系中，胶源植物的种类涵盖了杨属（*Populus*）、酒神菊属（*Baccharis*）、黄檀属（*Dalbergia*）、克鲁西属（*Clusia*）、南洋杉属（*Araucaria*）、桦属（*Betula*）、栗属（*Castanea*）、柏科（*Cupressaceae*）、血桐属（*Macaranga*）、杨柳科（*Salicaceae*）、松科（*Pinaceae*）以及其他植物。基于最新的研究成果和国际生产贸易的实际情况，该标准将蜂胶分为四大类别：第一类是来自温带、地中海和北方地区的杨属蜂胶，通常被称为棕蜂胶；第二类是产自热带地区的酒神菊属蜂胶，通常被称为绿蜂胶；第三类是热带地区的黄檀属和克鲁西属蜂胶，通常被称作红蜂胶；第四类则包括了所有其他类型的蜂胶。

目前，全球范围内应用和研究最为广泛的蜂胶品种，主要源自杨属植物。在我国，蜂胶亦主要来源于杨属植物。王雪等（2015）采集了包括毛白杨、钻天杨、河北杨、小叶杨、加拿大杨、青杨、欧洲黑杨、中华红叶杨、大青杨和响叶杨在内的 10 种杨树的树芽，以及松科植物中的白皮松、华山松、美人松、油松和雪松分泌的树脂。此外，研究还涉及了杨柳和桦树的树芽。通过高效液相色谱 – 二极管阵列检测法（HPLC-DAD）对这些树脂进行了分析，并将得到的液相图谱与我国蜂胶的指纹图谱进行了对比。研究发现，我国蜂胶的指纹图谱与杨属黑杨派中的欧洲黑杨与美洲黑杨的杂交品种——加拿大杨的树芽分泌物（即芽脂）在多酚类化合物的种类和各成分含量上极为相似。因此，可以推断我国蜂胶的胶源植物主要是欧洲黑杨及其杂交品种——加拿大杨。

我国蜂胶的胶源植物以杨属植物为主，然而我国蜂胶提取物的生物活性如抗氧化、清除 DPPH 自由基能力均展示出较大的差异。研究表明，蜂胶颜色与蜂胶有效成分含量之间存在明显相关性。蜂胶颜色越浅，其醇提物的总黄酮、黄酮醇含量越高，而黑色蜂胶的上述指标含量为几种颜色蜂胶中最低的。黄色蜂胶的抗氧化能力最强，黄绿色蜂胶次之，黑色蜂胶的抗氧化能力最弱。蜂胶元素含量与蜂胶颜色及来源地有关，颜色深（偏黑）的蜂胶元素含量较高，而颜色浅（偏黄）的蜂胶元素含量较低，特别是铅和镉元素（付宇新，2010；龚上佶，2010；Guo et al.2011；Gong et al.2012）。

此外，酒神菊属型蜂胶是应用和研究极为广泛的品种之一。这种蜂胶源自巴西绿系蜂胶的代表胶源植物——酒神菊树，主要生长在巴西东南部的米纳斯州。该树种不仅广受认可，还因其显著的药用价值，特别是抗菌和消炎功效而备受瞩目。酒神菊属型绿蜂胶以其坚硬且易碎的质地、从黄绿色到深绿色的色彩变化以及令人愉悦的芳香气味和独特的辛辣味而著称。其主要化学成分包括异戊烯化苯丙素类及其衍生物、咖啡酰奎宁酸类以及萜烯类化合物，而黄酮类化合物的含量则相对较低。阿替匹林 C（3，5- 二异戊烯基 -4- 羟基肉桂酸）是酒神菊属型绿蜂胶的标志性成分，其含量受到地理来源、植物种类以及采胶季节等多种因素的影响。这些因素包括植物来源、采集地点以及采集蜂种等，均会对蜂胶的化学成分造成影响。正是这些化学成分的差异，构成了蜂胶生物学活性变化的关键因素。

一、蜂胶——近千种活性成分组成的天然小药库

在 20 世纪初期，科学家们首次成功从蜂胶中分离出香草醛、肉桂酸和肉桂醇等化合物。然而，由于蜂胶的化学组成极为复杂，长期以来人们难以有效地分离和鉴定其成分。直到 20 世纪 70 年代初，随着色谱分析技术的进步，研究者们开始能够从各种蜂胶样本中分离出更多的新化合物，这为蜂胶化学成分的研究注入了新的活力，并迅速推动了该领域的发展。进入 21 世纪初，Marcucci 和 Bankova 等研究者记录了蜂胶中超过 300种不同的化合物。Šturm et al.（2020）对 2013 年至 2018 年间蜂胶化学成分的研究进展进行了综述，并指出截至 2018 年蜂胶中已发现的化合物总数超过了 850 种。

蜂胶的主要成分通常由约 55% 的树脂和树香、大约 30% 的蜂蜡、10% 的芳香挥发油以及 5% 的花粉和夹杂物构成。蜂胶的化学成分极为复杂，主要由黄酮类化合物、芳香酸及其酯类、醛和酮类化合物、脂肪酸及其酯、萜类化合物、甾体化合物、氨基酸、糖类化合物、烃类化合物、醇类和酚类以及其他多种化合物构成，宛如一个天然的微型药库（程虹，2015）。

二、蜂胶中的多酚类化合物

植物多酚，又名植物单宁，是一类广泛存在于植物体内的多元酚类化合物。众多国内外学者通过大量研究已经证实，植物多酚在生物学上扮演着重要角色。实验研究揭示，除了其抗氧化和清除自由基的特性外，植物多酚还展现出显著的抗菌消炎、增强免疫力、改善心血管、降血脂、抗衰老以及抗癌等功效。因此，植物多酚被认为是人类饮

食中不可或缺的营养素，被誉为"第八营养素"（盛军，2013）。

蜂胶中富含酚酸类化合物以及黄酮类化合物，它们的存在使得蜂胶拥有丰富而独特的生理功能与生物活性。在此基础上，诸多研究者对蜂胶的抗菌、消炎以及抗病毒等功能进行了探究。

1. 抗病毒作用

蜂胶对多种病毒具有显著的抑制和灭杀效果，对改善新型冠状病毒肺炎症状亦有积极作用。唐梦旋等（2021）的实验发现浙江蜂胶的乙醇提取物（PEE）可以有效抑制诺如病毒（murine norovirus-1，MNV-1）和噬菌体 MS2 病毒，采用透射电镜（TEM）分析表明，PEE 会对病毒衣壳蛋白进行破坏，从而防止病毒的进一步扩散。随后探讨了 PEE 的化学组成，结果发现，蜂胶中主要起抗病毒作用的物质是酚类化合物。

2. 抗菌、消炎作用

蜂胶被蜜蜂用于覆盖蜂箱，可以抑制微生物的增长，具有抗菌、消炎的作用。 如国产蜂胶中的黄酮类化合物对白色念珠菌有体外抗菌作用。除此之外，来自巴斯克地区（西班牙北部）的蜂胶提取物对浓度为 20% 的革兰阳性菌和真菌具有高度敏感的抗菌作用，对化脓性链球菌具有中等抗菌作用。而且通过数据库比较显示，酚类物质是造成这种抑菌作用的主要原因。

3. 抗氧化作用

蜂胶中的主要成分类黄酮和酚酸类化合物则可以作为抗氧剂，清除人体内的自由基。吴娇等（2020）研究发现戈氏和黄纹无刺蜂蜂胶中的乙酸乙酯提取物对 1，1- 二苯基 -2- 三硝基苯肼（DPPH）自由基均具有一定的清除作用，且清除率与提取物浓度呈正相关。除了 DPPH 自由基外，蜂胶还对 2，2'- 联氮 - 二（3- 乙基 - 苯并噻唑 -6- 磺酸）二铵盐（ABTS）和羟基自由基具有很好的清除作用。

除了上述功能外，蜂胶还有降血糖、降血脂、抗癌以及提高免疫力等作用（张研，2023）。

在蜂胶原料及其产品的质量控制领域，对酚类化合物的研究也显得至关重要，它不仅具有显著的意义，而且具有深远的价值。我国的国家标准 GB/T 19427-2022《蜂胶中 12 种酚类化合物含量的测定　液相色谱 - 串联质谱法和液相色谱法》已经为蜂胶中咖啡酸、p- 香豆酸、阿魏酸、槲皮素、莰菲醇、芹菜素、松属素、柯因、高良姜素、短叶松素 3- 乙酸酯、绿原酸、阿替匹林 C 含量测定的方法提供了明确的指导。与我国国家标准 GB/T 24283-2018《蜂胶》相比较，2023 年新发布的《蜂胶国际标准》（ISO 24381:2023）中新增了总酚的检测指标，并规定蜂胶原料中必须含有一定数量的多酚类化合物。

酚类化合物及其衍生物可根据其碳链骨架划分为类黄酮、酚酸、木脂素和芪类等类别。在这些衍生物中，酚胺、精胺、亚精胺等均属于酚类化合物的衍生物。蜂胶中蕴含着丰富的酚类化合物，尤其是黄酮类和酚酸类化合物的含量较为显著（鲍佳益等，2024）。

张红城等（2014）研究发现，蜂胶中含有包括黄酮、酚酸及酯类物质在内的大量多酚类成分，其中含量较高的黄酮类成分有短叶松素 -3- 乙酸酯、松属素、柯因、短叶松素、高良姜素，含量较高的酚酸及酯类成分有咖啡酸苯乙酯、p- 香豆酸、咖啡酸、异阿魏酸。

（一）黄酮类化合物

黄酮类化合物是以黄酮作为基本核心而产生的化合物（图 1-1），即含有 15 个碳原子结构，由两个芳环（A 环和 B 环）连接到一个三碳链的吡喃环（C 环）上的化合物。一般情况下，羟基、甲氧基以及烷氧基等碱基基团被连接到黄酮母核上，形成各种黄酮类化合物（Stevens et al.2019）。

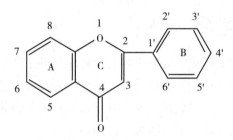

图 1-1　黄酮类化合物的基本结构

黄酮类化合物是蜂胶中最重要的生物活性成分之一，总黄酮含量也是目前市场评价蜂胶质量的主要指标。截至 2008 年，蜂胶中已发现 136 种黄酮类化合物，2008—2012 年新增了 68 种。范埃米等（2024）对 2013—2022 年在西方蜜蜂采集的蜂胶中新发现的 88 种黄酮类化合物进行了分类总结，根据其化学结构，将分离出的黄酮类化合物分为 11 个子类：黄酮、黄酮醇、黄烷酮、黄烷醇、异黄酮、二氢异黄酮、黄烷、异黄烷、查尔酮、二氢查尔酮和新黄酮类化合物。

（二）酚酸类化合物

蜂胶中主要发现的酚酸类化合物的基本骨架主要有两种。一种是含有 C6-C1 结构，以苯甲酸为基本骨架的羟基苯甲酸类化合物（图 1-2A），其中没食子酸及其衍生物是主要代表。另一种是含有 C6-C3 结构，以苯丙酸作为基本骨架的羟基苯丙酸类化合物（图 1-2B），主要包括羟基肉桂酸类，如肉桂酸和 p- 香豆酸。此外，从巴西绿蜂胶中还发现了绿原酸类化合物，它们是由咖啡酸与奎尼酸组成的缩酚酸类物质，包括单咖啡酰奎尼酸（3-O- 咖啡酰奎尼酸，及 4 或 5 位取代的衍生物）、双咖啡酰奎尼酸（1，5- 双咖啡酰奎尼酸、3，5- 双咖啡酰奎尼酸、4，5- 双咖啡酰奎尼酸和 3，4- 双咖啡酰奎尼酸）以及三咖啡酰奎尼酸（如 3，4，5- 三咖啡酰奎尼酸）等。

已从蜂胶中鉴定出一百多种酚酸类化合物，这些化合物被公认为是蜂胶中的主要活性成分。蜂胶的抗氧化、抑菌、抗肿瘤等生物学活性均与其中所含的酚酸类物质密切相关，特别是咖啡酸苯乙酯（caffeic acid phenethyl ester，CAPE）的生物学活性近年来已成为研究的焦点（张翠平等，2013）。

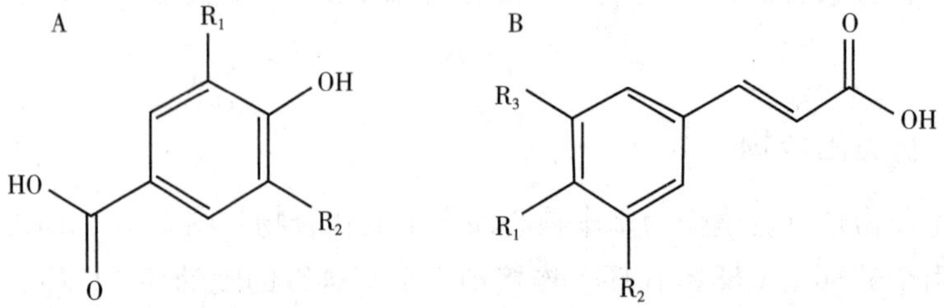

图 1-2　羟基苯甲酸类化合物（A）和羟基苯丙酸类化合物（B）的结构图

三、蜂胶中的萜烯类化合物

黄酮类化合物和挥发油构成了蜂胶中具有药理作用的主要活性成分，近年来，越来越多的研究者开始关注蜂胶中的挥发性成分。尽管不同提取方法得到的挥发油种类及其相对含量存在显著差异，但大多数挥发油中都富含萜烯类化合物，这表明萜烯类化合物是挥发油中最为关键的活性成分（卢媛媛等，2013）。

早在 1990 年，日本国立卫生所的松野哲从蜂胶中含有的抗肿瘤活性物质中分离到一种新的化合物，Clerodan 二萜烯（简称 C- 二萜烯）。研究发现 C- 二萜烯摧毁癌细胞的能力很强，除了对肝脏癌细胞有作用外，特别是对人的宫颈癌细胞和 Burkitt's 淋巴癌细胞有毒性，并证明适当浓度的 C- 二萜烯能杀死肿瘤细胞而对正常细胞的生长无影响（黄文诚，1999）。李雅晶等（2011）指出蜂胶挥发性成分中含有大量具有生物学活性的萜类化合物、脂肪族及芳香族化合物。其研究发现，巴西蜂胶挥发性成分中萜烯类及萜类含氧衍生物所占比重高达 76.13%，远高于中国蜂胶。这就解释了为何巴西蜂胶在黄酮类化合物含量较低的情况下依然能发挥较高的生物学活性的原因，其中的挥发性成分起到了不可替代的作用。

采用超临界 CO_2 萃取技术提取蜂胶，通过利用二氧化碳在超临界状态下的特性，即介于气态和液态之间的独特性质来提取蜂胶原料中的有效成分，进而生产出高品质的蜂胶产品。相比之下，传统的蜂胶乙醇萃取方法则需要高温来蒸发提取液中的乙醇，这一过程会导致挥发油如萜烯类物质的大量损失，并且破坏了活性成分。而超临界流体萃取技术在常温高压且无氧的环境下进行，不仅提高了提取效率，还确保了无溶剂残留，保证了产品的安全无毒性。此外，该技术有效避免了蜂胶中热敏性和易氧化的萜烯类、芳香性活性物质在高温下的变性、挥发和氧化问题（王佳波等，2015）。

赵强（2007）研究发现，超临界 CO_2 提取法提取的蜂胶挥发油中萜烯类及其酯类成分相对含量为 26.43%，其中主要的活性成分有 α- 桉叶油醇（6.89%）、羊毛甾醇醋酸酯（5.31%）、γ- 桉叶油醇（2.97%）、羽扇豆醇（2.55%）。此外，超临界 CO_2 提取的蜂胶挥发油在抗菌活性以及对黑曲霉的抑制效果方面，均优于传统的蜂胶醇提物。

邵兴军等（2009）对模拟生物流化床式蜂胶流态化超临界 CO_2 萃取物挥发油进行了气相色谱 – 质谱分析，共鉴定出 35 种萜类化合物。这些化合物的相对含量占总挥发油成分的 51.03%，其中倍半萜化合物是主要成分。

挥发油中的萜烯类成分，具有很强的抗肿瘤作用和消炎解毒功能。单萜和倍半萜多以萜烃或简单含氧衍生物的形式集中存在于挥发油中，萜类物质的作用主要包括双向调节血糖、抗肿瘤、降血压、杀菌、消炎、镇痛消肿、杀虫、局部麻醉、止痒、健胃、解热、祛痰、止咳、强化免疫和活血化瘀等（赵强，2007）。

四、杨树属蜂胶的代表性成分——咖啡酸苯乙酯

咖啡酸苯乙酯（CAPE）于 1987 年首次在蜂胶中分离并被鉴定，是目前蜂胶研究中最广泛的活性成分之一。CAPE 是一种具有酯键的酚醛化合物，其化学名称为 3-（3，4- 二羟基苯基）丙烯酸苯乙酯，分子式为 $C_{17}H_{16}O_4$（图 1-3）。不同地区蜂胶的 CAPE 含量不相同，巴西等南美洲南部地区蜂胶的 CAPE 含量基本为零，而中国蜂胶的 CAPE 含量较高，达到 15~29mg/g。研究发现，CAPE 具有多种生物活性，如抗菌、抗病毒、抗氧化、抗炎、抗癌作用，以及对神经系统和心血管系统的保护作用（刘雪艳等，2021）。

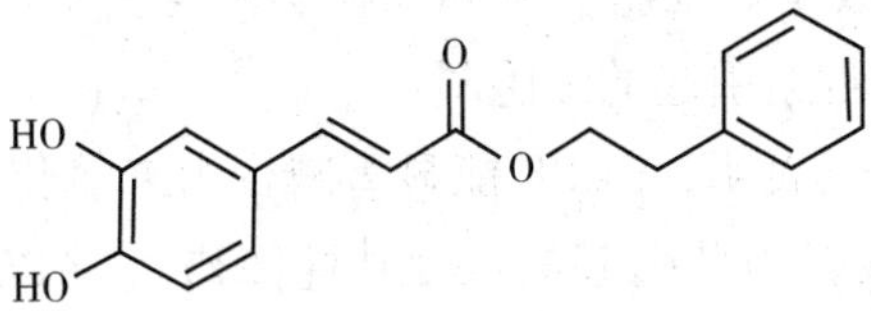

图 1-3 咖啡酸苯乙酯的化学结构式

1. 抗氧化作用

咖啡酸苯乙酯（CAPE）的分子结构中含有儿茶酚环，具有一定的清除自由基和抗氧化作用。Sorrenti et al.（2019）研究发现，1 型糖尿病的发病机制与胰腺组织的氧化损伤有关。在链脲佐菌素诱导的 1 型糖尿病大鼠模型中，CAPE 可通过 NOS/ 二甲基精氨酸二甲基胺水解酶途径诱导血红素加氧酶 1（HO-1）的表达，从而显著降低胰腺的氧化损伤。Yasu et al.（2013）研究发现，CAPE 可提高 3T3-L1 细胞的 SOD 活性，抑制氧化应激。

2. 抗炎作用

Khan et al.（2018）研究发现，对于葡聚糖硫酸钠（DSS）诱导的 C57/BL6 小鼠结肠炎模型，CAPE 可有效抑制炎症触发的髓过氧化物酶活性和促炎细胞因子的产生，同时增强上皮屏障功能。

Stähli et al.（2019）应用小鼠巨噬细胞评估 CAPE 对于牙周炎的作用，发现 CAPE

通过 Nrf2 介导的血红素加氧酶 1（HO-1）通路发挥抗氧化作用，通过抑制 NF-κB 通路发挥抗炎作用。基于其良好的抗氧化和抗炎作用，CAPE 可能在牙周炎的治疗中具有较大的潜能。

3. 抗肿瘤作用

玄红专等（2013）在其综述中探讨了 CAPE 对多种肿瘤的抑制作用及其分子机制，明确指出 CAPE 主要通过清除活性氧（ROS）、抑制核因子 κB（NF-κB）的活性、诱导细胞周期停滞以及促进肿瘤细胞凋亡等途径来抑制肿瘤生长。这一发现表明 CAPE 作为一种潜在的抗肿瘤药物，具有广泛的应用潜力。

王月华等（2017）对白杨素与 CAPE 抗肿瘤活性进行比较发现，白杨素和 CAPE 均具有较好的抗肿瘤功效，但同等浓度的 CAPE 比白杨素对 MCF-7、MDA-MB-231 细胞的抑制功效更强；而且白杨素和 CAPE 均可以通过促进细胞凋亡、上调 ROS、破坏线粒体膜电位以及抑制 NF-kB p65 的活性发挥抗肿瘤功效，说明白杨素和 CAPE 的抗肿瘤作用机制相似。

4. 神经保护作用

尹洁等（2012）研究了 CAPE 对由神经毒素引发的帕金森病模型中神经元损伤的保护效果。研究发现，神经毒素 1- 甲基 -4- 苯基 -1，2，3，6- 四氢吡啶离子（MPTP）能够诱发典型的帕金森病症状，并导致黑质致密区细胞的凋亡。在给予 CAPE 治疗后，观察到黑质致密区的酪氨酸羟化酶（TH）阳性细胞数量显著增加，同时 CAPE 还减少了 caspase-3 阳性细胞的数量。细胞实验和动物实验均表明，CAPE 具有显著的神经保护作用，能够抵御由神经毒素引起的细胞凋亡。

Hao et al.（2020）研究表明，CAPE 能显著减少由二氯化镉所导致的小鼠海马和皮质区域细胞的死亡，并减轻由此引起的认知功能障碍。CAPE 还显示出抑制大脑中 β- 淀粉样蛋白聚集以及抑制炎性因子和小胶质细胞激活的效果。通过 AMPK（腺苷酸活化蛋白激酶）/SIRT1（沉默信息调节因子 2 相关酶 1）信号通路以及对淀粉样蛋白 - 神经炎症轴的调节，CAPE 能够降低神经元的凋亡和神经炎症，这解释了其对抗由二氯化镉诱导的神经毒性和神经退行性疾病的作用机制。

五、巴西绿蜂胶的特有成分——阿替匹林 C

巴西绿蜂胶，是巴西蜂胶中产量最高且研究最为深入的一种，主要源自酒神菊属植物 *B.dracunculifolia* DC。在巴西绿蜂胶的众多活性成分中，阿替匹林 C（Artepillin C）的活性作用尤为突出，被认为是其标志性成分。阿替匹林 C 的化学式为 3-［4- 羟基 -3，5- 二（3- 甲基 -2- 丁烯基）苯基］-2-（E）- 丙烯酸（图 1-4），分子量为 300.39。

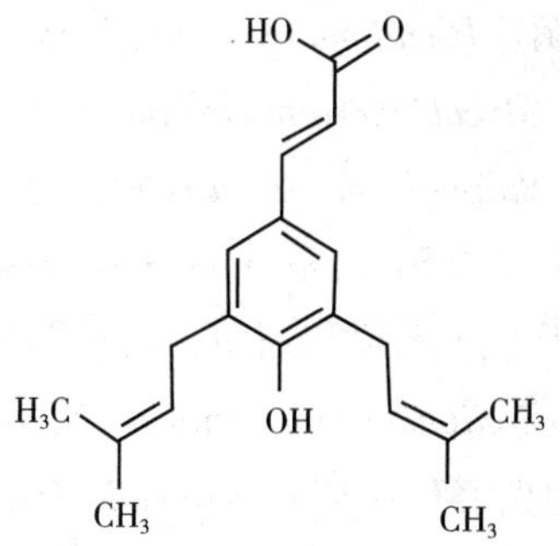

图 1-4 阿替匹林 C 的化学结构式

巴西绿蜂胶中的类黄酮含量相对较低，而阿替匹林 C 则是其代表性成分。阿替匹林 C 的存在与否是判断巴西绿蜂胶真实性的关键，其含量高低也是评价其质量好坏的主要标准。

阿替匹林 C 具有广泛的药理作用，包括抗氧化、抗菌、抗炎、降血糖、神经保护、胃保护、免疫调节和抗癌作用（Shahinozzaman et al.2020；王凯等，2013）。

1. 抗氧化作用

Tapia et al.（2004）研究了阿替匹林 C 在清除自由基和抗氧化方面的效能。他们的研究发现，在 100 和 500μg/mL 的浓度下，阿替匹林 C 分别抑制了红细胞中 17% 和 82% 的脂质过氧化现象。其半数抑制浓度（IC_{50}）被测定为 588μM，且其对细胞的毒性效应几乎可以忽略不计。进一步的体外试验表明，50μg/mL 的阿替匹林 C 能够消除 34% 的超氧阴离子，并且抑制了 50% 的黄嘌呤氧化酶（XOD）。当阿替匹林 C 的剂量处于 10~100μg/mL 区间时，DPPH 脱色的百分比随着剂量的增加而呈现出依赖性的增长，介于 6%~27% 之间。

Costa et al.（2018）利用酸化乙醇在小鼠胃溃疡组织中诱导氧化应激，发现阿替匹林 C 通过维持不同抗氧化酶［如超氧化物歧化酶（SOD）、过氧化氢酶（CAT）和谷胱甘肽 S- 转移酶（GST）］的活性，使其保持在非溃疡组织中的水平，从而建立氧化还原平衡。

Takashima et al.（2019）的研究报告中显示，阿替匹林 C 通过抑制活性氧（ROS）、线粒体超氧化物的产生并抑制细胞内 Ca^{2+} 浓度，从而对小鼠海马 HT22 细胞产生抗氧化应激作用，但并不是通过防止谷氨酸处理导致的谷胱甘肽（GSH）消耗来实现的。

2. 抗菌作用

Aga et al.（1994）成功地从巴西产的蜂胶中分离出了 3 种具有抗菌特性的化合物，其中包括阿替匹林 C。这些化合物对多种皮肤真菌如石膏样小孢子菌（*Microsporum gypseum*）和苯黑末节皮真菌（*Arthroderma benhamiae*）展现出了显著的抑制效果，其最低抑制浓度（MIC）分别为 7.8 和 15.6μg/mL。此外，阿替匹林 C 对一系列细菌菌株也显示了强大的抑制作用，这些细菌包括蜡样芽孢杆菌（*Bacillus cereus*）、枯草芽孢杆菌（*Bacillus subtilis*）、马棒状杆菌（*Corynebacterium equi*）、溶壁微球菌（*Micrococcus lysodeikticus*）、铜绿假单胞菌（*Pseudomonas aeruginosa*）、产气肠杆菌（*Enterobacter aerogenes*）、耻垢分枝杆菌（*Mycobacterium smegmatis*）、草分枝杆菌（*Mycobacterium phlei*）、金黄色葡萄球菌（*Staphylococcus aureus*）、表皮葡萄球菌（*Staphylococcus epidermidis*）以及中间型高温放线菌（*Thermoactinomyces intermedius*），其 MIC 值介于 15.6 至 62.5μg/mL 之间。相较于上述真菌和细菌，阿替匹林 C 对藤黄微球菌（*Micrococcus luteus*）、痤疮丙酸杆菌（*Propionibacterium acnes*）、脑膜败血黄杆菌（*Flavobacterium meningosepticum*）、柠檬形克勒克酵母（*Kloeckera apiculata*）和酿酒酵母（*Saccharomyces cerevisiae*）的抗菌效果较弱，其 MIC 值范围在 125 至 500μg/mL 之间。

Feresin et al.（2003）的研究证实阿替匹林 C 对多种真菌都具有抑制作用，如白色念珠菌（*Candida albicans*）、热带假丝酵母（*Candida tropicalis*）、新型隐球酵母（*Cryptococcus neoformans*）、啤酒酵母（*Saccaromyces cerevisiae*）、烟曲霉（*Aspergillus fumigatus*）、黄曲霉（*Aspergilus flavus*）、黑曲霉（*Aspergilus niger*）、犬小芽孢菌（*Microsporum canis*）、絮状表皮癣菌（*Epidermophyton floccosum*）和红色毛癣菌（*Trichophyton rubrum*）等。

3. 抗炎作用

Paulino et al.（2008）对阿替匹林 C 在小鼠中的抗炎作用进行了研究。他们运用了体内试验（包括角叉菜胶诱导的小鼠足跖肿胀模型和小鼠腹膜炎模型）以及体外试验（测量 RAW264.7 细胞产生的 NO 水平和 HEK293 细胞的 NF-κB 活性），同时评估了小鼠口服阿替匹林 C 后的吸收率和生物利用度。研究结果显示，阿替匹林 C 能够达到最多 38% 的足跖肿胀抑制效果，并且能够减少患腹膜炎小鼠的中性粒细胞水平。此外，体外试验也证实了阿替匹林 C 具有降低一氧化氮水平和 NF-κB 活性的作用。

Szliszka et al.（2013）研究发现，阿替匹林 C 显著降低了脂多糖（LPS）和 γ- 干扰素（IFN-γ）诱导的 RAW264.7 巨噬细胞中 IL-1β、IL-3、IL-4、IL-5、IL-9、IL-12p40、IL-13、IL-17、TNF-α、G-CSF、GM-CSF 的合成，但对 IL-1α、IL-6 和 IL-10 没有影响。此外，阿替匹林 C 抑制了 MCP-1、MIP-1α、MIP-1β、RANTES 和 KC 的表达，表明阿替匹林 C 在减轻趋化因子介导的炎症中发挥了重要作用。

4. 降血糖作用

复旦大学基础医学院刘泡课题组在 2022 年首次证实了巴西蜂胶中的关键成分阿替匹林 C 具有抑制 CREB/CRTC2 蛋白 – 蛋白相互作用的能力。此外，该成分还能降低 db/db 小鼠的空腹血糖水平，提高胰岛素敏感性，并降低血脂。通过一系列体内外实验，研究团队进一步验证了天然产物阿替匹林 C 通过与 CREB 结合，阻断 CREB/CRTC2 蛋白 – 蛋白相互作用，并调控糖异生相关基因的表达，从而实现降低空腹血糖的治疗效果（Chen et al.2022）。

5. 神经保护作用

Kano et al.（2008）证明阿替匹林 C 具有神经保护作用，诱导 PC12m3 细胞中的神经突生长比单独使用神经生长因子诱导的大 5~7 倍。此外，阿替匹林 C 还显著诱导了

PC12m3 细胞中 p38 MAPK 的活性，但不诱导细胞外信号调节激酶（ERK）的磷酸化。他们还证实了 p38 MAPK 通过 ERK 信号通路调节阿替匹林 C 诱导的神经突起生长。

6. 抗癌作用

1997 年 Matsuno 等研究发现，在人类和小鼠恶性肿瘤细胞中施用阿替匹林 C 后，肿瘤细胞在生长中的细胞毒性效应明显减轻，组织学分析还发现细胞凋亡、顿挫性核分裂及肿瘤大块性坏死。同时，CD4 /CD8 T 细胞的比例、辅助 T 细胞的数量也有所上升。这说明阿替匹林 C 激活了免疫系统，直接发挥抗癌作用。

Akao et al.（2003）发现，与蜂胶成分中 Baccharin 和 Drupanin 相比，阿替匹林 C 在 150μM 浓度下对人结肠癌细胞系如 DLD-1、SW480 和 COLO201 表现出显著的生长抑制作用。

Szliszka et al.（2012）研究了 TRAIL 耐受前列腺癌细胞株在被 TRAIL 和阿替匹林 C 处理后，通过 MTT 和 LDH 测定，发现二者都具有细胞毒性。阿替匹林 C 能够增加 TRAIL-R2 的表达，降低 NF-kB 的活性。TRAIL 和阿替匹林 C 的联合治疗使得 caspase-8 和 caspase-3 表达量显著增多，同时还引起线粒体膜电位混乱。研究结果表明，阿替匹林 C 能促使前列腺癌细胞对 TRAIL 介导的免疫反应敏感，证明了其在前列腺癌的生化预防方面有着一定的前景。

第二节　蜂王浆中的营养成分

蜂王浆自我国汉代起就被发现具有增强体质和延年益寿的功效，长沙马王堆汉墓出土的竹简上对此有详尽的记载。此外，我国民间文献《神仙传》也提到，服用蜂王浆能够使人精力充沛，延长寿命。人类对蜂王浆的使用历史同样源远流长，我国云南的少数民族很早就认识到蜂王浆的珍贵价值，并有"蜂宝治百病"的说法（赵国华，1999）。

根据现行有效的蜂王浆国家标准 GB 9697-2008《蜂王浆》，蜂王浆被定义为由工蜂的咽下腺和上颚腺分泌的一种乳白色、淡黄色或浅橙色的浆状物质，专门用于饲喂蜂王和蜂幼虫。

我国是蜂王浆生产大国，年产量 5000 余吨（胡元强，2023）。在蜂业科技工作者和广大蜂农的持续努力下，我国的蜂王浆生产技术已经走在了世界前列。尽管全球仅有 10%~15% 的蜂群资源分布在我国，我国却贡献了全球蜂王浆总产量的 90% 以上，对全球蜂王浆产业的发展做出了巨大贡献（张艳，2023）。

一、蜂王浆中的营养成分概述

现代研究揭示了蜂王浆的成分极为复杂，它包括水分（50%~70%）、蛋白质（9%~18%）、碳水化合物（主要是葡萄糖、果糖和蔗糖，7%~18%）、脂肪（3%~8%）以及少量的碱基、核苷酸、多酚、酶类、激素、甾醇和维生素。此外，蜂王浆还含有大约 1.5% 的矿物质，主要包括铜、锌、铁、钙、锰、钾和钠盐（张翠平等，2024）。

蜂王浆中的蛋白质约占干物质的 50%，其中 2/3 为清蛋白，1/3 为球蛋白，这和人体血液中的清蛋白、球蛋白比例大致相似。所含的球蛋白是一种 γ 球蛋白混合物，具有抗菌、延缓衰老的作用。蜂王浆含有 21 种以上的氨基酸，其中包括人体必需的 8 种氨基酸和牛磺酸。

蜂王浆中至少含有 26 种游离脂肪酸，其中 10- 羟基 -2- 癸烯酸（10-HDA）是蜂王浆所特有的成分，因此被称为王浆酸。蜂王浆还含有神经鞘磷脂、磷脂酰乙醇胺及三种神经甙等磷脂质。

蜂王浆是多种维生素的宝库，它浓缩了自然界中的维生素精华。其中 B 族维生素尤为突出，涵盖了 B_1、B_2、B_6、B_{12}、叶酸和乙酰胆碱等。同时，蜂王浆还含有维生素 A、C 和 E，这些成分共同作用，有助于消除自由基、抵抗衰老，并且强化身体的免疫能力。

蜂王浆富含多种矿物质，易于人体吸收。除了包含钙、磷、钾、钠、镁等主要元素外，它还含有多种人体必需的微量元素，这些元素具有多种生理功能。例如，硒、铁、钼和碘等元素具有防癌抗癌的效用；而锌、铬、锰等则与糖尿病的预防和控制相关。

蜂王浆中含有大量的核酸类物质，在其发挥生理活性方面起着重要的作用。值得注意的是，不同蜂王浆中各种核酸类物质含量差异显著，并且与蜂王浆的新鲜度呈相关性。蜂王浆中所含的 RNA（核糖核酸）量为 3.8~4.9mg/g，而 DNA（脱氧核糖核酸）的含量则在 201~203μg/g 之间。此外，蜂王浆中大约含有 13% 的干物质，这些干物质主要由糖类组成，具体包括 45% 葡萄糖、52% 果糖、1% 麦芽糖、1% 龙胆二糖以及 1% 蔗糖（Wu et al.2015；苏晔等，2000）。

Liu et al.（2024）的研究首次发现了油菜蜂王浆中具有一种辅助降血糖和抗氧化能力的特征标志物 S- 甲基 -L- 半胱氨酸亚砜（SMCS），该物质在其他植物源蜂王浆中未被检出，其可作为有效区分油菜蜂王浆和其他品种蜂王浆的一个指标。

二、蜂王浆中的主要活性成分

少量的蜂王浆也能为机体带来多种保健效果，这可能是源于某些微量活性成分的作用。蜂王浆几乎包含了生物体正常生长发育所需的所有微量活性物质，正是这些微量活性成分构成了蜂王浆的保健因子（倪辉等，2001）。

（一）王浆主蛋白

蜂王浆蛋白由水溶性蛋白和非水溶性蛋白构成，其中水溶性蛋白占据了总蛋白含量的 46%~89%，构成了蜂王浆蛋白的主要成分，被称为王浆主蛋白（MRJPs）。迄今为止，MRJPs 家族已确认包含 9 个成员，即 MRJPs1~MRJPs9，而在蜂王浆中已发现 MRJPs1~MRJPs7 的存在（张翠平等，2024）。

对蜂王浆中蛋白质的研究追溯至 1960 年，当时 Patel 等通过电泳技术分析了蜂王浆中的蛋白质成分。他们探究了幼虫食物中的蛋白质与幼虫接受食物时的年龄及性别分化之间的联系。研究结果表明，相较于 1~3 日龄的幼虫，工蜂和雄蜂在 4~6 日龄时所摄入的食物中，水溶性蛋白质的含量有所减少。1992 年 Šimuth 等首次识别出蜂王浆中一种分子量为 57 kDa 的蛋白质，该蛋白在蜂王浆蛋白中含量最为丰富，最初被命名为 MRJP，随后正式定名为 MRJP1。MRJP2~MRJP5 的蛋白质是通过克隆其 cDNA 并进行测序来鉴定的，而 MRJP6~MRJP8 则是通过蜜蜂脑表达序列标签（EST）文库的同源搜索技术被发现。随后，研究者对蜜蜂的咽下腺和毒囊进行了蛋白质组学分析，揭示了一个蛋白质水解片段，通过克隆测序确认该片段为 MRJP9（秦凯鑫等，2023）。

MRJP1 是蜂王浆中含量最丰富的蛋白质，约占总蛋白的 31%。在自然状态下，它以单体和寡聚体两种形式存在。单体的分子质量大约为 55~57kDa，而寡聚体的分子量则为 280/290、340/350 或 420kDa。其等电点大约为 5.1。Tian et al.（2018）解析了蜂王浆主要蛋白 MRJP1 的复合物晶体结构。MRJP2 构成了蜂王浆总蛋白的大约 16%，其分子质量约为 49~51kDa，等电点介于 6.2~7.75 之间。在等电聚焦的条件下，天然 MRJP2 展现出 8 种主要的蛋白变体，它是一种弱碱性的糖蛋白。MRJP3 则占据了蜂王浆总蛋白的大约 26%，其分子质量范围在 60~70kDa，等电点在 6.56~7.98 之间，同样属于弱碱性的糖蛋白。MRJP4 的等电点范围是 5~6，平均分子质量约为 60kDa，它也是一种糖蛋白。MRJP5 大约占蜂王浆总蛋白的 9%，分子质量在 77~87kDa 之间，等电点为 6.34~6.8。MRJP6~MRJP9 这些蛋白在目前的研究中较少涉及，它们在某些蜂王浆样本中的含量可能极少或者根本不存在（汪雪玉等，2016）。

Collazo et al.（2021）综述了蜂王浆中蛋白质的组成、含量及其生物活性，详见表 1-1。

表 1-1　蜂王浆蛋白的组成及其生物活性

蛋白组分	在新鲜蜂王浆中的含量（%）	生物活性
蛋白质	9%~18%	刺激人单核细胞的增殖； 促进 Jurkat 细胞增殖
MRJP1	5.89%	抗癌作用； 降胆固醇作用； 抗高血压作用
MRJP2 和亚型	1.41%	抗癌作用； 抗微生物活性和保护作用； 抗氧化应激； 肝肾保护作用； 抗肿瘤作用； 促进伤口愈合
MRJP3	1.66%	调节 T 细胞的免疫反应； 抑制促炎细胞因子的分泌； 免疫调节作用； 促进伤口愈合
MRJP4	0.89%	抗微生物活性
MRJP5	0.64%	—
MRJP6	—	—
MRJP7	0.51%	促进伤口愈合

王浆主蛋白 MRJPs 对人体均具有重要的生理功能和营养保健功能。

Fan et al.（2016）通过蛋白质组学分析揭示，MRJP1 显著减少了血管平滑肌细胞的收缩、迁移和增殖能力。研究数据表明，MRJP1 具有降低血压的潜在作用。

Habashy et al.（2020）的研究揭示了 MRJP2 对 SARS-CoV-2（一种新型冠状病毒）非结构蛋白具有抑制作用，并且能够与病毒非结构蛋白（nsp）上的血红蛋白结合位点相结合。这一发现可能为感染新冠病毒的治疗提供了新的思路。

Okamoto et al.（2003）研究了王浆中的主要蛋白之一 MRJP3 在体内和体外对免疫反应的调节作用。在体内试验中，MRJP3 不仅减少了 IL-4 的产生，还通过抑制 T 细胞的增殖来降低 IL-2 和 IFN-γ 的产量。值得注意的是，尽管 MRJP3 作为一种外来蛋白具有潜在的抗原性，但在免疫反应的小鼠模型中，腹腔内注射 MRJP3 能够抑制血清中抗 OVA-IgE 和 IgG1 的水平。此外，经过加热处理后可溶的 MRJP3 降低了其抗原性，同时保持了对 OVA 抗体反应的抑制效果。这些研究结果表明，MRJP3 在体内和体外均具有免疫调节功能。

Lin et al.（2019）通过体外创面愈合模型研究 MRJPs 对人表皮角质形成细胞（HacaT）的影响，结果表明 MRJP2、MRJP3 和 MRJP7 可以诱导 HacaT 细胞增殖和迁移，具有促进伤口愈合的生理活性。

Kim et al.（2019）重点关注了东方蜜蜂王浆主蛋白的抗菌活性。首先，他们体外表达了东方蜜蜂的 MRJP4，得到了大小为 63kDa 的蛋白；后续抑菌试验显示，MRJP4 能结合细菌、真菌和酵母的细胞壁导致其结构出现损伤，表现出广谱抗菌性。

此外，钱浩诚等（2018）研究了用王浆主蛋白（MRJPs）部分代替胎牛血清（FBS）培养中国仓鼠卵巢细胞（CHO-K1）。结果发现，在培养基中用 MRJPs 部分代替 FBS 具有促进 CHO-K1 细胞增殖的作用，由此推测，MRJPs 对该细胞的促增殖作用可能与其促进细胞 DNA、蛋白质及酶合成有关。拉曼光谱分析显示，MRJPs 并未显著改变细胞内物质的结构和含量，也没有引起细胞突变，从而证实了 MRJPs 在一定程度上具有替代胎牛血清的产业化潜力。鉴于我国是蜂王浆生产和出口的主要国家，这项研究为蜂王浆的深加工开辟了新的可能性。

（二）王浆酸

10-羟基-2-癸烯酸（10-Hydroxy-2-decenoic acid，简称 10-HDA），亦称王浆酸或蜂王酸，是蜂王浆中独有的成分，同时也是其主要成分之一，被视为衡量蜂王浆品质的关键指标。该化合物首次于 1921 年在工蜂的下颌腺中被发现。直到 1957 年，科学家 Butenandt 和 Rembold 才成功地从蜂王浆中提取出 10-HDA。10-HDA 在蜂王浆中能够稳定存在，其含量不会因蜂王浆储存条件的变化而显著波动，因此它常被用作评价蜂王浆质量的标准。根据我国国家标准《蜂王浆》（GB 9697-2008）的规定，蜂王浆中 10-HDA 的浓度不得低于 1.4%。

10-HDA 是一种由十个碳原子构成的不饱和羟基脂肪酸（图 1-5），其结构特征在于一端附有羟基，而另一端则附有羧基。值得注意的是，该分子在第二个碳原子的位置上含有一个双键，这种独特的结构仅在蜂王浆中被发现。王浆酸的化学式为 $HO \cdot CH_2 \cdot (CH_2)_6 \cdot CH=CH \cdot COOH$（$C_{10}H_{18}O_3$），其分子量为 186.25。

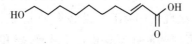

图 1-5　10-HDA 的化学结构

王浆酸在室温和高温环境下均展现出卓越的稳定性，其分子结构几乎不受破坏，即便在极端的高温条件下也能保持稳定。1981 年日本琦玉养蜂株式会社的研究部门发现，即使经过 130℃的高温处理 60 分钟，王浆酸仍能几乎完整地保存下来，其残存率高达 96.6%。这一发现证明了王浆酸即使在高温环境下也具有极高的稳定性，为它在多种环境下的应用提供了坚实的保障（程坤，2024）。

10-HDA 作为蜂王浆中关键的活性成分，展现出多种生理活性，包括抗菌消炎、增强免疫力、降血脂以及抗肿瘤等功效。

王瑞明等（2013）为了确定 10-HDA 的抗菌性能及其作用机制，运用了牛津杯法和倍半稀释法进行了抗菌活性的测定实验。实验结果表明，10-HDA 对多种病原菌展现出显著的抑制效果，显示出其广谱的抗菌活性，并且随着 10-HDA 浓度的升高其抗菌效果也明显增强。特别是对枯草芽孢杆菌，其最小抑菌浓度被确定为 0.62mg/mL。进一步的研究表明，10-HDA 通过与细菌基因组 DNA 的结合，干扰了 DNA 的合成过程，从而实现了其抗菌作用。李俊霖等（2014）通过倍半稀释法确定了 10-HDA 对金黄色葡萄球菌的最小抑菌浓度为 0.062mg/mL。进一步的研究揭示了其抑菌机制：10-HDA 增加了金黄色葡萄球菌细胞膜的通透性，破坏了细菌的正常形态和代谢活性，从而抑制了细胞的生长，并最终导致了细菌的死亡。Cai et al.（2018）应用大鼠血管平滑肌细胞（VSMCs）模型发现，10-HDA 能通过下调 NF-κB 和 MAPK 信号通路显著减轻血管紧张素 Ⅱ 诱导的炎症反应。

Vucevic et al.（2007）利用大鼠树突状细胞（DC）与 T 细胞的共培养模型，研究发现 10-HDA 能够靶向树突状细胞，从而抑制异基因 T 细胞的增殖以及白介素 -2（IL-2）的产生。此外，10-HDA 还能够抑制抗原特异性免疫反应，展现出其免疫调节活性。研究进一步阐明了 10-HDA 的免疫调节能力与其化学结构和浓度之间存在相关性。

Takahashi et al.（2012）的研究揭示了 10-HDA 对干扰素 -γ（IFN-γ）诱导的一氧化氮生成具有抑制效果。此外，10-HDA 还能够抑制 IFN-γ 诱导的肿瘤坏死因子 α（TNF-α）的产生以及核因子 -kB（NF-kB）的激活，并且能够抑制干扰素调节因子 IRF-8 的诱导，而不影响基因启动子上的 IFN-γ 激活位点（CAS）。基于这些发现，10-HDA 被认为可以作为一种免疫调节药物，用于治疗依赖 IRF-8 基因调控的自身免疫或炎症性疾病。

Pandeya et al.（2019）对蜂王浆在脂肪样细胞系（3T3-L1 脂肪前体细胞）中的抗脂肪生成活性进行了研究，并成功分离出了该活性成分。研究结果显示，10-HDA 能显著减少甘油三酯的积累和活性氧（ROS）的产生。此外，研究证实了蜂王浆中主要的抗脂肪成分是 10-HDA，其作用机制涉及抑制 cAMP/PKA、p-Akt 和 MAPK 依赖性的胰岛素信号传导途径。基于这些发现，10-HDA 被认为是治疗肥胖症的潜在药物候选。

Lin et al.（2020）研究发现，10-HDA 能够有效地激活肺癌细胞的 ROS 水平升高，进而影响丝裂原活化蛋白激酶（MAPK）、信号转导和转录激活因子 3（STAT3）、NF-κB 和蛋白激酶 B（PKB）等信号通路，从而促进细胞的凋亡，并且可以抑制肿瘤的转移。此外，它还可以通过调节线粒体依赖性凋亡和转化生长因子 -β（TGF-β）信号通路，有效地促进肿瘤细胞凋亡、抑制肿瘤细胞增殖，并阻止其迁移，从而达到治疗肺癌的目的。

（三）乙酰胆碱

据日本学者的测定，每 100g 蜂王浆中含有 95.8mg 的乙酰胆碱。这意味着蜂王浆中的乙酰胆碱（图 1-6）不必经过体内合成过程即可被神经细胞直接吸收和利用，这对于那些存在合成障碍的人群尤为有益，特别适合身体虚弱者用以增强智力和记忆力。因此，定期摄入蜂王浆有助于提升大脑中的乙酰胆碱水平，进而促进大脑神经传导功能的激活，加快信息传递速度，强化记忆能力，全面优化脑部功能，并有助于延缓衰老过程。Wei et al.（2009）提出了一种结合毛细管电泳分离与电致化学发光检测技术的方法，用于检测蜂王浆中的乙酰胆碱含量。研究结果表明，蜂王浆中的乙酰胆碱含量为（912±58）μg/g。

在人类大脑中，神经元之间的交流依赖于神经递质。在这些递质中，乙酰胆碱扮演着关键角色，它是连接大脑神经元的主要信使。如果缺乏乙酰胆碱，神经元之间的沟通就会受阻。随着年龄的增长，大脑组织中的乙酰胆碱水平显著下降。此外，乙酰胆碱的不足还会加速脑细胞的退化过程，导致记忆力减退，并可能引发老年性痴呆症。

乙酰胆碱不仅与老年性痴呆症相关，它还控制和调节着人体所有骨骼肌的运动、内脏活动、多种腺体的分泌、神经传导、感觉感知以及记忆和思维活动。此外，乙酰胆碱在调节神经功能状态、维持肌肉张力以及参与实现神经营养功能方面也发挥着重要作用。乙酰胆碱系统的功能异常可能引发多种疾病，甚至致命的中毒反应（筱葵等，2002）。

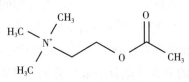

图 1-6 乙酰胆碱的化学结构

（四）胰岛素样多肽

胰岛素是由胰腺内的胰岛 B 细胞产生的，其基因表达的直接结果是前胰岛素原。通过去除信号肽，前胰岛素原转变为胰岛素原，最终经过加工形成胰岛素和 C 肽。在控制机体生长和代谢方面，胰岛素发挥着至关重要的作用，其主要功能包括降低血液中的葡萄糖浓度，推动糖原、脂肪和蛋白质的合成，调节细胞的生长与存活以及抗炎和抗动脉粥样硬化。对于 1 型糖尿病患者以及那些遭受胰岛功能损害的 2 型糖尿病患者而言，胰岛素的补充是不可或缺的（史旃桢等，2017）。

Dixit et al.（1964）发现蜂王浆中有胰岛素样多肽的活性物质。Kramer et al.（1982）报告了从昆虫血淋巴和蜂王浆中提取并纯化胰岛素的研究。在西方蜜蜂的蜂王浆中，通过酸性提取、离子交换层析、凝胶渗透层析以及亲和层析技术，成功纯化了胰岛素样多肽。研究发现，每克蜂王浆中含有相当于 25pg 猪胰岛素的活性物质。西方蜜蜂的胰岛素样多肽在溶解性、层析行为、免疫反应性以及生物学活性方面与脊椎动物的胰岛素具有相似性。这些发现表明，蜜蜂的胰岛素与脊椎动物的胰岛素在结构上具有相似之处。Münstedt et al.（2009）探讨了蜂王浆摄入对健康个体葡萄糖代谢的作用。在临床试验中，他们发现蜂王浆内含的胰岛素样多肽能够调节健康个体的葡萄糖代谢。

（五）磷酸化合物

三磷酸腺苷（ATP）、二磷酸腺苷（ADP）和单磷酸腺苷（AMP）是生物体代谢的能量源泉，是参与遗传信息贮存、遗传与表达的核酸"构件"分子。蜂王浆是由哺育蜂头部咽下腺和上颚腺共同分泌的黏性物质，作为腺体分泌物，蜂王浆中含有一定量的磷酸腺苷。蜂王浆中含有磷酸化合物 2~7mg/g，其主要组成是能量代谢不可缺少的 ATP。ATP 作为细胞的能量源泉，能够加强调节机体代谢，提高身体素质，对防治动脉硬化、心绞痛、心肌梗死、肝脏病、胃下垂等病症也有显著的疗效和较强的补益作用（陈兰珍等，2008）。

当 ATP 发生水解时，AMP 能够通过细胞膜上的核苷酸酶去除磷酸基团，转化为腺苷。腺苷随后能够直接进入心肌细胞，并通过磷酸化过程生成腺苷酸，从而参与血管扩张，增加冠状动脉血流量以及调节心肌的能量代谢。这一过程表明，蜂王浆中的磷酸化合物可能对心血管系统具有保护作用（潘永明，2019）。

Hattori et al.（2006）从蜂王浆中分离出活性成分，鉴定为 AMP 和单磷酸腺苷 N_1 氧化物（AMP N_1-oxide）。从引发活性所需的最小浓度来看，AMP N_1-oxide 的活性是 AMP 的 20 倍以上。AMP N_1-oxide 抑制了大鼠肾上腺嗜铬细胞瘤 PC12 细胞的增殖并刺激成熟神经元上特异蛋白的表达，证明 AMP N_1-oxide 能诱导 PC12 细胞的神经元分化。AMP N_1-oxide 是蜂王浆的关键活性成分，在蜂王浆以外的天然产物中并未发现。

陈波（2013）从蜂王浆的醇溶性成分中成功分离出 AMP 和 ADP。对这些分离出的化合物——AMP、ADP、3，10-DDA（3，10- 二羟基癸酸）以及 10-HDA（10- 羟基癸烯酸）的抗氧化活性进行比较研究，结果表明，它们的总抗氧化能力表现为：3，10-DDA > AMP > ADP > 10-HDA。此外，清除 DPPH 自由基的能力表现为：AMP > ADP > 3，10-DDA > 10-HDA。

吴黎明等（2015）开发了一种新颖的蜂王浆新鲜度检测技术。该技术基于 ATP 及其降解产物的测定，包括 ADP、AMP、肌苷（HxR）、单磷酸肌苷（IMP）、次黄嘌呤（Hx）、腺苷（Ao）和腺嘌呤（Ai）。通过计算腺苷、腺嘌呤、肌苷和次黄嘌呤的总含量与所有检测物质含量总和的比率，能够评估蜂王浆的新鲜度（Wu et al.2015）。

（六）超氧化物歧化酶及酶类

蜂王浆富含多种酶类蛋白质，包括胆碱酯酶、超氧化物歧化酶（SOD）、葡萄糖氧化酶（GOD）、碱性磷酸酶、酸性磷酸酶、转氨酶、抗坏血酸酶、淀粉酶和脂肪酶等。这些酶对人体发挥着至关重要的生理作用（潘永明，2019）。其中主要的酶是 SOD 和

GOD（齐旦旦，2012）。

SOD 是一种能够直接且特异性地消除超氧化自由基的抗氧化酶。它能显著减少超氧阴离子对细胞的毒性影响，并具有抗衰老、抗肿瘤以及抗辐射等多种生理功能（杨焱等，2022）。闵丽娥等（2000）运用改良的邻苯三酚自氧化法对蜂王浆中的 SOD 活性进行了测定，测得的活性值为 889.57 U/g。

GOD 作为一种需氧脱氢酶，能够催化葡萄糖转化为葡萄糖酸，并促使 NADP 转变为人体所需的供氢体 NADPH+H。这一过程在脂质合成和生物转化中扮演着至关重要的角色。吴粹文等（1990）研究发现，新鲜蜂王浆中的 GOD 活性介于 3.3~3.8U/g。此外，GOD 的活性会随着储存温度和时间的改变而发生变化，因此，GOD 活性也可以作为评估蜂王浆新鲜度的一个重要指标（吴粹文和张复兴，1990）。张波等（2007）的研究表明，GOD 对温度极为敏感。随着储存温度的升高，其活性迅速下降。例如，在 25℃的条件下保存 30 天后，GOD 的活性会降至 0.5U/g。

第三节　蜂花粉中的营养成分

我国是全球蜂花粉的主要生产国，年产量高达 1 万吨，其中超过一半的产品出口到世界各地。得益于我国蜂花粉产量的丰富以及单一花粉纯度显著高于其他国家，我国在蜂花粉国际市场上占据了重要的领导地位。

一、蜂花粉中的活性成分概述

蜂花粉蕴含至少 200 种具有生物活性的成分，其主要构成包括蛋白质、氨基酸、黄酮类化合物、活性酶、脂质、蜂花粉素、维生素、微量元素以及核酸等（刘莹，2023）。蜂花粉的生物活性多样性与其所含的活性物质密切相关，详见表 1-2（李岚涛，2022）。

表 1-2　蜂花粉的生物活性物质研究

来源	活性物质	实验类型	生物活性
意大利莢蒾蜂花粉	多酚；水溶性维生素；氨基酸	体外	抗氧化
摩洛哥樟子松蜂花粉	总酚；总黄酮	动物	预防糖尿病引起的血脂异常和肝肾损伤
斯洛伐克向日葵蜂花粉	羟基肉桂酸	体外	抗真菌
巴西慈竹蜂花粉	多酚；类黄酮	体外+动物	抗炎；抗氧化
中国枸杞蜂花粉	多糖	体外	抗氧化；免疫调节
中国玫瑰蜂花粉	多糖	体外	抗肿瘤
中国枸杞蜂花粉	多糖	动物	预防治疗前列腺癌
中国荞麦蜂花粉	多酚；多糖	体外	抗氧化；降血糖
中国茶树蜂花粉	多酚	体外	降血糖
智利油菜花粉	总酚	体外	抗氧化；保肝；抗脂肪变性
中国山楂蜂花粉	水溶性多糖	体外	免疫调节
中国油菜蜂花粉	多酚	体外+动物	抗炎；调节肠道菌群

（一）碳水化合物

蜂花粉中碳水化合物的含量在不同种类间存在显著差异，其中巴西产的含羞草蜂花粉含量最低，为 18.50%；西班牙蓝蓟为主的蜂花粉含量最高，达到 84.25%。蜂花粉中的碳水化合物主要由果糖、蔗糖和葡萄糖构成，其中还原糖占据主导地位。此外，蜂花粉还富含多糖。多项研究指出，蜂花粉多糖中的单糖组成主要包括鼠李糖、木糖、阿拉伯糖、葡萄糖和半乳糖，而甘露糖和葡萄糖醛酸的含量相对较低（李岚涛等，2022）。此外，蜂花粉还富含膳食纤维和低聚糖。这些膳食纤维主要源自蜂花粉表层的孢子聚素、纤维素、半纤维素以及果胶等成分。蜂花粉的总膳食纤维含量介于 17.60%~31.26%

之间（Yang et al.2013）。

（二）蛋白质和氨基酸

蜂花粉的蛋白质含量通常占其干重的 7%~40%，这一比例因品种不同而存在显著差异。此外，蜂花粉还富含 10.4% 的必需氨基酸，这些氨基酸包括蛋氨酸、赖氨酸、苏氨酸、组氨酸、亮氨酸、异亮氨酸、缬氨酸、苯丙氨酸和色氨酸等（吐汗姑丽·托合提，2020）。

牛德芳等（2021）对 7 种蜂花粉的营养成分及其提取物的抗氧化活性进行了研究。研究结果显示，这 7 种蜂花粉中均检测出了 17 种水解氨基酸，且总必需氨基酸占总氨基酸（EAA/TAA）的比例介于 34.20% 至 37.74% 之间，这一比例与联合国粮农组织和世界卫生组织推荐的参考蛋白模式相符。此外，不同蜂花粉的这一比值显示出相对的稳定性。其中，油菜蜂花粉的 EAA/TAA 比值最高，达到（37.74±0.25）%。基于这些发现，蜂花粉特别是油菜蜂花粉被认为是理想的必需氨基酸来源。

（三）脂质和脂肪酸

蜂花粉中的脂类活性成分构成了其三大主要组分之一，仅次于碳水化合物和蛋白质。由于蜂花粉种类繁多，其脂肪酸、磷脂和甾醇的含量也存在差异。研究显示，每 100g 干重蜂花粉的总脂质含量介于 1 至 13g 之间。在蜂花粉中，已鉴定出 14 种不同的脂肪酸，其中包括 α-亚麻酸、亚油酸、棕榈酸和油酸等。蜂花粉中 ω-6 和 ω-3 多不饱和脂肪酸的比例接近 1∶1，而 ω-3 脂肪酸的含量甚至超过了新鲜蔬菜，使其成为 ω-3 脂肪酸的一个优质来源，对促进身体健康具有显著益处（李岚涛等，2022）。

张红城等（2009）对 8 种蜂花粉中的脂肪酸含量进行了研究。通过气相色谱－质谱联用（GC-MS）技术测定，发现这 8 种蜂花粉的粗脂肪含量介于 1% 至 6% 之间，其中莲花花粉的含量最高，蚕豆花粉最低。除了莲花花粉外，其他 7 种蜂花粉中不饱和脂肪酸的含量均超过 40%。研究还表明，当不饱和脂肪酸（PUFAs）与饱和脂肪酸（SFAs）的比例大于 1 时，预防心脑血管疾病的保健效果显著。

Li et al.（2017）基于四级杆－静电场轨道阱高分辨质谱联用技术建立了蜂花粉脂质组学的系统分析方法，鉴别了 3 种主要蜂花粉（油菜、茶花、荷花）的脂质成分差异。通过该方法首次鉴定得到 9 大类脂质（包括 41 种磷脂酰胆碱，43 种磷脂酰乙醇胺，9 种磷脂酰甘油，10 种磷脂酰丝氨酸，12 种溶血磷脂酰胆碱，8 种神经酰胺，27 种甘油二酯，137 种甘油三酯和 47 种脂肪酸）。此外，这三种植物来源的花粉的脂质提取物被首次发现具有良好的体外抗炎活性，其抗炎活性可能与蜂花粉脂质提取物中富含的磷脂和不饱和脂肪酸有关，为蜂花粉的深入开发与应用提供了依据。

（四）矿物质和维生素

在矿物质领域，蜂花粉贡献了超过 30 种不同的元素，其中包括人体所需的 14 种微量元素和主要元素，例如钾、钙、磷、铁、锌、铜、锰等。

蜂花粉是多种维生素的丰富来源，被誉为自然界的维生素宝库。特别是 B 族维生素，在蜂花粉中的含量尤为显著，包括维生素 B_1、B_2、B_3、B_5、B_6、胆碱和肌醇等成分。此外，蜂花粉中还含有胡萝卜素、类胡萝卜素以及维生素 A、C、D、E、K 和 P 等。

（五）其他成分

蜂花粉的另一个显著特点是它含有高达 90 种的酶类，这些酶包括蛋白酶、脂肪酶、淀粉酶、磷酸酶、过氧化氢酶、纤维素酶、果胶酶和还原酶等，它们在维持生物体内的多种生化反应中扮演着重要角色（刘莹，2023）。

除了上述营养成分，蜂花粉还富含多种多酚化合物，涵盖了酚酸、黄酮和酚胺等类别。它展现出多种生理和药理活性，例如抗氧化、增强免疫力、降血糖、降血脂、抑制肿瘤生长、抗炎、延缓衰老、保护肝脏健康以及对抗前列腺炎等（蔡雯雯，2024）。

二、蜂花粉中的多酚类化合物

（一）酚酸

在蜂花粉中，已鉴定出 18 种酚酸和 3 种酚类葡糖苷。其中，香豆酸、没食子酸、咖啡酸、三羟基肉桂酸和阿魏酸是最为普遍的，这些化合物在不同植物来源及不同地理区域的蜂花粉中均有检出。尽管蜂花粉中含有这些酚类物质，不过它们的含量普遍较低，许多化合物的浓度低于定量检测的限度。在所检测的化合物中，肉桂酸和鞣花酸的含量最高，分别达到 13mg/100g 和 28mg/100g。然而，有最新的研究对我国 20 种不同单花蜂花粉的植物化学成分进行了分析，结果表明蜂花粉中并未发现游离的酚酸；相反，酚酸在蜂花粉中是以酚胺的结合形式存在（Qiao et al.2023）。

（二）酚胺

从结构上分析，酚胺是由一种或多种羟基肉桂酸（例如对香豆酸、阿魏酸和咖啡酸）通过酰胺键与多胺（如腐胺、尸胺、亚精胺和精胺）连接形成的化合物。酚胺的多样性主要源于羟基肉桂酸的种类变化以及多胺上 1~4 个 N– 取代位置的不同。研究揭示，蜂花粉中存在 70 种不同的酚胺成分，包括 9 种腐胺类、35 种亚精胺类、25 种精胺类和 1 种胍丁胺类。特别值得注意的是，至少有 28 种酚胺仅在蜂花粉中发现。多项研究证实，蜂花粉富含酚胺，例如蒙古栎花粉含有 18 种酚胺，含羞草花粉含有 13 种酚胺，油菜花粉也含有 13 种酚胺。在哥伦比亚、意大利和西班牙的蜂花粉样本中，已鉴定出 18 种酚胺。Qiao et al.（2023）研究了 20 种中国蜂花粉中的酚胺类和黄酮苷类化合物，共鉴定出 64 种酚胺，其含量介于 1.50mg/g 至 39.02mg/g 之间；其中 11 种蜂花粉的酚胺含量超过总重量的 1%，尤其是玫瑰蜂花粉的酚胺含量高达 3.9%。此外，在几乎所有记录的蜂花粉样本中，三 –p– 香豆酰亚精胺在 7 种蜂花粉中的含量均超过 10mg/g，梨花蜂花粉中的酚胺含量最高，达到 26.89mg/g。因此蜂花粉是天然食物中最丰富的酚胺类物质来源。

酚胺对人体健康具有多种益处，包括对抗慢性前列腺炎和前列腺增生、抑制酪氨酸酶、预防糖尿病以及保护神经等。在蜂花粉的多种功能活性中，其对抗慢性前列腺炎和前列腺增生的功效是唯一被应用于医药领域的。油菜蜂花粉中含有的 10 种特殊酚胺可能是其发挥抗慢性前列腺炎和前列腺增生作用的关键。此外，研究揭示油菜花粉中的二 – 对香豆酰亚精胺对慢性非细菌性前列腺炎具有显著的抗炎效果。这表明，酚胺类化合物是蜂花粉抗前列腺疾病的物质基础（Qiao et al.2023）。

近年来的研究表明，几乎所有的酚胺类物质都展现出了强烈的抗酪氨酸酶活性。酪氨酸酶的催化反应是黑色素形成的关键步骤，因此酚胺能够有效阻止黑色素的生成，这也是蜂花粉具有美白效果的主要原因。酚胺的神经保护作用同样是当前研究的热点，在多种神经损伤模型中（包括帕金森病），酚胺均表现出显著的神经保护效果。

（三）黄酮类化合物

黄酮类化合物被认为是蜂花粉中主要的生物活性成分。蜂花粉中存在 98 种黄酮类化合物，其中 19 种为非糖基化的黄酮，79 种为糖基化的黄酮苷。在黄酮苷中，21 个是异鼠李素糖苷，16 个是槲皮素糖苷和 15 个山奈酚糖苷。黄酮类化合物的糖基化使其活性降低、极性增强，保护了细胞免受细胞质损伤，并确保黄酮类化合物在细胞液泡内的储存安全。此外，在巴西和意大利的蜂花粉中还鉴定出 11 种花青素，包括 3 种花青素苷、4 种飞燕草苷、2 种矮牵牛苷以及万寿菊苷和天竺葵苷各 1 种（De–Melo et al.2018）。

黄酮类化合物构成了自然界中一类关键的天然有机化合物，它们是植物在漫长的自然选择过程中形成的次生代谢产物。这些化合物不仅展现出卓越的化学反应性，还具备多种重要的药理活性。它们与蜂花粉在清除自由基、降低血压、改善血脂水平以及在糖尿病和前列腺炎的治疗与预防方面有着直接的关联（薛茗阁等，2015）。

蜂花粉中的黄酮类化合物能够与自由基结合，形成稳定的半醌式自由基结构，有效清除自由基，发挥抗过氧化作用（马双琴，2016）。

杨佳林等（2010）通过薄层色谱法成功分离了蜂花粉酸解液中的黄酮醇，并对其抗氧化性能进行了深入研究。研究结果显示，经过酸解处理的蜂花粉产生了槲皮素和山奈酚，这两种化合物相较于它们的糖苷形式，展现出了更强的 DPPH 自由基清除活性。

杨阳等（2011）的研究揭示了黄酮类化合物黄芩素和山奈酚能够抑制由肝毒性物质引起的 L–02 细胞和小鼠原代肝细胞的毒性效应，显示出其具有潜在的抗氧化性保肝活性。

郭雪微等（2011）研究了油菜蜂花粉中的黄酮类化合物对血脂异常、糖尿病以及脑梗死患者的血脂、血糖和炎性因子的影响以及其抗氧化作用。研究结果表明，在连续服用油菜蜂花粉黄酮类化合物两个月后，血脂异常组、糖尿病组和脑梗死组的甘油三酯

（TG）、白细胞计数（WBC）、血小板计数（PLT）、高敏 C 反应蛋白（hs-CRP）和丙二醛（MDA）水平显著降低，而高密度脂蛋白胆固醇（HDL-C）水平则显著升高。此外，血糖、总胆固醇（TC）和低密度脂蛋白胆固醇（LDL-C）水平也有所下降。尽管健康对照组的各项指标也出现了波动，且未达到统计学意义，但可以明确的是，油菜蜂花粉中的黄酮类化合物在一定程度上具有改善血脂、抗炎和抗氧化的积极作用。

三、蜂粮的营养成分及其生物活性

蜜蜂采集的花粉团被卸载于巢房内，经过蜜蜂的咬碎、用蜜液湿润、夯实以及封存，最终在微生物的作用下经历一段时间的发酵，形成了蜂粮——一种蜂花粉的酿制物。蜂粮不仅是蜂群中幼虫、工蜂和雄蜂成蜂的主要食物来源，也是蜂群生存和繁衍所依赖的关键蛋白质营养源。它含有丰富的蛋白质、必需氨基酸、糖类、脂肪酸（包括 ω-3 和 ω-6 脂肪酸），以及维生素、微量元素、多酚化合物、生物活性肽等活性成分，被誉为天然的抗氧化剂。研究显示，蜂粮具有抑菌、降低血脂和血糖、抗肿瘤、抗氧化、增强机体免疫力以及调节肠道微生物组成等多种功效（陆曹阳等，2024）。

由于花粉粒的孢壁坚固，人体对花粉中的营养成分吸收利用受到限制。蜂粮是经过微生物发酵的蜂花粉，发酵过程中花粉外壁被酶解，从而实现了破壁的效果。使用蜂粮代替蜂花粉，可以显著提高营养成分的消化率和生物利用度（李佳丽等，2023）。

第四节　蜂产品中的天然激素

蜂胶富含多种生物活性物质，然而迄今为止，尚未有研究发现其中含有激素成分。2010 年 8 月，国家兴奋剂及运动营养测试研究中心对蜂胶超临界 CO_2 提取物进行了检测。检测结果表明，雌酮、雌二醇、雌三醇、己烯雌酚等雌性激素以及睾酮、甲基睾酮等雄性激素和孕酮等孕激素在提取物中均未检出。

蜂产品中的蜂王浆和蜂花粉这两种产品含有天然激素。蜂王浆中含有的激素是内源性的，属于动物性食品中的天然成分，与化学合成激素不同，适量摄入对身体健康有益。此外，蜂王浆中的激素含量实际上非常低。根据杜玉川等人的研究，每 100g 新鲜蜂王浆中含有 0.4167μg 的雌二醇、0.1082μg 的睾酮和 0.11666μg 的孕酮。若每天摄入 5g 蜂王浆，一个月内人体吸收的激素总量仅为 1.2μg。以人体激素的安全摄入量标准 5000~7000μg 来衡量，蜂王浆中的激素含量几乎可以忽略不计，因此它是非常安全的食品选择（刘朋飞，2014）。

基于陈明虎等（2014）、曹金松等（2005）、谭欣同（2010）的研究，对蜂王浆、牛羊肉以及乳制品的激素情况进行了统计，详见表 1–3。

表 1–3　蜂王浆、牛羊肉以及乳制品的激素研究

	蜂王浆		牛羊肉	羊肉	牛奶	牛初乳	其他
	蜂王浆	蜂王浆冻干粉					
雌二醇	4.167ng/g	0.437~0.675ng/g	38~1670ng/g	—	—	放射免疫法测得奶牛分娩后初乳中雌激素总量约 1~2ng/mL	不同季节的生鲜羊乳、生鲜牛乳、生鲜水牛乳中孕酮和雌酮被检出，含量范围分别在未检出~8.08ng/g 和未检出~4.52ng/g
睾酮	1.082ng/g	0.33~1.1ng/g	—	—	20~150ng/g		
孕酮	1.167ng/g	2.6~5.6ng/g	—	650ng/g	—		

张文文（2017）针对我国 6 个主要蜂王浆产区的 237 批次样品进行了雌激素分析，结果显示蜂王浆中检出的 4 种雌激素以 β– 雌二醇为主，同时只有少量 α– 雌二醇、雌三醇和雌酮。此外，88.0% 以上的阳性样品中雌激素含量为 1.0μg/kg，而 75% 以上的阳性样品中雌激素含量低于 0.25μg/kg。因此，若一个体重 60kg 的成年人希望达到欧盟推荐的雌二醇每日容许摄入量 $[(5 \times 10^{-5})\text{mg}/(\text{kg} \cdot \text{d})]$，则每天应食用 3kg 蜂王浆（假设雌二醇含量为 1.0μg/kg）。

此外，根据王开发等（2004）在上海同济大学进行的研究数据显示，向日葵花粉中雌二醇的含量为 24.8pg/g（换言之，每 100g 向日葵花粉中含有 0.00248μg 的雌二醇），玉米花粉中的含量为 73pg/g，紫云英花粉为 8.80pg/g，而板栗花粉则为 144.40pg/g。

至于花粉中的睾酮含量，油菜花粉为 0，油松花粉为 27.37ng/g（即每 100g 油松花粉中含有 2.737μg 的睾酮），银杏花粉为 86.88ng/g，兰州百合花粉则为 243.55ng/g。以上研究结果表明，花粉中的激素含量普遍非常低，对人体健康的影响可以忽略不计。因此，消费者可以放心食用这些天然蜂产品，安心享受它们带来的健康益处。

参考文献

鲍佳益，于心雨，祝梅斐，等，2024. 蜂胶酚类化合物缓解高脂饮食诱导非酒精性脂肪性肝病的作用效果及机制研究进展［J］. 食品科学，45（19）：332-341.

蔡雯雯，董捷，乔江涛，等，2024. 蜂花粉中多酚类化合物的研究进展［J］. 中国蜂业，75（04）：36-42.

曹劲松，李意，2005. 初乳、常乳及其制品中的雌性激素［J］. 中国乳品工业，（09）：7-11.

陈波，2013. 蜂王浆醇溶性物质分离及其活性研究［D］. 无锡：江南大学.

陈兰珍，李桂芬，薛晓锋，等，2008. 蜂王浆中磷酸腺苷的提取及超高效液相色谱分析［J］. 色谱，（06）：736-739.

陈明虎，陈坤，2014. 蜂王浆激素论的由来与真相［J］. 蜜蜂杂志，34（12）：31-34.

程虹，2015. 天然"药库"蜂胶［J］. 食品安全导刊，（08）：72-73.

程坤，2024. 10- 羟基 -2- 癸烯酸对大鼠的生殖毒性与致畸作用研究［D］. 扬州：扬州大学.

范埃米，张翠平，卢媛媛，等，2024. 蜂胶中的黄酮类化合物［J］. 福建农林大学学报（自然科学版），53（01）：123-128.

付宇新，2010. 中国不同地区蜂胶挥发油的化学组成及生物活性［D］. 南昌：南昌大学.

龚上佶，2011. 中国不同地区蜂胶元素含量测定及红外光谱分析［D］. 南昌：南昌大学.

郭芳彬，2000. 蜂王浆中的记忆物质——乙酰胆碱［J］. 蜜蜂杂志，（08）：21.

郭雪微，卢梃，鲍艳江，等，2011. 油菜蜂花粉黄酮类化合物抗氧化等作用的临床观察［J］. 北京中医药，30（07）：488-491，509.

胡元强，2023.《蜂王浆生产技术规范》国家标准解读［J］. 蜜蜂杂志，43（05）：49-51.

黄文诚，1999. 蜂胶中杀癌物质的分离和定性［J］. 中国养蜂，（05）：22.

李佳丽，熊剑，曹喆，等，2023. 蜂粮的化学成分和生物活性概述［J］. 中国蜂业，74（05）：56-57.

李俊霖，杨晓慧，王腾飞，等，2014. 10-HDA 对金黄色葡萄球菌的抑菌机理研究［J］. 中国食品学报，14（12）：73-79.

李岚涛，王宏，白卫东，等，2022. 蜂花粉活性成分、生物活性及破壁技术研究进展［J］. 食品工业科技，43（23）：408-417.

李雅晶，胡福良，陆旋，等，2011. 蜂胶中挥发性成分的微波辅助提取工艺研究及中国蜂胶、巴西蜂胶挥发性成分比较［J］. 中国食品学报，11（05）：93-99.

刘朋飞，2014. "激素论"误导消费者蜂王浆内销市场大幅下滑行业发展面临挑战［J］. 农业工程技术（农产品加工业），（10）：26-27.

刘雪艳，查代君，2021. 咖啡酸苯乙酯药理活性及分子机制研究进展［J］. 福建医科大学学报，55（06）：570-574.

刘莹，2023. 浅谈蜂产品的化学成分和生物学功能［J］. 中国蜂业，74（12）：68-71.

卢媛媛，魏文挺，胡福良，2013. 超临界CO_2流体萃取技术在蜂胶提取中的应用［J］. 食品工业科技，34（19）：364-368.

陆曹阳，杨麒楠，张翠平，等，2024. 蜂粮的营养成分生物学活性及应用研究［J］. 中国蜂业，12：62-66.

马双琴，2016. 蜂花粉中黄酮类化合物提取新方法研究［D］. 福州：福建农林大学.

闵丽娥，刘克武，杨守忠，等，2000. 超氧化物歧化酶在几种蜂产品中的活性及抗氧化作用［J］. 蜜蜂杂志，（08）：6-7.

倪辉，陈申如，2001. 微量活性成分是蜂王浆的主要保健成分［J］. 养蜂科技，（1）：7-9.

牛德芳，刘萍，张翠平，等，2021. 蜂花粉营养成分及其提取物抗氧化活性研究［J］. 食品科技，46（08）：192-198.

潘永明，2019. 蜂王浆对高胆固醇饮食致兔动脉粥样硬化和阿尔茨海默病的影响及其机制［D］. 杭州：浙江大学.

齐旦旦，2012. 蜂王浆蛋白质、多肽生物活性及储藏过程中品质变化研究［D］. 杭州：浙江工商大学.

钱浩诚，蒋晨旻，陈华才，等，2018. 王浆主蛋白作为胎牛血清替代物培养中国仓鼠卵巢细胞CHO-K1的效果及作用机制［J］. 浙江大学学报（农业与生命科学版），44（01）：1-9.

秦凯鑫，潘露霞，王子龙，2023. 蜂王浆主蛋白研究进展［J］. 环境昆虫学报，45（4）：892-898

邵兴军，丁德华，毛日文，等，2009. 蜂胶流态化超临界CO_2萃取工艺研究及挥发油成分分析［J］. 中国蜂业，60（08）：12-14.

盛军，2013. 第八营养素［J］. 普洱，（01）：66-70.

史旖桢，胡福良，2017. 蜂王浆治疗糖尿病的作用机制研究进展［J］. 中国蜂业，68（06）：19-21.

苏晔，敬璞，丁晓雯，等，2000. 蜂王浆的化学成分生理活性及应用［J］. 农牧产品开发，（07）：11-12.

谭欣同，2016. 生鲜乳及乳制品中甾类激素残留分析方法研究［D］. 泰安：山东农业大学.

唐梦旋，陈莉莉，廖宁波，等，2021. 蜂胶提取物对诺如病毒的体外抑制作用研究［J］. 食品科学技术学报：39（02）：40-47.

吐汗姑丽·托合提，2020. 蜂花粉GAD酶催化能力及高静压处理蜂花粉的生物活性与代谢组学研究［D］. 南京：南京农业大学.

汪雪玉，2016. 蜂王浆主蛋白1-3的纯化鉴定及在储存过程中变化［D］. 北京：中国农业科学院.

王佳波，杨晶，王涛，等，2015. 超临界CO_2及辅助超声波在蜂胶萃取中的应用［J］. 中国西部科技，14（11）：108-109，5.

王开发，支崇远，2004. 花粉中雌二醇和睾酮含量研究［J］. 养蜂科技，（05）：2-3.

王凯，张翠平，胡福良，2013. 巴西绿蜂胶主要生物活性成分的研究进展［J］. 天然产物研究与开发，25（1）：140-145.

王瑞明，李俊霖，杨晓慧，等，2013. 10-HDA对枯草芽孢杆菌的抑菌机理研究［J］. 现代食品科技，29（08）：1862-1866.

王雪，罗照明，张红城，等，2015. 中国蜂胶胶源植物研究［J］. 江苏农业科学，43（11）：385-

392.

王月华，常化松，尹旭升，等，2017. 白杨素与咖啡酸苯乙酯抗肿瘤活性比较［J］. 天然产物研究与开发，29（6）：924-928，982.

吴粹文，张复兴. 1990. 贮存温度和时间对蜂王浆中葡萄糖氧化酶（GOD）活性影响的研究［J］. 中国养蜂，（05）：4-6.

吴娇，张世青，张凤龙，等，2020. 两种无刺蜂蜂胶乙酸乙酯提取物中总酚含量及其抗氧化性比较［J］. 江苏农业学报，36（04）：1036-1040.

筱葵，莉莲，2002. 老年性痴呆与乙酰胆碱——纪念脑内乙酰胆碱发现70周年［J］. 世界科学，（05）：45.

玄红专，李振，付崇罗，等，2013. 咖啡酸苯乙酯抗肿瘤活性的分子机制研究进展［J］. 食品研究与开发，34（11）：97-100.

薛茗阁，温苗苗，祁梦雅，等，2015. 油菜蜂花粉黄酮的研究进展［J］. 安徽农业科学，43（33）：165-167.

杨佳林，孙丽萍，徐响，等，2010. 油菜蜂花粉黄酮醇的测定及其抗氧化活性研究［J］. 食品科学，31（3）：79-82.

杨焱，胡九菊，李林霖，等，2022. 蜂王浆中超氧化物歧化酶的活性测定与应用［J］. 食品研究与开发，43（01）：180-185.

杨阳，周桂琼，王再勇，等，2011. 6种黄酮类化合物拮抗肝细胞毒性作用的比较［J］. 中国新药与临床杂志，30（04）：289-293.

尹洁，景玉宏，任银祥，等，2012. 咖啡酸苯乙酯对神经毒素诱导帕金森病模型神经元损伤的保护作用［J］. 中药药理与临床，28（1）：32-35.

张波，2007. 蜂王浆贮藏过程中品质和鲜活度的变化研究［D］. 福州：福建农林大学.

张翠平，牛德芳，胡福良，2024. 蜂王浆的化学组成及抗氧化作用研究［J］. 中国蜂业，75（06）：30-37.

张翠平，王凯，胡福良，2013. 蜂胶中的酚酸类化合物［J］. 中国现代应用药学，30（01）：102-105.

张红城，董捷，曲臣，等，2009. 八种蜂花粉中脂肪酸的测定及GC-MS分析［J］. 食品科学，30（24）：419-424.

张红城，赵亮亮，胡浩，等，2014. 蜂胶中多酚类成分分析及其抗氧化活性［J］. 食品科学，35（13）：59-65.

张文文，2017. 蜂王浆中类固醇激素化合物检测方法的开发和应用［D］. 北京：中国农业科学院.

张研，2023. 蜂胶中酚类物质分析方法的建立与应用［D］. 秦皇岛：燕山大学.

张艳，2023. 蜂王浆篇［J］. 中国蜂业，74（4）：15-16.

赵国华. 1999. 蜂王浆保健功能解析［J］. 蜜蜂杂志，（04）：18-19.

赵强，2007. 蜂胶中挥发油有效成分的研究［D］. 南昌：南昌大学.

Aga H, Shibuya T, Sugimoto T, et al., 1994. Isolation and identification of antimicrobial compounds in Brazilian propolis［J］. Bioscience, Biotechnology, and Biochemistry, 58（5）：945-946.

Akao Y, Maruyama H, Matsumoto K, et al., 2003. Cell growth inhibitory effect of cinnamic acid derivatives from propolis on human tumor cell lines［J］. Biological and Pharmaceutical Bulletin, 26（7）：

1057-1059.

Cai Q, Ji S, Sun Y, et al., 2018. 10-Hydroxy-trans-2-decenoic acid attenuates angiotensin II-induced inflammatory responses in rat vascular smooth muscle cells [J]. Journal of Functional Foods, 45: 298-305.

Chen Y, Wang J, Wang Y, et al., 2022. A propolis-derived small molecule ameliorates metabolic syndrome in obese mice by targeting the CREB/CRTC2 transcriptional complex [J]. Nature Communications, 13 (1): 246.

Collazo N, Carpena M, Nuñez-Estevez B, et al., 2021. Health promoting properties of bee royal jelly: Food of the queens [J]. Nutrients, 13 (2): 543.

Costa P, Almeida M O, Lemos M, et al., 2018. Artepillin C, drupanin, aromadendrin-4'-O-methyl-ether and kaempferide from Brazilian green propolis promote gastroprotective action by diversified mode of action [J]. Journal of Ethnopharmacology, 226: 82-89.

De-Melo A A M, Estevinho L M, Moreira M M, et al., 2018. Phenolic profile by HPLC-MS, biological potential, and nutritional value of a promising food: Monofloral bee pollen [J]. Journal of Food Biochemistry, 42 (5): e12536.

Dixit P K, PATEL N G, 1964. Insulin-like activity in larval foods of the honeybee [J]. Nature, 202 (4928): 189-190.

Fan P, Han B, Feng M, et al., 2016. Functional and proteomic investigations reveal major royal jelly protein 1 associated with anti-hypertension activity in mouse vascular smooth muscle cells [J]. Scientific Reports, 6 (1): 30230.

Feresin G E, Tapia A, Gimenez A, et al., 2003. Constituents of the Argentinian medicinal plant Baccharis grisebachii and their antimicrobial activity [J]. Journal of Ethnopharmacology, 89 (1): 73-80.

Gong S, Luo L, Gong W, et al., 2012. Multivariate analyses of element concentrations revealed the groupings of propolis from different regions in China [J]. Food Chemistry, 134 (1): 583-588.

Guo X, Chen B, Luo L, et al., 2011. Chemical compositions and antioxidant activities of water extracts of Chinese propolis [J]. Journal of Agricultural and Food Chemistry, 59 (23): 12610-12616.

Hao R, Song X, Li F, et al., 2020. Caffeic acid phenethyl ester reversed cadmium-induced cell death in hippocampus and cortex and subsequent cognitive disorders in mice: Involvements of AMPK/SIRT1 pathway and amyloid-tau-neuroinflammation axis [J]. Food and Chemical Toxicology, 144: 111636.

Hattori N, Nomoto H, Mishima S, et al., 2006. Identification of AMP N1-oxide in royal jelly as a component neurotrophic toward cultured rat pheochromocytoma PC12 cells [J]. Bioscience, Biotechnology, and Biochemistry, 70 (4): 897-906.

Kano Y, Horie N, Doi S, et al., 2008. Artepillin C derived from propolis induces neurite outgrowth in PC12m3 cells via ERK and p38 MAPK pathways [J]. Neurochemical Research, 33: 1795-1803.

Khan M N, Lane M E, McCarron P A, et al., 2018. Caffeic acid phenethyl ester is protective in experimental ulcerative colitis via reduction in levels of pro-inflammatory mediators and enhancement of epithelial barrier function [J]. Inflammopharmacology, 26: 561-569.

Kim B Y, Lee K S, Jung B, et al., 2019. Honeybee (Apis cerana) major royal jelly protein 4 exhibits antimicrobial activity [J]. Journal of Asia-Pacific Entomology, 22 (1): 175-182.

Kramer K J, Childs C N, Spiers R D, et al., 1982. Purification of insulin-like peptides from insect haemolymph and royal jelly [J]. Insect Biochemistry, 12 (1): 91-98.

Li Q, Liang X, Zhao L, et al., 2017. UPLC–Q–exactive orbitrap/MS–based lipidomics approach to characterize lipid extracts from bee pollen and their in vitro anti–inflammatory properties [J]. Journal of Agricultural and Food Chemistry, 65 (32): 6848–6860.

Lin X M, Liu S B, Luo Y H, et al., 2020. 10–HDA induces ROS–mediated apoptosis in A549 human lung cancer cells by regulating the MAPK, STAT3, NF–κB, and TGF–β$_1$ signaling pathways [J]. BioMed Research International, 2020 (1): 3042636.

Lin Y, Shao Q, Zhang M, et al., 2019. Royal jelly–derived proteins enhance proliferation and migration of human epidermal keratinocytes in an in vitro scratch wound model [J]. BMC Complementary and Alternative Medicine, 19: 1–16.

Liu ZL, Qiao D, Li HX, et al., 2024. S–methyl–L–cysteine sulfoxide as a characteristic marker for rape royal jelly: Insights from untargeted and targeted metabolomic analysis [J]. Food Chemistry, 437: 137880.

Matsuno T, Jung S K, Matsumoto Y, et al., 1997. Preferential cytotoxicity to tumor cells of 3, 5–diprenyl–4–hydroxycinnamic acid (artepillin C) isolated from propolis [J]. Anticancer Research, 17 (5A): 3565–3568.

M ü nstedt K, Bargello M, Hauenschild A, 2009. Royal jelly reduces the serum glucose levels in healthy subjects [J]. Journal of Medicinal food, 12 (5): 1170–1172.

N H, Abu–Serie M M, 2020. The potential antiviral effect of major royal jelly protein2 and its isoform X$_1$ against severe acute respiratory syndrome coronavirus 2 (SARS–CoV–2): Insight on their sialidase activity and molecular docking [J]. Journal of Functional Foods, 75: 104282.

Okamoto I, Taniguchi Y, Kunikata T, et al., 2003. Major royal jelly protein 3 modulates immune responses in vitro and in vivo [J]. Life Sciences, 73 (16): 2029–2045.

Pandeya P R, Lamichhane R, Lee K H, et al., 2019. Bioassay–guided isolation of active anti–adipogenic compound from royal jelly and the study of possible mechanisms [J]. BMC Complementary and Alternative Medicine, 19: 1–14.

Paulino N, Abreu S R L, Uto Y, et al., 2008. Anti–inflammatory effects of a bioavailable compound, Artepillin C, in Brazilian propolis [J]. European Journal of Pharmacology, 587 (1–3): 296–301.

Prashanth L, Kattapagari K K, Chitturi R T, et al., 2015. A review on role of essential trace elements in health and disease [J]. Journal of Dr. YSR University of Health Sciences, 4 (2): 75–85.

Qiao J, Feng Z, Zhang Y, et al., 2023. Phenolamide and flavonoid glycoside profiles of 20 types of monofloral bee pollen [J]. Food Chemistry, 405: 134800.

Qiao J, Zhang Y, Haubruge E, et al., 2024. New insights into bee pollen: nutrients, phytochemicals, functions and wall–disruption [J]. Food Research International, 178: 113934.

Quintaes K D, Diez–Garcia R W, 2015. The importance of minerals in the human diet [J]. Handbook of Mineral Elements in Food: 1–21.

Rocchetti G, Castiglioni S, Maldarizzi G, et al., 2019. UHPLC–ESI–QTOF–MS phenolic profiling and antioxidant capacity of bee pollen from different botanical origin [J]. International Journal of Food Science & Technology, 54 (2): 335–346.

Shahinozzaman M, Basak B, Emran R, et al., 2020. Artepillin C: A comprehensive review of its chemistry, bioavailability, and pharmacological properties [J]. Fitoterapia, 147: 104775.

Sorrenti V, Raffaele M, Vanella L, et al., 2019. Protective effects of caffeic acid phenethyl ester (CAPE) and novel cape analogue as inducers of heme oxygenase-1 in streptozotocin-induced type 1 diabetic rats [J]. International Journal of Molecular Sciences, 20 (10): 2441.

Stähli A, Maheen C U, Strauss F J, et al. , 2019. Caffeic acid phenethyl ester protects against oxidative stress and dampens inflammation via heme oxygenase 1 [J]. International Journal Of Oral Science, 11 (1): 6.

Stevens Y, Rymenant E V, Grootaert C, et al. , 2019. The intestinal fate of citrus flavanones and their effects on gastrointestinal health [J]. Nutrients, 11 (7): 1464.

Šturm L, Ulrih N P, 2020. Advances in the propolis chemical composition between 2013 and 2018: A review [J]. Efood, 1 (1): 24–37.

Szliszka E, Mertas A, Czuba Z P, et al. , 2013. Inhibition of inflammatory response by artepillin C in activated RAW264.7 macrophages [J]. Evidence-Based Complementary and Alternative Medicine, (1): 735176.

Szliszka E, Zydowicz G, Mizgala E, et al. , 2012. Artepillin C (3, 5-diprenyl-4-hydroxycinnamic acid) sensitizes LNCaP prostate cancer cells to TRAIL-induced apoptosis [J]. International Journal of Oncology, 41 (3): 818–828.

Takahashi K, Sugiyama T, Tokoro S, et al. , 2012. Inhibition of interferon-γ-induced nitric oxide production by 10-hydroxy-trans-2-decenoic acid through inhibition of interferon regulatory factor-8 induction [J]. Cellular Immunology, 273 (1): 73–78.

Takashima M, Ichihara K, Hirata Y, 2019. Neuroprotective effects of Brazilian green propolis on oxytosis/ferroptosis in mouse hippocampal HT22 cells [J]. Food and Chemical Toxicology, 132: 110669.

Tapia A, Rodriguez J, Theoduloz C, et al. , 2004. Free radical scavengers and antioxidants from Baccharis grisebachii [J]. Journal of Ethnopharmacology, 95 (2–3): 155–161.

Thakur M, Nanda V, 2020. Composition and functionality of bee pollen: A review [J]. Trends in Food Science & Technology, 98: 82–106.

Tian W, Li M, Guo H, et al. , 2018. Architecture of the native major royal jelly protein 1 oligomer [J]. Nature Communications, 9 (1): 3373.

Vucevic D, Melliou E, Vasilijic S, et al. , 2007. Fatty acids isolated from royal jelly modulate dendritic cell-mediated immune response in vitro [J]. International Immunopharmacology, 7 (9): 1211–1220.

Wei W, Wei M, Kang X, et al. , 2009. A novel method developed for acetylcholine detection in royal jelly by using capillary electrophoresis coupled with electrogenerated chemiluminescence based on a simple reaction [J]. Electrophoresis, 30 (11): 1949–1952.

Wu L, Chen L, Selvaraj J N, et al. , 2015. Identification of the distribution of adenosine phosphates, nucleosides and nucleobases in royal jelly [J]. Food Chemistry, 173: 1111–1118.

Wu L, Wei Y, Du B, et al. , 2015. Freshness determination of royal jelly by analyzing decomposition products of adenosine triphosphate [J]. Lwt-food Science And Technology, 63 (1): 504–510.

Yang K, Wu D, Ye X, et al. , 2013. Characterization of chemical composition of bee pollen in China [J]. Journal of Agricultural and Food Chemistry, 61 (3): 708–718.

Yasui N, Nishiyama E, Juman S, et al. , 2013. Caffeic acid phenethyl ester suppresses oxidative stress in 3T3-L1 adipocytes [J]. Journal of Asian Natural Products Research, 15 (11): 1189–1196.

第二章

蜂产品对主动健康的基
础作用：基于细胞健康
理论视角

第一节　西医学认为细胞健康是健康本质

西医学认为，世界上有数千种疾病存在，每种疾病都有不同的起因和疗法。这种多样性的认识导致了医学体系的复杂性，使得医生们往往依赖于标准化的诊疗流程来应对各种病症。澳大利亚著名的医学专家罗斯·沃克博士在他的最新著作《细胞因素》中指出，"一切疾病都源自细胞因素"。在本节里，我们将向您阐述一种关于健康和疾病的新理论，该理论提出，世界上并没有成千上万种不同的疾病，而只有一种根本问题——细胞故障。

那么，细胞为什么会出故障呢？我们如何确保身体中的每个细胞都处在最佳运行状态呢？20 世纪杰出的生化学家之一罗杰·J·威廉姆斯博士指出，"一般来说，身体的细胞会由于两种原因而死亡：其一，它们被自身不需要的东西毒害了；其二，因为自身得不到需要的东西。"

我们每个人体都是由超过 30 万亿个细胞组成的。人类的身体有 200 多种不同的细胞（如神经细胞、血液细胞、肌肉细胞、骨细胞等），它们构成多种不同类型的身体组织，让我们能够吃饭、呼吸、感觉、运动、思考和生殖繁衍。多种细胞联合起来构架起了生理结构和运作的"建筑砖瓦"（即器官和系统）。所有这些细胞彼此间传递信息，依赖这些信息，我们得以生存并保持健康。

当构成我们身体的细胞正常地执行其功能时，我们便具备了在不断变化的环境中生存和适应的能力。拥有正常运作的细胞，我们能够对物理、化学、生物以及情绪方面的各种压力展现出强大的抵抗力。我们每天都有能力修复受损的细胞，构建健康的新细胞（人体每秒可产生约一千万个新细胞），并有效地排除体内的病原微生物和毒素。这样，我们的身体便能维持在最佳的平衡状态，实现精神与肉体的和谐统一。

所以，关于健康和疾病的新理论认为，健康就是所有的细胞都以最佳方式运行的状态。疾病就是一大群出了故障的细胞共同作用的结果。健康管理就是防止细胞的损伤和给予细胞需要的营养。

第二节　细胞损伤与细胞再生

一、不平衡状态下的细胞适应和损伤

细胞是机体器官和组织的基本构成单元，其正常的生理活动依赖于营养的均衡供给以及适宜的生存环境，这些条件共同维护了生态平衡。

正常的细胞以及由其构成的组织、器官乃至整个机体，能够对持续变化的内外环境做出迅速响应，体现在代谢、功能以及结构的调整上。

当细胞、组织和器官遭遇轻度的营养或生态失衡持续刺激时，它们会显示出适应性反应。然而，如果这种营养或生态失衡的刺激超出了细胞和组织的适应限度，就可能引发损伤，这在代谢、功能和结构上都会有所体现。轻微的细胞损伤是可逆的，意味着一旦平衡得到恢复，受损的细胞能够恢复到正常状态。但是，若失衡情况严重或持续存在，可能会导致细胞损伤不可逆，最终导致细胞的死亡（图2-1）。

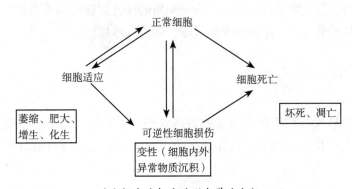

（方框内为相应的形态学改变）

图2-1　正常、适应、可逆性损伤和死亡细胞的关系

细胞正常、细胞适应、可逆性细胞损伤和细胞死亡是代谢、功能和结构上连续的变化过程，但是这四种状态的界限有时不甚清楚。

（一）细胞适应

1. 萎缩

发育正常的器官或组织，由于实质细胞体积变小或数目减少使其体积缩小称为萎缩。实质细胞体积变小者称为单纯性萎缩，数量减少称为数量性萎缩。

2. 肥大

细胞、组织和器官的体积增大，称为肥大。通常是由于实质细胞的体积增大所致，

可伴有细胞数量的增加。由于工作负荷增加引起的肥大称为代偿性肥大，如高血压病时心脏的肥大属于代偿性肥大。由于激素刺激引起的肥大称为内分泌肥大。如妊娠是子宫增大。

3. 增生

器官或组织的实质细胞数目增多称为增生。增生可致组织、器官的体积增大。实质细胞数目增多是通过有丝分裂来实现的。因此，实质细胞有分裂能力的器官（肝、子宫、前列腺等）的体积增大常常是通过增生和肥大共同完成的，而没有分裂能力的组织（心肌、骨骼肌等）仅有肥大。细胞增生常与激素和生长因子的作用有关。

4. 化生

一种分化成熟的细胞转化为另一种分化成熟的细胞所替代的过程称为化生。化生并非由一种成熟的细胞直接转变成另一种成熟的细胞，而是由较幼稚的细胞通过增生转变而成，因此化生只出现在具有增生能力的细胞中。

（二）可逆性细胞损伤——变性

变性是指细胞或细胞间质受损伤后因代谢发生障碍所致的某些形态学改变。表现为细胞胞浆内或细胞间质内有各种异常物质或正常物质的过度积累，通常伴随着功能的减退。细胞内的变性通常是可逆的，而细胞间质的变性则往往是不可逆的。如病毒性肝炎，肝细胞胞浆异常透亮，胞体肿大似气球，称为气球样变。

（三）细胞死亡

1. 凋亡

这是一种以形成凋亡小体为特征的活体内单个细胞死亡的形态学变化，它不会引起周围组织的炎症反应。例如，机体通过凋亡过程清除无用或可能对自身有害的免疫细胞。

2. 坏死

当细胞遭受严重损伤并影响到细胞核时，细胞会表现出代谢停滞、结构破坏以及功能的丧失，并且可能触发周围组织的炎症反应。例如，糖尿病引起的坏疽。

二、细胞损伤的修复——再生

损伤造成机体部分细胞或组织丧失后，机体对所形成的缺损进行修补恢复的过程称为修复。修复过程起始于损伤，损伤处坏死的细胞、组织碎片被清除后，由其周围健康细胞分裂增生来完成修复过程。

修复过程可概括为两种形式：①由损伤周围的同种细胞来修复，称为再生。如果完全恢复了原组织的结构及功能，被称为完全再生。②由纤维结缔组织来修复，称为纤维性修复，以后形成瘢痕，属于不完全再生。

细胞周期由间期和分裂期构成。间期可分为 G1 期（DNA 合成前期）、S 期（DNA 合成期）和 G2 期（DNA 合成后期）。不同种类的细胞，其细胞周期的时程长短不同，在单位时间里可进入细胞周期进行增殖的细胞数也不相同，因此具有不同的再生能力。

从个体角度来看，未成年人的再生能力通常强于成年人。那些在日常生活中容易受损或在生理过程中频繁更新的组织，展现出更为显著的再生能力。根据再生能力的不同，人体细胞可以被划分为以下 3 类。

①持续分裂细胞：这类细胞总在不停地增殖，以代替衰亡或破坏的细胞，如表皮细胞，呼吸、消化及生殖道的黏膜上皮，淋巴及造血细胞，间质细胞。这些细胞的再生能力非常强。

②稳定细胞：这类细胞增殖现象不明显，但受到组织损伤的刺激时，表现出较强的再生能力。如肝、腺、肾小管的上皮细胞等。

③永久性细胞：属于这类细胞的有神经细胞、骨骼肌细胞及心肌细胞。不论中枢神经细胞及周围神经的神经细胞，在出生后都不能分裂增生，一旦遭受破坏则会成为永久性缺失的细胞。

三、细胞衰老

细胞衰老由应激性损伤和某些生理过程触发，其特征包括细胞周期的长时间和通常不可逆的停滞、分泌、大分子损伤和代谢改变。

（一）细胞衰老的特征

1. 细胞周期停滞

通常不可逆，由多种因素调控，不同形式的细胞周期停滞有相似的调控机制，但也有其特异性。

2. 衰老相关分泌表型（SASP）

衰老细胞分泌多种因子，包括细胞因子、生长调节剂等，其组成和强度因衰老持续时间、刺激源和细胞类型而异，受多种信号通路调控。

3. 大分子损伤

（1）DNA 损伤：包括端粒缩短、DNA 损伤修复位点激活等，不同的刺激可诱导 DNA 损伤进而触发衰老。

（2）蛋白质损伤：蛋白质氧化损伤是衰老的标志之一，通过多种方式影响细胞，可作为衰老细胞的识别标志。

（3）脂质损伤：衰老细胞脂质代谢改变导致脂质积累，尽管其在衰老表型中的作用尚不明确，但与细胞功能相关。

4. 代谢改变

（1）线粒体：衰老细胞线粒体功能、形态改变，ATP 生成受阻同时产生大量活性氧，参与 SASP 调控，但在体内的研究相对较少。

（2）溶酶体：随着细胞衰老，溶酶体的数量和体积均有所增加。它们与细胞分泌的平衡密切相关，并参与与衰老相关的反馈回路。此外，溶酶体还与药物的作用机制有所关联。

（二）衰老相关（表观）遗传和基因表达变化

染色质形态：包括 DNA 甲基化、染色质可及性、组蛋白修饰和变体等方面的变化，这些变化在不同类型的衰老中有所差异。

转录特征：衰老表型与衰老类型的验证常使用细胞周期停滞相关及衰老相关分泌表型（SASP）相关的几个基因。全转录组研究有助于确定衰老相关的信号通路。

非编码RNA：miRNAs 和 lncRNAs 可调节衰老程序，影响关键衰老效应因子的丰度，也参与 SASP 调控。

（三）免疫调节和抗凋亡蛋白

一些蛋白可作为衰老的标记物，如 DCR2、NKG2D 配体等，衰老细胞还具有抗凋亡特性。

四、细胞损伤的主要因素

人体是由超过 30 万亿个细胞组成的。我们呼吸空气，吸入氧气，线粒体利用这些氧气将葡萄糖转化为一种化学形式的能量，供给每个细胞以满足其需要。当葡萄糖进入我们体内的细胞时，它会直接向线粒体进发，以完成能量转化过程。

（一）过剩自由基与细胞氧化损伤

自由基（free radical），在化学领域亦被称为游离基，是一种含有未配对电子的原子团。在原子形成分子的过程中，化学键内的电子通常需要成对存在。因此，自由基倾向于从其他物质中夺取一个电子，以达到稳定状态。在化学反应中，这一过程被称为氧化。

我们的人体细胞每天平均遭受约一万次自由基的攻击。自由基破坏细胞的过程类似于铁锈对金属的腐蚀。自由基对细胞的损害主要体现在三个方面：首先，它们破坏细胞膜；其次，它们使血清中的抗蛋白酶失去活性；最后，它们损伤基因，导致细胞变异的产生和累积。

生物体内的活性氧自由基随着时间的推移不断增长。自由基过剩或抗氧化剂缺乏时，细胞膜中的不饱和脂肪酸被产生的活性氧自由基损害，引起脂质过氧化反应，这类反应对生物体的膜结构造成破坏使其受到损伤。活性氧自由基使双层膜结构受到破坏并且对细胞器结构和功能产生损害，继而损伤蛋白质、脂质等生物大分子。在细胞衰老的过程中，损害主要源自有氧代谢。随着机体中活性氧自由基水平的升高，体内的抗氧化能力相应减弱，导致细胞毒性增加，从而引起细胞结构瞬间、不可逆的改变性损伤。环境因素、线粒体和脂肪酸等都能产生超氧阴离子、过氧化氢、羟自由基等多种过氧化物质，这些物质能够引发过氧化反应，促使细胞内物质发生过氧化并触发细胞凋亡，从而加速衰老的进程（张翠利等，2015）。

　　氧化应激（oxidative stress，OS）是指体内氧化与抗氧化作用失衡的一种状态，倾向于氧化，导致中性粒细胞炎性浸润，蛋白酶分泌量增加，产生大量氧化中间产物。氧化应激是自由基在体内产生的一种负面作用，是导致心脏病、2 型糖尿病、认知功能下降和一般性衰老的主要原因。另外，果糖比葡萄糖更容易发生氧化应激。这也是吃甜食（含有果糖）比吃淀粉类食物（不含果糖）对身体造成的伤害更大的原因之一。脂肪太多同样会增加氧化应激的情况。

　　近年来的研究揭示，心脑血管疾病、炎症、恶性肿瘤、糖尿病以及动脉硬化等病症均与体内氧化损伤相关。这种氧化损伤是由代谢过程中产生的过量自由基或活性氧所引发的（丁洪基等，2023）。鉴于人体由多种具有不同功能的细胞构成，自由基对这些细胞的损害可能引发看似无关的多种疾病。例如，自由基破坏细胞膜导致其变性，这会妨碍细胞吸收外部营养，阻止细胞内代谢废物的排泄，并削弱细胞对细菌和病毒的防御能力。自由基还可能攻击正在复制的基因，引起基因突变，从而诱发癌症。此外，自由基激活人体免疫系统，可能导致过敏反应，例如红斑狼疮等自体免疫疾病。自由基对体内酶系统的作用可导致胶原蛋白酶和硬弹性蛋白酶的释放，这些酶作用于皮肤中的胶原蛋白和硬弹性蛋白，导致过度交联和降解，皮肤失去弹性，出现皱纹和囊泡。类似的作用还会增加体内毛细血管的脆性，使血管容易破裂，这可能导致静脉曲张、水肿等与血管通透性增加相关的疾病。自由基侵蚀机体组织，可激发人体释放各种炎症因子，导致非菌性炎症。自由基侵蚀脑细胞，可能导致早老性痴呆。自由基氧化血液中的脂蛋白，导致胆固醇沉积于血管壁，引起心脏病和中风。自由基还可能引起关节膜及关节滑液的降解，导致关节炎。自由基侵蚀眼睛晶状体组织，可引起白内障。自由基侵蚀胰脏细胞，可能导致糖尿病。综上所述，自由基能够破坏胶原蛋白及其他结缔组织，干扰重要的生理过程，并引起细胞 DNA 突变。

　　众多研究已经证明，人体自身具备清除过量自由基的能力，这一功能主要依赖于内源性自由基清除系统。该系统包括超氧化物歧化酶（SOD）、过氧化氢酶、谷胱甘肽过氧化酶等酶类，以及维生素 C、维生素 E、还原性谷胱甘肽、胡萝卜素和硒等抗氧化剂。这些酶类物质能够将体内的活性氧自由基转化为活性较低的物质，从而降低它们对机体的破坏力。酶类的防御作用主要局限于细胞内部，而抗氧化剂则在细胞膜上发挥作用，或者在细胞外部提供防御。这些物质深植于我们体内，只要维持它们的浓度和活性，它们就能有效地清除多余的自由基，帮助维持体内自由基的平衡状态。

　　为了减轻自由基对人体的损害，除了依赖我们体内的自由基清除机制外，我们还应探索和利用外源性自由基清除剂。这些物质可以作为替代品，抢先与自由基结合，从而在自由基侵入人体之前阻断其攻击路径，保护人体免受伤害。

（二）糖化反应与细胞损伤

糖化反应，涉及人体内的糖类物质，例如葡萄糖、乳糖、蔗糖等，与蛋白质、脂质或核酸上的自由氨基发生反应，形成一系列结构复杂的有害化合物，即晚期糖基化终末产物（advanced glycation end products，AGEs）。随着年龄的增长，这些糖化终产物会在血清中逐渐积累。糖化反应对皮肤产生永久性损害，导致皮肤松弛、皱纹、粗糙、痤疮、发黄和暗淡等问题。长期的细胞糖化可能引发皱纹、白内障、心脏病和阿尔茨海默病等健康问题。科学家观察到，婴儿胸骨的软骨是白色的，但自出生那一刻起，我们体内的褐变过程便悄然开始，尽管这一过程极为缓慢。到了近 90 岁高龄时，软骨可能已变为褐色。既然褐变与老化紧密相关，那么衰老可以被视为褐变的结果。

晚期糖基化终末产物（AGEs）从来源上可以分为外源性 AGEs 和内源性 AGEs 两大类。外源性 AGEs 主要指从食品中摄入的 AGEs，也称为食源性 AGEs，通过食品组分中的还原糖和含氮基团发生非酶促反应形成；内源性 AGEs 则是在人体器官、组织或体液中形成的 AGEs，由体内的还原糖或者二羰基产物与蛋白质、多肽或氨基酸的游离氨基反应生成。

葡萄糖水平和糖化反应联系得非常紧密，所以有一个非常简单的测量糖化情况的方法就是测量体内的葡萄糖水平。糖化血红蛋白（HbA1c）测试就是测量在过去的 2~3 个月有多少红细胞的蛋白被糖化。糖化血红蛋白的水平越高，体内的糖化反应发生得越频繁，参与循环的葡萄糖越多，衰老速度也就越快。

（三）细胞的慢性炎症损伤

炎症是当机体组织遭受外部有害刺激时（例如病原体、受损细胞或其他刺激物等）所引发的一种防御性反应。它是临床中极为普遍的病理现象，可影响身体各个部位的组织和器官。炎症通常表现为红肿、发热、疼痛以及功能受损等症状，并在清除异物和修复组织方面发挥着关键作用，是机体天然免疫机制中不可或缺的一环。

通常情况下，炎症是由化学媒介物直接引发的。目前，研究已确认与炎症过程相关的化学媒介物主要包括血管活性胺（如组胺、5- 羟色胺）、类花生酸（包括花生四烯酸的代谢物、前列腺素和白细胞三烯）、血小板凝聚因子、细胞因子（例如白介素、肿瘤坏死因子等）、激肽（如缓激肽）以及氧自由基等。这些化学媒介物通常由炎性细胞产生，包括多形核白细胞（如中性粒细胞、嗜酸性粒细胞、嗜碱粒细胞）、内皮细胞、肥大细胞、巨噬细胞、单核细胞及淋巴细胞等。

炎症可以分为急性炎症和慢性炎症两种类型。急性炎症是机体对有害刺激的初步反应，主要表现为血管系统的反应。具体表现为局部血管舒张，血浆中白血球迅速渗出，以及局部血管通透性的增强。这种反应通常在病原体侵入后的 72 小时内发生。如果致炎因素持续存在，急性炎症将演变为慢性炎症，导致局部组织发生变质、渗出和增生等病理性变化。慢性炎症指的是人体内可能存在的慢性非感染性炎症，与炎症因子相关。持续性的慢性炎症，会对身体造成伤害。一些慢性炎症源于未得到及时处理的急性炎症，而其他慢性炎症可能从轻微的炎症开始，由于缺乏适当的治疗，炎症持续恶化，最终变得难以控制。

此外，最新研究揭示了体内慢性炎症水平与慢性疾病之间存在显著的线性相关性。局部组织中的实质细胞（例如肥大的脂肪细胞）与间质细胞（特别是免疫细胞）之间的相互作用，以及免疫调节功能的异常，可能与慢性炎症的持续增强和长期化有关（楚佳琪等，2015），见图 2-2。

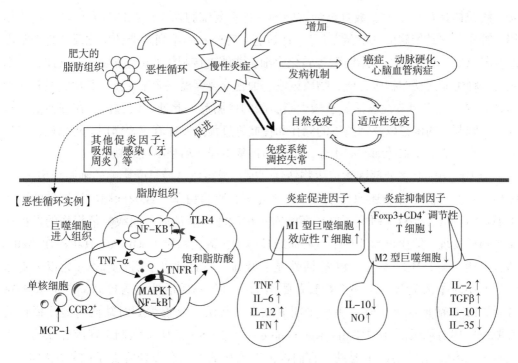

图 2-2 慢性炎症的长期化和增强过程

在慢性炎症的早期阶段，身体通常不会表现出明显的不适症状，这看似是件好事，但问题在于它不易被察觉。因此，往往要等到病情严重时，问题才变得难以处理。饮酒、吸烟、压力、口腔病变、肠漏综合征以及体内脂肪释放的物质都可能成为炎症的诱因。这些诱因导致体内过量的自由基、氧化应激和糖化反应相互作用并结合，可引发全身性炎症。

"慢性炎症与当今几乎所有的非传染性疾病紧密相关"（引自《慢性炎症》杂志）。脑卒中、慢性呼吸系统疾病、心脏疾病、肝病、肥胖和糖尿病都与慢性炎症有着千丝万缕的联系。美国国家老龄化研究所的老年病学家兼科学主任路易吉·费鲁奇博士曾指出，"炎症是所有慢性疾病的固有组成部分"。慢性炎症性疾病在传统定义上包括了慢性感染性疾病、慢性自身免疫性疾病以及变态反应性疾病等多种类型。免疫系统的功能失调也会导致炎症反应持续存在，例如类风湿关节炎、溃疡性结肠炎和克罗恩病等。世界卫生组织将与炎症相关的疾病视为对人类健康的最大威胁。研究表明，全球范围内 50% 的慢性疾病死亡与炎症相关（沈瑾秋，2009）。

第三节　蜂胶是防细胞损伤的理想天然物质

一、蜂胶对线粒体损伤具有保护作用，有助于促进 ATP 的生成

线粒体是存在于大多数真核细胞中的一种重要细胞器。线粒体具有极其关键的作用。首先，它是细胞的"能量工厂"，通过有氧呼吸和一系列复杂的生化反应将细胞内的营养物质，如葡萄糖、脂肪酸等转化为细胞能够直接利用的能量形式——ATP，为细胞的各种生命活动如物质合成、物质运输、细胞分裂等提供能量支持。其次，线粒体参与细胞内的代谢调节，包括氨基酸、脂肪酸的代谢等。此外，线粒体还在细胞信号转导、细胞凋亡的调控以及钙离子的储存和释放等过程中发挥着重要作用。可以说，线粒体的正常功能对于维持细胞的生存、生长和正常生理活动是不可或缺的。

当细胞面临有害外部因素或生物活性剂时，线粒体是最早受影响的细胞结构之一。随后，它们可能不完全还原分子氧，产生超氧化物自由基，成为细胞内活性氧的主要来源。潘燕等（2011）研究了蜂胶黄酮对小鼠缺血再灌注后心肌线粒体损伤的保护作用。结果发现，缺血再灌注后小鼠心肌线粒体中抗氧化物质（SOD、GSH-Px、T-AOC）活性显著下降，MDA 含量、PLA_2 活性显著升高，心肌钙离子明显超载，尤以力竭运动后 6 小时最为显著；而补充蜂胶黄酮组的抗氧化物质活性显著提高，自由基 MDA 含量、PLA_2 活性显著下降，钙离子明显减少。其认为蜂胶黄酮对缺血再灌注损伤的心肌线粒体有积极的保护作用。Kubiliene et al.（2018）的研究强调了蜂胶提取物作为线粒体内 ROS 清除剂的重要性，它们以浓度依赖的方式有效地降低了超氧化物水平。Braik et al.（2019）研究发现，阿尔及利亚蜂胶能保护缺血心脏免受氧化应激损伤，恢复机体内抗氧化酶的状态，减少离体心脏线粒体中活性氧的产生，保护组织的完整性。

作为细胞的"能量工厂"，为机体提供所有生命活动和生化反应不可或缺的能量（ATP，图 2-3）是线粒体最主要的功能。中医认为气是维持人体生命活动的最基本物质，人体的气来源于禀受父母的先天之气、饮食中的营养物质和存在于自然界中的清气。线粒体通过三羧酸循环和氧化磷酸化使糖类、脂肪、氨基酸三大营养物（水谷精微）生成 ATP（气），并且还利用琥珀酸单酰 Co-A 与甘氨酸合成血红素（血）。因此线粒体是"气血生化之源，后天之本"，ATP 为"元气之本"（郑敏麟，2002）。而体内过量自由基的产生并堆积会给细胞尤其线粒体带来致命的损伤，进而影响 ATP 的生成。蜂胶中黄酮化合物可以清除自由基，有效延缓活性氧对线粒体的损伤，减轻线粒体诱导细胞凋亡，从而保证 ATP 的有效生成。蜂胶还能提高 ATP 酶和糖酵解过程中某些关键酶的活性，生成更多的 ATP，因此被称为"能量与活力之源"（潘燕，2008）。

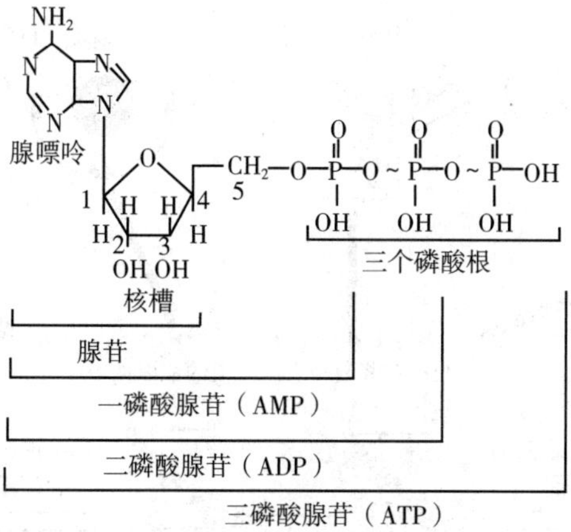

图 2-3 ATP 的结构

潘燕等（2010）研究了蜂胶黄酮对疲劳小鼠心肌自由基代谢及 ATP 酶活性的影响。研究发现，蜂胶黄酮对疲劳引发的小鼠心肌三磷酸腺苷酶（ATPase）的下降有抑制作用，蜂胶可以抑制线粒体巯基的氧化、磷脂酶 A_2 的激活，减少了线粒体内钙离子的外流，有效地延缓活性氧对线粒体的损伤，从而保证 ATP 的有效生成。

韩小燕等（2011）的研究探讨了蜂胶对小鼠红细胞 ATP 酶活性的影响。研究结果表明，蜂胶可以明显提高小鼠运动后 Na^+–K^+–ATP 酶、Ca^{2+}–Mg^{2+}–ATP 酶活性，这一效应与蜂胶所具有的抗氧化特性密切相关。

二、蜂胶防细胞基因损伤

（一）蜂胶防细胞 DNA 损伤

人类基因组的序列代表了我们的遗传蓝图，越来越多的证据表明，基因组维持能力的丧失可能与衰老有因果关系。如图 2-4 所示，四种主要的衰老理论均将 DNA 损伤积累和 DNA 修复作为主要组成部分。多项研究结果指出，DNA 损伤积累与衰老相关联（Maynard et al.2015）。细胞周期应激、基因表达的改变和基因调控的修改是基因组不稳定的结果。在分子层面，这些变化包括促炎基因和炎性脂肪细胞因子的过度表达，葡萄糖和脂肪酸代谢受损，胶原蛋白交联增加，血清胰岛素样生长因子 1（IGF–1）异常，线粒体功能障碍，遗传异质性，菌群失调以及诸如 FoxO、热休克蛋白、NF–κB 和 mTOR 信号等信号通路的失调。实际上，基因组不稳定与衰老的每一个标志功能性地交织在一起。最终，这可能解释了随着年龄增长发生细胞退化和功能下降的原因。基因组不稳定的最终结果表现为衰老以及与年龄相关疾病。

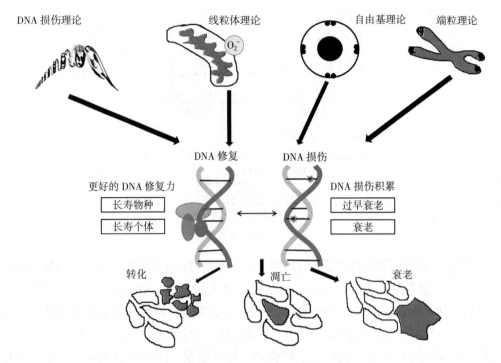

图 2-4　衰老的四大理论都以 DNA 损伤积累和 DNA 修复作为主要组成部分

DNA 损伤在衰老过程中起着核心作用。在活性氧（ROS）与其他分子（如 DNA）反应之前通过抗氧化剂将其清除可以减少毒性分子（Petr et al.2020），而蜂胶及其成分具有较强的抗氧化能力。

基因组的不稳定性在癌症的发生和进展中扮演着关键角色。例如，DNA 损伤随着年龄增长而累积，一个明显的迹象就是阳光照射导致的皮肤损伤。研究显示，蜂胶中含有的活性成分芹菜素，在防御皮肤角质细胞免受紫外线 B 引起的 DNA 损伤和氧化应激方面发挥着至关重要的作用。这种保护效果是通过激活核苷酸切除修复基因、促进环丁烷环修复、抑制 ROS 产生以及下调 NF-κB 和 MAPK 信号通路实现的。此外，蜂胶提取物的保护效果在人体皮肤体外模型实验中得到了验证，它通过减少 DNA 链断裂的发生和提高细胞活性，有效地抑制紫外线诱导的光损伤（Scorza et al.2024）。

蜂胶及其多酚类成分通过调整 DNA 损伤、突变、链断裂、染色体不稳定、DNA 修复机制失调、细胞周期检查点受损和同源重组失调等发挥抗癌作用（Oršolić et al.2022）。黄酮类化合物是蜂胶的关键成分，它们对电离辐射导致的脑损伤展现出显著的神经保护效果。这种保护作用部分归因于黄酮类化合物清除自由基的能力以及它们稳定 DNA 双螺旋结构的特性（图 2-5）。

黄酮类化合物能够通过提供氢原子来减少具有氧化还原电位的高氧化性自由基，芳氧基自由基可以与第二个自由基反应，从而获得稳定的醌类结构（图 2-5A）。黄酮类化合物嵌入 DNA 双螺旋中诱导 DNA 螺旋结构的稳定化，并将 DNA 凝聚成高度紧凑的结构，使其不易受到自由基的攻击；黄酮类化合物可以通过氢键与 DNA 骨架的磷酸基团相互作用。糖自由基的修复归因于黄酮类化合物通过这种键合模式提供氢（图 2-5B）。

铁对衰老过程的影响常常被忽视。虽然铁对生物体至关重要，但其反应性也带来了潜在的危险。随着年龄的增长，体内铁的累积与多种慢性疾病的发生有着密切的联系。蜂胶中的咖啡酸苯乙酯（CAPE）具有强大的铁结合能力和高亲脂性，能够有效地保护细胞免受铁引起的 DNA 损伤（Shao et al.2021）。Barroso et al.（2016）研究表明，葡萄牙蜂胶提取物的抗氧化特性与其预防 Fe^{2+} 引起的 DNA 损伤的能力之间存在显著的相关性。

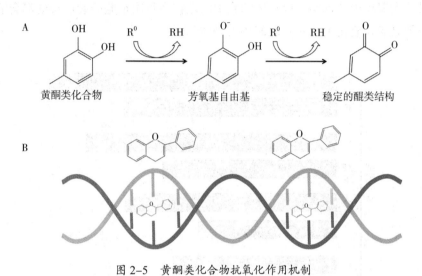

图 2-5　黄酮类化合物抗氧化作用机制

（二）蜂胶增加基因端粒长度

端粒和端粒酶研究的兴起源自 2009 年，当时美国三位科学家伊丽莎白·布莱克本、卡罗尔·格雷德和杰克·绍斯塔克因发现"端粒和端粒酶是如何保护染色体"的研究而荣获了该年度的诺贝尔生理学或医学奖。

端粒是染色体末端的一段序列，它有两项关键功能：一是保护染色体末端的稳定，二是维系染色体的长度。在每次细胞分裂过程中，DNA 都会进行复制。然而，由于复制机制的限制，染色体末端的端粒无法被完全复制，导致每次分裂后端粒都会有所缩短。当端粒缩短至一定程度，细胞停止分裂，进入静止状态，故有人称端粒为正常细胞的"分裂钟"（mistosis clock）。端粒酶之所以重要，是因为它可以使端粒保持长度的平衡，使其总体呈现钟形分布。此外，端粒酶对于所有细胞分裂过程都是必不可少的；只有在端粒酶的作用下，正常细胞才能完成复制，并最终分裂成各种不同的细胞类型。

如果没有端粒酶会怎样？一项针对小鼠的基因敲除实验揭示了端倪：假如 G1 小鼠缺少端粒酶，得到下一代 G2 小鼠，然后又传到下一代 G3 小鼠，每一代小鼠的端粒酶都没办法维系在染色体末端。于是端粒都变小，最终导致小鼠组织再生能力的衰退。科学家们利用名为 FlowFISH 的技术，将探针刺到端粒当中，对 192 名实验对象进行了深入研究。结果表明，如果平均端粒酶减少，则衰老会更显著。研究人员进而提出，端粒较短的个体更容易患上与年龄相关的退行性疾病。

所以，缺乏端粒会产生各个方面的问题，比如骨髓衰竭、皮肤伤口愈合缓慢等。经过多年研究，科学家们发现端粒在组织中扮演着重要角色。格雷德指出，她们的研究发现有一些疾病是因为没有足够的端粒所致。例如在小鼠和人体实验中观察到，因为端粒的减少或突变会引发肺纤维化、肺癌、免疫问题、衰老、肺气肿、隐源性肝硬化、胃肠道疾病等多种病症。因此，深入了解端粒对疾病的影响的重要性不言而喻。

如果没有端粒维持机制，成年体细胞中的端粒在每次细胞分裂后长度都会缩短，最终导致细胞衰老和老化（Shay et al.2019），见图2-6。

图 2-6　正常细胞中端粒随着细胞分裂逐渐缩短

端粒的长度是一个复杂的遗传特性，其长短和稳定性决定了细胞的寿命，并与细胞衰老以及癌症的发生紧密相关。流行病学的研究数据支持这样一个观点：结构性的端粒长度与包括癌症在内的多种疾病之间存在不同程度的相关性。此外，端粒的缩短还受到氧化损伤以及由遗传、表观遗传和环境因素引起的复制应激的影响（Srinivas et al.2020）。

Nasir et al.（2015）的研究揭示了一个有趣的现象：男性养蜂人的端粒长度显著超过那些不从事养蜂工作的男性，这暗示了养蜂人可能享有更长的寿命。进一步的分析指出，长期且频繁地摄入蜂胶与端粒长度增长之间存在正相关关系。具体来说，食用蜂产品的时长每增加一年，端粒长度平均增长 0.258kbp。此外，更高的蜂产品摄入频率与端粒长度平均增加 2.66kbp 相关。这些研究结果表明，蜂产品可能在维持端粒长度方面扮演着重要角色。

咖啡酸苯乙酯（CAPE）作为蜂胶中一种强效的生物活性化合物，展现出了其抗肿瘤、抗氧化的特性以及细胞毒性和促凋亡效应。CAPE 通过激活端粒酶的催化亚单位——人端粒酶逆转录酶（hTERT）从而诱导凋亡（Avci et al.2007）。

槲皮素是蜂胶中发现的一种主要的类黄酮化合物，其抗氧化和抗炎特性以及潜在的抗癌和抗肿瘤作用，已经获得了广泛的认可。Tawani et al.（2015）研究发现，槲皮素抗癌活性的一个机制是靶向人端粒 G- 四链体 DNA，他们认为槲皮素是端粒靶向治疗的有力竞争者，是一种具有强大抗癌潜力的药物。此外，槲皮素亦是端粒酶的抑制剂。端粒酶是一种负责维护端粒完整性和长度的酶。端粒酶的过度表达是几乎所有人类癌症的特征之一，它有助于细胞的异常增殖和永生化（Scorza et al.2024）。

三、蜂胶抗细胞糖基化损伤

晚期糖基化终末产物（AGEs）在体内的过量积累可能会导致人体发生氧化应激而产生炎症反应，并导致糖尿病、骨质疏松症、动脉粥样硬化及神经性疾病等的形成。其致病机制如图 2-7，AGEs 与 RAGE（RAGE 是一种多配体受体，属于免疫球蛋白超家族，在慢性炎症反应和免疫功能障碍中起着重要的作用）结合后会通过激活下游信号通路来引发各种疾病的发生（吴旋等，2023）。

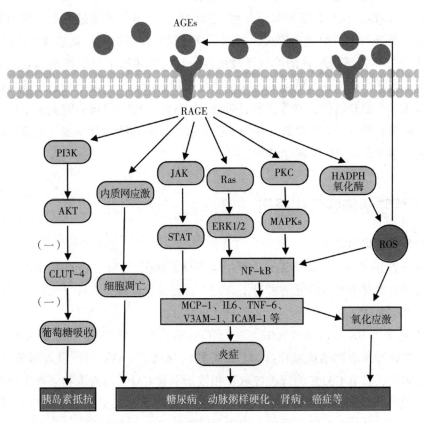

图 2-7　AGEs 致病机制的简化图
ROS：活性氧；（—）：抑制作用

Boisard et al.（2020）对比了两种不同地理位置的杨树属蜂胶在抑制晚期糖基化终末产物（AGEs）形成方面的保护作用。研究揭示，两种蜂胶样品均含有高水平的松柏素衍生物，具有显著的抗糖基化活性。与天然糖基化抑制剂（如槲皮素或绿原酸）相比，蜂胶提取物可以更有效地减少 AGEs 的形成。研究者认为，杨树型蜂胶抗糖基化特性与特定的酚类物质有关，并提出蜂胶可作为膳食补充剂预防和控制糖基化。

糖化作用和 AGEs 的产生是导致糖尿病并发症的重要因素。鉴于治疗糖尿病的合成药物具有不良反应，市场对天然抗糖尿病药物的需求日益增长。Kazemi et al.（2019）的研究探讨了不同浓度的蜂胶纳米颗粒对人血红蛋白（Hb）糖基化和果糖化的抗糖化作用，发现蜂胶纳米颗粒能够抑制葡萄糖和果糖在人血红蛋白糖基化以及果糖中 AGEs 的形成。此外，在人血红蛋白（Hb）糖基化和果糖化过程中，蜂胶纳米颗粒对血红素具有保护作用。因此，作为天然产物的蜂胶纳米颗粒有潜力成为治疗糖尿病的有效药物。

Egawa et al.（2019）利用动物实验证明巴西蜂胶能够抑制 AGEs 的积累和炎症相关细胞因子的 mRNA 表达。巴西蜂胶的这些生物活性可能会有效地预防因衰老和病理过程导致的骨骼肌功能障碍。

Wang et al.（2024）以牛血清白蛋白 – 葡萄糖和牛血清白蛋白 – 甲基乙二醛为模型，研究了蜂胶不同提取物对 AGEs 和氧化修饰的抑制作用。研究结果表明，蜂胶提取物显著抑制了总 AGEs、戊糖苷素和羧甲基赖氨酸的形成。进一步通过测定蜂胶中羰基和巯基的含量以及分析色氨酸荧光猝灭，揭示了蜂胶提取物在抑制氧化修饰方面的有效性。其中，蜂胶 75% 乙醇提取物的抑制活性最高，其效果超过了化学抑制剂氨基胍。蜂胶75% 乙醇提取物中酚类化合物尤其是黄酮类化合物含量较高，能够通过清除自由基、降低活性氧水平、捕获活性羰基等途径，抑制 AGEs 的生成。这项研究揭示了蜂胶提取物可作为一种潜在的 AGEs 抑制剂，并为蜂胶提取物作为功能性食品或补充替代药物预防和治疗糖尿病并发症提供了科学依据。

四、蜂胶防细胞氧化损伤

1. 蜂胶抗氧化的作用

日本学者 Ichikawa et al.（2002）利用电子自旋共振（ESR）光谱技术以及自旋捕获技术，对蜂胶的自由基清除能力进行了研究。研究发现，蜂胶在体外和体内环境下均展现出显著的抗氧化活性。

意大利学者 Russo et al.（2002）进行了一项研究，旨在探究去除咖啡酸苯乙酯（CAPE）的蜂胶提取物的抗氧化能力。研究同时评估了 CAPE 与高良姜素各自的活性。研究结果表明，含有 CAPE 的蜂胶提取物相较于不含 CAPE 的提取物展现出更高的抗氧化活性。此外，单独使用 CAPE 时，其抗氧化活性显著，甚至超过了高良姜素。因此，实验数据支持了 CAPE 在蜂胶抗氧化作用中扮演关键角色的结论。

日本学者 Kumazawa et al.（2004）对源自不同地理区域的蜂胶进行了抗氧化活性的

比较研究。研究结果表明，来自阿根廷、澳大利亚、中国、匈牙利以及新西兰的蜂胶乙醇提取物展现了较为显著的抗氧化能力，且抗氧化能力与总多酚和黄酮的含量呈正相关。具有较高抗氧化活性的蜂胶通常富含诸如槲皮素和 CAPE 等抗氧化化合物。

Nakanishi et al.（2003）研究了巴西蜂胶中主要成分阿替匹林 C 的高效自由基清除能力及其机制，发现阿替匹林 C 可以作为一种高效的抗氧化剂。

邵兴军等（2012）对中国 11 个不同产地的蜂胶进行了抗氧化活性研究。研究结果表明，这 11 种蜂胶均展现出抗氧化特性，然而它们在还原能力方面存在显著差异。具体而言，来自陕西和山东的蜂胶在还原能力以及对 DPPH 自由基的清除能力方面表现更为突出，显示出其作为抗氧化剂的优越性。

张红城等（2014）对蜂胶中的多酚类成分及其抗氧化活性进行了研究。他们采用了氧化自由基吸收能力（ORAC）测试和流式细胞仪分析 Hep G2 细胞模型，对 9 个蜂胶样品进行了体外和细胞水平的抗氧化能力评估。研究发现，蜂胶样品富含多酚类成分，包括黄酮类、酚酸类及酯类物质。其中，黄酮类成分中含量较高的有短叶松素 –3– 乙酸酯、松属素、柯因、短叶松素和高良姜素；而酚酸及酯类成分中含量较高的包括咖啡酸苯乙酯、p– 香豆酸、咖啡酸和异阿魏酸。ORAC 测试结果表明，所有蜂胶样品均展现出显著的体外抗氧化能力；在细胞水平上，这些样品同样表现出抗氧化活性。特别是那些总黄酮和总酚酸含量较高的蜂胶样品，其抗氧化能力更为突出。

张长俊等（2015）对中国不同地区蜂胶的抗氧化活性进行了评估，比较分析了各地蜂胶的总多酚含量及其抗氧化能力。通过分析 DPPH、ABTS 和 OH– 这三种自由基体系中 9 个不同产地蜂胶乙醇提取物的自由基清除效果，他们对蜂胶的抗氧化活性进行了评价。研究发现，尽管考察的所有蜂胶样品均表现出显著的自由基清除活性，但总多酚含量和自由基清除能力在不同产地之间存在差异。特别是山东泰安产的蜂胶，在清除 3 种自由基方面的能力最为突出，其总多酚含量也是最高的。这些研究结果揭示了蜂胶作为一种天然且有效的自由基清除剂，具有显著的抗氧化活性。此外，不同产地蜂胶的总多酚含量与其抗氧化活性之间存在正相关关系，即抗氧化活性较高的蜂胶往往含有更多的总多酚。

梁泽宇等（2019）对巴西产蜂胶与国产蜂胶进行了比较研究，分析了两者在总黄酮和总酚酸含量以及自由基清除活性方面的差异。研究选取了 14 份巴西蜂胶样品和 12 份国产蜂胶样品作为研究对象。研究者通过直接比色法和 Al^{3+} 螯合比色法，测定了样品中的总黄酮含量；利用 Folin–Ciocalteu 法，测定了总酚酸的含量。此外，研究还比较了两种蜂胶对 DPPH 自由基的清除能力。研究结果显示，尽管巴西蜂胶的总黄酮和总酚酸含量均低于国产蜂胶，但两者在清除 DPPH 自由基的能力上没有显著的统计学差异。

Chi et al.（2019）对中国蜂胶精油的化学成分及其抗氧化活性进行了深入研究，特别关注了我国 25 个不同地区蜂胶精油（EOP）的化学成分和体外抗氧化能力。研究结果显示，蜂胶精油中共检测出 406 种化合物，其中主要成分包括榄香醇、a– 愈创木醇、苯甲醇、苯乙醇、2– 甲氧基 –4– 乙烯基苯酚、3，4– 二甲氧基苯乙烯和愈创木酚。主成分分析揭示了 EOP 成分与其来源之间存在显著的相关性，并且还检测到了 EOP 成分与其颜色之间的一些相关性。线性判别分析进一步表明，88% 和 84% 的蜂胶样品能够被准确预测为特定气候带和颜色分类的组别。此外，研究还发现 EOP 的抗氧化活性存在显著差异，其中山东产的 EOP 抗氧化能力最强，而广东、云南和湖南产的 EOP 抗氧化活性表现相对较弱。

王启海等（2020）探讨了蜂胶总黄酮（TFP）的抗氧化及抗肿瘤活性。通过测定 TFP 的总还原力以及其对 DPPH、羟基自由基和超氧阴离子自由基的清除能力，他们评估了 TFP 的体外抗氧化活性。研究结果显示：①在 25~150μg/mL 的浓度范围内，TFP 对 DPPH 自由基的清除率呈现浓度依赖性增长。当浓度达到 150μg/mL 时，最大清除率为（72.47 ± 3.13）%，TFP 对 DPPH 自由基的半数清除浓度 EC_{50} 为 71.01μg/mL。②在 25~150μg/mL 的浓度范围内，TFP 对羟基自由基的清除能力同样表现出浓度依赖性，最大清除率为（70.84 ± 4.01）%，TFP 对羟基自由基的半数清除浓度 EC_{50} 为 73.63μg/mL。③在 25~150μg/mL 的浓度范围内，TFP 对超氧阴离子自由基的清除能力随着浓度的增加而逐渐增强，最大清除率为（68.24 ± 4.56）%，TFP 对超氧阴离子自由基的半数清除浓度 EC_{50} 为 84.85μg/mL。④TFP 展现出显著的总还原能力，在 25~150μg/mL 的浓度范围内，还原能力随着浓度的增加而逐渐增强，最大吸光度值为 0.96 ± 0.05。研究结论指出，蜂胶总黄酮在体外具有显著的抗氧化能力。

2. 蜂胶抗氧化作用的机制

关于蜂胶的抗氧化活性及其作用机制，张江临等（2013）提出，其主要通过直接或间接地调节机体内的活性氧（ROS）水平，进而影响体内的氧化－还原平衡，以此发挥其抗氧化作用。蜂胶中富含黄酮、酚酸和萜烯类化合物，这些成分共同赋予了蜂胶卓越的抗氧化性能。此外，蜂胶还能通过多种途径有效调节多种酶的活性和含量。体外化学分析实验也证实了蜂胶在清除自由基方面的显著效果。其潜在的作用机制见图 2-8。

（1）影响 ROS 自由基的通路。机体内的细胞呼吸会产生很多 ROS 自由基，蜂胶可能通过供氢或电子直接消除机体产生的 ROS。蜂胶中的生物活性成分大多都含有酚式羟基，如阿替匹林 C 和咖啡酸苯乙酯（CAPE）能通过供氢或者是传递电子抑制 ROS 自由基等的生成。

（2）影响细胞内抗氧化酶系统相关信号通路转导。生物为保持机体内环境稳定，自身拥有完整的抗氧化酶体系，使机体保持氧化－还原系统的平衡。蜂胶除了直接调节 ROS 的活性及含量外，蜂胶还可能通过信号转导通路调节相关酶的活性及含量从而维持氧化－还原系统的平衡。

（3）影响 Nrf-2 调节因子的信号转导过程。蜂胶还可能通过调节相关转录因子而控制氧化应激相关基因的表达，进而调控氧化－还原系统。核因子 E2 相关蛋白 2（Nrf-2）就是其中一种关键因子。

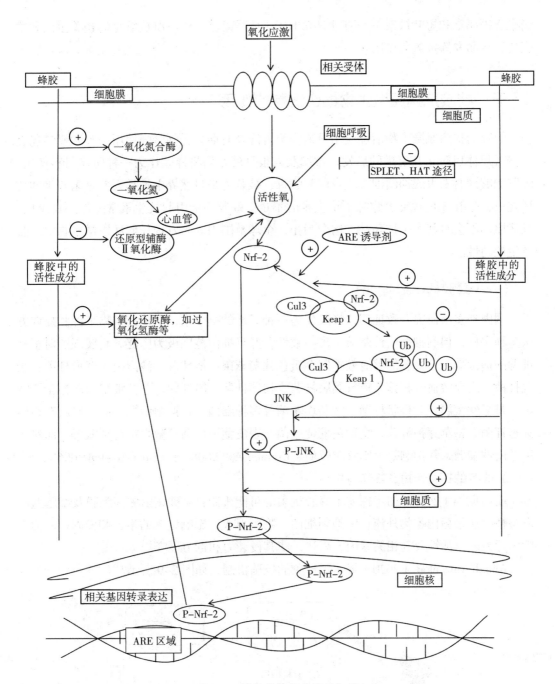

图 2-8 蜂胶抗氧化作用的机制

NO：一氧化氮；ROS：活性氧；SPLET：顺序质子损失电子转移；HAT：氢原子转移；Nrf-2：核
因子 E2 相关蛋白 2；ARE：抗氧化反应元件；Keap1：Kelch 样 ECH 关联蛋白；
Cul3：E3 复合连接酶；JNK：c-jun 氨基末激酶。

曾林晖（2016）提出，自由基在生物体内通过夺取电子导致 DNA 损伤，从而诱发
多种慢性疾病。黄酮类化合物通过向自由基提供电子使其稳定化，其主要的抗氧化机制
包括清除自由基和络合金属离子。卢涵（2021）的研究认为，蜂胶的黄酮类化合物（白

杨素、松属素和短叶松素）是通过 Nrf2/HO-1 信号通路促进下游抗氧化的相关蛋白和酶表达，从而发挥抗氧化作用。

五、蜂胶抗病原微生物损伤细胞的作用

蜂胶的抗病原微生物活性应用可追溯至古埃及时期。受到蜜蜂使用蜂胶和蜂蜡包裹入侵者尸体以防止其腐烂的启发，古埃及人很早就开始将蜂胶作为一种防腐材料使用。蜂胶能够同时杀灭或抑制细菌、真菌和病毒，被认为是自然界中最具天然抗菌效果的物质之一，它在一定程度上弥补了抗生素的不足。蜂胶不会引起抗生素常见的不良反应，且病原体不会对其产生抗药性。迄今为止，全球范围内尚未发现任何病原微生物对蜂胶产生抗药性。

（一）蜂胶抑制细菌的作用

国内外多项研究一致证明，蜂胶作为一种天然的抗生素，尽管其植物来源和提取方法多种多样，但其抑菌活性却显示出一致性，并且抑菌范围极为广泛。它展现了对多种细菌的抑制效力，蜂胶能够有效抑制金黄色葡萄球菌、链球菌、沙门菌、变形杆菌、炭疽杆菌、出血败血性杆菌、产气荚膜杆菌、枯草杆菌、腊杆菌、单核细胞增多性李斯特菌、丹毒丝菌属、马棒状杆菌、大肠埃希菌等多种细菌。在抑菌活性方面，蜂胶对蜡样芽孢杆菌、枯草芽孢杆菌、金黄色葡萄球菌、表皮葡萄球菌等微生物特别敏感；而对于革兰阴性细菌，其抑制效果则相对较弱（Erkmen et al.2008；Scazzocchio et al.2006）。

1. 蜂胶的抑菌作用及其作用机制

胡福良等（2020）初步探明了蜂胶抗菌的可能机制：a. 破坏菌体细胞膜及细胞壁的完整性，使细胞内容物外流；b. 抑制细菌生物膜形成，影响细菌的生长和黏附；c. 抑制细菌毒力因子活性及其相关基因的表达，使其侵袭力和毒力下降。

Almuhayawi et al.（2020）揭示了蜂胶的抗菌机制，如图 2-9 所示。

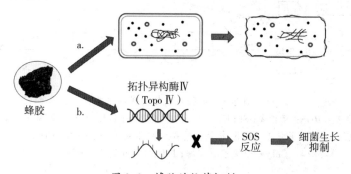

图 2-9 蜂胶的抗菌机制

a. 蜂胶的活性成分附着在细菌的细胞质膜上，破坏其结构完整性并导致其穿孔，使得细胞质内容物被排出，引起细胞死亡。b. 黄酮类物质抑制拓扑异构酶IV的活性，诱导细菌的 SOS 反应，进而抑制细菌生长。

Vadillo-Rodríguez et al.（2021）探究了蜂胶与革兰阳性和革兰阴性菌的相互作用模式，发现蜂胶的初始作用机制很可能是结构性的，这是由于不同蜂胶成分与细菌细胞壁结构之间充分的相互作用所致。

Zhang et al.（2022）对一种源自中国的红色蜂胶（RPE）进行了抗菌性能的测定，结果表明 RPE 能够破坏金黄色葡萄球菌及耐甲氧西林金黄色葡萄球菌（MRSA）的细胞壁和细胞膜，从而有效抑制这些细菌的生长。

2. 不同提取方法对蜂胶提取物抑菌活性的影响

Przybyłek et al.（2019）总结了不同提取方法得到的蜂胶提取物对革兰阳性菌（表2-1）、革兰阴性菌（表2-2）的抑制活性。

表2-1　不同蜂胶提取物对革兰阳性菌的抑制活性　　　　单位：μg/mL

菌株	溶剂	最低抑菌浓度平均值（最小值-最大值）
金黄色葡萄球菌	二氯甲烷（DCM）	364（16~950）
	二甲基亚砜（DSMO）	930（50~950）
	蜂胶乙醇提取物（EEP）	457（8~3100）
	己烷（Hexane）	258（16~500）
	蜂胶甲醇提取（MeEP）	266（63~1000）
	蜂胶水提物（WEP）	883（565~1200）
表皮葡萄球菌	二氯甲烷（DCM）	900
	蜂胶乙醇提取物（EEP）	345（8~1135）
变形链球菌	蜂胶乙醇提取物（EEP）	511（4~4025）
草绿色链球菌	蜂胶乙醇提取物（EEP）	82（150~1370）
化脓性链球菌	蜂胶乙醇提取物（EEP）	534（80~1556）
	蜂胶水提物（WEP）	1078（600~1556）
肺炎链球菌	蜂胶乙醇提取物（EEP）	153（80~300）
	蜂胶水提物（WEP）	1003（600~1556）
口腔链球菌	蜂胶乙醇提取物（EEP）	167（100~300）
	蜂胶水提物（WEP）	1070（940~1200）
无乳链球菌	蜂胶乙醇提取物（EEP）	333（100~600）
	蜂胶水提物（WEP）	2150（600~3693）
远缘链球菌	蜂胶乙醇提取物（EEP）	5（2~8）
肠球菌	二甲基亚砜（DSMO）	1600
	蜂胶乙醇提取物（EEP）	544（2~1600）
	蜂胶超临界 CO_2 萃取物（SCEP）	698（63~1000）
	蜂胶水提物（WEP）	250
藤黄微球菌	二氯甲烷（DCM）	35（8~63）
	蜂胶乙醇提取物（EEP）	117（4~400）
	己烷（Hexane）	254（8~901）

菌株	溶剂	最低抑菌浓度平均值（最小值 - 最大值）
枯草芽孢杆菌	二氯甲烷（DCM）	39（16~62.5）
	蜂胶乙醇提取物（EEP）	180（21~300）
	己烷（Hexane）	266（31~500）
	蜂胶水提物（WEP）	250
艰难梭状芽孢杆菌	蜂胶乙醇提取物（EEP）	1840

表 2-2　不同蜂胶提取物对革兰阴性菌的抑制活性

单位：μg/mL

菌株	溶剂	最低抑菌浓度平均值（最小值 - 最大值）
大肠埃希菌	碳酸二甲酯（DMC）	1340
	二甲基亚砜（DSMO）	3648（3190~4940）
	蜂胶乙醇提取物（EEP）	784（16~5000）
	蜂胶甲醇提取物（MeEP）	303（31~1000）
	蜂胶水提物（WEP）	2500
沙门菌属	蜂胶乙醇提取物（EEP）	2962（32~14700）
	蜂胶甲醇提取物（MeEP）	265（62~1000）
	蜂胶水提物（WEP）	2500
克雷伯菌属	二氯甲烷（DCM）	1030
	蜂胶乙醇提取物（EEP）	1006（32~3330）
	蜂胶水提物（WEP）	2067（1200~2500）
小肠结肠炎耶尔森菌	蜂胶乙醇提取物（EEP）	1633（1200~2500）
	蜂胶甲醇提取物（MeEP）	171（63~500）
奇异变形杆菌	蜂胶乙醇提取物（EEP）	1947（512~3080）
	蜂胶甲醇提取物（MeEP）	618（250~1000）
福氏志贺菌	蜂胶乙醇提取物（EEP）	1133（300~2500）
	蜂胶水提物（WEP）	2500
阴沟肠杆菌	碳酸二甲酯（DMC）	1150
	蜂胶乙醇提取物（EEP）	1926（300~5000）
	蜂胶水提物（WEP）	2500
产气肠杆菌	蜂胶乙醇提取物（EEP）	34（8~64）
铜绿假单胞菌	二氯甲烷（DCM）	1100
	二甲基亚砜（DSMO）	2310（1560~2810）
	蜂胶乙醇提取物（EEP）	1252（32~7910）
	蜂胶甲醇提取物（MeEP）	180（63~500）
	蜂胶水提物（WEP）	2500
鲍曼不动杆菌	蜂胶乙醇提取物（EEP）	5000
流感嗜血杆菌	蜂胶乙醇提取物（EEP）	1433（600~2500）
	蜂胶水提物（WEP）	2500
空肠弯曲杆菌属	蜂胶乙醇提取物（EEP）	256（170~340）
脆弱拟杆菌	蜂胶乙醇提取物（EEP）	2460（1840~3700）

续表

菌株	溶剂	最低抑菌浓度平均值（最小值－最大值）
洋葱伯克霍尔德菌	蜂胶乙醇提取物（EEP）	2467（1200~5000）
	蜂胶水提物（WEP）	2500

赵强等（2008）研究了蜂胶超临界 CO_2 萃取物对 8 种细菌的抑菌效果。研究结果显示，该超临界 CO_2 萃取物对所测试的 8 种细菌均表现出显著的抑制作用，其最小抑菌浓度（MIC）范围在 78.1~2500μg/mL 之间。此外，超临界 CO_2 萃取物的抑菌活性超过了 EEP（浓度为 25mg/mL）的活性，MIC 值总体上相当，但明显优于蜂胶水提物（WEP）。

王浩等（2010）也对蜂胶超临界 CO_2 萃取物进行了抗菌活性研究，并将其与蜂胶醇提物的抗菌活性进行了比较。研究结果显示，蜂胶超临界 CO_2 萃取物对金黄色葡萄球菌和大肠埃希菌的 MIC 分别为 14.5mg/mL 和 29mg/mL，其抗菌活性显著高于醇提物。

郝胤博等（2012）的研究探讨了我国不同地区蜂胶水提物的抑菌活性。研究采用琼脂扩散法和微量液体稀释法对来自我国 26 个地区的蜂胶水提物（WEP）进行了抑菌圈和最小抑菌浓度的测定，测试对象包括金黄色葡萄球菌、大肠埃希菌、变形杆菌、产气杆菌和毛霉。研究结果显示，除了云南西双版纳的 WEP 外，其他地区的 WEP 均对测试的细菌表现出不同程度的抑菌效果。具体而言，西南地区的 WEP 对金黄色葡萄球菌的抑菌性最强，东北地区的 WEP 对毛霉的抑菌性最强，而华东地区的 WEP 对大肠埃希菌、变形杆菌和产气杆菌的抑菌性均最为显著。总体而言，中国蜂胶水提物展现了对这五种测试菌的抑菌活性，其抑制效果从强到弱依次为：金黄色葡萄球菌（6.71 ± 2.97）mm ＞变形杆菌（6.48 ± 2.89）mm ＞产气杆菌（6.3 ± 2.78）mm ＞毛霉（3.57 ± 3.38）mm ＞大肠埃希菌（2.18 ± 3.36）mm。

胡福良等（2019）对巴西蜂胶和中国蜂胶的挥发性成分及其乙醇提取物进行了研究，评估了它们对 7 种测试菌株的抑菌效果。研究结果表明，无论是巴西还是中国的蜂胶，其挥发性成分和乙醇提取物均展现出一定的抑菌活性。具体来说，挥发性成分的抑菌效果比相应地区的蜂胶乙醇提取物更为显著。此外，来自不同地区的蜂胶挥发性成分对所测试的 7 种微生物均表现出相似的抑菌活性，对革兰阳性细菌、酵母菌和霉菌具有较强的抑制作用，而对革兰阴性细菌的抑制效果相对较弱。

3. 蜂胶抗耐药菌的作用

抗生素耐药性已成为全球公共卫生领域面临的一个重大挑战。利用天然化合物与现有抗生素之间的协同作用对抗具有多重耐药性的细菌，可作为一种有前景的替代方案。

蜂胶 70% 乙醇提取物（蜂胶膏）能够抑制对新青霉素产生抗性的金黄色葡萄球菌的生长。阿根廷产蜂胶对耐药菌 *Streptococcus piogenes*（酿脓链球菌）展现出较强的抗菌活性（最小抑菌浓度 MIC 为 7.8mg/mL）。波兰产蜂胶的乙醇提取物与 10 种抗菌药物联合使用时，对 12 株受试金黄色葡萄球菌均表现出比单独使用蜂胶或药物更强的抗菌效果，但环丙沙星和氯霉素与蜂胶乙醇提取物之间没有协同作用（牛德芳等，2022）。

Stepanović et al.（2003）对从塞尔维亚各地采集的 13 种蜂胶进行了测试，评估了它们对 39 种微生物（包括 14 种具有耐药性或多药耐药性的细菌）的抗菌活性，并研究了蜂胶与抗生素联合使用时的协同效应。实验结果显示，这些蜂胶对革兰阳性菌、革兰阴性菌以及酵母菌均具有抗菌作用，尤其对革兰阳性菌和酵母菌的抗菌效果更为显著，而对革兰阴性菌的抑制作用相对稍弱。

Raghukumar et al.（2010）报道了"太平洋蜂胶"对耐甲氧西林金黄色葡萄球菌（MRSA）的抑制活性，并确定了两种蜂胶成分的抑菌浓度，其中 propolin D 的最小抑菌浓度（MIC）为 8~16 mg/L，而 propolin C 的最小抑菌浓度（MIC）为 8~32 mg/L，展现了其显著的抗菌效力。

Saddiq et al.（2015）对 40 株临床分离的金黄色葡萄球菌进行了苯唑西林和不同种类抗生素的敏感性测试。结果显示，大多数菌株不仅对苯唑西林具有耐药性，还对其他多种抗生素表现出耐药性；而蜂胶提取物对所有测试菌株均显示出抗菌活性。

Gezgin 等在 2019 年制备了以蜂胶和庆大霉素为载体的温敏凝胶，并研究了其对耐甲氧西林金黄色葡萄球菌（MRSA）的联合用药效果，结果表明抑菌效果存在协同效应。

（二）蜂胶抗病毒的作用

蜂胶富含多种具有显著抗病毒特性的成分，展现出强大的抗病毒活性。它通过干扰病毒的 RNA 复制过程，有效阻止病毒侵入细胞。早在 1990 年，Debiaggi 等就发现，蜂胶中的黄酮类化合物能够对抗包括疱疹病毒、腺病毒、轮状病毒和冠状病毒在内的多种病毒。

蜂胶对多种病毒具有抗病毒特性，包括 H3N2 甲型流感病毒、H1N1 流感病毒、HIV 病毒、1 型和 2 型单纯疱疹病毒（HSV-1）、鼻病毒、登革热病毒、脊髓灰质炎病毒、风疹病毒、小核糖核酸病毒以及麻疹病毒等（Zulhendri et al.2021）。

1. 蜂胶抗疱疹病毒作用

Epstein-Barr 病毒（EBV），一种属于人类疱疹病毒科的病毒，是引起传染性单核细胞增多症以及多种非恶性、前恶性乃至恶性淋巴增殖性疾病的元凶。单纯疱疹病毒 1 型（HSV-1）和 2 型（HSV-2）可分别引发口唇疱疹和生殖器疱疹。水痘带状疱疹病毒（VZV）则是导致水痘的病原体，通常影响儿童，而成人中带状疱疹则更常见。阿昔洛韦作为一种核苷类似物，能够有效抑制病毒 DNA 的合成，是治疗 HSV-1 和 HSV-2、VZV 感染的首选传统药物。但是，由于其潜在的不良反应和耐药性病毒株的出现，迫切需要开发新的治疗药物。

（1）蜂胶抗疱疹病毒的临床前研究

Amoros et al.（1992）的研究表明，黄酮醇类化合物（如高良姜素、槲皮素、芦丁和山奈酚）相较于黄酮类（如白杨素、芹菜素和刺槐素）对 HSV-1 有更高的活性。此外，黄酮与黄酮醇的二元组合相较于单独使用这些化合物，效果更为显著。这种协同效应阐明了蜂胶提取物为何比其单一成分表现出更强的活性。提取物不仅活性显著提升，而且选择性指数也更高，这表明观察到的抗病毒增强效果并非单一成分所致，而是多种成分间相互作用的协同效应起到了决定性作用。

Huleihel et al.（2002）的研究揭示了 0.5% 浓度的蜂胶提取物在 Vero 细胞中对 HSV-1 感染具有 50% 的抑制效果，这为蜂胶提取物与细胞表面的相互作用提供了间接证据。尽管如此，他们并未发现蜂胶提取物与病毒颗粒直接相互作用的证据。基于这些发现，可以认为蜂胶提取物对 HSV-1 感染的抗病毒效果至少部分归因于其预防病毒吸附至宿主细胞的能力。

Yildirim et al.（2006）研究表明，当 HSV-1 病毒颗粒在与 HEp-2 细胞结合之前，预先用蜂胶水醇提取物（含 70% 乙醇）处理 1~3 小时，观察到在 10μg/mL 浓度下具有显著的抗病毒效果。无论是单独使用蜂胶提取物还是与阿昔洛韦联合应用，病毒滴度在最初 1 小时内下降最为显著。一项来自土耳其哈塔伊省的研究评估了蜂胶对 HSV-1 和 HSV-2 病毒的抗病毒效果。结果显示，在蜂胶的影响下，病毒的复制过程受到了显著的阻碍，具体表现为病毒滴度的下降，特别是对 HSV-1 的抑制效果更为显著和迅速。进一步的研究表明，蜂胶与抗病毒药物阿昔洛韦联合使用时能够产生协同作用，其疗效超过了单独使用阿昔洛韦。这些结果揭示了蜂胶在体外试验中通过直接抗病毒作用，有效抑制了单纯疱疹病毒的复制（Altindis et al.2020）。

Nolkemper et al.（2008）对蜂胶特殊提取物 GH 2002 和一种水提取物进行了比较研究。该研究在体外环境下针对 HSV-2 感染的 RC-37 细胞，评估了细胞毒性和这些提取物的抗疱疹病毒效果。研究结果表明，水提取物和 GH 2002 提取物对 HSV-2 斑块形成的半数抑制浓度（IC$_{50}$）分别为 5μg/mL 和 4μg/mL。两种提取物在病毒悬浮液测试中均表现出对 HSV-2 的显著抗病毒活性，导致感染性降低超过 99%。此外，当病毒在与细胞孵育前进行预处理时，这两种提取物显示出直接的浓度和时间依赖性活性。

上述水提取物和 GH 2002 提取物的主要成分包括咖啡酸、对香豆酸、苯甲酸、高良姜素、松油烯和白杨素。因此，研究者们也对 HSV-1 在 RC-37 细胞中的提取物及其分离化合物的抗病毒活性进行了评估。水提取物和 GH 2002 提取物对 HSV-1 斑块形成的 IC$_{50}$ 分别被确定为 4μg/mL 和 3.5μg/mL，这同样表明富含黄酮类化合物的提取物具有更高的活性。两种提取物在病毒悬浮液测试中对 HSV-1 显示出显著的抗病毒活性，感染性减少了 98% 以上。只有在病毒预处理后感染时，才观察到抗疱疹活性。在分离的化合物中，仅高良姜素和白杨素（分别为黄酮醇和黄酮）表现出一定的抗病毒活性，而蜂胶提取物的整体活性以及在不同黄酮浓度下仍表现出几乎同等有效性的原因尚未明确（Schnitzler et al.2010）。

Shimizu et al.（2011）在一项研究中评估了 3 种源自不同州的巴西蜂胶的乙醇提取物，研究发现，口服给予 HSV-1 病毒感染的 BALB/c 小鼠蜂胶提取物，可以显著延缓疱疹皮肤病变在感染初期的发展和恶化。特别是 *B.dracunculifolia* 来源的绿蜂胶，在体内（感染小鼠的皮肤和大脑）和体外（斑块减少测定）均能显著降低病毒的活性。

Sartori et al.（2012）的研究揭示，口服巴西蜂胶的水醇（70% 乙醇）提取物能够保护雌性 BALB/c 小鼠免受 HSV-2 引起的急性阴道病变。治疗有效减轻了 HSV-2 感染导致的阴道外病变（包括肿胀、水肿和炎症）以及组织病理学上的改变（如白细胞浸润）。此外，蜂胶提取物通过影响炎症反应和氧化过程发挥其抗炎作用。

Labska et al.（2018）进行了一系列体外和体内试验，目的是评估一种专利水醇（90%乙醇）提取物（GH 2002）对疱疹病毒的抑制效果。该提取物源自中欧地区采集的蜂胶，研究中测定其对水痘 – 带状疱疹病毒（VZV）斑块形成的 IC_{50} 为 64μg/mL。在病毒悬浮液测试中，感染性显著降低了 93.9%，这表明该提取物具有直接的浓度依赖性抗病毒活性，其效力可与抗病毒药物阿昔洛韦相媲美。抗 VZV 活性主要在病毒与蜂胶预处理后感染时显现，这暗示了病毒与蜂胶之间存在非特异性相互作用。

Demir et al.（2021）研究了多重动态提取的 M.E.D.® 蜂胶提取物在不同载体（丙二醇、乙醇、甘油和大豆油）中对 HSV-1 和 HSV-2 的抗病毒活性。通过测定选择性指数发现，以甘油作为载体的蜂胶提取物对 HSV-1 和 HSV-2 的抗病毒活性超过了阿昔洛韦，而乙醇和大豆油作为载体的提取物仅在对抗 HSV-2 时表现出比阿昔洛韦更强的活性。

体外研究揭示，蜂胶对病毒颗粒展现出显著的直接抑制效果，并且与阿昔洛韦共同作用时表现出协同效应。这种协同作用可能源于不同的作用机制，包括直接的杀伤病毒活性，抑制病毒的内化、复制或释放过程。这些发现提示，蜂胶作为一种辅助疗法，与抗病毒药物联合使用可能具有潜在的益处。

（2）蜂胶对疱疹病毒影响的临床研究

Vynograd et al.（2000）进行了一项单盲、随机、对照、多中心的临床试验，目的是评估加拿大蜂胶膏与阿昔洛韦在治疗复发性慢性生殖器 HSV-2 感染的男性和女性患者中的疗效。蜂胶是从 *Populus spp.*（杨树）密集的地区采集，并通过 95% 乙醇进行提取。所使用的专有提取物，被命名为 ACF®（黄酮类抗病毒复合物），并未标准化至特定成分。在应用蜂胶膏的治疗组中，愈合过程似乎更为迅速，并且似乎比使用安慰剂或阿昔洛韦更为有效，有效缓解了生殖器疱疹的病变和局部症状。此外，细菌超感染的发生率降低了 55%。

Hoheisel et al.（2001）进行的一项随机、双盲、对照临床试验中，研究者评估了含有 3% ACF® 提取物的膏药对复发性口唇疱疹的治疗效果。接受蜂胶膏治疗的患者展现了更为迅速的愈合过程，并且在无痛的情况下实现了更早的恢复。另外接受治疗的患者在药膏使用初期似乎恢复得更快，尽管在病变的大小上未观察到显著差异。

Holcová et al.（2011）开展了一项双盲、随机、三臂剂量探索研究，旨在评估含有 GH 2002 的润唇膏在 3 种不同浓度（0.1%、0.5% 和 1%）下对口唇疱疹的疗效和耐受性。研究结果显示，0.5% 浓度的配方疗效最佳，愈合时间最短。具体而言，在第 50 和第 90 百分位数时分别为 3.4 天和 5.4 天。此外，该配方耐受性良好，并在所有次要参数（包括局部疼痛、瘙痒、烧灼感、紧张和肿胀）上均表现出显著的治疗效果。

Tomanova et al.（2017）通过开展对照试验评估了含有 0.5% GH 2002 蜂胶提取物的洗液，作为口服阿昔洛韦治疗水痘带状疱疹病毒（VZV）引发的带状疱疹的辅助疗法的效果。结果显示，从治疗的第 3 天起，使用蜂胶提取物洗液的患者开始体验到疼痛缓解。接受蜂胶治疗的疱疹病变愈合速度显著提升：至少一半使用蜂胶洗液的患者在第 14 天时病变已愈合，而对照组直到第 28 天才有相似的愈合表现。此外，新水疱的形成得到了显著抑制，并且皮肤对蜂胶洗液的耐受性非常好。在研究期间，未观察到过敏反应、皮肤刺激或其他不良反应事件。

Arenberger et al.（2018）进行了一项单盲、随机对照试验，目的是评估含有 0.5% GH 2002 浓度的润唇膏与 5% 阿昔洛韦霜在治疗口唇疱疹方面的效果，特别是针对那些处于丘疹 / 红斑阶段的患者。研究的主要终点（即病变完全结痂或上皮化）在应用蜂胶治疗后 4 天达成，而应用阿昔洛韦治疗则需 5 天。此外，在次要疗效指标上，包括疼痛、烧灼感、瘙痒、紧张感和肿胀，蜂胶治疗也表现出显著的改善效果。在研究期间，未观察到任何过敏反应、局部刺激或其他不良反应事件。

随后，Jautova et al.（2019）一项涵盖 400 名患者的双盲、随机、多中心临床试验评估了 0.5% GH 2002 润唇膏与 5% 阿昔洛韦在治疗口唇疱疹水疱阶段的效果及差异。结果显示，使用蜂胶治疗的患者在 3 天内达到主要终点，而使用阿昔洛韦的患者则需要 4 天。此外，在次要评估指标上也发现了蜂胶治疗的显著优势。

综合来看，这些数据揭示了蜂胶提取物在局部应用时对治疗口唇疱疹的显著效果，无论病情处于何种阶段，均证实了之前体外试验中观察到的对 HSV-1 的抑制作用。临床研究进一步验证了蜂胶制剂的治疗价值，可以单独使用，或与阿昔洛韦联合应用以降低剂量和减少不良反应。

2. 蜂胶抗 HIV-1 病毒作用

早在 1997 年，Harish 等研究发现蜂胶具有抗人类 1 型免疫缺陷病毒（HIV-1）的作用，能够显著抑制 HIV-1 在细胞内的复制。

Ito et al.（2001）在体外对 H9t 细胞系中的 HIV-1 天然产物进行了筛选，证实了源自巴西南部的蜂胶甲醇提取物具有显著活性（EC_{50} <0.1μg/mL），其主要植物来源为 Myrceugenia euosma（O.Berg）D.Legrand。研究者在该提取物中鉴别出数种三萜类化合物，发现羽扇豆酸是其中主要的抗 HIV 成分。

Gekker et al.（2005）的研究进一步支持了这一发现。他们通过使用培养的 CD4+ 淋巴细胞和小胶质细胞，探究了不同产地蜂胶乙醇提取物对 HIV-1 的抑制活性。结果表明，蜂胶能有效抑制病毒在细胞内的表达；蜂胶作用浓度为 66.6μg/mL 时，对 HIV-1 在 CD4+ 淋巴细胞和小胶质细胞内的表达抑制率最大，可分别达到 85% 和 98%，并且这种作用具有浓度依赖性；不同来源的蜂胶表现出相似的抗病毒活性。进一步的研究表明，当蜂胶与抗 HIV 药物齐多夫定（一种反转录酶抑制剂）联合使用时，两者之间存在显著的协同效应。然而，蜂胶与蛋白酶抑制剂茚地那韦的协同作用则不甚明显。

Díaz-Carballo et al.（2010、2012）在体外研究中分析了从加勒比蜂胶中提取的两种化合物——聚异丙烯酰基双氯三酚 7- 尼莫酮和白烯酮 A 的抗逆转录病毒活性。他们研究了这些化合物对基于 SIV 载体的 HEK 293T 细胞产生的慢病毒颗粒的抗逆转录病毒活性，以及在感染了野生型 HIV-1 株 NL4-3 的 CEMx174-SEAP 细胞中的抗病毒活性。研究发现，7-尼莫酮和白烯酮 A 均表现出有效的抗慢病毒效果。尽管这两种化合物含有相同的金刚烷部分，但只有白烯酮 A 能够有效抑制逆转录酶。这些体外研究的发现需要通过进一步的体内研究来验证，这些体内研究旨在评估在临床实践中观察到的分子机制的真正有效性。此外，蜂胶中不常见或含量较低的成分对 HIV 的抑制活性可能会激发人们对于发现创新先导化合物的兴趣。

Silva et al.（2019）采用不同极性的溶剂（包括己烷、氯仿、乙酸乙酯和甲醇）提取蜂胶，并通过体外试验评估了所得提取物对 HIV-1 逆转录酶的抑制作用，以评估其抗 HIV 活性。研究发现，乙酸乙酯提取物展现了最强的抗 HIV 活性。为了进一步纯化和鉴定活性成分，研究者采用了色谱分离技术。在分离得到的化合物中，异鼠李素对 HIV-1 逆转录酶显示出中等强度的抑制效果（56.99%±3.91%），紧随其后的是柚皮素（44.22%±1.71%）、槲皮素（43.41%±4.56%）和戊烯基肉桂酸（41.59%±2.59%）。

（三）蜂胶抗真菌作用

真菌是一类具有真核细胞和细胞壁的异养生物，它们能够引发动植物的多种疾病。这些疾病不仅会降低农作物的产量和动物的生长速度，还可能对人类健康构成威胁，甚至危及生命安全。因此，为了控制和根除这些病原性真菌，人们一直致力于寻找有效的抗真菌药物（李婷婷等，2010）。目前，已有许多化学合成的化合物用作抗菌剂以抑制真菌的生长，但随着耐药性的增加，天然产品的抗菌作用越来越引起人们的兴趣（普瑞雪，2017）。

蜂胶之所以具有抗真菌活性，是由于蜂胶中含有一些特殊化学成分，主要是酚类物质，包括黄酮类、酚酸类以及酯类。黄酮类成分如高良姜素、松属素、靛红山姜素短叶松黄烷酮、槲皮素、柚皮素、柯因、乔松酮已确认对真菌有很强的抑制作用。酚酸类物质及其衍生物如咖啡酸、咖啡酸苯乙酯、香豆酸、4'-甲基香橙素乙醚、3-苯乙基肉桂酸、3-异戊二烯基-4-羟基肉桂酸、2，2-二甲基-6-羧乙基香豆素、3，5-二异戊二烯基-4-羟基肉桂酸、2，2-二甲基-6-羧乙基-8-异戊二烯基香豆素也表现出强烈的抗真菌活性。萜类物质也有很强的抑菌作用，富含二萜酸的蜂胶提取物有更强的抑菌活性，从蜂胶中分离的 2 种二萜鼠李糖苷表现出了很强的抑菌活性和较低的细胞毒性。蜂胶中的金合欢醇和倍半萜也能抑制病菌生长和病菌生物多糖的形成（杨书珍等，2009）。

蜂胶抗真菌的可能作用机制主要有以下 3 个方面。

（1）干扰和抑制菌体黏多糖的代谢，从而抑制病菌对寄主的黏附作用。蜂胶活性成分中芹菜素和金合欢醇对病菌葡糖基转移酶有强烈的抑制作用；0.135g/L 芹菜素能抑制水溶状态菌体葡糖基转移酶 90%~95% 的活性，而对黏液包被菌体的葡糖基转移酶只有 35% 的抑制作用，同时芹菜素失去了抗菌作用（Koo et al.2002）。

（2）干扰真菌的能量代谢系统。蜂胶提取物以及肉桂酸和类黄酮成分能够破坏细胞质膜的能量转换系统，降低质膜电动势，而不产生能量 ATP，从而扰乱了正常的能量代谢过程（Mirzoeva et al.1997）。蜂胶中的活性成分干草查尔酮也能抑制菌体的能量代谢（Cushnie et al.2005）。

（3）改变菌体的质膜透性。采用最小抑菌浓度的高良姜素（50mg /L）处理菌丝，12 小时后钾离子丢失率达到 21%；而采用最小抑菌浓度的新生霉素和青霉素 G 处理，钾离子丢失率仅为 0% 和 6%（Cushnie et al.2005），表明高良姜素处理与抗生素的作用机制不尽相同。

新型隐球菌是一种对人类生命构成威胁的酵母菌，也是引发隐球菌病的常见致病因子之一。Mamoon et al.（2020）的研究揭示了蜂胶能够以剂量依赖的方式减少黑色素的生成，并调节隐球菌黑色素化途径中的 CDA1、IPC1-PKC1 和 LAC1 基因表达，具有很强的抑制隐球菌活性的作用。

念珠菌病是一组由念珠菌属特别是白色念珠菌引发的真菌感染。这种病原体能够侵犯皮肤、黏膜、指甲甚至胃肠道黏膜、气管、肺、心内膜以及脑膜，对人类健康构成显著威胁。Martins et al.（2002）研究发现，20% 的蜂胶乙醇提取液能够有效抑制从 HIV 阳性患者口腔中分离出的白色念珠菌，其效果与制霉菌素相当。相比之下，常用的抗真菌药物如克霉唑和抑康唑对这些白色念珠菌则无抑制效果。对于从受甲癣感染的指甲中分离出的白色念珠菌、近平滑念珠菌和热带念珠菌，蜂胶提取物展现出显著的抑制效果。在浓度仅为 0.25g/L 的情况下，其抗菌效率超过了 90%（Shinobu et al.2006）。Ota et al.（2001）研究比较了蜂胶提取物对多种念珠菌的抑制作用，结果显示白色念珠菌对蜂胶提取物最为敏感，其次是热带念珠菌，而吉利蒙念珠菌展现出最强的抗性。尽管如此，吉利蒙念珠菌的半抑菌浓度仍为 0.05g/L。BARROS et al.（2022）针对采用白色念珠菌制备的 7 天预成型生物膜和人指甲碎片的离体模型研究评价蜂胶提取物及其副产物（WPE）的抗菌能力，发现两种提取物对 7 天预成型的生物膜均表现出良好的抗菌活性，都能渗透到实验感染的指甲中，其中 WPE 更有效，结果表明蜂胶可作为局部治疗指甲真菌病的安全选择。

皮癣菌属的致病菌对蜂胶提取液也有较强的敏感性。浓度介于 1% 至 10% 的蜂胶乙醇或乙醚提取液对多种常见的医学真菌如真癣菌、絮状癣菌、红色癣菌、铁锈色小孢子菌、大脑状癣菌、石膏样癣菌、断发癣菌和紫色癣菌等，均展现出强大的抑制效果（徐颖等，2005）。蜂胶对红色发癣菌和须癣毛癣菌的 29 株菌株展现出的抑菌效果与伊曲康唑、酮康唑、氟康唑等常用抗真菌剂相当，仅略逊于比特比萘芬（Silici et al.2005）。更为重要的是，蜂胶提取物的毒性远远低于合成的抗真菌剂酮康唑等（Quiroga et al.2006）。

（四）蜂胶抗寄生虫作用

早在 1977 年，Starzyk 和 Scheller 等将蜂胶的乙醇提取物以 10% 吐温 20 溶液的形式，分别以 150、50、0.5 和 0.05mg/L 的浓度添加到阴道毛滴虫的培养基中。这些样本随后被放置于37℃的恒温箱内，并且每24小时进行一次取样，通过显微镜检查来确定毛滴虫的存活数量。研究结果表明，所测试的蜂胶提取物均表现出抗滴虫活性，并且这种活性随着浓度的增加而增强。特别是150mg/L浓度的蜂胶乙醇提取物在作用24小时后即显示出对阴道毛滴虫的杀灭效果，这表明毛滴虫对蜂胶具有较高的敏感性。使用3种不同的毛滴虫进行的实验结果均呈现出相似的趋势。

SILVA et al.（2021）的研究发现，在25μg/mL的浓度下，蜂胶能够使曼氏血吸虫的死亡率达到100%。此外，蜂胶还导致血吸虫表面形态发生显著变化。在动物模型实验中，蜂胶显著减少了早期和慢性曼氏血吸虫的数量以及虫卵的产生。Elmahallawy et al.（2022）研究了蜂胶、小麦胚芽油（WGO）及其组合治疗瑞士白化小鼠慢性弓形虫病的潜在作用，发现蜂胶和WGO联合使用显著降低了实验动物的寄生虫负担，经蜂胶和WGO处理后寄生虫载量有所减少，组织病理病变的严重程度明显改善。

Alenezi et al.（2023）通过研究尼日利亚产的红蜂胶对布氏锥虫的影响，发现其半数有效浓度（EC_{50}）为1.66μg/mL。此外，他们还发现红蜂胶中的维斯体素（vestitol）在3.86μg/mL的浓度下展现出最强的抗布氏锥虫活性。Barakat et al.（2023）的研究揭示，相较于阳性对照组，经过蜂胶处理的动物肝脏组织涂片显示寄生虫载量显著降低，并且肝、脾和肺的组织病理学状况得到了显著改善。这一结果表明，蜂胶对于急性弓形虫病具有潜在的治疗作用。Rebouças-Silva et al.（2023）的研究揭示了巴西绿蜂胶提取物对利什曼原虫展现出显著的免疫调节作用。通过体外试验，他们发现巴西绿蜂胶提取物能够促进感染细胞中抗氧化酶HO-1的表达，并有效抑制了炎症因子IL-1β的生成。进一步的体内试验结果表明，使用巴西绿蜂胶提取物进行治疗，能够减轻利什曼原虫感染导致的BALB/c小鼠耳部病变。

六、蜂胶防细胞炎性损伤

（一）炎症及炎症微环境

炎症是机体对外源性或内源性刺激产生的一种适应性和保护性反应，其最典型的表征为红、肿、热、痛以及功能障碍。这种急性炎症反应通常具有短暂性，由免疫细胞或非免疫细胞及其分泌的炎症介质所引发。一旦致病因素被清除或刺激对生物体的损害被解除，炎症活动便会减弱，机体亦将逐步恢复至平衡状态。然而，若急性炎症未能及时清除病原体等对机体的损害，可能会演变为慢性炎症。慢性炎症尤其是低度炎症，往往在没有明显感染致病因素的情况下发生，主要由损伤相关分子模式（damage-associated molecular patterns，DAMPs）激活，且不伴随典型的炎症体征。其特征是低度、非感染性的全身性慢性炎症。饮食、睡眠、衰老、吸烟、低出生体重、体力活动、心理压力、肠道菌群等多种因素均可影响全身慢性炎症状态（李雪婷，2023）。

炎症微环境主要指在机体炎症的启动和发展过程中，参与炎症反应的细胞（即炎性细胞）及其周围的系统环境。通常情况下，炎症是由化学介质直接诱导产生的。目前，研究已确认与炎症过程相关的化学介质主要包括血管活性胺（如组胺、5-羟色胺）、类花生酸（包括花生四烯酸的代谢产物、前列腺素和白细胞三烯）、血小板凝聚因子、细胞因子（如白介素、肿瘤坏死因子等）、激肽（如缓激肽）以及氧自由基等。这些物质通常由炎性细胞产生，如多形核白细胞（包括中性粒细胞、嗜酸性粒细胞、嗜碱粒细胞）、内皮细胞、肥大细胞、巨噬细胞、单核细胞以及淋巴细胞等（王凯，2016）。

（二）蜂胶的抗炎作用机制

王凯等（2013）研究认为，蜂胶主要是通过抑制炎症相关信号通路（NF-κB、MAPK等）的转导，并通过影响化学媒介物（如血管活性胺、类花生酸物质、血小板凝血因子、细胞因子、激肽、氧自由基等）的产生而发挥抗炎作用的。其可能存在的作用机制如图2-10。

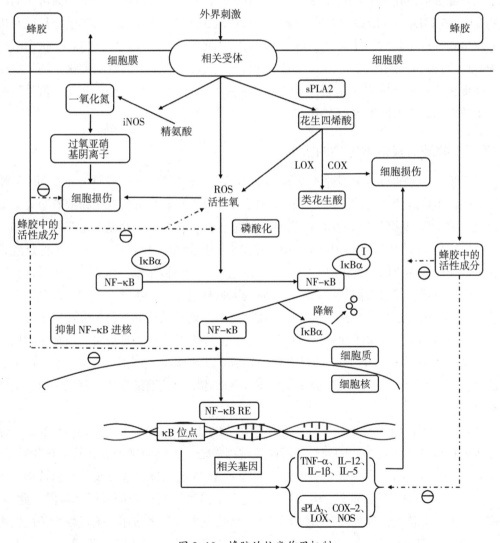

图 2-10　蜂胶的抗炎作用机制

Xuan et al.（2019）的研究揭示了中国蜂胶可能通过抑制自噬以及 MAPK/NF-κB 信号通路的机制，在人脐静脉血管内皮细胞（HUVECs）中抑制了由脂多糖（LPS）引发的氧化应激和炎症反应。

Zulhendri et al.（2022）从 Scopus、Web of Science 和 PubMed 中识别并检索了总共 166 篇研究论文，对 2017—2022 年间有关蜂胶抗炎特性的最新实验证据进行了综述。基于最新的实验证据，蜂胶被证明在调节炎症至平衡状态和抗炎环境方面具有多种作用机制。总的来说，蜂胶作为抗炎物质，通过抑制 TLR4、MyD88、IRAK4、TRIF、NLRP 炎性小体、NF-κB 炎症信号通路，或下调相关促炎细胞因子（如 IL-1β、IL-6、IFN-γ 和 TNF-α）水平，有效减轻炎症反应。蜂胶还可能通过下调趋化因子 CXCL9 和 CXCL10 的表达来减少巨噬细胞和中性粒细胞等免疫细胞的迁移。

近年来，蜂胶中活性成分的抗炎机制也得到了研究。Li et al.（2017）的研究发现，对于人牙龈成纤维细胞，咖啡酸苯乙酯（CAPE）呈剂量依赖性地抑制脂多糖诱导的白细胞介素 -6（IL-6）、诱导型 NOS（iNOS）和环氧化酶 2（COX-2）的产生，其抗炎机制可能是基于对 Toll 样受体 4（TLR4）/NF-κB 和磷脂酰肌醇 3 激酶（PI3K）/蛋白激酶 B（Akt）通路的抑制作用。卢涵（2021）的研究认为，蜂胶中的黄酮类化合物（白杨素、高良姜素和短叶松素）是通过血红素加氧酶 1（HO-1）调控 NF-κB 炎症信号通路相关蛋白表达，从而发挥抗炎作用的。

（三）蜂胶对炎症微环境的影响

王凯（2016）通过运用多种体外细胞实验模型，深入研究了蜂胶对炎症微环境的作用，并探讨了蜂胶潜在的抗炎机制。巨噬细胞在免疫系统和炎症反应中扮演着至关重要的角色。当受到脂多糖（LPS）的刺激时，巨噬细胞能够产生多种炎症调节因子，如一氧化氮（NO）、白细胞介素 -1β（IL-1β）和白细胞介素 -6（IL-6）。这些因子的过度产生会破坏免疫微环境的平衡，导致一系列炎症性疾病，包括脓毒性休克、动脉硬化和癌症等。研究发现，尽管不同地理来源的蜂胶提取物其成分组成各异，但它们普遍展现出显著的抗炎作用。这种抗炎作用主要体现在抑制 LPS 诱导的巨噬细胞中促炎因子的表达和分泌，以及抑制 NO 和活性氧（ROS）的生成。其作用机制主要是通过抑制肿瘤坏死因子受体相关因子 6（TRAF6）的泛素化链形成，从而干扰了核因子 -κB（NF-κB）的激活过程。这些研究结果为蜂胶提取物调节炎症微环境中关键细胞的作用机制提供了新的见解。

炎症在肿瘤进展中的角色一直是肿瘤学研究的焦点。TNF、IL-1 和 IL-8 等炎症促进因子的释放被认为是构建肿瘤微环境的关键因素之一，进而推动肿瘤的生长和扩散。郑宇斐（2020）探讨了中国蜂胶对黑素瘤细胞系 A375 的促凋亡效应及其抑制转移的机制。研究揭示了中国蜂胶能够诱导 A375 细胞发生内源性凋亡和细胞周期阻滞。此外，中国蜂胶的抗炎特性在促进黑素瘤细胞凋亡方面也发挥了积极作用，通过减少关键促炎蛋白 NLRP1 的表达，增强了其对黑素瘤细胞的细胞毒性。caspase-1 和 caspase-4 表达水平的降低，以及 IL-1α、IL-1β 和 IL-18mRNA 水平的减少，进一步证实了中国蜂胶对黑素瘤炎症微环境的抑制效应。

Li et al.（2021）的研究揭示，中国蜂胶能够通过改变肿瘤的炎症微环境，调节三阴性乳腺癌细胞（MDA-MB-231）的糖酵解过程，从而抑制其增殖。

Shen et al.（2023）使用 1，2- 二甲肼（DMH）和葡聚糖硫酸钠（DSS）成功诱导出早期结肠癌（CRC）动物模型，同时进行了有无蜂胶给药的对比实验。研究结果表明，得益于蜂胶的给药，CRC 小鼠的特征，包括体重、肿瘤负荷和肿瘤尺寸，均出现了显著的变化。在进一步的蜂胶给药后，DMH/DSS 处理的 CRC 组织的细胞角蛋白 20 水平降低，这标志着肠上皮分化的减少。蜂胶作为一种天然补充剂，通过提升早期 CRC 肿瘤微环境中的 CD3⁺ 和 CD4⁺ TILs 数量并减少 FOXP3 淋巴细胞，显示出其潜在能力，可能阻止 CRC 的进一步发展。

七、蜂胶对免疫系统的调节作用

免疫力是指人体通过免疫器官、免疫细胞和免疫分子所构成的免疫系统，对具有抗原性质的物质（例如生物性、化学性和物理性与机体本身略有差异的物质等）产生免疫应答的能力。人体的这种免疫能力对疾病的发生、发展以及生物进化具有重大影响。

（一）人体免疫系统及其功能

1. 免疫系统的构成（图 2-11）

士兵工厂：骨髓。它是人体免疫系统的关键组成部分，负责生产红血球和白血球，这些细胞宛如免疫战场上的士兵。每秒约有 800 万个血球细胞完成它们的生命周期并凋亡，与此同时骨髓也相应地生成了等量的新细胞。因此，骨髓可以被形象地比喻为一个不断制造士兵的工厂。

训练场地：胸腺。就像为赢得战争而训练海军、陆军和空军一样，胸腺是训练各军兵种的训练场。胸腺负责派遣 T 细胞执行战斗任务。此外，胸腺还分泌具有免疫调节作用的激素。

战场：淋巴结。它是人体免疫系统中的关键组成部分，是一个包含数十亿白细胞的小型战斗区域。一旦感染发生，需要免疫反应介入时，淋巴结就会成为外来入侵者和免疫细胞的聚集地并出现肿大，有时甚至可以通过触摸感知到。淋巴结的肿胀实际上是一个积极的信号，表明身体正在遭受感染，而免疫系统正在积极地进行防御。淋巴结作为人体淋巴系统的一部分，承担着过滤淋巴液的重要职责，有效地将病毒、细菌等有害物质排出体外。值得注意的是，人体内的淋巴液量大约是血液的四倍之多。

血液过滤器：脾脏。作为血液的储存库，担负着过滤血液的重要职责。它负责清除血液中的死亡血球细胞，并吞噬病毒与细菌。此外，脾脏还能激活 B 细胞，促使它们产生大量抗体。

咽喉守卫者：扁桃体。扁桃体对经由口、鼻进入人体的外来侵袭者保持着高度警觉。那些接受扁桃体切除手术的人，其患上链球菌性咽喉炎和霍奇金病的风险显著增加。这一现象充分证明了扁桃体在保护人体上呼吸道健康方面扮演着至关重要的角色。

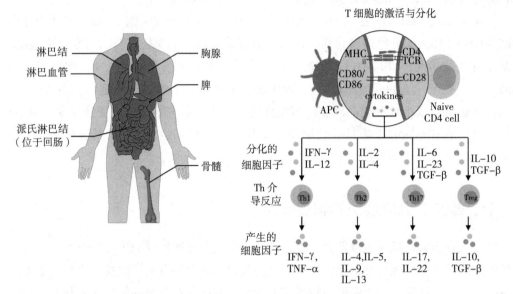

图 2-11　免疫系统及其介导的炎性反应

免疫助手：盲肠。盲肠在促进 B 细胞成熟和 IgA 抗体生产方面发挥着关键作用。它还充当着调节者，负责产生信号分子，引导白血球到达身体的各个角落。此外，盲肠能够向白血球发出信号，告知它们消化道内有外来入侵者。在辅助局部免疫反应的同时，盲肠还协助调节并防止抗体产生的过度免疫反应。

肠道守护者：肠道的免疫功能至关重要，它不仅是人体消化吸收的重要场所，也是人体最大的免疫器官之一。集合淋巴结是存在于肠道黏膜固有层中的一种无被膜淋巴组织，它富含 B 淋巴细胞、巨噬细胞以及少量的 T 淋巴细胞，构成了抵御入侵肠道病原微生物的坚固防线。

2. 免疫系统的功能

人体免疫系统的构造既复杂又精细，它并不局限于某个特定的位置或器官。实际上，它是通过人体内多个器官的协同作用来实现免疫功能的。骨髓和胸腺作为人体的主要淋巴器官，发挥着核心作用。而外围淋巴器官，包括扁桃体、脾脏、淋巴结、集合淋巴结以及盲肠，共同构成了免疫防线，抵御外来毒素和微生物的侵袭。当我们感到喉咙不适或眼睛流泪时，通常是免疫系统积极应对的迹象。长期以来，由于盲肠和扁桃体看似缺乏显著功能，许多人选择通过手术将其移除。然而，近期的研究揭示了盲肠和扁桃体内部含有大量淋巴结，这些结构对于免疫系统的运作至关重要。

自抗生素问世以来，科学界不懈地追求新药的开发，旨在治愈各种疾病。然而，研究逐渐揭示，化学药物的使用仅能激活免疫系统中的某些成分，并不能取代免疫系统本身的复杂功能。实际上，这种使用可能会破坏免疫系统的平衡，导致对人类健康的不良影响。

综合来看，免疫系统具备以下几项关键功能。

（1）保护作用。免疫系统能够防御病毒、细菌以及由自身细胞突变产生的异常细胞和癌细胞对身体的侵害。

（2）清除功能。免疫系统负责清除新陈代谢产生的废物，以及在与病原体作战过程中遗留的死亡病毒和受损细胞。

（3）修复能力。免疫细胞能够修复受损的器官和组织，帮助它们恢复到原有的功能状态。

3. 免疫失调与疾病

在正常生理状态下，免疫器官遵循阴阳平衡的原则，所产生的免疫细胞既保持了其免疫活性，又配备了识别装置，能够准确识别并对抗"敌人"，同时避免对自身造成伤害。细胞之间以阴阳对偶的形式出现，和谐共存，从而维持了免疫系统的平衡。例如，T 淋巴细胞中存在 Th1/Th2、Th17/Treg、Tfh/Tfr、Tc1/Tc2 等阴阳对偶，B 淋巴细胞有效应性 B 细胞和调节性 B 细胞，NK 细胞有杀伤性 NK 和调节性 NK，巨噬细胞有 M1 和 M2 类型，中性粒细胞则有 N1 和 N2 类型。在这些阴阳对偶的细胞中，每一对的前一个属于阳型，负责攻击；后一个属于阴型，负责抑制前者的过度攻击。免疫细胞的生存和功能发挥依赖于细胞内信号通路的激活以及细胞间各种细胞因子的分泌，这些复杂的信号通路和细胞因子同样体现了阴阳相互作用，通过共同协作发挥其功能。

机体免疫功能异常，可能导致多种疾病。从免疫学的视角来看，疾病可以被划分为三大类别：①免疫功能低下。这类情况下，个体容易遭受各种感染性疾病的侵袭。例如，频繁感冒的人群就属于此类。特别是当免疫系统的功能减弱时，癌细胞的产生风险就会增加。②免疫反应过度。当免疫系统中的某个组成部分如抗体 IgE 产生过量时，个体容易出现各种过敏症状。这包括呼吸系统过敏和皮肤过敏等。免疫系统仿佛一支军队，在面对外来入侵者时会发起战斗。然而，过敏现象的发生是因为免疫系统失调，无法识别敌人已被消灭。即便战斗本应结束，它却继续制造武器，导致持续的战斗状态，从而引发各种过敏症状。③自身免疫失调。在这种情况下，免疫系统变得混乱，无法区分自身组织和外来威胁。这就像一支军队，每个士兵都持有武器，但都蒙上了眼睛，既可能消灭敌人，也可能误伤自己人，攻击正常的组织细胞，导致慢性炎症甚至细胞基因突变。一旦免疫系统出现这种病变，个体就容易患上各种慢性疾病。

以下是免疫失衡与不同类型疾病之间的关系。

（1）免疫失衡与感染

病毒、细菌、真菌、寄生虫等病原体通常在两种特定情况下侵入人体。一种情况是当人体的免疫力下降时，例如熬夜、营养不良、情绪不佳、患有肿瘤或糖尿病等慢性疾病。另一种情况是，即便人体的免疫平衡保持完好，病原体依靠其强大的传染性（如新冠病毒、艾滋病病毒等）也能侵入。上述任何一种情况下，免疫系统都会启动防御机制来对抗外来侵害者。此时，免疫状态呈现不平衡状态，通常以增强的抵抗力为特征。然而，这种不平衡状态大多数情况下是暂时性的。免疫系统具备强大的调节能力，一旦彻底清除入侵者，它便能迅速恢复到一个平衡状态。

然而，也存在一些例外情况，即使免疫系统全力以赴，仍难以恢复平衡状态。这种长期的失衡可能引发致命后果，或导致患者不得不带病生存。具体可细分为：①病原体直接侵入免疫细胞。例如，艾滋病毒（人类免疫缺陷病毒）的感染，这种病毒专门攻击 CD4$^+$T 淋巴细胞，使免疫系统陷入困境。若清除病毒可能会损害自身的 T 淋巴细胞。②侵入的病原体过于强大或数量众多，冲毁免疫防线。如许多细菌感染的早期阶段、乙肝病毒、丙肝病毒感染等，需外部给予抗生素或抗病毒药物的辅助治疗，使机体逐步恢复平衡。③免疫系统过度活跃，导致其防御机制过于激进。这种失衡状态使得免疫系统在攻击病原体的同时，也对身体造成显著的损害。在极端情况下，患者可能会经历"细胞因子风暴"，这可能会危及生命。如严重急性呼吸综合征（SARS）和新型冠状病毒感染（COVID-19）。

（2）免疫失衡与肿瘤

肿瘤与免疫系统之间的关系错综复杂，既有对抗也有共存。肿瘤细胞存在于一个特定的环境即免疫微环境中，这个环境由围绕肿瘤细胞的复杂免疫细胞和免疫分子构成。尽管肿瘤细胞周围聚集了众多的免疫细胞和分子，但并非所有的免疫细胞和分子都致力于消灭肿瘤。实际上，部分免疫细胞和分子甚至与肿瘤细胞形成"勾结"，一方面抑制其他具有抗肿瘤功能的免疫细胞或分子；另一方面直接与肿瘤细胞互动，促进其生长、增殖和扩散。

在肿瘤免疫微环境中，免疫系统的失衡助长了肿瘤的生长和扩散。免疫学家们致力于改造那些与肿瘤"同谋"的免疫细胞和分子，希望能够将免疫微环境调整为更有利于消灭肿瘤的状态。例如，近年来在研究中获得诺贝尔奖的 PD1 及其配体 PDL1，这两种"明星分子"能够显著抑制免疫细胞对肿瘤的攻击，免疫学家将它们称为免疫检查点。基于此，科学家们研制出了针对 PD1 和 PDL1 的单克隆抗体，用于肿瘤治疗，即"免疫检查点抑制疗法"。然而，在药物的临床应用中逐渐发现，它对许多类型的肿瘤治疗效果并不理想。通过深入研究，免疫学家揭示了其中的原因：对治疗有反应的患者通常表现出高水平的 PD1 和 PDL1 表达，而没有反应的患者则往往表现出低水平的 PD1 和 PDL1 表达或不表达，但他们可能表达其他免疫检查点分子，如 CTLA4。因此，肿瘤治疗的挑战依然严峻，显然不是仅凭一个或几个分子、细胞就能轻易克服的。

（3）免疫失衡与自身免疫疾病

自身免疫性疾病涵盖了上百种不同的病症，包括但不限于系统性红斑狼疮、类风湿关节炎、强直性脊柱炎、银屑病（俗称"牛皮癣"）、抗磷脂综合征、干燥综合征、硬皮病、多肌炎/皮肌炎、系统性血管炎以及白塞病等。除此之外，它还涉及 1 型糖尿病、多种神经炎、自身免疫性肝病等。正如其名称所示，自身免疫性疾病指的是免疫系统错误地攻击自身的组织和细胞。

根据国内外最新的研究进展，自身免疫疾病与遗传、环境、被攻击靶组织细胞的主动参与以及免疫异常等方面密切相关。其中，免疫异常被认为是自身免疫疾病发生的直接原因。免疫异常实际上指的是免疫系统的失衡状态，这种状态与肿瘤的情况截然不同。其特征表现为免疫细胞和免疫分子的过度活跃，与此同时，抑制性或调节性细胞和分子则相对不活跃。目前的治疗方法包括使用免疫抑制剂或激素来抑制免疫应答；利用单克隆抗体药物阻断特定的攻击性分子，如 TNF-α、IL-17、CD28、IL-12、IL-6 等；使用小分子药物阻断信号通路，如 JAK–STAT 通路抑制剂等。尽管这些治疗方法大多有效，但它们无法实现根治且容易复发，长期使用还可能带来不良反应，而且这些方法并未能恢复免疫系统的平衡。

目前，国内外众多专家正致力于探索干细胞治疗自身免疫性疾病，并且已经取得了一些成果。从理论上讲，这些干细胞在正常分化过程中，能够分化成各种类型的免疫细胞，并且这些细胞之间能够维持一种平衡状态，从而用平衡的免疫系统取代或消除疾病发作时出现的免疫失衡。总的来说，随着对干细胞作用机制研究的不断深入，干细胞治疗有望成为一种极具潜力的治疗手段。

（4）免疫失衡与免疫缺陷性疾病

免疫缺陷性疾病主要分为两大类：原发性免疫缺陷病和获得性免疫缺陷病。获得性免疫缺陷病的典型代表是艾滋病。而原发性免疫缺陷病目前已识别出 400 种，这些疾病主要由遗传因素和先天性基因突变引起。在严重情况下，患者可能会出现多种免疫细胞数量减少或功能丧失，例如重症联合免疫缺陷。

尽管各种疾病的免疫失衡现象在总体上相似，但它们涉及的特定免疫细胞和免疫分子却各具特色。免疫失衡不仅可能导致亚健康状态，严重时还可能引发多种疾病。因此，治疗的核心目标应当是重建免疫平衡，而不仅仅是对症状进行局部治疗。

（二）免疫和炎症是一体两面

炎症是活体组织对各种损伤因子刺激的反应，这一过程涉及血管系统，是一种以防御机制为主导的基本病理现象。免疫则是机体区分"自我"与"非自我"抗原的一种生理机制，它使得机体对自身抗原产生天然的免疫耐受，同时对非自身抗原产生排斥反应。两者之间存在着紧密的联系，炎症通常表现为免疫反应的一个方面。当机体遭遇病原体侵袭或受到其他形式的损伤时，免疫系统被激活，调动多种免疫细胞和分子参与其中，触发炎症反应以清除病原体并促进受损组织的修复。

1. 免疫和炎症的过程协同

（1）识别阶段

免疫反应首先负责识别入侵的病原体或损伤信号。例如，固有免疫系统中的模式识别受体（PRR）能够辨识病原体相关分子模式（PAMP）以及损伤相关分子模式（DAMP）。这一识别过程激活了炎症反应，促使机体迅速做出反应。

（2）激活阶段

免疫系统激活多种免疫细胞，包括巨噬细胞、中性粒细胞和淋巴细胞等。这些细胞一旦被激活，便会释放多种炎症介质，例如细胞因子和趋化因子。这些炎症介质进一步吸引更多的免疫细胞到达损伤区域，从而加强免疫反应。

（3）效应阶段

免疫细胞利用吞噬作用和细胞毒性作用等多种机制，清除病原体或受损的组织。与此同时，炎症反应导致局部血管扩张和通透性增强，这有助于免疫细胞及免疫分子的渗出和运输。

在炎症反应过程中，由免疫系统释放的生长因子等物质对组织的修复与再生起着至关重要的作用，这同样是免疫系统在消灭病原体后恢复机体至正常功能状态的关键步骤。

2. 免疫和炎症的相互影响

（1）免疫对炎症的调控

免疫系统具备调节炎症强度与持续时间的能力。例如，在恰当的免疫反应中，炎症能够有效地清除病原体，随后逐渐消退。

调节性 T 细胞（Treg）等免疫细胞能够分泌抑制性细胞因子，以抑制过度的炎症反应，从而避免免疫系统造成的病理损伤。

（2）炎症对免疫的影响

炎症有助于强化免疫反应。局部炎症环境促进了免疫细胞的激活与增殖，从而提升了免疫应答的效率。然而，过度的炎症反应同样可能引起免疫系统的失调，导致诸如自身免疫性疾病等后果。

3. 临床意义

（1）诊断疾病

多种疾病的发生既与炎症反应相关，也与免疫功能的异常密不可分。以感染性疾病为例，病原体所引起的炎症与免疫反应之间的相互作用，共同决定了疾病的进程和结果。而在自身免疫性疾病中，免疫系统错误地对自身组织发起攻击，这导致了持续的炎症和组织损伤。

（2）监测治疗效果

深入理解炎症与免疫之间的相互作用对于开发更有效的治疗方案至关重要。以炎症性疾病的治疗为例，我们不仅可以利用抗炎药物来缓解症状，还可以通过调整免疫系统的功能来控制炎症的起始和进展。免疫治疗手段比如免疫调节剂和生物制剂等，在某些疾病的治疗中已经显示出卓越的疗效，其作用原理通常与对炎症和免疫反应的调节紧密相关。

（三）蜂胶对免疫系统的双向调节作用

免疫反应是由多种细胞及其分泌的可溶性分子所介导，并通过复杂的反馈机制进行调节。这些免疫细胞、可溶性免疫介质以及细胞因子之间相互促进和抑制，共同构成了一个错综复杂的免疫调节网络。

众多国内外学者持续对蜂胶的免疫调节活性及其作用机制进行深入研究，并取得了显著的进展。研究揭示，蜂胶的免疫调节活性呈现出双向性的特点。它既能够通过激活巨噬细胞，促进淋巴细胞的增殖与分化，以及增强抗体和免疫调节性细胞因子的产生来提升免疫功能；同时，蜂胶还能抑制免疫刺激性细胞因子的释放，以抑制过度的免疫反应，进而帮助维持机体的正常免疫平衡。Magnavacca et al.（2022）总结了临床前研究中蜂胶免疫调节的作用，见图 2-12。

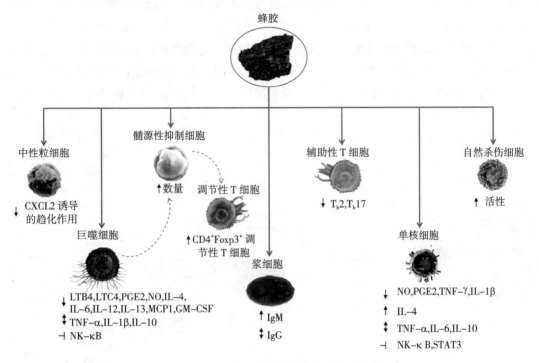

图 2-12 临床前研究中蜂胶免疫调节的作用

蜂胶在使用上相对安全，无毒副作用，然而蜂胶的有效成分及含量随着胶源植物、地理位置和提取方法的不同而有所变化，这将直接影响其免疫调节活性的强弱，使其在使用上无法达到完全的标准化；另一方面，蜂胶中两种关键的生物活性成分——咖啡酸苯乙酯（CAPE）和阿替匹林 C（Artepillin C）是其发挥免疫调节作用的核心成分，也是迄今为止研究最为深入的成分。然而，蜂胶的化学成分极为复杂，各种活性物质的作用机制各不相同，它们之间是否存在协同或拮抗作用，目前尚不明确。

1. 蜂胶的免疫增强作用

蜂胶通过提升机体的非特异性和特异性免疫功能，发挥其免疫增强作用。具体而言，它促进了免疫器官如胸腺、脾脏和淋巴结的发育，加强了体液免疫和细胞免疫的反应，促进了抗体的产生，并增强了巨噬细胞的吞噬能力。此外，蜂胶还调节了淋巴细胞及相关抗体和细胞因子的生成过程，从而增强了机体对病原菌和病毒的抗感染能力，提高了识别和清除自身衰老组织细胞的效率，以及杀伤和清除异常突变细胞的能力，抑制了恶性肿瘤的生长。

（1）提高巨噬细胞的活性

巨噬细胞是单核吞噬细胞系统的一部分，这一系统由与骨髓起源紧密相关的细胞构成，涵盖了血液中的单核细胞和组织中的巨噬细胞。在固有免疫中，巨噬细胞扮演着至关重要的角色，其主要功能是通过分泌多种细胞因子和生长因子来实现抗原呈递、吞噬病原体以及免疫调节。当巨噬细胞被激活时，它们会释放一系列炎症介质，包括TNF-α、IL-1β和TF，这些介质能够触发并加剧炎症反应。通过吞噬和清除侵入性的病原体，巨噬细胞保护宿主免受由病原体引起的组织损伤（贺敬文，2019）。

当遇到不同的抗原刺激时，单核细胞会变成高度杀伤性的巨噬细胞（M1），或变成免疫抑制性的巨噬细胞（M2）。巨噬细胞亚型释放出一系列的细胞因子和趋化因子，它们既可以促进炎症，也可以促进伤口愈合和组织修复，见图2-13（Arango et al.2014）。

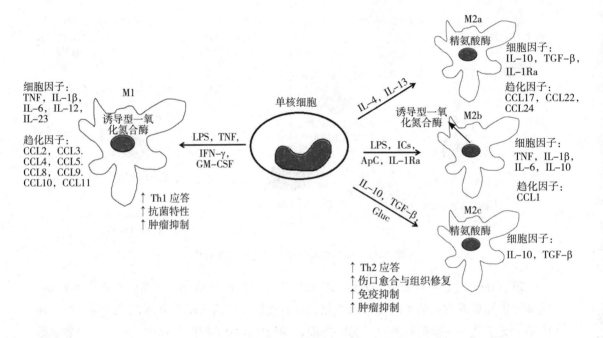

图 2-13 单核细胞分化为不同表型的巨噬细胞

Orsi et al.（2005）系统研究了蜂胶醇提液对巨噬细胞抑菌作用的影响，体外细胞培养结果显示，蜂胶（5、10和20μg/mL）能促进巨噬细胞产生 H_2O_2；而体内试验结果显示，250、500μg/mL蜂胶能增强巨噬细胞对IFN-γ的反应性能，促进 H_2O_2 及NO的释放，从而增强其抑菌活性。

Orsatti et al.（2010）的研究揭示了蜂胶处理能够提升腹腔巨噬细胞中TLR-2和TLR-4的表达水平，并促进IL-1β的产生；此外，它还能增强脾细胞中TLR-2和TLR-4的表达以及IL-1β和IL-6的生成。这些发现表明，蜂胶主要通过激活TLRs（TOLL样受体）的表达和促进促炎细胞因子的产生，从而加强机体的非特异性免疫反应。

Bachiega et al.（2012）进行了一项研究，探讨了蜂胶提取物及其两种主要成分——肉桂酸和对香豆酸在体外对 BALB/c 小鼠腹腔巨噬细胞分泌细胞因子（包括 IL-1β、IL-6 和 IL-10）的影响。实验设计了两种条件：一种是脂多糖（LPS）刺激，另一种则没有。研究结果表明，蜂胶、肉桂酸和对香豆酸都能促使巨噬细胞产生更多的 IL-1β，表明它们具有免疫刺激作用。与蜂胶相比，单独的肉桂酸和对香豆酸更能促进 IL-1β 的产生，且在最低浓度时效果最佳。相反，无论是在基础条件下还是在 LPS 刺激前后的处理中，蜂胶及其成分均能以浓度依赖的方式抑制腹腔巨噬细胞分泌 IL-6。基础条件下，蜂胶和对香豆酸显著抑制了 IL-10 的产生。LPS 刺激后，蜂胶在预处理和后处理阶段均抑制了 IL-10 的产生，而肉桂酸和对香豆酸仅在后处理阶段显示出抑制效果。蜂胶对 IL-10 产生的抑制作用可能对预防感染具有积极意义。这些研究数据表明，蜂胶可能通过其成分间（尤其是肉桂酸和对香豆酸）的协同效应，发挥抗炎和免疫调节功能，这在细胞因子的产生中可能扮演了关键角色。

Gao et al.（2014）的研究成果揭示了巴西绿蜂胶对免疫功能衰退的老龄小鼠同样具有增强免疫的效果，能够显著提升它们体内腹腔巨噬细胞的吞噬活性，促进抗体的产生以及提高 IgG 的水平。

Sampietro et al.（2016）对来自阿根廷北部的 15 种蜂胶样本进行了免疫调节活性的研究。在实验中，他们使用高良姜素和松属素作为参照标准活性物质，探讨了这些蜂胶对中性粒细胞趋化作用和吞噬能力的影响。研究发现，在 40μg/mL 的浓度下，一半的阿根廷蜂胶样本显示出比同等浓度的高良姜素和松属素更强的免疫调节效果，显著增强了中性粒细胞的趋化和吞噬功能。

Saavedra et al.（2016）对智利蜂胶及其主要活性成分——黄酮类化合物松属素对巨噬细胞的作用进行了研究。他们发现，智利蜂胶和松属素都能显著抑制金属蛋白酶 MMP-9 的基因表达，并且这种抑制作用与剂量呈正相关。然而，蜂胶的抑制效果比单独的松属素更为显著，这表明蜂胶中的其他多酚类化合物可能与松属素存在协同效应。

（2）调控淋巴细胞及相关抗体、细胞因子的产生

①对 T 细胞和 B 细胞的免疫调节作用

T 细胞和 B 细胞在机体的特异性免疫反应中扮演着至关重要的角色，它们属于白细胞的一种。T 细胞的全称为胸腺依赖性淋巴细胞，是通过淋巴样前体细胞进入胸腺并经历一系列有序分化过程后成熟的细胞。根据 T 细胞表面的标志物和功能特性，它们可以被进一步分为不同的亚群。这些亚群的 T 细胞不仅相互协作，而且各自具有独特的功能，共同参与免疫应答并执行免疫调节的功能。B 细胞的全称是 B 淋巴细胞，源自哺乳动物的骨髓或鸟类法氏囊中的淋巴样前体细胞，并在那里分化成熟。成熟的 B 细胞主要分布在淋巴结皮质浅层的淋巴小结以及脾脏红髓和白髓中的淋巴小结。在外周血中，B 细胞构成了淋巴细胞总数的 10% 至 20%。普遍观点认为，B 细胞是体内唯一能够产生抗体（即免疫球蛋白）的细胞。B 细胞的特征性表面标志是膜表面免疫球蛋白，其作为

特异性抗原受体，通过识别不同抗原表位而使 B 细胞激活分化为浆细胞，进而产生特异性抗体，从而发挥体液免疫功能。

早在 1988 年，Scheller 等研究了蜂胶对体液免疫的影响。他们发现，蜂胶的醇提取物能够促进小鼠体内绵羊红细胞抗体的产生。进一步的研究揭示了这一免疫刺激活性与巨噬细胞的激活密切相关，并通过促进细胞因子的分泌来调节 B 细胞和 T 细胞的功能。此外，研究还观察到，短期使用蜂胶能够提高抗体含量。

李淑华等（2001）运用单克隆抗体技术，对实验小鼠在药物处理前后的 T 细胞总数及其亚群的变化进行了检测。研究结果显示，蜂胶的乙醇提取物（EEP）能够促进由 ConA 诱导的淋巴细胞增殖，提高 T 细胞的总数，并且能够调整 T 细胞亚群的紊乱状态。这表明，EEP 对于免疫功能低下的小鼠具有免疫刺激和调节作用，能够改善其细胞免疫反应。

Draganova-Filipova et al.（2008）的研究揭示了经过蜂胶处理的外周血单个核细胞（PBMC）能够产生 IL-2，而 IL-2 的刺激作用可能专门针对 T 细胞。研究者们提出，由于分子间的相互作用，蜂胶能够在体外激活 Th 细胞，并促进细胞及体液免疫反应。此外，经过咖啡酸苯乙酯（CAPE）处理后，CD69（一种在细胞激活后约两小时内迅速合成的细胞表面蛋白）的表达变化在 $CD4^+/CD69^+$ 细胞中比在 $CD8^+/CD69^+$ 细胞中更为显著。这种效应在最低浓度即 2mg/L 时表现得尤为明显。

李成山等（2011）为了揭示蜂胶对小鼠特异性细胞免疫反应的影响，每只选取了 3 个剂量水平（1、2、4mg），通过腹腔注射的方式给予 6 周龄的 Balb/c 小鼠。在实验的第 0、7、10、15 天，他们采集了小鼠的血样，并利用流式细胞术和 ELISA 技术分别检测了小鼠外周血中 $CD4^+T$ 细胞和 $CD8^+T$ 细胞的数量，以及血清中 IFN-γ 和 IL-4 的含量。研究结果表明，与注射蜂胶前相比，不同剂量的蜂胶均能显著增加 $CD4^+T$ 细胞和 $CD8^+T$ 细胞的数量，且蜂胶对 $CD4^+T$ 细胞数量的提升作用更为显著；同时，CD4/CD8 比例有所提高；血清中 IL-4 的含量显著上升，而 IFN-γ 的含量则显著下降。这些结果揭示了蜂胶对小鼠特异性细胞免疫反应的影响主要体现在提升 $CD4^+$ T 细胞的 Th2 亚群活性上。

②对自然杀伤细胞的免疫调节作用

自然杀伤细胞（natural killer cell，NK cell）是机体内重要的具有抗肿瘤、免疫调节能力的效应细胞。根据细胞形态，NK 细胞属于大颗粒淋巴细胞。NK 细胞通过多种机制杀死靶细胞（陆铭浩，2021），是免疫防御机制的一个重要成分。

早在 1993 年，Tripp 等就发现经蜂胶激活的巨噬细胞能够产生诸如 TNF-α 和 IL-12 等细胞因子。这些因子对自然杀伤细胞产生作用，进而增强它们对肿瘤细胞的细胞毒性活性。

Sforcin et al.（2002）探讨了蜂胶对自然杀伤细胞活性的影响。他们的研究结果表明，经过蜂胶处理的大鼠脾细胞中 NK 细胞的活性得到了增强。此外，研究还揭示了蜂胶的免疫调节作用在不同季节并未显示出明显的差异性。潘明（2007）在其研究中探讨了蜂胶提取物对荷瘤小鼠免疫系统的影响。研究者将 S180 肉瘤细胞移植到 BaIB/C 纯种小鼠体内，并随后对这些小鼠进行了蜂胶提取物的腹腔注射。研究结果表明，蜂胶提取物显著增强了自然杀伤细胞的杀伤活性，并且能够显著提升淋巴细胞的增殖能力以及白细胞介素 –2（IL–2）的含量。这些发现证实了蜂胶提取物能够显著提升荷瘤小鼠的免疫系统活性。此外，其他研究也揭示了蜂胶对中老年大鼠的免疫增强作用，包括自然杀伤细胞活性的提升和巨噬细胞吞噬功能的增强，这进一步表明蜂胶具有提高中老年大鼠免疫力的潜力。

庞美霞等（2009）研究了蜂胶对老年小鼠抗衰老作用的机制。研究发现，3 种不同剂量的蜂胶均能显著增强老年小鼠的自然杀伤细胞（NK 细胞）和巨噬细胞（Mφ）对小鼠淋巴瘤细胞（YAC–1）的杀伤活性，尤其是中剂量的蜂胶效果最为突出。结果见表 2–3。

表 2–3　蜂胶对 NK 细胞活性和 Mφ 细胞吞噬活性的影响

组别	n	NK 活性 /%	Mφ 细胞吞噬活性 /%
高龄对照组	6	35.82 ± 0.112	8.58 ± 0.057
低剂量组	5	43.86 ± 0.063	59.60 ± 0.110
中剂量组	5	50.74 ± 0.020	63.15 ± 0.092
高剂量组	5	48.46 ± 0.020	60.70 ± 0.061

2. 蜂胶的免疫抑制作用

为了抑制过度的免疫反应并保持机体的健康状态，寻找合理、有效且安全低毒的免疫抑制活性物质显得至关重要。而蜂胶的免疫抑制活性已经得到了科学的证实。

李英华（2002）通过一系列实验，包括大鼠佐剂型关节炎、大鼠试验性胸膜炎、大鼠实验性肺损伤、大鼠急性关节炎、小鼠棉球肉芽肿模型、小鼠腹腔毛细血管通透性试验以及小鼠 S180 实体瘤模型等，探究了蜂胶醇提液和水提液的抗炎机制和免疫调节功能。研究结果显示，蜂胶的水提液和醇提液均能有效降低炎症区域毛细血管的通透性，抑制炎性肿胀，并对肺损伤提供保护，同时对抗肺水肿的形成。此外，它们对慢性炎症和实体瘤模型显示出显著的抑制效果。研究还发现，蜂胶能减少角叉菜胶诱导的大鼠胸膜炎组织中前列腺素 E2（PGE2）和总蛋白的含量，降低炎症组织中过氧化物代谢产物 MDA 的水平，从而减轻炎症反应。进一步研究发现，蜂胶对急性炎症渗出液中一氧化氮和溶菌酶含量的升高具有抑制作用，并能对抗炎症模型内细胞因子 IL–6 的异常增加，而对 IL–2 和 IFN–γ 的影响则不明显。这些研究发现表明，在发挥免疫调节作用时，蜂胶可能主要影响 B 淋巴系统，而对 T 淋巴系统的影响则相对较小。

Blonska et al.（2004）研究发现，波兰蜂胶提取物及其酚类成分（白杨素、高良姜素、山奈酚和槲皮素）对脂多糖（LPS）刺激的 J774A.1 巨噬细胞中 NO 合成和 iNOS mRNA 的表达起到抑制作用。

贺敬文（2019）通过体内试验研究揭示，蜂胶能够通过抑制巨噬细胞的活化，从而保护小鼠免受肠道炎症的损害；同时，通过体外试验进一步证实，蜂胶通过阻断 p65

NF-κB 通路以及 p38/MAPK 和 ERK/MAPK 通路的磷酸化过程，抑制巨噬细胞的活化，有效抑制了炎症反应。

Mirzoeva 和 Calder（1996）在研究蜂胶的抗炎特性时发现，蜂胶提取物及其含有的多酚类化合物不仅能够抑制一氧化氮的产生，降低前列腺素 E2（PGE2）的合成；而且还能通过调节相关细胞因子的分泌，发挥其免疫抑制功能。Hu et al.（2005）的研究表明，无论是蜂胶的醇提液还是水提液，均能显著抑制小鼠炎症部位的 IL-6 水平，但对 IL-2 和 IFN-γ 的水平没有显著影响。Sforcin（2007）的研究表明，蜂胶抑制淋巴细胞增生的主要机制是通过影响调节性细胞因子如转化生长因子 –β（TGF–β）和白细胞介素 –10（IL–10）的产生；同时，蜂胶的抗炎和抗血管生成作用主要是通过调节 TGF–β 的生成和活性来实现的。

近年来，多项研究揭示了蜂胶在病理条件下对免疫细胞产生 IL-8 和 IL-17 的显著抑制效果。Orsatti et al.（2010）的研究进一步指出，蜂胶对小鼠巨噬细胞中 Toll 样受体（Toll–like receptors，TLRs）2 和 4 的表达同样具有抑制作用。特别是在应激条件下，蜂胶能够通过降低小鼠 TLR-2 和 TLR-4 的 mRNA 表达水平，发挥其免疫调节功能。TLRs 在免疫系统中，尤其是天然免疫反应中扮演着关键角色，并与细胞因子的产生以及免疫细胞的激活密切相关。Dantas et al.（2006）的研究揭示了蜂胶能够部分抑制感染动物体内淋巴细胞亚群 CD4[+] 和 CD8[+] 中 CD69[+] 和 CD44[+] 表达的增加，以及在 CD8[+]CD62L 中的表达降低，这表明蜂胶对 T 细胞亚群效应器及其记忆功能具有抑制作用。

此外，蜂胶在异体组织器官移植过程中，能够调节由受体 T 细胞活化引起的免疫排斥反应。Cheung et al.（2011）在研究一种类似的混合白细胞反应模型时发现，巴西绿蜂胶能够同时抑制 T 细胞的增殖和活化。进一步的探索揭示了巴西绿蜂胶对 CD4+ T 细胞的抑制效应部分源于其在增殖过程中促进 T 细胞选择性凋亡的能力，而非通过调节性 T 细胞的诱导。尽管如此，在相同刺激物的连续刺激下，巴西绿蜂胶所引起的抑制效果是可逆的。此外，巴西绿蜂胶还能够抑制 T 细胞的活化以及细胞因子的产生。在混合白细胞实验模型中，Chan et al.（2013）的研究揭示了巴西绿蜂胶主要通过激活 CD14+ 单核细胞，对人体休眠状态的外周单核血细胞进行免疫调节，其中 T 细胞是受影响的主要外周单核血细胞之一。研究还发现，巴西绿蜂胶以剂量依赖性的方式抑制了外周血淋巴细胞的增殖，而对 T 细胞未显示出显著的刺激效应。这些发现表明，巴西绿蜂胶对休眠和活化状态下的 T 细胞可能具有不同的作用机制。此外，巴西绿蜂胶对 T 细胞的免疫抑制作用也提示了其潜在的抗炎特性。

第四节　蜂王浆是改善细胞衰老的天然营养品

一、蜂王浆主蛋白与细胞营养

（一）蜂王浆中的蛋白质和氨基酸成分与其他乳制品的对比分析

蛋白质是生命的物质基础，是所有生命活动不可或缺的组成部分。在正常人体内，蛋白质的含量大约占到 16%~19%，它们持续经历着分解与合成的动态平衡过程，确保组织中的蛋白质能够不断地更新和修复。

依据现行有效的国家标准 GB 19301–2010《食品安全国家标准　生乳》，生乳中的蛋白质含量不得低于 2.8%。董燕婕等 2022 年开展了一项研究，旨在分析市场上销量领先的几种生鲜乳类的营养成分。研究结果表明，不同种类的乳品中蛋白质含量差异较大，具体如下：牛乳 2.96%，山羊乳 3.22%，水牛乳 3.62%，骆驼乳 3.44%，牦牛乳 4.22%，而驴乳为 0.95%。

蜂王浆亦称蜂乳，与哺乳动物的乳汁相似，是一种富含蛋白质的物质。根据现行的国家标准 GB 9697–2008《蜂王浆》，其蛋白质含量应介于 11% 至 16% 之间。尹欣等（2022）对不同花期蜂王浆的主要成分进行了分析，检测结果显示，这些蜂王浆的总蛋白含量范围在 13.58%~15.26%。肖立涵等（2023）研究了不同贮藏条件对 3 种不同花粉源蜂王浆品质的影响。结果表明，不同蜜源的蜂王浆在总蛋白含量上存在显著差异，含量介于 14.52% 至 15.17% 之间，且短期贮藏并不会导致其含量发生显著变化。

判断一种食物营养价值的高低，蛋白质的含量和质量为重要标准。蛋白质的含量相对容易获取，而蛋白质的质量才是更为关键的考量因素。氨基酸构成了蛋白质的基本单元，在人体的营养和生理功能中扮演着至关重要的角色。实际上，我们对蛋白质的需求归根结底是对氨基酸的需求。人体每日摄入的食物中的蛋白质，在胃肠道内经过胃蛋白酶、胰蛋白酶、糜蛋白酶以及羧肽酶等多种酶的作用，最终分解成氨基酸，并通过小肠黏膜的上皮细胞被人体吸收。

目前已知从各种天然来源中分离得到的氨基酸种类超过 175 种，然而，构成人体蛋白质的氨基酸实际上只有 20 种。为了满足人体新陈代谢的需求，我们必须通过食物摄取这些必需氨基酸。在构成人体蛋白质的这 20 种氨基酸中，大部分可以在人体内自行合成，或者通过其他氨基酸转化来获得。然而，有少数氨基酸人体无法合成，或者合成速度不足以满足新陈代谢的需求，因此必须通过食物中的蛋白质来补充。这些氨基酸在营养学上被称为必需氨基酸。通常，必需氨基酸包括 8 种，分别是异亮氨酸、亮氨酸、赖氨酸、蛋氨酸、苯丙氨酸、苏氨酸、缬氨酸和色氨酸。

蜂王浆富含多种氨基酸，其种类和含量均相当可观。Wu et al.（2009）开发了一种超高效液相色谱（UPLC）技术，用于分析蜂王浆中 26 种氨基酸。据检测结果显示，新鲜蜂王浆中游离氨基酸（FAA）和总氨基酸（TAA）的平均含量分别达到 0.921% 和 11.127%。在这些氨基酸中，主要的游离氨基酸包括脯氨酸（Pro）、谷氨酰胺（Gln）、赖氨酸（Lys）和谷氨酸（Glu），而总氨基酸中最丰富的则是天冬氨酸（Asp）、谷氨酸（Glu）、赖氨酸（Lys）和亮氨酸（Leu）。相较于各种生鲜乳的氨基酸构成，蜂王浆在氨基酸总量及其各个成分的含量上展现出显著的优势，详见表 2-4。

蜂王浆中的氨基酸相较于动植物中的氨基酸，其独特优势在于几乎涵盖了中枢神经系统内形成两大类神经介质所需的所有氨基酸。此外，蜂王浆含有 3 种在日常饮食中极为稀缺、难以满足人体需求的限制性氨基酸，它们分别是色氨酸、赖氨酸和蛋氨酸（也称为甲硫氨酸），且这些氨基酸的含量相当丰富。

色氨酸是脑组织合成神经介质 5- 羟色胺的原料。以每千克体重每天计（下同），成人需要量为 3mg，儿童（12 岁以下）4mg，婴儿（3~6 个月）21mg。王浆中色氨酸的含量为 694.65mg/100g，远超生鲜乳中 40~50mg/100g。

赖氨酸对儿童的身高有重要作用，成人需要量为 12mg，儿童 44mg，婴儿 99mg。蜂王浆中赖氨酸的含量为生鲜乳的 2~7 倍。

成人每日所需的蛋氨酸量为 10mg，儿童为 22mg，而婴儿则需 49mg。值得注意的是，蜂王浆中蛋氨酸的含量甚至超过了生鲜乳。若缺乏蛋氨酸（亦称甲硫氨酸），肝脏将无法合成白蛋白和球蛋白。

此外，蜂王浆中含有 3 种条件性必需氨基酸，分别是：①牛磺酸，其含量范围为 20.89~32.68mg/100g，相比之下牛乳中的牛磺酸含量相对较低，仅为 0.7mg/100g。②精氨酸，含量为 602.74mg。③一定量的谷氨酰胺。

牛磺酸是一种含硫的氨基酸，人体自身合成牛磺酸的能力有限，因此我们所需的牛磺酸主要来源于饮食。牛磺酸能够促进大脑细胞中 DNA、RNA 和蛋白质的合成，参与并确保婴幼儿的正常生长发育。此外，牛磺酸有助于促进脂肪的吸收和消化，参与胆盐的代谢。牛磺酸对心血管系统具有独特功能，是一种重要的天然细胞保护剂。它还具有显著的抗氧化作用和延缓衰老的功能，能够调节神经系统，清除自由基和过氧化物，调节渗透压，并有助于缓解疲劳。

精氨酸能够刺激垂体分泌生长激素，对儿童的生长发育具有促进作用。缺乏精氨酸可能导致动物不孕，以及成人精子数量减少和活力下降。补充精氨酸可以增加胸腺的重量，防止胸腺退化，并促进胸腺中淋巴细胞的生长，从而提高免疫功能。

谷氨酰胺在调节蛋白质的合成与分解过程中扮演着至关重要的角色，它是核酸生物合成的关键前体，并有助于保持体内的酸碱平衡。此外，谷氨酰胺对于预防肠衰竭具有不可或缺的营养价值。

表 2-4　蜂王浆与不同生鲜乳的氨基酸组成　　　　　单位：%

名称	牛乳	山羊乳	水牛乳	牦牛乳	骆驼乳	驴乳	蜂王浆（蜂乳）
苏氨酸（Thr）	0.13 ± 0.01	0.16 ± 0.02	0.19 ± 0.04	0.26 ± 0.05	0.19 ± 0.02	0.06 ± 0.01	0.536 ± 0.032
色氨酸（Trp）	0.04 ± 0.003	0.05 ± 0.01	0.04 ± 0.01	0.05 ± 0.01	0.05 ± 0.01	—	—
赖氨酸（Lys）	0.23 ± 0.01	0.26 ± 0.03	0.32 ± 0.06	0.46 ± 0.04	0.32 ± 0.01	0.14 ± 0.03	0.99 ± 0.101
苯丙氨酸（Phe）	0.13 ± 0.01	0.15 ± 0.02	0.19 ± 0.03	0.20 ± 0.02	0.18 ± 0.02	0.09 ± 0.01	0.536 ± 0.053
甲硫氨酸（Met）	0.06 ± 0.01	0.07 ± 0.01	0.09 ± 0.02	0.10 ± 0.01	0.15 ± 0.01	0.05 ± 0.01	0.208 ± 0.046
异亮氨酸（Ile）	0.13 ± 0.01	0.14 ± 0.02	0.2 ± 0.04	0.21 ± 0.02	0.23 ± 0.05	0.12 ± 0.02	0.591 ± 0.026
亮氨酸（Leu）	0.28 ± 0.02	0.32 ± 0.04	0.4 ± 0.07	0.41 ± 0.04	0.40 ± 0.03	0.15 ± 0.01	0.939 ± 0.106
缬氨酸（Val）	0.18 ± 0.01	0.22 ± 0.03	0.25 ± 0.04	0.26 ± 0.03	0.26 ± 0.02	0.16 ± 0.02	0.67 ± 0.091
天冬氨酸（Asp）	0.21 ± 0.01	0.24 ± 0.03	0.31 ± 0.06	0.32 ± 0.03	0.26 ± 0.02	0.14 ± 0.01	2.148 ± 0.236
丝氨酸（Ser）	0.15 ± 0.01	0.17 ± 0.02	0.21 ± 0.04	0.23 ± 0.03	0.17 ± 0.02	0.13 ± 0.02	0.622 ± 0.064
谷氨酸（Glu）	0.60 ± 0.03	0.67 ± 0.08	0.85 ± 0.15	0.84 ± 0.09	0.81 ± 0.08	0.40 ± 0.04	1.218 ± 0.064
甘氨酸（Gly）	0.05 ± 0.01	0.06 ± 0.01	0.08 ± 0.02	0.09 ± 0.01	0.05 ± 0.005	0.01 ± 0.01	0.316 ± 0.012
丙氨酸（Ala）	0.09 ± 0.01	0.11 ± 0.02	0.13 ± 0.02	0.16 ± 0.02	0.1 ± 0.01	0.05 ± 0.04	0.366 ± 0.028
半胱氨酸（Cys）	0.05 ± 0.01	0.06 ± 0.02	0.08 ± 0.03	0.03 ± 0.01	0.1 ± 0.02	0.07 ± 0.01	0.027 ± 0.021
络氨酸（Tyr）	0.10 ± 0.01	0.09 ± 0.02	0.14 ± 0.04	0.18 ± 0.02	0.16 ± 0.02	0.06 ± 0.03	0.427 ± 0.064
组氨酸（His）	0.07 ± 0.01	0.08 ± 0.01	0.1 ± 0.02	0.13 ± 0.01	0.29 ± 0.03	0.04 ± 0.01	0.307 ± 0.016
精氨酸（Arg）	0.09 ± 0.01	0.09 ± 0.01	0.11 ± 0.02	0.12 ± 0.03	0.15 ± 0.02	0.06 ± 0.02	0.718 ± 0.021
脯氨酸（Pro）	0.26 ± 0.02	0.31 ± 0.04	0.37 ± 0.06	0.44 ± 0.05	0.30 ± 0.04	0.12 ± 0.02	0.538 ± 0.047
氨基酸总量（TAA）	2.86 ± 0.17	3.25 ± 0.40	4.07 ± 0.73	4.50 ± 0.45	4.17 ± 0.35	1.87 ± 0.33	11.157 ± 0.564

注：1. 数据来源：董燕婕，管学东，赵善仓，等. 我国不同奶畜乳营养成分对比研究［J］. 中国乳品工业，2022，50（05）：29-33.

Wu LM, Zhou JH, Xue XF, et al.Fast determination of 26 amino acids and their content changes in royal jelly during storage using ultra-performance liquid chromatography［J］. Journal of Food Composition and Analysis，2009，22（3）：242-249.

2. 蜂王浆氨基酸组成为采用 4℃贮藏 1 个月后测得的数据。

（二）王浆主蛋白与细胞营养

近年来，众多国内外研究揭示了蜂王浆主蛋白（MRJPs）在促进细胞生长、增殖、分化以及干细胞再生方面的重要作用。此外，这些蛋白在预防细胞氧化应激和保护线粒体功能免受损害方面也显示出显著的效果。

Tamura et al.（2009）以急性 T 细胞白血病细胞系 Jurkat 作为研究对象，以未添加任何物质的培养基作为阴性对照。在其他培养基中，他们分别加入了不同终浓度（0.1、0.5、1.0mg/mL）的 MRJP1 寡聚物，以及 1.0mg/mL 的可溶性王浆蛋白粗提物（CSRJP）和 1.0mg/mL 的牛血清白蛋白（BSA）作为实验对照。通过 Alamar Blue 法评估了细胞增殖活性。研究结果表明，MRJP1 寡聚物能够促进并维持 Jurkat 细胞的分裂和生长，而CSRJP 并未显示出明显的促进细胞分裂的活性。

Majtan et al.（2010）研究揭示了 MRJP1 对人表皮角质细胞增殖的促进作用，其主要机制涉及增强肿瘤坏死因子（TNF-α）、白细胞介素 -β（IL-β）、转化生长因子 -β（TGF-β）等细胞因子以及基质金属蛋白酶 -9（MMP-9）的表达。Lin et al.（2019）利用体外创面愈合模型，探究了蜂王浆蛋白（MRJPs）对人类表皮角质形成细胞（HaCaT）的作用。研究结果显示，MRJP2、MRJP3 和 MRJP7 能够促进 HaCaT 细胞的增殖和迁移，显示出促进伤口愈合的生物活性。

Tsuruma et al.（2011）通过一系列技术手段，包括透析、离心分离和离子交换柱层析，成功地从新鲜的蜂王浆中分离并纯化出了 Apisin（一种分子量为 350kDa 的糖蛋白，它是蜂王浆中主要的蛋白质成分）。他们探究了蜂王浆及其纯化后的 Apisin 是否能够促进正常人类新生儿皮肤成纤维细胞——NB1RGB 细胞的增殖以及胶原蛋白的合成。此外，研究还涉及了 Apisin 对 MC3T3-E1 小鼠成骨细胞系分化的影响，以及其对钙和羟基磷灰石产生的促进作用。研究结果显示，蜂王浆和 Apisin 均能激发 NB1RGB 细胞的增殖和胶原蛋白的合成，并且促进了 MC3T3-E1 细胞向成骨细胞的分化。这些研究发现揭示了蜂王浆具有促进细胞增殖和分化的能力，而这些生物学效应可能部分归因于Apisin 的介导作用。

于张颖（2014）在其研究中探讨了蜂王浆蛋白（MRJPs）对张氏肝细胞（Chang Liver）增殖的促进作用及其潜在机制。研究结果表明，当 MRJPs 与胎牛血清（FBS）共同使用时，能够增加细胞在 S 期和 G0/G1 期的比例。据此推测，MRJPs 的作用可能与促进 DNA 合成、前期 RNA 和核糖体的合成有关。此外，该研究还证实了 MRJPs 能够在一定程度上替代 FBS，用于人体细胞的培养，并展现出促进细胞生长的活性。

谌迪（2017）的研究揭示，在人胚肺细胞 MRC-5 的中年期，终浓度在 0.025~0.2mg/mL 范围内的 MRJPs 对 MRC-5 细胞的增殖具有一定的促进效果，尽管这种效果并不显著；MRJPs 对处于中年期的 MRC-5 细胞增殖指数的影响也不显著。然而，当 MRC-5 细胞步入衰老期，细胞增殖速率显著下降，此时 MRJPs 能够显著地促进细胞增殖；同时，MRJPs 还能显著减少 MRC-5 衰老细胞的比例，并且这种效果与剂量呈正相关性。

美国斯坦福大学医学院的研究人员 Wan 等在 2018 年的一项研究中发现，蜂王浆中的关键活性成分——蜂王浆主蛋白（MRJP1，亦称 Royalactin）具有激活并增强干细胞再生基因网络的能力。这一发现表明，在蜂王浆主蛋白的辅助下，有机体能够产生更多的干细胞，从而促进自身组织的构建与修复。

张晓晨（2021）的研究表明，通过预先用 0.2、0.5、1.0g/L 的 MRJPs 孵育 HepG2和 L02 细胞 24 小时，与模型组相比，细胞质内的脂滴积聚显著减少，细胞内甘油三酯（TG）和总胆固醇（TC）的含量也有所降低，同时，超氧化物歧化酶（SOD）的活力得到提升，培养基中的丙氨酸氨基转移酶（ALT）和天冬氨酸氨基转移酶（AST）含量下降。这些结果表明，MRJPs 具有预防脂代谢障碍和肝细胞氧化应激的潜力。进一步研究发现，0.2、0.5、1.0g/L 的 MRJPs 预孵育 HepG2 细胞 24 小时后，能够保持 HepG2 细胞的线粒体膜电位（MMP）和三磷酸腺苷（ATP）含量在正常水平。这说明 MRJPs 有助于保护细胞线粒体功能的完整性。

二、蜂王浆中的王浆酸和乙酰胆碱与神经细胞的营养

（一）王浆酸与神经细胞的营养

Hattori et al.（2007）发现，蜂王浆中含有的不饱和脂肪酸——王浆酸，能够促进神经干细胞中神经元的生成，并抑制星形胶质细胞的产生。此外，王浆酸还能在体外促进神经干细胞向神经元的分化。

田静等（2010）的研究探讨了蜂王浆中的活性成分 10- 羟基 -2- 癸烯酸（10-HDA）对海马神经细胞生长和增殖的影响。通过在细胞层面上的观察和测量，研究者们分析了10-HDA 对神经细胞生长发育及增殖的作用。研究结果显示，10-HDA 显著促进了海马神经细胞的生长发育和增殖，且这种促进作用与 10-HDA 的剂量呈正相关。进一步的BrdU 免疫荧光染色分析揭示，10-HDA 可能还促进了神经元前体细胞的分裂增殖，从而增加了神经细胞的数量。海马区域神经细胞数量的增加和神经网络的密集化有助于形成更多的神经细胞连接。因此，10-HDA 对神经细胞的积极影响可以作为提升学习能力和认知功能的细胞形态学基础，对神经系统的发育和功能具有深远的意义。

高荣敬（2011）的研究中探讨了在体外培养的小脑神经细胞中，不同浓度的10-HDA 对细胞增殖和存活的影响。研究结果表明，这种影响与剂量存在一定的相关性。适宜浓度的 10-HDA 能够促进小脑神经细胞的增殖和存活。其潜在的作用机制可能与神经营养因子或不饱和脂肪酸［如花生四烯酸（AA）和二十二碳六烯酸（DHA）］的作用类似。

神经炎症被认为与一系列神经退行性疾病的发病机制有关。You et al.（2020）对蜂王浆中的特有脂肪酸 10-HDA 是否缓解神经炎症及其可能的作用机制进行了研究。结果发现，10-HDA 预处理显著降低了 LPS 引起的 C57BL/6J 小鼠和 BV-2 小胶质细胞中促炎因子的产生。在 BV-2 细胞中，10-HDA 通过抑制 TNF-α/NF-kB 轴和 NLRP3 炎

性小体的激活发挥抑制神经炎症作用。此外，10-HDA处理后微管相关蛋白轻链3-Ⅱ（LC3-Ⅱ）水平升高，SQSTM1表达降低，证明10-HDA促进了细胞的自噬。更重要的是，10-HDA通过促进FOXO1的核转移来增加FOXO1的转录活性，表明10-HDA通过调节FOXO1介导的自噬来减轻BV-2小胶质细胞的神经炎症。

陶凌晨（2023）在其研究中探讨了蜂王浆和10-HDA对阿尔茨海默病（AD）模型的影响及其作用机制。10-HDA是一种中链脂肪酸，具备穿透血-脑屏障（BBB）的能力。该研究指出，10-HDA在体内被肠道吸收后，能够通过血液循环抵达大脑，并直接作用于神经细胞。它通过降低tau蛋白（一种微管相关蛋白，对神经元微管系统的稳定性、神经细胞生长发育的调节以及神经传导功能至关重要，是维持神经元生存和功能不可或缺的蛋白质）的磷酸化水平，从而缓解AD患者认知和记忆障碍的症状。此外，10-HDA可能通过增强抗氧化酶的活性来对抗过量的活性氧（ROS），减少氧化应激以保护神经细胞免受损害；同时，10-HDA还展现出显著的抗炎特性，能够抑制小胶质细胞的过度激活，降低慢性神经炎症的发生率。

Koc et al.（2024）比较了蜂王浆及其特有化合物10-HDA对缺血引起的炎症、凋亡、表观遗传和基因毒性变化的神经保护作用。与对照组动物相比，补充蜂王浆和10-HDA显著减少了脑梗死并降低了体重减轻。10-HDA的补充通过显著减少脑组织和外周淋巴细胞中的尾长、尾强度和尾矩来缓解DNA损伤。研究表明，蜂王浆对实验性脑卒中的神经保护作用主要归因于10-HDA。

（二）乙酰胆碱与神经细胞的营养

人类大脑仅占体重的2%，成年人的大脑重量大约为1500g，其体积大约为3000mL。然而，大脑中包含的脑细胞数量高达万亿，每个脑细胞都与数万至数十万个其他脑细胞相连。在这数万亿脑细胞中，大约有1000亿个是活跃的神经元，每个神经元可以与其他神经元形成多达2万个连接。因此，大脑构成了一个极其复杂的信息传递网络。脑细胞之间的信息沟通主要依赖于神经递质，其中乙酰胆碱是大脑中传递信息的关键神经递质。现代记忆科学的权威理论——神经递质学说指出，大脑记忆能力的强弱主要取决于一种名为乙酰胆碱的记忆物质的含量。这种记忆物质是存在于大脑神经元之间的信息传导递质。

科学研究已经证实，人类大脑组织中含有大量的乙酰胆碱。然而随着年龄的增长，乙酰胆碱的水平会逐渐下降。相较于年轻人，正常老年人的乙酰胆碱含量可能下降30%，而老年痴呆症患者的下降幅度更为显著，可达到70%~80%。美国医生伍特曼注意到这一现象后，给老年人提供富含胆碱的食物，发现这有助于显著减缓记忆衰退。随后，英国和加拿大的科学家也进行了类似研究，他们一致认为，通过有控制地摄入足够量的胆碱，可以预防60岁左右的老年人记忆力的下降。因此，保持和提升大脑中乙酰胆碱的水平，是应对记忆力减退的关键方法。在自然界中，乙酰胆碱主要以胆碱的形式存在于鸡蛋、鱼类、肉类和大豆等食物中。这些胆碱必须在人体内经过生化反应，才能转化为具有生理活性的乙酰胆碱（郭芳彬，2000）。

蜂王浆中的乙酰胆碱能够被人体直接吸收，并且能够提升大脑中的乙酰胆碱水平，从而增强认知和记忆能力，是一种对治疗老年痴呆症有效的活性成分。此外，潘永明通过离体兔胸主动脉血管环灌流模型的研究，揭示了蜂王浆具有扩张血管的特性。研究还表明，蜂王浆中含有毒蕈碱受体激动剂，这可能是类似于乙酰胆碱的物质，它通过影响NO/cGMP途径和钙通道来诱导血管舒张（潘永明，2019）。

三、蜂王浆抗细胞氧化损伤的作用

顺铂（CDDP）是临床应用广泛的抗肿瘤药物，但其具有肾毒性和肝毒性等不良反应。Karadeniz 等在 2011 年的研究中探讨了蜂王浆（RJ）对由顺铂引起的肾脏和肝脏氧化应激的影响。研究结果表明，RJ 通过降低脂质过氧化物（MDA）的水平、提升谷胱甘肽（GSH）的含量、增强谷胱甘肽 S- 转移酶（GST）、谷胱甘肽过氧化物酶（GSH-Px）以及超氧化物歧化酶（SOD）的活性，对肝脏和肾脏提供了显著的保护作用。在免疫组织化学检查中观察到，顺铂显著增加了凋亡细胞的数量和退行性变化，然而这些组织学变化在同时接受 RJ 和 CDDP 处理的肝脏和肾脏组织中有所减轻。此外，RJ 的使用导致了肝细胞和肾小管上皮细胞中抗凋亡活性的提升。综上所述，RJ 可以与顺铂联合使用于化疗过程中，以改善由顺铂引起的氧化应激参数和凋亡活性。

何雨轩（2019）在其研究中深入探讨了蜂王浆的抗氧化应激作用，并证实了蜂王浆对氧化应激模型细胞的增殖具有显著的促进效果。研究结果表明，蜂王浆能够有效逆转由 H_2O_2 引起的细胞生长速度减缓，延长细胞寿命，并改善由 H_2O_2 导致的细胞氧化应激和衰老现象。此外，还对蜂王浆抗氧化应激的作用机制进行了研究，发现蜂王浆能够抑制 H_2O_2 诱导的细胞凋亡，而对细胞坏死的影响相对较小。蜂王浆还能增强细胞内谷胱甘肽过氧化物酶的活性，从而在一定程度上保护细胞免受氧化应激的损害，并增强分解过氧化物的能力。研究还揭示了蜂王浆能够改善 H_2O_2 在细胞中诱导的 G1 期阻滞，促进更多细胞进入 S 期，进而促进细胞分裂。这种对细胞 G1 期阻滞的改善作用与蜂王浆在翻译前环节抑制 p16、p21 和 p53 基因表达的能力有关，这涉及通过 p16-cyclinD/CDK-RB、p53/P21 信号通路对细胞周期的调控。

路晨玥等（2020）利用超氧化物歧化酶（SOD）、丙二醛（MDA）和活性氧（ROS）这三个指标，评估了蜂王浆对冈田酸（okadaic acid，OA）诱导的阿尔茨海默病（Alzheimer's disease，AD）人神经母细胞瘤 SH-SY5Y 细胞模型的抗氧化作用。研究中，通过在 OA 损伤 SH-SY5Y 细胞后添加不同浓度的蜂王浆，并分别培养 24、48 和 72 小时，观察了 OA 损伤前后细胞形态的变化。此外，使用 CCK-8 法评估了细胞活力，并对 SOD、MDA 和 ROS 的含量进行了测定。研究结果显示，特定剂量的 OA 和处理时间会导致细胞形态显著改变，并伴随细胞活力的明显下降。对 3 个抗氧化指标的分析表明，蜂王浆能够显著提升阿尔茨海默病 SH-SY5Y 细胞模型的抗氧化水平，推测其对受损神经细胞具有保护作用,并可能对 AD 有一定积极效果。

Fan et al.(2022)研究发现,王浆酸可与羟自由基反应,从而中和羟自由基。在此基础上,以羟自由基损伤的小鼠血管平滑肌细胞为模型,研究发现,王浆酸具有降低羟自由基对血管平滑肌细胞损伤的能力,能够增强细胞活力。在分子层面,它促进了细胞蛋白质的合成与转运,并保持了蛋白质的稳定性以及能量代谢的平衡。这一发现揭示了王浆酸在抗细胞氧化损伤中的关键分子机制,为王浆酸及其来源物质蜂王浆在血管健康维护方面的应用提供了坚实的理论基础。

第五节　蜂花粉提供细胞独特的营养因子

一、蜂花粉与细胞营养

在我国，花粉的应用拥有悠久的历史和深厚的认识。早在两千年前的《神农本草经》中，就记载了松黄（即松花粉）和蒲黄（即香蒲花粉）的功效："气味甘平，无毒，主治心腹寒热邪气，消游血、利小便，久服轻身益气，延年"。蜂花粉源自自然界的馈赠，是蜜蜂采集的花粉颗粒与花蜜，经过与蜜蜂特有的腺体分泌物混合形成的不规则扁圆形团块（方小明，2016）。

蜂花粉蕴含丰富的功能性营养素，具有较高的营养价值。它对心脑血管疾病、前列腺癌、前列腺增生、肝病、习惯性便秘、贫血、糖尿病和哮喘等多种疾病均展现出一定的治疗效果（吴伟等，2019）。

蜂花粉被人们誉为"浓缩的营养库""浓缩的微型天然药剂"和"完全营养食品"等（吴忠高，2014）。

现今，越来越多关注健康的消费者偏好选择那些以高营养价值成分替代传统食品成分的升级产品。人类的饮食应当提供充足的能量和必需的营养素，以满足身体和心理健康的成长需求，并达到既定的标准。得益于其卓越的营养构成，蜂花粉能够丰富人类的饮食，并显著增加日常营养素的摄入量。Campos et al.（2008）对蜂花粉中的营养成分与成人营养素每日推荐摄入量（RDI）进行了比较研究，详细数据见表2-5。

表 2-5　蜂花粉的营养成分与成人营养需求的对比

营养成分	占比（%）	平均 RDI	50g 蜂花粉的 %RDI
碳水化合物	13~55	320[b]	3.33~15.34
粗纤维	0.3~20	30[b]	1.00~60.03
蛋白质	10~40	50[b]	18.01~73.37
脂肪	1~13	80[b]	0.33~13.34
钾	400~2000[a]	2000[c]	16.68~90.04
磷	80~600[a]	1000[c]	6.67~53.36
钙	20~300[a]	1100[c]	1.67~23.34
镁	20~300[a]	350[c]	6.67~76.71
锌	3~25[a]	8.5[c]	33.35~263.46
锰	2~11[a]	3.5[c]	50.02~283.47
铁	1.1~17[a]	12.5[c]	6.67~123.39
铜	0.2~1.6[a]	1.2[c]	13.34~120.06
β~ 胡萝卜素	1~20[a]	0.9[c]	100.05~2001

营养成分	占比（%）	平均 RDI	50g 蜂花粉的 %RDI
维生素 E	4~32[a]	13[c]	26.68~220.11
烟酸	4~11[a]	15[c]	23.34~66.70
吡哆醇	0.2~0.7[a]	1.4[c]	13.34~43.35
硫胺素	0.6~1.3[a]	1.1[c]	50.03~106.72
核黄素	0.6~2[a]	1.3[c]	40.02~140.07
泛酸	0.5~2[a]	6[c]	6.67~30.02
叶酸	0.3~1[a]	0.4[c]	66.7~223.45
生物素	0.05~0.07[a]	0.045[c]	100.05~140.07
抗坏血酸	7~56[a]	100[c]	6.67~50.025

注：a：含量以毫克每 100 克（mg/100 g）表示；

b：RDI 以每天克（g/d）表示；

c：RDI 以每天毫克（mg/d）表示。

在蜂花粉的主要营养成分中，碳水化合物和脂肪所占比例相对较低；然而，依据花源和产地的不同，其粗纤维和蛋白质的含量可分别达到 RDI 的 60% 和 70%。此外，每日摄入 50g 蜂花粉，即可提供所有必需的维生素（除吡哆醇和泛酸外）和矿物质（除钙外），足以满足超过 50% 的 RDI 需求。蜂花粉富含多种维生素和矿物质。从花粉中摄取的营养素更易于消化和吸收，这有助于增强免疫力以及对物理和化学因素的抵抗力。

氨基酸被誉为"生命之源"，是人体不可缺少的氮来源。蜂花粉含有人体代谢所必需的全部氨基酸，特别是人体必需氨基酸含量相当丰富，约为牛肉和鸡蛋的 5~7 倍。花粉蛋白质中的必需氨基酸含量见表 2-6，各氨基酸的含量分布与 FDA/WHO 所推荐的优质食品中氨基酸模式非常接近。

表 2-6　蜂花粉中的必需氨基酸及其含量

氨基酸	含量（%）	氨基酸	含量（%）
精氨酸	4.6~6.0	赖氨酸	6.3~7.7
缬氨酸	5.8~11.2	蛋氨酸	1.7~2.4
组氨酸	2.5~3.2	苏氨酸	4.1~5.3
异亮氨酸	5.1~7.0	色氨酸	1.2~1.6
亮氨酸	7.1~9.0	苯丙氨酸	4.1~5.9

氨基酸构成了皮肤角质层中天然的保湿因子，有助于老化和硬化的皮肤恢复其水分保持能力，防止角质层水分的流失，从而维持皮肤的水分平衡和健康状态。因此，花粉自古以来就被视为皇室的美容食品。此外，氨基酸还具有抗疲劳的功效，这主要表现在两个方面：一是促进生长激素的分泌；二是加速肌肉和骨骼的生长调节，同时减少 5-羟色胺（5-HT）对大脑工作能力的负面影响。

花粉中牛磺酸的含量较高（表 2-7），而人乳中牛磺酸的含量仅为 51.25mg/L，牛乳中牛磺酸的含量更低。

表 2-7　花粉中的牛磺酸含量

氨基酸	含量（mg/100g，干重）	产地
玉米花粉	202.7	甘肃
荞麦花粉	198.1	甘肃
油菜花粉	176.8	福建

二、蜂花粉中的酚胺类物质防细胞损伤

（一）酚胺类物质抗细胞氧化损伤的作用

与其他食品或天然产物相比，蜂花粉中酚胺类化合物种类最多、含量最高。目前，已从食品和天然产物中鉴定出超过 80 种酚胺类化合物，其中蜂花粉就包含了其中的 70 种。因此，蜂花粉被誉为酚胺类化合物的宝库。

酚胺和黄酮类化合物是蜂花粉中的两种重要成分，尽管有关蜂花粉中黄酮类化合物生物活性的研究已广泛报道，但关于酚胺的研究却相对较少。Zhang et al.（2020）从油菜花粉中分离并鉴定出酚胺和黄酮类化合物，并对它们的抗氧化活性及其在抵御氧化应激方面的保护效果进行了比较。通过 1，1- 二苯基 -2- 三硝基苯肼（DPPH）、2，2'-联氨 - 双（3- 乙基苯并噻唑啉 -6- 磺酸）二胺盐（ABTS）以及铁离子还原能力（FRAP）实验，评估了酚胺和黄酮类化合物的抗氧化活性。研究结果显示，酚胺的抗氧化活性明显高于黄酮类化合物。此外，研究还探讨了这两种化合物对 2，2'- 偶氮二异丁基脒二盐酸盐（AAPH）诱导的氧化应激的保护作用。结果表明，经过酚胺预处理的 HepG2 细胞中，超氧化物歧化酶（SOD）和谷胱甘肽（GSH）的活性显著提高，这表明酚胺对AAPH 诱导的 HepG2 细胞氧化应激具有显著的保护作用，并且其抗氧化活性效果强于黄酮类化合物。

能量摄入过多和营养过剩会导致代谢功能紊乱、肥胖、氧化应激水平升高以及炎症反应加剧。丙二醛（MDA）、超氧化物歧化酶（SOD）和还原型谷胱甘肽（GSH）是衡量氧化应激的关键指标。MDA 是脂质过氧化的产物；SOD 是一种催化超氧自由基分解的金属酶；GSH 是一种抗氧化剂，在由氧化应激引起的组织损伤中扮演重要角色。Zhang et al.（2023）探究了杏蜂花粉中酚胺提取物（PAE）对高脂饮食（HFD）诱导的肥胖小鼠的影响。实验被划分为四个组别：一组采用低脂饮食作为正常对照（NC）组，另一组为高脂饮食（HFD）组，以及分别接受低剂量（LD）和高剂量（HD）PAE 干预的两组。研究发现，各组间超氧化物歧化酶（SOD）活性无显著差异，但高脂饮食（HFD）组的丙二醛（MDA）含量显著高于正常对照组（NC 组），同时谷胱甘肽（GSH）含量显著低于正常对照组（NC 组）。酚胺提取物（PAE）的干预显著减少了高脂饮食（HFD）喂养小鼠的 MDA 含量，并提升了 GSH 含量。在肥胖状态下，通常伴随着持续性的低度炎症，这会促进炎症因子如肿瘤坏死因子 -α（TNF-α）和白细胞介素 -6（IL-6）的分泌。此外，低剂量（LD）和高剂量（HD）组中的炎症因子（IL-6 和 TNF-α）显

著减少，而低剂量（LD）组中抗炎因子白细胞介素 –10（IL–10）与高脂饮食（HFD）组相比显著增加。这些结果表明，长期高脂饮食的肥胖小鼠可能更易遭受脂质过氧化的损害并形成促炎环境，而酚胺提取物（PAE）的干预有助于减轻氧化应激损伤并改善炎症状态。

（二）酚胺类物质抑制酪氨酸酶活性的作用

酪氨酸酶是一种广泛存在于自然界中的含铜氧化酶。在黑色素生成的过程中，酪氨酸酶发挥着至关重要的作用。酪氨酸酶能够催化酪氨酸转化为多巴，然后将多巴氧化成多巴醌，进而生成一系列引起褐化的色素物。酪氨酸酶的异常表达与多种皮肤疾病的发生密切相关，包括黑色素瘤、雀斑以及皮肤癌等。此外，酪氨酸酶在人脑神经黑色素的合成过程中也发挥着关键作用，并且可能与神经退行性疾病如帕金森病的发生有关。

蜂花粉具有显著的抗酪氨酸酶活性。2018 年，Kim 等从蒙古栎蜂花粉中分离并纯化出 7 种具有不同结构的酚胺，其展现出的抗酪氨酸酶活性强于阳性对照物质曲酸。同样，根据 Khongkarat et al.（2020）进行的一项研究，从向日葵蜂花粉中分离并纯化的三香豆酰亚精胺的两种异构体，也展现出了显著的抗酪氨酸酶活性。

Su et al.（2021）探讨了源自不同花卉的蜂花粉提取物及其不同溶剂组分（包括石油醚、乙酸乙酯、正丁醇和水）在抗氧化和抗酪氨酸酶活性方面的表现。研究筛选了 4 种蜂花粉（茶花粉、油菜花粉、玫瑰花粉和荷花粉），目的是确定哪一种展现出最佳的生物活性，并进一步鉴定其活性成分。研究结果显示，茶花粉的乙酸乙酯组分在抗氧化和抗酪氨酸酶活性方面表现突出，其效果明显优于其他 3 种蜂花粉的相应组分。为了深入分析茶花粉在乙酸乙酯溶剂组分中的活性化合物，研究者采用 HPLC–ESI–Q–TOF–MS/MS 技术进行分析。结果显示，该组分中的主要活性化合物包括酚酰胺和多酚类化合物。

为了全面且高效地探究蜂花粉中关键的抗酪氨酸酶成分，Zhang et al.（2022）制备了 8 种蜂花粉提取物（BPE），包括水飞蓟花粉、杏花粉、荞麦花粉、荷花粉、玫瑰花粉、茶花粉、油菜花粉和向日葵花粉。通过结合代谢组学分析与抗酪氨酸酶活性测定的方法进行了深入研究。研究揭示，这 8 种 BPE 的抗酪氨酸酶活性存在显著差异，其 IC_{50}（半数抑制浓度）范围介于 10.08 至 408.81 μg/mL 之间。在这些 BPE 中，共检测到 725 种代谢物（该研究检测到的代谢物数量远超以往通过传统分析方法或分离纯化技术所获得的代谢物数量，这是因为代谢组学分析能够检测到微量的化合物），并从中鉴定出 40 种差异代谢物，所有这些代谢物均为酚胺类化合物。这些酚胺类化合物与抗酪氨酸酶活性呈正相关，特别是 26 种酚胺（包括 21 种精胺衍生物和 5 种亚精胺衍生物）显示出极高的相关性。这项研究首次揭示了蜂花粉中抗酪氨酸酶活性的主要成分。

参考文献

曾林晖，2016. 不同提取方法蜂胶提取物的化学成分、代谢及抗氧化能力的研究［D］. 南昌：南昌大学.

谌迪，2017. 王浆主蛋白的抗衰老功能及分子机理研究［D］. 杭州：浙江大学.

楚佳琪，刘星，侍洪斌，等，2015. 慢性炎症与慢性病形成的研究现状和展望［J］. 中华健康管理学杂志，9（3）：224-229.

丁洪基，李龙龙，王灿，等，2023. 活性氧与疾病关系的研究进展［J］. 临床与实验病理学杂志，39（02）：212-215.

董燕婕，管学东，赵善仓，等，2022. 我国不同奶畜乳营养成分对比研究［J］. 中国乳品工业，50（05）：29-33.

方小明，2016. 荷花粉真空脉动干燥特性和相关品质［D］. 北京：中国农业大学.

高荣敬，2011. 蜂王浆中10-HDA对新生大鼠小脑神经细胞增殖和存活的影响［D］. 武汉：武汉工业学院.

郭芳彬，2000. 蜂王浆中的记忆物质——乙酰胆碱［J］. 蜜蜂杂志，（08）：21.

韩小燕，刘春雨，蒋宁，2011. 蜂胶对训练小鼠红细胞ATP酶活性的影响［J］. 体育科技，32（04）：59-60，73.

郝胤博，吴学志，罗丽萍，等，2012. 中国不同地区蜂胶水提物的抑菌活性［J］. 食品工业科技，33（10）：101-104.

何雨轩，2019. 蜂王浆对哺乳动物细胞增殖、抗氧化应激作用及其机制的研究［D］. 成都：西南交通大学.

贺敬文，2019. 蜂胶成分分析及其对巨噬细胞相关炎症的作用机制研究［D］. 天津：天津商业大学.

胡福良，2019. 蜂胶研究［M］. 杭州：浙江大学出版社.

胡福良，2020. 蜂胶的抗病毒作用研究进展［J］. 中国蜂业，71（03）：20-21.

李成山，苏运芳，屈延延，等，2011. 蜂胶对小鼠T细胞亚群及主要相关细胞因子分泌的影响［J］. 动物医学进展，32（3）：17-20.

李淑华，于晓红，于英君，等，2001. 蜂胶对免疫功能低下模型鼠细胞免疫功能的影响［J］. 中医药学报，29（3）：38-39.

李婷婷，朱若华，蔡光明，等，2010. 抗真菌药物的研究进展［J］. 中国药房，21（16）：1533-1536.

李雪婷，2023. 睡眠与慢性炎症指标的关联研究［D］. 苏州：苏州大学.

李英华，2002. 蜂胶的抗炎免疫作用及其机理的研究［D］. 杭州：浙江大学.

梁泽宇，余秋恩，尹佳隆，等，2019. 巴西蜂胶和国产蜂胶总黄酮、总酚酸含量及自由基清除活性的研究［J］. 广东药科大学学报，35（4）：493-497，505.

刘建涛，赵利，苏伟，等，2006. 蜂花粉生物活性物质的研究进展［J］. 食品科学，（12）：909-912.

卢涵，2021. 基于Nrf2/NF-κB通路研究蜂胶黄酮的抗氧化/抗炎作用［D］. 南昌：南昌大学.

陆铭浩，2021. 腺苷对NK细胞生物学特性的影响研究［D］. 杭州：中国计量大学.

路晨玥，林焱，苏松坤，2020. 蜂王浆对阿尔兹海默症 SH-SY5Y 细胞模型抗氧化功能的影响［J］. 福建农林大学学报（自然科学版），49（1）：86-94.

牛德芳，柳刚，花晓艳，等，2022. 蜂胶对痤疮的作用机理研究［J］. 中国蜂业，73（05）：31-33，35.

潘明，2007. 蜂胶提取物对荷瘤小鼠肿瘤免疫系统的影响研究［J］. 时珍国医国药，（02）：415-416.

潘燕，彭彦铭，2010. 蜂胶黄酮对疲劳小鼠心肌自由基代谢及 ATP 酶活性的影响［J］. 山东体育科技，32（04）：30-32.

潘燕，彭彦铭，2011. 蜂胶黄酮对小鼠缺血再灌注后心肌线粒体损伤的保护作用［J］. 武汉体育学院学报，45（08）：36-38，43.

潘燕，2008. 蜂胶的生物学功能及其在体育运动中的应用［J］. 湖北师范学院学报（自然科学版），（03）：57-60.

庞美霞，王伟，2009. 蜂胶抗衰老机理初探［J］. 北京农学院学报，24（04）：57-59.

普瑞雪，2017. 不同产地蜂胶对特异青霉菌（Penicillium notatum）的抑菌作用及其机理研究［D］. 福州：福建农林大学.

任育红，刘玉鹏，2001. 蜂花粉的功能因子［J］. 食品研究与开发，（04）：44-46.

邵兴军，毛日文，张林，等，2012. 中国不同产地蜂胶的抗氧化活性比较［J］. 中国蜂业，63（Z3）：45-47.

沈瑾秋，2009. 运用清热解毒法治疗慢性炎症相关病变的研究［D］. 南京：南京中医药大学.

陶凌晨，2023. 蜂王浆及 10-HDA 对阿尔茨海默症模型的作用及其机制研究［D］. 杭州：浙江大学.

田静，钟方旭，2010. 10-HDA 对原代培养大鼠海马神经元增殖的研究［J］. 山西大学学报（自然科学版），33（02）：282-285.

王浩，李艳玲，高艳霞，等，2010. 蜂胶二氧化碳超临界萃取物体外抗菌作用研究［J］. 中国消毒学杂志，27（04）：395-396.

王凯，张江临，胡福良，2013. 蜂胶抗炎活性及其分子机制研究进展［J］. 中草药，44（16）：2321-2329.

王凯. 2016. 蜂胶对炎性疾病和炎症微环境的影响及其作用机制［D］. 杭州：浙江大学.

王启海，左坚，梁枫，等，2020. 蜂胶总黄酮抗氧化和抗肿瘤活性研究［J］. 辽宁中医药大学学报，22（12）：37-41.

吴伟，张红城，董捷，2019，2017 年蜂花粉研究概况［J］. 中国蜂业，70（02）：53-55.

吴旋，李娜，徐怀德，等，2023. 晚期糖基化终末产物形成及抑制机理的研究进展［J］. 食品科学，44（17）：204-214.

吴忠高，2014. 蜂花粉深加工产品开发研究进展［J］. 中国蜂业，65（10）：38-40.

肖立涵，辛美果，卢文静，等，2023. 不同贮藏条件对 3 种花粉源蜂王浆品质的影响［J］. 浙江农业学报，35（05）：1161-1167.

徐颖，雷明击，程诚，2005. 蜂胶与蜂胶黄酮［J］. 食品工业，（3）：18-20.

杨书珍，彭丽桃，姚晓琳，等，2009. 蜂胶抗真菌作用研究进展［J］. 食品工业科技，30（11）：349-352.

尹欣，乔栋，黎洪霞，等，2022. 不同花期蜂王浆主要成分和抗氧化活性分析［J］. 食品工业科技，43（17）：291-297.

于张颖，2014. 蜂王浆主蛋白（MRJPs）替代牛血清（FBS）培养人体细胞应用技术研究［D］. 杭州：浙江大学.

张翠利，付丽娜，杨小云，等，2015. 活性氧自由基与细胞衰老关系的研究进展［J］. 广州化工，43（19）：5-7.

张红城，赵亮亮，胡浩，等，2014. 蜂胶中多酚类成分分析及其抗氧化活性［J］. 食品科学，35（13）：59-65.

张江临，王凯，胡福良，2013. 蜂胶的抗氧化活性及其分子机制研究进展［J］. 中国中药杂志，38（16）：2645-2652.

张晓晨，2021. 王浆主蛋白的分离提取及其对非酒精性脂肪肝预防效果研究［D］. 上海：华东理工大学.

张长俊，杨红丽，林琳，等，2015. 不同产地蜂胶的抗氧化活性评价［J］. 广东化工，42（22）：49-50+71.

赵强，刘文群，张彬，等，2008. 蜂胶超临界CO_2萃取物抑菌作用［J］. 南昌大学学报（理科版），（04）：394-397.

郑敏麟，2002，中医藏象实质细胞生物学假说之一——"脾"与线粒体［J］. 中国中医基础医学杂志，（05）：10-12.

郑宇斐，2020，中国蜂胶及其黄酮类单体抗黑素瘤作用及其机制［D］. 杭州：浙江大学.

朱黎，2005. 蜂王浆中的蛋白质［J］. 蜜蜂杂志，（05）：30.

Alenezi S S, Alenezi N D, Ebiloma G U, et al., 2023. The activity of red Nigerian propolis and some of its components against Trypanosoma brucei and Trypanosoma congolense［J］. Molecules, 28（2）：622.

Almuhayawi M S, 2020. Propolis as a novel antibacterial agent［J］. Saudi Journal Of Biological Sciences, 27（11）：3079-3086.

Altindis M, Aslan F G, Uzuner H, et al., 2020. Comparison of antiviral effect of olive leaf extract and propolis with acyclovir on herpes simplex virus type 1［J］. Mikrobiyoloji Bulteni, 54（1）：79-94.

Amoros M, Simõs C M O, Girre L, et al. 1992. Synergistic effect of flavones and flavonols against herpes simplex virus type 1 in cell culture. Comparison with the antiviral activity of propolis［J］. Journal of Natural Products, 55（12）：1732-1740.

Arango Duque G, Descoteaux A, 2014. Macrophage cytokines：involvement in immunity and infectious diseases［J］. Frontiers in Immunology, 5：491.

Arenberger P, Arenbergerova M, Hlad í kov á M, et al., 2018. Comparative study with a lip balm containing 0. 5% propolis special extract GH 2002 versus 5% aciclovir cream in patients with herpes labialis in the papular/erythematous stage：a single-blind, randomized, two-arm study［J］. Current Therapeutic Research, 88：1-7.

Avci C B, Sahin F, Gunduz C, et al., 2007. Protein phosphatase 2A（PP2A）has a potential role in CAPE-induced apoptosis of CCRF-CEM cells via effecting human telomerase reverse transcriptase activity［J］. Hematology, 12（6）：519-525.

Bachiega T F, Orsatti C L, Pagliarone A C, et al., 2012. The effects of propolis and its isolated compounds on cytokine production by murine macrophages［J］. Phytotherapy Research, 26（9）：1308-1313.

Barakat A M, El-Razik K A A, El Fadaly H A M, et al., 2023. Parasitological, molecular, and histopathological investigation of the potential activity of Propolis and wheat germ oil against acute toxoplasmosis in mice [J]. Pharmaceutics, 15 (2): 478.

Barros I L E, Veiga F F, de Castro-Hoshino L V, et al., 2022. Performance of two extracts derived from propolis on mature biofilm produced by Candida albicans [J]. Antibiotics, 12 (1): 72.

Barroso L C, Ševčovičová A, Almeida Aguiar C, et al., 2016. Analysis of the effects of propolis extracts on DNA damage [J]. Univerzita Kamenského V Bratislave: Bratislava, Slovakia: 20-25.

Blonska M, Bronikowska J, Pietsz G, et al., 2004. Effects of ethanol extract of propolis (EEP) and its flavones on inducible gene expression in J774A. 1 macrophages [J]. Journal of Ethnopharmacology, 91 (1): 25-30.

Boisard S, Shahali Y, Aumond M C, et al., 2020. Anti-AGE activity of poplar-type propolis: mechanism of action of main phenolic compounds [J]. International Journal of Food Science & Technology, 55 (2): 453- 460.

Braik A, Lahouel M, Merabet R, et al., 2019. Myocardial protection by propolis during prolonged hypothermic preservation [J]. Cryobiology, 88: 29-37.

Campos M G R, Bogdanov S, de Almeida-Muradian L B, et al., 2008. Pollen composition and standardisation of analytical methods [J]. Journal of Apicultural Research, 47 (2): 154-161.

Chan G C F, Cheung K W, Sze D M Y, 2013. The immunomodulatory and anticancer properties of propolis [J]. Clinical Reviews In Allergy & Immunology, 44: 262-273.

Cheung K W, Sze D M Y, Chan W K, et al., 2011. Brazilian green propolis and its constituent, Artepillin C inhibits allogeneic activated human CD_4 T cells expansion and activation [J]. Journal of Ethnopharmacology, 138 (2): 463-471.

Chi Y, Luo L, Cui M, et al., 2020. Chemical composition and antioxidant activity of essential oil of Chinese propolis [J]. Chemistry & Biodiversity, 17 (1): e1900489.

Conti B J, Santiago K B, B ú falo M C, et al., 2015. Modulatory effects of propolis samples from Latin America (Brazil, Cuba and Mexico) on cytokine production by human monocytes [J]. Journal of Pharmacy and Pharmacology, 67 (10): 1431-1438.

Cushnie T P T, Lamb A J, 2005. Antimicrobial activity of flavonoids [J]. International Journal of Antimicrobial Agents, 26 (5): 343-356.

Cushnie T P T, Lamb A J, 2005. Detection of galangin-induced cytoplasmic membrane damage in Staphylococcus aureus by measuring potassium loss [J]. Journal of Ethnopharmacology, 101 (1-3): 243- 248.

Dantas A P, Olivieri B P, Gomes F H M, et al., 2006. Treatment of Trypanosoma cruzi-infected mice with propolis promotes changes in the immune response [J]. Journal of Ethnopharmacology, 103 (2): 187- 193.

Debiaggi M., Tateo F., Pagani L., et al. 1990. Effects of propolis flavonoids on virus infectivity and replication [J]. Microbiologica, 13 (3): 207-213.

Demir S, Atayoglu A T, Galeotti F, et al., 2020. Antiviral activity of different extracts of standardized propolis preparations against HSV [J]. Antiviral Therapy, 25 (7): 353-363.

D í az-Carballo D, Ueberla K, Kleff V, et al., 2010. Antiretroviral activity of two polyisoprenylated acylphloroglucinols, 7-epi-nemorosone and plukenetione A, isolated from Caribbean propolis [J].

International Journal of Clinical Pharmacology and Therapeutics, 48（10）：670.

Díaz-Carballo D, Gustmann S, Acikelli A H, et al., 2012. 7-epi-nemorosone from Clusia rosea induces apoptosis, androgen receptor down-regulation and dysregulation of PSA levels in LNCaP prostate carcinoma cells［J］. Phytomedicine, 19（14）：1298-1306.

Draganova-Filipova M N, Georgieva M G, Peycheva E N, et al., 2008. Effects of propolis and CAPE on proliferation and apoptosis of McCoy-Plovdiv cell line［J］. Folia medica, 50（1）：53-59.

Egawa T, Ohno Y, Yokoyama S, et al., 2019. The protective effect of Brazilian propolis against glycation stress in mouse skeletal muscle［J］. Foods, 8（10）：439.

Elmahallawy E K, El Fadaly H A M, Soror A H, et al., 2022. Novel insights on the potential activity of propolis and wheat germ oil against chronic toxoplasmosis in experimentally infected mice［J］. Biomedicine & Pharmacotherapy, 156：113811.

Erkmen O, Özcan M M, 2008. Antimicrobial effects of Turkish propolis, pollen, and laurel on spoilage and pathogenic food-related microorganisms［J］. Journal of Medicinal Food, 11（3）：587-592.

Scazzocchio F, D'auria F D, Alessandrini D, et al., 2006. Multifactorial aspects of antimicrobial activity of propolis［J］. Microbiological Research, 161（4）：327-333.

Fan P, Sha F, Ma C, et al., 2022. 10-Hydroxydec-2-enoic acid reduces hydroxyl free radical-induced damage to vascular smooth muscle cells by rescuing protein and energy metabolism［J］. Frontiers in Nutrition, 9：873892.

Gao W, Wu J, Wei J, et al., 2014. Brazilian green propolis improves immune function in aged mice［J］. Journal of Clinical Biochemistry and Nutrition, 55（1）：7-10.

Gekker G, Hu S, Spivak M, et al., 2005. Anti-HIV-1 activity of propolis in CD4$^+$ lymphocyte and microglial cell cultures［J］. Journal of Ethnopharmacology, 102（2）：158-163.

Gezgin Y, Kazan A, Ulucan F, et al., 2019. Antimicrobial activity of propolis and gentamycin against methicillin-resistant Staphylococcus aureus in a 3D thermo-sensitive hydrogel［J］. Industrial Crops and Products,（139）：111588.

Grecka K, Kuś P M, Okińczyc P, et al., 2019. The anti-staphylococcal potential of ethanolic Polish propolis extracts［J］. Molecules, 24（9）：1732.

Harish Z, Rubinstein A, Golodner M, et al. 1997. Suppression of HIV-1 replication by propolis and its immunoregulatory effect［J］. Drugs under Experimental and Clinical Research, 23（2）：89-96.

Hattori N, Nomoto H, Fukumitsu H, et al., 2007. Royal jelly and its unique fatty acid, 10-hydroxy-trans-2-decenoic acid, promote neurogenesis by neural stem/progenitor cells in vitro［J］. Biomedical Research, 28（5）：261-266.

Hoheisel O, 2001. The effects of Herstat（3% propolis ointment ACF）application in cold sores: a double-blind placebo-controlled clinical trial［J］. Journal of Clinical Research, 4（65）：65-75.

Holcová S, Hladiková M, 2011. Efficacy and tolerability of propolis special extract GH 2002 as a lip balm against herpes labialis: a randomized, double-blind three-arm dose finding study［J］. Health, 3（1）：49.

Hu F, Hepburn H R, Li Y, et al., 2005. Effects of ethanol and water extracts of propolis（bee glue）on acute inflammatory animal models［J］. Journal of Ethnopharmacology, 100（3）：276-283.

Huleihel M, Isanu V, 2002. Anti-herpes simplex virus effect of an aqueous extract of propolis［J］. The

Israel Medical Association Journal: IMAJ, 4（11 Suppl）: 923-927.

Ichikawa H, Satoh K, Tobe T, et al., 2002. Free radical scavenging activity of propolis［J］. Redox Report, 7（5）: 347-350.

Ito J, Chang FR, Wang HK, et al., 2001. Anti-HIV activity of moronic acid derivatives and the new melliferone-related triterpenoid isolated from Brazilian propolis［J］. Journal of Natural Products, 64（10）: 1278-1281.

Jautová J, Zelenková H, Drotarová K, et al., 2018. Lip creams with propolis special extract GH 2002 0. 5% versus aciclovir 5.0% for herpes labialis（vesicular stage）: Randomized, controlled double-blind study ［J］. Wiener Medizinische Wochenschrift, 169（7）: 193.

Karadeniz A, Simsek N, Karakus E, et al., 2011. Royal jelly modulates oxidative stress and apoptosis in liver and kidneys of rats treated with cisplatin［J］. Oxidative Medicine and Cellular Longevity, （1）: 981793.

Kazemi F, Divsalar A, Saboury A A, et al., 2019. Propolis nanoparticles prevent structural changes in human hemoglobin during glycation and fructation［J］. Colloids and Surfaces B: Biointerfaces, 177: 188-195.

Khongkarat P, Ramadhan R, Phuwapraisirisan P, et al., 2020. Safflospermidines from the bee pollen of *Helianthus annuus* L. exhibit a higher in vitro antityrosinase activity than kojic acid［J］. Heliyon, 6（3）: 003537.

Kim S B, Liu Q, Ahn J H, et al., 2018. Polyamine derivatives from the bee pollen of Quercus mongolica with tyrosinase inhibitory activity［J］. Bioorganic Chemistry, 81: 127-133.

Koc C, Aydemir C I, Salman B, et al., 2024. Comparative neuroprotective effects of royal jelly and its unique compound 10-hydroxy-2-decenoic acid on ischemia-induced inflammatory, apoptotic, epigenetic and genotoxic changes in a rat model of ischemic stroke［J］. Nutritional Neuroscience, 27（1）: 13.

Koo H, Pearson S K, Scott-Anne K, et al., 2002. Effects of apigenin and tt-farnesol on glucosyltransferase activity, biofilm viability and caries development in rats［J］. Oral Microbiology and Immunology, 17（6）: 337-343.

Koo H, Rosalen P L, Cury J A, et al., 2002. Effects of compounds found in propolis on *Streptococcus mutans* growth and on glucosyltransferase activity［J］. Antimicrobial Agents and Chemotherapy, 46（5）: 1302-1309.

Kubiliene L, Jekabsone A, Zilius M, et al., 2018. Comparison of aqueous, polyethylene glycol-aqueous and ethanolic propolis extracts: antioxidant and mitochondria modulating properties［J］. BMC Complementary and Alternative Medicine, 18: 1-10.

Kumazawa S, Hamasaka T, Nakayama T, 2004. Antioxidant activity of propolis of various geographic origins［J］. Food Chemistry, 84（3）: 329-339.

Labská K, Plodková H, Pumannová M, et al., 2018. Antiviral activity of propolis special extract GH 2002 against Varicella zoster virus in vitro［J］. Pharmazie, 73（12）: 733-736.

Landskron G, De la Fuente M, Thuwajit P, et al., 2014. Chronic inflammation and cytokines in the tumor microenvironment［J］. Journal of Immunology Research, （1）: 149185.

Li J, Liu H, Liu X, et al., 2021. Chinese poplar propolis inhibits MDA-MB-231 cell proliferation in an inflammatory microenvironment by targeting enzymes of the glycolytic pathway［J］. Journal of Immunology

Research, (1): 6641341.

Li L, Sun W, Wu T, et al., 2017. Caffeic acid phenethyl ester attenuates lipopolysaccharide-stimulated proinflammatory responses in human gingival fibroblasts via NF-κB and PI3K/Akt signaling pathway [J]. European Journal of Pharmacology, 794: 61-68.

Wu LM, Zhou JH, Xue XF, et al., 2009. Fast determination of 26 amino acids and their content changes in royal jelly during storage using ultra-performance liquid chromatography [J]. Journal of Food Composition and Analysis, 22 (3): 242-249.

Lin Y, Shao Q, Zhang M, et al., 2019. Royal jelly-derived proteins enhance proliferation and migration of human epidermal keratinocytes in an in vitro scratch wound model [J]. BMC Complementary and Alternative Medicine, 19: 1-16.

L ó pez Alarc ó n C, Denicola A, 2013. Evaluating the antioxidant capacity of natural products: a review on chemical and cellular-based assays [J]. Analytica Chimica Acta, 763: 1.

Lucy Z H Zhou, Johnson A P, Rando T A, 2001. NF-κB and AP-1 mediate transcriptional responses to oxidative stress in skeletal muscle cells [J]. Free Radical Biology And Medicine, 31 (11): 1405.

Magnavacca A, Sangiovanni E, Racagni G, et al., 2022. The antiviral and immunomodulatory activities of propolis: An update and future perspectives for respiratory diseases [J]. Medicinal Research Reviews, 42 (2): 897-945.

Majtan J, Kumar P, Majtan T, et al., 2010. Effect of honey and its major royal jelly protein 1 on cytokine and MMP-9 mRNA transcripts in human keratinocytes [J]. Experimental Dermatology, 19 (8): e73-e79.

Mamoon K, Thammasit P, Iadnut A, et al., 2020. Unveiling the properties of Thai stingless bee propolis via diminishing cell wall-associated Cryptococcal melanin and enhancing the fungicidal activity of macrophages [J]. Antibiotics, 9 (7): 420.

Martins R S, Pereira E S J, Lima Jr S M, et al., 2002. Effect of commercial ethanol propolis extract on the in vitro growth of Candida albicans collected from HIV-seropositive and HIV-seronegative Brazilian patients with oral candidiasis [J]. Journal of Oral Science, 44 (1): 41-48.

Maynard S, Fang E F, Scheibye-Knudsen M, et al., 2015. DNA damage, DNA repair, aging, and neurodegeneration [J]. Cold Spring Harbor Perspectives in Medicine, 5 (10): a025130.

Mirzoeva O K, Calder P C. 1996. The effect of propolis and its components on eicosanoid production during the inflammatory response [J]. Prostaglandins, Leukotrienes and Essential Fatty Acids, 55 (6): 441-449.

Mirzoeva O K, Grishanin R N, Calder P C. 1997. Antimicrobial action of propolis and some of its components: the effects on growth, membrane potential and motility of bacteria [J]. Microbiological Research, 152 (3): 239-246.

Nakanishi I, Uto Y, Ohkubo K, et al., 2003. Efficient radical scavenging ability of artepillin C, a major component of Brazilian propolis, and the mechanism [J]. Organic & Biomolecular Chemistry, 1 (9): 1452-1454.

Nasir N F M, Kannan T P, Sulaiman S A, et al., 2015. The relationship between telomere length and beekeeping among Malaysians [J]. Age, 37: 1-6.

Nolkemper S, Reichling J, Sensch K H, et al., 2010. Mechanism of herpes simplex virus type 2 suppression by propolis extracts [J]. Phytomedicine, 17 (2): 132-138.

Orsatti C L, Missima F, Pagliarone A C, et al. , 2010. Propolis immunomodulatory action in vivo on Toll-like receptors 2 and 4 expression and on pro-inflammatory cytokines production in mice [J]. Phytotherapy Research, 24（8）: 1141-1146.

Orsi R O, Sforcin J M, Funari S R C, et al. , 2005. Effects of Brazilian and Bulgarian propolis on bactericidal activity of macrophages against Salmonella typhimurium [J]. International Immunopharmacology, 5（2）: 359-368.

Oršolić N, Jazvinšćak Jembrek M, 2022. Molecular and cellular mechanisms of propolis and its polyphenolic compounds against cancer [J]. International Journal of Molecular Sciences, 23（18）: 10479.

Petr M A, Tulika T, Carmona-Marin L M, et al. , 2020. Protecting the aging genome [J]. Trends in Cell Biology, 30（2）: 117-132.

Przybyłek I, Karpiński T M, 2019. Antibacterial properties of propolis [J]. Molecules, 24（11）: 2047.

Raghukumar R, Vali L, Watson D, et al. , 2010. Antimethicillin-resistant *Staphylococcus aureus*（MRSA）activity of 'Pacific propolis' and isolated prenylflavanones [J]. Phytotherapy Research, 24（8）: 1181-1187.

Rastogi et al. , 2008. Screening of natural phenoliccompounds for potential to inhibit bacterial cell division protein FtsZ [J]. Indian Journal of Experimental Biology, 46（11）: 783-787.

Rebouças-Silva J, Amorim N A, Jesus-Santos F H, et al. , 2023. Leishmanicidal and immunomodulatory properties of Brazilian green propolis extract（EPP-AF®）and a gel formulation in a pre-clinical model [J]. Frontiers in Pharmacology, 14: 1013376.

Russo A, Longo R, Vanella A, 2002. Antioxidant activity of propolis: role of caffeic acid phenethyl ester and galangin [J]. Fitoterapia, 73: S21-S29.

Saavedra N, Cuevas A, Cavalcante M F, et al. , 2016. Polyphenols from Chilean propolis and pinocembrin reduce MMP-9 gene expression and activity in activated macrophages [J]. BioMed Research International, （1）: 6505383.

Saddiq A A, Abouwarda A M, 2015. Effect of propolis extracts against methicillin-resistant Staphylococcus aureus [J]. Main Group Chemistry, 15（1）: 75-86.

Sampietro D A, Vattuone M M S, Vattuone M A, 2016. Immunomodulatory activity of Apis mellifera propolis from the north of Argentina [J]. Lwt-food Science And Technology, 70: 9-15.

Quiroga E N, Sampietro D A, Soberon J R, et al. , 2006. Propolis from the northwest of Argentina as a source of antifungal principles [J]. Journal of Applied Microbiology, 101（1）: 103-110.

Sartori G, Pesarico A P, Pinton S, et al. , 2012. Protective effect of brown Brazilian propolis against acute vaginal lesions caused by herpes simplex virus type 2 in mice: involvement of antioxidant and anti-inflammatory mechanisms [J]. Cell Biochemistry and Function, 30（1）: 1-10.

Scheller S, Gazda G, Pietsz G, et al. 1988. The ability of ethanol extract of propolis to stimulate plaque formation in immunized mouse spleen cells [J]. Pharmacological Research Communications, 20（4）: 323-328.

Schnitzler P, Neuner A, Nolkemper S, et al. , 2010. Antiviral activity and mode of action of propolis extracts and selected compounds [J]. Phytotherapy Research, 24（S1）: S20-S28.

Scorza C, Goncalves V, Finsterer J, et al. , 2024. Exploring the prospective role of propolis in modifying aging hallmarks [J]. Cells, 13（5）: 390.

Sforcin J M, Kaneno R, Funari S R C, 2002. Absence of seasonal effect on the immunomodulatory action of Brazilian propolis on natural killer activity [J]. Journal of Venomous Animals and Toxins, 8 (1): 19–29.

Sforcin J M, 2007. Propolis and the immune system: a review [J]. Journal of Ethnopharmacology, 113 (1): 1–14.

Shao B, Mao L, Tang M, et al., 2021. Caffeic acid phenyl ester (CAPE) protects against iron–mediated cellular DNA damage through its strong iron–binding ability and high lipophilicity [J]. Antioxidants, 10 (5): 798.

Shay J W, Wright W E, 2019. Telomeres and telomerase: three decades of progress [J]. Nature Reviews Genetics, 20 (5): 299–309.

Shen M H, Liu C Y, Chang K W, et al., 2023. Propolis has an anticancer effect on early stage colorectal cancer by affecting epithelial differentiation and gut immunity in the tumor microenvironment [J]. Nutrients, 15 (21): 4494.

Shimizu T, Takeshita Y, Takamori Y, et al., 2011. Efficacy of Brazilian propolis against herpes simplex virus type 1 infection in mice and their modes of antiherpetic efficacies [J]. Evidence–Based Complementary and Alternative Medicine, (1): 976196.

Shinobu CS, Oliveira AC, Longhini R, et al, 2006. Antifungal activity of propolis extract against yeasts isolated from onychomycosis lesions [J]. Memorias Do Instituto Oswaldo Cruz, 101: 493–497.

Silici S, Koc AN, Ayangil D, et al, 2005. Comparison of in vitro activities of antifungal drugs and ethanolic extract of propolis against *Trichophyton rubrum* and *T.mentagrophytes* by using a microdilution assay [J]. Mycoses, 48: 205–210.

Silva C C F, Salatino A, Motta L B, et al., 2019. Chemical characterization, antioxidant and anti–HIV activities of a Brazilian propolis from Cearǎ state [J]. Revista Brasileira De Farmacognosia, 29: 309–318.

Silva M P, Silva T M, Mengarda A C, et al., 2021. Brazilian red propolis exhibits antiparasitic properties in vitro and reduces worm burden and egg production in an mouse model harboring either early or chronic Schistosoma mansoni infection [J]. Journal of Ethnopharmacology, 264: 113387.

Srinivas N, Rachakonda S, Kumar R, 2020. Telomeres and telomere length: a general overview [J]. Cancers, 12 (3): 558.

Starzyk J, Scheller S, Szaflarski J, et al. 1977. Biological properties and clinical application of propolis. II. Studies on the antiprotozoan activity of ethanol extract of propolis [J]. Arzneimittel–Forschung, 27 (6): 1198–1199.

Stepanović S, Antić N, Dakić I, et al., 2003. In vitro antimicrobial activity of propolis and synergism between propolis and antimicrobial drugs [J]. Microbiological Research, 158 (4): 353–357.

Su J, Yang X, Lu Q, et al., 2021. Antioxidant and anti–tyrosinase activities of bee pollen and identification of active components [J]. Journal of Apicultural Research, 60 (2): 297–307.

Tamura S, Amano S, Kono T, et al., 2009. Molecular characteristics and physiological functions of major royal jelly protein 1 oligomer [J]. Proteomics, 9 (24): 5534–5543.

Tawani A, Kumar A, 2015. Structural insight into the interaction of flavonoids with human telomeric sequence [J]. Scientific Reports, 5 (1): 17574.

Tomanova D, Holcova S, Hladikova M, 2017. Clinical study: Lotion containing propolis special extract GH 2002 0.5% vs. placebo as on–top treatment of herpes zoster [J]. Health, 9 (10): 1337–1347.

Tripp C S, Wolf S F, Unanue E R. 1993. Interleukin 12 and tumor necrosis factor alpha are costimulators of interferon gamma production by natural killer cells in severe combined immunodeficiency mice with listeriosis, and interleukin 10 is a physiologic antagonist [J]. Proceedings of the National Academy of Sciences, 90（8）: 3725-3729.

Tsuruma Y, Maruyama H, Araki Y, 2011. Effect of a glycoprotein（apisin）in royal jelly on proliferation and differentiation in skin fibroblast and osteoblastic cells [J]. Journal of Apicultural Science, 55（2）: 117-126.

Unterkircher C, Ota C, Fantinato V, et al, 2001. Antifungal activity of propolis on different species of Candida [J]. Mycoses, 44: 375-378.

Vadillo-Rodríguez V, Cavagnola M A, Pérez-Giraldo C, et al., 2021. A physico-chemical study of the interaction of ethanolic extracts of propolis with bacterial cells [J]. Colloids and Surfaces B: Biointerfaces, 200: 111571.

Varì R, D'Archivio M, Filesi C, et al, 2011. Protocatechuic acid induces antioxidant /detoxifying enzyme expression through JNK-mediated Nrf$_2$ activation in murine macrophages [J]. Journal of Nutritional Biochemistry, 22（5）: 409.

Viuda-Martos M, Ruiz-Navajas Y, Fernández-López J, et al., 2008. Functional properties of honey, propolis, and royal jelly [J]. Journal of Food Science, 73（9）: R117-R124.

Vynograd N, Vynograd I, Sosnowski Z, 2000. A comparative multi-centre study of the efficacy of propolis, acyclovir and placebo in the treatment of genital herpes（HSV）[J]. Phytomedicine, 7（1）: 1-6.

Wan D C, Morgan S L, Spencley A L, et al., 2018. Honey bee Royalactin unlocks conserved pluripotency pathway in mammals [J]. Nature Communications, 9（1）: 5078.

Wang G, Zhang Y, Qiao J, et al., 2024. Inhibitory effects of aqueous ethanol extracts of poplar-type propolis on advanced glycation end products and protein oxidation [J]. Foods, 13（19）: 3022.

Xuan H, Yuan W, Chang H, et al., 2019. Anti-inflammatory effects of Chinese propolis in lipopolysaccharide-stimulated human umbilical vein endothelial cells by suppressing autophagy and MAPK/NF-kB signaling pathway [J]. Inflammopharmacology, 27: 561-571.

Yayli N, Yaşar A, Güleç C, et al., 2005. Composition and antimicrobial activity of essential oils from *Centaurea sessilis* and *Centaurea armena* [J]. Phytochemistry, 66（14）: 1741-1745.

Yildirim A, Duran G G, Duran N, et al., 2016. Antiviral activity of hatay propolis against replication of herpes simplex virus type 1 and type 2 [J]. Medical Science Monitor: International Medical Journal of Experimental and Clinical Research, 22: 422.

You M, Miao Z, Tian J, et al., 2020. Trans-10-hydroxy-2-decenoic acid protects against LPS-induced neuroinflammation through FOXO1-mediated activation of autophagy [J]. European Journal of Nutrition, 59: 2875-2892.

Zhang H, Liu R, Lu Q, 2020. Separation and characterization of phenolamines and flavonoids from rape bee pollen, and comparison of their antioxidant activities and protective effects against oxidative stress [J]. Molecules, 25（6）: 1264.

Zhang W, Margarita G E, Wu D, et al., 2022. Antibacterial activity of Chinese red propolis against Staphylococcus aureus and MRSA [J]. Molecules, 27（5）: 1693.

Zhang X, Wu X, Xiao G, et al., 2023. Phenolamide extract of apricot bee pollen alleviates glucolipid metabolic disorders and modulates the gut microbiota and metabolites in high-fat diet-induced obese mice [J]. Food & Function, 14（10）：4662-4680.

Zhang X, Yu M, Zhu X, et al., 2022. Metabolomics reveals that phenolamides are the main chemical components contributing to the anti-tyrosinase activity of bee pollen [J]. Food Chemistry, 389：133071.

Zulhendri F, Chandrasekaran K, Kowacz M, et al., 2021. Antiviral, antibacterial, antifungal, and antiparasitic properties of propolis: A review [J]. Foods, 10（6）：1360.

Zulhendri F, Lesmana R, Tandean S, et al., 2022. Recent update on the anti-inflammatory activities of propolis [J]. Molecules, 27（23）：8473.

第三章

蜂产品对主动健康的基础作用：基于中医健康视角

在上一章中，我们从细胞健康理论的角度出发，探讨了蜂产品对健康的基础性作用。本章将转向中医的视角，逐步阐述蜂产品如何入中焦调理脾胃，以及其对健康的靶态调节功能。中医文献博大精深，本章将依据《黄帝内经》《神农本草经》《脾胃论》《圆运动的古中医学》《四圣心源》等中医经典著作的理论，运用"气一元论"和"圆运动"理论，阐释蜂产品在促进主动健康方面所扮演的角色。

在中医领域，"圆运动"这一术语源自清末民初的医学家彭子益，其理论基础源自《四圣心源》。彭子益以"天人合一"的哲学思想为根本，结合河图象数的原理，构建了一个人体气机圆运动模型，该模型以中气为轴心，四维为轮转，轴心的运转带动轮转，轮转的运动又使轴心更加灵活。他运用这一模型来解释人体的生理特性、病理变化以及处方的思路（彭子益，2019）。本章节将首先探讨健康人体气机圆运动的原理。

第一节　中气如轴，四维如轮，健康人体气机之圆运动

一、天人同气：生命的能量与信息

中医是一门探讨"气"的学科，气代表着生命体内无形的能量与信息。在人与人、人与自然甚至人与宇宙之间，都存在着信息的交流和能量的互动，这便是所谓的"天人同气"（冯前进等，2014）。

《素问悬解·生气通天论四》原文：人物之生，原通于天。自古及今人物错出，所以通于天者，以其生育之本，本乎阴阳；阴阳之在人物，则为人物之气，而原其本初，实为天气；天人一气，共此阴阳而已。

《金匮悬解·脏腑经络十三》原文：天人同气，人之六气，随天之六气而递迁。

《四圣心源·六气解·六气从化》原文：天人同气也，经有十二，六气统焉。

人与天地相参，与日月相应——正如《灵枢·岁露篇》所述，人体的气机运转遵循着天地的法则，呈现出一种循环往复的圆运动状态。所谓"道法自然""气转为圆"。四季的更迭，是太阳热量在地面和土壤中运动的体现，具体表现为春升夏浮，秋降冬沉，周而复始。夏秋之间，升降交合，中气从中化生。自然界的生物顺应四季规律，随一年中大气的变化表现为生、长、化、收、藏的特征。从生到藏的变化并非一条直线，而是形成一个圆，世间万物皆由圆运动所生，同时也都遵循圆运动的规律（林明欣 等，2013）。

二、一气周流：人体气机之圆运动

在中医理论中，气被视作一种能量流动，贯穿于人体的各个部位，推动着人体的生命活动。气的运动形式多样，包括升、降、出、入等，这些运动形式与阴阳五行理论紧密相连，共同维持着人体的平衡和健康（姬智，2024）。

"气一元论"认为，天地万物即是一气所生，元自一"炁"也，天地万物无非是"炁"。善言天者，必有验于人，人体内亦是如此。人的生长壮老已，健康与疾病，皆本于气，气聚则生，气壮则长，气衰则老，气散则死。清代黄元御先生在其著作《四圣心源》中就把人体视为是一个小宇宙，其气机的运转就是一个圆圈（黄元御，2011）。

为何人体的气机运转呈现圆周运动的形态？通过深入理解《圆运动的古中医学》原理篇，并运用取象比类的方法，我们尝试借助自然界中雨水形成的例子来阐释人体气机的圆运动，见图3-1。

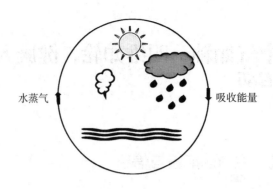

水蒸气 ← → 吸收能量

图 3-1　雨水形成的过程

如图 3-1 所示，太阳辐射的热量被海水、河水等吸收，随后热量逐渐在水中累积。当水温升高至一定程度时，水分子会蒸发成水蒸气，这些水蒸气上升至天空并聚集形成云朵。随着云层中的水蒸气不断累积和变化，最终凝结成雨滴降落，完成这一自然循环过程。

在自然界中，雨的形成涉及五种基本的能量过程：疏泄、煊通、收敛、封藏、运化。太阳的照射展现了煊通能量，水吸收热能则体现了封藏能量，而水蒸气的上升则代表了疏泄能量。除此之外，还有一种运化能量，它负责调节其他能量之间的转换速率和强度。

能量强盛的物质发挥"煊通"的作用，向能量低的物质传递能量，而低能量物质接收能量的能力称为"收敛"；收敛时，物质会把能量存储下来，存储的能力称为"封藏"；封藏到一定程度时，低能物质会从接收能量变成供给能量，形成一种"疏泄"的力量；而这种疏泄的力量不断累积升发，就会变成"煊通"的能量。这四种能量在相互转化的过程中构成了一个圆运动，而"运化"的能量在这四种能量的转换之间起到量变到质变的推动作用是其中心（陈喜生，2016）。

这五种能量的演变轨迹，正是《四圣心源》所阐述的圆运动。人体的能量同样遵循这一规律，煊通、疏泄、运化、收敛和封藏构成了人体能量的五种基本形态。它们在体内如同云雨的变幻，持续不断地进行着一气周流，循环不息（刘志梅，2011）。

三、脏腑五行：中气如轴，四维如轮

疏泄、煊通、运化、收敛、封藏这五种能量，亦可简称为"生、长、化、收、藏"，在中医学中分别与五行——木、火、土、金、水相对应。《尚书·洪范》中所描述的"木曰曲直、火曰炎上、土爱稼穑、金曰从革、水曰润下"是对五行特性的经典性概括。

中医以五脏的特性对应五行，木对应肝：肝主生发，喜条达，主疏泄，而木曰曲直，有生长、生发、条达、舒畅的特性，故肝属木。火对应心：心有煊通、温煦、向上的能量，而火曰炎上，有温热、煊通的特性，故心属火。土对应脾：脾为生化之源，而土有运化、承载、受纳的特性，生化万物，故脾属土。金对应肺：肺主宣发肃降，而金有清肃、收敛特性，故肺属金。水对应肾：肾主水，藏精，而水曰润下，有滋养、下行、寒凉、封藏的特性，故肾属水（陈吉全，2014）。

一年的大气，春升夏浮，秋降冬沉，故春气属木，夏气属火，秋气属金，冬气属水；升浮降沉，运动一周而为一岁。夏秋之间，为圆运动的中气；地面的土气居升浮降沉之中，为大气升降的交合，故中气属土气。木火土金水，大气圆运动之物质也，"行"即运动也，此中医"五行"二字之来源也。故人体亦有春夏秋冬，亦有东南西北。

古人通过观察自然界的诸多现象发现，水藏于北，木聚于东，火会于南，金集于西，土合于中。上则为火，右则为金，下则为水，左则为木，中则为土。人与自然相合，五行之气在人体的分布与天地的五行一致。夏气属火，火气聚于上而成心；秋气属金，金气聚于右而成肺；冬气属水，水气聚于下而成肾；春气属木，木气聚于左而成肝；中气属土，土气聚于中而成脾。春气由冬气而来，故曰水生木；夏气由春气而来，故曰木生火；长夏之气由夏气而来，故曰火生土；秋气由长夏之气而来，故曰土生金；冬气由秋气而来，故曰金生水。

人体的气机运动遵循五行相生的原理。"一气周流，左升右降"，从而形成了"中气如轴，四维如轮"的人体气机圆运动状态，见图3-2（傅文录，2010）。

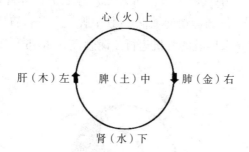

图 3-2 人体气机圆运动

在此圆运动中，脾（土）主中气在其圆心如轴，肝（木）、心（火）、肺（金）、肾（水）在其四维如轮。中气如轴，四维如轮；轴旋转于内，轮升降于外，为中医生理；轴不旋转，轮不升降，为中医病机；运动轴之旋转去运动轮之升降，运动轮之升降来运动轴之旋转，轴轮以此机制互为体用为中医医理；一切外感、内伤诸病，皆因"中轴失灵、四维倒作"而起（汪剑 等，2016）。所以圆运动失常是疾病的根本病机。

治病先理气，气机失常是疾病的根源，人体气机圆运动一旦中气失常则升降失调，而致上下左右内脏俱病，即脏腑失和，疾病由生（廖少君 等，2015）。

由此可见"中气如轴、四维如轮"的模型，在人体气机之圆运动中起到至关重要的作用。五脏之气如何运转？如何构建健康人体气机之圆运动？为何历代中医大家在养生和治病时都极为重视中焦脾胃的作用？又为何有"中焦为本、脾胃为先"的说法？这些问题将在下一章解答。

第二节　人以中焦为本

在健康的人体中，以中气为核心，遵循自然法则的圆形运动呈现出左侧上升与右侧下降的循环模式。五脏六腑各司其职，相互协调，共同维持着人体的动态平衡。肝气左升，肺气右降，心火上炎，肾水下润，形成一个完整的循环体系。在这个循环过程中，脾胃之气，即中气，是推动整个气机循环的根本动力。

一、土枢四象：中气斡旋，脾升胃降

"医家之药，首在中气。"人体内气分阴阳，谓孤阴直降，孤阳直升，阴阳交合，则升已而降，降已而生，环周不休，而生中气，如此才会有生命的产生。

中气与命门之火合成元气，中气在人体之内，阴阳之间，具有负阴抱阳、升清降浊和维持生命代谢功能的能量。它是一身气机运动的枢轴，为生命的根本。中气是"土枢四象，一气周流"的原动力。

脾胃位于人体中焦，中气即土气，居大气升降之中，脾胃秉土气而生，故脾胃居人体圆运动的中心，为人体圆运动的轴枢。其中脾气上升，胃气下降，两者升降相因，形成一圆运动，带动着其余四脏的气机运行（谢胜 等，2015），见图3-3。

图 3-3　脏腑气机升降图

以人体三焦位置来论，脾胃居人体中焦，肝肾居人体下焦，心肺居人体上焦，在下者必升，在上者必降。

《素问·五运行大论》云："上者右行，下者左行"，故言"左升右降"。心肾水火相交，心火下降，温暖肾水，肾水上升，滋润心火，肾水需肝木温升得以上承，心火需肺金凉润得以下行。肝肺皆主司气的运行，肺气右降，肝气左升，升降得宜，则全身气机舒展。

若脾胃升降失常，则会扰乱肝肺之升降，随即心肾无以交通。心肾为气机升降的

根本，水涵则木荣，火旺则伐金，脾胃亦需水火交济而润燥相宜。胆、心包、三焦皆归属于相火，相火得降，需金气收敛，中气运化；相火下行，中气即运，金气凉降，水气封藏，水中有火。水中之火，是中气之根。相火借肝木之气温升，由升而浮，则生君火，君火升极而成相火，如此周流不休，为人体气机圆运动之动力源泉（马玄静，2015）。

《素问·六微旨大论》曰："出入废则神机化灭，升降息则气立孤危。故非出入，则无以生长壮老已；非升降，则无以生长化收藏。是以升降出入，无器不有。"

人体气机运行亦应圆运动法则。脾胃居中央如轴之运旋于内，其余脏腑如轮之升降于外，每一维相表里的脏腑又在经络的联通下组成各自的圆运动。无论轴轮的哪一部分运动失常，最终都会影响整体，圆运动的平衡被打破，则疾病丛生。

气之圆运动乃性命之根本，气血津精化生亦有赖于脾胃，若脾胃升降失常，圆运动之周流受阻，气机不畅，则无以生津血，津血化痰成瘀，窍络受阻，血行不畅，疾病丛生。

二、气血本源：脾胃乃后天之本、气血生化之源

脾胃居中而生中气，中气是维持健康人体气机之圆运动的动力，也是气血本源。人一切的生理运动都需要能量来维持生命运行，人生于天地之间，所需能量最直接的来源便是水谷精微。

当水谷入胃后，通过脾阳的磨化变成精华和渣滓。渣滓往下传，通过肠道变成粪便而出。谷中的精华可分为谷气和谷精。谷气随脾阳左升而归于心、肺，谷气归心，以充心火，心火即心阳，是人体一切活动所需能量的来源。谷气归肺，充盈卫气，卫气行于脉外周护全身。而谷精随胃阴之右降归于肝、肾，谷精归肝，化生肝血行于脉中，滋养营血，谷精归肾，化生肾精，以后天精微补先天之肾元。

水谷必须通过脾胃的运化，以精微充盈其余四脏，化生气血，成为生命的能量源泉。这就是《素问·玉机真脏论》中所说，"脾为孤脏，中央土以灌四傍"（谢晶日 等，2011）。

由此可见，水谷精微是生成气血的主要物质基础，是维系生命活动的根本力量。只有通过脾胃将摄入的食物转化为气血，才能确保人体生命活动的持续。正所谓"周身所有的营血来源于肝而生于脾；所有的卫气来源于肺而生于胃"，故"脾胃乃后天之本，气血生化之源"（李东垣，2007）。

《脾胃论》原文：水谷入口，其味有五，各注其海，津液各走其道。胃者，水谷之海，其输上在气街下至三里。水谷之海有余，则腹满；水谷之海不足，则饥不受谷食。人之所受气者，谷也；谷之所注者，胃也。胃者，水谷气血之海也。海之所行云气者，天下也。胃之所出气血者，经隧也。经隧者，五脏六腑之大络也。

《四圣心源·天人解·气血原本》原文：肝藏血，肺藏气，而气原于胃，血本于脾。

《四圣心源·天人解·精华滋生》原文：气统于肺，血藏于肝。肝血温升，则化阳神；肺气清降，则产阴精。五脏皆有精，悉受之于肾；五脏皆有神，悉受之于心；五脏皆有血，悉受之于肝；五脏皆有气，悉受之于肺。总由土气之所化生也。

《四圣心源·天人解·气血原本》原文：肾水温升而化木者，缘己土之左旋也，是以脾为生血之本；心火清降而化金者，缘戊土之右转也，是以胃为化气之原。

三、人以中焦为本：有胃气则生

三焦是人体能量生成和输布的系统，其气的运动称为"气机"。气机运行的基本规律是开阖，疏泄为开，收敛为阖；煊通为开，封藏为阖，与此同时，开中有阖，阖中有开。而中焦运化在此起到开阖的枢纽作用。

在三焦之中，上焦心肺主清气，中焦脾胃主中气（胃气），下焦两肾主元气，人体能量的来源就是这三气合一。人体自胎儿起，得父母之"精"化生下焦气，即先天精气、元气。母体脐带供应能量相当于中焦气，也称为中气、土气、脾胃之气。在出生之后，肺的功能启动，开始自主呼吸便生成上焦气，即清气或宗气。离开母体后随即脐带切断，母体的中气供应随之终止，婴儿的中焦开始运作，通过饮食和消化过程，生成了后天的脾胃之气，即中气或胃气（李辛，2022）。

由此可见，下焦元气乃父母之精，用之即少，后天无法增补；清气由呼吸产生，受制于自然，外清则清，外浊则浊，无法改变；唯有中焦胃气乃水谷所化精微可以调控，上合清气以养心肺，下补元气以济肝肾，如此运纳化常当为后天之本。

在人体气机的圆运动作用下，后天中焦脾胃之精得以转化并输送到各个脏腑，成为滋养脏腑的精微物质。同时，将剩余部分输送至肾脏，以滋养和充实肾中所藏的先天之精。肾脏所藏的先天之精，通过不断接受后天之精的滋养，逐渐变得充盈。因此，五脏之中既藏有先天之精，也藏有后天之精，而这些精微物质能够进一步化生为气。

《素问·上古天真论》原文：肾者主水，受五脏六腑之精而藏之。

《素问·阴阳应象大论》原文：精化为气。

水谷之精转化为谷气，与肺吸入的自然界清气相结合，形成了宗气；先天之精则转化为先天之气（即元气）。宗气与元气的融合构成了人体的正气（图3-4）。在中医理论中，正气指的是人体抵御外邪的能力，涵盖了身体功能的运作、疾病抵抗力以及康复能力（罗本华 等，2010）。

《黄帝内经》原文：正气存内，邪不可干；邪之所凑，其气必虚。

《景岳全书·脉神章》原文：已盖胃气者，正气也，病气者，邪气也，夫邪正不两立，一胜则一负，凡邪气胜则正气败，正气至则邪气退矣。若欲察病之进退吉凶者，但当以胃气为主。察之法，如今日尚和缓，明日更弦急，知邪气之愈进，邪愈进则病愈甚矣；今日甚弦急，明日稍和缓，知胃气之渐至，胃气至则病渐轻矣。（这里说的胃气即正气。）

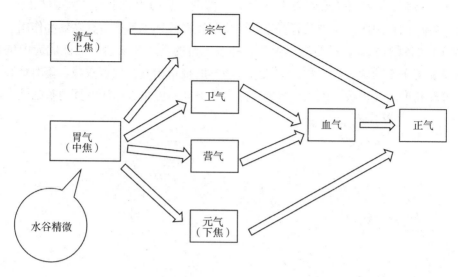

图 3-4　胃气与正气生成

人体之气，源于先天元气的根本，通过后天胃气的持续滋养而得以生成。只有先天之精与后天之精相互促进、相互辅助，人体之气才能充盈旺盛，生命能量才能蓬勃。在此之中当以中焦脾胃为本。

自古以来，中医对中焦（即胃气），给予了极高的重视。《黄帝内经·素问·玉机真藏篇》中记载"有胃气则生，无胃气则死"，这充分体现了胃气在生命活动中的核心地位。金元四大家之一的李东垣，在其著作《脾胃论》中也强调"人以胃气为本"，这进一步明确了胃气在人体健康中的基础作用（刘浩 等，2014）。"人以胃气为本"意味着人体的消化吸收功能至关重要，它确保气血得以源源不断地生成。相反，胃气虚弱则会导致整个消化吸收系统的功能衰退，进而影响气血的正常生化过程。正如《素问·平人气象论》所言，"人以水谷为本，故人绝水谷则死"（杨志超，2003）。

《脾胃论·脾胃虚实传变论》原文：元气之充足，皆由脾胃之气无所伤，而后能滋养元气。若胃气本弱，饮食自倍，则脾胃之气既伤，而元气亦不能充，而诸病之所由也。

《脾胃论·饮食劳倦论》原文：悉言人以胃气为本。盖人受水谷之气以生，所谓清气、营气、运气、卫气、春升之气，皆胃气之别称也。

《脾胃论·脾胃虚则九窍不通论》原文：胃气者，谷气也，营气也，运气也，生气也，清气也，卫气也，阳气也。

清代名医叶天士在《临证指南医案·不食》中谈及脾胃的作用时提到，"有胃气则生，无胃气则死，此百病之大纲也。故诸病若能食者，势虽重而尚可挽救；不能食者，势虽轻而必致延剧"。

由此可见自古名医都把胃气视为诸气之本，是人体的根本能量，是健康的基石，是维系生命的原动力。

在本章节中，我们重点探讨了脾胃在人体生理功能中的关键作用。历代卓越的中医大家一致强调，无论是治疗疾病还是养生保健，从脾胃着手是"医中之正法"。在自然界，蜂产品在中医药学中具有特定的性味归经属性，也具有多种功效和作用。蜂产品中所含有的营养成分，都与滋养脾胃、补益气血的需求相契合，因此成为中焦养生的首选。在接下来的章节中，我们将从中医药学的视角出发，依据权威典籍对蜂胶、蜂王浆、蜂花粉的功效记载，深入理解蜂产品在维护人体健康方面所发挥的基础性作用。

第三节　蜂胶、蜂王浆和蜂花粉入中焦调脾胃

人身之本，本在脾胃。脾胃为气血生化之源，五脏六腑之本，正气卫气之根，人体气化之根，气机升降之枢。脾胃强健，百疾不起；脾胃虚弱，百病由生。正所谓"人以中焦胃气为本"。水谷精微是生命获得能量最主要的来源，而大自然中还蕴藏着珍稀的天然资源，能补益人体，提升生命的质量。

蜜蜂这一大自然的精灵，是人类与自然间最亲密的伙伴。它们在山林间翩翩起舞，采集那些经过风霜雨雪洗礼、阳光月华照耀的植物精华——树脂、花粉等，将这些蕴含着大自然能量的宝贵物质带回蜂巢。在那里，蜜蜂将这些精华与自身分泌的精微物质混合，转化成富含营养、对人类健康大有裨益的蜂产品。自古以来，人们通过摄取这些蜂产品以求延年益寿的例子数不胜数。接下来，我们将从中医的视角出发，依据权威典籍对蜂产品的性味归经及其功能主治进行分析，以便更深入地理解蜂产品在促进人体健康方面所发挥的基础作用。

一、蜂胶、蜂王浆和蜂花粉的性味归经及作用

1. 蜂胶的性味归经及作用

【性味与归经】味苦、辛，性寒。归脾、胃经。

【功能与主治】补虚弱，化浊脂，止消渴；外用解毒消肿，收敛生肌。用于体虚早衰，高脂血症，消渴；外治皮肤皲裂，烧烫伤。

——摘自《中国药典》

【性味与归经】味微甘；性平。归肝；脾经。

【功能与主治】润肤生肌；消炎止痛。主治胃溃疡；口腔溃疡；宫颈糜烂；带状疱疹；牛皮癣；银屑病；皮肤裂痛；鸡眼；烧烫伤。

——摘自《中华本草》

2. 蜂王浆的性味归经及作用

蜂王浆别名蜂乳、王浆、王乳、蜂皇浆、皇浆。

【性味与归经】甘、酸，性平。归肝、脾经。

【功能与主治】滋补，强壮，益肝，健脾。主治病后虚弱；小儿营养不良；老年体衰；白细胞减少症；迁延性及慢性肝炎；十二指肠溃疡；支气管哮喘；糖尿病；血液病；精神病；子宫功能性出血；月经不调；功能性不孕症及秃发等。

——摘自《中华本草》

【性味与归经】辛、酸，微温。

【功能与主治】滋补强壮。用于神经官能症、高血压病、心血管机能不全、慢性肝

炎、溃疡病、糖尿病、风湿性关节炎等疾病的辅助治疗。

——摘自《全国中草药汇编》

【性味与归经】甘、酸，平。归脾、肝、肾经。

【功能与主治】滋补，强壮，益肝，健脾。主治病后虚弱；小儿营养不良；老年体衰；传染性肝炎；高血压病；风湿性关节炎；十二指肠溃疡。

——摘自《中药大辞典》

3. 蜂花粉的性味归经及作用

【性味与归经】甘、温。归脾、胃经。

【功能主治】健脾益胃，补气养血，养阴益智，宁心安神。用于气血不足、心悸失眠、胃肠不适、神经衰弱、便秘等症。也可用以防治心脑血管硬化、高血压、脑溢血、中风后遗症等老年性疾病以及前列腺炎、前列腺增生肥大等症。

——摘自《山东省中药材标准》（2002 年版）

【性味与归经】甘、温。

【功能主治】疏肝养血，滋阴润肺，补肾益精。用于血虚精少、贫血、胃肠失调、神经衰弱、男子小便淋漓、妇女更年期综合征。

——摘自《贵州省中药材民族药材质量标准》（2003 年版）

【性味与归经】甘、温。

【功能与主治】健脾和胃，补气生血，养阴益智，宁心安神。用于气血不足、心悸失眠、胃肠不适、神经衰弱、便秘等症。

——摘自《湖南省中药材标准》（2009 年版）

二、蜂胶、蜂王浆和蜂花粉对中焦脾胃及人体能量信息的调节作用

传统医学认为，人之所以会生病，是因为人体的寒、热、温、凉四气出现了偏差，以及饮食物当中的酸、苦、甘、辛、咸五味出现了太过或不足。要想解决这个问题，就要从自然界中找气味、功能与其相反物质进行校正，使之达到相对的平衡；或是找到能促进人体自我修复的物质，使气血阴阳恢复平衡，疾病也就自然而然地消退了。蜂产品无疑是自然界中极为珍贵的营养物质，它不仅具有药用价值，还兼具食疗功效（胡瑛君，2019）。

药物有寒、热、温、凉和酸、苦、甘、辛、咸的差异，食物也有寒、热、温、凉和酸、苦、甘、辛、咸的差异。机体的生命活动需要四性五味这些基本属性作为原动力，故疾病的治疗和保健也需要用四性五味来进行调整。《黄帝内经》中阐述了五味与五色同五脏之间的对应关系，如《灵枢》所言，食物中的五味分别对应五脏，具体而言："酸入肝、苦入心、甘入脾、辛入肺、咸入肾"。蜂产品的五味属性及其归经作用在本节摘录的权威中药典籍中已有明确记载。除了性味归经之外，蜂产品在传统中医能量学方面还具有哪些特征，我们将继续深入探讨。

《灵枢·五味》载：黄帝曰：愿闻谷气有五味，其入五脏，分别奈何？伯高曰：胃者，五脏六腑之海也，水谷皆入于胃，五脏六腑，皆禀气于胃。五味各走其所喜，谷味酸，先走肝；谷味苦，先走心；谷味甘，先走脾；谷味辛，先走肺；谷味咸，先走肾。谷气津液已行，营卫大通，乃化糟粕，以次传下。

据典籍记载，蜂胶、蜂王浆以及蜂花粉在归经方面都与中焦脾胃有关。具体而言，蜂花粉归于脾胃经，蜂王浆归于肝脾经或肝脾肾经，而蜂胶则归于肝脾经或脾胃经。由此可见，这三种蜂产品均具有入中焦、补脾胃、化气血的功效。在"味"方面，蜂花粉味"甘"，蜂王浆味"甘、酸"，蜂胶在《中华本草》和《中国药典》中有味"甘"以及味"辛""苦"两种不同的记载。这两种不同的记载主要源于对蜂胶在中焦脾胃方面功效研究的不同视角。众所周知，在中医理论中五味与五脏相对应，甘入脾、辛入肺、苦入心，"辛、苦"二味看似与脾无关，然而在中医的经典著作《汤液经法》和《辅行诀脏腑用药法要》中，提出了"三味调一脏"的原则，即"甘补脾，辛泻脾，苦燥脾"（王淑民，1998）。因此，蜂胶在"味"方面的特性主要体现在其对脾胃的影响上，其调和脾胃的功效是真实不虚的。它对脾胃的作用涵盖了"甘"味的补益、"辛"味的通泻以及"苦"味的燥湿特性（梁永林等，2011）。

《素问·脏气法时论》云：肝苦急，急食甘以缓之；心苦缓，急食酸以收之；脾苦湿，急食苦以燥之。

《辅行诀》又曰：陶云：肝德在散。故经云：以辛补之，以酸泻之。肝苦急，急食甘以缓之，适其性而衰之也。陶云：心德在奥。故经云：以咸补之，苦泻之；心苦缓，急食酸以收之。陶云：脾德在缓。故经云：以甘补之，辛泻之；脾苦湿，急食苦以燥之。

此外，《黄帝内经》中阐述了五色与人体五脏的对应关系，即"青色入肝、赤色入心、白色入肺、黑色入肾，黄色入脾"。在自然界中，所有带有黄色属性的物质均与中焦脾胃相对应。黄色食物具有滋养脾胃、增强中气的功效。蜜蜂为人类提供的蜂产品包括蜂蜜、蜂花粉、蜂王浆和蜂胶，均以黄色为主色调。因此，从五色与五脏的对应关系来看，蜜蜂的产品能够滋养中焦，补益脾胃，促进气血生成，这一点也是毋庸置疑的（王蕊等，2014）。

《素问·金匮真言论》指天人相应，五色分别通应五脏。即东方青色，入通于肝；南方赤色，入通于心；中央黄色，入通于脾；西方白色，入通于肺；北方黑色，入通于肾。

蜂产品不仅在"性味归经"的层面上能够调理脾胃，深入"精气神"的层面，它们还能够补气、养精，并作用于"神"的层面，促进人与自然能量的互通互换。

在中医四大经典著作之一的《神农本草经》中，药物分为上、中、下三品。上品药物"养命以应天，久服不伤人"。所谓"应天"，即这类上品药物与清净的天之气相感应，帮助人的神稳定，通达苍天清净之气。因为这两者是互通相应的，《黄帝内经》里有"生气通天"之论。归纳起来，第一，上品药中不少是作用于精神层次或者灵性层次的；第二，上品药能补益精气；第三，上品药能稳定我们的精气神形的格局，帮助我们调整到比较容易跟外界连通的状态。

蜂产品源自蜜蜂采集的大自然精华，不仅能帮助人体收固精气，更能稳定人的神气格局，且久服具有益寿延年之功效，理应位列中药上品。

上药一百二十种为君，主养命以应天，无毒，多服、久服不伤人。欲轻身益气，不老延年者，本上经。

中药一百二十种为臣，主养性以应人，无毒有毒，斟酌其宜。欲遏病补虚羸者，本中经。

下药一百二十五种为佐使，主治病以应地，多毒，不可久服。欲除寒热邪气，破积聚愈疾者，本下经。

三品合三百六十五种，法三百六十五度，一度应一日，以成一岁。倍其数，合七百三十名也。

关于中药，我们通常会从药物本身的成分层面进行分析，但传统中医的精髓还在于从药物的能量和信息层面进行考量。从能量和信息的角度来看，药物作用于人体时，是通过调节人体气机的运动来发挥其效能的。每个药物有运动的方向（升降、浮沉、开阖），有作用的起始层次和布散的范围。而药味的清、浊属性则决定了其输布的范围和运动的方向。清者升浮，浊者降沉；清者为开，浊者为阖。药物如此，食物亦然。例如，茶叶淡雅，其性为清；咖啡醇厚，其性为浊。酒质清，但清中有浊，则酒开中有阖；醋体浊，但浊中有清，则醋阖中有开。清者升浮以养上为开，浊者沉降以润下为阖。这里的"清"与"浊"仅是能量的两种不同属性，本质上并无好坏之分；"开"与"阖"则是气机运转的状态。

在蜂产品中，蜂胶、蜂王浆和蜂花粉若从清浊属性和能量开阖的角度进行分析，则花粉为清，王浆为浊，蜂胶则清浊兼具。在中药学中，有"诸花皆升"这一说法，蜂花粉是蜜蜂采集花粉而得，其性清扬且具有升浮的特性，这也暗合了蜂花粉具有宁心安神的功效。蜂王浆味甘、酸，质醇厚，不仅入肝脾二经，还能随浊性下行，兼有补肾固精的功效。蜂胶气味芳香，口感辛辣，辛芳升浮以此为开；其质黏润，形为胶状，胶黏沉降，以此为阖，故开中有阖，阖中有开，兼具清、浊两种特性，如此以助于中焦的运化，上以补益心肺，下以滋养肾精，从而使得气机升降如常。

从中医营养学的视角来看，蜂产品富含自然界的精华成分，能够入中焦、归脾胃、补中气，化气血，是维持生命活动的天然能量源泉。进一步从中医能量学的角度分析，蜂产品具有滋养人体"精、气、神"的功效，有助于促进人体与自然界之间和谐的能量交换，从而净化自身能量，维护人体健康（廖伟等，2006）。

在众多天然珍稀资源中，蜂产品高度契合"人以中焦为本"的理念，是滋补身心、健康养生的首选。若从西方营养学的原子论视角审视，蜂产品含有多种功能因子，这些因子能够调节免疫系统，并辅助治疗多种慢性疾病，使其成为理想的细胞生态调节剂。至于蜂产品在中西医方面如何发挥更好的兼容性，将在下面通过"靶态调节"理论进行详细阐释。

知识拓展

一、中医健康之"靶态调节"

中医养生追求"治本"，正如《素问·阴阳应象大论》所言："治病必求于本。"这一理念是中医治疗和调养的核心。在传统中医理论中，"治本"主要关注人体无形的层面，包括能量和信息的平衡。相对而言，西医"治标"则指西医专注于解决具体问题，其研究和实验主要集中在物质和有形的领域。西医强调的是可见的、实际存在的有形事物；中医则着眼于整体，强调无形的神、志、气、运。若能将两者的优势结合起来，必将为健康领域开启全新的篇章（马伯英，2017）。

1. "靶态调节"与中西医结合

中国科学院仝小林院士在 2023 年提出"由靶及态之现代中西医结合医学模式探析"，为现代中西医结合领域树立了一个全新的典范。

中西医学各自拥有独特的医学体系和历史发展脉络，它们展现了不同的优势和局限。传统中医强调辨证论治、整体观念以及个体化治疗，擅长从宏观角度理解人体以及人与自然和社会的相互作用。相比之下，西医学则侧重于精确的诊断、针对性的治疗以及针对群体的治疗策略，它擅长从微观层面解释人体的生理和病理现象。中西医结合代表了中国特色医学体系发展的必然趋势，两种医学体系的共同追求是提升诊断和治疗的效果以及研究水平。中西医结合的核心在于相互借鉴、互补，而非相互排斥或取代，其终极目标是共同演进成为一种综合性的独立医学体系（仝小林等，2015）。

"态靶辨治"构成了现代中西医结合诊疗体系的核心路径。在此基础上，"由靶及态"的思维模式进一步深化和发展了"态靶辨治"的理论体系，为当前中西医结合教育提供了清晰的解决策略，并能够为未来中西医结合的发展方向提供指导。

（1）中西医融合孕育新医学——态靶辨治

自明清西学东渐以来，医学界一路探索至今，中西医结合领域出现了"病证结合"和"宏观辨证与微观辨证结合"这两种意义深远的思维模式，被广泛应用于中医临床与科学研究。如何有机融合西医的"病"和中医的"证"、"宏观"与"微观"，一直是中医和中西医结合工作者研究的重点问题。

"态"是一个超越"症""证""候"的宏观概念，它对疾病进程中的关键阶段进行划分，并对这一时期的主要病理机制进行高度概括。它不仅反映了疾病的状态、动态和态势，还蕴含了对病因的审视和预防疾病后果的深意，体现了人体在特定趋势下主要矛盾的持续变化。"靶"则借鉴了西医学中的"靶点"概念，涵盖了病靶（特定疾病本身）、症靶（患者异常症状或体征）、标靶（现代理化指标、影像学检查），是最显著的客观指标，也是最直接的表现形式。"态靶辨治"融合了西医学对疾病的诊断方法，以疾病分期为关键节点，依据中医的思维方式，在每个节点上深入分析核心病机和态靶之间的因果关系，全面审视疾病的发展过程，实现对疾病发生和进展的全面掌控。这一方法是重塑中医药现代诊疗体系的创新策略和思路。

"态靶辨治"理论体系融合了"由态及靶"与"由靶及态"两种思维模式，为中医与西医的结合提供了双向的路径，两者虽途径不同，却能达成共同的目标。其中，"由态及靶"模式体现了"以中医为核心，借鉴西医"的理念；而"由靶及态"则展现了"以西医为基础，融合中医"的实践方法。西医学的核心在于"精准打击"，而精准的前提是病因的明确。鉴于此，面对老年病、慢性病以及多代谢紊乱性疾病等现代疾病的主要类型，西医的单一"精准打击"策略显得有所不足（何莉莎，2020）。

中医在处理复杂性疾病方面，擅长采取整体观的治疗策略，通过"调态"来实现疗效，这包括调整身体的热态、寒态、湿态、燥态、虚态、实态等。调态的核心在于调整体内的环境，清除阻碍机体自我修复的因素，帮助身体恢复到健康状态，这是中医治疗的核心理念。然而，任何宏观状态的变化，都可以在微观层面找到相应的证据。中医在宏观层面上的"调态"治疗与西医在微观层面上的"靶向"治疗各有千秋。中医的发展趋势是深入微观领域，而西医的进步则体现在对宏观视角的拓展。因此，西医在精准医学、多靶点慢性病治疗、系统医学和整体治疗方面，可以向中医借鉴其"调态"的理念和方法，实现"态"与"靶"的协同。通过这种方式，我们可以最大化地结合西医学和中药药理学的研究成果，同时遵循中医的原创思维，构建一个既结合疾病与证候又融合宏观与微观视角，以及中西医结合的临床辨证治疗新体系，具体细节请参见图3-5（潘锋文，2023）。

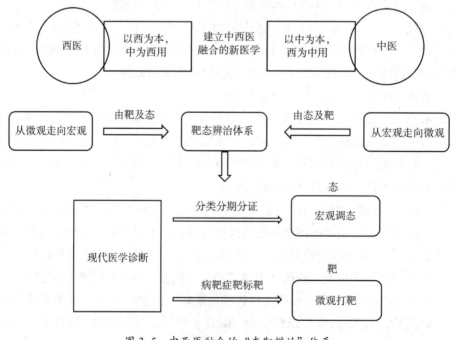

图 3-5　中西医融合的"态靶辨治"体系

（2）中西医在"态"与"靶"方面的优势互补

中医的治疗策略采用宏观视角的"调态"模式，强调与自然和谐相融的整体观念，注重辨证论治，识别疾病在不同阶段的状态，并利用药物的特性来调整身体的失衡状态，以恢复机体的自然平衡。中医在治疗"症靶"方面拥有独特经验，但在"标靶"方面的理解尚显不足，辨证论治时往往缺乏对时间维度、微观靶点和群体化治疗的深入把握，导致治疗的靶向性不够精准。因此，中医的精准化发展需要在坚持个体化治疗的同时，借鉴西医学技术，深化对"靶"的理解，使中医的"调态"优势与西医的"打靶"优势相结合，实现态靶互补、宏观与微观的融合。另外，疾病是一个不断变化的过程，随着现代诊断技术的进步和治疗的早期干预，我们对疾病的发展有了更全面的理解，对"态"的控制也更加精准。中西医结合的优势互补，应基于"由靶及态"的思维模式，在关注"标靶"的同时对患者的"态"与"靶"进行综合管理，在群体化治疗的基础上融入个体化治疗。中西医的共同努力，将使"态"与"靶"的优势互补，应成为中西医融合精准化发展的重要方向。"由靶及态"是现代中西医结合医学模式的有效途径（张莉莉 等，2023）。

中医强调"调态"原则，即通过评估疾病的状态（例如寒、热、虚、实等），利用药物的特定属性来调整身体的不平衡状态，优化疾病进展的内在环境，并充分激发身体的自我愈合潜能，以实现治疗疾病的目标。这一方法彰显了中医的整体观念和个性化治疗的优势。相比之下，西医在微观层面上擅长进行精确的诊断和治疗，通过定位并针对疾病的关键靶点（如病毒、细菌、异常基因等）来实现治疗效果。这种方法以其精确性和高效性而著称。将两者相结合，可以更好地发挥各自的长处。

2. "靶"调节与"态"调节的特性

在前文的阐述中，我们了解到在"靶态调节"的过程中，"态"调节的核心目的在于调整人体内环境，清除阻碍机体自我修复能力的因素，从而促进其恢复至正常状态。而"靶"调节则涉及识别特定的靶点，并进行有针对性的干预措施。通过观察客观指标的变化，可以直观地评估这些干预措施的效果，既直接又表象。接下来，我们将以中医和西医对同一问题采取的不同治疗策略为例，尝试解释何为"靶"调节，以及何为"态"调节。

以一个常受蝇虫滋扰的房间为例，若要解决这一问题，西方医学采取的方法是开发杀虫剂，旨在直接找到并消灭蝇虫。而中医的方法则是探究蝇虫繁殖的原因，比如房间潮湿或存在积水，然后排除积水，消除潮湿，改善环境条件从而使得蝇虫无法繁殖，进而解决问题。在这个例子中，西医通过消灭蝇虫来解决问题的方法体现了"靶"调节，即直接针对问题核心；而中医通过排水和祛湿来改善环境的做法，则体现了"态"调节，即通过改变环境状态来解决问题。两者虽然方法不同，但最终目标是一致的（姜宇，2024）。

蜂产品是一种具有药食同源双重价值的天然珍贵资源。若依据"靶态调节"理论来剖析蜂胶、蜂王浆和蜂花粉的效用特性，我们可以探究它们是否具备改善机体内部环境的"态"调节功能，或者是否具有针对疾病关键靶点的"靶"调节功能，抑或是两者兼备。若能明确这一点，人们对蜂胶、蜂王浆和蜂花粉等蜂产品的理解将得到提升，从而更有效地利用它们的价值，为人类健康带来福祉。

二、蜂胶、蜂王浆和蜂花粉之"靶态调节"作用

将"靶态调节"理论应用于蜂产品领域的研究与实践表明，蜂胶、蜂王浆和蜂花粉这些具有多重保健功效的产品，在临床治疗和健康维护方面，同时展现了"靶"调节与"态"调节的双重效应。它们在中西医营养学领域扮演着至关重要的角色。

蜂胶以其抗菌、抗炎和抗氧化的特性，能够直接作用于人体的特定靶点，例如抑制细菌生长或减轻炎症反应，这彰显了其"靶"调节的特性。与此同时，蜂王浆和蜂花粉则通过提供丰富的营养素和生物活性物质，改善人体的整体健康状况，如增强免疫力和调节内分泌，这体现了"态"调节的效果。例如，蜂王浆中的蛋白质、维生素和矿物质等成分能够促进人体新陈代谢，提高身体对疾病的抵抗力，从而改善整体健康状况。而蜂花粉中的抗氧化剂和植物激素则有助于调节身体的内分泌平衡，进一步促进健康状态的维持。这种"靶态调节"的双重作用，使得蜂产品在预防和治疗多种疾病方面具有独特的优势，为现代中西医结合提供了新的视角和方法。

1. 蜂胶、蜂王浆和蜂花粉的"靶"调节作用

蜂胶的"靶"调节作用，重点体现在原国家卫生部和国家食品药品监督管理总局（CFDA）批准蜂胶的 17 项保健功能（表 3-1）其中的 15 项功能上面。除了免疫调节和延缓衰老这 2 个功能具有"态"调节的特性外，其余 15 项功能各自对应一个特定的靶点，并且都有相应的指标来进行综合评估，体现"靶"调节的特征。例如，在 2005 版的《中国药典》中明确指出蜂胶可用于高脂血症和糖尿病的辅助治疗。在高脂血症的"靶"调节方面，蜂胶中的黄酮类化合物具备抑制脂肪合成酶活性的能力，能够减少胆固醇的合成，进而降低血液中的胆固醇和甘油三酯水平，达到辅助降血脂的效果。在糖尿病的"靶"调节方面，蜂胶有助调节细胞活化和组织的再生，能够修复受损的胰岛细胞及组织，从而实现辅助调节血糖水平的目的（高海琳等，2000）。除此以外，蜂胶对多种急慢性疾病都具有"靶"调节的作用。

表 3-1　CFDA 批准蜂胶类 17 项保健功能

序号	保健功能	序号	保健功能
1	免疫调节（增强免疫力）	10	美容
2	调节血糖（辅助降血糖）	11	抗氧化
3	调节血脂（辅助降血脂）	12	清咽润喉
4	缓解体力疲劳（抗疲劳）	13	改善睡眠
5	祛黄褐斑	14	对化学性肝损伤有辅助保护作用
6	延缓衰老	15	对辐射危害有辅助保护功能
7	改善胃肠道功能	16	减肥
8	润肠通便	17	抗突变
9	抑制肿瘤（辅助抑制肿瘤）		

蜂王浆的"靶"调节作用在获批准的 9 项保健功能（1 免疫调节、2 降低甘油三酯、3 改善睡眠、4 延缓衰老、5 抗辐射、6 缓解体力疲劳、7 辅助保护化学性肝损伤、8 抗氧化、9 维持血糖健康水平）中除了免疫调节和延缓衰老外，其余功能都具备"靶"调节的作用。此外，蜂王浆的"靶"调节作用还体现在对特定疾病的辅助治疗方面，例如，蜂王浆中的王浆酸、乙酰胆碱能激活脑神经传导功能，有效提升记忆力并预防老年性痴呆。蜂王浆含有丰富的铜、铁等合成血红蛋白的物质，可以强化造血系统，促进骨髓造血功能兴奋，有助于治疗贫血（朱金明，2009）。除此以外，蜂王浆在临床应用方面还有辅助调理风湿性关节炎等多项功能，这些功能进一步体现出蜂王浆的"靶"调节作用。

在获得批准的 9 项花粉类保健功能［1 免疫调节、2 辅助保护化学性肝损伤、3 改善胃肠道功能（润肠通便）、4 调节血脂、5 缓解体力疲劳、6 减肥、7 祛黄褐斑、8 延缓衰老、9 抗氧化］中，除了免疫调节和延缓衰老外，其余功能也与蜂胶、蜂王浆相似，都具有"靶"调节的作用。通过深入研究和分析，蜂花粉的"靶"调节作用还体现在其对女性更年期综合征的缓解上。研究表明，蜂花粉所含的天然成分有助于调节女性体内的激素平衡，从而有效缓解更年期症状，如潮热、失眠以及情绪波动等。蜂花粉在预防和治疗前列腺炎方面的"靶"调节作用尤为显著。早在 1960 年，瑞典乌普萨拉大学医院的阿斯克 – 厄普马克（E.Ask–Upmark）和隆德大学医院泌尿外科的约翰森（G.Johanssen）就已报道，花粉制剂普适泰片对前列腺功能紊乱和前列腺疾病具有显著的疗效（Ask–Upmark，1967）。在国内，治疗前列腺疾病的药物普乐安的主要成分就是油菜花粉（郭芳彬，2004）。

从西方营养学的视角审视，蜂胶、蜂王浆以及蜂花粉含有丰富的功能性生物活性成分，对于多种已知病因的急性和慢性疾病有效。它们能够通过精确的调节机制，直接作用于病原靶点，发挥辅助治疗的效果；同时，这些产品的效果可以通过客观指标的变化来评估，实现"靶"调节的作用。

2. 蜂胶、蜂王浆和蜂花粉的"态"调节作用

中医理论认为，疾病的发生与人体气机的圆运动失常密切相关。其根本原因在于脏腑功能失衡，气血阴阳的协调被打破，可能是体内阴气过盛而阳气外浮，或是体内阴气不足而阳气过亢。这些因素共同作用，破坏了人体的内在平衡。因此，旨在调整机体内环境的"态"调节，在促进主动健康方面扮演着至关重要的角色。

从中医的角度来看，蜂产品的营养作用在调节"态"方面尤为显著，这一点在对亚健康状态的干预中得到体现。《亚健康中医临床指南》指出，亚健康状态的出现是由于先天禀赋不足或后天因素影响，导致人体阴阳失衡、气血失调、脏腑功能不协调。这些不平衡的表现包括情绪波动、疲劳乏力、睡眠障碍等一系列问题。从证型角度分析，常见的亚健康证型包括肝郁气结证、心脾两虚证、脾虚湿盛证、肝肾阴虚证、心肾不交证等。探究这些证型的根源，主要是由于脏腑功能失衡，导致机体内环境出现热、寒、湿、燥、虚、实等失调状态。而调节这些"态"的本质，在于调整脏腑功能、平衡阴阳、调和气血，以恢复人体健康的内环境（张艳丽等，2005）。

在《中国药典》中蜂胶归中焦入脾胃经，集动植物精华于一身，性味平和，无毒副作用，含有1000多种有效成分，是天然的小药库，作用于人体能起到补虚弱、化浊脂、止消渴的作用；可以调节气血平衡，培补正气，从而有效改善人体内环境生态，实现"态"调节作用，促进人体健康。

蜂王浆被誉为"液体黄金"和"长寿因子"，是全球公认的一种可以直接食用的、含有高活性成分的超级营养品。据《中华本草》记载，蜂王浆具有滋补、强壮、益肝、健脾等功效。它能够补肝益肾，调整疲劳乏力的亚健康状态并补充能量，恢复机体健康。

蜂花粉被誉为"全能营养品"和"浓缩的天然药库"，它具备健脾和胃、补气生血、养阴益智以及宁心安神等多种功效。此外，蜂花粉还能疏肝解郁，调节情绪失调，有效改善由情绪问题引起的多种亚健康状况。

从中医"态"调节的角度审视，依据中医典籍的记载，蜂胶、蜂王浆和蜂花粉均归于中焦，与脾胃相关。这些天然的精微物质能够补充人体所需的营养，从根本上促进人体气机的运行，转化为气血，进而推动人体能量的生成。从中医能量学的角度分析，蜂产品能够贯通三焦，滋补人体的精气神，这一过程有助于调整人体的内环境，清除机体自我修复能力发挥的障碍，恢复其正常状态。

综上所述，蜂产品在"靶态调节"方面的作用是多方面的，得益于蜂胶、蜂王浆、蜂花粉中所含的多种功效成分。这些成分能够与人体的能量信息进行有效的沟通与交换，从而实现"扶正祛邪""攘外安内""标本兼治"的效果。它们通过补充人体必需的营养成分，调节机体的生理功能，从而达到维护健康的目的。这种调节作用不仅与西方营养学理论相吻合，也与中医学的整体观念相契合，有助于实现人与自然的和谐共生。通过摄取充满自然精微的蜂产品营养，人们能够补充自身能量，进而实现主动健康，达到天人合一的境界（王金庸，2005）。

参考文献

陈吉全，2014. 中医五行学说属性与本质探析［J］. 中医研究，27（02）：10-12.

陈喜生，2016. 学习中医很简单：我的《四圣心源》习悟记［M］. 北京：人民军医出版社.

冯前进，刘润兰，2014. 中医药学理论的生物量子力学研究（一）：气作为宇间万物运动的统一能量［J］. 山西中医学院学报，15（04）：2，44.

傅文录，2010. 彭子益"阳气降升圆运动"学术思想发微［J］. 河南中医，30（01）：33-35.

高海琳，孟培德，马益娇，等，2000. 蜂胶在糖尿病综合治疗中的作用［J］. 北京医学，（02）：115-116.

郭芳彬，2004. 蜂花粉防治前列腺增生的效果和机理探析［J］. 蜜蜂杂志，（10）：5-7.

国家药典委员会. 2010. 中华人民共和国药典（第3部）［M］. 北京：中国医药科技出版社.

国家中医药管理局，2005. 中华本草［M］. 上海：上海科学技术出版社.

何莉莎，宋攀，赵林华，等，2020．态靶辨证——中医从宏观走向精准的历史选择［J］．辽宁中医杂志，47（01）：1-4．

胡瑛君，2019．药食同源中医各科［M］．北京：中医古籍出版社．

湖南省卫生厅，1993．湖南省中药材标准［M］．长沙：湖南科学技术出版社．

黄元御，2011．黄元御医籍经典 四圣心源 四圣悬枢［M］．太原：山西科学技术出版社．

姬智，2014．《黄帝内经》"气"理论哲学思想的研究［D］．广州：广州中医药大学．

姜宇，2024．浅谈"中西医融合态靶思维"学术思想［J］．中国民间疗法，32（04）：28-30．

李东垣，2007．脾胃论 中医古籍［M］．北京：中国中医药出版社．

李辛，（法）梅赫 Merer, Claudine，2022．回到本源：经典中医启蒙对话录［M］．北京：北京联合出版公司．

梁永林，刘稼，李应存，2011．《辅行诀·汤液经法图》述义［J］．中国中医基础医学杂志，17（04）：349-350．

廖少君，尤劲松，2015．圆运动理论在防治亚健康中的价值［J］．中国中医药现代远程教育，13（15）：11-12．

廖伟，李位三，2006．蜂产品寓医于食及其中医学基础理论［J］．蜜蜂杂志，（08）：17-19．

林明欣，朱章志，吕英，等，2013．再探中医学"圆运动"规律［J］．中华中医药杂志，28（05）：1516-1519．

刘浩，李燕，2014．李东垣脾胃论学术思想的阐发［J］．陕西中医，35（05）：640-641．

刘志梅，肖长国，2011．《四圣心源》"一气周流"理论探讨［J］．山东中医杂志，30（06）：365-366．

罗本华，于建春，韩景献，2010．论三焦气化为气的生化之源［J］．浙江中医杂志，45（01）：1-3．

马伯英，严暄暄，2017．中医理论与方法的新思维——中医"虚拟""气化"较之西医"质测""实体"（上）［J］．中医药导报，23（08）：1-4，13．

马玄静，2015．黄元御中气升降理论探析［D］．石家庄：河北医科大学．

潘锋，2023．"态靶辨治"开启中西医结合创新之路［J］．中国医药导报，20（05）：1-3．

彭子益，2019．《圆运动的古中医学》解读［M］．郑州：河南科学技术出版社．

山东省食品药品监督管理局，2013．山东省中药材标准［M］．济南：山东科学技术出版社．

仝小林，何莉莎，赵林华，2015．论"态靶因果"中医临床辨治方略［J］．中医杂志，56（17）：1441-1444．

汪剑，江南，2016．彭子益医学圆运动学说与气机升降学术源流探讨［J］．中医学报，31（12）：1922-1924．

王金庸，2005．中医蜂疗治疗慢性综合症的研究［J］．中国养蜂，（10）：27-28．

王蕊，史丽萍，郭义，2014．《黄帝内经》之"五色五味"［J］．长春中医药大学学报，30（01）：1-3．

王淑民．1998．《辅行诀脏腑用药法要》与《汤液经法》、《伤寒杂病论》三书方剂关系的探讨［J］．中医杂志，（11）：694-696

谢晶日，张皓婷，梁国英，2011．《脾胃论》思想的继承和发挥［J］．辽宁中医杂志，38（04）：580-581．

谢胜，刘园园，梁谊深，等，2015．四象脾"土"模型及其在四时六气"以枢调枢"和五脏的应用［J］．世界中医药，10（08）：1177-1181，1186．

杨志超，2003．"人以胃气为本"浅识［J］．中医药学刊，（05）：754．

张莉莉，薛崇祥，周凌，等．2023，由靶及态之现代中西医结合医学模式探析［J］．中医杂志，64（22）：2269-2274．

张艳丽，王学东，2005．浅谈中医养生与亚健康状态的防治［J］．中国医药研究，003（006）：512．

赵国平，戴慎，陈仁寿，2006．中药大辞典［M］．上海：上海科学技术出版社．

中华中医药学会，2006．亚健康中医临床指南［M］．北京：中国中医药出版社．

朱金明，2009．缺铁与贫血宜用蜂产品［J］．蜜蜂杂志，29（08）：36-38．

Ask-Upmark E．1967．Prostatitis and its treatment［J］．Acta Medica Scandinavica，181（3）：355-357．

第四章

蜂产品在慢性疾病防控中的作用

第一节　关于蜂胶、蜂王浆、蜂花粉相关药品和保健食品的批文分析

目前，蜂胶、蜂王浆原料已计划纳入保健食品备案目录。截至 2024 年 9 月 30 日，关于蜂胶、蜂王浆、蜂花粉的相关药品和保健食品批件的情况如下。

一、蜂胶、蜂王浆、蜂花粉相关保健食品批文分析

截至 2024 年，国家市场监督管理总局已授权 1328 件蜂胶类（包括单方和复方）保健食品。这些蜂胶保健食品共涵盖 17 项保健功能，具体包括：增强免疫力、调节血糖、调节血脂、缓解体力疲劳、抗氧化、辅助抑制肿瘤、改善胃肠道功能、润肠通便、延缓衰老、抗突变、辅助保护免受辐射危害、清咽润喉、改善睡眠、辅助保护化学性肝损伤、祛黄褐斑、减肥以及美容。国家市场监督管理总局授权 219 件蜂王浆类（包括单方和复方）保健食品。这些蜂王浆保健食品被获批 9 项保健功能，包括：免疫调节、降低甘油三酯、改善睡眠、延缓衰老、抗辐射、缓解体力疲劳、辅助保护化学性肝损伤、抗氧化以及维持血糖健康水平。国家市场监督管理总局授权 132 件花粉类（包括单方和复方）保健食品。这些花粉保健食品共涵盖 9 项保健功能，具体为：免疫调节、辅助保护化学性肝损伤、改善胃肠道功能（润肠通便）、调节血脂、缓解体力疲劳、减肥、祛黄褐斑、延缓衰老以及抗氧化。

二、蜂胶、蜂王浆、蜂花粉相关药品批文分析

经国家药品监督管理局批准，共有 6 件以蜂胶为原料的国药准字批件。这些药品的主要适应证是杀菌消炎、降血脂。可用于胃及十二指肠溃疡、慢性胃炎、萎缩性胃炎、高脂血症等；各种皮肤病、各种体表溃疡、牛皮癣、鼻炎、扁桃体炎、中耳炎、牙周炎等耳鼻喉科和口腔科的疾病；以及阴道子宫颈病。

经国家药品监督管理局批准，共有 18 个以蜂王浆为主要成分的国药准字号产品。这些产品主要功能包括益气养血和补虚扶正，适用于因气血不足导致的身体虚弱和倦怠、食欲不振等症状的辅助治疗。

经国家药品监督管理局批准，共有 22 件以花粉为主要成分的国药准字号药品。这些药品用于治疗多种病症，包括肾气不固、腰膝酸软、尿后余沥、尿失禁以及慢性前列腺炎和前列腺增生等。

蜂产品对常见慢性疾病防控的研究文献计量分析

一、蜂胶对胃肠道保护作用的文献研究

（一）国际相关出版物发表趋势

自 2000 年以来，蜂胶在胃肠道保护领域的研究逐渐兴起。2017 年起，该领域的出版物数量呈现上升趋势，其中 2023 年的出版物数量达到峰值，共计 14 篇。截至 2024 年 9 月 30 日，2024 年的相关出版物数量为 4 篇，累计被引频次为 268 次，平均每个出版物的被引频次为 67 次，见图 4-1。

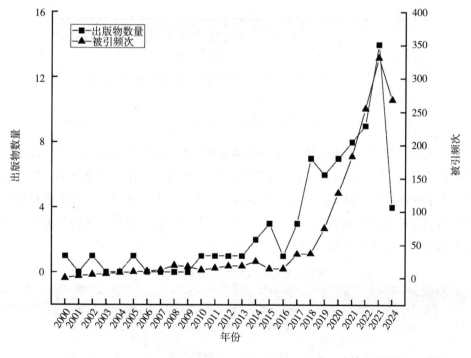

图 4-1　蜂胶对胃肠道保护作用的国际相关文献研究趋势

（二）国内相关出版物发表趋势

自 1981 年起，蜂胶在胃肠道保护方面的研究便已展开。到了 2006 年，该领域的研究开始受到越来越多的关注，当年共发表了 9 篇相关论文。此后，论文的发表数量呈现出波动趋势，在 2022 年达到了峰值，共发表了 11 篇。截至 2024 年 9 月 30 日，相关出版

物的累计发表量已达到117篇，总被引频次为681次，平均每篇论文被引用6次。见图4-2。

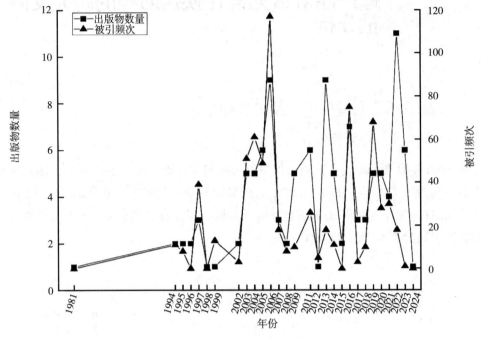

图 4-2　蜂胶对胃肠道保护作用的国内相关文献研究趋势

（三）国际发文学者和发文机构的文献计量评价

论文的被引频次在某种程度上反映了同领域学者对研究成果的认可，是评估文章重要性的核心指标，也反映了研究团队的活跃度。影响被引频次的因素众多，包括研究的热度、发表时间、文章篇幅以及发表期刊等多个方面。表4-1显示，在蜂胶对胃肠道保护作用研究领域至少发表了3篇科学文献的作者共有4位。其中，来自拉那州立大学的Eyng C课题组，发表了4篇文章，被引用24次。

表4-1　蜂胶对胃肠道保护作用相关国际文献引用评价

作者	所属国家	所属机构	被引频次	篇数	篇均被引频次
Eyng C	巴西	拉那州立大学	24	4	6
De Alencar Severino Matias	巴西	圣保罗大学	23	4	5.75
Sartori Agd	巴西	圣保罗大学	23	4	5.75
Saliba Ana Sofia Martelli Chaib	巴西	圣保罗大学	16	3	5.33
Arpasova H	马来西亚	英迪大学	43	2	21.5
Batista P S	巴西	圣保罗大学	18	2	9

作者	所属国家	所属机构	被引频次	篇数	篇均被引频次
Ben-mahrez K	突尼斯	突尼斯萨尔瓦多马纳尔大学	2	2	1

二、蜂胶对人体免疫调节作用的文献研究

（一）国际相关出版物发表趋势

自 2000 年起，蜂胶对人体免疫调节作用的研究逐渐展开，到 2005 年这一领域开始受到更广泛的关注，当年发表了 20 篇相关论文。此后，论文发表数量逐年增长，2021 年的出版物数量最多，为 66 篇。截至 2024 年 9 月 30 日，2024 年的出版物数量已达到 28 篇，总引用次数达到 1671 次，平均每篇论文被引用 60 次，见图 4-3。

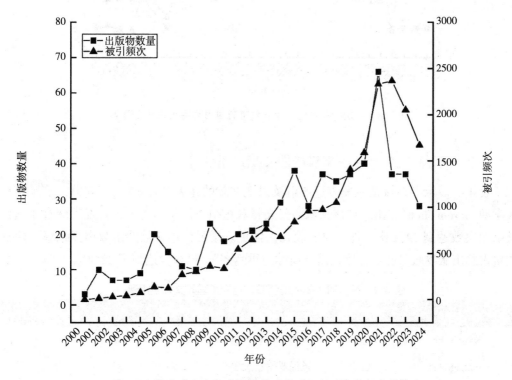

图 4-3　蜂胶对人体免疫调节作用的国际相关文献研究趋势

（二）国内相关出版物发表趋势

自 1996 年起，蜂胶对人体免疫增强作用的研究逐渐展开，而到了 2003 年，这一领域的研究开始受到更多关注，当年共发表了 4 篇相关论文。2012 年出版物数量最多，为 9 篇。截至 2024 年 9 月 30 日，相关出版物的累计发表量已达到 102 篇，总被引频次

为 543 次，平均每篇论文被引用 5.31 次，见图 4-4。

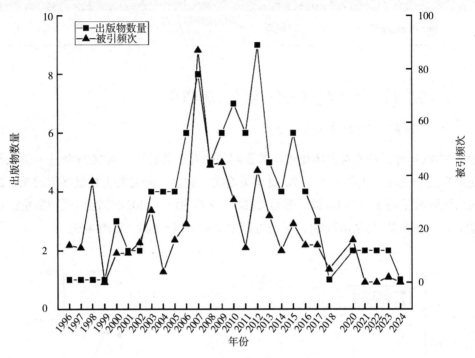

图 4-4　蜂胶对人体免疫调节作用的国内相关文献研究趋势

（三）国际发文学者和发文机构的文献计量评价

表 4-2 展示了在该领域发表过 5 篇及以上文献的作者共计 10 名。其中，圣保罗州大学的 Sforcin Jm 研究团队在该领域的发文量和被引频次均居首位，共发表文章 42 篇，被引用次数达到 2248 次。他们对蜂胶在人体免疫增强作用领域的出版物贡献率（即发文量占总出版物数量的百分比，以下简称"贡献率"）最高，达到了 22.8%。

表 4-2　蜂胶对人体免疫调节作用相关国际文献引用评价

作者	所属国家	所属机构	被引频次	篇数	篇均被引频次
Sforcin Jm	巴西	圣保罗州立大学	2248	42	53.52
Santiago Kb	巴西	圣保罗州立大学	232	23	10.09
Sforcin Jose Mauricio	巴西	圣保罗州立大学	1122	22	51
Orsolic N	克罗地亚	萨格勒布大学	905	19	47.63
Conti Bj	巴西	圣保罗州立大学	218	17	12.82
Conte Fl	巴西	圣保罗州立大学	126	15	8.4
Basic I	克罗地亚	萨格勒布大学	690	13	53.08

作者	所属国家	所属机构	被引频次	篇数	篇均被引频次
Bastos Jk	巴西	圣保罗州立大学	238	12	19.83
Cardoso Eo	巴西	圣保罗州立大学	96	12	8
Conti Bruno Jose	巴西	圣保罗州立大学	163	9	18.11

三、蜂胶对呼吸系统疾病防控作用的文献研究

（一）国际相关出版物发表趋势

自 2000 年起，关于蜂胶对呼吸系统疾病影响的研究便已展开。到了 2016 年，这一领域的研究逐渐吸引了更多的关注，当年共有 12 篇相关论文发表。至 2021 出版物数量达到顶峰，为 40 篇。截至 2024 年 9 月 30 日，2024 年的相关出版物数量已经达到了 17 篇，这些出版物的总引用次数高达 807 次，平均单篇引用次数为 47 次。具体数据见图 4-5。

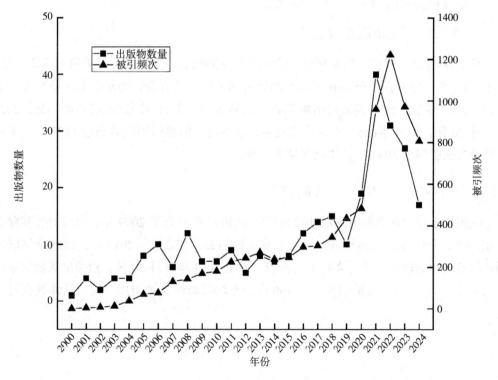

图 4-5　蜂胶对呼吸系统疾病防控作用的国际相关文献研究趋势

（二）国际发文学者和发文机构的文献计量评价

表 4-3 展示了在该研究领域内发表过至少 5 篇科学论文的作者共有 6 位。其中，萨

格勒布大学的 Orsolic Nada 研究团队在发文数量和引用频次方面均居首位，共发表了 8 篇论文，并获得了 396 次引用。他们对蜂胶在治疗呼吸系统疾病方面的研究贡献尤为显著，其出版物贡献率达到了 2.8%。

表 4-3　蜂胶对呼吸系统疾病防控作用的相关国际文献引用评价

作者	所属国家	所属机构	被引频次	篇数	篇均被引频次
Orsolic Nada	克罗地亚	萨格勒布大学	396	8	49.5
Basic Ivan	克罗地亚	萨格勒布大学	384	7	54.86
Berretta Andresa Aparecida	巴西	圣保罗大学	306	6	51
Kaul Sunil C	日本	筑波大学	204	6	34
Wadhwa Renu	印度	印度理工学院	204	6	34
Kumar，Vipul	印度	印度理工学院	162	5	32.4

四、蜂胶保肝作用的文献研究

（一）国际相关出版物发表趋势

自 2000 年起，蜂胶对肝脏的保护作用开始受到研究者的关注，相关研究逐渐兴起。到了 2004 年，蜂胶在肝脏保护方面的功能引起了广泛的兴趣，当年共有 8 篇相关论文发表。2023 年起，这一领域的出版物数量达到顶峰，共计 42 篇论文问世。截至 2024 年 9 月 30 日，2024 年已有 24 篇论文发表，这些论文的总引用次数高达 1197 次，平均每篇论文被引用了 50 次。具体数据见图 4-6。

（二）国内相关出版物发表趋势

我国关于蜂胶在保肝方面的功效研究始于 1995 年。到了 2009 年，蜂胶对肝脏保护作用的研究开始逐渐受到重视，当年共有 3 篇相关论文发表。2013 年，该研究领域出版物的数量相对较多，共计 4 篇论文发表。截至 2024 年 9 月 30 日，相关出版物的累计发表量已达到 31 篇，总被引频次为 196 次，平均每篇论文被引用 7 次，具体数据可见图 4-7。

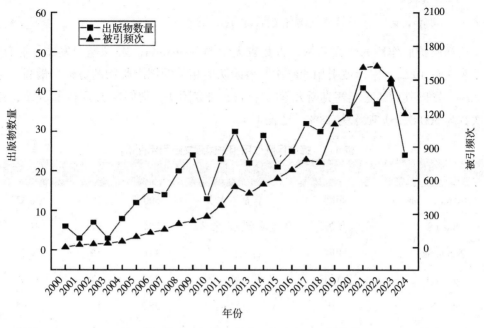

图 4-6　蜂胶保肝作用的国际相关文献研究趋势

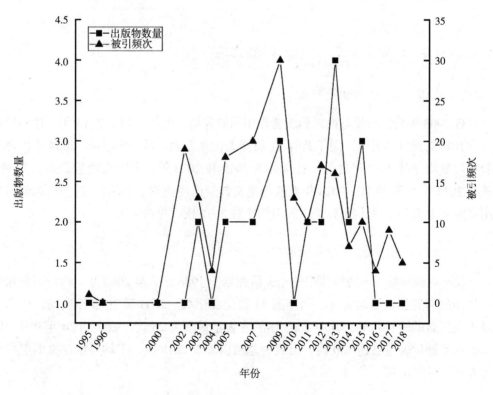

图 4-7　蜂胶保肝作用的国内相关文献研究趋势

（三）国际发文学者与机构的文献计量评价

在蜂胶护肝作用的研究领域，吉瓦吉大学的 Bhadauria，M. 课题组发文量居首位，共发表文章 19 篇，累计被引用 500 次。该团队对相关领域出版物的贡献率最高，达到了 20%。紧随其后的是埃塞克斯大学的 Silici S 研究团队，他们发表了 17 篇文章，被引用次数为 500 次，贡献率为 18%，见表 4-4。

表 4-4　蜂胶保肝作用相关国际文献引用评价

作者	所属国家	所属机构	被引频次	篇数	篇均被引频次
Bhadauria，M.	印度	吉瓦吉大学	500	19	26.32
Silici S	英国	埃塞克斯大学	754	17	44.35
Nirala Sk	印度	吉瓦吉大学	401	15	26.73
Seven I	土耳其	菲亚特大学	227	13	17.46
Nirala S K	中国	兰州大学	282	11	25.64
Shukla S	印度	辛格大学	297	10	29.7
Orsolic N	克罗地亚共和国	萨格勒布大学	364	8	45.5

五、蜂胶对糖尿病防控作用的文献研究

（一）国际相关出版物发表趋势

自 2003 年起，蜂胶对糖尿病改善作用的研究便已展开。到了 2014 年，这一领域的研究开始受到更多关注，当年共有 11 篇相关论文发表。从 2014 年至 2024 年，每年出版物数量均超过 2014 年之前，特别是在 2019 和 2023 年，出版物数量最多，为 30 篇。截至 2024 年 9 月 30 日，2024 年发表的论文数量已经达到了 14 篇，这些出版物的总引用次数为 1051 次，平均每篇论文的引用次数为 75 次，见图 4-8。

（二）国内相关出版物发表趋势

我国对蜂胶糖尿病防控作用的相关研究始于 1988 年。至 2003 年，蜂胶对糖尿病改善作用的研究逐渐引起关注，当年有 11 篇论文出版。2003 至 2005 年期间，论文发表量出现显著的增长趋势，其中 2005 年的发表量最多为 25 篇。截至 2024 年 9 月 30 日，出版物累计发表量已达 330 篇，出版物总被引频次 1818 次，平均每篇论文的引用次数为 6 次。见图 4-9。

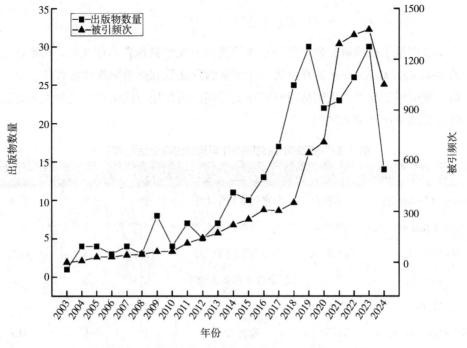

图 4-8　蜂胶对糖尿病防控作用的国际相关文献研究趋势

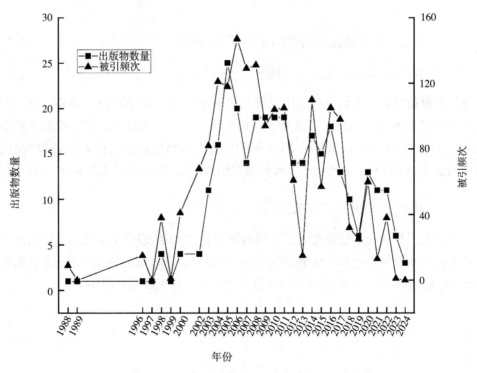

图 4-9　蜂胶对糖尿病防控作用的国内相关文献研究趋势

（三）国际发文学者与机构的文献计量评估

表4-5展示了在该研究领域发表过5篇及以上文献的作者共计7名。马来西亚科学大学的 Mohamed Mahaneem 研究团队在该领域的发文量和被引频次均居首位，共发表文章8篇，被引用259次。该团队对蜂胶在糖尿病改善作用方面的研究贡献尤为显著，其出版物的贡献率达到了4.2%。

表4-5　蜂胶对糖尿病防控作用相关国际文献引用评价

作者	所属国家	所属机构	被引频次	篇数	篇均被引频次
Mohamed Mahaneem	马来西亚	马来西亚科学大学	259	8	32.4
Abu Bakar Ab	马来西亚	马来西亚科学大学	257	7	36.7
Nna Victor Udo	马来西亚	马来西亚科学大学	242	6	40.33
Chen ML	中国	浙江中医药大学	375	5	75
Hu FL	中国	浙江大学	232	5	46.4
Kang Min-Kyung	韩国	翰林大学	159	5	31.8
Kang Young-Hee	韩国	翰林大学	159	5	31.8

六、蜂胶对心血管保护作用的文献研究

（一）国际相关出版物发表趋势

关于蜂胶对心脑血管保护作用的研究始于2001年，随着时间的推移，这一领域逐渐吸引了更多的关注。2018年共有8篇相关论文发表。2022年的出版物数量最多，为12篇。截至2024年9月30日，2024年的相关出版物数量已达到4篇，这些出版物的总引用次数为322次，平均每个出版物被引用80次，具体数据见图4-10。

（二）国内相关出版物发表趋势

我国关于蜂胶对心脑血管保护作用的研究在2011年迎来了研究出版物的高峰，当年共发表了5篇相关论文。截至2024年9月30日，该领域的研究出版物累计发表量已达到53篇，这些出版物的总被引频次高达229次，详细数据见图4-11。

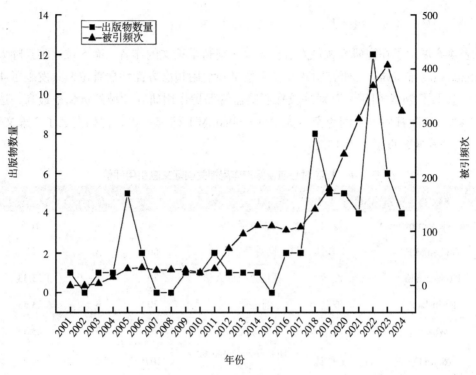

图 4-10 蜂胶对心血管保护作用的国际相关文献研究趋势

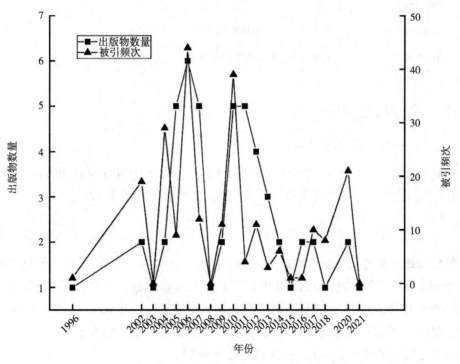

图 4-11 蜂胶对心血管保护作用的国内相关文献研究趋势

（三）国际发文学者和发文机构的文献计量评价

表 4-6 展示了在该研究领域发表过至少 3 篇科学论文的作者共有 5 位。雅盖隆大学的 Klimkowicz-mrowiec A 研究团队在发文数量和引用频次方面均居首位，共发表了 4 篇文章，获得了 74 次引用，其对蜂胶在心脑血管保护作用研究领域的贡献率最高，达到了 15.4%。紧随其后的是阿克萨雷大学的 Gulhan M F 研究小组，他们发表了 3 篇文章，被引用了 66 次，贡献率为 15.3%。

表 4-6　蜂胶对心血管保护作用相关国际文献引用评价

作者	所属国家	所属机构	被引频次	篇数	篇均被引频次
Klimkowicz-mrowiec A	波兰	雅盖隆大学	74	4	18.5
Gulhan M F	土耳其	阿克萨雷大学	66	3	22
Kowalska K	波兰	托伦哥白尼大学	70	3	23.33
Pasinska P	波兰	雅盖隆大学	70	3	23.33
Wilk A	波兰	雅盖隆大学	70	3	23.33
Akyol O	土耳其	加齐奥斯曼帕萨大学	107	2	53.5
Dros J	波兰	雅盖隆大学	22	2	11
Dziedzic T	波兰	雅盖隆大学	9	2	4.5
Gulec M	土耳其	哈斯特帕大学	151	2	75.5
Irmak M K	土耳其	锡尔特大学	212	2	106

七、蜂胶与蜂王浆抗肿瘤作用的文献研究

（一）国际相关出版物发表趋势

蜂胶和蜂王浆的抗肿瘤功效研究始于 2001 年。截至 2024 年 9 月 30 日，2024 年有 1 篇相关出版物发表，总引用次数达到 130 次，具体数据见图 4-12。

（二）国内相关出版物发表趋势

蜂胶与蜂王浆的抗肿瘤作用在中国的研究始于 1961 年。2002 年这一研究领域开始逐渐受到重视，当年共发表了 18 篇相关论文。自 2002 年起，相关出版物的数量呈现出显著的增长趋势，其中 2013 年的出版物数量达到峰值，共计 29 篇。截至 2024 年 9 月 30 日，2024 年的累计出版物发表量已达 472 篇，这些出版物的总被引频次为 3938 次，平均每个出版物被引用了 9 次，具体数据见图 4-13。

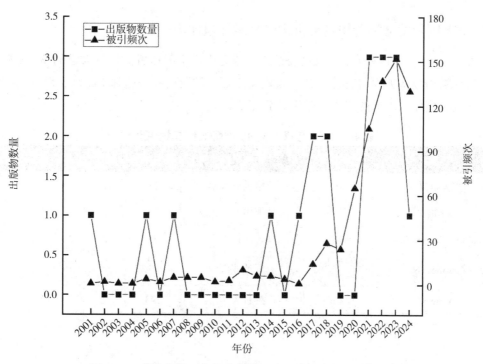

图 4-12　蜂胶与蜂王浆抗肿瘤作用的国际相关文献研究趋势

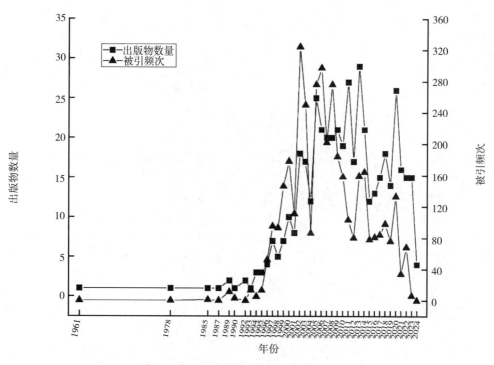

图 4-13　蜂胶与蜂王浆抗肿瘤作用的国内相关文献研究趋势

（三）国际发文学者和发文机构的文献计量评价

表 4-7 展示了在该研究领域发表过 2 篇或更多论文的作者。列日大学的 Wang K 研究团队在被引频次方面居首位，共发表论文 2 篇，被引用次数达到 143 次，对蜂胶与蜂王浆在抗肿瘤作用方面的研究贡献率达到了 20%。

表 4-7　蜂胶与蜂王浆的抗肿瘤作用文献引用评价

作者	所属国家	所属机构	被引频次	篇数	篇均被引频次
BASIC I	马来西亚	萨格勒布大学	73	2	36.5
EI-Seedi，HR	瑞典	麦地那伊斯兰大学	79	2	39.5
Khalifa，Shaden A.M.	瑞典	乌普萨拉大学	79	2	39.5
Orsolic，N	克罗地亚共和国	克罗地亚大学	73	2	36.5
Wang K	比利时	列日大学	143	2	71.5

第三节 蜂胶对胃肠道的保护作用

根据世界卫生组织的数据，我国有高达 1.2 亿的胃肠病患者，其中 70% 以上是中老年人。全球每年因胃肠疾病导致的死亡人数超过 1000 万。

胃肠道疾病是一类影响胃肠道运动功能的病症，涵盖了包括口腔、食道、胃、肠管、直肠和肛门在内的一系列关键消化器官。蜂胶在治疗胃肠道疾病方面的研究和应用已经得到了广泛探索。目前，蜂胶因其含有多种生物活性成分，展现出抗炎、抗氧化、免疫调节等多种生物学特性和活性，已被成功应用于辅助治疗口腔黏膜炎、胃溃疡、胃炎、结肠炎以及黏膜炎性溃疡等多种胃肠道疾病。

常见的胃肠道疾病有便秘、慢性胃炎、消化性溃疡、胃癌以及大肠癌等。慢性胃炎是由多种因素引起的胃黏膜慢性炎症性疾病，其发病率在胃病中居于首位。从轻度的浅表性胃炎发展到重度的慢性萎缩性胃炎，这一过程大约耗时 18 年。多数患者可能不会表现出显著的症状，或者仅会感到上腹部隐痛、食欲减退、餐后饱胀感和反酸。然而，如果患者伴有胃黏膜糜烂，可能会经历较为剧烈的上腹痛，并且可能会有出血的情况发生。

胃溃疡与十二指肠溃疡统称为消化性溃疡。该病症的标志性症状是上腹部疼痛，这种疼痛可能呈阵发性或周期性发作，并且有时在症状缓解后仍会复发。由于症状的不稳定性，许多患者往往推迟治疗，这造成了就医的延迟。尤其令人担忧的是，一些年长的患者或对疼痛不太敏感的人群，他们可能完全不会经历上腹痛，而是直接发生溃疡出血或穿孔等严重并发症。

一、蜂胶对幽门螺杆菌的抑制作用

幽门螺杆菌（Hp）是广为人知的一种细菌，科学家们从患有慢性活动性胃炎的患者胃窦黏膜中成功分离并培养出了这种细菌。它是全球范围内最普遍感染的细菌之一，感染后可能会导致慢性上腹部疼痛、嗳气和饭后饱胀等症状。幽门螺杆菌被认为是胃和十二指肠溃疡的主要成因，同时也是胃癌发展的一个关键因素。流行病学数据表明，感染幽门螺杆菌的个体患结直肠癌（CRC）的风险几乎增加了一倍。Ralser et al.（2023）的研究揭示了幽门螺杆菌如何通过干扰肠道免疫系统和促进微生物群中黏液降解菌的特征来促进结直肠癌的发展。研究人员对易患肿瘤的 Apc+/min 和 Apc+/1638N 小鼠进行了不同感染持续时间的实验。实验结果表明，Apc+/min 小鼠对幽门螺杆菌感染极为敏感，感染 12 周后的存活率仅为 60%。与未感染的对照组相比，感染的 Apc+/min 小鼠在小肠和结肠中肿瘤的负担显著增加。在 Apc+/1638N 小鼠中也观察到了相似的结果，感染后肿瘤数量翻倍，并且小肠中的肿瘤体积更大。此外，在 Apc+/1638N 小鼠中，只有感染了幽门螺杆菌的小鼠才检测到结肠肿瘤。

Banskota et al.（2001）对 25 种已鉴定的巴西蜂胶成分进行了抗幽门螺杆菌活性测试，发现其中 50% 具有活性。最有效的成分包括 Labdane 型二萜和某些 Prenylated 酚类化合物，其最小抑制浓度为 0.13mg/mL。

钟立人等（2002）在其研究报告中指出，多种溶剂提取的蜂胶对幽门螺杆菌具有显著的抑菌效果。

蜂胶不仅展现出对抗幽门螺杆菌的潜力，还能够促进组织愈合和抑制细胞增殖。因此，在抗生素类药物耐药性问题日益严峻的当下，蜂胶作为一种多功能的天然药物，在治疗与幽门螺杆菌感染相关的疾病方面可能展现出广阔的应用潜力。陆少燕等（2011）探讨了黑龙江蜂胶对幽门螺杆菌的体外抑制效果，并将其与常规抗菌药物进行了对比。研究结果显示，含有 6.80g/ 片的蜂胶纸片能够产生 15.65mm 的抑菌圈直径，这一结果与克拉霉素（15g/ 片，>17mm 表示敏感，14~17mm 表示中度敏感，< 14mm 表示耐药）、呋喃唑酮（300g/ 片，>16mm 表示敏感，15~16mm 表示中度敏感，< 15mm 表示耐药）以及羟氨苄青霉素（40g/ 片，>16mm 表示敏感，14~16mm 表示中度敏感，< 14mm 表示耐药）的效果相当。

Cui et al.（2013）开展了一项研究，探讨了蜂胶中酚类化合物对幽门螺杆菌肽变形酶（HpPDF）的抑制效应。他们对从蜂胶中提取的酚类化合物进行了评估，以确定其对 HpPDF 酶活性的抑制效果。研究结果表明，咖啡酸苯乙酯（CAPE）是蜂胶中的关键药用成分之一，可作为一种抗 HpPDF 的竞争性抑制剂。通过吸收光谱分析和晶体结构表征，研究揭示了 CAPE 与已知的 HpPDF 抑制剂存在差异，CAPE 阻止了底物的进入并阻碍底物接近活性位点，但 CAPE 并不与 HpPDF 形成螯合物，也不会破坏 HpPDF 的活性。

Song et al.（2022）的研究表明，韩国产蜂胶对遭受幽门螺杆菌感染的小鼠展现出潜在的保护效果。他们观察到，源自韩国的蜂胶能够显著抑制幽门螺杆菌的增殖，并降低该细菌毒力因子的表达水平。进一步的研究揭示，蜂胶还能够抑制 IκBα 和 NF-κB p65 亚基的磷酸化过程，从而抑制这些亚基下游靶基因的表达。

二、蜂胶对胃黏膜的保护作用

胃黏膜构成了胃部的关键保护层，它不断地遭受各种有害因素的侵袭，包括辛辣食物、酒精、药物刺激以及幽门螺杆菌感染等，这些因素均可能引发胃黏膜的损伤。蜂胶凭借其抗菌、消炎、抗氧化的特性以及促进组织修复的能力，可有效保护胃黏膜免受侵害。

Nakamura et al.（2014）的研究中揭示了巴西蜂胶乙醇提取物（BPEE）对大鼠应激性胃黏膜损伤的保护作用。研究对比分析了 BPEE 连续预处理（每日剂量为 50mg/kg，持续 7 天）与单次预处理（剂量同样为 50mg/kg）对遭受水浸束缚应激（WIRS）6 小时的雄性 Wistar 大鼠胃黏膜损伤的保护效果。结果显示，连续 BPEE 预处理相较于单次

BPEE 预处理更能显著减轻由 WIRS 引起的胃黏膜损伤和氧化应激。此外，连续 BPEE 预处理还减少了 WIRS 大鼠胃黏膜中的中性粒细胞浸润。连续 BPEE 预处理对 WIRS 引起的胃黏膜损伤的保护效果与单次维生素 E（250mg/kg）预处理相比，无论是在保护程度还是作用机制上均相似。基于这些发现，研究得出结论，连续预处理的 BPEE 比单次预处理的 BPEE 在保护大鼠胃黏膜免受 WIRS 损伤方面更有效，这可能是通过其抗氧化和抗炎特性实现的。

王蓓等（2013）研究了蜂胶超临界 CO_2 萃取物（SCEP）在预防模拟大鼠胃溃疡方面的效果及其作用机制。通过构建由水应激和乙醇诱导的大鼠胃溃疡模型，研究人员观察了 SCEP、对照组（植物油）以及阳性对照组（奥美拉唑、蜂胶乙醇提取物）对胃溃疡的影响。预防效果通过胃溃疡指数和治疗比例进行评估，而作用机制则通过测定大鼠血液中的丙二醛（MDA）含量和超氧化物歧化酶（SOD）活性来探究。研究结果表明，SCEP 对两种模型大鼠的胃溃疡具有显著的预防效果，其效果明显优于蜂胶乙醇提取物，并且接近于药物奥美拉唑。植物油也显示出一定的预防胃溃疡效果；SCEP 预防两种模型大鼠的最佳剂量分别为 10mg/kg 和 3mg/kg。按照最佳剂量灌胃后，大鼠血液中 MDA 含量分别比空白组降低了 38.30% 和 51.72%，而 SOD 活力分别比空白组增加了 55.74% 和 71.89%。研究结果揭示，蜂胶乙醇提取物和 SCEP 均能提升水应激及乙醇诱导的急性胃溃疡大鼠血清和胃组织中 SOD 的含量，降低 MDA 水平。此外，SCEP 相较于蜂胶乙醇提取物展现出更强的自由基清除能力和 SOD 活性增强作用，从而有效降低氧自由基水平并促进大鼠胃黏膜的愈合。

三、蜂胶对肠道微生态的调节作用

（一）肠道微生态

肠道微生态是指生活在人体肠道内的微生物群落及其基因组。这些微生物主要包括细菌、真菌、病毒和原生动物等。它们在维护人体健康方面发挥着至关重要的作用，参与调节免疫反应、代谢过程、神经传递等多种生理功能。个体的健康状况不仅受到遗传因素的影响，还与体内微生物群的作用密切相关。通过宏基因组学研究，科学家们揭示了人体肠道微生物中包含约 1150 种常见菌种和 330 万个基因。肠道微生物不仅作为天然屏障，能维护肠上皮的完整性，抵御病原微生物的入侵；还能通过调节肠道黏膜分泌抗体，影响肠道免疫系统，进而影响天然免疫和获得性免疫。肠道微生物群对机体具有广泛的调控作用，因此被誉为人体的"第二基因组"。

在正常情况下，肠道微生物群以特定比例构成，其中的微生物彼此之间既竞争又制约，共同作用以维护宿主的健康。肠道内的多种微生物、肠黏膜上皮细胞以及肠黏膜下的淋巴细胞共同构成了机体的防御体系，它们是确保机体能够对外来物质做出反应并保持耐受性的主要场所。这些正常的菌群与细胞紧密接触，参与物质和能量的交换，以及遗传信息的传递（辛俊池等，2024）。破坏宿主与微生物间的共生关系可能会损害肠道屏障功能，导致由肠道微生物产生的代谢产物渗入全身循环系统，进而引发炎症反应、氧化应激以及全身性的免疫反应（Malard et al.2021）。

自出生那一刻起，人体肠道便开始孕育并繁衍着肠道微生物群。这些微生物群的构成变化主要受到遗传、营养和环境等多种因素的影响。近年来的临床研究揭示，肠道微生物群组成的改变可能会触发一系列严重的健康问题，包括但不限于免疫功能失调、过敏反应、肠易激综合征、非特异性炎症、糖尿病、肥胖症、哮喘、慢性鼻窦炎、胃食管反流病、便秘或腹泻、皮肤疾病以及精神健康问题，甚至可能涉及阿尔茨海默病等，见图 4-14（周茂霖等，2024）。

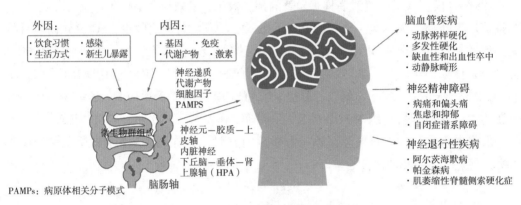

图 4-14　肠道菌群失衡导致的疾病

（二）蜂胶有益于保护肠道生态

高建新等（2011）对蜂胶的抗菌性能及其对酸牛奶中双歧杆菌和乳酸菌的影响进行了研究。实验结果显示，蜂胶具有显著的抗菌效果，但对酸牛奶中的乳酸菌和双歧杆菌并无抑制作用。

李雅晶等（2023）对蜂胶提取物的体外益生作用特性进行了深入研究。他们采用体外静态发酵的方法，评估了蜂胶提取物对 2 株双歧杆菌属、2 株乳杆菌属、1 株片球菌属以及 1 株埃希菌属的益生作用。研究发现，蜂胶提取物能够不同程度地促进乳杆菌、双歧杆菌和片球菌的生长，显示出其作为益生元的潜力。同时，蜂胶提取物对大肠埃希菌的生长具有抑制效果，并能增加短链脂肪酸的产生。基于这些发现，蜂胶提取物作为一种益生元，有望被应用于功能性食品的开发中。

蜂胶的主要活性成分是酚类化合物。这些化合物在小肠中的吸收率极低，大约 90%的酚类化合物会进入结肠，并在那里被肠道微生物分解代谢成小分子量的代谢产物。具有抗菌特性的酚类化合物能够在一定程度上塑造肠道微生物的生态平衡。巴西绿蜂胶能够减少由高脂饮食引起的体重增加和肝脏脂肪积累，同时增加拟杆菌门的丰度，并降低厚壁菌门、放线菌门和微内菌门的丰度。在属水平上，它能够增加具有抗肥胖和抗炎作用的细菌，例如罗斯氏菌属（*Roseburia*）、金氏拟杆菌（*Parabacteroides goldsteinii*）和狄氏副拟杆菌（*Parabacteroides distasonis*）。此外，蜂胶还能上调小鼠胆汁酸的合成代谢水平，显著改善小鼠肠道微生物群的结构紊乱。蜂胶所改变的优势细菌种属与小鼠的代谢参数紧密相关，这表明蜂胶可能通过调节肠道菌群的组成和功能，间接发挥调节脂质代谢、抗炎等作用，从而减少肝脏损伤（CAI et al.2020）。

在一项针对日本老年群体的调查研究中，研究者们仔细考察了粪便中槲皮素代谢、肠道微生物群落结构与饮食摄入之间的相互关系。研究结果表明，饮食习惯的改变能够触发肠道微生物群的转变，进而影响多酚类物质的代谢过程，这可能对老年人的健康带来积极效应（Tamura et al.2017）。

另一项研究揭示了补充蜂胶对肠道微生物群具有稳定效应。在高脂饮食诱导的啮齿动物模型中，蜂胶能够抑制肌肉内的 TLR4 信号通路和促炎介质的表达，并且降低血液中的脂多糖（LPS）水平（Scorza et al.2024）。

Garzarella et al.（2022）研究评估了标准化多酚含量的杨树型蜂胶提取物对不同人群肠道微生物的影响。研究目标是探究这种蜂胶提取物对 5 组不同捐赠者（包括健康成人以及健康、肥胖、乳糜泻和食物过敏儿童）粪便样本中肠道微生物群落结构和功能的作用。通过模拟体外消化 – 发酵过程，还原了人体口腔、胃和小肠的自然消化场景。研究确定了蜂胶在消化 – 发酵前后抗氧化活性的变化。利用 16S rRNA 基因扩增子的下一代测序技术（NGS），评估了蜂胶提取物对肠道微生物群的影响。此外，通过色谱法结合紫外检测法，分析了微生物群产生的短链脂肪酸（SCFA）谱。研究结果显示，体外消化和发酵过程导致蜂胶的抗氧化谱降低，具体表现为总多酚含量、抗自由基活性和还原能力的下降。然而，蜂胶的发酵过程对健康人群和疾病患者的肠道微生物组成及功能具有调节作用，并且增加了 SCFA 的浓度。这些发现表明，蜂胶可能对肠道健康有益，鉴于其作为益生元的潜力，值得进一步深入研究。

四、蜂胶对肠易激综合征的作用

胃肠道疾病中较为普遍的是肠易激综合征（IBS），其症状通常表现为胃部不适和肠道功能紊乱。Miryan et al.（2022）通过临床试验评估了蜂胶补充对肠易激综合征（IBS）的影响。研究选取了 56 名符合罗马 IV 标准诊断的 IBS 受试者，并随机分配他们接受 900 mg/d 的蜂胶或相应的安慰剂片剂，为期 6 周。使用 IBS 症状严重程度量表（IBS–SSS）评估了 5 个临床适用项目的 IBS 严重程度。研究结果显示：在调整焦虑评分后，与安慰剂组相比，蜂胶治疗组的 IBS 症状总体评分（–98.27 ± 105.44）、腹痛严重程度（–24.75 ± 28.66）和腹痛频率（–2.24 ± 3.51）显著降低（P 值 < 0.05）。蜂胶组的患

者比安慰剂组的患者更有可能经历 IBS 症状的改善，其改善的可能性是安慰剂组的 6.22 倍。两组的体质测量和饮食摄入量均无显著变化（P 值＞ 0.05）。因此，蜂胶补充有助于减轻便秘型 IBS（IBS-C）和混合型 IBS（IBS-M）的症状严重程度，减少肠易激综合征（IBS）患者的腹痛严重程度和腹痛频率。这一效果可能源于蜂胶中含有的槲皮素糖苷，它能够抑制肠道的运动反应，从而提高疼痛的耐受阈值。此外，蜂胶还被发现能够抑制一氧化氮合酶（iNOS）基因的转录，该基因的表达受 NF-κB 的调控。

五、蜂胶对肠道屏障的保护作用

（一）肠道屏障

肠道黏膜的屏障功能主要由肠道腔侧的肠道上皮细胞（intestinal epithelial cells, IECs）以及它们之间的紧密连接（tight junctions，TJs）构成（图 4-15）。这种屏障确保必需营养物质通过跨细胞转运的方式顺利通过肠黏膜，同时阻止肠腔内的大分子和微生物穿过肠黏膜扩散。紧密连接的功能失调和破坏通常伴随着肠道黏膜屏障的损伤，这种损伤会导致有害物质或毒素渗透到肠腔内，激活肠道的免疫系统，从而引发炎症性肠道疾病（inflammatory bowel disease，IBD）（Neurath et al.2012）。

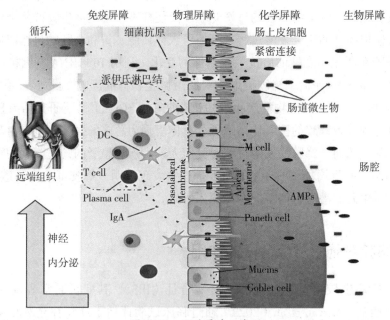

图 4-15　肠道屏障示意图

（二）蜂胶在辅助治疗炎症性肠病中的作用

炎症性肠病（IBD）是一种以胃肠道（GI）非感染性慢性炎症为特征的疾病。它主要包括克罗恩病（CD）和溃疡性结肠炎（UC）。UC 患者通常遭受反复的肠道炎症，病变主要影响直肠和乙状结肠，而 CD 患者的肠道炎症反应可能发生在末端回肠和结肠。克罗恩病（CD）可以影响胃肠道的任何区域，而溃疡性结肠炎（UC）仅限于结肠和直肠的黏膜层，这些是 IBD 最常见的类型（Abraham et al.2009）。尽管 IBD 的病因和发病机制尚未完全阐明，但众所周知，黏膜免疫系统与环境因素的相互作用促进了疾病过程。胃肠道的长期炎症导致肠道细胞损伤，随后出现吸收不良、溃疡和出血、黏膜层增厚，以及狭窄甚至瘘管。

IBD（炎症性肠病）的管理主要依赖于免疫抑制药物和手术治疗（Sairenji et al.2017；Wehkamp et al.2016）。当前的治疗方案能够有效地诱导和维持急性症状的缓解，然而，它们并不能根治疾病，并且伴随着多种严重的不良反应（Wekhamp et al.2016）。临床研究显示，特定的饮食和膳食补充剂在调节炎症反应和肠道微生物群方面发挥着关键作用，有助于维持 IBD 的缓解状态或预防疾病的复发（Biedermann et al.2013；Cabré et al.2012；Currò et al.2017；Farrukh et al.2014；Ghouri et al.2014）。

最早揭示蜂胶对肠道炎症影响的研究来自保加利亚的 Nikolov 和 Todorov 等人。他们在 1972 年的一次国际蜂胶会议上报告了他们的实验和临床研究结果。研究涉及 45 名肠炎患者（其中 30 名患有慢性肠炎，15 名患有亚急性肠炎，病程介于 3 个月至 15 年之间）。研究结果显示，26 例患者疗效显著，12 例良好，5 例有所改善，仅 2 例无效。治疗开始后的第 7 天，患者的疼痛感减轻，到了第 19 至 20 天，疼痛完全消失。所有患者的腹部紧张和膨胀感在治疗 5 天后均消失，且发现蜂胶对便秘有效。

所有患者在治疗前后都接受了 X 线检查，大多数患者患有痉挛性结肠炎，其中 5 例为溃疡性结肠炎。治疗后，肠黏膜未见明显变化。所有患者均显示出功能恢复；在 15 例患者中出现小肠积液，治疗后仅剩 3 例；在 21 例患者中发现节段性肠蠕动增强，治疗后恢复正常；大肠痉挛性运动和蠕动增强的征象在治疗后全部消失；多数患者的腹部触痛和直肠刺激征也消失了。

所有患者在治疗前后都接受了直肠乙状结肠镜检查。32 例患者被诊断为急性或慢性非特异性浅表性直肠乙状结肠炎，7 例患者表现为痢疾后直肠结肠炎，30 例患者表现为大肠功能亢进型（痉挛、蠕动增强或强直），15 例患者表现为减退或弛缓型。患者经治疗后，直肠痉挛明显减轻，29 例患者大肠功能亢进恢复正常，12 例患者大肠功能减退或弛缓恢复，4 例患者无变化。在细菌学检查中，28 例患者粪便内发现致病菌，分离出葡萄球菌、链球菌、变形杆菌和大肠埃希菌。治疗后复查，仅 8 例检出大肠埃希菌和变形杆菌，其余 20 例未发现致病菌。治疗前 12 例患者粪便检查发现脂肪痢，在治疗后未发现明显的消化道功能障碍。患者对所用蜂胶剂量耐受良好，未引起任何毒副反应。

Aripov 的报告指出，在对 77 例胃及十二指肠溃疡患者进行蜂胶治疗（未使用其他药物）的临床观察中，大多数患者在 3~5 天内疼痛得到缓解，同时自觉症状有所改善，胃液酸度也趋向正常化。通过 X 射线检查，发现有壁龛现象的 56 例患者中，有 50 例在治疗后壁龛消失。平均治疗周期为 30~35 天，经治疗后患者痊愈，胃分泌功能恢复正常，且未观察到任何不良反应（房柱等，1999）。

Soleimani et al.（2021）首次对炎症性肠病（IBD）的文献进行了系统性的研究，旨在评估蜂胶对 IBD 不同方面的潜在影响（图 4-16）。这些研究均在动物模型上实施，其中结肠炎通过使用损伤结肠的化学制剂乙酸、葡聚糖硫酸钠或三硝基苯磺酸诱发。在这些实验中，蜂胶通过口服方式给药，剂量范围为每日 3~600mg/kg 体重，或以每日 1~20mg/g 饮食的形式。此外，蜂胶亦可通过直肠途径施用，具体为每日 0.8mL 的蜂胶溶液（8% w/w）。相关研究结果如下。

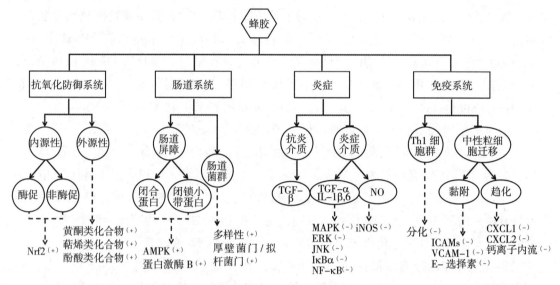

图 4-16　蜂胶在炎症性肠病中作用的潜在机制

AMPK：腺苷酸活化蛋白激酶；CXCL：趋化因子（C-X-C 基序）配体；ERK：细胞外信号调节激酶；ICAMs：细胞间黏附分子；IκBα：抑制性 κB-α；IL-1B：白细胞介素 1β；IL-6：白细胞介素 6；iNOS：诱导型一氧化氮合酶；JNK：c-Jun 氨基末端激酶；MAPK：丝裂原活化蛋白激酶；NF-κB：核因子 κB；NrF2：核因子相关因子 2；TGF-β：转化生长因子 β；Th1：T 辅助细胞 1；TNF-α：肿瘤坏死因子 α；VCAM-1：血管细胞黏附分子 1。标记：减少（−），增加（＋）。

1. 蜂胶对结肠长度的影响

在这些研究中，有三项研究（Mariano et al.2018；Okamoto et al.2013；Wang et al.2018）指出，蜂胶的使用能够缓解结肠长度的缩短。其他研究（Bezerra et al.2017；Gonçalves et al.2013）发现，正常动物与患有结肠炎的动物在结肠长度上并无显著差异。同时，两项研究探讨了蜂胶对结肠重量与长度比的影响。Bezerra et al.（2017）的研究显示，正常动物与结肠炎动物的这一比率相似；而 Gonçalves et al.（2013）的研究则表明，通过肛门给药蜂胶后，该比率显著上升。此外，Wang et al.（2017）也报告了结肠长度与重量比的变化，即随着高剂量蜂胶（0.3% 饮食）的使用，这一比率显著提高。

2. 蜂胶对结肠氧化应激指标的影响

丙二醛（MDA）作为氧化应激的生物标志物，在脂质过氧化过程中形成。关于蜂胶对结肠样本中 MDA 浓度的影响，已有四项研究进行了报道。其中，Aslan et al.（2007）、Atta et al.（2019）和 Wang et al.（2018）的研究均指出蜂胶能够降低 MDA 浓度。然而，在 Bezerra et al.（2017）的研究中，蜂胶的使用并未对 MDA 浓度产生显著影响。

此外，蜂胶对超氧化物歧化酶（SOD）的作用也受到了关注。三项研究探讨了蜂胶对 SOD 活性的影响。在 Mariano et al.（2018）和 Wang et al.（2018）的研究中，蜂胶的使用有助于将结肠组织的 SOD 活性恢复至正常水平。而在 Bezerra et al.（2017）的研究中，蜂胶的效果与正常动物相比并无明显差异。

蜂胶对结肠组织中过氧化氢酶活性的影响已在三项独立研究中得到评估。过氧化氢酶是一种负责分解过氧化氢的抗氧化酶。Wang 等在 2018 年的一项研究中指出，蜂胶的摄入能够显著提升过氧化氢酶的活性。然而，在 Aslan et al.（2007）以及 Bezerra et al.（2017）进行的其他研究中，蜂胶并未显示出对过氧化氢酶活性有改善作用。

髓过氧化物酶（MPO）由中性粒细胞产生，它在炎症组织中催化活性物质和次氯酸的形成。五项研究评估了蜂胶对结肠样本中 MPO 活性的影响。结果显示，在两项研究中（Atta et al.2019；Bezerra et al.2017），随着蜂胶的摄入，MPO 活性显著降低。然而，在另一项研究中（Gonçalves et al.2013），MPO 活性却有所增加。其他研究（Aslan et al.2007；Mariano et al.2018）表明蜂胶对 MPO 活性没有影响。此外，蜂胶的使用还被发现能够提升结肠炎动物的总抗氧化能力和谷胱甘肽水平（Wang et al.2018；Mariano et al.2018）。

3. 蜂胶对结肠炎症介质的作用效果

Wang et al.（2018）的研究报告指出，蜂胶的使用显著减少了炎症基因的表达，其中包括白细胞介素 1β（IL–1β）、白细胞介素 6（IL–6）以及单核细胞趋化蛋白 1（MCP–1）。同时，蜂胶还促进了抗炎细胞因子转化生长因子 –β（TGF–β）的表达。Bezerra et al.（2017）的研究结果表明，在结肠炎动物模型中，蜂胶的使用显著降低了结肠组织中诱导型一氧化氮合酶（iNOS）的表达。与此一致的是，Aslan et al.（2007）和 Atta et al.（2019）的研究也指出，蜂胶的使用能够显著降低结肠炎动物模型的结肠一氧化氮（NO）和肿瘤坏死因子 –α（TNF–α）的水平。

4. 蜂胶对结肠组织的作用

Bezerra et al.（2017）的研究发现，每日口服 10mg/kg 剂量的巴西红蜂胶能够减轻结肠炎大鼠的结肠损伤和炎症反应评分。在 Mariano et al.（2018）的另一项研究中，给予巴西绿蜂胶（300mg/kg）不仅降低了结肠损伤的组织病理学评分，还提升了葡聚糖硫酸钠处理的小鼠肠腔黏液水平。Aslan et al.（2007）的研究表明，每日给予乙醇提取的蜂胶（600mg/kg）导致大多数乙酸处理的大鼠组织学外观得到改善。Wang et al.（2018）的研究指出，不同来源的蜂胶效果各异。他们报告称，每日给予 300mg/kg 剂量的巴西和中国蜂胶能够减轻结肠组织学损伤评分、白细胞浸润和结肠细胞凋亡，两者之间没有显著差异。Wang et al.（2017）的另一项研究也显示，将中国蜂胶纳入西方饮食模式中可以显著降低葡聚糖硫酸钠处理的大鼠的组织学评分，包括组织损伤和细胞浸润。Atta et al.（2019）的研究中，给予埃及蜂胶显著降低了结肠炎大鼠的溃疡指数和病变评分。

多项研究一致表明，口服摄入不同地区蜂胶（剂量在每天 10~600mg/kg 体重范围内）可为结肠组织提供保护作用（Gonçalves et al.2013）。临床前动物研究结果表明，蜂胶能显著改善结肠组织的组织学特征，包括减轻黏膜下水肿，减少局灶性炎症和溃疡，降低黏膜出血和坏死，以及改善化学诱导的结肠炎动物的临床和形态学表现。以下将探讨支持这一结论的几项关键证据。

炎症性肠病（IBD）的特征是白细胞过度地迁移到肠黏膜，导致持续的炎症和肠道上皮屏障功能的损害。组织学检查揭示，蜂胶能够缓解 IBD 动物模型中白细胞向结肠黏膜的迁移。近期研究指出，每日 10mg/kg 剂量的蜂胶通过抑制细胞间黏附分子（ICAMs）、血管细胞黏附分子 –1（VCAM–1）和 E 选择素的表达，以及降低趋化因子如趋化因子配体 1/ 角质形成细胞趋化因子（CXCL1/KC）和趋化因子配体 2/ 巨噬细胞炎症蛋白 –2（CXCL2/MIP–2）的水平，进而减少白细胞向炎症区域的迁移。此外，蜂胶还能阻断中性粒细胞内钙离子（Ca^{2+}）的流入，从而达到上述效果（Franchin et al.2016；Franchin et al.2018；Kumar et al.2007；Okamoto et al.2013）。在炎症性肠黏膜中，Th1 细胞起着主导作用，与 IBD 的引发和进展密切相关（Zenewicz et al.2009）。蜂胶的应用已被证实能够改善体内 Th1 细胞的群体，与 IBD 严重程度的减轻相一致。一项体外研究进一步表明，在 Th1 促进条件下，暴露于蜂胶的 CD4+ T 细胞会导致 Th1 细胞分化减少和抑制 IFN–γ 的产生（Okamoto et al.2013）。

炎症介质如一氧化氮（NO）和肿瘤坏死因子 –α（TNF–α）水平的上升，可能通过吸引白细胞、破坏上皮屏障功能以及在炎症区域过量产生活性氧（ROS），从而促进炎症性肠病（IBD）的发展。在实验性 IBD 模型中，蜂胶显示出对结肠中 NO 和 TNF–α 水平的抑制效果（Aslan et al.2007；Atta et al.2019）。此外，蜂胶在结肠炎动物模型中抑制了包括诱导型一氧化氮合酶（iNOS）、白细胞介素 –1β（IL–1β）、白细胞介素 –6（IL–6）和单核细胞趋化蛋白 –1（MCP–1）在内的炎症介质的结肠表达，并增强了抗炎细胞因子转化生长因子 –β（TGF–β）的表达（Bezerra et al.2017；Wang et al.2018）。蜂胶的抗炎作用主要通过抑制涉及腺苷酸活化蛋白激酶（AMPK）、细胞外信号调节激酶（ERK）、c–Jun N– 末端激酶（JNK）、抑制性 κB–α（IκBα）和核因子 κB（NF–κB）激活的途径来实现（Jung et al.2014；Paulino et al.2008；Soromou et al.2012；Zhang et al.2014）。

在炎症性肠病（IBD）的初期阶段，研究已证实结肠组织中存在过量的活性氧（ROS）/ 活性氮（RNS）产生以及内源性抗氧化剂的耗竭。众多证据表明，氧化应激在 IBD 的引发和进展中扮演了关键的因果角色（Pavlick et al.2002；Pravda，2005）。氧化应激不仅直接损害细胞成分，还促进炎症介质的表达和白细胞向炎症部位的迁移（Chiurchiu et al.2011；Christman et al.2000）。研究显示，蜂胶的使用能够降低 IBD 动物模型结肠组织中氧化生物标志物［如髓过氧化物酶（MPO）和丙二醛（MDA）］的水平（Aslan et al.2007；Atta et al.2019；Bezerra et al.2017；Wang et al.2018）。与氧化生物标志物减少相一致，经过蜂胶处理的实验性 IBD 模型中内源性抗氧化系统，包括谷胱甘肽（GSH）、超氧化物歧化酶（SOD）和过氧化氢酶，得到了有效改善（Mariano et al.2018；Wang et al.2018）。蜂胶是抗氧化化合物的丰富来源，主要包含黄酮类、萜类和酚酸类化合物，这些物质能够清除 ROS/RNS，并通过激活核因子红细胞 2 相关因子 2（NrF2）蛋白来增强内源性抗氧化防御（Jin et al.2015；Zhang et al.2015）。NrF2 被确认为关键的转录因子，涉及解毒酶和谷胱甘肽生物合成的基因，其遗传变异与人类 IBD 风险增加相关（Arisawa et al.2008；Levonen et al.2007）。

肠道微生物群与黏膜免疫成分之间的相互作用在炎症性肠病（IBD）的发病机制中扮演着至关重要的角色（Ni et al.2017）。研究揭示，IBD 患者中肠道微生物组群的变化，包括细菌多样性的减少以及厚壁菌门与拟杆菌门比例的下降（Matsuoka et al.2015）。多项研究指出，通过粪便微生物群移植来调整肠道微生物组成，可能是治疗 IBD 的一个有前景的方法（Colman et al.2014）。实验模型显示，蜂胶能够提升肠道微生物群的多样性以及厚壁菌门与拟杆菌门的比例（Wang et al.2017）。肠道微生物群与多酚化合物之间存在双向互动关系。肠道微生物群在多酚化合物的转化和生物利用度方面起着关键作用；同时，多酚及其代谢产物也调节着肠道微生物群落（Cardona et al.2013；Marín et al.2015）。从蜂胶中提取的多酚已被证实能够通过促进紧密连接相关基因的表达，包括闭锁蛋白和闭锁小带基因，从而增强肠道屏障功能，这一效果是由于 AMPK 和蛋白激酶 B 信号通路的激活（Wang et al.2016）。

5. 蜂胶对结肠炎影响的分子机制

咖啡酸苯乙酯（CAPE）展现出了显著的抗炎特性，这主要归功于其选择性抑制 NF-κβ 的能力（Cho et al.2014；Natarajan et al.1996；Tolba et al.2016）。研究还证实，CAPE 能够抑制与炎症相关的信号通路，包括磷脂酰肌醇 3 激酶（PI3K）和 MAPK（Cho et al.2014；Lin et al.2013；Ozturk et al.2012）。其作用机制涉及 CAPE 通过促进 IκB 降解和阻止 NF-κB 与 DNA 的结合来抑制 NF-κβ 的转移（Bezerra et al.2012；Wang et al.2010）。CAPE 的这些作用机制导致了疾病活动指数（DAI）评分、促炎细胞因子、结肠髓过氧化物酶活性和上皮屏障功能的变化（Tambuwala et al.2018）。在抗炎细胞因子活性方面，有报告指出，经过 CAPE 处理的小鼠体内 TNF-α、IL-1β、IFN-γ 和 IL-6 的水平有所下降。CD4$^+$T 细胞被认为是结肠炎的主要激活因素。在这些细胞中，CAPE 还促进了活性 caspase-3 的表达（Khan et al.2018）。这些研究结果共同表明，CAPE 可能通过影响 NF-κB 和 Akt 途径，阻碍了 T 细胞中细胞因子的产生和增殖。

乔松素是一种在蜂胶中普遍存在的天然黄酮类化合物，展现出了显著的胃肠道保护功能。研究证实，乔松素能够降低 IL-1β、TNF-α 和 IL-6 基因的表达，并相应地提升 TGF-β 的表达水平。其分子机制已经得到揭示：乔松素通过抑制细胞因子上游基因的磷酸化过程发挥作用，这些基因包括 IκBα、JNK、ERK1/2 和 p38MAPK（Soromou et al.2012）。

3'- 羟基紫檀芪（HPSB）是一种新发现的抗炎化合物，存在于蜂胶中。它不仅展现出抗氧化、抗癌和抗脂肪生成的特性（Tolomeo et al.2005），还被研究显示对结肠炎有潜在的治疗作用。IL-6 是主要的促炎细胞因子之一，在结肠炎的发病机制中扮演着关键角色（Atreya et al.2005）。研究指出，HPSB 能够显著降低 IL-6 的蛋白表达水平（Lai et al.2017）。信号转导和转录激活因子 -3（STAT3）作为 IL-6 的下游效应器，其磷酸化是由 IL-6 的结合所触发的。细胞因子信号转导抑制因子 -3（SOCS3）则作为 IL-6/STAT3 信号通路的负调节因子（Huang et al.2016）。在患有结肠炎的小鼠模型中，应用 HPSB 后观察到 IL-6/STAT3 信号通路减弱，并伴随着 SOCS3 蛋白表达的恢复（Lai et al.2017）。这些研究结果暗示，HPSB 处理所引起的 IL-6/STAT3 信号通路下调，可能是通过表观遗传调控机制，导致 SOCS3 表达的恢复。

（三）蜂胶对肠道屏障的保护及其作用机制

紧密连接结构对于维护肠道物理屏障的完整性至关重要。这些紧密连接主要由众多跨膜蛋白构成，包括 occludin、claudins 以及 junctional adhesion molecule 等蛋白质，它们能够与细胞质内的适应性蛋白如 zonula occludens（ZO-1，ZO-2，ZO-3）发生相互作用。特别是 occludin 与 ZO-1 之间的协同作用，在维持正常紧密连接（TJ）结构和肠道屏障功能方面发挥着关键作用（Ulluwishewa et al.2011）。目前，一些研究揭示了紧密连接结构的渗透性和紧密连接蛋白受到细胞内信号通路的调控，例如 AMP 激活蛋白激酶（AMPK）信号通路和丝裂原活化蛋白激酶（MAPK）级联反应。这些信号通路的激活依赖于不同生理需求和病理刺激的调节（Gonzá lez-Mariscal et al.2008）。一些使用人类肠道上皮细胞系 Caco-2 的体外研究强调了这些信号通路在调节 TJ 的渗透性和 TJ 蛋白表达方面的重要性。

维护肠道屏障的完整性对于保持肠道健康和防御病原体入侵至关重要。目前，仅发现少数物质能够促进肠道屏障功能，包括 TGF-β1、IL-7 和 EGF 等细胞因子，以及糖皮质激素和一些膳食营养素如氨基酸、多酚类化合物、短链脂肪酸和多糖类化合物。然而，许多其他物质也能破坏肠道屏障功能，包括氧化剂、细菌毒素和炎症因子。

越来越多的研究者对通过增强肠道屏障功能来抵御炎症性肠病（IBD）的新型疗法表达出浓厚兴趣。目前的研究已经揭示，绿叶蔬菜、浆果和各种富含多酚类化合物的食物的大量摄入，对维护一个完整的肠道屏障结构具有积极影响，并且可以提升诸如 occludin、claudin 和 ZO-1 等紧密连接蛋白的表达水平（Kosinska et al.2013）。此外，蜂胶提取物中也含有丰富的植物多酚。

王凯（2016）对蜂胶如何影响肠上皮细胞 Caco-2 的屏障功能及其作用机制进行了深入研究。研究结果表明，在体外模拟的肠道单细胞层 Caco-2 中，蜂胶显著提升了肠道的紧密性。蜂胶增强肠道屏障功能的机制可能与其富含的多种植物多酚有关，同时它还能提高紧密连接蛋白 ZO-1 和 occludin（闭合蛋白）的 mRNA 表达水平，并促进它们在细胞接触部位的合理有序分布。此外，研究还发现，蜂胶调节的屏障功能变化与细胞毒性作用无关。

参考文献

房柱，1999. 蜂胶［M］. 太原：山西科学技术出版社.

高建新，陈海婴，卢兆芸，2011. 蜂胶对酸牛奶中双歧杆菌和乳酸菌的影响［J］. 中国消毒学杂志，28（2）：178-179.

李雅晶，周兵，2023. 蜂胶提取物的体外益生特性研究［J］. 蜜蜂杂志，43（8）：7-13

陆少燕，宗素进，杜苗苗，等，2011. 蜂胶对幽门螺杆菌的体外抑制作用［J］. 亚太传统医药，7（12）：2.

王蓓，马海乐，李倩，等，2013. 蜂胶超临界 CO_2 萃取物对模型大鼠胃溃疡的预防作用及其机制［J］. 营养学报，35（1）：52-55.

辛俊池，赵敏，赵彬，等，2024. 肠道微生物群与人体健康的关系［J］. 沈阳医学院学报，26（2）：179-182，187.

钟立人，韩文辉，陈荷凤，2002. 蜂胶对幽门螺杆菌的抑制作用［J］. 天然产物研究与开发，（6）：4.

周茂霖，2024. 基于肠道菌群结构重建的危重症肺部感染患者治疗策略研究［D］. 重庆：重庆理工大学.

Abraham C, Cho J H, 2009. IL-23 and autoimmunity：new insights into the pathogenesis of inflammatory bowel disease［J］. Annual Review of Medicine, 60（1）：97-110.

Arisawa T, Tahara T, Shibata T, et al., 2008. Nrf2 gene promoter polymorphism is associated with ulcerative colitis in a Japanese population［J］. Hepato-gastroenterology, 55（82-83）：394 - 397.

Aslan A, Temiz M, Atik E, et al., 2007. Effectiveness of mesalamine and propolis in experimental colitis［J］. Advances in Therapy, 24：1085-1097.

Atreya R, Neurath M F, 2005. Involvement of IL-6 in the pathogenesis of inflammatory bowel disease and colon cancer［J］. Clinical Reviews in Allergy & Immunology, 28：187-195.

Atta A H, Mouneir S M, Nasr S M, et al., 2019. Phytochemical studies and anti-ulcerative colitis effect of Moringa oleifera seeds and Egyptian propolis methanol extracts in a rat model［J］. Asian Pacific Journal of Tropical Biomedicine, 9（3）：98-108.

Banskota AH, Tezuka Y, Adnyana IK, et al, 2001. Hepatoprotective and anti-Helicobacter pyloriactivities of constituents from Brazilian propolis［J］. Phytomedicine, 8：16-23.

Bezerra G B, de Souza L M, Dos Santos A S, et al., 2017. Hydroalcoholic extract of Brazilian red propolis exerts protective effects on acetic acid-induced ulcerative colitis in a rodent model［J］. Biomedicine & Pharmacotherapy, 85：687-696.

Bezerra R M N, Veiga L F, Caetano A C, et al., 2012. Caffeic acid phenethyl ester reduces the activation of the nuclear factor κB pathway by high-fat diet-induced obesity in mice［J］. Metabolism, 61（11）：1606-1614.

Biedermann L, Mwinyi J, Scharl M, et al., 2013. Bilberry ingestion improves disease activity in mild to moderate ulcerative colitis—An open pilot study［J］. Journal of Crohn's and Colitis, 7（4）：271-279.

Cabré E, Mañosa M, Gassull M A, 2012. Omega-3 fatty acids and inflammatory bowel diseases - a systematic review［J］. British Journal of Nutrition, 107（S2）：S240-S252.

CAI W, XU J X, LI G, et al. , 2020. Ethanol extract of propolis prevents high fat diet-induced insulin resistance and obesity in association with modulation of gut microbiota in mice［J］. Food Research International, 130: 108939.

Cardona F, André s-Lacueva C, Tulipani S, et al. , 2013. Benefits of polyphenols on gut microbiota and implications in human health［J］. The Journal of Nutritional Biochemistry, 24（8）: 1415-1422.

Chiurchiu V, Maccarrone M, 2011. Chronic inflammatory disorders and their redox control: from molecular mechanisms to therapeutic opportunities［J］. Antioxidants & Redox Signaling, 15（9）: 2605-2641.

Cho M S, Park W S, Jung W K, et al. , 2014. Caffeic acid phenethyl ester promotes anti-inflammatory effects by inhibiting MAPK and NF-κB signaling in activated HMC-1 human mast cells［J］. Pharmaceutical Biology, 52（7）: 926-932.

Christman J W, Blackwell T S, Juurlink B H J, 2000. Redox regulation of nuclear factor kappa B: therapeutic potential for attenuating inflammatory responses［J］. Brain Pathology, 10（1）: 153-162.

Colman R J, Rubin D T, 2014. Fecal microbiota transplantation as therapy for inflammatory bowel disease: a systematic review and meta-analysis［J］. Journal of Crohn's and Colitis, 8（12）: 1569-1581.

Cui K, Lu W, Zhu L, et al, 2013. Caffeic acid phenethyl ester（CAPE）, an active component of propolis, inhibits Helicobacter pylori peptide deformylase activity［J］. Biochemical and Biophysical Research Communications, 435: 289-294.

Currò D, Ianiro G, Pecere S, et al. , 2017. Probiotics, fibre and herbal medicinal products for functional and inflammatory bowel disorders［J］. British Journal of Pharmacology, 174（11）: 1426-1449.

Garzarella E U, Navajas-Porras B, Pérez-Burillo S, et al. , 2022. Evaluating the effects of a standardized polyphenol mixture extracted from poplar-type propolis on healthy and diseased human gut microbiota［J］. Biomedicine & Pharmacotherapy, 148: 112759.

Farrukh A, Mayberry J F, 2014. Is there a role for fish oil in inflammatory bowel disease?［J］. World Journal of Clinical Cases: WJCC, 2（7）: 250.

Franchin M, Colón D F, da Cunha M G, et al. , 2016. Neovestitol, an isoflavonoid isolated from Brazilian red propolis, reduces acute and chronic inflammation: involvement of nitric oxide and IL-6［J］. Scientific Reports, 6（1）: 36401.

Franchin M, Freires I A, Lazarini J G, et al. , 2018. The use of Brazilian propolis for discovery and development of novel anti-inflammatory drugs［J］. European Journal of Medicinal Chemistry, 153: 49-55.

Ghouri Y A, Richards D M, Rahimi E F, et al. , 2014. Systematic review of randomized controlled trials of probiotics, prebiotics, and synbiotics in inflammatory bowel disease［J］. Clinical and Experimental Gastroenterology: 473-487.

Gonçalves C C M, Hernandes L, Bersani-Amado C A, et al. , 2013. Use of propolis hydroalcoholic extract to treat colitis experimentally induced in rats by 2, 4, 6-trinitrobenzenesulfonic acid［J］. Evidence-Based Complementary and Alternative Medicine, 2013（1）: 853976.

Gonzá lez-Mariscal L, Tapia R, Chamorro D, 2008. Crosstalk of tight junction components with signaling pathways［J］. Biochimica et Biophysica Acta（BBA）-Biomembranes, 1778（3）: 729-756.

Huang L, Hu B, Ni J, et al. , 2016. Transcriptional repression of SOCS3 mediated by IL-6/STAT3 signaling via DNMT1 promotes pancreatic cancer growth and metastasis［J］. Journal of Experimental & Clinical

Cancer Research, 35: 1-15.

Jin X, Liu Q, Jia L, et al., 2015. Pinocembrin attenuates 6-OHDA-induced neuronal cell death through Nrf2/ARE pathway in SH-SY5Y cells [J]. Cellular and Molecular Neurobiology, 35 (3): 323-333.

Jung Y C, Kim M E, Yoon J H, et al., 2014. Anti-inflammatory effects of galangin on lipopolysaccharide-activated macrophages via ERK and NF-κB pathway regulation [J]. Immunopharmacology and Immunotoxicology, 36 (6): 426-432.

Khan M N, Lane M E, McCarron P A, et al., 2018. Caffeic acid phenethyl ester is protective in experimental ulcerative colitis via reduction in levels of pro-inflammatory mediators and enhancement of epithelial barrier function [J]. Inflammopharmacology, 26: 561-569.

Knights D, Lassen K G, Xavier R J, 2013. Advances in inflammatory bowel disease pathogenesis: linking host genetics and the microbiome [J]. Gut, 62 (10): 1505-1510.

Kosiṅska A, Andlauer W, 2013. Modulation of tight junction integrity by food components [J]. Food Research International, 54 (1): 951-960.

Kumar S, Sharma A, Madan B, et al., 2007. Isoliquiritigenin inhibits IκB kinase activity and ROS generation to block TNF-α induced expression of cell adhesion molecules on human endothelial cells [J]. Biochemical Pharmacology, 73 (10): 1602-1612.

Lai C S, Yang G, Li S, et al., 2017. 3′-Hydroxypterostilbene suppresses colitis-associated tumorigenesis by inhibition of IL-6/STAT3 signaling in mice [J]. Journal of Agricultural and Food Chemistry, 65 (44): 9655-9664.

Levonen A L, Inkala M, Heikura T, et al., 2007. Nrf2 gene transfer induces antioxidant enzymes and suppresses smooth muscle cell growth in vitro and reduces oxidative stress in rabbit aorta in vivo [J]. Arteriosclerosis Thrombosis and Vascular Biology, 27 (4): 741-747.

Lin H P, Lin C Y, Liu C C, et al., 2013. Caffeic Acid phenethyl ester as a potential treatment for advanced prostate cancer targeting akt signaling [J]. International Journal of Molecular Sciences, 14 (3): 5264-5283.

Miryan M, Soleimani D, Alavinejad P, et al., 2022. Effects of propolis supplementation on irritable bowel syndrome with constipation (IBS-C) and mixed (IBS-M) stool pattern: A randomized, double-blind clinical trial [J]. Food Science & Nutrition, 10 (6): 1899-1907.

Malard F, Dore J, Gaugler B, et al., 2021. Introduction to host microbiome symbiosis in health and disease [J]. Mucosal Immunology, 14 (3): 547-554.

Mariano L N B, Arruda C, Somensi L B, et al., 2018. Brazilian green propolis hydroalcoholic extract reduces colon damages caused by dextran sulfate sodium-induced colitis in mice [J]. Inflammopharmacology, 26: 1283-1292.

Marín L, Miguélez E M, Villar C J, et al., 2015. Bioavailability of dietary polyphenols and gut microbiota metabolism: antimicrobial properties [J]. BioMed Research International, 2015 (1): 905215.

Matsuoka K, Kanai T, 2015. The gut microbiota and inflammatory bowel disease [C] //Seminars in immunopathology. Springer Berlin Heidelberg, 37: 47-55.

Natarajan K, Singh S, Burke Jr T R, et al. 1996. Caffeic acid phenethyl ester is a potent and specific inhibitor of activation of nuclear transcription factor NF-kappa B [J]. Proceedings of the National Academy of Sciences, 93 (17): 9090-9095.

Neurath M F, Travis S P L, 2012. Mucosal healing in inflammatory bowel diseases: a systematic review [J]. Gut, 61 (11): 1619–1635.

Ni J, Wu G D, Albenberg L, et al., 2017. Gut microbiota and IBD: causation or correlation? [J]. Nature Reviews Gastroenterology & Hepatology, 14 (10): 573–584.

Okamoto Y, Hara T, Ebato T, et al., 2013. Brazilian propolis ameliorates trinitrobenzene sulfonic acid–induced colitis in mice by inhibiting Th1 differentiation [J]. International Immunopharmacology, 16 (2): 178–183.

Tolba M F, Omar H A, Azab S S, et al. 2016. Caffeic acid phenethyl ester: a review of its antioxidant activity, protective effects against ischemia–reperfusion injury and drug adverse reactions [J]. Critical Reviews in Food Science and Nutrition, 56 (13): 2183–2190.

Ozturk G, Ginis Z, Akyol S, et al., 2012. The anticancer mechanism of caffeic acid phenethyl ester (CAPE): review of melanomas, lung and prostate cancers [J]. European Review for Medical & Pharmacological Sciences, 16 (15): 2064–2068.

Paulino N, Abreu S R L, Uto Y, et al., 2008. Anti–inflammatory effects of a bioavailable compound, Artepillin C, in Brazilian propolis [J]. European Journal of Pharmacology, 587 (1–3): 296–301.

Pavlick K P, Laroux F S, Fuseler J, et al., 2002. Role of reactive metabolites of oxygen and nitrogen in inflammatory bowel disease [J]. Free Radical Biology and Medicine, 33 (3): 311–322.

Pravda J, 2005. Radical induction theory of ulcerative colitis [J]. World Journal of Gastroenterology: WJG, 11 (16): 2371.

Ralser A, Dietl A, Jarosch S, et al., 2023. Helicobacter pylori promotes colorectal carcinogenesis by deregulating intestinal immunity and inducing a mucus–degrading microbiota signature [J]. Gut, 72 (7): 1258–1270.

Soleimani D, Miryan M, Tutunchi H, et al., 2021. A systematic review of preclinical studies on the efficacy of propolis for the treatment of inflammatory bowel disease [J]. Phytotherapy Research, 35 (2): 701–710.

Sairenji T, Collins K L, Evans D V, 2017. An update on inflammatory bowel disease [J]. Primary Care: Clinics in Office Practice, 44 (4): 673–692.

Scorza C, Goncalves V, Finsterer J, et al., 2024. Exploring the prospective role of propolis in modifying aging hallmarks [J]. Cells, 13 (5): 390.

Song M Y, Lee D Y, Han Y M, et al., 2022. Anti–inflammatory effect of Korean propolis on helicobacter pylori–infected gastric mucosal injury mice model [J]. Nutrients, 14 (21), 4644.

Soromou L W, Chu X, Jiang L, et al., 2012. In vitro and in vivo protection provided by pinocembrin against lipopolysaccharide–induced inflammatory responses [J]. International Immunopharmacology, 14 (1): 66–74.

Nakamura T, Ohta Y, Ikeno K, et al., 2014. Protective effect of repeatedly preadministered brazilian propolis ethanol extract against stress–induced gastric mucosal lesions in rats [J]. Evidence–Based Complementary and Alternative Medicine, 2014 (1): 383482.

Tambuwala M M, Kesharwani P, Shukla R, et al., 2018. Caffeic acid phenethyl ester (CAPE) reverses fibrosis caused by chronic colon inflammation in murine model of colitis [J]. Pathology–Research and Practice, 214 (11): 1909–1911.

Tamura M, Hoshi C, Kobori M, et al., 2017. Quercetin metabolism by fecal microbiota from healthy elderly human subjects [J]. PLoS One, 12（11）: e0188271.

Tolomeo M, Grimaudo S, Di Cristina A, et al., 2005. Pterostilbene and 3′-hydroxypterostilbene are effective apoptosis-inducing agents in MDR and BCR-ABL-expressing leukemia cells [J]. The International Journal of Biochemistry & Cell Biology, 37（8）: 1709-1726.

Ulluwishewa D, Anderson R C, McNabb W C, et al., 2011. Regulation of tight junction permeability by intestinal bacteria and dietary components1, 2 [J]. The Journal of Nutrition, 141（5）: 769-776.

Wang K, Jin X, Li Q, et al., 2018. Propolis from different geographic origins decreases intestinal inflammation and *Bacteroides spp.* populations in a model of DSS-induced colitis [J]. Molecular Nutrition & Food Research, 62（17）: 1800080.

Wang K, Jin X, Chen Y, et al., 2016. Polyphenol-rich propolis extracts strengthen intestinal barrier function by activating AMPK and ERK signaling [J]. Nutrients, 8（5）: 272.

Wang K, Jin X, You M, et al., 2017. Dietary propolis ameliorates dextran sulfate sodium-induced colitis and modulates the gut microbiota in rats fed a western diet [J]. Nutrients, 9（8）: 875.

Wang L C, Chu K H, Liang Y C, et al., 2010. Caffeic acid phenethyl ester inhibits nuclear factor-κB and protein kinase B signalling pathways and induces caspase-3 expression in primary human CD4$^+$ T cells [J]. Clinical & Experimental Immunology, 160（2）: 223-232.

Wehkamp J, Götz M, Herrlinger K, et al., 2016. Inflammatory bowel disease: Crohn's disease and ulcerative colitis [J]. Deutsches Ärzteblatt International, 113（5）: 72.

Zenewicz L A, Antov A, Flavell R A, 2009, CD4 T-cell differentiation and inflammatory bowel disease [J]. Trends in Molecular Medicine, 15（5）: 199-207.

Zhang J, Cao X, Ping S, et al., 2015. Comparisons of ethanol extracts of Chinese propolis（poplar type）and poplar gums based on the antioxidant activities and molecular mechanism [J]. Evidence-Based Complementary and Alternative Medicine, 2015（1）: 307594.

Zhang X, Wang G, Gurley E C, et al., 2014. Flavonoid apigenin inhibits lipopolysaccharide-induced inflammatory response through multiple mechanisms in macrophages [J]. PloS One, 9（9）: e107072.

神经退行性疾病属于中枢神经系统疾病范畴，其核心特征表现为神经元结构的破坏和功能的衰退。这类疾病涵盖了阿尔茨海默病（AD）、帕金森病（PD）、多发性硬化症（MS）和肌萎缩侧索硬化症（ALS）等多种类型。神经退行性疾病的发病机制主要与神经元无法适应年龄增长带来的氧化应激、亚硝化应激和神经炎症应激的增加有关。此外，细胞外谷氨酸水平的升高、蛋白质和DNA的损伤以及线粒体的功能障碍也是引发这些疾病的关键因素。病情的进展与活性氧的产生以及促炎介质和细胞因子的释放密切相关。

一、蜂胶与蜂王浆协同预防阿尔茨海默病

阿尔茨海默病（Alzheimer's disease，AD），被认为是神经退行性疾病中最普遍的类型，占据了所有病例的60%至80%。AD的标志是淀粉样斑块和由磷酸化tau蛋白形成的细胞内神经原纤维缠结。作为痴呆症中最常见的形式，AD的发展与代谢当量紧密相关。在代谢综合征中，与高血糖和高胰岛素血症相关的晚期糖基化终末产物（AGEs）水平升高，已被证实能够促进β-淀粉样蛋白（Aβ）的聚集以及tau蛋白的糖基化和磷酸化。此外，代谢综合征中氧化应激水平的增加会损害线粒体功能，从而促进AD的发展。促炎细胞因子（与代谢综合征相关，如TNF-α和IL-6）的表达增加，在AD相关的神经炎症和神经退行性变中扮演了关键角色。

（一）阿尔茨海默病的发病机制及相关的靶点研究

除了遗传因素外，我国及其他国家的研究者已经发现了多种AD的潜在病理机制，形成了包括β-淀粉样蛋白（Aβ）沉积假说、tau蛋白过度磷酸化导致神经纤维缠结（NFTs）、谷氨酸受体异常、乙酰胆碱（ACh）缺乏、以小胶质细胞异常行为为主的氧化应激学说、炎症学说以及晚期糖化终产物（AGEs）导致的脑细胞损伤等理论。在20世纪70年代，病理学家通过对已故AD患者的脑组织解剖研究发现，AD患者的大脑中普遍存在胆碱能神经系统的损伤，这表现为神经突触的丧失、乙酰胆碱水平的降低以及胆碱乙酰基转移酶（ChAT）活性的下降。胆碱能学说源自对AD晚期患者的观察，研究者注意到这些患者大脑中胆碱乙酰基转移酶的活性降低，乙酰胆碱含量减少，神经末梢对ACh的摄取和释放也相应减少；此外，胆碱神经轴突出现形态异常，进而导致NFTs的形成。

1.胆碱能学说

乙酰胆碱是一种在中枢和外周神经系统中广泛分布的兴奋性神经递质。它与两类受

体结合：神经元型（包括 α2~α10 和 β2~β4 亚型）和肌肉型（α1、β1、γ、δ 以及 ε 亚型）。在人类大脑中，α4β2 和 α7 受体的含量最为丰富。特别是 α7 烟碱型乙酰胆碱受体，这是一种配体门控离子通道受体，由 5 个 α7 亚单位构成。α7nAChR 的功能、分布和数量与多种退行性神经疾病紧密相关，因此，它被视为早期诊断和评估阿尔茨海默病（AD）等疾病治疗效果的潜在关键靶点。

研究表明，烟碱型乙酰胆碱与多种神经异常有关，包括阿尔茨海默病、精神失常等。进一步的研究揭示，激活 α7nAChR 能够显著提升记忆认知功能。相反，由疾病引起的 α7nAChR 损伤或缺失，则可能引发记忆认知障碍，具体表现为阿尔茨海默病（AD）、路易体痴呆、唐氏综合征或类似症状。Blazovski et al.（1983）通过使用烟碱型乙酰胆碱受体阻断剂四甲双环庚胺，分为 5、50μg 和 100μg 三个剂量组，对健康大鼠进行研究。结果表明，阻断 nAChR 后，大鼠的学习认知能力显著下降，这种效应呈现出剂量依赖性和年龄依赖性。基因组学和动物实验的研究结果支持了这一观点。此外，当使用 α7nAChR 拮抗剂 MLA 阻断大鼠基底外侧杏仁核、腹侧海马或海马背侧脑区的 α7 受体时，大鼠的工作记忆和觅食等认知功能受到了影响。

胆碱能损伤理论强调，胆碱能系统的功能障碍与阿尔茨海默病（AD）的发病机制密切相关。在 AD 患者中，基底前脑的胆碱能神经元发生退化，这导致乙酰胆碱（Ach）的合成、储存和释放减少，以及乙酰胆碱转移酶含量的降低，从而引发学习和记忆功能障碍。基因敲除实验结果显示，α7nAChR 亚型缺失的模型小鼠体内突触前胆碱能神经系统表现出不完整性，影响了小鼠的记忆、学习等认知功能。此外，研究者还发现，皮层和海马区淀粉样前体蛋白经过酶的分解作用生成的 Aβ 小分子肽可与 α7nAChR 相互作用形成 Aβ－α7nAChR 蛋白复合物，该蛋白复合物聚集在脑中严重影响了 α7nAChR 的功能，使细胞内胆碱能神经递质的释放减少，阻碍细胞间信号的传递，从而导致细胞凋亡，使认知功能发挥失常。

Davies et al.（1981）利用 $[^{125}I]α-bgt$ 对阿尔茨海默病（AD）患者的大脑进行研究，揭示了在 AD 患者颞中回区域中，α7 受体的密度相较于健康个体显著减少。通过不同浓度的 $[^{125}I]α-bgt$ 结合实验，研究人员发现，在早老性痴呆和老年性痴呆患者的前额叶皮质中，结合位点下降了 22.3%。Sugaya et al.（1990）结合使用 $[^{125}I]α-bgt$、$[^3H]$ nicotine 以及 $[^{125}I]α-bgt$ 的实验，进一步证实了在 AD 患者脑额皮质中，烟碱型乙酰胆碱的最大结合量显著下降。Hellsström-Lindahl et al.（1999）的研究指出，在 AD 患者的大脑中，同源 α3 和 α4 受体基因的表达与正常人无显著差异，但 α7mRNA 水平在海马区和淋巴细胞中明显提高。Guan et al.（2000）通过更精细的免疫印迹实验，发现 AD 患者死亡后的脑组织中 α7 蛋白水平与正常死亡人群相比有显著降低。研究人员对 8 名 AD 患者死亡后的脑组织分别使用 α3、α4、α7、β2 抗体进行检测，并与同年龄的正常死亡人群对照组进行比较。结果显示，在 AD 患者的海马区，α7 蛋白水平降低了 36%，而β2 亚型蛋白没有明显降低。

乙酰胆碱酯酶抑制剂（Acetylcholinesterase Inhibitor，AChEI）目前是治疗阿尔茨海

默病（AD）最为有效的药物之一。在临床应用的 5 种治疗 AD 的药物中，有 4 种属于 AChEI。通过抑制中枢神经系统中乙酰胆碱酯酶的活性，可以显著增加神经递质乙酰胆碱的浓度，进而改善阿尔茨海默病患者的认知功能（程鹏等，2018）。

2.tau 蛋白学说

tau 蛋白是一种与微管相关的可溶性蛋白，在体内广泛分布。它主要存在于神经细胞的轴突内，能够与微管结合，从而维持微管结构的稳定性。然而，在阿尔茨海默病（AD）患者的脑中，tau 蛋白发生异常磷酸化，导致其失去与微管结合的能力，进而丧失了其维持微管稳定性的正常生理功能。这一过程被认为是神经纤维缠结形成的根本原因。其后果是突触周围出现炎症反应，并伴随着大量神经元的凋亡，形成螺旋丝状结构（paired helical filament，PHF），并破坏了轴索运输。进一步的研究揭示，蛋白磷酸酶 2A（protein phosphatase 2A，PP2A）和糖原合成酶激酶 -3β（glycogen synthase kinase-3β，GSK-3β）能够直接或间接地调节 tau 蛋白的磷酸化水平。因此，针对 tau 蛋白的药物研发主要集中在以下几个方向：抑制 tau 蛋白的过度磷酸化，阻止 tau 蛋白的异常聚集，增强 tau 蛋白的清除效率，以及使用微管稳定剂（Qian et al.2010；Kelleher et al.2013）。

3.Aβ 假说

在释放神经递质的过程中，神经元会同时释放一种名为 β- 淀粉样蛋白（也称为 amyloidβ-protein 或 Aβ）的多肽。通常情况下，小神经胶质细胞能够通过其代谢过程有效分解大部分 β- 淀粉样蛋白。然而，如果分解不彻底导致 β- 淀粉样蛋白积累过多，小神经胶质细胞将变得过度活跃，并释放多种能够破坏细胞结构的物质，进而损害神经元的突触。

在众多阿尔茨海默病（AD）的标志性特征中，Aβ 斑块一直被视为诊断 AD 的关键生物标志物。这一理论指出，在正常生理条件下，大脑中的 Aβ 处于一种动态平衡状态。然而，Aβ 的过量积累会引发神经炎症反应，并可能导致突触损伤和神经细胞死亡，最终促成 AD 的发生，这一理论被称为"β 淀粉样蛋白假说"。多项研究表明，Aβ 蛋白能够与 α7 型烟碱型乙酰胆碱受体（nAChR）结合，从而破坏其正常功能。Wang et al.（2000）首次发现，在散发性 AD 患者的脑组织切片中，$Aβ_{1-42}$ 与 α7nAChR 以共聚物的形式存在。进一步的研究表明，$Aβ_{12-28}$ 与 α1、α3、α4、α8、β2nAChR 的同源亚基没有明显的结合，而与 α7nAChR 的结合是特异性的，并且这一发现已经通过体外免疫沉淀和蛋白印迹实验得到证实。在后续的体外竞争结合试验中，研究人员发现甲基牛扁碱（methyllycaconitine，MLA）和银环蛇毒素（α-bungarotoxin，α-bgt）能够作为竞争性配体与 $Aβ_{1-40}$ 蛋白进行竞争。Soderman et al.（2008）通过对 APPSwe/PS1ΔE9 转基因小鼠的研究发现，Aβ 蛋白与 α7nAChR 存在直接结合。Pettit et al.（2001）通过对大鼠海马区脑切片的研究表明，经过与 $Aβ_{1-42}$ 孵育后，突触后电流传导降低，α7nAChRs 与其同源受体的开放概率也有所下降。综合其他几项电生理学研究，Aβ 蛋白对 α7nAChRs 的破坏会导致受体抑制和神经毒性。

（二）蜂胶抗阿尔茨海默病（AD）的作用

蜂胶的抗氧化和抗炎特性对于其神经保护功能至关重要。通过降低关键促炎细胞因子如 IL-1β 的表达以及 NF-κB 的激活，蜂胶能够保护小胶质细胞免受缺氧引起的炎症和细胞毒性损害（Wu et al.2013；Li et al.2019）。蜂胶中的咖啡酸苯乙酯（CAPE）通过减少神经毒性因子 iNOS 和 COX-2 以及炎症细胞因子 IL-6 和 IL-1β 的表达，进一步保护小胶质细胞。此外，CAPE 还能促进小胶质细胞中神经保护因子血红素氧合酶（HO）-1 和神经营养因子促红细胞生成素（EPO）的表达（Tsai et al.2015）。

蜂胶具有保护神经元免受过氧化氢导致的氧化性损伤的能力。它有效地阻止了过氧化氢对细胞活力的破坏，并且逆转了由 Aβ 和 IL-1β 引发的对脑源性神经营养因子（BDNF）诱导的 Arc 表达的抑制作用。此外，蜂胶还能促进 BDNF mRNA 和 Arc mRNA 的表达，这些因子对于保持突触效能、可塑性和认知功能至关重要。（Lu et al.2014；Minatohara et al.2016）。

蜂胶对神经的保护作用已在众多动物研究中得到验证。Nanaware et al.（2017）的研究表明，蜂胶能够逆转由 β- 淀粉样蛋白引起的认知障碍的不良影响。他们发现，蜂胶通过提升超氧化物歧化酶（SOD）和过氧化氢酶（CAT）的活性以及谷胱甘肽（GSH）的水平，减轻了 β- 淀粉样蛋白的损害，并同时降低了丙二醛（MDA）的水平。此外，蜂胶还能够提高儿茶酚胺、去甲肾上腺素、多巴胺和 5- 羟色胺的含量，并降低乙酰胆碱酯酶的活性，从而发挥其神经保护作用。Bazmandegan et al.（2017）也证实了蜂胶通过恢复抗氧化系统的功能而产生神经保护效果。

此外，蜂胶中的特定化合物能够通过激活不同的途径展现其神经保护特性。例如，咖啡酸苯乙酯（CAPE）能够缓解由镉（Cd）引起的神经毒性及神经退行性变化。CAPE 提升了由氯化镉（CdCl₂）损伤的神经元存活率，并减少了由 CdCl₂ 引起的细胞凋亡。同时，CAPE 还减少了 β- 淀粉样蛋白（Aβ）和磷酸化 tau（p-tau）蛋白的积累，并抑制了炎症标志物如 Toll 样受体 4（TLR4）、白细胞介素 6（IL-6）、白细胞介素 1β（IL1-β）和肿瘤坏死因子 α（TNF-α）的表达（Hao et al.2020）。另外，白杨素通过一个独立的机制发挥其神经保护作用，即通过上调 A20 酶，抑制 NF-κB 的激活。（Li et al.2019）。A20 酶是一种泛素编辑酶，它在调节小胶质细胞、神经元和星形胶质细胞中的 NF-κB 信号通路及其促炎细胞因子方面发挥着关键作用，从而能维持中枢神经系统的稳态。（Abbasi et al.2015）。

在一项由 Zhu et al.（2018）开展的为期两年的研究中，证实了蜂胶对于预防高海拔地区老年人认知能力下降至轻度认知障碍具有积极作用。研究期间，接受安慰剂的对照组成员的小型精神状态检查（MMSE）评分从 26.17 降至 23.87，而接受蜂胶补充的实验组成员的评分则从 26.00 提升至 28.19。MMSE 评分与参与者的血清促炎细胞因子水平呈现相关性。具体而言，对照组成员的血清 IL-1β、IL-6 和 TNF-α 水平在试验期间均有所上升，而蜂胶组成员的这些指标则有所下降。具体数据显示，对照组成员的血清 IL-

1β、IL-6 和 TNF-α 水平分别增加了 182%、155% 和 62%，而蜂胶组成员在 24 个月试验期间则分别减少了 58%、43% 和 50%。这一结果强调了蜂胶抗炎作用在提供神经保护方面的重要性。

Ito et al.（2023）研究评估了巴西绿蜂胶对脑室内注射淀粉样蛋白 β（Aβ$_{25-35}$）引发的阿尔茨海默病（AD）小鼠模型认知障碍的影响。研究者随机选取了五周龄的雄性 Slc:ddY 小鼠，并将其分为 5 组（每组 $n=8$）。在 ICV 注射 Aβ$_{25-35}$ 之前，研究者对这些小鼠进行了为期 8 天的预处理，分别给予 100、300 和 900mg/kg 体重的载体和蜂胶。同时，设立了一个假手术组作为对照。在 ICV 注射后的第 7~8 天，研究者对小鼠的记忆和学习能力进行了评估，并在研究结束时进行了基因表达和组织学分析。研究结果表明，在被动回避测试中，巴西绿蜂胶有效预防了学习和记忆功能的损害。进一步的海马体和前脑皮层基因表达分析揭示，巴西绿蜂胶抑制了 Aβ$_{25-35}$ 诱导的炎症和免疫反应。特别是，巴西绿蜂胶阻止了 Aβ$_{25-35}$ 注射引起的 Trem2 和 Lcn2 等小胶质细胞和星形胶质细胞标志物基因表达的变化，这表明它抑制了脑内胶质细胞的过度激活。此外，巴西绿蜂胶还抑制了 Aβ$_{25-35}$ 注射引起的血浆白细胞介素（IL）-6 水平的升高。这些结果表明，预防性给予巴西绿蜂胶通过抑制胶质细胞中过度的炎症和免疫反应，对 AD 具有预防效果。本研究首次揭示了巴西绿蜂胶可能通过抑制小胶质细胞和星形胶质细胞的过度激活的潜在作用机制来预防 AD。

（三）蜂王浆对阿尔茨海默病（AD）的作用

1. 拮抗 Aβ 的生成和聚集

在阿尔茨海默病（AD）的早期阶段，老年斑便开始沉积。这些斑块主要由 β-淀粉样蛋白（Aβ）构成，它们是由 β-淀粉样前体蛋白（β-APP）经过 β-分泌酶（β-secretase，BACE1）和 γ-分泌酶（γ-secretase）的裂解作用产生的。β-分泌酶（BACE1）是启动 Aβ 生成的第一个酶，研究显示，敲除 BACE1 基因的小鼠不会产生 Aβ，并且其表型保持正常（Neumann et al.2015）。当 β-APP 基因的表达受到抑制时，Aβ 的产生和老年斑的沉积会减少，这有助于降低 AD 的发病率。因此，Aβ 的清除和降解主要通过降解酶的降解作用和血-脑屏障的转运来实现。已经证实，动脉粥样硬化（AS）会加剧 AD 的进展。

Kokjohn et al.（2011）的研究中发现，斑块和血小板中的主要成分是 Aβ$_{-40}$，这揭示了 Aβ 能够促进动脉壁的炎症反应。他们进一步观察到，软脑膜血管壁上 BACE1 活性的增加会导致内皮细胞和平滑肌细胞的破坏以及数量的减少。这一机制与过度表达的 BACE1 促进细胞内 APP 的加工产生 Aβ 进而导致细胞凋亡有关。因此，BACE1 被认为是阿尔茨海默病（AD）发病的关键分子，与神经元凋亡及微血管内皮损伤等现象密切相关。

当前的研究已经证实，蜂王浆中含有的不饱和脂肪酸 10-羟基-反式-2-癸烯酸（10-HDA）能够穿透血-脑屏障，并且其功能与脑源性神经营养因子（BDNF）相似，能够促进成年大脑中神经元的再生（Hattori et al.2007）。Kashima et al.（2014）发现蜂王浆 MP1 蛋白能够降低胆固醇和肝脏胆汁酸水平，同时增加 CYP7A1 的表达；他们还发现，即便在高胆固醇环境下，蜂王浆中的 β- 谷固醇也能抑制动脉血管内胆固醇的沉积，其效果与新霉素类似，显示出其潜在的抗动脉粥样硬化作用。因此，可以推测蜂王浆减少 β- 淀粉样蛋白（Aβ）的潜在机制涉及两个方面：首先，蜂王浆能够降低胆固醇水平和细胞膜的胆固醇含量，进而调节 LRPA/RAGE 受体系统，减少低密度脂蛋白（LDL）的合成，改善 Aβ 跨血 - 脑屏障转运的异常，抑制 Aβ 的聚集；其次，通过抑制 BACE1 的过度表达，减少细胞内淀粉样前体蛋白（APP）加工产生 Aβ 所引起的细胞凋亡，从而促进神经元的再生。

Zhang et al.（2019）的研究揭示，蜂王浆中的活性肽（浓度在 1~9μg/mL 之间）能够通过降低模型细胞中 β- 分泌酶的水平，抑制 β 淀粉样蛋白 40 和 42 的生成，进而减少 Aβ 的产生和聚集。这一过程可能与组蛋白乙酰化修饰相关。因此，蜂王浆中的活性肽展现出神经保护作用，并可能作为潜在的 β- 分泌酶抑制剂，用于缓解阿尔茨海默病。此外，蜂王浆及其活性肽成分也被证明能显著延长秀丽隐杆线虫（Caenorhabditis elegans，C.elegans）的寿命，并增强其抗应激能力，同时减少老年个体中 Aβ 蛋白对细胞的毒性（Wang et al.2015）。

2. 降低胆固醇水平

早在 1994 年 Sparks et al. 首次观察到，通过高胆固醇饮食喂养的兔子，其海马神经元中的 Aβ 染色显著加深，从而提出了胆固醇摄入与 Aβ 沉积之间存在相关性的观点。随后的临床研究也表明，高胆固醇血症会增加患阿尔茨海默病（AD）的风险。研究还发现，胆固醇能够调节 Aβ 的生成，并影响其对神经元的毒性作用。他汀类药物被证实能有效降低 AD 的风险，并改善患者的认知行为能力（Ronald et al.2009），这进一步暗示了胆固醇代谢异常可能促进 Aβ 的生成和聚集，成为 AD 的一个潜在危险因素。基于这些发现，学者们进一步揭示了低密度脂蛋白受体相关蛋白 -1（LRP-1）与 Aβ 清除之间的密切联系（Grimmer et al.2014）。LRP-1 作为 LDL 受体家族的一员，参与胆固醇代谢、细胞内运输以及信号传导等多个过程，在突触可塑性和神经元发育方面发挥着关键作用。此外，晚期糖基化终末产物受体（RAGE）属于细胞表面免疫球蛋白超家族，与 LRP-1 一样，它也是一种多配体细胞表面受体，能够结合多种配体，包括 ApoE、APP、Aβ 和 α$_2$- 巨球蛋白。研究指出，Aβ 从外周血进入大脑是由 RAGE 介导的，而从大脑转运到循环血液则主要由 LRP-1 介导。在 AD 患者的大脑中，LRP-1 的表达下调，而 RAGE 的表达则显著上调（Cirillo et al.2015）。

流行病学研究揭示了高胆固醇水平能够提升脑内 β- 分泌酶和 γ- 分泌酶的活性，这加速了淀粉样前体蛋白裂解成 Aβ 的过程，并导致其在神经突触上的沉积。这种沉积会引发局部神经元的丧失，最终促成大脑斑块的形成和阿尔茨海默病的发展（Beynen et al.2000；Loke et al.2017）。

另一方面，蜂王浆被证实能够显著减少兔脑血浆中总胆固醇和低密度脂蛋白胆固醇的含量，从而降低血脂水平，减少脑内淀粉样蛋白的沉积，以及降低乙酰胆碱酯酶和丙二醛的水平（Hmad et al.2020）。这些作用有助于缓解阿尔茨海默病的症状（Zhang et al.2019）。

潘永明（2019）的研究表明，蜂王浆可能通过降低胆固醇和 Aβ 水平，调节脑内胆固醇代谢关键基因 ApoE 和 CYP46 的表达，改善血 - 脑屏障（BBB）的通透性，下调 BACE1 和 RAGE 的表达，同时增加 LRP1 和 IDE 的表达水平，促进 Aβ 的降解和清除，从而减少与 Aβ 相关的病理过程。此外，蜂王浆通过抗氧化作用和增强神经元代谢活性，有助于预防神经元的丢失，进而延缓阿尔茨海默病的发生和发展。

3. 抗炎作用

脑内炎症反应在阿尔茨海默病（AD）的抵抗和易感性中扮演着关键角色（Wyss-Coray, 2006）。特别是，局部免疫反应与神经纤维损伤紧密相连，导致类似 Tau 蛋白的病变，从而加速疾病进程。由 β- 淀粉样蛋白（Aβ）引发的小胶质细胞能够诱导肿瘤坏死因子 α（TNF-α）、白细胞介素 1β（IL-1β）和 IL-6 等炎症因子的合成与分泌，从而触发炎症反应或直接损伤神经元。Carrero et al.（2012）发现 Aβ1-42 能够激活星形胶质细胞，并激活核因子 κB（NF-kB），导致下游 TNF-α 和 IL-1β 等炎症因子表达上调。

蜂王浆能够抑制 IL-1β 和 TNF-α 的分泌，并增加抗炎因子 IL-10 的生成。蜂王浆中的 10- 羟基 -2- 癸烯酸（10-HDA）能够抑制干扰素 β（IFN-β）诱导的 NO 产生以及 NF-kB 和 TNF-α 的活化，并且还能抑制脂多糖（LPS）诱导的 IL-6 产生和 IκB 抑制蛋白的表达（Sugiyama et al.2013；Takahashi et al.2012）。据此推测，蜂王浆可能通过抑制 NF-kB 的表达，减轻 Aβ 刺激引起的炎症反应，进而缓解 AD 症状。

4. 缓解氧化应激反应

在阿尔茨海默病患者的大脑中，过度的氧化应激反应会干扰正常的代谢过程，并导致炎性细胞因子的增加，从而加剧病情的发展（Vendramini et al.2011）。

临床研究已经证实，阿尔茨海默病（AD）患者大脑中老年斑内的氧化应激水平显著升高（Hensley et al.1995）。此外，研究还揭示了 β- 淀粉样蛋白（Aβ）能够促进神经细胞内过氧化氢（CAT）和脂质过氧化（LPO）反应的增加，进而导致 DNA 损伤和线粒体 DNA 突变。进一步的研究发现，在神经纤维缠结的形成过程中，氧化修饰也扮演了一定的角色，并且在神经纤维缠结产生的区域，蛋白质的氧化产物、羰基和脂质过氧化物的含量有所上升（Polidori.2004）。

此外，阿尔茨海默病典型的内在特征是大脑神经元的凋亡，而氧化应激反应是触发这一过程的关键因素。由氧化应激反应引发的大脑炎症反应促进了 β- 淀粉样蛋白（Aβ）在神经突触的聚集，进而对神经元造成损伤并诱导其凋亡（Ton et al.2020）。蜂王浆富含抗氧化酶和维生素，能够显著提升脑内胆碱乙酰转移酶和超氧化物歧化酶的活性，无论是体外还是体内试验都显示了其高效的抗氧化应激拮抗作用（Zhang et al.2019）。研究表明，蜂王浆中提取的含酪氨酸残基的活性肽，具有强大的体内自由基清除能力（Guo et al.2009）。此外，在 APP/PS1 双转基因小鼠模型中，蜂王浆通过抑制氧化应激反应，减轻了蛋白激酶磷酸化诱导的神经元凋亡，从而改善了阿尔茨海默病的症状（Pan et al.2019）。

You（2019）的研究发现，经过 3 个月的蜂王浆治疗显著改善了 APP/PS1 小鼠在莫里斯水迷宫（MWM）测试和阶梯式被动回避测试中的行为缺陷。研究数据表明，蜂王浆显著减少了 APP/PS1 小鼠中的淀粉样斑块病理。此外，蜂王浆通过抑制氧化应激，减轻了由 c-Jun N-末端激酶（JNK）磷酸化引起的神经元凋亡。值得注意的是，在蜂王浆治疗后，APP/PS1 小鼠的海马环磷酸腺苷（cAMP）、p-PKA、p-CREB 和 BDNF 水平显著增加，这暗示 cAMP/PKA/CREB/BDNF 通路可能与蜂王浆对认知衰退的改善效果有关。

陶凌晨（2023）利用 OA 诱导的小鼠模型，深入研究了蜂王浆对阿尔茨海默病（AD）相关神经病理的影响及其作用机制。研究结果显示，经过连续 30 天的蜂王浆处理，能够显著降低 AD 小鼠大脑中 tau 蛋白的磷酸化水平。此外，蜂王浆能够通过抑制氧化应激反应，减轻由 caspase 介导的神经元凋亡，并通过抑制胶质细胞的过度活化，改善小鼠的认知和记忆功能。

5. 抑制神经细胞凋亡

阿尔茨海默病（AD）的主要病理特征包括神经突触和神经元的丧失以及细胞功能障碍。近年来，神经血管单元（Neurovascular unit，NVU）已成为研究退行性神经病变病理机制的关键。NVU 由神经元、小胶质细胞、星形胶质细胞、周细胞、血管内皮细胞、基膜和细胞外基质构成，其结构的任何变化都可能导致基本功能的改变。研究指出，脑血流量调节的异常、神经血管单元和血-脑屏障的破坏，都会加速阿尔茨海默病（AD）的进展（Nelson et al.2016）。因此，神经血管单元与 AD 的关联性极强，可作为治疗 AD 的潜在靶点。

蜂王浆能够促进所有类型的脑细胞分化，包括诱导体外培养的神经干/祖细胞分化为神经元、星形胶质细胞和少突胶质细胞（Hashimoto et al.2005）。此外，根据 Hattori et al.（2007）进行的研究，王浆酸是蜂王浆中一种主要的不饱和脂肪酸，它具有脑衍生神经营养因子的作用，并且能够穿越血-脑屏障。蜂王浆中还含有另一种活性成分——AMP N1-氧化物，它也是一种神经营养因子。这种成分能够抑制大鼠嗜铬细胞瘤 PC12 细胞的增殖，并促进成熟神经元上特异性蛋白的表达，从而推动 PC12 细胞向神经元细胞的分化。

Hashimoto et al.（2005）也证实了蜂王浆通过刺激成年鼠脑海马中胶质源性神经营养因子（GDNF）的产生，促进神经纤维细丝 II mRNA 的表达，表明蜂王浆具有神经营养和神经保护作用。

Furukawa et al.（2008）发现蜂王浆能够促进中枢神经系统细胞的增殖，这些细胞包括神经元、星形胶质细胞和少突胶质细胞。Hattori et al.（2011）的研究表明，三甲基氯化锡（TMT）能够选择性地导致小鼠海马齿状回的急性神经元死亡，进而损害认知功能。而口服蜂王浆后，可以显著增加海马齿状回颗粒细胞的数量，改善认知功能，并促进神经干细胞（NS/NPCs）的神经再生。Mohamed et al.（2015）研究发现，蜂王浆能够改善由柠檬黄引起的雄性仔鼠脑组织结构和功能的损伤，并具有对抗神经毒性作用。此外，蜂王浆中含有的小分子不饱和脂肪酸 10-HDA 能够穿过血－脑屏障，其作用类似于脑源性神经营养因子（BDNF），能够刺激成年脑中神经元的再生。Nagai et al.（2004）的研究揭示，蜂王浆中的活性物质磷酸化合物——腺苷 N1 氧化物（adenosine N1-oxide）能够激活 STAT3 途径，从而促进 PC12 细胞神经元的分化。

Weiser et al.（2018）的研究表明，使用王浆酸处理从大鼠幼崽脑部初次分离的海马神经元后，观察到神经元体积显著增大、神经突触增长以及连接性增强（图 4-17）。这表明王浆酸显著促进了原代海马神经元的生长。此外，通过迷宫测试进一步发现，经过王浆酸处理的老年大鼠表现出明显的焦虑水平下降。

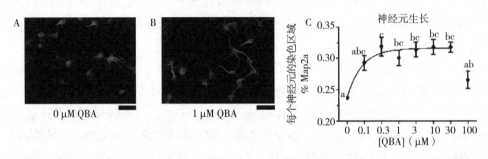

图 4-17　王浆酸 (QBA) 增强海马神经元生长

神经元生长的程度是通过计算 Map2a 荧光（绿色）的面积百分比与 DAPI 信号（蓝色）所识别的神经元核数量的比值来评估的。在定性分析中，对照组的神经元比那些接受 QBA（1μM）处理 7 天的神经元体积更小、连接更稀疏（图 4-17A、B）。图 4-17C 为 QBA 对神经元生长影响的剂量－反应曲线。具有不同上标字母的数据点在 Tukey 事后检验中显示出显著差异（$P < 0.05$）。$n=5\sim6$，3 次重复，跨越两次独立的培养运行。误差条表示平均值的标准误差（SEM），标尺 = 50μm。

Kawahata et al.（2018）通过海马神经元原代培养，评估了蜂王浆对海马生长抑素－脑啡肽酶系统（该系统可抑制 Aβ 低聚物的形成）功能的影响。研究发现，蜂王浆能够增强海马生长抑素的表达，降低 Aβ 的形成，从而抑制阿尔茨海默病症状的恶化。

这些研究结果共同表明，蜂王浆具有显著的神经营养和保护作用，能够保护神经血管单元结构和血－脑屏障，抑制神经元凋亡，有助于延缓阿尔茨海默病（AD）的发生。

6. 调节胰岛素信号通路

De et al.（2006）提出，大脑中葡萄糖利用率的下降、线粒体功能的紊乱、ATP 生成的减少以及能量失衡，均源于神经元中胰岛素受体的脱敏现象（Chapouthier et al.2002）。

最近的研究揭示了外周胰岛素抵抗（IR）与认知功能障碍之间存在密切的联系。阿尔茨海默病（AD）患者的脑部也显示出 IR 的迹象，并且与认知功能的损害有关

（Barone et al.2016）。进一步研究发现，胰岛素生长因子（IGF）和胰岛素样生长因子结合蛋白-3（IGFBP-3）水平的降低与海马神经元的可塑性紧密相连（Jiang et al.2015），这暗示了胰岛素信号通路可能在 AD 的发病和进展中扮演着角色。胰岛素降解酶（IDE）是主要的 Aβ 降解酶之一，其在血-脑屏障中的转运方式与 IDE 清除 Aβ 的能力密切相关。IDE 不仅能够降解细胞外的单体 Aβ 和破坏 APP 内的功能结构域，还能调节 Aβ 在脑内的降解与清除，减少其毒性作用，并影响胰岛素信号转导通路，从而在 AD 的发病机制中发挥作用（Del et al.2015）。IDE 基因已被定位在染色体 10q23-q25 上，并被认为是 AD 的潜在候选基因。

胰岛素及其受体在调节葡萄糖和维持人体能量平衡方面发挥着关键作用。然而，在海马和大脑皮层中，这些物质与认知功能尤其是长期记忆的形成，有着密切的联系。其作用机制涉及胰岛素信号传导，它通过调节兴奋性和抑制性神经递质（Zhao et al.2004），启动一系列信号转导反应，进而增加突触膜上的胰岛素受体数量。这一过程有助于神经元的存活和突触之间的连接，从而促进长期记忆的形成（Zamami et al.2008）。

研究已经表明，蜂王浆具有类似胰岛素的活性，并含有多种与胰岛素相似的肽类物质，这些物质能够改善机体对胰岛素的反应性，并对缓解阿尔茨海默病的症状具有显著效果（De，2014）。通过向小鼠脑室内注射链脲霉素，研究人员能够诱导出一种模拟散发性阿尔茨海默病的实验模型，该模型会导致小鼠大脑内葡萄糖和能量代谢水平下降，进而引起学习、记忆和认知等心智能力的逐渐衰退（Guardia et al.2020）。然而，长期给予蜂王浆治疗，可以显著缓解这些症状。其原因在于蜂王浆不仅促进了葡萄糖的分解以产生能量，还增加了海马区新神经元的生成，最终降低了神经退行性病变和氧化应激的水平（Niu et al.2013）。

动物行为学研究结果表明，蜂王浆能够提升由链脲佐菌素（STZ）引发的散发性阿尔茨海默病（AD）大鼠的空间学习与记忆能力（Zamani et al.2012；Niu et al.2013）。通过体内和体外试验发现，蜂王浆能够提高胰岛素样生长因子 1 受体（IGFIR）的表达水平，促进细胞增殖与分化，并激活 Akt 信号通路，从而发挥其抗衰老的效用。Shidfar et al.（2015）发现蜂王浆有助于减少糖尿病患者的氧化应激反应，并降低胰岛素抵抗指数，这进一步证实了蜂王浆在改善胰岛素抵抗方面的效果。在蜂王浆中已鉴定出与脊椎动物胰岛素相似的胰岛素多肽。因此，调节胰岛素信号转导机制可能是蜂王浆发挥抗阿尔茨海默病作用的另一潜在途径。

7. 增强胆碱能神经系统的功能

中枢胆碱能神经递质水平的变动与学习及记忆能力密切相关。一旦乙酰胆碱酯酶出现异常，便可能引起学习和记忆能力的减退（Huang et al.2010）。此外，氧化应激和神经炎症也在认知功能的调节中扮演着重要角色，内源性抗氧化酶活性的波动可能会导致记忆的丧失或加强（Chiu et al.2011）。

研究表明，蜂王浆能够促进神经营养因子的生成，包括神经胶质细胞源性神经营养因子，这有助于提升乙酰胆碱酯酶的活性（Hashimoto et al.2005），从而显著改善阿尔兹海默病模型大鼠的空间学习与记忆能力。此外，长期摄取蜂王浆有助于预防某些急性神经退行性疾病，减轻神经炎症，并改善认知功能（Zamani et al.2012）。

彭友瑞等（2011）的研究证实，蜂王浆能够提升衰老大鼠脑组织中单胺类神经递质去甲肾上腺素（NE）和多巴胺（DA）的水平，从而改善其空间学习和记忆能力。这一发现暗示，蜂王浆可能通过增强胆碱能神经系统的兴奋性发挥作用，这可能与其含有的乙酰胆碱有关。乙酰胆碱作为一种活性物质，在人体内可以直接被吸收利用。此外，蜂王浆还含有磷脂类物质，这些物质可以增加脑内磷脂的含量，促进神经细胞信号的传导，进而提高学习和记忆能力。因此，蜂王浆可以通过改善或修复受损的神经元提升脑内乙酰胆碱（Ach）的水平，保护中枢胆碱能神经系统，并抑制细胞凋亡，从而改善学习和记忆功能，延缓神经元退化的病理过程。

8. 调节哺乳动物雷帕霉素靶蛋白 (mTOR) 信号通路

mTOR，作为雷帕霉素在哺乳动物细胞中的靶点，是一种在进化上高度保守的丝氨酸 / 苏氨酸蛋白激酶。它参与调控细胞周期进程和细胞生长，同时对代谢和有丝分裂进行控制，进而影响细胞增殖。当前研究已证实，神经元的发育、突触可塑性的调节以及学习和记忆能力的形成，均依赖于 mTOR 通路的激活。在阿尔茨海默病（AD）患者的体内，mTOR 通路的异常（Hattori et al.2007）可能与 Aβ 的细胞毒性相关，这被认为是导致神经元丧失和细胞凋亡的内在机制。此外，AD 的发生还伴随着 mTOR/P70S6K 通路活性的增强，这促进了 AD 脑内 Tau 蛋白表达的增加（Khurana et al.2006）。雷帕霉素，作为一种 mTOR 抑制剂，已被广泛应用于衰老、AD、肿瘤等疾病的治疗研究中。然而，长期使用雷帕霉素可能会导致糖耐受不良、胰岛素耐受和白内障等不良反应。Honda et al.（2015）研究发现，蜂王浆中的活性物质 10–HDA 能够抑制 mTOR 信号通路，延缓衰老。修璐（2023）的研究表明，10–HDA 可以通过调节 mTOR/ULK1 激活自噬，保护高糖诱导的 HT22 细胞，表明 10–HDA 在改善糖尿病认知损伤方面具有潜在作用。

9.10–HDA 与王浆蛋白对阿尔茨海默病模型的作用及其机制

陶凌晨（2023）运用高效液相色谱（HPLC）和气相色谱（GC）技术，精确测定了蛋白质总量及水溶性蛋白含量，分离并纯化出了蜂王浆中的 3 种主要蛋白：M 蜂王浆 P1、M 蜂王浆 P2 和 M 蜂王浆 P3s。通过使用 FRAP 和 ABTS 方法评估体外抗氧化能力，研究发现经过碱性蛋白酶水解 8 小时处理的蜂王浆产物展现出了最强的抗氧化活性。在细胞模型实验中，筛选出蜂王浆中的 3 种脂质和 3 种蛋白质，结果表明 10–HDA、10–HDAA 和 M 蜂王浆 P1 是具有生物活性的有效成分。

进一步研究揭示，10–HDA 在体外试验中能够减轻由骨关节炎（OA）诱导的 tau 蛋白过度磷酸化，并且通过 caspase 信号通路抑制 OA 诱导的神经元凋亡。转录组测序分析显示，10–HDA 可能通过调控 NF-κB 和 mTOR 信号通路发挥神经保护作用。代谢组分析进一步指出，10–HDA 可能通过影响花生四烯酸代谢通路发挥抗氧化和抗炎作用。此外有研究数据表明，10–HDA 通过游离脂肪酸受体 GPR120 减轻 HMC3 人小胶质细胞的神经炎症，为 10–HDA 预防阿尔茨海默病（AD）的应用提供了理论依据。体内试验表明，10-HDA 能够抑制 tau 蛋白的过度磷酸化，减少 Aβ 沉积，从而改善 AD 小鼠的认知功能。10-HDA 可能通过增强机体抗氧化能力、抑制小胶质细胞过度激活引起的炎症损伤以及调节神经递质水平和肠道微生物构成，发挥神经保护作用。因此，10-HDA 可能是一种具有广阔前景的 AD 治疗药物。

二、蜂胶与蜂王浆对帕金森病的作用

帕金森病（Parkinson's disease，PD）是由于中脑黑质区域多巴胺能神经元逐渐退化所致，由此引发了一系列运动功能障碍、情绪调节异常、认知功能减退和身体功能衰退等症状。该疾病对数百万患者及其家庭的生活质量构成了严重威胁。同时，公共福利和医疗保健系统也因应对高昂的护理成本而承受巨大压力。目前的治疗方法主要集中在缓解症状上，但这些方法常常伴随着一系列不良反应，这可能进一步导致患者不遵从治疗计划。

（一）帕金森病的病理机制

帕金森病（PD）是一种复杂的多因素疾病，其病理基础涉及遗传、生活方式、营养、激素水平以及身体和心理社会因素。随着研究的深入，我们了解到 PD 的病理过程最初可能起始于嗅觉黏膜和肠道，这与肠道微生物菌群的改变有关，而这种改变可能是对摄入的毒素或病原体的直接反应（Lama et al.2020；Mou et al.2020）。在 PD 患者中，α- 突触核蛋白——一种关键蛋白，其异常折叠导致了神经元死亡（在肠神经系统和肠内分泌细胞中被发现），这与 70%~80% 的患者在出现运动和神经系统症状前 10 年就已出现胃肠道症状有关。实验研究显示，错误折叠的 α- 突触核蛋白最初出现在肠神经系统中，并且将异常的 α- 突触核蛋白注射到肠道壁会导致其传播至迷走神经。值得注意的是，迷走神经切除术与较低的 PD 发展风险相关联，这表明迷走神经构成了一个主要的解剖学连接网络，通过这个网络使 α- 突触核蛋白的初始种子能够从肠道物理性地传输至中脑的神经元。当脆弱的神经元摄取了 α- 突触核蛋白后，会触发接收神经元中 α- 突触核蛋白的病理性错误折叠，进而导致该蛋白在邻近细胞中的进一步传播，从而引起病变不断扩散和加重，并推动了帕金森病的持续进展（Mou et al.2020；Perez-Pardo et al.2017；Liddle，2018）。

帕金森病（PD）的主要特征是运动功能的逐渐退化，表现为静止性震颤、肌肉僵硬和运动迟缓，这些症状与多巴胺能神经元的退行性变化密切相关。Hoehn-Yahr 分级评分量表被广泛应用于评估 PD 患者的疾病阶段，该量表将病情分为五个阶段，从仅影响身体一侧的第一阶段到患者需要依赖轮椅或卧床不起的第五阶段（Carrarini et al.2019）。尽管如此，在同一疾病阶段内，患者的临床表现差异显著。这是因为 PD 还涉及其他非多巴胺能的显著变化。越来越多的证据显示，PD 患者中脑（SNC）中多巴胺能神经元的退化主要发生在第三阶段，同时伴随着中神经元在血清素能缝核和基底核的丧失，以及胆碱能神经元和周神经网中的减少（Rizzi et al.2017；Tansey et al.2019）。因此，PD 不仅涉及多巴胺能神经元的退化，还包括血清素能和胆碱能标志物的显著下降，这些变化与认知功能减退、情绪调节障碍、疲劳、失眠、体重减轻、自主神经功能紊乱、嗅觉异常以及胃肠道功能障碍（如便秘、恶心、腹胀、流涎、胃排空延迟和肠道传输时间延长）等临床症状相关（Perez-Pardo et al.2017；Hassanzadeh et al.2019；Carrarini et al.2019；Tansey et al.2019；LaMarca et al.2018）。

目前，帕金森病（PD）的治疗主要依赖于一种特定药物，该药物通过提升大脑中的多巴胺水平来弥补多巴胺能神经元的缺失。这种药物在疾病的早期阶段能够有效缓解运动症状（Perez-Pardo et al.2017）。然而，随着时间的推移，其疗效逐渐减弱，并且对非运动症状无任何改善作用。实际上，某些症状（例如胃肠道问题）可能会干扰药物的疗效，并显著影响患者的生活质量（Lama et al.2020；Perez-Pardo et al.2017）。因此，近期的研究重点转向了利用多功能天然成分和营养调整作为安全的辅助疗法，旨在阻止疾病的进一步发展并减轻症状，从而提升帕金森病患者的生活质量（Lama et al.2020；Carrarini et al.2019）。图 4-18 概述了与帕金森病相关的因素及其潜在的作用机制。

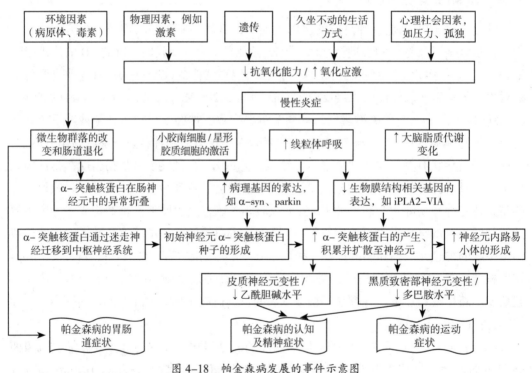

图 4-18　帕金森病发展的事件示意图

↑表示增加；↓表示减少；CNS：中枢神经系统；SNC：黑质致密部；PD：帕金森病。

在帕金森病（PD）患者的大脑中，α-突触核蛋白的活性受到氧化应激加剧的影响，这是引发 PD 神经退行性变的关键因素。PD 患者的大脑表现出异常高的多巴胺自氧化和酶促氧化水平，这导致了大量活性氧物质（ROS）的产生。ROS 刺激了中脑（SNC）呼吸链复合体 I 的线粒体功能障碍，进而激活了凋亡信号通路，最终导致神经元细胞的死亡（Hassanzadeh et al.2019；Inoue et al.2018）。此外，由特定基因如 α- 突触核蛋白、parkin、蛋白脱糖酶（DJ-1）和 PTEN 诱导激酶 1（PINK1）的突变引起的线粒体损伤，会导致 SNC 中多巴胺能神经元中 ROS 的进一步产生，这引起了一系列大脑变化，包括更高的代谢压力、突触异常的增加和神经保护因子表达的降低，这些因素共同导致了高度选择性的黑质纹状体多巴胺能退化（Hassanzadeh et al.2019；Niraula et al.2017；Ali et al.2019；Kawajiri et al.2010）。ROS 还激活了基质金属蛋白酶（MMPs），这是一组通常以非活性形式产生，并在自由基、缺氧、感染、炎症免疫反应以及释放半胱氨酸键或切割前肽区域的酶作用下激活的酶。一旦激活，MMPs 会攻击血 - 脑屏障的细胞外基质、基底膜和紧密连接，导致通透性渗漏增加、血管源性水肿、细胞外空间增加、出血性转化和急性神经炎症（Rosenberg，2009）。

基质溶蛋白酶 -3（MMP3）是帕金森病（PD）发病机制中关键的基质金属蛋白酶（MMPs）之一。在多巴胺能神经元凋亡过程中，会释放出大量的活性 MMP3、活性氧（ROS）和炎症介质。这些分子促使大脑中与脂质代谢相关的基因发生突变，例如 iPLA2。VIA 的活性导致脂肪酸代谢中涉及磷脂酰链缩短的机制出现紊乱，这干扰了线粒体功能、稳态、突触小泡的结构以及内质网中的神经递质传递，导致多巴胺能神经元大量丧失。此外，iPLA2-VIA 的耗竭与 α- 突触核蛋白对较短脂肪酰链磷脂的亲和力丧失有关，这引起了神经炎症、反应性小胶质细胞迁移到病理区域、屏障泄漏以及免疫细胞向大脑中缝核（SNC）的浸润减少，导致神经元中 α- 突触核蛋白积累增加，以及 c-Jun N- 末端激酶及其下游效应物 caspase-3 的激活，进一步引发细胞凋亡和细胞死亡（Mori et al.2019）。

多种因素导致老年人体内自由基的生成增加。与此同时，随着年龄的增长，人体的抗氧化能力逐渐减弱，这与慢性炎症标志物的上升密切相关（Hassanzadeh et al.2019；Niraula et al.2017；Perkisas et al.2016；Tieland et al.2018）。炎症和自由基的共同作用，导致线粒体的形态和功能发生改变，进而影响能量的产生并增加自由基的释放。由病原体和摄入的毒素引起的胃肠道损伤，会刺激肠神经系统中突触蛋白 α- 突触核蛋白的表达。α- 突触核蛋白随后通过迷走神经传播，并在中枢神经系统（CNS）易受损的神经元内扩散（Mou et al.2020；Perez-Pardo et al.2017；Liddle，2018）。与此同时，参与生物膜磷脂合成的基因表达（如 iPLA2-VIA）减少，而微胶质细胞和星形胶质细胞被激活并迁移到炎症和多巴胺的自氧化反应中，触发病理基因如 α- 突触核蛋白和 parkin 的表达（Mori et al.2019）。结果是 α- 突触核蛋白的病理增加，导致 α- 突触核蛋白的初始种子广泛传播到易受损的邻近神经元。因此，α- 突触核蛋白的持续积累导致细胞内纤维缠结的形成，形成位于黑质致密部（SNC）多巴胺能神经元内的路易小体，引发神经功能障碍和死亡。α- 突触核蛋白病理从 SNC 传播到大脑的其他区域（如皮层），导致血清素和乙酰胆碱等血清素能和胆碱能标志物的减少（Liddle，2018；Henderson et al.2019）。因此，帕金森病患者会遭受严重的运动障碍，这不仅降低了步速并增加了跌倒的风险，还包括一系列其他令人衰弱的认知、精神和胃肠道症状，如认知表现差、情绪调节失常、抑郁、睡眠障碍、恶心和慢性便秘等症状，共同降低了生活质量，增加了残疾率和死亡率（Rizzi et al.2017；Tieland et al.2018）。

（二）蜂胶与蜂王浆在帕金森病治疗中的作用机制

图 4-19 展示了蜂胶和蜂王浆如何通过一系列相互作用的机制发挥其功效。蜂胶、蜂王浆及其活性成分通过释放酚基团中的电子直接清除自由基，从而有效减轻氧化损伤。同时，它们通过激活 ERK/MAPK 信号传导途径间接减轻氧化损伤，这导致 Keap1 分子的停用。Keap1 分子通常会降解 NRF2，但当其活性被抑制时，NRF2 得以转移到细胞核中并激活 ARE，进而刺激抗氧化基因如血红素加氧酶 -1（HO-1）的表达。此外，NRF2 和血红素加氧酶 -1（HO-1）能抑制炎症途径如 NF-κB 的转录，减少炎症细胞因子的产生。减轻氧化应激和神经炎症与减少线粒体呼吸和凋亡分子如 caspase-3 以及 bax 的产生有关，这最终导致神经退行性病变的减少。另一方面，蜂胶中的芹菜素可能通过促进血红素加氧酶 -1（HO-1）的产生增加了多种神经营养因子的表达，尽管其详细机制尚不明确。蜂王浆还可能通过激活雌激素受体来刺激大脑和海马 GDNF 的表达。

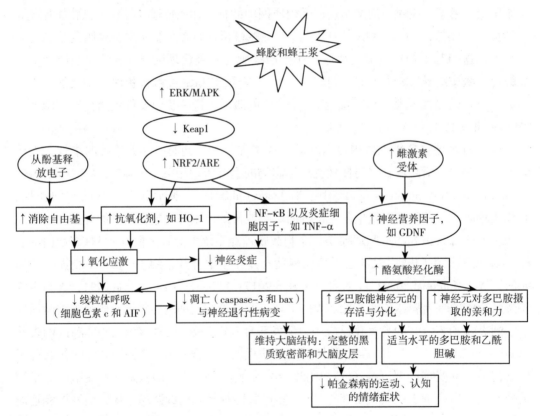

图 4-19　蜂胶和蜂王浆（蜂王浆）缓解帕金森病症状的可能机制

↑表示增加；↓表示减少；ERK：细胞外信号调节激酶；MAPK：丝裂原活化蛋白激酶；NRF2：核因子红细胞 2；ARE：抗氧化反应元件；HO-1：血红素加氧酶 -1；NF-κB：核因子 κB；TNF-α：肿瘤坏死因子 α；GDNF：胶质细胞源性神经营养因子；AIF：凋亡诱导因子；caspase-3：半胱氨酸天冬氨酸蛋白酶 3；bax：bcl-2 相关 X 蛋白；SNC：黑质致密部；PD：帕金森病。

GDNF 与神经保护效应相关，它增强中脑多巴胺能神经元的存活和形态分化，并促进它们对多巴胺的亲和力。所有这些活性成分共同作用，防止神经元退化，保持大脑结构的完整性，维持适当的多巴胺和乙酰胆碱水平，最终改善帕金森病（PD）患者的运动和认知症状。

1. 蜂胶与蜂王浆对抗氧化应激对神经元造成的损伤

抗氧化剂通过抑制自由基的生成，为神经元提供保护，使其免受神经毒素的损害。蜂胶中的黄酮类化合物以及蜂王浆中的脂质衍生物，通过调节氧化应激反应展现出对多巴胺能神经元的神经保护作用。体外研究揭示，咖啡酸苯乙酯（CAPE）同样对小脑颗粒神经元（CGNs）和前脑中脑神经元（RMNs）提供了保护，抵御了 6- 羟基多巴胺（6-OHDA）引发的自由基损伤。此外，多酚（PB）通过提升血红素加氧酶 -1（HO-1）、超氧化物歧化酶（SOD）和 γ- 谷氨酰半胱氨酸合成酶（γ-GCS）的表达，对抗了 MPP+ 和 6-OHDA 诱导的细胞毒性。

在一项体外研究中，通过将 6-OHDA 应用于人神经母细胞瘤 SH-SY5Y 细胞以诱导细胞死亡，建立帕金森病（PD）模型。研究发现，使用蜂王浆中的 10-HDA 处理后，显著促进了抗氧化基因如血红素加氧酶 -1（HO-1）、γ- 谷氨酰半胱氨酸连接酶（γ-GCL）和 NAD（P）H 醌脱氢酶 1（NQO1）的表达。

免疫印迹分析揭示，多酚（PB）和 10-HDA 在 SH-SY5Y 细胞中展现出的抗氧化效果归因于两个主要信号通路的激活：①核因子红细胞 2 相关因子 2（NRF2）- 抗氧化反应元件（ARE），作为抗氧化反应的关键调节因子；②真核起始因子 2α（eIF2α），作为激活转录因子 -4（ATF4）的上游效应物，与 NRF2 共同作用以调节抗氧化基因的表达（Inoue et al.2018；Wang et al.2016）。值得注意的是，10-HDA 通过其处理后产生的轻微活性氧（ROS）排放发挥抗氧化作用，这代表了一种亚致死性应激反应，使 SH-SY5Y 细胞对随后由 6-OHDA 引起的更严重的氧化应激产生预适应。研究者观察到 ROS 导致 Keap1 失活，Keap1 是一种细胞质蛋白，负责降解 NRF2，从而使得 NRF2 得以磷酸化并迁移到细胞核中。在细胞核内，NRF2 与小 Maf 蛋白结合形成异二聚体，这些异二聚体进一步磷酸化抗氧化酶基因 5'- 调控区域的 ARE。随后，NRF2 诱导的血红素加氧酶 -1（HO-1）表达增强，最终保护细胞免受 6-OHDA 的毒性影响（Inoue et al.2018）。相比之下，多酚（PB）激活 NRF2 的机制略有不同。

体外研究揭示，多酚（PB）能够诱导神经毒素处理的 SH-SY5Y 细胞中细胞外信号调节激酶（ERK）1 和 2/ 丝裂原活化蛋白激酶（MAPK）的磷酸化，进而导致 Keap1 失活和 NRF2（Wang et al.2016）及 ARE（Jin et al.2015）的磷酸化。这一系列反应显著增加了抗氧化酶的产生（Jin et al.2015；Wang et al.2014；Wang et al.2016）。通过使用 PD98059（一种 ERK 抑制剂）阻断 ERK/MAPK 信号通路，或通过锌原卟啉抑制血红素加氧酶 -1（HO-1），可以消除多酚（PB）的神经保护作用（Wang et al.2016）。同样地，通过在 SH-SY5Y 细胞中转染 scrambled NRF2 或 NRF2 特异性小干扰 RNA（siRNA）来降低 NRF2 表达，也能够消除多酚（PB）的神经保护作用。这些操作抑制了多酚（PB）

的抗氧化效果，因为它们抑制了 NRF2 及其靶基因［血红素加氧酶 –1（HO–1）和 γ–GCS］的表达，从而加速了 6–OHDA 诱导的细胞死亡（Jin et al.2015）。综上所述，这些发现证实了多酚（PB）通过激活 ERK/MAPK/NRF2/ARE 级联反应，促进了内源性抗氧化剂的产生，从而抑制了神经毒性作用和细胞凋亡（Jin et al.2015；Wang et al.2014；Wang et al.2016）。

2. 蜂胶与蜂王浆保护神经元免受神经炎症的损伤

研究揭示，在帕金森病中，中枢神经系统和局部炎症反应，特别是 CD4 T 细胞的浸润和 CD11b+ 小胶质细胞 / 巨噬细胞的激活，对神经元的丧失具有决定性影响。这些细胞的持续激活与形态和功能的改变紧密相关，这些改变进一步促进了活性氧（ROS）的过量产生（Zaitone et al.2019；Chung et al.2012）。通过使用 CAPE（2.5~10mg/kg，隔天给药 17 天）治疗鱼藤酮诱导的 PD 小鼠模型，观察到 CAPE 抑制了小胶质细胞的激活（CD11b+）；降低了 NF–κB、iNOS 和环氧合酶 –2（COX–2）的活性；同时减少了 TNF–α 和 IL–1β 的产生。罗丹明诱导的炎症反应的缓解与多巴胺能神经元的存活增加和运动缺陷的减少密切相关（Zaitone et al.2019）。同样，白杨素（10mg/kg，每天 2 次）的口服治疗对 6–OHDA 中毒的大鼠产生了积极效果，抑制了 NF–κB 信号通路，并伴随着炎症标志物（如 TNF–α、INF–γ、IL–1β、IL–6、IL–10）和相关破坏分子如总抗氧化能力（TRAP）和钙结合蛋白 B（S100B）的下调（Goes et al.2018）。

研究揭示，蜂王浆在神经炎症环境中，通过激活 NRF2 途径，展现了其免疫调节和抗炎特性（Inoue et al.2018）。NRF2 不仅是激发抗氧化剂释放的关键途径，还通过降低促炎细胞因子（如 IL–6 和 IL–1β）的表达，在直接抑制炎症反应中扮演了核心角色（Kobayashi et al.2016）。

3. 蜂胶与蜂王浆抑制多巴胺能神经元的凋亡

众多研究通过细胞活力测定（Inoue et al.2018；Noelker et al.2005；Fontanilla et al.2011；Jin et al.2015；Wang et al.2014；Wang et al.2016；Ma et al.2006）以及酪氨酸羟化酶（TH）免疫组织化学分析，来评估 SNC 中多巴胺能神经元的损失（Goes et al.2018；Zaitone et al.2019；Kim et al.2011；Fontanilla et al.2011）。经过 4 周白杨素治疗的 6–OHDA 诱导的 PD 大鼠模型，其 SNC 中 TH+ 神经元的数量相较于未处理的动物有显著增加（Goes et al.2018）。CAPE（Noelker et al.2005；Fontanilla et al.2011；Ma et al.2006）、多酚（PB）（Jin et al.2015；Wang et al.2014；Wang et al.2016）和 10–HDA（Inoue et al.2018）的神经保护作用，在遭受神经毒素攻击的 CGNs、RMNs 和 SH–SY5Y 细胞中得到了显著体现。

蜂胶中的活性黄酮类物质通过影响线粒体凋亡途径的信号传导，抑制了多巴胺能神经元的凋亡。多酚（PB）显著抑制了 caspase–3 的切割，并通过阻断 MPP+ 诱导的线粒体变化（例如，线粒体释放细胞色素 c 和膜电位降低）降低了凋亡率，从而阻止 MPP+ 进入线粒体。抑制 ROS 的产生和线粒体膜通透性变化，可以有效抑制细胞凋亡途径（Wang et al.2014）。同样，CAPE 通过稳定线粒体功能的机制增加了 6–OHDA 处理的

CGNs 的存活率。它通过灭活 caspase-3 和在 Ca^{2+} 处理下抑制线粒体释放细胞色素 c 来减轻凋亡（Noelker et al.2005）。CAPE 的抗凋亡效果可能与改善氧化应激有关。在体内，CAPE 抑制了 MPTP 处理的小鼠大脑中 iNOS 和 caspase-1 的活性（Fontanilla et al.2011）。

神经毒素如 MPTP，通过促进 bax 的表达并抑制 bcl-2 的活性，激活了细胞死亡的信号通路。相反，蜂产品中的活性成分如多酚（PB），对多巴胺能细胞的存活产生积极影响，这是通过调节 bax 和 bcl-2 的表达并介导其抗凋亡机制实现的（Wang et al.2014）。

4. 蜂胶与蜂王浆维持大脑多巴胺水平

多巴胺是帕金森病（PD）的关键神经活性物质（Kocot et al.2018）。目前，PD 的治疗策略主要依赖于多巴胺替代疗法（Zaitone et al.2019）。研究显示，蜂胶中的活性成分能够提升帕金森病实验模型中黑质（SNC）的多巴胺水平。例如，经过 6-OHDA 处理的大鼠，通过使用白杨素（10mg/kg，每日 2 次）治疗，其多巴胺、3，4- 二羟基苯乙酸（DOPAC）和高香草酸（HVA）的水平均有所增加（Goes et al.2018）。DOPAC 和 HVA 反映了多巴胺在多巴胺能神经末梢的代谢情况（Alvarez-Fischer et al.2013）。同样，高效液相色谱技术显示 CAPE（10mg/kg）能够提升 MPTT-PD 小鼠纹状体中的多巴胺水平（Zaitone et al.2019；Fontanilla et al.2011）。CAPE 并未改变单胺氧化酶活性和大脑中 MPP 的水平，这表明其神经保护作用并非通过降低 MPTP 转化为 MPP+ 的过程实现（Fontanilla et al.2011）。因此，白杨素（Goes et al.2018）和 CAPE（Zaitone et al.2019；Fontanilla et al.2011）等治疗后所展示的多巴胺产生的增强，证实了这些化合物的神经保护效果。通过活力测定和神经组织化学分析，显示神经元存活率提高和 TH+ 细胞数量增加。蜂王浆、CAPE 和芹菜素对帕金森病（PD）多巴胺能系统的维持可能与它们的抗氧化活性以及相关的抗炎和抗凋亡效应有关（Kocot et al.2018；Goes et al.2018；Zaitone et al.2019；Noelker et al.2005；Jin et al.2015；Wang et al.2014；Wang et al.2016；Ma et al.2006）。

多巴胺是一种源自酪氨酸的单胺类神经递质。环境因素，包括摄入富含酪氨酸的食物，能够促进多巴胺的生成（Taherianfard et al.2017）。蜂王浆不仅含有多种游离氨基酸，例如缬氨酸、谷氨酸、丝氨酸、甘氨酸、半胱氨酸、苏氨酸、丙氨酸、酪氨酸、苯丙氨酸、羟脯氨酸、亮氨酸 - 异亮氨酸和谷氨酰胺，还包含酪氨酸，其中一些游离氨基酸能够转化为酪氨酸（Kocot et al.2018；Sasaki，2016）。因此，蜂王浆可能有助于多巴胺的生物合成（Kocot et al.2018）。研究显示，蜂群中蜂王的大脑中多巴胺及其代谢产物（如 N- 乙酰多巴胺和去甲肾上腺素）的含量高于工蜂。同时，对工蜂施用蜂王浆能够刺激多种多巴胺和酪胺受体基因的表达（Matsuyama et al.2015）。有证据表明，蜂王浆和酪氨酸的摄入显著提升了新兴工蜂（4~8 天龄）以及 8 天龄雄蜂大脑中多巴胺、酪胺及其代谢产物的水平（Sasaki，2016；Matsuyama et al.2015）。蜂王浆含有较高浓度的乙酰胆碱，得益于其酸性的 pH 值（4.0），这有助于抵抗乙酰胆碱的降解。蜂王浆中保存良好的乙酰胆碱（Wessler et al.2016）可能对帕金森病（PD）中多巴胺 - 乙酰胆碱回路的神经调节产生积极影响。研究表明，在中枢神经系统中激活 α7 烟碱型乙酰胆碱受体可以提供最大的有益反应，且不良反应最小，因为它能够防止黑质中神经细胞的损失，并减少左旋多巴引起的运动障碍（Quik et al.2015）。

5. 蜂胶与蜂王浆有助于促进大脑中神经营养因子的生成

慢性氧化应激、神经炎症和兴奋毒性等神经性逆境是导致渐进性神经毒性及神经退行性病变的关键因素。神经营养因子对于特定神经化学表型的神经元存活至关重要（Goes et al.2018）。蜂胶中的芹菜素能够提升 6-OHDA 诱导的帕金森病（PD）小鼠模型中脑源性神经营养因子（BDNF）、神经生长因子（NGF）和胶质细胞源性神经营养因子（GDNF）的表达水平（Goes et al.2018）。

胶质细胞源性神经营养因子（GDNF），作为转化生长因子–β 超家族的一个远亲成员（Hashimoto et al.2005），在帕金森病治疗中扮演着重要角色。研究显示，GDNF 能够维持培养的中脑多巴胺能神经元的存活和形态分化，并增强它们对多巴胺的摄取能力（Lin et al.1993）。此外，向老年小鼠的黑质或纹状体注射外源性 GDNF，可以缓解部分由 6-OHDA 诱导的损伤，增加损伤多巴胺能神经元中酪氨酸羟化酶 mRNA 的水平，这与黑质纹状体多巴胺能神经元的退化减少和多巴胺转运体配体 [^{125}I]IPCIT 结合亲和力的提升相关（Connor et al.2001）。另一项研究指出，成年小鼠口服蜂王浆能够促进 GDNF 的表达（Hashimoto et al.2005），这暗示了蜂王浆在多巴胺能神经元中的神经保护作用可能与其提高 GDNF 水平有关。蜂王浆及其脂肪酸表现出雌激素活性，因为它们能够结合雌激素受体 β 和 α，从而刺激 BDNF、GDNF 和 NGF 的释放。

6. 蜂胶与蜂王浆有助于恢复大脑的正常结构

帕金森病（PD）涉及大脑多个区域的形态学变化，这些变化包括尾状核、丘脑和白质体积的减少，以及基底神经节的萎缩、左侧小脑的收缩、右侧四角叶灰质的减少、分数各向异性的降低、神经黑色素色素沉着、黑质（SNC）内神经元的丧失，以及 SNC 和苍白球内平均和径向扩散性的增加（Prakash et al.2016）。实验模型显示，蜂胶与蜂王浆通过保护大脑免受疾病引起的组织形态学功能障碍，诱导 PD 小鼠的结构和症状改善。在这方面，一项研究检查了口服蜂王浆治疗（100 或 200mg/（kg·d），3 周）对接受 6-羟基多巴胺（6-OHDA）单侧注射的雄性小鼠大脑结构的影响。组织形态测量显示，与未经治疗的 PD 小鼠相比，蜂王浆（100 或 200 mg）治疗组的 SNC 和 CPU 中尼氏染色神经元的数量显著更高。两种剂量的蜂王浆显著增加了大脑皮层和小脑灰质和白质的厚度（Taherianfard et al.2017）。同样，对接受酒石黄处理的小鼠大脑皮层结构进行光学显微镜检查显示，接受蜂王浆治疗的动物与对照组相比损伤较少，这体现在细胞核固缩和 ssDNA 阳性细胞数量的减少上（Mohamed et al.2015）。

蜂王浆对大脑结构完整性的影响归因于其抗氧化、抗炎和抗凋亡作用，这些作用均降低了多巴胺能和胆碱能神经元的损失（Mohamed et al.2015；Almeer et al.2019）。有研究在 6-OHDA 大鼠模型中评估了蜂胶对大脑结构的影响。与假手术和安慰剂（水）组相比，蜂胶显著减少了纹状体纤维的退化（C.Gonçalves et al.2020）。

三、蜂胶与蜂王浆通过调节肠道微生态改善神经退行性病变

（一）肠脑轴

微生物群－肠－脑轴构成了一个双向的通讯网络（图4-20），其中肠道微生物群与中枢神经系统之间存在着紧密的联系，共同形成了所谓的"肠－脑轴"（gut-brain axis）。通过神经、内分泌和免疫等多种途径，肠道微生物群能够调节大脑的功能和行为（Dinan et al.2017；Sharon et al.2016）。同时，大脑能够利用神经递质和免疫因子等信号，反过来对肠道微生态的结构和功能进行调节。这种双向调控机制被认为在神经损伤的修复过程中扮演着重要角色（Cryan et al.2012）。

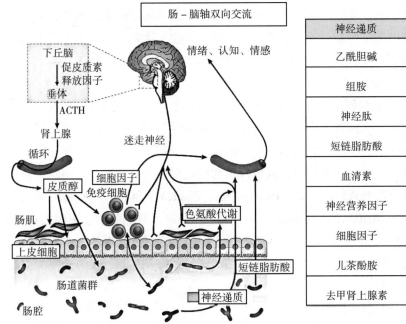

图4-20 肠－脑轴双向交流（Cryan et al.2012）

脑－肠－微生物群轴的紊乱可能加速神经退行性疾病（如AD）的进程。由微生物群失调引起的肠道和血－脑屏障通透性增加，可能在阿尔茨海默病（AD）和其他神经退行性疾病的发生中起到介导或影响作用（Jiang et al.2017）。

Aβ被认为是参与先天免疫反应的抗菌肽，负责清除穿透血－脑屏障并进入大脑的微生物。然而在失调状态下，Aβ对神经元具有潜在的毒性（Welling et al.2015）。肠嗜铬细胞能够产生多种激素和神经递质，而肠道微生物群能够通过肠嗜铬细胞调节宿主血清素（5-HT）的生物合成（Yano et al.2015）。肠道微生物还能合成和释放一氧化氮、乙酰胆碱、去甲肾上腺素和多巴胺，它们通过影响各种神经递质的合成，进而影响中枢神经系统的功能（Parker et al.2020）。肠道微生物群的紊乱可能导致肠道屏障通透性增加，

进而激活免疫系统引起全身炎症，这可能损害血－脑屏障并促进神经炎症和神经损伤，最终导致神经变性。脑肠轴的失衡可能与多种神经系统疾病的发病机制有关，包括但不限于帕金森病、阿尔茨海默病、抑郁症等。

（二）肠脑轴与阿尔茨海默病

大量研究证据揭示，脑肠轴的失衡在阿尔茨海默病的病理进程中扮演着关键角色。

1. 炎症与阿尔茨海默病

脑肠轴的失衡可能触发全身性的炎症反应，增加血－脑屏障的通透性，导致炎症因子渗透至中枢神经系统，从而加剧阿尔茨海默病的神经炎症。此外，慢性炎症还可能通过氧化应激和胰岛素抵抗等途径损害神经元功能。短链脂肪酸（Short-chain fatty acids，SCFAs）是细菌的代谢产物，研究显示，SCFAs 的水平与脑源性神经营养因子（BDNF）的表达相关联。BDNF 在"无菌"小鼠的海马体和皮层中的表达量较低，而 BDNF 是神经发生和突触可塑性的关键因素，并且能够减少炎症的产生。因此，由肠道生态失调引起的 SCFAs 水平变化可能会加剧由全身炎症引起的大脑损伤 (Quigley，2017)。

2. 肠道微生态与阿尔茨海默病

研究揭示，阿尔茨海默病患者的肠道菌群存在紊乱现象，例如乳酸杆菌数量的减少和双歧杆菌数量的增加。这种微生态失衡可能通过影响神经炎症、氧化应激和神经毒素的产生等途径，参与阿尔茨海默病的发病过程。据报告，老年人的肠道微生物群组成与年轻人相比有所变化，有益菌如拟杆菌、乳酸杆菌和双歧杆菌的数量减少，同时，肠道微生物群的相对丰度也逐渐降低。例如，*Coprococcus*、*Roseburia* 和 *Faecalibacterium* 的数量与年龄呈负相关，而 *Oscillospira*、*Odoribacter* 和 *Butyricimonas* 则与年龄呈正相关 (Biagi et.al,2016)。研究发现，与正常人群相比，阿尔茨海默病患者大脑中革兰阴性细菌膜蛋白脂多糖（lipopolysaccharide，LPS）更为普遍，LPS 可导致海马区域 Aβ 的升高，促进淀粉样纤维的生成。

3. 神经递质失衡与阿尔茨海默病

脑肠轴的失衡亦可能引起神经递质如乙酰胆碱和多巴胺等的失衡，这会进一步加剧阿尔茨海默病患者的认知功能障碍。

（三）肠脑轴与帕金森病

越来越多的研究证据表明，帕金森病的发病机制可能与脑肠轴失衡密切相关（Houser et al.2017）。

1. 肠道微生态失衡与帕金森病

研究显示，帕金森病患者的肠道菌群构成存在显著异常，表现为菌群多样性减少和有害菌数量增加。这种肠道微生态失衡可能通过影响神经炎症、氧化应激、蛋白质折叠异常以及肠道屏障功能的完整性等多种途径，参与并促进帕金森病的发病机制。（Scheperjans et al.2015）。

2. "肠道 – 脑轴"假说

研究揭示，帕金森病的起始可能与肠道紧密相关，其病理过程可能通过迷走神经向中枢神经系统逆向扩散。Lewy 小体作为帕金森病的生物标志物，最初可能出现在肠道的黏膜层，随后沿着迷走神经逆向传播至大脑的中脑黑质区域，导致多巴胺能神经元的损伤和细胞死亡（Holmqvist et al.2014）。

"肠道 – 脑轴"假说正逐渐获得越来越多的实验和临床证据支持。除了神经途径，肠道微生物的代谢产物（如短链脂肪酸和氨基酸代谢物），也能通过体液循环进入大脑，进而影响中枢神经系统的功能。这一"肠道 – 体液 – 脑"通路也在帕金森病的发病过程中扮演着重要角色。

（四）肠脑轴与抑郁症

脑肠轴的失衡在抑郁症的发病机制中扮演着关键角色。

1. 炎症与抑郁症

肠轴的失衡可能诱发全身性的慢性炎症反应，导致炎症因子渗透至中枢神经系统，触发神经炎症，进而参与抑郁症的形成。此外，炎症因子还可能通过干扰神经递质的代谢和神经元的可塑性等途径，加重抑郁症状。

2. 肠道微生态与抑郁症

抑郁症患者的肠道菌群往往出现显著紊乱，例如乳酸杆菌和双歧杆菌等有益菌数量减少，而致病菌数量增加。这种微生态失衡可能通过影响神经递质的平衡、神经元的可塑性以及免疫功能等途径，参与抑郁症的发病过程。

3. 神经内分泌失衡与抑郁症

脑肠轴的失衡还可能导致下丘脑 – 垂体 – 肾上腺轴（HPA 轴）功能异常，引起应激激素如皮质醇的失调，从而在抑郁症的发病中发挥作用。

（五）蜂胶与蜂王浆通过调节肠道微生态改善神经退行性病变

越来越多的证据揭示了脑肠轴在多种中枢神经系统疾病中的关键作用，这一发现已经成为研究的一个重要范式。在帕金森病（PD）的病理过程和进展中，肠道微生物群的变化起着至关重要的作用（Perez-Pardo et al.2017；Liddle，2018；Hassanzadeh et al.2019）。众多研究指出，饮食干预如摄入富含脂肪酸（磷脂膜的前体）和氨基酸的食物，以及针对微生物的疗法（如补充益生菌、益生元和后生元）能够纠正肠道失衡，缓解胃肠道症状，并有助于改善 PD 患者的中枢神经系统功能（Mori et al.2019；Maguire et al.2019；Ali，2018）。

蜂胶和蜂王浆富含氨基酸、脂肪酸以及磷脂（Boisard et al.2019；Kunugi et al.2019；Pobiega et al.2019；Xue et al.2017）。这些成分通常被用于促进健康，增强生长和繁殖能力。蜂王浆有助于维持蜂王肠道微生物群的多样性和活力。例如，蜜蜂乳杆菌和双歧杆菌在蜂群的蜂王肠道中大量存在，它们产生的代谢产物可以防止氧化应激基因的表达，并有助于提升蜂王的健康和繁殖力。相比之下，这些细菌在主要以蜂蜜和花粉为食的蜂工蜂中是缺乏的（Anderson et al.2018）。

蜂胶和蜂王浆均有助于维护胃肠道的健康。越来越多的证据表明，某些蜂胶衍生物确实能够穿越血–脑屏障。例如，咖啡酸苯乙酯（CAPE）在进入血浆 6 小时内会被水解成咖啡酸，并且最近的研究显示 CAPE 至少在大鼠中能够穿越血–脑屏障（Freires et al.2016；Tolba et al，2013）。研究表明，在高脂饮食的大鼠中补充 0.2% 的绿蜂胶，能够显著改变肠道微生物的组成。这种改变与肠道通透性的降低、血液中脂多糖水平的减少以及骨骼肌中 Toll 样受体 4 和细胞因子表达的下调紧密相关（Roquetto et al.2015）。此外，蜂胶还被发现能够保护大鼠免受压力导致的胃黏膜损伤（Nakamura et al.2014）。蜂王浆则被证实能够促进肠道有益细菌（如脆弱拟杆菌和多形拟杆菌）的生长，这些细菌在肠道远端定植，参与发酵和分解难以消化的蛋白质与碳水化合物，并在激活调节性 T 细胞方面发挥作用。另外，蜂王浆还能通过增强人类结肠直肠上皮细胞的活力，对肠壁提供保护。基于这些发现，蜂胶和蜂王浆可能通过调整微生物群的组成，对帕金森病患者的肠–脑轴产生积极的影响。

在进行随机对照试验（RCTs）以评估蜂产品在预防帕金森病（PD）相关病理中的效果时，准确识别目标受试者至关重要。鉴于约 80% 的 PD 患者在运动症状出现前的很长一段时间内会经历胃肠道症状，尤其是便秘，早期干预慢性便秘可能为未来的研究提供一种潜在的 PD 预防策略（Perez-Pardo et al.2017）。

Wang et al.（2022）通过使用 C57BL/6J 小鼠构建了酒精性抑郁模型，并通过一系列行为测试验证了蜂胶治疗能够有效预防由酒精引起的抑郁症状。进一步的研究揭示，蜂胶能够缓解海马区神经细胞的损伤，并且恢复了因酒导致的抑郁小鼠血清中的脑源性神经营养因子（BDNF）和多巴胺（DA）水平至正常状态。通过病理学分析和生物素追踪实验发现，蜂胶有助于修复酒精引起的肠道屏障功能障碍。此外，蜂胶治疗提升了肠道细胞间紧密连接蛋白 Claudin-1、Occludin 以及紧密连接蛋白 –1（ZO-1）的表达，并激活了与肠道通透性密切相关的肝激酶 B1/AMP 激活蛋白激酶（LKB1/AMPK）的信号通路。研究还表明，蜂胶能够降低促炎因子、脂多糖（LPS）和脂肪酸结合蛋白 2（FABP2）的水平，这强调了炎症反应在酒精性抑郁中的关键作用。综合这些发现，蜂胶通过改善脑肠轴功能障碍，对缓解酒精诱导的抑郁症状显示出积极效果。

参考文献

程鹏，李泰明，2018. 乙酰胆碱酯酶抑制剂在阿尔兹海默症治疗中的研究进展［J］. 科学技术创新，（09）：50-51.

高航，王淑霞，张华北，2020. 以 α7 烟碱型乙酰胆碱受体为靶点的阿尔兹海默症显像剂研究进展［J］. 核化学与放射化学，42（03）：138-149.

潘永明，2019. 蜂王浆对高胆固醇饮食致兔动脉粥样硬化和阿尔茨海默病的影响及其机制［D］.

杭州：浙江大学.

彭友瑞，钟方旭，杨博，等，2011. 蜂王浆对 D- 半乳糖衰老模型大鼠学习记忆行为的影响［J］. 食品科学，32（15）：269-272.

陶凌晨，2023. 蜂王浆及 10-HDA 对阿尔茨海默症模型的作用及其机制研究［D］. 杭州：浙江大学.

修璐，2023. 蜂王浆及 10-HDA 通过 mTOR/ULK1 通路激活自噬改善糖尿病小鼠认知功能［D］. 苏州：苏州大学.

郑星，杨昊，赵亚周，等，2021. 蜂王浆辅助治疗阿尔兹海默症的研究进展［J］. 中国蜂业，72（07）：55-59.

Abbasi A，Forsberg K，Bischof F，2015. The role of the ubiquitin-editing enzyme A20 in diseases of the central nervous system and other pathological processes［J］. Frontiers in Molecular Neuroscience，8：21.

Ali A M，Hendawy A O，2018. So，antidepressant drugs have serious adverse effects，but what are the alternatives［J］. Novel Approaches in Drug Designing & Development，4（3）：555636.

Ali A M，Kunugi H，2020. Apitherapy for Parkinson's disease：A focus on the effects of propolis and royal jelly［J］. Oxidative Medicine and Cellular Longevity，2020（1）：1727142.

Ali A M，Kunugi H，2019. Bee honey protects astrocytes against oxidative stress：A preliminary in vitro investigation［J］. Neuropsychopharmacology Reports，39（4）：312-314.

Almeer R S，Kassab R B，AlBasher G I，et al. ，2019. Royal jelly mitigates cadmium-induced neuronal damage in mouse cortex［J］. Molecular Biology Reports 46：119-131.

Alvarez-Fischer D，Noelker C，Vulinović F，et al. ，2013. Bee venom and its component apamin as neuroprotective agents in a Parkinson disease mouse model［J］. Plos One，8（4）：e61700.

Anderson K E，Ricigliano V A，Mott B M，et al. ，2018. The queen's gut refines with age：longevity phenotypes in a social insect model［J］. Microbiome，6：1-16.

Barone E，Di Domenico F，Cassano T，et al. ，2016. Impairment of biliverdin reductase-A promotes brain insulin resistance in Alzheimer disease：A new paradigm［J］. Free Radical Biology and Medicine，91：127-142.

Bazmandegan G，Boroushaki M T，Shamsizadeh A，et al. ，2017. Brown propolis attenuates cerebral ischemia-induced oxidative damage via affecting antioxidant enzyme system in mice［J］. Biomedicine & Pharmacotherapy，85：503-510.

Beynen AC，Schonewille JT，Terpatra AHM，2000. Influence of amount and type of dietary fat on plasma cholesterol concentrations in goats［J］. Small Ruminant Research，35（2）：141-147.

Biagi E，Franceschi C，Rampelli S，et al. ，2016. Gut microbiota and extreme longevity［J］. Current Biology，26（11）：1480-1485.

Blazovski D. 1983. Deficits in passive avoidance learning in young rats following mecamylamine injections in the hippocampo-entorhinal area［J］. Experimental Brain Research，50（2-3）：442-448.

Boisard S，Shahali Y，Aumond M C，et al. ，2020. Anti-AGE activity of poplar-type propolis：mechanism of action of main phenolic compounds［J］. International Journal of Food Science & Technology，55（2）：453-460.

C. Gonçalves V，JLL Pinheiro D，de la Rosa T，et al. ，2020. Propolis as a potential disease-modifying strategy in Parkinson's disease：cardioprotective and neuroprotective effects in the 6-OHDA rat model［J］.

Nutrients, 12（6）: 1551.

Carrarini C, Russo M, Dono F, et al., 2019. A stage-based approach to therapy in Parkinson's disease [J]. Biomolecules, 9（8）: 388.

Carrero I, Gonzalo M R, Martin B, et al., 2012. Oligomers of beta-amyloid protein（Aβ1-42）induce the activation of cyclooxygenase-2 in astrocytes via an interaction with interleukin-1beta, tumour necrosis factor-alpha, and a nuclear factor kappa-B mechanism in the rat brain [J]. Experimental Neurology, 236（2）: 215-227.

Chapouthier G, Venault P, 2002. GABA-A receptor complex and memory processes [J]. Current Topics in Medicinal Chemistry, 2（8）: 841-851.

Chiu CS, Chiu YJ, Wu LY, et al., 2011. Diosgenin ameliorates cognition deficit and attenuates oxidative damage in senescent mice induced by D-galactose [J]. American Journal of Chinese Medicine, 39（3）: 551-563.

Chung E S, Kim H, Lee G, et al., 2012. Neuro-protective effects of bee venom by suppression of neuroinflammatory responses in a mouse model of Parkinson's disease: role of regulatory T cells [J]. Brain Behavior and Immunity, 26（8）: 1322-1330.

Cirillo C, Capoccia E, Iuvone T, et al., 2015. S100B inhibitor pentamidine attenuates reactive gliosis and reduces neuronal loss in a mouse model of Alzheimer's disease [J]. BioMed Research International, （1）: 508342.

Connor B, Kozlowski D A, Unnerstall J R, et al., 2001. Glial cell line-derived neurotrophic factor （GDNF）gene delivery protects dopaminergic terminals from degeneration [J]. Experimental Neurology, 169 （1）: 83-95.

Cryan J F, Dinan T G, 2012. Mind-altering microorganisms: the impact of the gut microbiota on brain and behaviour [J]. Nature Reviews Neuroscience, 13（10）: 701-712.

Davies P, Feisullin S. 1981. Postmortem stability of alpha-bungarotoxin binding sites in mouse and human brain [J]. Brain Research, 216（2）: 449-454.

De La Monte S M, Tong M, Lester-coll N, et al., 2006. Therapeutic rescue of neurodegeneration in experimental type 3 diabetes: relevance to Alzheimer's disease [J]. Journal of Alzheimers Disease, 10（1）: 89-109.

De La Monte S M, 2014. Type 3 diabetes is sporadic Alzheimer's disease: mini-review [J]. European Neuropsychopharmacology, 24（12）: 1954-19601. 5

Del Campo M, Stargardt A, Veerhuis R, et al., 2015. Accumulation of BRI2-BRICHOS ectodomain correlates with a decreased clearance of Aβ by insulin degrading enzyme（IDE）in Alzheimer's disease [J]. Neuroscience Letters, 589: 47-51.

Dinan T G, Cryan J F, 2017. The microbiome-gut-brain axis in health and disease [J]. Gastroenterology Clinics, 46（1）: 77-89.

Fontanilla C V, Ma Z, Wei X, et al., 2011. Caffeic acid phenethyl ester prevents 1-methyl-4-phenyl-1, 2, 3, 6-tetrahydropyridine-induced neurodegeneration [J]. Neuroscience, 188: 135-141.

Freires I A, de Alencar S M, Rosalen P L, 2016. A pharmacological perspective on the use of Brazilian Red Propolis and its isolated compounds against human diseases [J]. European Journal of Medicinal Chemistry, 110: 267-279.

Furukawa S, 2008. Stimulatory effects of royal jelly on the generation of neuronal and glial cells-expectation of protection against some neurological disorders [J]. Foods and Food Ingredients Journal of Japan, 213 (7).

Goes A T R, Jesse C R, Antunes M S, et al., 2018. Protective role of chrysin on 6-hydroxydopamine-induced neurodegeneration a mouse model of Parkinson's disease: Involvement of neuroinflammation and neurotrophins [J]. Chemico-biological Interactions, 279: 111-120.

Grimmer T, Goldhardt O, Guo L H, et al., 2014. LRP-1 polymorphism is associated with global and regional amyloid load in Alzheimer's disease in humans in-vivo [J]. NeuroImage: Clinical, 4: 411-416.

Guan ZZ, Zhang X, Ravid R, et al., 2000. Decreased protein levels of nicotinic receptor subunits in the hippocampus and temporal cortex of patients with Alzheimer's disease [J]. Journal of Neurochemistry, 74 (1): 237-243.

Guardia De Souza E S T, Do Val De Paulo M E F, Da Silva J R M, et al., 2020. Oral treatment with royal jelly improves memory and presents neuroprotective effects on icv-STZ rat model of sporadic Alzheimer's Disease [J]. Heliyon, 6 (2): 3281.

Guo H, Kouzuma Y, Yonekura M, 2009. Structures and properties of antioxidative peptides derived from royal jelly protein [J]. Food Chemistry, 113 (1): 238-245.

Hao R, Song X, Li F, et al., 2020. Caffeic acid phenethyl ester reversed cadmium-induced cell death in hippocampus and cortex and subsequent cognitive disorders in mice: Involvements of AMPK/SIRT1 pathway and amyloid-tau-neuroinflammation axis [J]. Food and Chemical Toxicology, 144: 111636.

Hashimoto M, Kanda M, Ikeno K, et al., 2005. Oral administration of royal jelly facilitates mRNA expression of glial cell line-derived neurotrophic factor and neurofilament H in the hippocampus of the adult mouse brain [J]. Bioscience Biotechnology and Biochemistry, 69 (4): 800-805.

Hassanzadeh K, Rahimmi A, 2019. Oxidative stress and neuroinflammation in the story of Parkinson's disease: could targeting these pathways write a good ending? [J]. Journal of Cellular Physiology, 234 (1): 23-32.

Hattori N, Nomoto H, Fukumitsu H, et al., 2007. AMP N1-oxide potentiates astrogenesis by cultured neural stem/progenitor cells through STAT3 activation [J]. Biomedical Research, 28 (6): 295-299.

Hattori N, Nomoto H, Fukumitsu H, et al., 2007. Royal jelly and its unique fatty acid, 10-hydroxy-trans-2-decenoic acid, promote neurogenesis by neural stem/progenitor cells in vitro [J]. Biomedical Research, 28 (5): 261-266.

Hattori N, Nomoto H, Fukumitsu H, et al., 2007. Royal jelly-induced neurite outgrowth from rat pheochromocytoma PC12 cells requires integrin signal independent of activation of extracellular signalregulated kinases [J]. Biomedical Research, 28 (3): 139-146.

Hattori N, Ohta S, Sakamoto T, et al., 2011. Royal jelly facilitates restoration of the cognitive ability in trimethyltin-intoxicated mice [J]. Evidence-Based Complementary and Alternative Medicine, 2011 (1): 165968.

Hellsström-Lindahl E, Mousavi M, Zhang X, et al. 1999. Regional distribution of nicotinic receptor subunitmRNAs in human brain: comparison between Alzheimer's and normal brain [J]. Brain Research. Molecular Brain Research, 66 (1-2): 94-103.

Henderson M X, Trojanowski J Q, Lee V M Y, 2019. α-Synuclein pathology in Parkinson's disease and related α-synucleinopathies [J]. Neuroscience Letters, 709: 134316.

Hensley K, Hall N, Subramaniam R, et al. 1995. Brain regional correspondence between Alzheimer's disease histopathology and biomarkers of protein oxidation [J]. Journal of Neurochemistry, 65 (5): 2146-2156.

Hmad S, Campos MG, Fratini F, et al., 2020. New insights into the biological and pharmaceutical properties of royal jelly [J]. International Journal Of Molecular Sciences, 21 (2): 1-28.

Holmqvist S, Chutna O, Bousset L, et al., 2014. Direct evidence of Parkinson pathology spread from the gastrointestinal tract to the brain in rats [J]. Acta neuropathologica, 128: 805-820.

Honda Y, Araki Y, Hata T, et al., 2015. 10-Hydroxy-2-decenoic acid, the major lipid component of royal jelly, extends the lifespan of Caenorhabditis elegans through dietary restriction and target of rapamycin signaling [J]. Journal of Aging Research, 2015 (1): 425261.

Houser M C, Tansey M G, 2017. The gut-brain axis: is intestinal inflammation a silent driver of Parkinson's disease pathogenesis? [J]. NPJ Parkinson's Disease, 3 (1): 3.

Huang YH, Zhang QH, 2010. Genistein reduced the neural apoptosis in the brain of ovariectomised rats by modulating mitochondrial oxidative stress [J]. British Journal of Nutrition, 104 (9): 1297-1303.

Inoue Y, Hara H, Mitsugi Y, et al., 2018. 4-Hydroperoxy-2-decenoic acid ethyl ester protects against 6-hydroxydopamine-induced cell death via activation of Nrf2-ARE and eIF2α-ATF4 pathways [J]. Neurochemistry International, 112: 288-296.

Ito T, Degawa T, Okumura N, 2023. Brazilian green propolis prevent Alzheimer's disease-like cognitive impairment induced by amyloid beta in mice [J]. BMC Complementary Medicine and Therapies, 23 (1): 416.

Jiang C, Li G, Huang P, et al., 2017. The gut microbiota and Alzheimer's disease [J]. Journal of Alzheimer's Disease, 58 (1): 1-15.

Jiang J, Chen Z, Liang B, et al., 2015. Insulin-like growth factor-1 and insulin-like growth factor binding protein 3 and risk of postoperative cognitive dysfunction [J]. Springerplus, 4: 1-7.

Jin X, Liu Q, Jia L, et al., 2015. Pinocembrin attenuates 6-OHDA-induced neuronal cell death through Nrf2/ARE pathway in SH-SY5Y cells [J]. Cellular and Molecular Neurobiology, 35 (3): 323-333.

Kashima Y, Kanematsu S, Asai S, et al., 2014. Identification of a novel hypocholesterolemic protein, major royal jelly protein 1, derived from royal jelly [J]. PloS One, 9 (8): e105073.

Kawahata I, Xu H, Takahashi M, et al., 2018. Royal jelly coordinately enhances hippocampal neuronal expression of somatostatin and neprilysin genes conferring neuronal protection against toxic soluble amyloid-β oligomers implicated in Alzheimer's disease pathogenesis [J]. Journal of Functional Foods, 51: 28-38.

Kawajiri S, Saiki S, Sato S, et al., 2010. PINK1 is recruited to mitochondria with parkin and associates with LC3 in mitophagy [J]. FEBS letters, 584 (6): 1073-1079.

Kelleher RJ, Soiza RL, 2013. Evidence of endothelial dysfunction in the development of Alzheimer's disease: is Alzheimer's a vascular disorder? [J]. American Journal of Cardiovascular Disease, 3 (4): 197-226.

Khurana V, Lu Y, Steinhilb M L, et al., 2006. TOR-mediated cell-cycle activation causes neurodegeneration in a Drosophila tauopathy model [J]. Current Biology, 16 (3): 230-241.

Kim J I, Yang E J, Lee M S, et al., 2011. Bee venom reduces neuroinflammation in the MPTP-induced model of Parkinson's disease [J]. International Journal of Neuroscience, 121 (4): 209-217.

Kobayashi E H, Suzuki T, Funayama R, et al., 2016. Nrf2 suppresses macrophage inflammatory response by blocking proinflammatory cytokine transcription [J]. Nature Communications, 7 (1): 1-14.

Kocot J, Kiełczykowska M, Luchowska-Kocot D, et al., 2018. Antioxidant potential of propolis, bee pollen, and royal jelly: Possible medical application [J]. Oxidative Medicine and Cellular Longevity, 2018 (1): 7074209.

Kokjohn T A, Van Vickle G D, Maarouf C L, et al., 2011. Chemical characterization of pro-inflammatory amyloid-beta peptides in human atherosclerotic lesions and platelets [J]. Biochimica Et Biophysica Acta (BBA) -Molecular Basis of Disease, 1812 (11): 1508-1514.

Kunugi H, Mohammed Ali A, 2019. Royal jelly and its components promote healthy aging and longevity: from animal models to humans [J]. International Journal of Molecular Sciences, 20 (19): 4662.

Lama A, Pirozzi C, Avagliano C, et al., 2020. Nutraceuticals: An integrative approach to starve Parkinson's disease [J]. Brain Behavior and Immunity, 2: 100037.

LaMarca E A, Powell S K, Akbarian S, et al., 2018. Modeling neuropsychiatric and neurodegenerative diseases with induced pluripotent stem cells [J]. Frontiers in Pediatrics, 6: 82.

Li Z, Chu S, He W, et al., 2019. A20 as a novel target for the anti-neuroinflammatory effect of chrysin via inhibition of NF-κB signaling pathway [J]. Brain Behavior and Immunity, 79: 228-235.

Liddle R A, 2018. Parkinson's disease from the gut [J]. Brain research, 1693: 201-206.

Lin L F H, Doherty D H, Lile J D, et al. 1993. GDNF: a glial cell line-derived neurotrophic factor for midbrain dopaminergic neurons [J]. Science, 260 (5111): 1130-1132

Loke SY, Wong PTH, One WY, 2017. Global gene expression changes in the prefrontal cortex of rabbits with hypercholesterolemia and/or hypertension [J]. Neurochemistry International, 102: 33-56.

Lu B, Nagappan G, Lu Y, 2014. BDNF and synaptic plasticity, cognitive function, and dysfunction [J]. Handbook of Experimental Pharmacology, 220: 223-250.

Ma Z, Wei X, Fontanilla C, et al., 2006. Caffeic acid phenethyl ester blocks free radical generation and 6-hydroxydopamine-induced neurotoxicity [J]. Life Sciences, 79 (13): 1307-1311.

Maguire M, Maguire G, 2019. Gut dysbiosis, leaky gut, and intestinal epithelial proliferation in neurological disorders: towards the development of a new therapeutic using amino acids, prebiotics, probiotics, and postbiotics [J]. Reviews in the Neurosciences, 30 (2): 179-201.

Matsuyama S, Nagao T, Sasaki K, 2015. Consumption of tyrosine in royal jelly increases brain levels of dopamine and tyramine and promotes transition from normal to reproductive workers in queenless honey bee colonies [J]. General and Comparative Endocrinology, 211: 1-8.

Weiser MJ, Grimshaw V, Wynalda KM, et al. Long-term administration of queen bee acid (QBA) to rodents reduces anxiety-like behavior, promotes neuronal health and improves body composition [J]. Nutrients, 10 (1): 13.

Mohamed A A R, Galal A A A, Elewa Y H A, 2015. Comparative protective effects of royal jelly and cod liver oil against neurotoxic impact of tartrazine on male rat pups brain [J]. Acta Histochemica, 117 (7): 649-658.

Mori A, Hatano T, Inoshita T, et al., 2019. Parkinson's disease-associated iPLA2-VIA/PLA2G6 regulates neuronal functions and α-synuclein stability through membrane remodeling [J]. Proceedings of the

National Academy of Sciences, 116（41）: 20689–20699.

Mou L, Ding W, Fernandez-Funez P, 2020. Open questions on the nature of Parkinson's disease: from triggers to spreading pathology［J］. Journal of Medical Genetics, 57（2）: 73–81.

Nagai T, Inoue R, 2004. Preparation and the functional properties of water extract and alkaline extract of royal jelly［J］. Food Chemistry, 84（2）: 181–186.

Nakamura T, Ohta Y, Ikeno K, et al., 2014. Protective effect of repeatedly preadministered Brazilian propolis ethanol extract against stress-induced gastric mucosal lesions in rats［J］. Evidence-Based Complementary and Alternative Medicine,（1）: 383482.

Nanaware S, Shelar M, Sinnathambi A, et al., 2017. Neuroprotective effect of Indian propolis in β-amyloid induced memory deficit: Impact on behavioral and biochemical parameters in rats［J］. Biomedicine & Pharmacotherapy, 93: 543–553.

Nelson A R, Sweeney M D, Sagare A P, et al., 2016. Neurovascular dysfunction and neurodegeneration in dementia and Alzheimer's disease［J］. Biochimica et Biophysica Acta（BBA）–Molecular Basis of Disease, 1862（5）: 887–900.

Neumann U, Rueeger H, Machauer R, et al., 2015. A novel BACE inhibitor NB-360 shows a superior pharmacological profile and robust reduction of amyloid-β and neuroinflammation in APP transgenic mice［J］. Molecular Neurodegeneration, 10: 1–15.

Niraula A, Sheridan J F, Godbout J P, 2017. Microglia priming with aging and stress［J］. Neuropsychopharmacology, 42（1）: 318–333.

Niu K, Guo H, Guo Y, et al., 2013. Royal jelly prevents the progression of sarcopenia in aged mice in vivo and in vitro［J］. Journals of Gerontology Series A: Biomedical Sciences and Medical Sciences, 68（12）: 1482–1492.

Noelker C, Bacher M, Gocke P, et al., 2005. The flavanoide caffeic acid phenethyl ester blocks 6-hydroxydopamine-induced neurotoxicity［J］. Neuroscience Letters, 383（1–2）: 39–43.

Pan Y, Xu J, Jin P, et al., 2019. Royal jelly ameliorates behavioral deficits, cholinergic system deficiency, and autonomic nervous dysfunction in ovariectomized cholesterol-fed rabbits［J］. Molecules, 24（6）: 1149.

Parker A, Fonseca S, Carding S R, 2020. Gut microbes and metabolites as modulators of bloodbrain barrier integrity and brain health［J］. Gut Microbes, 11（2）: 135–157.

Perez-Pardo P, Kliest T, Dodiya H B, et al., 2017. The gut-brain axis in Parkinson's disease: possibilities for food-based therapies［J］. European Journal of Pharmacology, 817: 86–95.

Perkisas S, Vandewoude M, 2016. Where frailty meets diabetes［J］. Diabetes/metabolism Research and Reviews, 32: 261–267.

Pettit DL, Shao Z, Yakeley JL, 2001. Beta-amyloid（1–42）peptide directly modulates nicotinic receptors in rat hippocampal slices［J］. Journal of Neuroscience, 21（1）: C120.

Pobiega K, Kraśniewska K, Gniewosz M, 2019. Application of propolis in antimicrobial and antioxidative protection of food quality – A review［J］. Trends in Food Science & Technology, 83: 53–62.

Polidori M C, 2004. Oxidative stress and risk factors for Alzheimer's disease: clues to prevention and therapy［J］. Journal of Alzheimer's Disease, 6（2）: 185–191.

Prakash K G, Bannur B M, Chavan M D, et al., 2016. Neuroanatomical changes in Parkinson's disease in relation to cognition: an update [J]. Journal of Advanced Pharmaceutical Technology & Research, 7 (4): 123–126.

Qian W, Shi J, Yin X, et al., 2010. PP2A regulates tau phosphorylation directly and also indirectly via activating GSK–3beta [J]. Journal of Alzheimer's Disease, 19 (4): 1221–1229.

Quigley E M M, 2017. Microbiota–brain–gut axis and neurodegenerative diseases [J]. Current Neurology and Neuroscience Reports, 17 (12): 94.

Quik M, Zhang D, McGregor M, et al., 2015. Alpha7 nicotinic receptors as therapeutic targets for Parkinson's disease [J]. Biochemical Pharmacology, 97 (4): 399–407.

Rizzi G, Tan K R, 2017. Dopamine and acetylcholine, a circuit point of view in Parkinson's disease [J]. Frontiers in Neural Circuits, 11: 110.

Ronald J A, Chen Y, Bernas L, et al., 2009. Clinical field–strength MRI of amyloid plaques induced by low–level cholesterol feeding in rabbits [J]. Brain, 132 (5): 1346–1354.

Roquetto A R, Monteiro N E S, Moura C S, et al., 2015. Green propolis modulates gut microbiota, reduces endotoxemia and expression of TLR4 pathway in mice fed a high–fat diet [J]. Food Research International, 76: 796–803.

Rosenberg G A, 2009. Matrix metalloproteinases and their multiple roles in neurodegenerative diseases [J]. The Lancet Neurology, 8 (2): 205–216.

Sasaki K, 2016. Nutrition and dopamine: An intake of tyrosine in royal jelly can affect the brain levels of dopamine in male honeybees (Apis mellifera L.) [J]. Journal of insect physiology, 87: 45–52.

Scheperjans F, Aho V, Pereira P A B, et al., 2015. Gut microbiota are related to Parkinson's disease and clinical phenotype [J]. Movement Disorders, 30 (3): 350–358.

Sharon G, Sampson T R, Geschwind D H, et al., 2016. The central nervous system and the gut microbiome [J]. Cell, 167 (4): 915–932.

Shidfar F, Jazayeri S, Mousavi S N, et al., 2015. Does supplementation with royal jelly improve oxidative stress and insulin resistance in type 2 diabetic patients? [J]. Iranian Journal of Public Health, 44 (6): 797.

Soderman A, Thomsen M S, Hansen H H, et al., 2008. The nicotinic alpha7 acetylcholine receptor agonist SSR180711 is unable to activate limbic neurons in mice overexpressing human amyloid–beta1–42 [J]. Brain Research, 1227: 240–247.

Sparks D L, Scheff S W, Hunsaker III J C, et al. 1994. Induction of Alzheimer–like β–amyloid immunoreactivity in the brains of rabbits with dietary cholesterol [J]. Experimental Neurology, 126 (1): 88–94.

Sugaya K, Giacobini E, Chiappinelli V A. 1990. Nicotinic acetylcholine receptor subtypes in human frontal cortex: changes in Alzheimer's disease [J]. Journal of Neuroscience Research, 27 (3): 349–359.

Sugiyama T, Takahashi K, Kuzumaki A, et al., 2013. Inhibitory mechanism of 10–hydroxy–trans–2–decenoic acid (royal jelly acid) against lipopolysaccharide–and interferon–β–induced nitric oxide production [J]. Inflammation, 36: 372–378.

Taherianfard M, Ahmadi Jokani S, Khaksar Z, 2017. Royal jelly can modulate behavioral and histomorphometrical disorders caused by Parkinson's disease in rats [J]. Physiology and Pharmacology, 21 (2): 120–128.

Takahashi K, Sugiyama T, Tokoro S, et al., 2012. Inhibition of interferon–γ–induced nitric oxide production by 10-hydroxy-trans-2-decenoic acid through inhibition of interferon regulatory factor-8 induction [J]. Cellular Immunology, 273 (1): 73-78.

Tansey M G, Romero-Ramos M, 2019. Immune system responses in Parkinson's disease: early and dynamic [J]. European Journal of Neuroscience, 49 (3): 364-383.

Tieland M, Trouwborst I, Clark B C, 2018. Skeletal muscle performance and ageing [J]. Journal of Cachexia, Sarcopenia and Muscle, 9 (1): 3-19.

Tolba M F, Azab S S, Khalifa A E, et al., 2013. Caffeic acid phenethyl ester, a promising component of propolis with a plethora of biological activities: A review on its anti-inflammatory, neuroprotective, hepatoprotective, and cardioprotective effects [J]. IUBMB life, 65 (8): 699-709.

Ton AMM, Campagnaro BP, Alves GA, et al., 2020. Oxidative stress and dementia in Alzheimer's patients: effects of synbiotic supplementation [J]. Oxidative Medicine and Cellular Longevity, (1): 1-14.

Tsai C F, Kuo Y H, Yeh W L, et al., 2015. Regulatory effects of caffeic acid phenethyl ester on neuroinflammation in microglial cells [J]. International Journal of Molecular Sciences, 16 (3): 5572-5589.

Vendramini AA, DeLabio RW, Rasmussen LT, et al., 2011. Interleukin8-251T>A, interleukin-1 alpha-889C>T and apolipoprotein E polymorphisms in Alzheimer's disease [J]. Genetics and Molecular Biology, 34 (1): 1-5.

Wang H Y, Lee D H S, D'Andrea M R, et al., 2000. β-Amyloid1-42 binds to α7 nicotinic acetylcholine receptor with high affinity: implications for Alzheimer's disease pathology [J]. Journal of Biological Chemistry, 275 (8): 5626-5632.

Wang H Y, Lee D H, Davis C B, et al., 2000. Amyloid peptide Aβ1-42 binds selectively and with picomolar affinity to alpha7 nicotinic acetylcholine receptors [J]. Journal of Neurochemistry, 75 (3): 1155-1161.

Wang H, Wang Y, Zhao L, et al., 2016. Pinocembrin attenuates MPP+-induced neurotoxicity by the induction of heme oxygenase-1 through ERK1/2 pathway [J]. Neuroscience Letters, 612: 104-109.

Wang P, Guo P, Wang Y, et al., 2022. Propolis ameliorates alcohol-induced depressive symptoms in C57BL/6J mice by regulating intestinal mucosal barrier function and inflammatory reaction [J]. Nutrients, 14 (6): 1213.

Wang XX, Cook LF, Grasso LM, et al, 2015. Royal jelly-mediated prolongevity and stress resistance in caenorhabditis elegans is possibly modulated by the interplays of DAF-16, SIR-2.1, HCF-1, and 14-3-3 proteins [J]. Journals of Gerontology Series A-Biological Sciences and Medical Sciences, 70 (7): 827-838.

Wang Y, Gao J, Miao Y, et al., 2014. Pinocembrin protects SH-SY5Y cells against MPP+-induced neurotoxicity through the mitochondrial apoptotic pathway [J]. Journal of Molecular Neuroscience, 53: 537-545.

Weiser M J, Grimshaw V, Wynalda K M, et al., 2017. Long-term administration of queen bee acid (QBA) to rodents reduces anxiety-like behavior, promotes neuronal health and improves body composition [J]. Nutrients, 10 (1): 13.

Welling M M, Nabuurs R J A, Van Der Weerd L, 2015. Potential role of antimicrobial peptides in the early onset of Alzheimer's disease [J]. Alzheimer's & Dementia, , 11 (1): 51-57.

Wessler I, Gärtner H A, Michel-Schmidt R, et al., 2016. Honeybees produce millimolar concentrations of non-neuronal acetylcholine for breeding: possible adverse effects of neonicotinoids [J]. PLoS One, 11 (6):

e0156886.

Wu Z, Zhu A, Takayama F, et al., 2013. Brazilian green propolis suppresses the hypoxia-induced neuroinflammatory responses by inhibiting NF-κB activation in microglia [J]. Oxidative Medicine and Cellular Longevity, (1): 906726.

Wyss-Coray T, 2006. Inflammation in Alzheimer disease: driving force, bystander or beneficial response? [J]. Nature Medicine, 12 (9): 1005-1015

Xue X, Wu L, Wang K, 2017. Chemical composition of royal jelly [J]. Bee Products-Chemical and Biological Properties: 181-190.

Jessica M. Yano, Kristie Yu, Gregory P, et al., 2015. Indigenous bacteria from the gut microbiota regulate host serotonin biosynthesis [J]. Cell, 161 (2): 264-276.

You M, Pan Y, Liu Y, et al., 2019. Royal jelly alleviates cognitive deficits and β-amyloid accumulation in APP/PS1 mouse model via activation of the cAMP/PKA/CREB/BDNF pathway and inhibition of neuronal apoptosis [J]. Frontiers in Aging Neuroscience, 10: 428.

Zaitone S A, Ahmed E, Elsherbiny N M, et al., 2019. Caffeic acid improves locomotor activity and lessens inflammatory burden in a mouse model of rotenone-induced nigral neurodegeneration: Relevance to Parkinson's disease therapy [J]. Pharmacological Reports, 71: 32-41.

Zamami Y, Takatori S, Goda M, et al., 2008. Royal jelly ameliorates insulin resistance in fructose-drinking rats [J]. Biological & Pharmaceutical Bulletin, 31 (11): 2103-2107.

Zamani Z, Reisi P, Alaei H, et al., 2012. Effect of royal jelly on spatial learning and memory in rat model of streptozotocin-induced sporadic Alzheimer's disease [J]. Advanced Biomedical Research, 1: 26.

Zhang X, Yu Y, Sun P, et al., 2019. Royal jelly peptides: Potential inhibitors of β-secretase in N2a/APP695swe cells [J]. Scientific Reports, 9 (1): 168.

Zhao WQ, Chen H, Quon MJ, et al., 2004. Insulin and the insulin receptor in experimental models of learning and memory [J]. European Journal of Pharmacology, 490 (1-3): 71-81.

Zhu A, Wu Z, Zhong X, et al., 2018. Brazilian green propolis prevents cognitive decline into mild cognitive impairment in elderly people living at high altitude [J]. Journal of Alzheimer's Disease, 63 (2): 551-560.

第五节 蜂胶在呼吸道疾病防控中的作用

上呼吸道传染病是全球范围内极为普遍的疾病。人类鼻病毒、冠状病毒和呼吸道合胞病毒不仅会导致儿童上呼吸道感染，同样也会引起成人的上呼吸道感染。据估计，这些病毒是造成超过半数普通感冒的元凶。

一、蜂胶在防控因病毒引发的上呼吸道疾病中的作用

（一）蜂胶抗常见上呼吸道感染病毒的活性

1. 鼻病毒

（1）特性：是引起普通感冒最常见的病原体。属于小 RNA 病毒科。

（2）症状表现：主要引起鼻塞、流涕、喷嚏等症状，一般全身症状较轻。

2. 流感病毒

（1）特性：分甲、乙、丙三型。易发生变异。

（2）症状表现：起病急骤，高热、头痛、乏力、肌肉酸痛等全身症状明显，咳嗽、流涕等呼吸道症状相对较轻。

3. 副流感病毒

（1）特性：分为 HPIV-1、HPIV-2、HPIV-3、HPIV-4 四型。

（2）症状表现：主要引起咳嗽、咽痛、发热等症状，儿童感染后可能引起哮吼（急性喉气管支气管炎）等严重表现。

4. 呼吸道合胞病毒

（1）特性：主要感染婴幼儿、老年人和免疫功能低下人群。

（2）症状表现：常引起咳嗽、喘息、呼吸急促等症状，严重者可导致毛细支气管炎和肺炎。

5. 冠状病毒

（1）特性：有多种类型，如 2019 新型冠状病毒（SARS-CoV-2）、普通冠状病毒等。

（2）症状表现：可引起发热、咳嗽、乏力等症状，部分患者可能伴有咽痛、流涕等。其中 SARS-CoV-2 引起的新型冠状病毒肺炎症状更为复杂多样，病情严重程度差异较大。

（二）蜂胶抗甲型流感病毒和副流感病毒活性

流感病毒分为四个主要类型（A 型、B 型、C 型和 D 型），然而，仅 A 型和 B 型流

感病毒的亚型会引发季节性流感疫情。据世界卫生组织估计，这些季节性流感疫情每年导致约 300 万至 500 万例严重病例，并且有大约 65 万人因呼吸道并发症而丧生。

Serkedjieva et al.（1992）的研究发现，蜂胶乙醇提取物中的乙醚部分在 50μg/mL 和 100μg/mL 的浓度下，分别抑制了 A/H1N1 和 A/H3N2 的感染活性。该研究还指出，蜂胶在体外对 H0N1 病毒株同样具有抑制作用。Kai et al.（2014）研究表明，30mg/kg 剂量的山奈酚能够延长感染后动物（如 BALF 小鼠）的存活时间。此外，相较于其他测试的化学化合物（例如，阿替匹林 C、白杨素、槲皮素、芸香苷、苯甲酸、4- 羟基 -3- 甲氧基肉桂酸、反式肉桂酸），芹菜素、香豆酸和山奈酚在体外对 A/PR/8/34（H1N1）、A/Toyama/129/2011（H1N1）、A/Toyama/26/2011（H1N1）等病毒株显示出抗病毒活性。然而，咖啡酸仅在体外对 A/Toyama/129/2011（H1N1）和 A/Toyama/26/2011（H1N1）病毒株表现出抑制活性，而对 A/PR/8/34（H1N1）病毒株则无效。某些蜂胶的合成成分在体外能够降低流感病毒 A/Hong Kong/1/68（H3N2）和 A/PR/8/34（H1N1）的感染活性。

先前的研究揭示了蜂胶乙醇提取物在体外对禽流感病毒 A/Chicken/Germany/27（Weybridge 株，H7N7）展现出 70% 的抗病毒活性（Kujumgiev et al.1999）。进一步研究发现，对感染流感 A/PR/8/34 病毒的小鼠（DBA/2）每日 3 次给予 2mg/kg 和 10mg/kg 剂量的巴西蜂胶乙醇提取物，观察到感染小鼠的存活时间得到了延长，并且这些动物的流感症状严重程度得到了显著改善（Shimizu et al.2008）。

Takemura et al.（2012）研究了巴西绿蜂胶水提取物对两种流感病毒株（A/WSN/33 和 H1N1）的体外保护效果，结果表明该提取物能够提供细胞保护。在提取物中发现的 3，4- 二咖啡酰奎尼酸对所检测的流感病毒株显示出最高的效力（EC_{50}=81.1μm）。与咖啡酰奎宁酸和咖啡酸等其他活性化合物相比，绿原酸的抗病毒活性最低，而奎尼酸则被认为无效。

Governa et al.（2019）开展的研究主要评估了杨树蜂胶 80% 乙醇提取物（富含黄酮类化合物高良姜素和乔松素）在体外对 H1N1 病毒亚型的抑制效果。他们观察到，该提取物在 35μg/ml 的浓度下能够抑制神经氨酸酶的活性（IC_{50} 为 35.29μg/mL），而神经氨酸酶是病毒生命周期中关键的酶。此外，杨树蜂胶提取物还展现出抗炎和免疫调节的活性。研究者们在感染了流感 A 病毒株 A/WSN/33 的 Balb/c 小鼠身上测试了巴西绿蜂胶的水提取物和乙醇提取物（剂量为 200mg/kg）、3，4- 二咖啡酰奎尼酸（3，4-diCQA，剂量为 50mg/kg）以及绿原酸（剂量为 50mg/kg）的效果（Takemura et al.2012）。研究结果显示，蜂胶的水提取物和乙醇提取物以及 3，4-diCQA 均能提升小鼠的存活率，并促进肿瘤坏死因子相关凋亡诱导配体的表达；相比之下，绿原酸并未展现出类似的效果。

（三）蜂胶抗人鼻病毒的活性

Kwon et al.（2020）探讨了一种浓度为 80% 的巴西蜂胶乙醇提取物及其通过己烷、氯仿和乙酸乙酯分离得到的组分，对鼻病毒 -4 显示出显著的抗病毒效果，其 IC_{50} 值介于 5.00μg/mL（氯仿可溶性部分）至 15.4μg/mL（乙醇提取物）之间。从乙醇提取物中分离出的山奈酚和白杨素对鼻病毒 –2 展现出最强的抗病毒活性，IC_{50} 值为 7.3μg/mL；而白杨素对鼻病毒 –3 的抗病毒活性最强，IC_{50} 值为 17.3μg/mL。其他研究还发现，槲皮素、黄酮和没食子酸等天然化合物对鼻病毒 –2 也具有抗病毒作用。此外，山奈酚和对香豆酸在 HeLa 细胞中抑制了鼻病毒 –3 的病毒 RNA 复制，并减少了病毒进入细胞。

（四）蜂胶抗呼吸道合胞病毒（RSV）的活性

Takeshita et al.（2013）对巴西蜂胶提取物在体外和体内对呼吸道合胞病毒（RSV）感染的影响进行了研究。研究发现，在体外试验中，蜂胶提取物在不产生细胞毒性的情况下，并未展现出对 HEp-2 细胞的抗 RSV 活性。然而在体内试验中，经蜂胶处理的 RSV 感染的 BALB/c 小鼠的支气管肺泡灌洗液中，干扰素 –γ（IFN-γ）、促炎细胞因子（TNF-α 和 IL-6）以及 Th2 细胞因子（IL-4 和 IL-10）的水平均低于未处理的对照组。特别是在 IFN-γ、IL-6 和 IL-10 方面，蜂胶的效果尤为显著。值得注意的是，蜂胶处理并未对 RSV 抗体的产生造成影响。综合这些结果，研究支持了蜂胶可能通过影响宿主免疫系统而非直接抗病毒来发挥作用的假设，并暗示蜂胶的使用可能有助于减轻由病毒性疾病引起的炎症不良反应。

二、蜂胶对上呼吸道感染细菌的抗性作用

（一）上呼吸道感染的常见病菌

常见引起上呼吸道感染的常见病菌主要有以下几种。

1. 溶血性链球菌

溶血性链球菌是导致咽炎、扁桃体炎等上呼吸道感染的常见病原体。该细菌呈球形或椭圆形，以链状形式排列，并且对革兰染色呈阳性反应。当人体的免疫防御能力减弱时，溶血性链球菌能够侵入体内，在咽部等部位大量繁殖，从而引起感染。感染的症状包括喉咙疼痛、发热以及咽部红肿等。

2. 流感嗜血杆菌

（1）形态特征：小杆菌，多形性，无芽孢，无鞭毛，革兰染色阴性。

（2）致病特点：可引起急性化脓性咽炎、鼻窦炎、中耳炎等上呼吸道感染。尤其在儿童中较为常见，常与其他病原体混合感染。感染后可出现咳嗽、流涕、发热等症状。

3. 肺炎链球菌

（1）形态特征：菌体呈矛头状，成双排列，宽端相对，尖端向外，革兰染色阳性。

（2）致病特点：主要引起肺炎，但也可导致上呼吸道感染，如鼻窦炎、中耳炎等。当人体免疫力降低时，肺炎链球菌可侵入呼吸道，引发感染。患者可出现高热、咳嗽、咳痰等症状。

4. 葡萄球菌

（1）主要类型：①金黄色葡萄球菌：致病力强，能产生多种毒素和酶。②表皮葡萄球菌：一般情况下致病力较弱，但在特定条件下也可引起感染。

（2）致病特点：可引起咽炎、扁桃体炎、鼻窦炎等上呼吸道感染。金黄色葡萄球菌感染常较为严重，可伴有高热、局部脓肿形成等症状。表皮葡萄球菌引起的感染通常较为轻微，往往在个体免疫力降低或遭受局部组织损伤时发生。

（二）关于蜂胶抗病菌感染的研究

蜂胶已显示出对多种呼吸道病原菌的抗菌活性，包括金黄色葡萄球菌（包括耐甲氧西林菌株）、铜绿假单胞菌、肺炎链球菌、卡他莫拉菌、流感嗜血杆菌、肺炎克雷伯菌和化脓性链球菌。这些效果已在体外试验和动物模型中得到验证。其有效浓度范围介于64 至 460μg/mL 之间（Speciale et al.2006；Onlen et al.2007；Ophori，et al.2010；Popova et al.2013；Orodan et al.2016；De et al.2017）。此外，蜂胶对分枝杆菌也表现出杀菌活性。浓度范围为 64~1800μg/mL 的蜂胶提取物对多种分枝杆菌物种和菌株均显示出有效性，包括结核分枝杆菌、堪萨斯分枝杆菌、Xenopei 分枝杆菌、细胞内分枝杆菌、BCG 分枝杆菌以及各种野生型菌株如 H37Rv、H37Ra、M.223 等（Guzmán-Gutiérrez et al.2018；Orodan et al.2016）。

细菌感染是初次病毒感染性呼吸道疾病后常见的并发症，与之相关的高发病率和死亡率不容忽视。尽管广泛使用抗生素可以对抗细菌性呼吸道病原体，但抗生素耐药菌株的日益增多迫使我们寻找新的抗菌化合物，包括那些能与现有抗生素协同作用的化合物。

Ramata-Stunda et al.（2022）的研究确定了富含多酚的绿蜂胶提取物、掌叶黄钟木树皮和油橄榄叶提取物的组合物对金黄色葡萄球菌、流感嗜血杆菌和肺炎克雷伯菌的最小抑制浓度（MIC）和最小杀菌浓度（MBC），并进一步分析了它们与克拉霉素、阿奇霉素和阿莫西林 / 克拉维酸（875/125mg）的协同效应。该提取物组合对所有 3 种细菌菌株均显示出活性，MIC 值介于 0.78 至 12.5mg/mL 之间，MBC 值介于 1.56 至 12.5mg/mL之间。特别是，提取物与阿奇霉素、克拉霉素对金黄色葡萄球菌显示出协同活性，与克拉霉素对肺炎克雷伯菌显示出协同活性，与这 3 种测试的抗生素对流感嗜血杆菌显示出协同活性。在时间杀灭实验中，还评估了提取物与克拉霉素具有协同作用，在前 6 小时的孵育期间观察到对金黄色葡萄球菌和肺炎克雷伯菌的协同效应。研究结果表明，植物多酚复合物、绿蜂胶提取物的组合物与抗生素对引起呼吸道感染细菌具有协同效应，在增强抗生素治疗效果方面具有潜力，它们在治疗呼吸道感染疾病中具有显著的应用价值。

Taufik et al.（2022）综述了蜂胶在动物模型中抑制肺炎克雷伯菌生长的潜在机制。多项研究已经证实了蜂胶对细菌生长的抑制效果（图 4-21、图 4-22），其中一些研究特别强调了蜂胶对革兰阳性菌和革兰阴性菌的抑制作用，凸显了其作为有效抗菌剂的潜力。肺炎克雷伯菌是一种常见的革兰阴性细菌，与呼吸道感染紧密相关，特别是在医院环境中。不恰当的抗生素使用可能会导致越来越多的细菌株对现有药物产生抗药性。

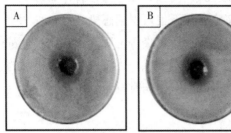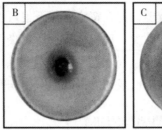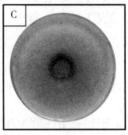

图 4-21　基于添加蜂胶提取物的 Mueller Hinton 培养基观察病原细菌生长抑制效果
（A）铜绿假单胞菌 ATCC9027；（B）肺炎克雷伯菌；（C）大肠埃希菌

图 4-22　蜂胶对细菌生长的抑制效果
在（A）蜂胶或（B）蜂胶加左氧氟沙星处理下，未观察到明显的肺炎克雷伯菌生长。
（C）未处理时，观察到显著的肺炎克雷伯菌生长。

研究揭示，蜂胶能够通过多种机制抑制细菌的生长。普遍观点认为，蜂胶能够干扰细菌细胞质膜的能量转换过程，从而引起细菌细胞的溶解和抑制蛋白质合成，同时限制细菌的运动能力。

细菌生物膜在慢性上呼吸道感染的病理过程中起着关键作用。除了常规的抗菌疗法，N-乙酰-L-半胱氨酸（NAC）和蜂胶常被推荐作为上呼吸道感染的辅助治疗膳食补充剂。NAC 与蜂胶提取物的组合在体外对上呼吸道感染分离细菌病原体生物膜的形成具有抑制作用。Božić et al.（2023）研究评估了 NAC 与蜂胶提取物的组合物对从慢性鼻窦炎、慢性中耳炎和慢性腺样体炎患者中分离出的细菌生物膜形成的影响。该前瞻性研究纳入了 48 名慢性鼻窦炎成人患者、29 名慢性中耳炎成人患者和 33 名慢性腺样体炎儿童患者。细菌是从手术获取的组织样本中分离出来的，并通过 MALDI-TOF Vitek MS 系统进行鉴定。体外研究评估了 NAC/ 蜂胶提取物的组合物的抗菌活性、协同作用以及抗生物膜效果。从组织样本中分离出 116 种不同的菌株，其中葡萄球菌在所有患者中分离频率最高（57.8%）。NAC 与蜂胶提取物的组合物的最小抑菌浓度（MIC）范围为 1.25mg/0.125mg 至 20mg/2mg（NAC/ 蜂胶）。在 51.7% 的菌株中观察到协同作用（FICI ≤ 0.5）。慢性中耳炎患者的多数分离菌株表现为中度生物膜产生者，而慢性腺样体炎患者中分离出的菌珠则为弱生物膜产生者；慢性鼻窦炎患者中分离出的菌株既有弱生物膜产生者也有中度生物膜产生者。NAC 与蜂胶提取物的组合物在亚抑制浓度范围（0.625~0.156mg/mL NAC 结合 0.062~0.016mg/mL 至 1~0.25mg/mL 蜂胶）抑制了所有细菌菌株的生物膜形成。在超抑制浓度范围（2.5~10mg/mL NAC 结合 0.25~1mg/mL 至 4~16mg/mL 蜂胶）则完全根除了生物膜。综上所述，NAC 与蜂胶提取物的组合物对上呼吸道感染分离出的细菌在生物膜形成的所有阶段以及已形成的生物膜的根除均显示出协同作用。

三、蜂胶在改善上呼吸道症状方面的作用

轻度上呼吸道感染（URTIs）最常见的症状包括喉咙痛、声音嘶哑以及喉咙肿胀和发红，这些症状是由于急性细菌或病毒感染后的炎症过程引起的。

Cohen et al.（2004）在一项随机、双盲、安慰剂对照的实验中，使用了一种含有蜂胶（50mg/mL）、紫锥花（50mg/mL）和维生素 C（10mg/mL）的草本配方。该配方每日服用 2 次，分别以 5.0mL 和 7.5mL 的剂量治疗 1 至 5 岁儿童的上呼吸道感染，持续 12 周。接受该草本配方治疗的患者，其疾病发作次数减少了 55%，发热天数减少了 62%，并且症状性疾病的总天数也有所减少。

El-Shouny et al.（2011）研究了蜂胶提取物对也门霍迪达市阿尔 – 图拉医院住院儿童上呼吸道感染的抗菌效果。该研究旨在识别导致儿童上呼吸道感染的病原微生物，并评估这些分离菌株对传统抗生素及蜂胶的敏感性。研究时间跨度为 2011 年 4 月至 6 月，从被诊断为上呼吸道感染的儿童患者中收集了 17 个咽喉拭子样本，这些儿童的年龄均不超过 11 岁。样本经过标准微生物学流程培养和菌株鉴定。在 17 个样本中，9 个显示了阳性培养结果，其中链球菌（*Streptococcus pyogenes*）检出率最高，达到 52.9%，其次是流感嗜血杆菌（*Haemophilus influenzae*）占 11.8%，以及白色念珠菌（*Candida albicans*）占 35.3%。链球菌检出率在 8 至 11 岁年龄组中最高，而 3 岁年龄组中未发现流感嗜血杆菌。白色念珠菌的检出率在 3 岁年龄组中最高。所有链球菌分离菌对环丙沙星、阿莫西林和头孢菌素均敏感，但对氨苄西林和红霉素表现出耐药性。两个流感嗜血杆菌分离菌对环丙沙星、林可霉素和头孢菌素敏感，而对红霉素不敏感。制霉菌素对白色念珠菌分离菌表现出显著的抗真菌活性。蜂胶的抗菌活性测试显示所有分离菌均对其敏感。在最小抑菌浓度（MIC）为 200 mg/mL 时，蜂胶能抑制链球菌、流感嗜血杆菌和白色念珠菌的生长，抑制圈直径分别为 24、17 和 19mm。此外，蜂胶治疗 41 名儿科患者上呼吸道感染的有效性也得到了验证。蜂胶和山羊奶的混合物使抗菌效果得到了进一步增强。在所有儿童中使用混合药物时，链球菌和念珠菌感染症状的完全缓解时间（2~5 天）比单独使用每种药物的恢复时间短。研究结果表明，蜂胶与山羊奶的结合是治疗和管理由细菌和念珠菌引起的儿童咽喉感染的一种非常有效的抗菌方案。

Di et al.（2016）在临床研究中发现，一种含有 75mg/ 袋纯蜂胶的蜂胶 – 植物提取物混合物对由副流感病毒、鼻病毒、腺病毒引起的非链球菌性和病毒性咽炎患者有效。该产品有效减轻了喉咙痛、发热和咽部红肿等症状。

URTI 是儿童中最常见的传染病类型。目前，许多药物尤其是止咳药，被广泛用于

缓解症状。Seçilmiş et al.（2020）进行了一项临床研究，旨在评估蜂产品在治疗儿童上呼吸道感染（URTI）中的疗效。研究对象被随机分为四组：两组细菌感染儿童分别接受抗生素治疗或抗生素联合蜂产品治疗，另外两组病毒感染儿童分别接受安慰剂或仅蜂产品治疗。疾病严重程度和症状改善的持续时间通过使用加拿大急性呼吸道疾病和流感量表（CARIFS）进行评估。研究纳入了 104 名患者（59 名男性，56.7%；45 名女性，43.3%），年龄在 5 至 12 岁之间。50 名患者（48%）被评估为细菌感染，54 名（52%）为病毒感染。接受蜂产品治疗的病毒感染患者比安慰剂组显示出更早的改善。与单独使用抗生素组相比，抗生素 + 蜂产品组在第 2 天和第 4 天的 CARIFS 评分显著降低（$P < 0.05$）。所有患者均未对蜂产品产生不良反应。蜂产品在上呼吸道感染的对症治疗中是有效的。鉴于目前用于对症治疗的药物成本效益不高，且在儿童中可能产生严重的不良反应，蜂产品被认为是一个理想的治疗选择。

Esposito et al.（2021）进行了一项单中心、随机、双盲、安慰剂对照的临床试验，旨在评估一种已知并标准化了多酚含量的白杨型蜂胶提取物制成的口腔喷雾剂，在缓解轻度非复杂性上呼吸道感染（URTIs）相关症状方面的有效性。该研究在 122 名自感有轻度上呼吸道感染症状的健康成人中进行。参与者被随机分配接受蜂胶口腔喷雾（n=58）或安慰剂（n=64），并在门诊环境中进行了四次访问（基线 =t_0，3 天后 =t_1，5 天后 =t_2，以及 15 天随访后 =t_3）。蜂胶口腔喷雾的总多酚含量为 15mg/mL。使用剂量为每天 3 次，每次 2~4 喷，相当于 12~24mg 的多酚，连续 5 天。整个研究持续了 8 周。临床结果表明：治疗 3 天后，83% 接受蜂胶口腔喷雾治疗的受试者症状得到缓解，而安慰剂组中有 72% 的受试者至少还有一种剩余症状。5 天后，所有受试者的症状都得以消除。这表明轻度非复杂性 URTIs 相关症状的解决时间比对照组记录的 5 天提前了 2 天。摄入蜂胶口腔喷雾或安慰剂与不良反应之间没有关联。因此，蜂胶口腔喷雾可以作为一种非药物治疗手段，在较短时间内改善细菌和病毒感染引起的非复杂性 URTIs 症状。

目前，医疗界正致力于寻找能够减少针对病毒性病因的儿科呼吸系统疾病中不当使用抗生素的方法。Cardinale et al.（2024）对一种由蜂蜜、蜂胶、天竺葵提取物和锌组成的膳食补充剂（DSHPP）进行研究，旨在评估其在治疗儿童急性扁桃体咽炎（ATR）的效果。研究采取了开放、随机对照的方式，比较了 DSHPP 加标准治疗（SoC）与单独标准治疗 6 天的效果。研究对象为 3~10 岁、ATR 症状持续不超过 48 小时、对 β- 溶血性链球菌快速测试结果为阴性或通过鼻部和（或）咽部分泌物培养鉴定的儿童。主要研究终点是扁桃体炎严重程度评分（TSS）和治疗失败的次数（使用布洛芬或高剂量对乙酰氨基酚作为救援药物）。结果显示，DSHPP+SoC 在 TSS 子分数方面的表现优于单独 SoC 治疗：在第 6 天，喉咙疼痛和红斑（$P < 0.001$ 和 $P < 0.05$）、吞咽困难（第 4 天 $P < 0.01$）以及第 4 天和第 6 天的 TSS 总分（$P < 0.05$ 和 $P < 0.001$）均有所改善。仅有一名患者（SoC 组）因布洛芬使用而治疗失败。研究期间未报告任何不良事件。DSHPP 作为一种上呼吸道感染治疗的辅助药物，显示出其潜在价值，并可能在儿科医生日常临床实践中评估正确抗生素处方时发挥重要作用。

四、蜂胶在防控因冠状病毒引发的呼吸道疾病中的作用

目前，人类已识别出7种冠状病毒，它们隶属于原冠状病毒亚科（Orthocoronavirinae），并被进一步划分为两个属：非典型肺炎冠状病毒属，包括229E和NL63；以及B冠状病毒属，包括OC43、HKU1、MERS-CoV、SARS-CoV和SARS-CoV-2。冠状病毒通常会引起轻微的呼吸道感染，例如普通感冒。然而，这些病毒亦有可能导致严重的呼吸综合征和流行病的爆发，例如非典型肺炎（SARS，即严重急性呼吸综合征，包括新冠病毒）和中东呼吸综合征（MERS）。

（一）临床前研究

蜂胶提取物通过以下机制展现其对SARS-CoV-2感染的抗病毒效果：首先，它能够抑制S1刺突蛋白与ACE-2蛋白之间的相互作用；其次，通过降低细胞内RNA转录物的合成，从而减少病毒的复制；此外，它还能减少病毒颗粒的数量，并抑制神经氨酸酶的活性；最后，蜂胶提取物能够降低肺部支气管肺泡灌洗液中的病毒载量（针对甲型流感病毒）。

槲皮素就是其中的一种类黄酮，它可以抑制SARS-CoV-2主要蛋白酶的活性，如蛋白酶3型胰凝乳蛋白酶（3CLpro），还可以调节细胞未折叠蛋白反应（UPR），从而抑制SARS-CoV-2在内的冠状病毒的复制环节（Polansky et al.2019）。

Berretta et al.（2020）进行了一项研究，深入探讨了蜂胶对抗SARS-CoV-2感染的机制以及其在治疗COVID-19疾病中的潜在价值。研究指出，蜂胶化合物可能针对SARS-CoV-2感染机制的多个关键靶点发挥作用。SARS-CoV-2病毒侵入宿主细胞的过程主要依赖于病毒的刺突蛋白与宿主细胞内的血管紧张素转换酶2（ACE2）和丝氨酸蛋白酶TMPRSS2的相互作用。这一机制涉及PAK1激酶的过度表达，PAK1在冠状病毒引起的肺部炎症、纤维化和免疫系统抑制中扮演着关键角色。蜂胶成分能够抑制ACE2、TMPRSS2和PAK1信号通路；并且在体外和体内试验中已经验证了其抗病毒活性。在临床前研究中，蜂胶促进了促炎细胞因子的免疫调节，包括降低IL-6、IL-1β和TNF-α的水平。这种免疫调节作用涉及单核细胞和巨噬细胞，以及Jak2/STAT3、NF-kB和炎症小体通路，从而减少了细胞因子风暴综合征的风险，这是晚期COVID-19疾病的主要致死因素。此外，蜂胶还显示出辅助治疗COVID-19患者特别危险的多种共病的潜力，这些共病包括呼吸系统疾病、高血压、糖尿病和癌症。

此外，有研究揭示，蜂胶中的类黄酮成分对SARS-CoV-2具有一定的抑制效果。分子对接实验显示，类黄酮可能阻碍了炎症反应中的病毒-宿主蛋白相互作用，并可能影响SARS-CoV-2的生命周期。此外，它还可能干预SARS-CoV-2与宿主细胞受体的结合，以及宿主蛋白酶对S蛋白的蛋白水解加工过程（Zulhendri et al.2021）。

Ali et al.（2021）的研究表明，蜂胶中的柚皮苷和芦丁等黄酮类化合物同样在体外

环境中展现出与浓度相关的抗 SARS-CoV-2 活性。

Yosri et al.（2021）观察到构树黄酮醇 F、白杨素、甘氨酸酶 A、山奈酚、sulabiroins A、咖啡酸、3- 苯乳酸、光色素 Lumichrome 等物质也具有抗病毒效果。此外，多种次生代谢物也显示出抗病毒活性；特别是酚类化合物（能够抑制非典型肺炎冠状病毒 3 CL pro 酶的活性）、槲皮素（能够抑制非典型肺炎冠状病毒的细胞入侵和 3 CL pro 酶的活性）、山奈酚（能够抑制冠状病毒 3a 离子通道）、木犀草素（能够与 SARS-CoV 的表面尖峰蛋白结合）、芹菜素和木犀草素（能够抑制 SARS-COV 3CLpro 的活性）（ Schwarz et al.2014；Chen et al.2008；Yi et al.2004）。此外，白杨素也表现出抗病毒活性，其作用机制是抑制病毒衣壳蛋白的产生和肠病毒 71 的 RNA 复制（Wang et al.2014）。

Malekmohammad et al.（2021）的研究揭示，槲皮素、芹菜素、山奈酚和姜黄素以及黄芩苷、甘草素、灯盏乙素和熊果酸均被视为治疗 SARS-CoV-2 感染相关症状的潜在药物。Silveira et al.（2021）通过分子对接研究发现，橙皮苷能够与 SARS-CoV-2 的 ACE2 蛋白和尖峰蛋白发生相互作用。

Güler et al.（2021）的研究结果表明，安纳托利亚蜂胶的 70% 乙醇提取物（富含多酚）能够抑制 S1 刺突蛋白（SARS-CoV-2）与 ACE-2 蛋白的相互作用。该研究还利用 ELISA 试剂盒测定和计算机模拟方法，揭示了橙皮素和松果素对 SARS-CoV-2 S1 刺突蛋白和 ACE-2 蛋白的抑制活性（IC_{50} 分别为 11.13mM 和 14.15mM）。此外，Sberna et al.（2022）观察到，将浓度为 25μg/mL 的杨树型蜂胶提取物添加到肾上皮细胞系和 SARS-CoV-2 感染的人肺上皮细胞中，可以减少病毒复制并降低细胞中 RNA 转录本的合成。蜂胶提取物还减少了病毒粒子的数量，导致被感染细胞的数量减少。

Pelvan et al.（2022）开发了一种针对 SARS-CoV-2 感染的口腔 / 喉咙喷雾剂。该喷雾剂由多种精油、一种冷压油和蜂胶组成。研究团队利用 Vero E6 细胞对这些成分及其组合配方进行了细胞毒性和抗病毒活性的评估。研究还分析了配方的抗炎、抗菌、镇痛活性，以及致突变性和抗致突变性。在蜂胶提取物和口腔 / 喉咙喷雾中，共鉴定出 43 种酚类化合物。研究发现，1：640 倍稀释的喷雾剂展现了最佳效能，这种稀释度下细胞病变效应推迟了 54 小时，抗病毒活性达到了 85.3%。结合天然产品与适当浓度的精油，这种喷雾剂有望成为预防 SARS-CoV-2 感染的有效补充手段。

Silva-Beltrán et al.（2023）研究揭示了槲皮素对人类冠状病毒 229E（HCoV-229E）在体外环境下的活性影响。研究进一步指出，绿蜂胶和棕蜂胶提取物在 μRC-5 细胞中对人类冠状病毒 229E 展现了显著的抗病毒活性，其有效浓度分别为 19.08μg/mL 和 11.24μg/mL。

（二）临床试验

目前，仅有三项试验探讨了蜂胶作为 COVID-19 患者辅助治疗的可能性，而一项医学研究正在开展中（未注册 NCT04916821）。

Miryan et al.（2020）开展了另一项随机、双盲、安慰剂对照的临床试验，旨在评估伊朗绿色蜂胶提取物在缓解新冠患者临床症状方面的效果（年龄范围 18~75 岁，*n*=40）。在伊朗伊斯法罕的 AI-Zahra 医院，患者每天服用 300mg 蜂胶提取物 3 次，持续 14 天。与仅接受标准治疗的患者相比，接受蜂胶治疗的患者的新冠临床症状有所改善。不过，目前仅能获取到这项研究的简短摘要。

在 Silveira et al.（2021）开展的研究中，两组年龄在 18~80 岁的 COVID-19 患者每天分别服用 400mg（一组为 40 名患者）和 800mg（另一组为 42 名患者）的绿蜂胶提取物（Propomaxe 胶囊）共 7 天，除了接受标准医院治疗外，研究结果和观察表明，服用蜂胶的患者的住院时间有所缩短。

尽管上述研究揭示了某些积极的前景，但仍存在不少缺陷。例如，研究未能提供关于引发 COVID-19 症状的具体病毒种类的详细信息。此外，所选剂量和干预措施的组合可能还需要进一步的精细化调整。至于蜂胶是否能对非典型肺炎（SARS）患者的状况产生积极影响，目前还需要更多的研究和临床观察来阐明这一问题。在 ClinicalTrials.gov 平台上，一项随机、开放标签的临床研究（编号 NCT04916821）已在土耳其特拉布松的卡努尼教育和研究医院注册。

五、蜂胶在防控慢性阻塞性肺疾病中的作用

慢性阻塞性肺疾病（COPD）是一种长期影响肺部的疾病，其特征是气流受限，这会导致多种症状，如呼吸困难、气喘、咳嗽和痰液增多。COPD 的常见病因，包括遗传因素、空气污染、粉尘暴露，以及最普遍的原因——吸烟。治疗 COPD 的方法包括使用支气管扩张剂、糖皮质激素、氧疗、静脉注射药物和抗生素等。

谷鸥翔等在 2003 年 9 月至 2004 年 3 月期间，选取了 35 例处于稳定期的慢性阻塞性肺疾病（COPD）患者进行研究，其中男性 19 例，女性 16 例；年龄范围为 53~79 岁，平均年龄为 65 岁。病程为 8~40 年。同时，以 35 名健康志愿者作为对照组，其中男性 20 例，女性 15 例；年龄范围为 51~76 岁，平均年龄为 66 岁。纳入标准包括：符合中华医学会呼吸病学分会发布的《慢性阻塞性肺疾病诊治指南》；近一周内未使用任何药物；各组间年龄、性别差异不显著，具有可比性；所有检查均在获得观察对象知情同意后进行。排除标准为患有癌症、胶原血管疾病、心力衰竭、严重免疫功能障碍或器官功能障碍者。

研究采用细胞免疫组化法观察蜂胶对肺泡巨噬细胞核内核因子 κB（NF-κB）的影响，并使用酶联免疫吸附试验法（ELISA）测定蜂胶对肺泡巨噬细胞分泌的细胞因子白细胞介素 -8（IL-8）的影响程度。观察结果显示：与对照组相比，COPD 患者的肺泡巨噬细胞核内 NF-κB 活性显著升高（$P < 0.01$）；肺泡巨噬细胞分泌的 IL-8 水平也显著升高（$P < 0.01$）。在加入蜂胶后，COPD 组的肺泡巨噬细胞核内 NF-κB 活化明显降低（$P < 0.01$）；IL-8 的生成也显著降低（$P < 0.01$）。因此，COPD 患者的肺泡巨噬细胞核内 NF-κB 活性升高，IL-8 生成增加；而蜂胶能够降低 COPD 患者肺泡巨噬细胞核因

子 NF-κB 的活化，减少 IL-8 的分泌。

此外，该研究还观察了蜂胶对 COPD 患者 T 淋巴细胞增殖及分泌白细胞介素 -2（IL-2）的影响。通过四甲基偶氮唑盐（MTT）比色法评估蜂胶对 T 淋巴细胞增殖的影响；并用 ELISA 测定蜂胶对 T 淋巴细胞分泌 IL-2 的影响。结果显示，与对照组相比，COPD 患者的 T 淋巴细胞生成的 IL-2 水平显著降低（$P < 0.01$），T 淋巴细胞增殖反应亦明显减弱（$P < 0.01$）。在蜂胶和 COPD 组中，经植物血凝素（PHA）刺激后，T 淋巴细胞生成的 IL-2 水平较 COPD 组高（$P < 0.01$），T 淋巴细胞增殖反应亦显著增强（$P < 0.01$）。结论指出，COPD 患者的 T 淋巴细胞生成 IL-2 减少，T 淋巴细胞增殖反应减弱，表现出免疫失衡；而蜂胶能够促进 COPD 患者 T 淋巴细胞分泌 IL-2，增强 T 淋巴细胞的增殖反应。

慢性阻塞性肺疾病（COPD）是一种无法根治且逐渐恶化的疾病。肺气肿是 COPD 的主要表现形式，而其主要成因是香烟烟雾（CS）。Barroso et al.（2017）在动物实验中发现，蜂胶通过不依赖 Nrf2 的机制激活巨噬细胞，逆转了香烟烟雾引起的肺气肿。小鼠暴露于 CS 60 天后，再用 3 种不同的天然提取物（马黛茶、葡萄和蜂胶）继续进行口服治疗或不治疗 60 天。组织学分析显示，所有接受天然提取物治疗的组别在肺组织结构上都有显著改善，肺泡空间得到恢复。特别是蜂胶，它还能够恢复肺泡隔和弹性纤维。蜂胶还增加了 MMP-2 的表达并降低了 MMP-12 的表达，有利于组织修复过程。此外，蜂胶招募了包括巨噬细胞在内的白细胞，而没有释放 ROS。进一步研究发现，蜂胶可以促进巨噬细胞的替代激活，从而增加精氨酸酶阳性细胞的数量和 IL-10 水平，有利于抗炎微环境的形成。在进一步研究 Nrf2 对肺修复的作用的过程中，研究人员并未在肺细胞中观察到 Nrf2 向细胞核的转移。与 Nrf2 相关的蛋白质和酶保持不变，除了 NQO1，它似乎是以不依赖于 Nrf2 的方式被蜂胶激活。最终，蜂胶下调了 IGF1 的表达。综上所述，蜂胶通过将巨噬细胞从 M1 极化为 M2，并以 Nrf2 独立的方式下调 IGF1 表达，促进了小鼠肺气肿模型中的肺部修复。

慢性阻塞性肺疾病（COPD）的标准治疗方案通常包括吸入疗法和使用黏液溶解药物。Kolarov et al.（2022）进行了一项研究，旨在评估口服黏液溶解药物 N- 乙酰半胱氨酸和蜂胶（NACp）在 COPD 患者中的疗效和安全性。该研究是一项在塞尔维亚伏伊伏丁那肺病研究所开展的随机、双盲、前瞻性、干预性研究，持续 6 个月。研究纳入了120 名 COPD 患者，他们被随机分配每日服用 NACp（600mg 或 1200mg）或安慰剂。研究评估了这些治疗对急性加重事件、生活质量（通过圣乔治呼吸问卷 -SGRQ 评估）、症状（包括 COPD 评估测试 -CAT；视觉模拟咳嗽量表 -VAS；莱斯特咳嗽问卷 -LCQ；医学研究委员会呼吸困难量表 -mMRC）以及肺功能参数的影响。评估在 3 个时间点进行：基线、NACp 治疗 3 个月后和 NACp 治疗 6 个月后。方差分析显示，在研究期间，肺功能参数、6 分钟步行测试和 mMRC 评分没有显著变化。然而，咳嗽 VAS 和 CAT 评分在不同组别间以及实验组内治疗期间显示出显著差异。LCQ 和 SGRQ 评分在安慰剂组与两个实验组之间未见差异，但在每个实验组内治疗期间观察到的参数有统计学上显著的改善。通过因素分析和随后的二元逻辑回归，发现"与症状相关的因素"是补充组急性加重的最强预测因子（$P < 0.01$）。研究结果表明，高剂量的 NACp 治疗 6 个月对 COPD 患者是安全的，并且对缓解咳嗽症状和提高生活质量具有积极效果。NACp 通过控制与 COPD 相关的症状，显著减少了 COPD 患者的急性症状加重频率。

蜂胶和 N- 乙酰半胱氨酸的专有配方被证明显著减少了痰液的产生，并随后提高了 COPD、哮喘和支气管炎患者的生活质量（Zujovic，2017；Zujovic et al.2018；Zujovic et al.2020）。蜂胶在老年 COPD 患者和儿科肺科患者的自我报告 / 问卷研究中也得到了积极评价（Hirayama et al.2009；Živanović et al.2019）

六、蜂胶在防控肺损伤和纤维化相关疾病中的作用

肺纤维化，是一种由肺损伤引发的疾病，其起始阶段涉及肺泡的损害以及由外来物质引起的氧化应激，这导致了异常的愈合过程。在这一过程中，促炎和促纤维化细胞因子被释放，进而促进成纤维细胞的招募、增殖和激活以及肌成纤维细胞的分化。这一系列反应触发了过度的细胞外基质沉积，最终导致纤维化，表现为气体交换功能受损和呼吸衰竭（Goodwin et al.2016）。蜂胶可能通过提升抗氧化酶和蛋白 CAT、SOD、GPx 和 Nrf-2 的水平，同时降低氧化应激标志物 MDA、NO 和 iNOS 的含量来减轻氧化损伤。此外，蜂胶还减少了炎症相关酶和蛋白如 COX、MPO、AST、ALT 和 TLR-4 的表达。更重要的是，蜂胶显著抑制了 α-SMA、胶原纤维和 TGF-1β 的表达。

蜂胶的抗炎特性已经得到了广泛的认可和证实。蜂胶及其生物活性成分，包括 CAPE 和高良姜素，已被证明能显著降低肺环氧化酶（COX）和髓过氧化物酶（MPO）的活性，同时减少丙二醛（MDA）、肿瘤坏死因子 –α（TNF-α）和白细胞介素 –6（IL-6）的水平。此外，它们还能提高过氧化氢酶（CAT）和超氧化物歧化酶（SOD）在脂多糖诱导的动物模型肺部炎症和损伤中的活性（Rossi et al.2002；Yangi et al.2018；Machado et al.2012；Koksel et al.2006）。白杨素、黄酮素也显示出对 LPS 诱导的败血症动物肺部氧化损伤的改善效果。黄酮素还降低了氧化和炎症标志物的表达，如天冬氨酸转氨酶（AST）、丙氨酸氨基转移酶（ALT）、IL-1β、IL-10、TNF-α 和 MDA 水平，并提升了抗氧化参数，如 SOD、CAT 和 GPx（Koc et al.2020）。蜂胶还抑制了 Toll 样受体 4（TLR4）的表达、巨噬细胞浸润、MPO 活性和败血症动物肺组织的凋亡（Silveira et al.2021）。

在其他肺损伤模型中，蜂胶也展现了类似的保护机制。Özyurt et al.（2004）的研究表明，作为主要成分的 CAPE 能减少博莱霉素诱导的肺纤维化严重程度和氧化及炎症标志物的表达，包括 MPO、NO 和羟脯氨酸；同时上调了保护性抗氧化参数如 CAT 和 SOD。CAPE 还显著增加了 IFN-γ 的水平并降低了 TNF-α、TGF-β1、I 型胶原蛋白的表达，更重要的是降低了肺纤维化指数（Larki et al.2013；Larki-Harchegani et al.2013）。Ismail et al.（2015）发现蜂胶显著提高了博莱霉素诱导的肺纤维化大鼠的 GSH 水平

和组织学表现。观察到与正常肺部相似的外观，其中胶原纤维、α-平滑肌肌动蛋白（α-SMA）、iNOS 和细胞色素-C 免疫反应显著减少。蜂胶在博莱霉素诱导的肺纤维化中的保护作用进一步由 Bilgin et al.（2016）确认。在其他由外来物质（如甘氨脱氧胆酸、胺碘酮、伴清蛋白、角叉菜胶、铝硅酸盐和金纳米颗粒等）诱导的肺损伤模型中，蜂胶也展示了其保护活性（Turkyilmaz et al.2008；Zaeemzadeh et al.2011；El-Aidy et al.2015；Yang et al.2018；Abu et al.2020；Almansour et al.2017）。

七、蜂胶在防控吸烟引起的肺损伤中的作用

蜂胶展现出减轻吸烟负面影响的巨大潜力。研究指出，蜂胶能够通过恢复弹性纤维，促进受损肺部的抗炎环境，对抗香烟烟雾带来的伤害。它能够诱导巨噬细胞的替代激活，并增强核因子红细胞 2 相关因子 2（Nrf-2）的活性，同时提升超氧化物歧化酶（SOD）、过氧化氢酶（CAT）和谷胱甘肽过氧化物酶（GPx）的活性。此外，蜂胶显著减少了炎症细胞计数、髓过氧化物酶（MPO）活性和氧化损伤（Barroso et al.2017；Indasari et al.2019；Lopes et al.2013）。蜂胶中的咖啡酸苯乙酯（CAPE）成分，也已被证明能显著提升 Nrf-2 的表达，并降低香烟烟雾引起的肺损伤的组织病理学评分，包括减少支气管周围和肺实质内的炎症、肺实质内血管充血和血栓形成、肺实质内出血、呼吸上皮细胞增生、支气管和肺泡腔内巨噬细胞数量、肺泡破坏、肺气肿样改变和支气管肺泡出血（Sezer et al.2007；Kucukgul，2016）。更值得注意的是，蜂胶的保护作用在人体临床试验中得到了验证。Koo et al.（2019）的研究显示，蜂胶和芦荟多糖的联合补充显著降低了吸烟者的血清肌酐、葡萄糖和总胆红素水平，并促进了与吸烟相关的有毒代谢产物，如苯并 [a] 芘（BaP）和可铁宁的尿液排泄（Koo et al.2019）。图 4-23 揭示了蜂胶在治疗肺损伤、抗炎和抗纤维化方面的潜在应用。

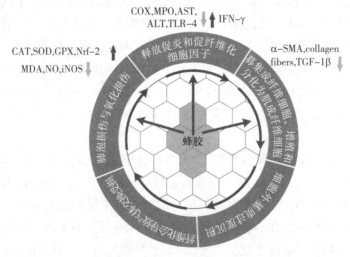

图 4-23　蜂胶在治疗肺损伤、炎症和抗纤维化中的潜在用途

肺损伤导致肺纤维化，起始于肺泡损伤和由外来物质引起的氧化损伤，导致异常的伤口愈合过程。然后释放促炎和促纤维化细胞因子，这些因子促进成纤维细胞的招募、增殖和激活，以及肌成纤维细胞的分化，而蜂胶减轻了这些过程。

八、蜂胶在防控哮喘病中的作用

哮喘是一种慢性炎症性呼吸系统疾病，它会导致肺部气道的狭窄和肿胀，进而引起胸闷、气喘和呼吸困难，特别是在患者接触到过敏原时。通常哮喘是由过敏原触发的树突状细胞激活所引起的，这一过程促进了 T 辅助细胞（包括 Th1、Th2、Th9 和 Th17）的发展和增殖。这些 T 辅助细胞随后促进了炎症细胞因子和趋化因子的表达。因此，复杂的中性粒细胞和嗜酸性粒细胞炎症链以及气道平滑肌细胞的上皮间质转化随之发生（Kudo et al.2013）。

蜂胶在缓解哮喘发作的严重程度和降低发作频率方面的有效性，已在体外研究和动物模型中得到广泛证实。在动物模型中，蜂胶及其生物活性化合物（如 CAPE 和 4′，5，7-三羟基黄酮）显著降低了白细胞和多形核细胞的浸润、α-SMA、MMP-9、MDA、ROS、IgE、IgG1、TNF-α、Th1 和 Th2 相关细胞因子如 IFN-γ、IL-5、IL-6 和 IL-10 的水平（Sy et al.2006；Jung et al.2008；Farias et al.2014；Fang et al.2021）。蜂胶还上调了谷胱甘肽 -S- 转移酶的表达和抗炎 CD4$^+$Foxp3$^+$ 调节性 T 细胞（Treg）的分化，以及多形核髓源性抑制细胞（PMN-MDSC）的表达，这反过来又下调了 Th2 免疫反应（Jabir et al.2013；Piñeros et al.2020）。这些促炎和抗氧化生物化学标志物的调节，减轻了哮喘症状，如肺部炎症、气道高反应性、嗜酸性粒细胞的浸润、哮喘诱导动物的上皮黏液产生（Sy et al.2006；Jung et al.2008；Ma et al.2016）。

蜂胶因其有多种有效成分如黄酮类、酚类化合物、酚酸和萜类化合物，而显著地缓解了哮喘、呼吸系统疾病以及咳嗽的症状。这些成分具备抗炎、抗氧化、抗菌和免疫调节的特性（Zulhendri et al.2022；Lotfy，2006；Catchpole et al.2015；Asfaram，2021）。研究揭示，蜂胶内的活性化合物通过协同作用，能够有效降低炎症反应。这种治疗效果归功于蜂胶中活性成分的相互作用，从而减轻了炎症（Machado et al.2012；Kolarov et al.2022；Barroso et al.2017）。

研究显示，在全身性和局部过敏性动物模型中，蜂胶及其衍生化合物包括咖啡酸苯乙酯（CAPE）、松香素和芹菜素，对 IgE 介导的过敏反应有显著的抑制作用。这些化合物通过降低血浆组胺水平（通过减少组胺 H-1 受体表达和抑制肥大细胞释放组胺）、抑制 NF-κB 的激活、血小板活化因子、半胱氨酰白三烯和 TNF-α、IL-1β 以及 Th2 相关细胞因子（IL-4、IL-5、IL-6、IL-13）的表达，有效地调节了 IgE 抗体反应。因此，通过减少与过敏相关的因素、促炎细胞因子和 IgE 抗体反应，显著减轻了动物模型中的过敏症状，如瘙痒、鼻擦、打喷嚏和水样鼻涕。研究揭示，台湾蜂胶的水提取物含有辅助细胞反应调节因子，这些因子因其对 T 辅助细胞反应的调节作用（Liew et al.2022），而对哮喘环境具有积极影响。T 细胞可导致组织重塑和呼吸道高反应性，这与哮喘的病理特征密切相关（Lloyd et al.2010）。

Nakamura et al.（2010）研究发现，CAPE 和山奈酚能增强中国和巴西蜂胶提取物的抗过敏活性。Tani et al.（2010）的研究显示，肉桂酸衍生物如蒿素、糖精、CAPE、山奈酚和奈皮素也存在于巴西蜂胶中，并表现出抗过敏作用，特别是蒿皮素 C 对过敏原诱导的过敏性炎症的影响已被评估。值得注意的是，一项体外研究指出，阿替匹林 C、CAPE、苄基咖啡因、丙基咖啡因和 3- 甲基 -2- 丁烯基咖啡因被认为是蜂胶的主要接触过敏原（Hausen，2005）。另一项体外研究发现，阿替匹林 C 能够抑制细胞因子的分泌和 ROS 的产生，阻断巨噬细胞谱系中 NF-κB 的表达（Martins et al.2021；Szliszka et al.2013）。CAPE 还能通过单核细胞来源的树突状细胞产生和激活哮喘强炎症类黄酮类化合物，如槲皮素，通过抑制外毒素和 IL-13、减少嗜酸性介质和 2 型辅助细胞因子来缓解哮喘。因此，蜂胶及其活性化合物有望有效地控制和调节哮喘。

Khayyal et al.（2003）开展了一项临床研究，探讨了蜂胶作为哮喘患者辅助治疗的效果。在这项临床对比研究中，轻度至中度哮喘患者被随机分为两组，一组每日服用蜂胶提取物，另一组则服用安慰剂，持续时间为 2 个月。哮喘的诊断依据是美国国立卫生研究院和全球哮喘管理倡议的患者分类标准。研究纳入标准要求：患者在轻度持续病例中，第一秒用力呼气量（FEV1）占用力肺活量（FVC）的百分比可逆度大于 80%；在中度持续病例中该比例为 60%~80%，且 FEV1 的可逆度大于 15%。所有参与者均未接受口服或吸入类固醇治疗，也没有其他需要治疗的合并症，并且均来自中产阶级社区，过去 2~5 年中患有哮喘。共有 24 名患者接受安慰剂治疗，其中 1 人在研究期间退出；另外 23 名患者接受蜂胶提取物治疗，无一退出。患者年龄在 19 至 52 岁之间，包括 36 名男性和 10 名女性。研究期间，每周记录夜间发作次数，并在试验开始时、一个月后及试验结束时对所有患者进行肺功能测试。同时，在试验开始时和两个月后对所有患者测量免疫学参数，包括各种细胞因子和在哮喘中起作用的二十碳五烯酸。研究结束时的分析显示，接受蜂胶治疗的患者夜间发作的频率和严重程度显著降低，通气功能得到改善。夜间发作次数从平均每周 2.5 次减少到 1 次。肺功能的改善表现为 FVC 增加了近 19%，FEV1 增加了 29.5%。最大呼气流速（PEFR）增加了 30%，强制呼气流速增加了 41%，肺活量在 25% 至 75% 的范围内。临床改善的同时，患者的病死率分别下降了 52%、65%、44% 和 30%。促炎细胞因子如肿瘤坏死因子（TNF）-α、ICAM-1、白细胞介素（IL）-6 和 IL-8 的初始值，以及"保护性"细胞因子的水平增加了 2~10 倍。前列腺素 B 和 F2、白三烯 D4 的水平显著下降至初始值的 28% 和 28%。相比之下，安慰剂组患者的呼吸功能和介质水平没有显著改善。

九、蜂胶对鼻炎症状的改善作用

过敏性鼻炎的病理生理过程相当复杂。通常，这种状况是由过敏原引发的 IgE 介导反应所触发，导致肥大细胞脱颗粒，并释放一系列介质，包括组胺、白三烯和前列腺素。这些介质的释放进一步促进炎症细胞因子和趋化因子的表达与作用，从而引发过敏性鼻炎（Bjermer et al.2019）。研究显示，蜂胶能够有效抑制组胺的释放以及组胺受体H1R 的活性。此外，蜂胶还能降低炎症细胞因子如 TNF-α、IL-1β、IL-4、IL-6、IL-9和 NF-kB 的激活水平，这有助于减轻过敏症状的发生频率和严重程度。

目前，急性鼻炎（AR）的治疗主要侧重于缓解症状，但关于如何有效控制其进展，医学界尚未达成明确共识。Marti et al.（2017）招募了 40 名年龄介于 2~12 岁、患有 AR及普通感冒症状的儿童，参与了一项前瞻性、多中心的流行病学研究。这些儿童接受了为期 7 天的蜂胶鼻喷剂治疗（每日 3 次），并在治疗开始（第 1 天）和结束（第 7 天）时，对症状、主观整体改善情况以及生活质量（QoL）进行了评估。研究的主要目标是通过杰克逊评分测试来衡量症状强度的变化。经过 7 天的治疗，总体症状评分显著降低（$P < 0.0001$），各个 AR 症状也显著改善（$P < 0.01$）。总体而言，样本在第 7 天报告无症状，症状大约在第 4 天得到缓解。此外，未需要额外治疗。治疗后，患者的整体主观改善印象良好，生活质量显著提升。在国际范围内，未记录到任何不良事件（AEs）。因此，可以得出结论，蜂胶鼻喷剂能有效促进儿童感染性 AR 和普通感冒症状的恢复，并且是在不需要任何辅助治疗的情况下治疗该疾病的理想选择。

蜂胶在治疗哮喘和过敏性鼻炎发作中的作用及其机制如图 4-24 所示。

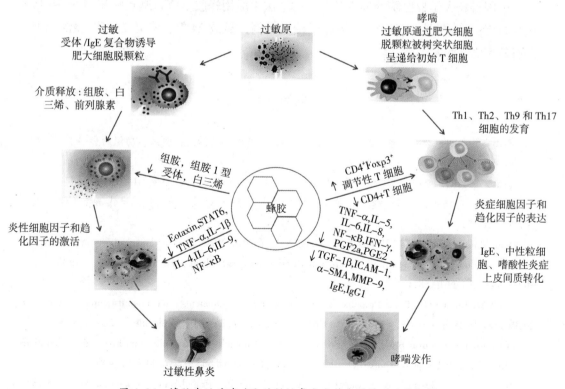

图 4-24 蜂胶在治疗哮喘和过敏性鼻炎发作中的作用及其机制

在过敏性鼻炎领域，蜂胶能够减少组胺的释放以及 H1R 的表达。此外，蜂胶还能够降低多种炎症性细胞因子和趋化因子的表达与激活。至于哮喘，蜂胶有助于减轻与哮喘相关的 T 辅助细胞的发展和增殖。同时，蜂胶还减少了上皮－间质转化以及与多种炎症类型相关的细胞因子和趋化因子的表达，包括中性粒细胞性和嗜酸性粒细胞性炎症。

十、蜂胶对咽炎症状的改善作用

浙江青田人民医院潘小玲等（2007）进行了蜂胶软胶囊治疗慢性咽炎的疗效观察，研究结果表明蜂胶软胶囊具有清咽利喉的功效。研究采用双盲对照法，将 105 名慢性咽炎患者根据咽部症状和体征随机分为两组，其中对照组 52 例，试验组 53 例。试验组患者每日服用蜂胶软胶囊两次，每次两粒，每粒 0.4g；对照组则服用安慰剂。经过 15 天治疗后，结果显示蜂胶软胶囊对咽痛、咽痒、咽干、干咳等咽部症状有显著改善作用，临床症状积分与治疗前相比明显降低，差异具有统计学意义（$P < 0.01$），与对照组相比差异同样显著（$P < 0.01$）。此外，蜂胶软胶囊对咽部黏膜水肿、黏膜充血、咽后壁淋巴滤泡增生等体征也有明显改善，体征积分与治疗前相比显著降低，差异具有统计学意义（$P < 0.01$），与对照组相比差异同样显著（$P < 0.01$）。临床总有效率达到 77.36%，与对照组的 11.54% 相比，差异具有显著性（$P < 0.01$）。

中国科技大学校医院的刘幸芝（1993）医生应用蜂胶治疗口咽疾病患者 56 例（其中急性 25 例，慢性 31 例），结果显示治愈 8 例，显效 24 例，有效 20 例，无效 4 例，总有效率为 92.9%。

参考文献

谷鸥翔，李旭，李卉，等，2007. 蜂胶对慢性阻塞性肺疾病肺泡巨噬细胞功能的影响［J］. 人民军医，（03）：32-34

刘幸芝. 1993. 蜂胶治疗口咽疾病 130 例［J］. 山东中医杂志，12（3）：31-31

潘小玲，竹剑平，2007. 蜂胶软胶囊治疗慢性咽炎 53 例疗效观察［J］. 当代医学（学术版），（07）：125-127.

Abu Almaaty A H, Abd El-Aziz Y M, Omar N A, et al., 2020. Antioxidant property of the egyptian propolis extract versus aluminum silicate intoxication on a rat's lung: Histopathological studies［J］. Molecules, 25（24）：5821.

Ali A M, Kunugi H, 2021. Propolis, bee honey, and their components protect against coronavirus disease 2019（COVID-19）: A review of in silico, in vitro, and clinical studies［J］. Molecules, 26（5）：1232.

Almansour M I, Jarrar B M, 2017. Protective effect of propolis against pulmonary histological alterations induced by 10 nm naked gold nanoparticles［J］. Chiang Mai Journal of Science, 44（2）：449-461.

Berretta A A, Silveira M A D, Capcha J M C, et al., 2020. Propolis and its potential against SARS-CoV-2 infection mechanisms and COVID-19 disease: Running title: Propolis against SARS-CoV-2 infection and COVID-19 [J]. Biomedicine & Pharmacotherapy, 131: 110622.

Asfaram S, Fakhar M, Keighobadi M, et al., 2021. Promising anti-protozoan activities of propolis (bee glue) as natural product: A review [J]. Acta Parasitologica, 66: 1-12.

Barroso M V, Cattani-Cavalieri I, de Brito-Gitirana L, et al., 2017. Propolis reversed cigarette smoke-induced emphysema through macrophage alternative activation independent of Nrf2 [J]. Bioorganic & Medicinal Chemistry, 25 (20): 5557-5568.

Bilgin G, Kismet K, Kuru S, et al., 2016. Ultrastructural investigation of the protective effects of propolis on bleomycin induced pulmonary fibrosis [J]. Biotechnic & Histochemistry, 91 (3): 195-203.

Bjermer L, Westman M, Holmström M, et al., 2019. The complex pathophysiology of allergic rhinitis: scientific rationale for the development of an alternative treatment option [J]. Allergy, Asthma & Clinical Immunology, 15: 1-15.

Božić D D, Ćirković I, Milovanović J, et al., 2023. In vitro antibiofilm effect of N-Acetyl-L-cysteine/dry propolis extract combination on bacterial pathogens isolated from upper respiratory tract infections [J]. Pharmaceuticals, 16 (11): 1604.

Cardinale F, Barattini D F, Martinucci V, et al., 2024. The effectiveness of a dietary supplement with honey, propolis, pelargonium sidoides extract, and zinc in children affected by acute tonsillopharyngitis: an open, randomized, and controlled trial [J]. Pharmaceuticals, 17 (6): 804.

Catchpole O, Mitchell K, Bloor S, et al., 2015. Antiproliferative activity of New Zealand propolis and phenolic compounds vs human colorectal adenocarcinoma cells [J]. Fitoterapia, 106: 167-174.

Chen C J, Michaelis M, Hsu H K, et al., 2008. Toona sinensis Roem tender leaf extract inhibits SARS coronavirus replication [J]. Journal of Ethnopharmacology, 120 (1): 108-111.

Cohen H A, Varsano I, Kahan E, et al., 2004. Effectiveness of an herbal preparation containing echinacea, propolis, and vitamin C in preventing respiratory tract infections in children: a randomized, double-blind, placebo-controlled, multicenter study [J]. Archives of Pediatrics & Adolescent Medicine, 158 (3): 217-221.

De Marco S, Piccioni M, Pagiotti R, et al., 2017. Antibiofilm and antioxidant activity of propolis and bud poplar resins versus *Pseudomonas* aeruginosa [J]. Evidence-Based Complementary and Alternative Medicine, (1): 5163575.

Di Pierro F, Zanvit A, Colombo M, 2016. Role of a proprietary propolis-based product on the wait-and-see approach in acute otitis media and in preventing evolution to tracheitis, bronchitis, or rhinosinusitis from nonstreptococcal pharyngitis [J]. International Journal of General Medicine, 9: 409-414.

El-Aidy W K, Ebeid A A, Sallam A E R M, et al., 2015. Evaluation of propolis, honey, and royal jelly in amelioration of peripheral blood leukocytes and lung inflammation in mouse conalbumin-induced asthma model [J]. Saudi Journal of Biological Sciences, 22 (6): 780-788.

El-Shouny W, Muagam F, Sadik Z, et al., 2012. Antimicrobial activity of propolis extract on URT infections in pediatric patients admitted to Al-Thowrah hospital, Hodeidah City, Yemen [J]. World Journal of Medical Sciences, 7 (3): 172-177.

Esposito C, Garzarella E U, Bocchino B, et al., 2021. A standardized polyphenol mixture extracted from poplar-type propolis for remission of symptoms of uncomplicated upper respiratory tract infection (URTI): A monocentric, randomized, double-blind, placebo-controlled clinical trial [J]. Phytomedicine, 80: 153368.

Fang L, Yan Y, Xu Z, et al., 2021. Tectochrysin ameliorates murine allergic airway inflammation by suppressing Th2 response and oxidative stress [J]. European Journal of Pharmacology, 902: 174100.

Farias J H C, Reis A S, Araújo M A R, et al., 2014. Effects of stingless bee propolis on experimental asthma [J]. Evidence-Based Complementary and Alternative Medicine, 2014 (1): 951478.

Goodwin A T, Jenkins G, 2016. Molecular endotyping of pulmonary fibrosis [J]. Chest, 149 (1): 228–237.

Governa P, Cusi M G, Borgonetti V, et al., 2019. Beyond the biological effect of a chemically characterized poplar propolis: Antibacterial and antiviral activity and comparison with flurbiprofen in cytokines release by LPS-stimulated human mononuclear cells [J]. Biomedicines, 7 (4): 73.

Güler H I, Şal F A, Can Z, et al., 2021. Targeting CoV-2 spike RBD and ACE-2 interaction with flavonoids of Anatolian propolis by in silico and in vitro studies in terms of possible COVID-19 therapeutics [J]. Turkish Journal of Biology, 45 (7): 530–548.

Guzmán-Gutiérrez S L, Nieto-Camacho A, Castillo-Arellano J I, et al., 2018. Mexican propolis: A source of antioxidants and anti-inflammatory compounds, and isolation of a novel chalcone and ε-caprolactone derivative [J]. Molecules, 23 (2): 334.

Hausen B M, 2005. Evaluation of the main contact allergens in propolis (1995 to 2005) [J]. DERM, 16 (3): 127–129.

Hirayama F, Lee A H, Binns C W, et al., 2009. Dietary supplementation by Japanese patients with chronic obstructive pulmonary disease [J]. Complementary Therapies in Medicine, 17 (1): 37–43.

Indasari E N, Marhendra A P W, Wardhana A W, 2019. Extract bee propolis (Trigona sp) for preventive increase protease activity and defect of trachea histology in rats (Rattus norvegicus) exposed to cigarette smoke [C]//IOP Conference Series: Earth and Environmental Science. IOP Publishing, 391 (1): 012048.

Ismail D I, Farag E A, 2015. Propolis protects against bleomycin-induced pulmonary fibrosis through mitochondrial-dependent pathway: a histological study [J]. Egyptian Journal of Histology, 38 (4): 732–741.

Jabir F A, Al Ali A S, 2015. Biochemical study and gene expression of Glutathione-S-Transferase (GST) in induced asthma in rat [J]. Oriental Journal of Chemistry, 31 (3): 1587–94.

Jin X, Ren J, Li R, et al., 2021. Global burden of upper respiratory infections in 204 countries and territories, from 1990 to 2019 [J]. EClinicalMedicine, 37: 100986.

Jung W K, Lee D Y, Choi Y H, et al., 2008. Caffeic acid phenethyl ester attenuates allergic airway inflammation and hyperresponsiveness in murine model of ovalbumin-induced asthma [J]. Life Sciences, 82 (13–14): 797–805.

Kai H, Obuchi M, Yoshida H, et al., 2014. In vitro and in vivo anti-influenza virus activities of flavonoids and related compounds as components of Brazilian propolis (AF-08) [J]. Journal of Functional Foods, 8: 214–223.

Khayyal M T, El-Ghazaly M A, El-Khatib A S, et al., 2003. A clinical pharmacological study of the potential beneficial effects of a propolis food product as an adjuvant in asthmatic patients [J]. Fundamental & Clinical Pharmacology, 17 (1): 93–102.

Koc F, Tekeli M Y, Kanbur M, et al., 2020. The effects of chrysin on lipopolysaccharide-induced sepsis in rats [J]. Journal of Food Biochemistry, 44 (9): e13359.

Koksel O, Ozdulger A, Tamer L, et al., 2006. Effects of caffeic acid phenethyl ester on lipopolysaccharide-induced lung injury in rats [J]. Pulmonary Pharmacology & Therapeutics, 19, (2): 90–95.

Kolarov V, Kotur–Stevuljević J, Ilić M, et al. Factorial analysis of N–acetylcysteine and propolis treatment effects on symptoms, life quality and exacerbations in patients with Chronic Obstructive Pulmonary Disease (COPD): a randomized, double–blind, placebo–controlled trial [J], 2022. European Review for Medical and Pharmacological Sciences, 26 (9): 3192–3199.

Koo H J, Lee K R, Kim H S, et al., 2019. Detoxification effects of aloe polysaccharide and propolis on the urinary excretion of metabolites in smokers [J]. Food and Chemical Toxicology, 130: 99–108.

Kucukgul A, 2016. Inhibition of cigarette smoke induced–inflammation and oxidative damage by caffeic acid phenethyl ester in A549 cells [J]. Asian Journal of Pharmaceutics (AJP), 10 (04).

Kudo M, Ishigatsubo Y, Aoki I, 2013. Pathology of asthma [J]. Frontiers in Microbiology, 4: 263: 247–255.

Kujumgiev A, Tsvetkova I, Serkedjieva Y, et al. 1999. Antibacterial, antifungal and antiviral activity of propolis of different geographic origin [J]. Journal of Ethnopharmacology, 64 (3): 235–240.

Kwon M J, Shin H M, Perumalsamy H, et al., 2020. Antiviral effects and possible mechanisms of action of constituents from Brazilian propolis and related compounds [J]. Journal of Apicultural Research, 59 (4): 413–425.

Larki A, Hemmati A A, Arzi A, et al., 2013. Regulatory effect of caffeic acid phenethyl ester on type I collagen and interferon–gamma in bleomycin–induced pulmonary fibrosis in rat [J]. Research in Pharmaceutical Sciences, 8 (4): 243.

Larki–Harchegani A, Hemmati A A, Arzi A, et al., 2013. Evaluation of the effects of caffeic acid phenethyl ester on prostaglandin E2 and two key cytokines involved in bleomycin–induced pulmonary fibrosis [J]. Iranian Journal of Basic Medical Sciences, 16 (7): 850.

Liew K Y, Kamise N I, Ong H M, et al., 2022. Anti–allergic properties of propolis: Evidence from preclinical and clinical studies [J]. Frontiers in Pharmacology, 12: 785371.

Lloyd C M, Hessel E M, 2010. Functions of T cells in asthma: more than just TH2 cells [J]. Nature Reviews Immunology, 10 (12): 838–848.

Lopes A A, Ferreira T S, Nesi R T, et al., 2013. Antioxidant action of propolis on mouse lungs exposed to short–term cigarette smoke [J]. Bioorganic & Medicinal Chemistry, 21 (24): 7570–7577.

Lotfy M, 2006. Biological activity of bee propolis in health and disease [J]. Asian Pacific Journal of Cancer Prevention, 7 (1): 22–31.

Ma Y, Zhang J X, Liu Y N, et al., 2016. Caffeic acid phenethyl ester alleviates asthma by regulating the airway microenvironment via the ROS–responsive MAPK/Akt pathway [J]. Free Radical Biology and Medicine, 101: 163–175.

Machado J L, Assunçao A K M, da Silva M C P, et al., 2012. Brazilian green propolis: anti–inflammatory property by an immunomodulatory activity [J]. Evidence–Based Complementary and Alternative Medicine, 2012 (1): 157652.

Malekmohammad K, Rafieian–Kopaei M, 2021. Mechanistic aspects of medicinal plants and secondary metabolites against severe acute respiratory syndrome coronavirus 2 (SARS–CoV–2) [J]. Current Pharmaceutical Design, 27 (38): 3996–4007.

Marti J, López F, Gascón I, et al., 2017. Propolis nasal spray effectively improves recovery from infectious acute rhinitis and common cold symptoms in children: a pilot study [J]. Journal of Biological Regulators and Homeostatic Agents, 31 (4): 943–950.

Martins N S, de Campos Fraga-Silva T F, Correa G F, et al., 2021. Artepillin C reduces allergic airway inflammation by induction of monocytic myeloid-derived suppressor cells [J]. Pharmaceutics, 13 (11): 1763.

Miryan M, Soleimani D, Dehghani L, et al., 2020. The effect of propolis supplementation on clinical symptoms in patients with coronavirus (COVID-19): A structured summary of a study protocol for a randomised controlled trial [J]. Trials, 21: 1–2.

Nakamura R, Nakamura R, Watanabe K, et al., 2010. Effects of propolis from different areas on mast cell degranulation and identification of the effective components in propolis [J]. International Immunopharmacology, 10 (9): 1107–1112.

Onlen Y, Duran N, Atik E, et al., 2007. Antibacterial activity of propolis against MRSA and synergism with topical mupirocin [J]. The Journal of Alternative and Complementary Medicine, 13 (7): 713–718.

Ophori E A, Wemabu E C, 2010. Antimicrobial activity of propolis extract on bacteria isolated from nasopharynx of patients with upper respiratory tract infection admitted to Central Hospital, Benin City, Nigeria [J]. African Journal of Microbiology Research, 4 (16): 1719–1723..

Orodan M, Vodnar D C, Toiu A M, et al., 2016. Phytochemical analysis, antimicrobial and antioxidant effect of some gemmotherapic remedies used in respiratory diseases [J]. Farmacia, 64 (2): 224–230.

Özyurt H, Söğüt S, Yıldırım Z, et al., 2004. Inhibitory effect of caffeic acid phenethyl ester on bleomycine-induced lung fibrosis in rats [J]. Clinica Chimica Acta, 339 (1–2): 65–75.

Pelvan E, Serhatlı M, Karaoğlu Ö, et al., 2022. Development of propolis and essential oils containing oral/throat spray formulation against SARS-CoV-2 infection [J]. Journal of Functional Foods, 97: 105225.

Piñeros A R, de Lima M H F, Rodrigues T, et al., 2020. Green propolis increases myeloid suppressor cells and CD4[+] Foxp3[+] cells and reduces Th2 inflammation in the lungs after allergen exposure [J]. Journal of Ethnopharmacology, 252: 112496.

Polansky H, Lori G, 2020. Coronavirus disease 2019 (COVID-19): first indication of efficacy of Gene-Eden-VIR/Novirin in SARS-CoV-2 infection [J]. International Journal of Antimicrobial Agents, 55 (6): 105971

Popova M, Dimitrova R, Al-Lawati H T, et al., 2013. Omani propolis: chemical profiling, antibacterial activity and new propolis plant sources [J]. Chemistry Central Journal, 7: 1–8.

Ramata-Stunda A, Petriņa Z, Valkovska V, et al., 2022. Synergistic effect of polyphenol-rich complex of plant and green propolis extracts with antibiotics against respiratory infections causing bacteria [J]. Antibiotics, 11 (2): 160.

Rossi A, Longo R, Russo A, et al., 2002. The role of the phenethyl ester of caffeic acid (CAPE) in the inhibition of rat lung cyclooxygenase activity by propolis [J]. Fitoterapia, 73: S30–S37.

Sahlan M, Irdiani R, Flamandita D, et al., 2021. Molecular interaction analysis of Sulawesi propolis compounds with SARS-CoV-2 main protease as preliminary study for COVID-19 drug discovery [J]. Journal of King Saud University-Science, 33 (1): 101234.

Sberna G, Biagi M, Marafini G, et al., 2022. In vitro evaluation of antiviral efficacy of a standardized hydroalcoholic extract of poplar type propolis against SARS–CoV–2 [J]. Frontiers in Microbiology, 13: 799546.

Schwarz S, Sauter D, Wang K, et al., 2014. Kaempferol derivatives as antiviral drugs against the 3a channel protein of coronavirus [J]. Planta Medica, 80 (02/03): 177–182.

Seçilmiş Y, Silici S, 2020. Bee product efficacy in children with upper respiratory tract infections [J]. The Turkish Journal of Pediatrics, 62 (4): 634–640.

Serkedjieva J, Manolova N, Bankova V. 1992. Anti–influenza virus effect of some propolis constituents and their analogues (esters of substituted cinnamic acids) [J]. Journal of Natural Products, 55 (3): 294–297.

Sezer M, Sahin O, Solak O, et al., 2007. Effects of caffeic acid phenethyl ester on the histopathological changes in the lungs of cigarette smoke–exposed rabbits [J]. Basic & Clinical Pharmacology & Toxicology, 101 (3): 187–191.

Shimizu T, Hino A, Tsutsumi A, et al., 2008. Anti–influenza virus activity of propolis in vitro and its efficacy against influenza infection in mice [J]. Antiviral Chemistry and Chemotherapy, 19 (1): 7–13.

Silva–Beltrán N P, Galvéz–Ruíz J C, Ikner L A, et al., 2023. In vitro antiviral effect of Mexican and Brazilian propolis and phenolic compounds against human coronavirus 229E [J]. International Journal of Environmental Health Research, 33 (12): 1591–1603.

Silveira M A D, Capcha J M C, Sanches T R, et al., 2021. Green propolis extract attenuates acute kidney injury and lung injury in a rat model of sepsis [J]. Scientific Reports, 11 (1): 5925.

Silveira M A D, De Jong D, Berretta A A, et al., 2021. Efficacy of Brazilian green propolis (EPP–AF*) as an adjunct treatment for hospitalized COVID–19 patients: A randomized, controlled clinical trial [J]. Biomedicine & Pharmacotherapy, 138: 111526.

Speciale A, Costanzo R, Puglisi S, et al., 2006. Antibacterial activity of propolis and its active principles alone and in combination with macrolides, beta–lactams and fluoroquinolones against microorganisms responsible for respiratory infections [J]. Journal of Chemotherapy, 18 (2): 164–171.

Sy L B, Wu Y L, Chiang B L, et al., 2006. Propolis extracts exhibit an immunoregulatory activity in an OVA–sensitized airway inflammatory animal model [J]. International Immunopharmacology, 6 (7): 1053–1060.

Szliszka E, Mertas A, Czuba Z P, et al., 2013. Inhibition of inflammatory response by artepillin C in activated RAW264.7 macrophages [J]. Evidence–Based Complementary and Alternative Medicine, (1): 735176.

Takemura T, Urushisaki T, Fukuoka M, et al., 2012. 3, 4–Dicaffeoylquinic acid, a major constituent of Brazilian propolis, increases TRAIL expression and extends the lifetimes of mice infected with the influenza A virus [J]. Evidence–Based Complementary and Alternative Medicine, (1): 946867.

Takeshita T, Watanabe W, Toyama S, et al., 2013. Effect of Brazilian propolis on exacerbation of respiratory syncytial virus infection in mice exposed to tetrabromobisphenol A, a brominated flame retardant [J]. Evidence–Based Complementary and Alternative Medicine, (1): 698206.

Tani H, Hasumi K, Tatefuji T, et al., 2010. Inhibitory activity of Brazilian green propolis components and their derivatives on the release of cys–leukotrienes [J]. Bioorganic & Medicinal Chemistry, 18 (1): 151–157.

Taufik F F, Natzir R, Patellongi I, et al., 2022. In vivo and in vitro inhibition effect of propolis on Klebsiella pneumoniae: A review [J]. Annals of Medicine and Surgery, 81: 104388.

Turkyilmaz S, Alhan E, Ercin C, et al., 2008. Effects of caffeic acid phenethyl ester on pancreatitis in rats [J]. Journal of Surgical Research, 145 (1): 19–24.

Wang J, Zhang T, Du J, et al., 2014. Anti–enterovirus 71 effects of chrysin and its phosphate ester [J]. PLoS One, 9 (3): e89668.

Yang Z, Guan Y, Li J, et al., 2018. Chrysin attenuates carrageenan–induced pleurisy and lung injury via activation of SIRT1/NRF2 pathway in rats [J]. European Journal of Pharmacology, 836: 83–88.

Yangi B, Cengiz Ustuner M, Dincer M, et al., 2018, Propolis protects endotoxin induced acute lung and liver inflammation through attenuating inflammatory responses and oxidative stress [J]. Journal of Medicinal Food, 21 (11): 1096–1105.

Yi L, Li Z, Yuan K, et al., 2004. Small molecules blocking the entry of severe acute respiratory syndrome coronavirus into host cells [J]. Journal of Virology, 78 (20): 11334–11339.

Yosri N, Abd El–Wahed A A, Ghonaim R, et al., 2021. Anti–viral and immunomodulatory properties of propolis: Chemical diversity, pharmacological properties, preclinical and clinical applications, and in silico potential against SARS–CoV–2 [J]. Foods, 10 (8): 1776.

Zaeemzadeh N, Hemmati A, Arzi A, et al., 2011. Protective effect of caffeic acid phenethyl ester (CAPE) on amiodarone–induced pulmonary fibrosisin rat [J]. Iranian Journal of Pharmaceutical Research: IJPR, 10 (2): 321.

Živanović S, Pavlović D, Stojanović N, et al., 2019. Attitudes to and prevalence of bee product usage in pediatric pulmonology patients [J]. European Journal of Integrative Medicine, 27: 1–6.

Zujovic D, Zugic V, 2018. The randomized, double–blind, placebo–controlled study of efficacy and safety of propolis and n–acetylcysteine compared to placebo in adults in acute condition with sputum production [M] //B38. ISSUES IN UNDERSTANDING AND MANAGING COUGH. American Thoracic Society: A3196–A3196.

Zujovic D, Zuza O, Djordjevic B, 2020. Assessment of the quality of life of patients with acute bronchitis on the propolis with N–Acetylcisteine versus N–acetylcisteine [M] //D104. PHENOTYPES, PROGNOSTIC TOOLS, AND ADJUNCT THERAPIES IN COUGH, CF AND NON–CF BRONCHIECTASIS. American Thoracic Society: A7773–A7773.

Zujovic D, 2017. The randomized, double–blind, placebo–controlled study of efficacy and safety of propolis and N–acetylcysteine compared to placebo in adults in acute condition with sputum production [M] // A101. ADVANCES IN COUGH, DYSPNEA, AND INTERVENTIONAL PULMONARY. American Thoracic Society: A2675–A2675.

Zulhendri F, Chandrasekaran K, Kowacz M, et al., 2021. Antiviral, antibacterial, antifungal, and antiparasitic properties of propolis: A review [J]. Foods, 10 (6): 1360.

Zulhendri F, Perera C O, Tandean S, et al., 2022. The potential use of propolis as a primary or an adjunctive therapy in respiratory tract–related diseases and disorders: A systematic scoping review [J]. Biomedicine & Pharmacotherapy, 146: 112595.

🐝 第六节　蜂胶对肝脏的保护作用

一、蜂胶对慢性酒精性肝损伤的保护作用及其作用机制

酒精性肝病（alcoholic liver disease，ALD）是指由于长期大量饮酒导致的慢性肝损伤，涵盖了酒精性脂肪肝、酒精性肝炎、酒精性肝纤维化以及酒精性肝硬化等多种病变。

陈小囡（2008）利用大鼠酒精肝模型，探究了蜂胶对体内超氧化物歧化酶（SOD）活性和丙二醛（MDA）含量的影响，目的是为蜂胶抗酒精性肝损伤的效果提供理论依据。实验结果显示，与正常对照组相比，患有 ALD 的大鼠肝组织中 SOD 活性明显降低，而 MDA 水平则显著升高。然而，在经过 12 周蜂胶灌胃治疗后，观察到 ALD 大鼠肝组织中 SOD 活性显著提高，MDA 水平也相应降低。这说明蜂胶具有抗氧化特性，能够清除氧自由基，抑制脂质过氧化反应，从而减轻由氧自由基引起的肝细胞损伤。

戴伟等（2010）研究了蜂胶对乙醇诱发的化学性肝损伤的保护作用。在该研究中，50 只雄性昆明种小鼠被随机分配到 5 个实验组：空白对照组、肝损伤模型对照组以及 3 个不同剂量的蜂胶组（低、中、高剂量组）。研究通过试剂盒检测了肝组织中的丙二醛（MDA）和还原型谷胱甘肽（GSH）的含量，并利用全自动生化分析仪测定了肝组织中甘油三酯（TG）的水平。此外，还进行了病理检测以评估小鼠肝脏组织脂肪变性的程度。研究结果表明，与模型对照组相比，蜂胶高剂量组的动物肝脏中 TG 含量显著降低，GSH 含量显著升高，这些差异具有统计学意义（$P < 0.05$ 或 $P < 0.01$）。同时，蜂胶高剂量组动物的肝脏脂肪变性程度也明显低于模型对照组，差异同样具有统计学意义（$P < 0.01$）。这些实验结果揭示了蜂胶对乙醇引起的化学性肝损伤具有显著的保护效果。

Ye et al.（2019）探究了蜂胶乙醇提取物（EEP）对酒精诱导的大鼠肝脂肪变性的保护效应。研究者连续 7 周每天给予雄性 Wistar 大鼠相当于其体重 1% 的 52% 浓度乙醇，成功诱导出慢性酒精性脂肪肝。随后，研究者对动物进行了 4 周的治疗，治疗方案包括使用 50% 的 EEP 乙醇溶液或生理盐水，剂量为体重的 0.1%。通过血清学分析和肝脏组织病理学研究，评估了脂肪变性的发展情况。此外，还进行了微阵列分析，以研究肝脏基因表达谱的变化。研究结果表明，经过 4 周的 EEP 治疗，多种血液指标、肝功能酶活性以及肝脏组织的病理学特征均得到了显著改善，并恢复至正常水平。微阵列分析揭示，EEP 处理显著降低了与脂肪生成相关的肝脏基因表达，同时显著提升了参与脂肪酸氧化的功能基因的转录水平。这些发现表明，EEP 具有减轻酒精对肝脏负面影响的能力，从而使得蜂胶成为治疗酒精性脂肪肝的一个潜在的天然疗法。

接着，他们深入探讨了蜂胶中的三种黄酮类化合物——乔松素（PI）、高良姜素（GA）和白杨素（CH）在对抗由乙醇引发的 HepG2 细胞损伤方面的保护效果。研究结果显示，这些黄酮类化合物的预处理能显著逆转由乙醇引起的细胞损伤，这一点通过减少活性氧和丙二醛的产生、降低 DNA 损伤以及增强抗氧化状态得到证实。RNA-Seq 分析揭示，在 PI、GA 和 CH 预处理的细胞中，差异表达基因在多种生物过程中显著富集。此外，这三种黄酮类化合物均能显著抑制 ERK1/2 的磷酸化、AHR 的核转位以及 CYP1A1 的表达。综合来看，这三种黄酮类化合物通过抑制 ERK1/2-AHR-CYP1A1 信号通路，对乙醇诱导的细胞损伤提供了显著的保护作用。本研究的发现为 PI、GA 和 CH 在预防和治疗乙醇引起的脂肪肝疾病方面的潜在应用提供了理论支持。

二、蜂胶缓解高脂饮食诱导非酒精性脂肪肝的作用效果

非酒精性脂肪肝病（NAFLD）已成为全球范围内主要的慢性肝病，同时也是代谢综合征（MetS）在肝脏的表现形式（Younossi et al.2016；Spiritos et al.2021）。该病影响了全球四分之一的成年人，随着 MetS 的患病率上升，预计 NAFLD 的发病率也将逐年增加（Muzica et al.2020）。NAFLD 是在没有其他导致肝脂肪积累的继发性原因（如过量饮酒、使用致脂肪肝药物或遗传性疾病）的情况下出现的肝脂肪变性。NAFLD 进一步细分为两种类型：非酒精性脂肪肝（NAFL）和非酒精性脂肪性肝炎（NASH）。NAFL 的诊断依据是存在肝脂肪变性但无肝细胞气球样变，而 NASH 的诊断则基于肝脂肪变性和炎症（肝细胞气球样变）的证据，可能伴有或不伴有纤维化（Chalasani et al.2012）。目前尚无专门用于 NAFLD 治疗的特效药物。调整饮食、增强锻炼等改变生活方式的治疗方式存在依从性差、效果温和、易反弹的局限性。因此，安全性高、具有靶向性的天然产物逐渐成为药物开发的选择。

蜂胶的肝脏保护特性似乎与其抗氧化和抗炎作用有关。Jin et al.（2017）研究显示，蜂胶及其多酚类成分能够保护培养的肝细胞免受棕榈酸诱导的脂毒性。蜂胶通过维持能量供应和抑制细胞凋亡来防止 HepG2 细胞的棕榈酸毒性。此外，它还能通过提高超氧化物歧化酶水平和抗氧化基因（如 GSTA1、TXNRD1、NQO-1、HO-1 和 Nrf2）表达，同时减少炎症基因（如 TNF-α 和 IL-8）表达，从而增强细胞的抗氧化能力。蜂胶中的黄酮类物质，例如芹菜素、高良姜素和白杨素，通过抑制 ERK1/2-AHR-CYP1A1 信号通路来预防 HepG2 细胞损伤（Ye et al.2020）。ERK 信号通路在肝纤维化的形成中已被证实具有重要作用（Foglia et al.2019）。

在非酒精性脂肪肝病（NAFLD）的小鼠模型中，蜂胶（及其主要成分白杨素）展现了缓解病症的潜力。通过降低血清中的 AST、ALT、ALP、GGT 水平，以及减少肝组织中的甘油三酯、胆固醇、游离脂肪酸和糖基化终产物，蜂胶有效减轻了病情。此外，蜂胶还降低了 NAFLD 肝组织中的促炎细胞因子 TNF-α 和 IL-6 的水平（Kismet et al.2017；Pai et al.2021）。白杨素被证实能够抑制 SREBP-1c 基因的表达，并上

调 PPAR-α 基因（Pai et al.2021）。SREBP-1c 在 NAFLD 的进展中起着关键作用，而 PPAR-α 则直接抑制了促炎信号通路（Aragno et al.2009；Tailleux et al.2012）。

Porras et al.（2017）的研究揭示了槲皮素对高脂饮食引起的小鼠非酒精性脂肪肝病（NAFLD）具有保护作用，这种作用是通过调节肠道菌群失衡和激活相关的肠 - 肝轴来实现的。在实验中，C57BL/6J 小鼠被分为两组，高脂饮食（HFD）模型组和槲皮素干预组，持续 16 周。研究发现，HFD 导致了肥胖、代谢综合征以及肝脂肪变性的发展，这些是主要的肝脏组织学改变。肝内脂质的增加与脂质代谢相关基因表达的改变有关，这主要是由于其主要调节因子的失调所致。槲皮素的补充减少了胰岛素抵抗和 NAFLD 活动评分，通过调节脂质代谢基因表达、细胞色素 P450 2E1（CYP2E1）依赖的脂质过氧化和相关脂毒性，从而减少了肝内脂质的积累。通过使用 16S 核糖体 RNA Illumina 下一代测序技术，确定了微生物群的组成。宏基因组学研究揭示了 HFD 导致的菌群失调在门、纲和属水平上的差异，表现为 Firmicutes/Bacteroidetes 比例的增加和革兰阴性细菌的增加，以及 Helicobacter 属的显著增加。菌群失调伴随着内毒素血症、肠道屏障功能障碍和肠 - 肝轴的改变，以及随后的炎症基因过度表达。由菌群失调介导的 Toll 样受体 4（TLR-4）-NF-κB 信号通路的激活与炎症小体启动反应和内质网应激通路的诱导有关。槲皮素逆转了肠道微生物菌群失衡和相关的 TLR-4 通路诱导的内毒素血症，随后抑制了炎症小体反应和内质网应激通路的激活，导致脂质代谢的阻断、新陈代谢基因表达失调。

鲍佳益等（2024）深入研究了蜂胶中酚类化合物在缓解高脂饮食诱导的非酒精性脂肪肝（NAFLD）方面的疗效及其作用机制。研究结果表明，蜂胶及其酚类化合物有效降低了脂质积累，缓解了氧化应激，减少了炎症反应，并且调节了肠道菌群的平衡，展现了其在治疗非酒精性脂肪肝方面的巨大潜力。在体外 NAFLD 模型中，咖啡酸苯乙酯、阿替匹林 C、白杨素以及蜂胶中的黄酮单体（包括乔松素、高良姜素、白杨素、柚皮素）能够不同程度地减轻游离脂肪酸诱导的细胞内脂滴积累和 ROS、MDA 水平的升高，同时降低 IL-1β 的表达，改善细胞的脂质堆积、氧化损伤和炎症反应。特别是柚皮素，在这些作用中展现了显著的综合效果。

蜂胶对肝脏的保护作用已在临床试验中得到证实。Soleimani et al.（2020）开展的研究表明，蜂胶补充剂（每日 2 次，每次摄入 250mg，连续服用 4 个月）对非酒精性脂肪肝病（NAFLD）患者产生了积极效果。与接受安慰剂的对照组相比，接受蜂胶治疗的患者肝脏脂肪变性明显减轻。蜂胶同样有效减轻了治疗组患者的肝脏硬度，而对照组的肝脏硬度却有所上升。此外，蜂胶的使用还引起了高敏感性 C 反应蛋白（hs-CRP）水平的下降。

三、蜂胶对糖尿病致肝损伤的保护作用

肝脏是糖脂代谢的关键器官，糖尿病会促进自由基的过度生成，并提升糖尿病肾病

和肝病的发病率。在糖尿病的背景下，可能会出现脂肪肝、脂肪性肝炎、肝纤维化等慢性肝病，这些状况的发生可能与氧化应激、内皮网应激紧密相关。因此，在降低血糖血脂的同时，缓解肝脏的氧化应激以减少细胞损伤，对于改善糖尿病引起的肝损伤具有重要意义。

在针对糖尿病和非酒精性脂肪肝病（NAFLD）的小鼠实验模型中，蜂胶被证实能够缓解肝脏损伤。具体而言，蜂胶显著降低了糖尿病小鼠体内的碱性磷酸酶（ALP）、丙氨酸氨基转移酶（ALT）、天冬氨酸氨基转移酶（AST）、乳酸脱氢酶（LDH）、γ-谷氨酰转移酶（GGT）以及丙二醛的水平（Oršolić et al.2012；IBabatunde et al.2015；Nna et al.2018）。这些酶的升高通常与肝病的严重程度紧密相关（Ekstedt et al.2006）。与此同时，蜂胶提升了肝脏的保护性抗氧化状态，上调了包括超氧化物歧化酶（SOD）、过氧化氢酶（CAT）、谷胱甘肽过氧化物酶（GPx）、谷胱甘肽-S-转移酶（GST）和谷胱甘肽还原酶（GR）在内的抗氧化酶的表达，并增加了谷胱甘肽的水平以及糖尿病小鼠肝脏的总抗氧化能力。此外，组织学评估显示，蜂胶减轻了由糖尿病引起的肝损伤，表现为蜂胶处理组的糖尿病小鼠肝脏中空泡化细胞数量减少，空泡化程度降低，炎症和免疫细胞浸润也有所减少。

Zhu et al.（2014）研究了来自中国和巴西的蜂胶对糖尿病大鼠的肝脏和肾脏损伤展现出保护效果。该研究考察了这两种蜂胶对链脲佐菌素引发的大鼠肝肾损伤的影响。研究发现，相较于未接受治疗的糖尿病大鼠，接受中国蜂胶治疗的大鼠其糖化血红蛋白（HbAlc）水平下降了7.4%。中国蜂胶显著提升了血清中超氧化物歧化酶（SOD）的水平，而巴西蜂胶则同时提高了血清SOD水平，并降低了丙二醛（MDA）和一氧化氮合酶（NOS）的水平。血清中丙氨酸氨基转移酶（ALT）、天冬氨酸氨基转移酶（AST）以及微量白蛋白尿的减少，揭示了蜂胶对肝肾功能改善的积极作用，这一点通过组织学检查得到了进一步的证实。此外，研究还观察到中国和巴西蜂胶显著提升了肝肾中的谷胱甘肽过氧化物酶（GSH-px）水平，并抑制了MDA的产生。这些结果暗示，蜂胶可能通过抑制脂质过氧化作用和增强抗氧化酶的活性来预防肝肾损伤。

四、蜂胶对药物性肝损伤的保护作用

药物性肝损伤是常见的肝脏损伤类型之一。在正常情况下，药物在肝脏中经过解毒过程产生的代谢产物，如亲电子基、自由基和氧基等有害活性物质，通常会与谷胱甘肽、葡萄糖醛酸等物质结合从而被解毒，并不会对肝脏造成损害。然而，在某些情况下，药物的过量摄入会增加肝脏的负担。一旦肝脏的代偿能力被超越，这些毒物就会在肝脏中积累，并通过多种机制损害肝细胞。

Sharma et al.（1998）的研究表明，添加50mg/kg的蜂胶能够抑制由扑热息痛引起的肝坏死过程，并降低肝癌的发病率。

Albukhari et al.（2009）进行了一项研究，探讨了咖啡酸苯乙酯（CAPE）对乳腺癌治疗药物三苯氧胺（TAM，亦称他莫昔芬）引起的肝损伤的保护作用。研究结果显示，在 TAM 治疗后，血清中的丙氨酸转氨酶（ALT）、天冬氨酸转氨酶（AST）、碱性磷酸酶（ALP）水平上升，同时肝组织中的谷胱甘肽（GSH）含量减少，氧化型谷胱甘肽（GSSG）含量上升，脂质过氧化程度加剧。此外，谷胱甘肽还原酶（GR）、谷胱甘肽过氧化物酶（GPx）、超氧化物歧化酶（SOD）和过氧化氢酶（CAT）的活性均有所下降，而肝组织中的肿瘤坏死因子 -α（TNF-α）含量上升。在 CAPE 的干预下，血清中上述酶的活性得到抑制，谷胱甘肽含量的下降和氧化型谷胱甘肽的积累被阻止，脂质过氧化水平降低，并且 GR、GPx、SOD、CAT 的活性得到恢复，TNF-α 的升高也受到抑制。综上所述，CAPE 通过维护细胞膜的完整性、抑制脂质过氧化、增强抗氧化酶活性和抑制肝脏炎症等机制，为大鼠提供了对抗 TAM 诱导的肝毒性的保护。此外，CAPE 还能通过减少活性氮的产生和恢复谷胱甘肽水平来对抗抗癌药物顺铂引起的肝毒性，发挥保肝作用。

Abdelsameea et al.（2013）探讨了蜂胶对阿托伐他汀引发的肝毒性所具有的缓解效果。在他们的研究中，实验鼠在口服 20mg/kg 和 80mg/kg 剂量的阿托伐他汀前 1 小时，分别接受了 50mg/kg 和 100mg/kg 剂量的蜂胶预处理，并持续治疗 30 天。研究人员评估了血清中的丙氨酸氨基转移酶（ALT）、天门冬氨酸氨基转移酶（AST）水平以及肝匀浆物中的超氧化物歧化酶（SOD）、过氧化氢酶（CAT）水平，并进行了组织病理学检查。结果显示，阿托伐他汀以剂量依赖的方式显著提高了 ALT、AST、SOD 和 CAT 的水平，并导致肝细胞发生变性。相反，蜂胶则以剂量依赖的方式显著降低了这些指标的变化，并有效阻止了由阿托伐他汀引起的肝组织结构变化。研究者们还提出，蜂胶的这种肝脏保护作用可能与其抗氧化特性有关。此外，有报告指出蜂胶对异烟肼（一种抗结核药物）、环孢霉素 A 以及杀虫剂氰戊菊酯所引起的肝毒性也具有一定的改善效果。

黄海波等（2018）在其发表的研究报告中，探讨了蜂胶提取物对顺铂引起的肝、肾损伤的保护作用。在该研究中，研究者们对大鼠进行了不同剂量（50、100、150mg/kg mb）的蜂胶乙醇提取物的灌胃处理，持续 7 天后，一次性通过腹腔注射给了 10mg/kg mb 的顺铂，以建立肝、肾损伤模型。之后，继续进行灌胃 5 天。实验结束时，通过测定血清中肝、肾损伤标志物，以及肝、肾组织中脂质过氧化物和抗氧化物的含量，并观察肝、肾组织的病理变化，来评估蜂胶对顺铂毒性的干预效果。研究结果表明，与模型组相比，高剂量组大鼠血清中的门冬氨酸氨基转移酶、丙氨酸氨基转移酶活性以及尿素氮、肌酐含量均有所下降；肝、肾组织中的超氧化物歧化酶、过氧化氢酶活性，以及还原型谷胱甘肽含量均有所提高；丙二醛、诱导型一氧化氮合酶含量均有所降低。从组织病理学角度观察，模型组大鼠的肝、肾组织均出现了病变，表现为肝小叶细胞坏死和肾小球细胞脱落、空泡化等现象，而蜂胶给药组的这些病变情况均有不同程度的减轻。结论指出，蜂胶乙醇提取物能够降低体内氧化应激水平，增强机体自身的抗氧化能力，有效减轻顺铂引起的肝、肾损伤。

Kaya et al.（2019）研究报道了蜂胶对低剂量和高剂量呋喃诱导的大鼠肝毒性及氧

化应激的保护作用。研究通过测定丙二醛（MDA）和还原型谷胱甘肽（GSH）的水平、抗氧化酶活性以及肝脏组织的病理变化来进行评估。实验采用雄性 Wistar 大鼠，分为六组：对照组、蜂胶处理组（100mg/kg/d）、低剂量呋喃处理组（呋喃 –L 组，2mg/kg/d）、高剂量呋喃处理组（呋喃 –H 组，16mg/kg/d）、呋喃 –L+ 蜂胶处理组和呋喃 –H+ 蜂胶处理组。蜂胶和呋喃均通过灌胃方式给药，蜂胶连续给药 8 天，呋喃 –L 组连续给药 20 天，呋喃 –H 组连续给药 10 天。研究发现：呋喃处理组的 MDA 水平显著升高，而 GSH 水平和抗氧化酶活性则显著降低（$P < 0.001$）。在呋喃与蜂胶联合处理组中，MDA 和 GSH 水平以及抗氧化酶活性均恢复至正常水平，特别是呋喃 –L+ 蜂胶组（$P < 0.001$）。在呋喃 –H 处理组中，天冬氨酸转氨酶、丙氨酸转氨酶、碱性磷酸酶和乳酸脱氢酶活性均有所升高（$P < 0.05$ 和 $P < 0.001$），而呋喃 –L 处理组中未观察到这些变化。组织病理学观察揭示，呋喃处理组的肝脏组织出现多种病变，尤其是在高剂量组。然而，在两个呋喃与蜂胶联合处理组中，这些病变较为轻微。研究结果表明，蜂胶对呋喃诱导的肝细胞损伤具有显著的肝保护和抗氧化作用。

Shao et al.（2020）的研究中报道了咖啡酸苯乙酯（CAPE）对抗吡虫啉（IMI）诱导的肝毒性的保护作用。吡虫啉是一种全球广泛使用的烟碱类杀虫剂，其对环境和人类健康的潜在风险已经引起了研究人员的高度关注。咖啡酸苯乙酯作为蜂胶中的主要活性多酚，展现出了包括自由基清除、抗炎和抗氧化在内的多种药理活性。本研究旨在探讨 CAPE 对吡虫啉诱导的小鼠肝损伤的保护作用。研究结果表明，1mg/kg 和 2.5mg/kg 剂量的 CAPE 能够显著抑制由 5mg/kg 吡虫啉引起的血清 AST 和 ALT 水平升高。CAPE 还显著降低了 IMI 诱导的小鼠肝脏中一氧化氮（NO）的产生和脂质过氧化现象，并且以剂量依赖的方式提升了谷胱甘肽、过氧化氢酶、超氧化物歧化酶和谷胱甘肽过氧化物酶的活性。通过透射电子显微镜观察，IMI 组小鼠的内质网应激表现为内质网肿胀。2.5mg/kg 的 CAPE 预处理显著减轻了 IMI 诱导的小鼠肝脏中的内质网应激。免疫印迹分析显示，CAPE 预处理能够下调 IMI 诱导的小鼠肝脏中肿瘤坏死因子 –α（TNF–α）和干扰素 –γ（IFN–γ）的表达。此外，阳性凋亡肝细胞数量的增加进一步暗示了凋亡可能在 IMI 诱导的肝毒性中扮演了角色。1mg/kg 和 2.5mg/kg 的 CAPE 预处理显著减少了阳性凋亡肝细胞的数量，表明 CAPE 能够预防 IMI 诱导的小鼠肝脏中的凋亡现象。综上所述，CAPE 通过减轻氧化应激、内质网应激、炎症反应和细胞凋亡，有效预防了 IMI 诱导的小鼠肝损伤（图 4-25）。这一发现可能对未来研究预防杀虫剂引起的肝损伤的治疗策略有重要的生物学和环境意义。

由此可见，蜂胶对各种药物所致的肝损伤都有一定的改善作用，这种保肝活性可能通过清除自由基、恢复 GSH 水平及抗氧化酶活性，甚至调节一些药物代谢酶的方式得以实现。

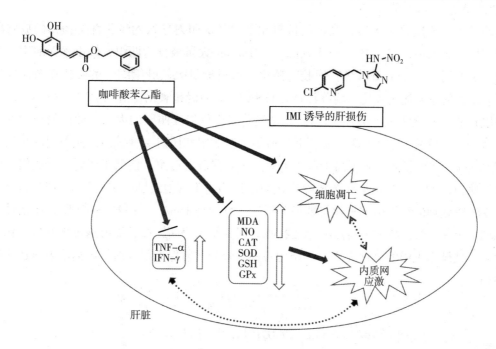

图 4-25　CAPE 对 IMI 诱导的小鼠肝毒性的保护机制示意图

五、蜂胶对放射性肝损伤的保护作用

在进行上腹部肿瘤放射治疗时，肝脏对放射线的高度敏感性成为提升放射剂量的主要限制因素。虽然轻微的急性放射性肝损伤往往能够自行恢复，但严重的急性放射性肝损伤可能会发展为放射性肝病（radiation induced liver disease，RILD）。该病的临床症状通常具有潜伏性且不易被察觉，一旦显现，病情会不断恶化，最终可能引起肝功能衰竭。目前，尚无特定药物能有效治疗放射性肝病。因此，开发有效的放射性肝损伤防护剂显得极为关键。

冯玮等（2011）研究了巴西蜂胶抗大鼠急性放射性肝损伤的实验研究。探讨巴西蜂胶对 30Gy 高能 X 线照射上腹部致大鼠急性放射性肝损伤的防护作用。研究中将 40 只 sD 大鼠随机分为 4 组：A 组（生理盐水 + 假放疗组）；B 组（蜂胶 + 假放疗组）；C 组（蜂胶 + 放疗组）；D 组（生理盐水 + 放疗组）。实验大鼠接受 30Gy 高能 X 线上腹部照射，并于照射后 4 天采血、处死，观察大鼠肝细胞凋亡、肝脏病理改变情况，检测血清 ALT、AST 水平变化，观察肝脏组织的 SOD、GSH 活性变化。研究发现，C 组与 D 组比较，大鼠肝细胞凋亡指数、血清 ALT、AST 水平显著降低，病理损伤减轻，肝脏组织中 SOD、GSH 均显著增高（$P < 0.05$）。上述研究表明，巴西蜂胶可清除自由基，减少辐射所致的肝细胞凋亡，进而对急性放射性肝损伤起到一定的防护作用。

Cikman et al.（2024）研究报道了蜂胶在保护肝脏免受辐射诱导的氧化应激中的保护作用。电离辐射引发的应激反应亦可经由循环系统对组织和器官造成损害。本研究的目的是探究蜂胶这一天然且高效的抗氧化剂对颅部照射导致的氧化性肝损伤的放射防护效果。研究中，32 只雄性白化 Sprague–Dawley 大鼠被分为四组：假手术对照组、照射（IR）组、蜂胶 + 照射组和蜂胶对照组。通过测量大鼠肝组织中的生化参数，发现所有组别的总酶促超氧化物清除活性（TSSA）、非酶促超氧化物清除活性（NSSA）以及谷胱甘肽过氧化物酶（GSH–Px）活性均显著高于仅接受照射的大鼠。而照射组的谷胱甘肽 –S– 转移酶（GST）活性显著低于假手术对照组和照射 + 蜂胶组。照射组的超氧化物歧化酶（SOD）活性显著高于假手术对照组和蜂胶对照组，但低于照射 + 蜂胶组。此外，照射组的丙二醛水平和黄嘌呤氧化酶活性均高于其他组别。与假手术对照组相比，接受蜂胶处理的组别中抗氧化参数显著提升，特别是 TSSA、NSSA、SOD 和 GST 活性分别增加了 32.3%、23.2%、47.6% 和 22.6%。研究结果表明，蜂胶能够通过提升抗氧化活性和降低肝组织中的氧化应激，可作为一种有效的放射保护剂来对抗电离辐射所造成的损伤。

六、蜂胶对金属离子致肝损伤的保护作用

肝脏，作为血流量充沛且具备解毒功能的器官，是重金属离子易于积累的部位之一，因此它特别容易遭受损害。此外，对身体有害的不仅仅是那些非必需的金属元素，即使是机体必需的轻金属或重金属元素（如镁、铝、铜、镍等），一旦超出机体的耐受限度，同样会对健康产生负面影响。因此，许多学者开始研究蜂胶对由金属离子引起的肝损伤的保护作用。

Nirala et al.（2008）研究了没食子酸、蜂胶及其组合对由毒性金属铍引起的肝损伤的保护效果。实验通过反映肝肾病变的生化指标来评估。血清中的评估指标包括天冬氨酸转氨酶（AST）、丙氨酸转氨酶（ALT）、乳酸脱氢酶（LDH）、γ- 谷氨酰转肽酶（γ–GT）、总胆红素、肌酸酐、白蛋白和尿素；而肝肾组织的评估指标则包括糖原、总蛋白、脂质过氧化、谷胱甘肽、三酰甘油、总胆固醇含量、酸性及碱性磷酸酶、ATP 酶、6–磷酸葡萄糖酶和琥珀酸脱氢酶的活性。此外，通过微粒体评估了微粒体蛋白、微粒体脂质过氧化和微粒体药物代谢酶活性，这些指标主要用于反映肝肾细胞及其细胞器结构和功能的变化。研究结果显示，与正常鼠相比，接触铍的对照组大鼠的多种理化指标发生了显著变化，这些变化能有效反映铍诱导的肝肾功能障碍。然而，经过没食子酸和蜂胶治疗后，这些理化指标的变化幅度明显降低，尤其是两者联合使用时效果更为显著，这些理化指标接近正常水平。组织病理学观察结果也证实了没食子酸和蜂胶对肝肾的保护作用。分析认为，毒性金属铍进入机体后，通过引起肝肾组织内细胞及其细胞器的损伤和一些重要酶活性的降低以及大量活性氧的产生，导致肝肾器官组织结构和功能的失常。而没食子酸和蜂胶可能通过螯合金属铍、清除自由基、调节酶活性等多种机制对肝肾发挥保护作用。

Bhadauria et al.（2008）的研究成果揭示了蜂胶提取物能够有效抑制由氯化汞

（$HgCl_2$，剂量为 5mg/kg）引起的肝脏脂质过氧化反应及产生的氧化型谷胱甘肽。此外，蜂胶提取物还能提升肝脏中还原型谷胱甘肽的水平，并显著降低血清中某些标志性酶的含量，同时恢复部分抗氧化酶的活性。这些结果表明，蜂胶通过其抗氧化防御机制，能够对抗由汞引起的肝脏毒性。

Türkez et al.（2010）的研究将雄性 Sprague Dawley 大鼠分为四组：对照组、氯化铝组（剂量为 34mg/kg）、蜂胶组（剂量为 50mg/kg）以及 $AlCl_3$ 与蜂胶联合组。所有大鼠均通过口服给药，持续 30 天。实验结束时，研究人员对大鼠进行麻醉，并分离出肝细胞以进行微核肝细胞（MNHEPs）计数。研究还分析了血清中酶的水平和肝脏组织学的变化。结果显示，氯化铝刺激后，MNHEPs 数量、碱性磷酸酶、转氨酶（AST 和 ALT）以及 LDH 的水平均有所增加，并且观察到严重的病理损伤，包括中央静脉阻塞、脂质沉积和淋巴细胞浸润等。相比之下，单独使用蜂胶并未表现出这些不良反应；而结合蜂胶治疗则能显著减轻由氯化铝引起的毒性效应。

Omar et al.（2024）的研究报告中探讨了蜂王浆和蜂胶对大鼠镉诱导的肝肾毒性逆转效应。选择 32 只成年雄性大鼠，这些大鼠被暴露于 4.5mg/kg/d 的镉剂量一个月，并与同时接受蜂胶（50mg/kg/d）或蜂王浆（200mg/kg/d）处理的大鼠进行比较。通过与对照组动物的对比，评估肾脏和肝脏功能、组织病理学变化以及氧化应激水平。暴露于镉导致的肝肾毒性表现为氧化应激的增加、肝功能的恶化以及特征性的组织病理学异常。补充蜂王浆或蜂胶能够将大多数受影响的参数恢复至接近对照组的水平。尽管如此，与对照组相比，反映 DNA 损伤程度和肝脏中白细胞介素 -1β 表达的参数，以及丙二醛和金属硫蛋白的水平，在定期使用蜂王浆或蜂胶后仍略有升高。值得注意的是，在蜂王浆处理的情况下，观察到的结果更为理想。这可能表明，这两种产品对镉的螯合作用以及减少氧化应激的能力极为重要。

综上所述，蜂胶对于由某些金属离子引起的肝损伤具有一定的保护效果，这种效果可能与蜂胶清除自由基、调节抗氧化酶活性以及螯合金属离子的能力相关。

七、蜂胶对乙肝致肝损伤的保护作用

乙型肝炎是一种由病毒引发的疾病。1996 年，日本医学专家山本伦大发布了一份报告，指出服用蜂胶可能有助于乙肝转阴。此后，吕淑兰等（2002）在探究蜂胶对慢性乙型肝炎治疗效果的研究中，选取了患有慢性乙型肝炎的患者作为研究对象，并将他们分为治疗组和对照组。研究采用了复合用药对照法，即在相同的护肝药物综合治疗方案基础上，治疗组额外摄入了日本产的蜂胶，而对照组则接受了安慰剂。研究结果显示，治疗组的有效率达到 78.6%，总有效率为 87.5%；对照组的有效率为 46.4%，总有效率为 60.7%。两组之间的差异极为显著（$P < 0.01$），这在临床上证实了蜂胶对慢性乙型肝炎具有显著的治疗效果。

八、蜂胶在预防肝纤维化方面的作用

Chen et al.（2008）深入研究了组织转谷氨酰胺酶（tTG）在乙醇引起的肝损伤中的作用，以及蜂胶在预防肝纤维化方面的潜在作用。研究揭示，在急性肝损伤和纤维化的发展过程中，tTG 的表达水平上升及其交联活性得到了验证。本研究专注于探讨分子机制，这些机制有助于阐释乙醇如何促进 tTG 的表达，并评估了蜂胶成分在体外抑制 tTG 表达以及在体内预防肝纤维化的效果。研究确认了 ERK1/2 和 PI3K/Akt 信号通路在调节乙醇对 NF-κB 依赖性转录影响中的作用，这些通路可能参与了乙醇诱导的 tTG 表达激活过程。此外，研究发现蜂胶的主要成分芹菜素（PIN）能够抑制 tTG 的激活，并显著预防由硫代乙酰胺（TAA）引起的肝硬化。本研究结果表明，tTG 可能是乙醇诱导肝纤维化过程中关键的级联因子之一，而芹菜素则可能成为一种有效的抗纤维化剂。综上所述，tTG 在乙醇诱导的肝纤维化过程中扮演着关键角色，而 ERK1/2 和 PI3K/Akt 信号通路均能调节乙醇对 NF-κB 依赖的转录作用以及 tTG 基因表达的激活。蜂胶 /PIN 的使用抑制了 tTG 的激活，并阻止了 TAA 诱导的肝硬化进展。鉴于蜂胶对人类的安全性，它可能在治疗由持续性肝损伤引起的慢性肝病方面具有潜在的益处。

参考文献

鲍佳益，于心雨，祝梅斐，等，2024. 蜂胶酚类化合物缓解高脂饮食诱导非酒精性脂肪性肝病的作用效果及机制研究进展 [J]. 食品科学，45（19）：332-341.

陈小囡，2009. 蜂胶对慢性酒精性肝损伤的保护作用及其机制研究 [J]. 健康研究，29（02）：89-91.

戴伟，尹晓晨，2010. 蜂胶对乙醇所致化学性肝损伤的保护作用研究 [J]. 实用预防医学，17（06）：1207-1209.

冯玮，楚建军，余磊，等，2011. 巴西蜂胶抗大鼠急性放射性肝损伤的实验研究 [J]. 现代肿瘤医学，19（08）：1504-1507.

黄海波，沈圳煌，耿倩倩，等，2018. 蜂胶提取物对顺铂诱导大鼠肝、肾损伤的保护作用 [J]. 食品科学，39（15）：159-164.

吕淑兰，李晓光，2002. 蜂胶治疗慢性乙型肝炎临床应用研究 [J]. 中华临床医药杂志（北京），3（16）：20-21.

Abdelsameea A, Mahgoub L, Abdel Raouf S, 2013. Study of the possible hepatoprotective effect of propolis against the hepatotoxic effect of atorvastatin in albino rats [J]. Zagazig University Medical Journal, 19（5）：1-9.

Albukhari A A, Gashlan H M, El-Beshbishy H A, et al., 2009. Caffeic acid phenethyl ester protects against tamoxifen-induced hepatotoxicity in rats [J]. Food and Chemical Toxicology, 47（7）：1689-1695.

Aragno M, Tomasinelli C E, Vercellinatto I, et al., 2009. SREBP-1c in nonalcoholic fatty liver disease induced by Western-type high-fat diet plus fructose in rats [J]. Free Radical Biology and Medicine, 47（7）：

1067-1074.

Bhadauria M, Shukla S, Mathur R, et al., 2008. Hepatic endogenous defense potential of propolis after mercury intoxication [J]. Integrative Zoology, 3（4）: 311-321.

Chalasani N, Younossi Z, Lavine J E, et al., 2012. The diagnosis and management of non-alcoholic fatty liver disease: practice guideline by the American Gastroenterological Association, American Association for the Study of Liver Diseases, and American College of Gastroenterology [J]. Gastroenterology, 142（7）: 1592-1609.

Chen C S, Wu C H, Lai Y C, et al., 2008. NF-κB-activated tissue transglutaminase is involved in ethanol-induced hepatic injury and the possible role of propolis in preventing fibrogenesis [J]. Toxicology, 246（2-3）: 148-157.

Cikman O, Bulut A, Taysi S, 2024. Protective effect of propolis in protecting against radiation-induced oxidative stress in the liver as a distant organ [J]. Scientific Reports, 14（1）: 21766.

Ekstedt M, Franzén L E, Mathiesen U L, et al., 2006. Long-term follow-up of patients with NAFLD and elevated liver enzymes [J]. Hepatology, 44（4）: 865-873.

Foglia B, Cannito S, Bocca C, et al., 2019. ERK pathway in activated, myofibroblast-like, hepatic stellate cells: a critical signaling crossroad sustaining liver fibrosis [J]. International Journal of Molecular Sciences, 20（11）: 2700.

IBabatunde I R, Abdulbasit A, Oladayo M I, et al., 2015. Hepatoprotective and pancreatoprotective properties of the ethanolic extract of Nigerian propolis [J]. Journal of Intercultural Ethnopharmacology, 4（2）: 102.

Jin X L, Wang K, Li Q Q, et al., 2017. Antioxidant and anti-inflammatory effects of Chinese propolis during palmitic acid-induced lipotoxicity in cultured hepatocytes [J]. Journal of Functional Foods, 34: 216-223.

Kaya E, Yılmaz S, Ceribasi S, 2019. Protective role of propolis on low and high dose furan-induced hepatotoxicity and oxidative stress in rats [J]. Journal of Veterinary Research, 63（3）: 423-431.

Kismet K, Ozcan C, Kuru S, et al., 2017. Does propolis have any effect on non-alcoholic fatty liver disease? [J]. Biomedicine & Pharmacotherapy, 90: 863-871.

Muzica C M, Sfarti C, Trifan A, et al., 2020. Nonalcoholic fatty liver disease and type 2 diabetes mellitus: a bidirectional relationship [J]. Canadian Journal of Gastroenterology and Hepatology,（1）: 6638306.

Nirala S K, Li P, Bhadauria M, et al., 2008. Combined effects of gallic acid and propolis on beryllium-induced hepatorenal toxicity [J]. Integrative Zoology, 3（3）: 194-207.

Nna V U, Bakar A B A, Mohamed M, 2018. Malaysian propolis, metformin and their combination, exert hepatoprotective effect in streptozotocin-induced diabetic rats [J]. Life Sciences, 211: 40-50.

Omar E M, El-Sayed N S, Elnozahy F Y, et al., 2024. Reversal effects of royal jelly and propolis against cadmium-induced hepatorenal toxicity in Rats [J]. Biological Trace Element Research, 202（4）: 1612-1627.

Oršolić N, Sirovina D, Končić M Z, et al., 2012. Effect of Croatian propolis on diabetic nephropathy and liver toxicity in mice [J]. BMC Complementary and Alternative Medicine, 12: 1-16.

Pai S A, Munshi R P, Panchal F H, et al., 2019. Chrysin ameliorates nonalcoholic fatty liver disease in rats [J]. Naunyn–Schmiedeberg's Archives of Pharmacology, 392: 1617–1628.

Porras D, Nistal E, Mart í nez–Fl ó rez S, et al. , 2017. Protective effect of quercetin on high–fat diet–induced non–alcoholic fatty liver disease in mice is mediated by modulating intestinal microbiota imbalance and related gut–liver axis activation [J]. Free Radical Biology and Medicine, 102: 188–202.

Shao B, Wang M, Chen A, et al. , 2020. Protective effect of caffeic acid phenethyl ester against imidacloprid–induced hepatotoxicity by attenuating oxidative stress, endoplasmic reticulum stress, inflammation and apoptosis [J]. Pesticide Biochemistry and Physiology, 164: 122–129.

Sharma M, Pillai K K, Husain S Z, et al. , 1998. Protective effect of propolis against paracetamol toxicity in rat liver [J]. Nutrition Research and Practice, 12 (6): 27–34.

Soleimani D, Rezaie M, Rajabzadeh F, et al. , 2021. Protective effects of propolis on hepatic steatosis and fibrosis among patients with nonalcoholic fatty liver disease (NAFLD) evaluated by real–time two–dimensional shear wave elastography: A randomized clinical trial [J]. Phytotherapy Research, 35 (3): 1669–1679.

Spiritos Z, Abdelmalek M F, 2021. Metabolic syndrome following liver transplantation in nonalcoholic steatohepatitis [J]. Translational Gastroenterology and Hepatology, 6: 1–11.

Tailleux A, Wouters K, Staels B, 2012. Roles of PPARs in NAFLD: potential therapeutic targets [J]. Biochimica et Biophysica Acta (BBA) –Molecular and Cell Biology of Lipids, 1821 (5): 809–818.

T ü rkez H, Yousef Ml, Geyikoglu F, 2010. Propolis prevents aluminium–induced geneticand hepatic damages in rat liver [J]. Food and Chemical Toxicology , 48 (10): 2741–2746.

Ye M, Xu M, Fan S, et al. , 2020. Protective effects of three propolis–abundant flavonoids against ethanol–induced injuries in HepG2 cells involving the inhibition of ERK1/2–AHR–CYP1A1 signaling pathways [J]. Journal of Functional Foods, 73: 104166.

Ye M, Xu M, Ji C, et al. , 2019. Alterations in the transcriptional profile of the liver tissue and the therapeutic effects of propolis extracts in alcohol–induced steatosis in rats [J]. Anais da Academia Brasileira de Ci ê ncias, 91 (03): e20180646.

Younossi Z M, Koenig A B, Abdelatif D, et al. , 2016. Global epidemiology of nonalcoholic fatty liver disease—meta–analytic assessment of prevalence, incidence, and outcomes [J]. Hepatology, 64 (1): 73–84.

Zhu W, Li Y H, Chen M L, et al. , 2011. Protective effects of Chinese and Brazilian propolis treatment against hepatorenal lesion in diabetic rats [J]. Human & Experimental Toxicology, 30 (9): 1246–1255.

第七节　蜂胶与蜂王浆在糖尿病防控中的作用

一、蜂胶与蜂王浆对血糖调节作用的动物实验研究

（一）蜂胶对 1 型糖尿病作用的动物实验研究

1 型糖尿病（T1DM）又称为胰岛素依赖型糖尿病，主要发生在儿童及青少年中，但也可以发生在任何年龄阶段。发病原因多是由于胰岛 B 细胞发生细胞介导的自身免疫性损伤，患者多具有特征性的自身免疫抗体存在，如胰岛细胞自身抗体（ICA）、胰岛素自身抗体（IAA）、谷氨酸脱羧酶自身抗体（GAD）及酪氨酸磷酸酶自身抗体 IA-2 等。

T1DM 患者一般终生需要服用胰岛素，如果发生中断则可能出现酮症并危及生命。胰岛素药物疗效肯定，机制明确，但是长期治疗费用昂贵，同时容易产生低血糖，少数服用者还会产生过敏、水肿及胰岛素抗药性等现象。临床上一般采用口服药结合胰岛素的方式治疗 T1DM 患者。

胡福良等（2019）选取了中国杨树型蜂胶和巴西酒神菊属型绿蜂胶作为研究样本，对不同来源的蜂胶在控制 T1DM 大鼠血糖水平、调节脂质代谢以及保护肝肾功能方面的效果进行了系统的比较分析。此外，通过分析大鼠血液和肝肾组织中的氧化应激水平，研究团队深入探讨了蜂胶对糖尿病改善作用的潜在机制。实验结果显示：（1）T1DM 大鼠的体重显著低于正常大鼠，而中国蜂胶和巴西蜂胶均能有效缓解 T1DM 大鼠体重的下降，并显示出剂量依赖性。在相同剂量下，中国蜂胶的效果更好一些。（2）T1DM 大鼠的空腹血糖水平和 HbAlc 值显著高于正常大鼠，中国蜂胶和巴西蜂胶均能降低这些指标，并同样表现出剂量依赖性。在相同剂量下，中国蜂胶在降低 HbAlc 水平方面效果更为显著。（3）T1DM 大鼠出现了脂质代谢紊乱，高剂量的中国蜂胶在实验第 4 周显著降低了血清 LDL-C 含量，并在第 8 周显著降低了 TC 水平；而低剂量的巴西蜂胶在实验第 6 周显著降低了血清 LDL-C 含量。（4）T1DM 大鼠出现了血清氧化应激现象，中国蜂胶和巴西蜂胶均能在不同程度上抑制 T1DM 大鼠血清的氧化损伤，提升抗氧化酶含量，抑制脂质过氧化。巴西蜂胶在改善氧化应激方面效果更为全面，还能有效降低血清 NOS 含量。（5）T1DM 大鼠的肝脏和肾脏功能受损，中国蜂胶和巴西蜂胶均对 T1DM 大鼠的肝肾功能具有保护作用，并能抑制肝肾组织结构的破坏，降低组织氧化应激水平。在改善氧化应激方面，巴西蜂胶的效果同样比中国蜂胶更为全面。

（二）蜂胶对 2 型糖尿病作用的动物实验研究

2 型糖尿病（T2DM）又称非胰岛素依赖型糖尿病，占糖尿病患者发病类型总数的 90%，主要发生于成年人中，其临床特征为起病比较缓和、隐蔽，无明显症状，难以估

计发病时间，常因糖尿病的大血管或微血管病变为首发症状而就诊。T2DM 患者在基因缺陷基础上以及外界环境因素（如肥胖、缺乏锻炼、酒精和烟）影响下，出现胰岛素抵抗及 B 细胞功能受损，导致胰岛素分泌障碍使血糖升高，高血糖进一步破坏 B 细胞功能并增加胰岛素抵抗，而 T2DM 患者所表现出的脂质代谢紊乱也会破坏 B 细胞功能而造成病情加剧。

根据 T2DM 发病机制，市场上出现一些治疗药物，如磺酰脲类药物、双胍类药物、α- 葡萄糖苷酶抑制剂、噻唑烷二酮和非磺酰类促胰岛素分泌剂等，其中磺酰脲类药物可与胰岛 B 细胞表面受体结合，促进胰岛素释放，并强化胰岛素和受体集合；α- 葡萄糖苷酶能抑制小肠上皮细胞表面的 α- 糖苷酶，延缓碳水化合物的吸收，降低餐后血糖。这些药物具有较好的治疗效果，但是这类药物大部分针对单途径治疗而不是多靶位治疗，部分药物存在较大的不良反应。而筛选安全性高、疗效好的天然药物，降低医疗成本，替代或者部分替代目前糖尿病的治疗药物，是一个值得研究的方向。

胡福良等（2019）对中国杨树型蜂胶与巴西绿蜂胶改善 T2DM 大鼠糖代谢、胰岛素水平、脂质代谢以及保护肝肾功能的效果及其作用机制进行了系统比较。研究结果显示：①两种蜂胶均能缓解 T2DM 大鼠体重的下降，尽管这种效果并不显著，但中国蜂胶在实验的第 8 周显著抑制了体重的减少。②中国蜂胶在实验初期能够降低 T2DM 大鼠的空腹血糖水平，而巴西蜂胶的效果则不明显。中国蜂胶在第 4 周和第 8 周显著降低了 HbA1c 水平，而巴西蜂胶仅在第 4 周表现出对 HbA1c 水平的显著降低。③两种蜂胶均能改善 T2DM 大鼠的蛋白质代谢紊乱，其中中国蜂胶显著抑制了糖尿病大鼠血清总蛋白和白蛋白的下降，而巴西蜂胶则显著抑制了血清总蛋白的下降。④两种蜂胶对 T2DM 大鼠的胰岛素含量均无显著影响。⑤中国蜂胶在实验早期能够降低 T2DM 大鼠血清中的 TG 水平，在实验后期这种效果不再显著，同时 LDL 含量有所增加。⑥两种蜂胶均能显著降低 T2DM 大鼠血清中的 MDA 含量，其中中国蜂胶能显著提升 GSH-px 含量，而巴西蜂胶则能显著提升 CAT 含量。⑦中国蜂胶和巴西蜂胶均能保护 T2DM 大鼠的肝肾功能，抑制肝肾组织结构的破坏，并改善肾脏组织的氧化应激水平，减少肾组织中 NO 和 NOS 的含量。

（三）蜂胶通过调节肠道菌群以调节血糖的动物实验研究

糖尿病与肠道菌群的紊乱以及肠道黏膜的损伤紧密相关。蔡伟等（2018）探讨了蜂胶对由高脂饮食引起胰岛素抵抗的实验小鼠肠道菌群的影响。研究结果显示，相较于高脂饮食组，低剂量和高剂量蜂胶组均能显著降低小鼠的体重和血糖水平。通过高通量测序技术，发现蜂胶处理组的肠道菌群在数量和种类上更接近正常饮食组。特别是高剂量蜂胶组，其肠道中富集了诸如 *Subdoligranulum*、*Roseburia*、*Phascolarctobacterium*、*Lachnospiraceae bacterium*、*Faecalibacterium prausnitzii* 等短链脂肪酸产生菌。这一结果表明，蜂胶不仅能够降低血糖和体重，还能够调节肠道菌群结构，并促进上述有益菌种的生长。

Xue et al.（2019）研究探讨了蜂胶对糖尿病大鼠肠道菌群和黏膜的影响。研究者将斯普拉格－道雷（SD）大鼠随机分为对照组、模型组以及 3 个不同剂量的蜂胶组（分别给予 80、160 和 240mg/kg 体重的蜂胶）。通过透射电子显微镜对高脂饮食大鼠的肠道组织进行了病理学分析。糖尿病模型是通过腹腔注射链脲菌素（STZ）来诱导的。4 周后，研究者测量了空腹血糖（FBC）、血浆胰岛素水平、糖化血红蛋白（HbAlc）水平并进行了葡萄糖耐量试验（OGTT）。使用 Western Blotting 技术测量了小肠中紧密连接蛋白（TJ）的表达情况。通过 16SrDNA 高通量测序技术分析了粪便样本中肠道微生物组的分子生态学。此外，还利用高效液相色谱法（HPLC）测定了粪便中短链脂肪酸（SCFAs）的含量。研究结果显示，经过蜂胶处理后，与模型组相比，空腹血糖（FBG）和糖化血红蛋白（HbAlc）水平有所下降，而葡萄糖耐量和胰岛素敏感性指数（ISI）则有所提高。蜂胶组大鼠回肠中的 TJ 蛋白水平显著升高，肠道上皮细胞的紧密连接和缝隙连接也得到了改善。此外，蜂胶组大鼠粪便中乙酸、丙酸和丁酸盐的含量增加。16SrDNA 高通量测序结果表明，蜂胶补充组大鼠的肠道菌群组成得到了明显改善。综上所述，与模型组相比，蜂胶在糖尿病大鼠中展现了降血糖的效果，修复了肠道黏膜损伤，对肠道微生物群有益，并增加了糖尿病大鼠中短链脂肪酸的水平。

（四）蜂王浆对糖脂代谢和胰岛素抵抗作用的动物实验研究

王春梅等（2021）选取了 40 只体重和血糖水平相近的 T2DM 小鼠，并将它们随机分为 4 组：2 型糖尿病模型组（T2DM 组），以及蜂王浆冻干粉低、中、高剂量组（分别给予 80mg/kg·BW、160mg/kg·BW、400mg/kg·BW 的剂量），每组包含 10 只小鼠；另外设置了一组由 10 只健康小鼠组成的正常对照组（CON 组）。经过 28 天的干预后，研究者比较了各组小鼠的糖脂代谢相关指标、胰岛素抵抗情况以及血清中的炎症因子水平。研究结果显示，与 CON 组相比，T2DM 组小鼠的空腹血糖（FBG）、甘油三酯（TG）、空腹胰岛素（FINS）、肿瘤坏死因子（TNF–α）、白介素 –6（IL–6）水平以及胰岛素抵抗指数（HOMA–IR）显著升高（$P < 0.01$），而高密度脂蛋白（HDL–C）和葡萄糖耐受能力显著降低（$P < 0.01$）。与 T2DM 组相比，各蜂王浆 P 剂量组小鼠的 FBG、HOMA–IR、TG、TNF–α 及 IL–6 水平显著降低（$P < 0.01$，$P < 0.05$），HDL–C 和葡萄糖耐受力也得到了显著改善（$P < 0.01$，$P < 0.05$）。这些结果表明，蜂王浆冻干粉能够显著降低 2 型糖尿病小鼠的血糖和血脂水平，改善胰岛素抵抗，并减少炎症反应。

二、蜂胶调节血糖作用的分子机制

（一）通过 IRS–PI3K 通路调节血糖

肝脏不仅是能量代谢的关键器官，也是胰岛素作用的主要靶点。胰岛素与其受体结合后，激活的受体会进一步触发胰岛素受体底物（IRS）的活性，启动胰岛素信号传导通路，如图 4–26 所示。然而，IRS–2 功能的损害会严重干扰外围胰岛素信号的传递和胰岛 B 细胞的功能。例如，IRS-2 缺失的小鼠由于肝脏和骨骼肌对胰岛素的耐受性以及缺乏补偿胰岛素耐受性的 B 细胞能力，导致葡萄糖内稳态严重失衡（Hajiaghaalipour et al.2015）。另一个关键的胰岛素底物受体 IRS-1 在其酪氨酸磷酸化后，会结合并激活含有 SH2 结构域的 PI3K 蛋白，进而激活胰岛素信号通路。IRS-1 缺失的小鼠则表现为子宫内生长减缓、葡萄糖耐受度受损以及依赖胰岛素 / 胰岛素样生长因子的葡萄糖吸收降低（Withers et al.1998）。

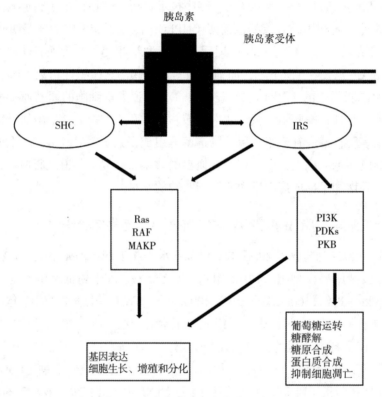

图 4-26　胰岛素的两条主要信号通路

1. 通过靶向 IRS 调节血糖

在正常细胞中，IRS-1 是主要结合并激活 PI3K 的蛋白，而 IRS-2 需要在更高的胰岛素浓度下才能结合并激活 PI3K。胰岛素抵抗和 B 细胞功能紊乱是引发 2 型糖尿病的一个重要因素，而 IRS-2 在增强 B 细胞功能和数量上具有重要作用。IRS-2 的 PH 和 PTB 结构域可与磷酸化的胰岛素受体结合，从而使 IRS-2 自身磷酸化，磷酸化的 IRS-2 激活 PI3K，进而调控细胞生长、B 细胞蛋白合成等，激活的 IRS-2 还可改善葡萄糖敏感性和 B 细胞增殖，从而发挥调节血糖的作用（Withers et al.1998）。Borradaile et al.（2003）研究发现，蜂胶中的黄酮白杨素能通过增强 IRS-2 的活力而激活 PI3K，表现出体外的胰岛素类似效果。

2. 通过靶向 PI3K 及其负性调节因子（PTEN）调节血糖

磷脂酰肌醇 3 激酶蛋白家族由三个成员组成，分别是 I 型、II 型和 III 型，其中 I

型研究得最多。Ⅰ型由酪氨酸激酶受体（ⅠA）和 G 蛋白偶联受体（ⅠB）组成，ⅠA 由
p85α/p85β/p55 亚基组成，而ⅠB 由 p101/p84 /p87PIKAP 亚基组成（Cantley，2002）。Akt
蛋白（丝氨酸 / 苏氨酸激酶）又叫蛋白激酶 B（PKB），是 PI3K 的一个主要的下游效应
子。在 PIP3 的作用下，PDK1 磷酸化 Akt 蛋白催化环的 Thr-308 位点，从而激活 Akt
蛋白，进一步磷酸化 Ser-473 位点，从而使 Akt 完全激活（Bayascas et al.2005）。在肌
肉和脂肪细胞中，Akt 促进葡萄糖转运子 GLUT4 的膜转移，增强细胞对葡萄糖的吸收
（Thong et al.2005）。同时，Akt 可磷酸化糖原合酶激酶 3（GSK3）而使其失活，进而促进
糖原合成（Cohen et al.2001）。

　　Cordero-Herrera et al.（2013）发现蜂胶中的一种酚酸化合物—表儿茶素提升了
GSK3 亚基的磷酸化水平，降低了 p-GS 的水平，从而促进糖原合成，激活了 IRS-1 /
IRS-2、PI3K/AKT 信号通路，调节葡萄糖代谢，同时也提升葡萄糖转运子 2（GLUT2）
的含量。GLUTs 在调节血糖水平上发挥着重要作用，胰岛素通过诱导 GLUT4 转运到质
膜而刺激组织（肌肉组织和脂肪组织）的葡萄糖转运（Birnbaum，1989）。然而，并不
是所有的活性成分都依赖于一致的信号通路来调节血糖和血脂。Prasad et al.（2010）研
究表明，没食子酸通过激活 PI3K 蛋白的方式促进 GLUT4 的膜转移，进而促进葡萄糖的
吸收，但这并不依赖于 AKT 的激活。

　　PI3K 催化 3，4，5- 三磷酸磷脂酰肌醇（PIP3）的产生，PTEN 是重要的脂类磷酸
酶，可使 PIP3 脱磷酸而失活（Lee et al.1999）。在 3T3L1 细胞中过表达 PTEN 会抑制葡
萄糖的吸收以及 GLUT4 的膜转移（Nakashima et al.2000）。Butler et al.（2002）通过系统
饲喂反义核苷酸，显著降低了 db /db 和 ob /ob 小鼠 PTEN 的表达，也使小鼠血糖浓度趋
于正常水平。

　　3. 通过靶向 IPF1/PDX1 及其负性调节子 (FOXO1) 调节血糖

　　同源域因子 IPF1/PDX1 最初是在早期鼠胰腺间叶原基细胞中表达。研究认为 IPF1 /
PDX1 能调节多种胰岛内分泌基因的表达，如胰岛素、生长激素抑制素、葡糖激酶、胰
岛淀粉样多肽和葡萄糖转运子 2（GLUT2）（Waeber et al.1996）。Jonsson et al.（1994）研
究指出，体内缺失 IPF1/PDX1 的小鼠不能正常形成胰岛。Ahlgren et al.（1998）研究表
明，IPF1/PDX1 通过正向调节胰岛素和胰岛淀粉样多肽的表达，以及抑制胰高血糖素表
达的方式维持 B 细胞特征，他们还发现 IPF1/PDX1 可呈剂量依赖性地调节 GLUT2 的表
达，结果表明降低 IPF1/PDX1 的活性可导致 2 型糖尿病的发生。Zhang et al.（2013）研
究表明，山奈酚可通过增强 PDX1/cAMP /PKA/C R EB 信号级联通路，改善胰腺 B 细胞
的存活及其功能，促进胰岛素的分泌与合成。叉头转录因子 1（FoxO1）是胰岛素通路
重要的负性调节因子。在胰岛素应答组织中，FOXO1 是 FOXO 家族含量最丰富的亚基，
它调节葡萄糖 -6- 磷酸酶，抑制 PDX1 的表达，并具有逆转胰岛素抑制肝葡萄糖生成和
促进 B 细胞增殖的作用（Nakae et al.2002）。

（二）通过 AMPK 通路调节血糖

5'-AMP 激活蛋白激酶（AMPK）信号通路在调节能量代谢中扮演着关键角色。AMPK 是一个由一个催化亚基 α 和两个调节亚基 β 及 γ 组成的异源三聚体蛋白。AMPK 的激活依赖于催化亚基 α 上苏氨酸的磷酸化作用，一旦激活 AMPK 将减少能量储存并促进能量的产生。近年来，AMPK 已经成为治疗胰岛素抵抗和糖尿病的热门药物靶点。众多研究显示，富含多酚的天然提取物能够通过激活 AMPK 信号通路，有效促进葡萄糖的吸收，缓解 1 型糖尿病和 2 型糖尿病（Ong et al.2012；Kang et al.2010）。白杨素通过激活 AMPK 信号通路，增强了葡萄糖耐量和胰岛素敏感性，促进了平滑肌细胞对葡萄糖的吸收（Zygmunt et al.2010）。此外，AMPK 的激活还能够有效调节脂肪代谢。鉴于蜂胶中含有丰富的黄酮类化合物，可以推测蜂胶也可能通过 AMPK 通路对血糖水平产生调节作用。

（三）通过 PPARs 转录因子调节血糖

过氧化物酶体增殖物激活受体（PPARs）是属于配体激活型核受体超家族的转录因子，目前，主要分为 PPAR-α、PPAR-β/δ 和 PPAR-γ 三个类型，其中 PPAR-α 和 PPAR-γ 是关键的脂质和葡萄糖代谢调节因子，调控多种脂质和葡萄糖代谢相关基因的表达（Wahli et al.1995）。Shin et al.（2013）运用体外试验和动物实验研究绿原酸、咖啡酸、芦丁、白杨素、酚酸类物质的抗糖尿病作用，发现其可通过促进 PPARγ 的活性与表达抑制高脂肪诱导的体重增加、脂肪积累以及葡萄糖水平。此外，有研究发现巴西红蜂胶乙醇提取物具有增强 PPARγ 的转录活性，诱导脂肪前体细胞分化为脂肪细胞（Iio et al.2010）。PPARγ 的激活亦可恢复胰岛肌内质网 Ca2+ATP 酶 2（SE R CA2）的含量并阻止 B 细胞功能紊乱（Kono et al.2012）。

三、蜂胶中的活性成分防控糖尿病的机制研究

（一）蜂胶中的活性成分通过抑制 α - 葡萄糖苷酶来控制血糖

α- 淀粉酶和 α- 葡萄糖苷酶是负责分解淀粉或麦芽糖等复杂碳水化合物分子并将其转化为葡萄糖的消化酶。这些葡萄糖随后被吸收进入血液循环，可用作身体的能量来源。在这些酶中，α- 葡萄糖苷酶尤为关键，它位于小肠的刷状缘，专门负责将双糖分解为 α- 葡萄糖。通过抑制 α- 葡萄糖苷酶的活性，可以有效降低葡萄糖的吸收率，进而减少血液中的葡萄糖含量（Chiba，1997）。

Matsui et al.（2004）的研究揭示，蜂胶通过抑制肠道中的 α- 葡萄糖苷酶活性以及刺激胰岛 B 细胞对糖代谢产生显著影响，从而促进胰岛素的分泌。研究特别指出，在蜂胶中分离出的多种活性化合物中，3，4，5- 三 - 咖啡基奎宁酸是关键的活性成分，它对麦芽糖酶具有显著的特异性抑制作用。

Zhang et al.（2014）进行了一项研究，评估了不同蜂胶提取物对源自面包酵母和哺乳动物肠道的 α- 葡萄糖苷酶的抑制效果。研究中使用了 4- 硝基苯基 -D- 吡喃葡萄糖苷、蔗糖和麦芽糖作为底物，并以阿卡波糖作为阳性对照，从而确定了蜂胶水乙醇提取物的抑制活性。结果显示，所有提取物在抑制面包酵母的 α- 葡萄糖苷酶和大鼠肠道蔗糖酶方面，与阿卡波糖相比具有显著的抑制效果（$P < 0.05$）。特别是 75% 乙醇的蜂胶提取物（75% EEP），它展现了对 α- 葡萄糖苷酶和蔗糖酶最强的抑制效果，并且表现为一种非竞争性抑制模式。而 50% EEP、95% EEP 和 100% EEP 则表现出混合抑制模式。此外，蜂胶水提取物（WEP）对麦芽糖酶的抑制活性最高。

多种药物通过抑制 α 葡萄糖苷酶的活性，能够有效缓解餐后血糖峰值，对于治疗 2 型糖尿病显示出显著的疗效。然而，这些药物常见的不良反应如腹痛和腹泻，可能会降低患者的治疗依从性。因此，含有 α- 葡萄糖苷酶抑制活性的天然产物，被认为是治疗糖尿病的潜在有效药物。Pujirahayu et al.（2019）研究评估了蜂胶中几种三萜（包括 cycloartenol、ambonic acid、mangiferonic acid、ambolic acid）对 α- 葡萄糖苷酶的抑制作用。研究结果表明，蜂胶中的 mangiferonic acid 表现出了最强的 α- 葡萄糖苷酶抑制活性，其 IC_{50} 值达到了 3.46μM。

（二）蜂胶中的活性成分对糖尿病患者胰岛素受体信号的调节作用

胰岛素受体信号传导促使葡萄糖转运蛋白在肝细胞、脂肪细胞和骨骼肌细胞膜上重新定位，这一过程是调节糖代谢、脂质代谢和能量平衡的关键环节。Boucher et al.（2014）通过调节细胞内途径后期阶段的胰岛素受体信号，可以增强多种组织对胰岛素的敏感性，从而有助于减少胰岛素抵抗。

Nie et al.（2017）的研究揭示了蜂胶中的咖啡酸苯乙酯（CAPE）成分能够增强 p-Akt 的活性，并抑制 p-JNK 的表达。这一作用在受体水平上放大了胰岛素的效应，有效减少了糖尿病小鼠的胰岛素抵抗现象。

此外，Liu et al.（2018）开展了一项研究，探讨了蜂胶中 4 种主要黄酮类化合物对胰岛素抵抗的影响。研究结果显示，高良姜素和乔松素能够增强己糖激酶和丙酮酸激酶的活性，从而促进葡萄糖的吸收和糖原的合成，这表明这两种黄酮类化合物具有改善胰岛素抵抗的潜力。相比之下，短叶松素和柯因并未显示出改善胰岛素抵抗的效果。在 HepG2 细胞胰岛素抵抗模型中研究发现，高良姜素和乔松素能够调节 AKT/mTOR 信号通路上的关键蛋白，从而改善 HepG2 细胞的胰岛素抵抗状况。通过分子对接模拟实验，进一步确认了高良姜素和乔松素能够与胰岛素受体结合改变其构象，提高胰岛素受体的敏感性，并激活信号通路以改善胰岛素抵抗。这两种化合物通过提升 IR、Akt 和 GSK3B 的表达，同时降低 IRS 的磷酸化水平，有效减少了胰岛素抵抗。众所周知，在糖尿病患者中，IRS 的丝氨酸 / 苏氨酸磷酸化可能会导致胰岛素信号传导减弱。蜂胶中的高良姜素和乔松素的细胞内作用能够恢复胰岛素受体的敏感性并缓解胰岛素抵抗。

四、蜂胶改善糖尿病并发症作用的机制研究

糖尿病并发症通常由糖尿病患者长期高血糖或血糖水平持续升高引起。当组织长时间暴露于高水平的葡萄糖环境中，可能会遭受内皮细胞和小血管（微血管）的损害（即糖毒性），这进而可能导致肾脏（肾病）、眼睛（视网膜病变）以及神经和中枢神经系统（包括周围神经病变和自主神经病变）的结构和功能改变。这些变化统称为糖尿病的微血管并发症。另外，持续的高血糖状态还可能对大血管和心脏造成损害，引发与心血管疾病相关的并发症，例如加速的动脉粥样硬化、心肌病、心肌梗死和中风。血管并发症的发展起始于内皮功能障碍。久坐不动的生活习惯与过量的营养摄入是引发代谢综合征发展的关键因素。

（一）高血糖引发并发症的病理机制

血糖水平的上升促进了晚期糖基化终产物（AGEs）的形成。随后，AGEs 与它们的特定受体（RAGEs）相结合，这种结合进一步促进了活性氧（ROS）的产生。同时，代谢综合征也能独立于 AGE-RAGE 相互作用之外，诱导 ROS 的形成。因此，随着 ROS 水平的提升，通过激活 NF-κB、ERK、JNK 和 NLRP3 炎症小体信号通路，炎症信号的级联反应得到了促进。这些炎症通路的激活导致循环系统中促炎细胞因子水平升高，包括 C- 反应蛋白（CRP）、肿瘤坏死因子 -α（TNF-α）和白细胞介素 -6（IL-6）。氧化应激的加剧以及慢性炎症状态会引发细胞、内皮细胞和血管调节功能的紊乱，这些在代谢综合征等慢性疾病的病理生理过程中有所体现。

越来越多的研究表明，糖尿病及其并发症的发生与氧化应激有关，氧化应激是由于体内氧化和抗氧化体系失衡导致的组织损伤。其中，活性氧（ROS）是体内物质代谢反应的副产物，高血糖和高游离脂肪酸会导致 ROS 的产生增多而抗氧化物质的产生减少，引起氧化应激，导致蛋白质、脂质和 DNA 的损伤，从而造成 B 细胞功能的减退，导致胰岛素分泌不足。另一方面，氧化应激产生的 ROS 会影响胰岛素的信号传导，从而造成胰岛素抵抗。由此可见，高血糖可导致氧化应激，而氧化应激又会影响糖代谢，二者之间存在互为因果的关系。

针对由高血糖引起的糖尿病并发症，研究者们已经提出了多种发病机制（图4-27）。这些机制均考虑了葡萄糖通过不同途径的代谢过程，以及其如何导致代谢产物的积累或信号分子的激活，进而引起内皮、血管和其他组织的损伤。这种损伤会导致多个器官的形态和生理功能受损，最终导致功能丧失。

尽管高血糖被认为是引发糖尿病并发症的关键因素，但其他多种因素也对这些并发症的形成和发展起着重要作用。这些因素包括血脂异常、脂质代谢产物的积累（即脂毒性）、一氧化氮的缺失、高血压、调节因子和细胞因子水平的波动、氧化应激以及炎症等（Díaz-flores et al.2019）。

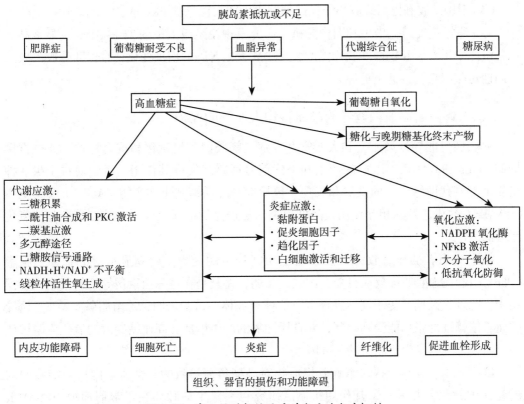

图 4-27 高血糖引起糖尿病并发症的发病机制

（二）蜂胶对 2 型糖尿病大鼠肾病的作用机制

化学应激可能是糖尿病肾病多种发病机制的共同途径。糖尿病引发的小动脉硬化在肾组织纤维化过程中扮演了关键角色。肌酐作为肌酸在体内的代谢产物，其血清水平的升高通常出现在晚期肾脏疾病和肾功能严重受损的情况下，成为糖尿病肾病的一个重要指标。胡福良等（2004）的动物实验研究显示，接受蜂胶治疗的糖尿病大鼠，其尿酸、尿素和肌酐水平均低于未治疗的模型组，并且肾脏重量与体重的比值也小于模型组。这表明蜂胶能够减缓肾脏肥大的进程，并对肾脏具有保护作用。

随后，胡福良等深入探讨了蜂胶对保护肾脏组织的作用机制，通过对 T2DM 大鼠肾脏炎症反应、血流动力学、PKC 及 TGF-β1 表达的分析，得出以下结论。

（1）无论是中国蜂胶还是巴西蜂胶，均能有效降低 T2DM 大鼠血清 CRP 含量，其中巴西蜂胶的效果更为显著。这表明蜂胶具有改善 T2DM 大鼠炎症反应的潜力。

（2）两种蜂胶均能抑制 T2DM 大鼠肾脏的炎症反应。具体来说，中国蜂胶能显著降低肾脏中 IL-2、IL-6 和 TNF-α 的含量，而巴西蜂胶则能有效抑制 TNF-α 含量的增加及 MCP-1 mRNA 的表达。

（3）在改善 T2DM 大鼠肾脏血流动力学异常方面，中国蜂胶表现出色，能够恢复肾脏血流量，并降低肾脏血管阻力值和过滤分数。相比之下，巴西蜂胶的效果并不明显。

（4）中国蜂胶和巴西蜂胶均能显著抑制 T2DM 大鼠肾脏 PKC mRNA 的表达。

（5）通过免疫组化染色和图像分析，研究发现模型组大鼠的 TGF-β1 表达显著高于正常组。中国蜂胶和巴西蜂胶均能改善 T2DM 大鼠肾脏的病理变化，且巴西蜂胶的效果与阳性对照组相当，甚至更优。

（三）蜂胶对高血糖诱导的微血管和大血管的保护

糖尿病可能导致微血管和大血管并发症。蜂胶因其抗氧化和抗炎特性，通过直接抑制 AGEs 和 RAGEs、ROS 的产生和炎症信号通路来发挥其作用。蜂胶通过至少 3 种机制来抑制代谢综合征的发展和表现，包括抑制晚期糖基化终产物（AGEs）及其受体（RAGEs）的表达及其相互作用，降低促炎信号通路的级联反应，以及提升细胞抗氧化系统的活性。

糖尿病患者的血管收缩功能和内皮功能均可能受损。研究显示，由苯肾上腺素（Phe）引起的血管收缩反应可能会增强或减弱，尤其是在链脲菌素诱导的糖尿病大鼠模型中。此外，长期暴露于高血糖环境下的体外或体内试验表明，乙酰胆碱（ACh）诱导的血管依赖性舒张功能受到抑制，并且活性氧的产生增加。高血糖导致的氧化应激被认为是血管并发症发生机制中的关键因素。

El-Awady（2014）探讨了蜂胶提取物对高糖负荷导致的急性血管内皮功能障碍的潜在保护效果，并揭示了其作用机制。研究将大鼠主动脉环在正常葡萄糖（11mM）、高葡萄糖（44mM）或甘露醇（44mM）环境下培养 3 小时，同时考察有无蜂胶提取物（400μg/mL）的影响。实验前后分别测量了对苯肾上腺素（Phe，10^{-9} 至 10^{-5}M）的收缩反应、对乙酰胆碱（ACh，10^{-9} 至 10^{-5}M）和硝普钠（SNP，10^{-9} 至 10^{-5}M）的舒张反应。此外，还检测了丙二醛（MDA）、还原型谷胱甘肽（GSH）和超氧化物歧化酶（SOD）的变化情况。结果显示，高葡萄糖显著抑制了对苯肾上腺素（Phe）诱导的收缩反应，Emax 值从（138.87 ± 11.43）% 降低至（103.65 ± 11.5）%。同时，乙酰胆碱 ACh 诱导的舒张反应也受损，Emax 值从（99.80 ± 7.25）% 降至（39.20 ± 6.5）%。而 SNP 诱导的舒张反应未见明显变化。进一步分析发现，高葡萄糖环境下 SOD 活性下降了 6U/mL，GSH 水平减少了 68%，而 MDA 水平增加了 85%。蜂胶提取物能够预防高葡萄糖引起的 Phe 和 ACh 反应受损，并能提升 SOD 和 GSH 的水平，降低 MDA 水平。

综上所述，蜂胶能够通过降低氧化应激来维护因高糖水平导致的血管功能障碍。研究发现，蜂胶提取物有助于抵御急性高血糖暴露所引起的血管反应性变化，这可能归功于其减少氧化损伤的特性。因此，蜂胶对于糖尿病患者中出现的血管功能障碍和氧化应激问题可能具有积极影响。为了更全面地评估其治疗潜力，需要进一步研究不同浓度的蜂胶以及不同培养时间对血管功能的具体影响。

五、蜂胶对糖尿病作用的临床试验研究

糖尿病患者面临着大血管和微血管并发症的高风险，这不仅导致了较高的死亡率，还严重影响了他们的生活质量。多项随机对照试验（Afsharpour et al.2019；Zakerkish et al.2019；Samadi et al.2017）已经证实，糖尿病患者连续至少 2 个月服用蜂胶，可以显著降低空腹血糖（FBG）和糖化血红蛋白（HbA1c）水平，而这些指标被认为是血管并发症的关键预测因素，因此蜂胶在糖尿病管理中展现了显著的保护作用。Fukuda（2015）进行了一项研究，评估了蜂胶对 2 型糖尿病患者血液检查指标的影响。该研究是一项为期 8 周的双盲随机对照试验，共有 80 名 2 型糖尿病患者参与。参与者被随机分为两组，一组每天摄入 226.8mg 的巴西绿蜂胶（n=41），另一组则服用安慰剂（n=39）。主要研究目标是观察与糖尿病代谢紊乱相关的血液检查指标变化，包括胰岛素抵抗的稳态模型评估（HOMA-IR）、尿酸和估算的肾小球滤过率（eGFR）。研究结果显示，每天摄入 226.8mg 的巴西绿蜂胶能够对 2 型糖尿病患者血尿酸和估算的肾小球滤过率（eGFR）产生积极影响。

Zhao et al.（2016）的研究目标是评估巴西绿蜂胶对 2 型糖尿病患者糖代谢和抗氧化功能的潜在影响。在这项为期 18 周的随机对照试验中，共有 65 名 2 型糖尿病患者参与，他们被随机分配到巴西绿蜂胶组（每天 900mg，n=32）和对照组（n=33）。研究结束时，两组患者的血清葡萄糖、糖化血红蛋白、胰岛素、醛糖还原酶和脂联素水平均未显示出显著差异。然而，巴西绿蜂胶组的血清谷胱甘肽（GSH）和总多酚含量显著增加，血清羰基和乳酸脱氢酶活性显著降低。此外，巴西绿蜂胶组的血清肿瘤坏死因子 –α（TNP-a）显著降低，而血清白细胞介素 –1（IL-1）和白细胞介素 –6（IL-6）显著升高。研究结论表明，巴西绿蜂胶对于改善 2 型糖尿病患者的抗氧化功能具有积极作用。

El-Sharkawy et al.（2016）的研究评估了蜂胶补充剂对患有慢性牙周炎（CP）和 2 型糖尿病（T2DM）的个体接受刮治和根面平整（SRP）治疗的辅助益处。研究者对长期患有 T2DM 和 CP 的患者进行了一项为期 6 个月的双盲、随机临床试验，比较了仅接受 SRP 治疗的对照组（n=26）与蜂胶实验组（400mg/d，每天口服，连续 6 个月，n=24）。治疗结果包括血红蛋白（HbA1c）、空腹血糖（FPG）、血清 Nε-（羧甲基）赖氨酸（CML）和牙周参数（次要结果）的变化。研究结果显示：在 3 个月和 6 个月后，蜂胶组的平均 HbA1c 水平分别显著下降了 0.82% 和 0.96%（$P < 0.01$）；持续 6 个月的治疗显著改善了 2 型糖尿病患者的临床参数。6 个月后，糖化血红蛋白降低了 11.0%。空腹血糖中也观察到了类似的趋势。此外，6 个月后，血清 Nε-（羧甲基）赖氨酸（CML）降低了 17%，而对照组中没有显著差异。同样，蜂胶组的 FPG 和 CML 水平显著降低，而对照组则没有。治疗后，两组 CP 牙周参数均有显著改善。与对照组相比，蜂胶组在 3 个月和 6 个月后，探诊深度减少和临床附着水平增加更为明显。研究数据表明，作为 SRP（牙周基础治疗）辅助治疗剂使用的蜂胶显著改善了患有 2 型糖尿病（T2DM）和

牙周炎（CP）个体的牙周治疗结果。患有 2 型糖尿病的患者 SRP 后每日摄入蜂胶连续 6 个月，可使 HbA1c、FPG 和 CML 水平显著降低，从而获得额外的健康益处。

Gao et al.（2018）进行了一项研究，旨在评估中国蜂胶对 2 型糖尿病（T2DM）患者葡萄糖代谢、抗氧化功能以及炎症细胞因子的影响。在这项为期 18 周的研究中，研究者根据参与者基线时的空腹血糖水平，将 T2DM 患者随机分为两组：中国蜂胶组（每天摄入 900mg，$n=31$）和对照组（$n=30$）。研究结束时，两组在血清葡萄糖、糖化血红蛋白、胰岛素、醛糖还原酶或脂联素水平方面未显示出显著差异。然而，中国蜂胶组的血清谷胱甘肽、黄酮类化合物和多酚类化合物水平显著提高，血清乳酸脱氢酶活性也显著降低。此外，中国蜂胶组的血清 IL-6 水平显著增加。这些结果表明，中国蜂胶能够有效改善 T2DM 患者的抗氧化功能，这在很大程度上是通过提升血清抗氧化参数实现的。该研究揭示了中国蜂胶在提高 2 型糖尿病患者血清抗氧化参数（如谷胱甘肽、黄酮类和多酚类物质水平）方面的有效性。

Puspasari et al.（2018）的研究表明，局部应用蜂胶提取物凝胶在治疗由糖尿病引起的创伤性溃疡方面具有显著效果。与对照组相比，治疗组的愈合过程更为迅速。具体而言，在治疗的第 5 天和第 7 天，治疗组的成纤维细胞生长因子 -2 表达和成纤维细胞数量均有所增加。到了第 5 天，治疗组的溃疡开始愈合，并伴有轻微红斑；至第 7 天，观察到溃疡表面覆盖有白色黏膜并伴有红斑；而到了第 9 天，溃疡处已出现正常黏膜。蜂胶提取物凝胶的外用不仅具有抗炎作用，还能触发血管生成，通过直接信号转导诱导成纤维细胞生长因子 -2 的表达，从而促进糖尿病溃疡的愈合，并加速成纤维细胞的增殖，加快伤口的愈合过程。

糖尿病足部溃疡是糖尿病患者常见的并发症，也是不可忽视的健康问题。蜂胶因其抗炎、抗氧化作用以及对愈合过程的支持，被认为具有潜在的健康益处。Mujica et al.（2019）进行了一项研究，旨在评估蜂胶辅助治疗糖尿病足部溃疡的效果。该研究是一项随机安慰剂对照试验，对象为在智利塔尔卡地区医院接受治疗的患者。参与者随机接受门诊治疗，使用 3% 浓度的蜂胶喷雾覆盖伤口表面，从第 0 周开始直至伤口愈合或最多持续 8 周。研究期间，分别在第 0 天和研究结束时采集血清样本，以分析细胞因子和应激反应。同时，对伤口愈合过程进行宏观和显微镜检查。研究结果显示，31 名 2 型糖尿病患者在使用蜂胶后，伤口面积平均减少了 $4cm^2$；与对照组相比，结缔组织沉积物有所增加。此外，蜂胶提高了谷胱甘肽（GSH）和 GSH/ 谷胱甘肽二硫化物（GSH/GSSG）的比率（$P < 0.02$），同时降低了肿瘤坏死因子（TNF-α）水平，并增加了白细胞介素 10（IL-10）的水平。外用蜂胶并未改变受试者血清中的生化指标。综上所述，蜂胶作为糖尿病足部溃疡护理的局部辅助治疗手段，因其抗炎和抗氧化特性，显示出促进愈合的潜力。该试验的注册号为 NCT03649243。

Zakerkish et al.（2019）进行了一项研究，旨在评估伊朗蜂胶对 2 型糖尿病（T2DM）患者血糖代谢、血脂谱、胰岛素抵抗、肾功能以及炎症生物标志物的影响，这是一项随机双盲临床试验。研究深入探讨了伊朗蜂胶提取物对 T2DM 患者的糖代谢、血脂、胰岛素抵抗、肝肾功能和炎症标志物的潜在影响。采用双盲、安慰剂对照的临床试验设计，研究持续了 90 天。研究对象为 2 型糖尿病患者，他们每天接受 1000mg 的蜂胶补充并持续 12 周以评估治疗效果。研究结果显示，蜂胶显著改善了葡萄糖代谢并降低了多个临床参数。具体而言，蜂胶使血清糖化血红蛋白水平降低了约 11%，胰岛素水平降低了约 46%，稳态模型评估的胰岛素抵抗（HOMA-IR）降低了约 39%，稳态模型评估的 B 细胞功能（HOMA-β）降低了约 42%，以及血清 TNF-α 水平降低了约 30%。在整个试验期间，蜂胶还有效阻止了餐后 2 小时血糖和高敏感性 C- 反应蛋白（hs-CRP）水平的升高。此外，蜂胶组的血清肝转氨酶（ALT 和 AST）和血尿素氮（BUN）浓度显著降低。试验结果表明，伊朗蜂胶在降低餐后血糖、血清胰岛素、胰岛素抵抗和炎性细胞因子方面具有显著作用。它也是预防 T2DM 患者肝肾功能障碍以及提高高密度脂蛋白胆固醇（HDL-C）浓度的有效治疗方法。

Silveira et al.（2019）开展了一项随机、双盲、安慰剂对照试验，旨在研究巴西绿蜂胶对慢性肾病（CKD）患者蛋白尿和肾功能的影响。该研究纳入了由糖尿病或其他病因引起的 CKD 患者，年龄范围在 18 至 90 岁之间，肾小球滤过率（eGFR）为 25~70mL/min/1.73m^2，且存在蛋白尿（尿蛋白排泄量 >300mg/d）或微量或大量白蛋白尿（尿白蛋白 / 肌酐比值分别 >30mg/g 或 >300mg/g）。在 148 名接受筛查的患者中，最终选定了 32 名患者，并随机分为两组，一组接受为期 12 个月的巴西绿蜂胶提取物治疗，剂量为每天 500mg（n=18），另一组则接受 12 个月的安慰剂治疗（n=14）。研究结束时，蜂胶组的蛋白尿水平显著低于安慰剂组—695mg/24h（95% CI，483~999mg/24h）对比 1403mg/24h（95% CI，1031~1909mg/24h）；P=0.004—而与估算的肾小球滤过率（eGFR）和血压的变化无关，这两组在随访期间未见差异。此外，蜂胶组尿液中单核细胞趋化蛋白 -1（MCP-1）也显著低于安慰剂组—58pg/mg 肌酐（95% CI，36~95pg/mg）对比 98pg/mg 肌酐（95% CI，62~155pg/mg）；P=0.038。研究结果表明，巴西绿蜂胶提取物较为安全且耐受性良好，能显著减少糖尿病和非糖尿病 CKD 患者的蛋白尿。该试验已在 ClinicalTrials.gov 注册，编号为 NCT02766036，注册日期为 2016 年 5 月 9 日。综上所述，使用巴西绿蜂胶治疗似乎能够显著减少各种病因导致慢性肾脏病患者的蛋白尿。该研究还表明，蜂胶的抗蛋白尿效应似乎与血压和肾小球滤过率（GFR）的变化无关。此外，蜂胶治疗后观察到尿液中 MCP-1 的排泄显著减少。这些数据揭示了巴西绿蜂胶的治疗潜力，为将其作为治疗蛋白尿性肾病的天然辅助疗法提供了新的视角。

Afsharpour et al.（2019）开展了一项随机、双盲、安慰剂对照试验，旨在评估口服蜂胶补充剂对 2 型糖尿病患者血糖水平、胰岛素抵抗以及抗氧化状态的影响。该研究设计了为期 8 周的随机分配、双盲、安慰剂对照试验。共有 62 名年龄介于 30 至 55 岁之间的 2 型糖尿病患者参与，他们被随机分为两组：蜂胶组（n=31）和安慰剂组（n=31）。参与者每天分别服用蜂胶或安慰剂 3 次（每次 500mg，总计 1500mg）。研究在开始和结束时对空腹血糖（FBS）、餐后两小时血糖（2-hPG）、胰岛素水平、胰岛素抵抗（IR）、血红蛋白 A1c（HbA1c）、总抗氧化能力（TAC）以及谷胱甘肽过氧化物酶（GPx）和超氧化物歧化酶（SOD）活性进行了测量。经过两个月的治疗，与安慰剂组相比，蜂胶组患者的 FBS、2-hp、胰岛素水平、IR 和 HbA1c 显著降低（$P < 0.05$）。此外，蜂胶摄入显著提高了血液中的总抗氧化能力（TAC）以及谷胱甘肽过氧化物酶（GPx）和超氧化物歧化酶（SOD）的活性（$P < 0.05$）。

Dhiaa et al.（2022）的研究在西格列汀加二甲双胍标准治疗的基础上，进一步比较了维生素 E 与蜂胶对糖尿病患者肾脏的保护效果。研究期间，患者接受了为期 8 周的维生素 E 治疗或蜂胶治疗，并在治疗前后采集了血清样本，同时在维生素 E 和蜂胶的连续应用之间安排了一周的洗脱期。研究结果表明，相较于维生素 E，蜂胶对糖尿病肾病这一主要并发症展现了更为积极的干预效果，其肾脏保护作用显著优于维生素 E。蜂胶通过显著降低肌酐、尿酸和尿素水平，并改善了微量白蛋白尿（$P < 0.05$）。与未接受治疗的对照组相比，经过 8 周蜂胶或维生素 E 治疗后，这些参数的降低更为显著。

综上所述，蜂胶可作为 2 型糖尿病患者的饮食补充，通过改善血糖水平、降低胰岛素抵抗以及增强抗氧化能力，从而提供辅助治疗。这种补充品对人体无不良反应，能够提升糖尿病药物治疗方案的有效性。

参考文献

蔡伟，徐积兄，罗丽萍，2018. 蜂胶调节高脂饮食诱导的小鼠胰岛素抵抗和肠道菌群［C］// 中国养蜂学会（Apicultural Science Association of China），台湾蜜蜂与蜂产品学会，西北大学（Northwest University）. 第十二届海峡两岸蜜蜂与蜂产品高峰论坛暨首届中国西安（蓝田）秦岭中蜂扶贫产业发展论坛论文集.

程晓雨，张江临，胡福良，2017. 蜂胶的降血糖作用及其分子机制研究进展［J］. 天然产物研究与开发，29（06）：1070-1076.

胡福良，等，2019. 蜂胶研究［M］. 杭州：浙江大学出版社.

胡福良，玄红专，詹耀锋，2004. 蜂胶对糖尿病大鼠肾脏的影响［J］. 蜜蜂杂志，（02）：3-4.

王春梅，刘晋佳，姜玉锁，2021. 蜂王浆冻干粉对 2 型糖尿病小鼠糖脂代谢、胰岛素抵抗及血清炎症因子的影响［J］. 食品工程，（03）：34-39.

Afsharpour F, Javadi M, Hashemipour S, et al., 2019. Propolis supplementation improves glycemic and antioxidant status in patients with type 2 diabetes: A randomized, double-blind, placebo-controlled study［J］. Complementary Therapies in Medicine, 43: 283-288.

Ahlgren U, Jonsson J, Jonsson L, et al. 1998. β-Cell-specific inactivation of the mouseIpf1/Pdx1 gene results in loss of the β-cell phenotype and maturity onset diabetes［J］. Genes & development, 12（12）：1763-1768.

Balica G, Vostinaru O, Stefanescu C, et al., 2021. Potential role of propolis in the prevention and treatment of metabolic diseases［J］. Plants, 10（5）：883.

Bayascas J R, Alessi D R, 2005. Regulation of Akt/PKB Ser473 phosphorylation［J］. Molecular cell, 18（2）：143-145.

Birnbaum M J. 1989. Identification of a novel gene encoding an insulin-responsive glucose transporter protein［J］. Cell, 57（2）: 305-315.

Borradaile N M, de Dreu L E, Huff M W, 2003. Inhibition of net HepG2 cell apolipoprotein B secretion by the citrus flavonoid naringenin involves activation of phosphatidylinositol 3-kinase, independent of insulin receptor substrate-1 phosphorylation［J］. Diabetes, 52（10）: 2554-2561.

Boucher J, Kleinridders A, Kahn C R, 2014. Insulin receptor signaling in normal and insulin-resistant states［J］. Cold Spring Harbor Perspectives in Biology, 6（1）: a009191.

Butler M, McKay R A, Popoff I J, et al., 2002. Specific inhibition of PTEN expression reverses hyperglycemia in diabetic mice［J］. Diabetes, 51（4）: 1028-1034.

Cantley L C, 2002. The phosphoinositide 3-kinase pathway［J］. Science, 296（5573）: 1655-1657.

Chiba S. 1997. Molecular mechanism in α-glucosidase and glucoamylase［J］. Bioscience, Biotechnology and Biochemistry, 61（8）: 1233-1239.

Cohen P, Frame S, 2001. The renaissance of GSK3［J］. Nature Reviews Molecular Cell Biology, 2（10）: 769-776.

Cordero-Herrera I, Martín M A, Bravo L, et al., 2013. Cocoa flavonoids improve insulin signalling and modulate glucose production via AKT and AMPK in HepG 2 cells［J］. Molecular Nutrition & Food Research, 57（6）: 974-985.

Dhiaa S, Thanoon I A, Fadhil N N, 2022. Vitamin E versus propolis as an add-on therapy to sitagliptinmetformin on uric acid level and renal function in type 2 diabetic patients［J］. Age（years）, 54: 6-16.

Díaz-Flores M, Cortés-Ginéz M del C, Baiza-Gutman L A, 2023. Biochemical mechanisms of vascular complications in diabetes［M］//The Diabetes Textbook: Clinical Principles, Patient Management and Public Health Issues. Springer: 695-707.

El-Awady M S, El-Agamy D S, Suddek G M, et al., 2014. Propolis protects against high glucose-induced vascular endothelial dysfunction in isolated rat aorta［J］. Journal of Physiology and Biochemistry, 70: 247-254.

El-Sharkawy H M, Anees M M, Van Dyke T E, 2016. Propolis improves periodontal status and glycemic control in patients with type 2 diabetes mellitus and chronic periodontitis: a randomized clinical trial［J］. Journal of Periodontology, 87（12）: 1418-1426.

Fukuda T, Fukui M, Tanaka M, et al., 2015. Effect of Brazilian green propolis in patients with type 2 diabetes: A double-blind randomized placebo-controlled study［J］. Biomedical Reports, 3（3）: 355-360.

Gao W, Pu L, Wei J, et al., 2018. Serum antioxidant parameters are significantly increased in patients with type 2 diabetes mellitus after consumption of Chinese propolis: A randomized controlled trial based on fasting serum glucose level［J］. Diabetes Therapy, 9: 101-111.

Hajiaghaalipour F, Khalilpourfarshbafi M, Arya A, 2015. Modulation of glucose transporter protein by dietary flavonoids in type 2 diabetes mellitus［J］. International Journal of Biological Sciences, 11（5）: 508.

Iio A, Ohguchi K, Inoue H, et al., 2010. Ethanolic extracts of Brazilian red propolis promote adipocyte differentiation through PPARγ activation［J］. Phytomedicine, 17（12）: 974-979.

Jonsson J, Carlsson L, Edlund T, et al. 1994. Insulin-promoter-factor 1 is required for pancreas development in mice［J］. Nature, 371（6498）: 606-609.

Kang C, Jin Y B, Lee H, et al., 2010. Brown alga Ecklonia cava attenuates type 1 diabetes by activating

AMPK and Akt signaling pathways [J]. Food and Chemical Toxicology, 48（2）: 509–516.

Kono T, Ahn G, Moss D R, et al., 2012. PPAR–γ activation restores pancreatic islet SERCA2 levels and prevents β–cell dysfunction under conditions of hyperglycemic and cytokine stress [J]. Molecular Endocrinology, 26（2）: 257–271.

Lee J O, Yang H, Georgescu M M, et al. 1999. Crystal structure of the PTEN tumor suppressor: implications for its phosphoinositide phosphatase activity and membrane association [J]. Cell, 99（3）: 323–334.

Liu Y, Liang X, Zhang G, et al., 2018. Galangin and pinocembrin from propolis ameliorate insulin resistance in HepG2 cells via regulating Akt/mTOR signaling [J]. Evidence–Based Complementary and Alternative Medicine,（1）: 7971842.

Matsui T, Ebuchi S, Fujise T, et al., 2004. Strong antihyperglycemic effects of water–soluble fraction of Brazilian propolis and its bioactive constituent, 3, 4, 5–tri–O–caffeoylquinic acid [J]. Biological and Pharmaceutical Bulletin, 27（11）: 1797–1803.

Mujica V, Orrego R, Fuentealba R, et al., 2019. Propolis as an adjuvant in the healing of human diabetic foot wounds receiving care in the diagnostic and treatment centre from the regional hospital of Talca [J]. Journal of Diabetes Research,（1）: 2507578.

Nakae J, Biggs W H, Kitamura T, et al., 2002. Regulation of insulin action and pancreatic β–cell function by mutated alleles of the gene encoding forkhead transcription factor Foxo1 [J]. Nature Genetics, 32（2）: 245–253.

Nakashima N, Sharma P M, Imamura T, et al., 2000. The tumor suppressor PTEN negatively regulates insulin signaling in 3T3–L1 adipocytes [J]. Journal of Biological Chemistry, 275（17）: 12889–12895.

Nie J, Chang Y, Li Y, et al., 2017. Caffeic acid phenethyl ester（propolis extract）ameliorates insulin resistance by inhibiting JNK and NF–κB inflammatory pathways in diabetic mice and HepG2 cell models [J]. Journal of Agricultural and Food Chemistry, 65（41）: 9041–9053.

Ong K W, Hsu A, Tan B K H, 2012. Chlorogenic acid stimulates glucose transport in skeletal muscle via AMPK activation: a contributor to the beneficial effects of coffee on diabetes [J]. PloS One, 7（3）: e32718.

Prasad C N V, Anjana T, Banerji A, et al., 2010. Gallic acid induces GLUT4 translocation and glucose uptake activity in 3T3–L1 cells [J]. FEBS Letters, 584（3）: 531–536.

Pujirahayu N, Bhattacharjya D K, Suzuki T, et al., 2019. α–Glucosidase inhibitory activity of cycloartane–type triterpenes isolated from Indonesian stingless bee propolis and their structure–activity relationship [J]. Pharmaceuticals, 12（3）: 102.

Puspasari A, Harijanti K, SOEBADI B, et al., 2018. Effects of topical application of propolis extract on fibroblast growth factor–2 and fibroblast expression in the traumatic ulcers of diabetic Rattus norvegicus [J]. Journal of Oral and Maxillofacial Pathology, 22（1）: 54–58.

Samadi N, Mozaffari–Khosravi H, Rahmanian M, et al., 2017. Effects of bee propolis supplementation on glycemic control, lipid profile and insulin resistance indices in patients with type 2 diabetes: a randomized, double–blind clinical trial [J]. Journal of Integrative Medicine, 15（2）: 124–134.

Shin E J, Hur H J, Sung M J, et al., 2013. Ethanol extract of the Prunus mume fruits stimulates glucose uptake by regulating PPAR–γ in C2C12 myotubes and ameliorates glucose intolerance and fat accumulation in mice fed a high–fat diet [J]. Food Chemistry, 141（4）: 4115–4121.

Silveira M A D, Teles F, Berretta A A, et al., 2019. Effects of Brazilian green propolis on proteinuria and renal function in patients with chronic kidney disease: a randomized, double-blind, placebo-controlled trial [J]. BMC Nephrology, 20: 1-12.

Thong F S L, Dugani C B, Klip A, 2005. Turning signals on and off: GLUT4 traffic in the insulin-signaling highway [J]. Physiology, 20 (4): 271-284.

Waeber G, Thompson N, Nicod P, et al. 1996. Transcriptional activation of the GLUT2 gene by the IPF-1/STF-1/IDX-1 homeobox factor [J]. Molecular Endocrinology, 10 (11): 1327-1334.

Wahli W, Braissant O, Desvergne B, 1995. Peroxisome proliferator activated receptors: transcriptional regulators of adipogenesis, lipid metabolism and more… [J]. Chemistry & Biology, 2 (5): 261-266.

Withers D J, Gutierrez J S, Towery H, et al. 1998. Disruption of IRS-2 causes type 2 diabetes in mice [J]. Nature, 391 (6670): 900-904.

Xue M, Liu Y, Xu H, et al., 2019. Propolis modulates the gut microbiota and improves the intestinal mucosal barrier function in diabetic rats [J]. Biomedicine & Pharmacotherapy, 118: 109393.

Zakerkish M, Jenabi M, Zaeemzadeh N, et al., 2019. The effect of Iranian propolis on glucose metabolism, lipid profile, insulin resistance, renal function and inflammatory biomarkers in patients with type 2 diabetes mellitus: A randomized double-blind clinical trial [J]. Scientific Reports, 9 (1): 7289.

Zhang H, Wang G, Beta T, et al., 2015. Inhibitory properties of aqueous ethanol extracts of propolis on alpha-glucosidase [J]. Evidence-Based Complementary and Alternative Medicine, (1): 587383.

Zhang Y, Zhen W, Maechler P, et al., 2013. Small molecule kaempferol modulates PDX-1 protein expression and subsequently promotes pancreatic β-cell survival and function via CREB [J]. The Journal of Nutritional Biochemistry, 24 (4): 638-646.

Zhao L, Pu L, Wei J, et al., 2016. Brazilian green propolis improves antioxidant function in patients with type 2 diabetes mellitus [J]. International Journal of Environmental Research and Public Health, 13 (5): 498.

Zulhendri F, Ravalia M, Kripal K, et al., 2021. Propolis in metabolic syndrome and its associated chronic diseases: A narrative review [J]. Antioxidants, 10 (3): 348.

Zygmunt K, Faubert B, MacNeil J, et al., 2010. Naringenin, a citrus flavonoid, increases muscle cell glucose uptake via AMPK [J]. Biochemical and Biophysical Research Communications, 398 (2): 178-183.

第八节 蜂胶对血管系统的保护作用

　　心血管疾病是全球主要的致死原因，不仅造成了巨大的经济负担，还严重损害了患者的生活质量。尽管心脏疾病对死亡率的影响广受关注，但血管在致命疾病发展进程中的作用却鲜为人知。显然，心脏缺血并非仅是心脏问题，而是由血管疾病引起的。同样，缺血性中风也不仅仅是脑部问题，而是血管疾病导致的脑损伤。然而，许多人仍然将心脏病发作和中风分别归咎于心脏和脑部。实际上，血管在几乎所有主要的、威胁生命的慢性疾病中都扮演着关键角色。例如，如果没有血管，肿瘤无法生长到显微镜下可见的大小，且肿瘤的转移（其进展中最致命的阶段）严重依赖于肿瘤与血管的相互作用。炎症（许多人类疾病的决定性因素）由内皮细胞介导，这些细胞在炎症性白细胞的运输和衰老过程中发挥关键作用。尽管动脉粥样硬化的病理基础可能是新生内膜导致的管腔狭窄，但内皮细胞单层的炎症性功能障碍是动脉粥样硬化发病的根本原因。内皮功能障碍还与 COVID-19 的系统性后果密切相关。血管应被视为一个系统性分布的器官，其在循环系统与不同器官实质之间的战略位置使内皮细胞处于独特的"守门人"角色。它们通过旁分泌效应分泌生长因子（如血管生成因子），以指导性方式积极控制器官功能，这一新的信号传导模式已在大多数器官中得到了验证。血管内皮作为一个系统性分布的器官，具有重要的调控作用和指导性"守门"功能，对维持器官和全身稳态、促进健康衰老具有重要意义。

　　蜂胶对血管系统的影响源自其多种生物活性的协同作用，这些活性包括抗氧化、抗炎、免疫调节、降血压、抗动脉粥样硬化以及抑制血管生成等，它们之间常常是相互关联的。

一、蜂胶对高血压的防控

　　高血压可引发心血管系统多种损伤，涵盖形态和功能两个方面。具体而言，高血压会增加动脉的剪切应力，损害内皮细胞，加速动脉粥样硬化的进程，并可能导致不稳定的斑块破裂。内皮细胞受损进而引发微血管床中的微出血、微梗死和渗出物，以及动脉和心室的重塑，这些因素共同作用，导致器官末端的损伤。为了研究蜂胶的降压效果，众多动物模型被应用，其降压作用与多种生物功能相关，包括调节血管张力、抗氧化和抗炎特性（Silveira et al., 2019）。

（一）蜂胶调节血压作用的标志性成分研究

　　咖啡酸苯乙酯（CAPE）是欧洲蜂胶和亚洲蜂胶中的主要成分之一，它在体外试验中显示对多种动脉血管具有舒张效应。目前普遍认为，这种效应的原因是由于一氧化氮

（NO）的刺激作用（Silva et al.2020）。

Veerappan et al.（2018）进行的研究揭示了白杨素对 L-NAME 诱导的高血压大鼠血管紧张素系统和环磷酸鸟苷（cGMP）浓度的改善作用。L-NAME，即 Nx- 硝基 -L-精氨酸甲酯，是一种广泛使用的非特异性一氧化氮合酶抑制剂，常用于引发一氧化氮（NO）缺乏性高血压。实验中，大鼠通过摄入 L-NAME 建立实验性高血压动物模型（体重 180~220g）。白杨素以 25mg/kg·BW 的剂量通过口服给药。血压通过尾袖体积描记法系统进行测量。心脏和血管功能通过 Langendorff 离体心脏系统进行评估，同时测定血管紧张素 II（Ang-II）、血红素加氧酶 -1（HO-1）以及组织中环磷酸鸟苷（cGMP）的浓度。高血压大鼠表现出血压升高、左心室功能增强、Ang-II 水平上升以及组织中 cGMP 浓度下降。白杨素治疗能够使左心室功能、Ang-II 和血红素加氧酶 -1（HO-1）水平恢复正常，并降低组织中 cGMP 浓度。白杨素的降压效果似乎是通过降低左心室功能、心脏氧化应激和 Ang-II 水平，提升心脏 HO-1 和 cGMP 浓度，以及预防血浆一氧化氮损失来实现的。

巴西蜂胶，富含咖啡酰奎宁酸（CQAS），已被证实能够通过其抗炎特性降低自发性高血压大鼠（SHR）的血压，并且可能还涉及直接的血管舒张效应（Mishima et al.2005）。此外，乌拉圭蜂胶通过降低烟酰胺腺嘌呤稀释肽磷酸氧化酶（NOX）的活性以及促进内皮型一氧化氮合酶（eNOS）的表达，从而增强一氧化氮（NO）的生物利用度，进而改善血管内皮功能（Silva et al.2011）。

（二）蜂胶调节血压作用的动物实验研究

Selamoglu et al.（2014）发表了一项研究，探讨了蜂胶对 L-NAME 诱导的高血压大鼠氧化应激的影响。研究指出，一氧化氮（NO）合成或生物利用度的抑制在高血压的发展中扮演了关键角色。这种抑制可能会导致血管收缩并产生活性氧物质（ROS）。本研究旨在评估蜂胶对 L-NAME 处理的高血压大鼠睾丸组织中过氧化氢酶（CAT）活性、内二醛（MDA）和一氧化氮（NO）水平的影响。实验中，大鼠接受了 NO 合酶抑制剂 L-NAME（40mg/kg，腹腔内）处理连续 15 天以诱导高血压，并在最后 5 天内给予蜂胶（200mg/kg，灌胃）。结果显示，与对照组相比，L-NAME 处理组的 MDA 水平显著升高（$P < 0.01$）。然而与仅 L-NAME 处理组相比，L-NAME 与蜂胶联合处理组的 MDA 水平显著降低（$P < 0.01$）。同样，与对照组相比，L-NAME 组的 CAT 活性和 NO 水平显著下降（$P < 0.01$）。然而，与 L-NAME 处理组相比，L-NAME 与蜂胶联合处理组的 CAT 活性和 NO 水平没有显示出统计学上的显著增加（$P > 0.01$）。这些发现表明，蜂胶能够改变 L-NAME 处理动物睾丸中的 CAT 活性、NO 和 MDA 水平，暗示其可能对调节抗氧化系统具有积极作用。

Salmas et al.（2017）进行了一项研究，旨在评估蜂胶、咖啡酸苯乙酯（CAPE）和花粉对大鼠肾脏组织中由 Nω- 硝基 -L- 精氨酸甲酯（L-NAME）引起的生化氧化应激生物标志物的抗氧化作用。研究中评估的生物标志物包括对氧磷酶（PON1）、氧化应激指数（OSI）、总抗氧化状态（TAS）、总氧化剂状态（TOS）、不对称二甲基精氨酸（ADMA）和核因子κB（NF–κB）。结果显示，在 L–NAME 处理组的大鼠肾脏组织样本中，TAS 水平和 PON1 活性显著降低（$P < 0.05$）。相比之下，L–NAME 与蜂胶、CAPE 和花粉联合处理组的 TAS 和 PON1 水平较高。此外，TOS、ADMA 和 NF–κB 水平在 L–NAME 处理组的肾脏组织样本中显著升高（$P < 0.05$）。然而，与仅接受 L–NAME 处理的大鼠相比，L–NAME 与蜂胶、CAPE 和花粉联合处理组的这些参数显著较低（$P < 0.05$）。研究还利用分子建模方法确定了 CAPE 在谷胱甘肽还原酶（GR）酶催化域内的结合能量及其抑制机制。综合实验和理论数据结果发现，通过蜂胶的活性成分 CAPE 给药，可以预防慢性高血压大鼠肾脏组织中发生的氧化损伤。

Sun et al.（2018）发表了一项研究，揭示了一种创新的蜂疗制剂，该制剂通过提升过氧化物酶体增殖物激活受体（PPAR）的表达，在自发性高血压大鼠模型中展现了显著的降血压和心脏保护效果。心室重塑是多种心脏疾病的共同特征，而由高血压引发的心室重塑可能成为独立于高血压之外的致命因素。在本研究中，蜂疗制剂称为保元灵（BYL），它由蜂胶、蜂王浆和蜂毒组成，旨在治疗自发性高血压大鼠（SHRs）。研究评估了 BYL 的药理作用及其对高血压和心室重塑潜在机制的影响。研究结果显示，BYL 治疗能够有效降低 SHRs 的血压。此外，BYL 治疗还减少了血清中的血管紧张素 II、内皮素 1 和转化生长因子 –b 的水平，并改善了心肌结构。定量实时聚合酶链反应的结果进一步表明，BYL 治疗能够提升过氧化物酶体增殖物激活受体 PPAR–α 和 PPAR–γ 的 mRNA 表达。这些研究结果表明，BYL 在 SHRs 中具有降血压和心脏保护作用，其机制可能与改善心肌能量代谢有关。

Zhou et al.（2020）探讨了水溶性蜂胶对由高盐饮食引起的高血压的潜在保护效果。研究指出，高盐（HS）摄入与高血压的发病和进展紧密相关，其机制可能包括内皮功能障碍、一氧化氮缺乏、氧化应激和促炎细胞因子的增加。在本研究中，成功复制了一个由高盐饮食诱导的高血压大鼠模型。研究发现，在长期摄入高盐饮食的大鼠中，心肌功能发生了改变，导致心脏功能显著下降（约49%）。然而，中国水溶性蜂胶（WSP）的剂量与高血压大鼠心肌功能的改善呈正相关（分别提高了 11%、60%、91%）。通过血液循环试验和 HE 染色，观察到蜂胶对高血压大鼠的心肌功能和血管具有保护作用。此外，Western blot 和聚合酶链反应的结果显示，WSP 有效地调节了 Nox2 和 Nox4 的水平，并有助于减少活性氧的合成。研究结果表明，WSP 对高血压大鼠的血压和心血管功能具有显著的改善效果。高血压大鼠心血管功能的改善可能与 WSP 抗氧化、抗炎和改善血管内皮功能有关。

Mulyati et al.（2021）研究了蜂胶提取物预防由高盐饮食引起的高血压的效果。研究通过持续 3 周给予 8% 高钠饮食来诱导高血压。36 只大鼠被分为六组：标准饮食组（SD）、高钠饮食组（NaD）、高钠饮食加卡托普利（25mg/kg）组（PD）以及分别添加来自廖内群岛、楠榜和南苏拉威西的蜂胶的高钠饮食组（NaDP1、NaDP2、NaDP3）。蜂胶以每日 200mg/kg 的剂量每日给予高血压大鼠，为期一周。期间每周测量血压和体重，并在第 4 周进行常规尿液分析、血液参数和脂质谱检测。研究结果表明，经过 3 周的高钠饮食干预，成功诱导了大鼠的高血压，但并未导致体重增加（$P > 0.05$）。所有印尼蜂胶样本均显著降低了高血压大鼠的收缩压和舒张压。根据 24 小时尿量分析，廖内群岛和楠榜的蜂胶表现出利尿作用。所有蜂胶组均观察到尿蛋白增加，但其他参数（如密度、pH 值、一致性、白细胞、亚硝酸盐、葡萄糖、酮体、尿胆素原、胆红素、红细胞和血红蛋白）未受影响。楠榜和南苏拉威西的蜂胶似乎分别改善了 LDL 和 HDL 的浓度。此外，治疗后主要血液参数保持不变。研究还发现，所有高盐饮食组的肝脏相对重量均有所下降。

综上所述，印尼蜂胶样本通过不同的机制实现降压效果。所有蜂胶样本均能缓解高盐饮食引起的高血压，其中廖内群岛和南苏拉威西的蜂胶样本效果尤为显著。

（三）蜂胶调节血压作用的临床试验研究

Khalaf et al.（2018）进行了一项研究，旨在评估蜂胶补充剂对健康志愿者血压和生化指标的影响。研究中，参与者每天服用 500mg 的蜂胶胶囊 2 次，持续 2 个月。研究对象为 40 名来自摩苏尔市不同地区的健康非肥胖志愿者。研究期间，从 2017 年 10 月至 2018 年 4 月，研究人员记录了参与者的血压（BP）、体重、体重指数（BMI），并采集血样以测定空腹血糖（FSG）、脂质谱［包括总胆固醇（TC）、甘油三酯（TG）、高密度脂蛋白（HDL-C）和低密度脂蛋白（LDL-C）］。此外，还计算了极低密度脂蛋白（VLDL-C）和动脉粥样硬化指数（AI），并测量了血清尿酸（SUA）水平。

经过两个月的蜂胶补充，干预组收缩压和舒张压、FSG、TC、TG、LDL-C、AI 和 SUA 显著下降，同时体重和 HDL-C 水平显著增加。而研究开始时，干预组和对照组在年龄、性别、体重、BMI、收缩压、舒张压、血清 TC、HDL-C、LDL-C、AI 和 SUA 方面没有显著差异，但在 FSG、TG 和 VLDL 方面存在显著差异。研究结果表明，连续服用蜂胶 2 个月（每日 2 次，每次 500mg），对健康志愿者具有积极的生理影响。

二、蜂胶对血脂的调节作用

高脂血症（Hyperlipidemia）是一种普遍的脂质代谢障碍。它主要表现为甘油三酯（Triglyceride，简称 TG）、胆固醇（Cholesterol，简称 TC）、低密度脂蛋白（Low density lipoprotein，简称 LDL-C）以及高密度脂蛋白（High density lipoprotein，简称 HDL-C）的代谢失常。作为心脑血管疾病的关键风险因素之一，高脂血症的防治已经成为预防和控制心脑血管事件的关键策略。

（一）蜂胶调节血脂作用的动物实验研究

胡福良等（2006）进行了一项实验研究，旨在探究不同提取方法得到的蜂胶液对血脂调节作用的影响。研究中，他们测量并比较了水提蜂胶液和醇提蜂胶液对实验性高脂血症 ICR 小鼠血脂及脂蛋白水平的作用。研究结果显示，无论是水提还是醇提的蜂胶液，均能有效降低高脂血症 ICR 小鼠血清中的甘油三酯（TG）、总胆固醇（TC）和低密度脂蛋白（LDL-C）水平。特别是醇提蜂胶液，它还能显著提升血清中的高密度脂蛋白（HDL-C）浓度。这些发现表明，蜂胶具有改善高脂血症小鼠脂肪代谢的潜力。

Koya-Miyata et al.（2009）探讨了蜂胶对由高脂饮食引发的肥胖小鼠的降血脂效果。研究中，C57BL/6N 小鼠被随机给予高脂饲料，每天两次，分别摄入 0mg/kg（对照组）、5mg/kg 或 50mg/kg 的蜂胶提取物，持续 10 天。与对照组相比，接受蜂胶提取物的小鼠体重增长、内脏脂肪组织重量、肝脏和血清中的甘油三酯、胆固醇以及非酯化脂肪酸水平均有所下降。通过实时多聚酶链反应分析肝脏组织，发现蜂胶组小鼠脂肪酸生物合成相关基因的 mRNA 表达降低，这些基因包括脂肪酸合成酶、乙酰辅酶 A 羧化酶 α 和固醇调节元件结合蛋白。接着，研究者对高脂饮食诱导的肥胖 C57BL/6N 小鼠进行了为期 4 周的蜂胶提取物治疗，剂量为 0mg/kg（对照组）、2.5mg/kg 或 25mg/kg。接受蜂胶治疗的小鼠体重增长减缓，血清中非酯化脂肪酸水平下降，肝脏脂质积累减少。这些发现表明，蜂胶提取物通过降低脂质代谢相关基因的表达，有助于预防和减轻高脂饮食引起的高脂血症。

程清洲等（2013）研究了鄂西地区蜂胶提取物对高脂血症模型大鼠血脂水平的影响及其相关机制。通过建立高脂模型，即在喂食大鼠高脂饲料的同时，给予蜂胶提取物灌胃处理，持续 30 天。随后，测定大鼠血清中的总胆固醇（TC）、甘油三酯（TG）、高密度脂蛋白胆固醇（HDL-C）、低密度脂蛋白胆固醇（LDL-C）水平，以及超氧化物歧化酶（SOD）活性和丙二醛（MDA）含量。研究结果显示，蜂胶提取物能显著降低高脂血症模型大鼠血清中的 TC、TG、LDL-C 和 MDA 含量（$P < 0.01$ 或 $P < 0.05$），同时显著提高血清 HDL-C 和 SOD 含量（$P < 0.01$ 或 $P < 0.05$）。结论指出，蜂胶具有调节血脂和抗脂质过氧化的作用，有助于预防和治疗高脂血症。

黄晓其等（2018）研究了蜂胶对由 Triton-WR1339 引起的高脂血症小鼠的降脂效果及其对脂质代谢的调节机制。研究中，将 C57BL/6Jx 小鼠随机分为 7 组，每组 10 只，雌雄各半，包括正常组、模型组、非诺贝特组（30mg/kg）、蜂胶 HB01 高剂量组（60mg/kg）、蜂胶 HB01 低剂量组（30mg/kg）、蜂胶 HB02 高剂量组（60mg/kg）和蜂胶 HB02 低剂量组（30mg/kg）。通过肌内注射 Triton-WR1339 试剂建立高脂血症模型，经过一周的灌胃处理后，通过眼眶取血，离心分离血清，测定其中的总胆固醇（TC）、甘油三酯（TG）、高密度脂蛋白（HDL）、低密度脂蛋白（LDL）、丙二醛（MDA）、总超氧化物歧化酶（SOD）、丙氨酸氨基转移酶（GPT）和门冬氨酸氨基转移酶（GOT）等指标。此外，取肝脏组织置于 -80℃保存，并通过 Western blot 法测定脂质转运蛋白的表达水平。结果显示，与正常组相比，模型组小鼠血清中 TC、TG、LDL、MDA、GPT、GOT 含量显著升高，而 HDL 含量降低，SOD 活力下降（$P < 0.05$）。与模型组相比，阳性药物非诺贝特（30mg/kg）以及两种蜂胶（高剂量组：60mg/kg；低剂量组：30mg/kg）均能显著降低 TC、TG、LDL、MDA、GPT、GOT 含量，并提高 HDL 含量，促进 SOD 活力，差异具

有统计学意义（$P < 0.05$），且蜂胶的效果略优于阳性药物组。与正常组相比，Triton-WR1339 诱导的模型组肝脏中 ABCA1、ABCG8、低密度脂蛋白和 SR-B1 等脂质转运蛋白表达显著下降，差异具有统计学意义（$P < 0.05$），但阳性药物（非诺贝特：30mg/kg）和蜂胶（高剂量组：60mg/kg；低剂量组：30mg/kg）干预后均能逆转这一下降趋势，蜂胶组的干预效果略优于阳性药物组，差异具有统计学意义（$P < 0.05$）。结论表明，蜂胶具有显著的降血脂作用，其作用机制可能与改善肝脏脂质代谢紊乱、调控脂质代谢转运蛋白相关。

李心怡等（2020）进行了一项研究，旨在探究蜂胶降脂方对高脂血症斑马鱼模型的降血脂效果。该方剂由蜂胶、红曲、炒山楂、荷叶和炒杜仲五种药物组成。研究通过评估蜂胶降脂方对斑马鱼模型血脂光密度总和、甘油三酯（TG）、胆固醇（TC）水平以及血流速度的影响，来揭示其降脂作用。实验中，高脂血症斑马鱼被随机分为模型组、实验组和对照组，分别接受养鱼用水、蜂胶降脂方和对照药物阿托伐他汀钙处理。48 小时后，研究人员观察了斑马鱼尾部血管油红 O 染色的附着情况以及血脂光密度总和，并检测了 TG 和 TC 水平，同时分析了全血血流速度的变化。研究结果显示，蜂胶降脂方能够显著减少高脂血症斑马鱼尾部血管油红 O 染色的附着，表现出显著的降血脂效果；特别是能够降低体内 TG 水平，差异具有统计学意义（$P < 0.01$）。然而，该方剂对 TC 水平的降低作用不明显，差异无统计学意义（$P > 0.05$）。此外，蜂胶降脂方对高脂血症斑马鱼的血流速度没有显著影响，差异同样无统计学意义（$P > 0.05$）。综上所述，蜂胶降脂方能够有效降低高脂血症斑马鱼的血脂水平，主要通过降低 TG 实现。

（二）蜂胶抗高脂血症的作用机制及其标志性成分研究

Chen et al.（2021）进行了一项研究，旨在筛选和评价蜂胶中通过调节 PXR/CYP3A4 表达来治疗高脂血症的质量控制标志物。该研究确定了蜂胶活性成分对抗高脂血症的主要靶点（PXR/CYP3A4），并评估了蜂胶中个别化合物的活性，以选择其作为质量控制标志物的依据。通过使用高脂饮食喂养的小鼠模型，研究了蜂胶的功效，并进一步探讨了蜂胶对糖脂代谢靶标的影响。鉴于蜂胶对 PXR 表达的显著影响，研究者利用了其下游靶标 CYP3A4，因为这种酶的代谢活性受 PXR 表达变化的调控。因此，研究以 1- 羟基咪达唑仑的产生作为评估指标。利用 UHPLC-TOF-MS 技术发现的化合物以单体形式加入 HepG2 细胞溶液中（通过转染 PXR mRNA 和 CYP3A4 质粒以模拟体内的药物代谢），随后添加咪达唑仑。通过监测"指示剂"数量的变化，研究了每种化合物的定性（促进或抑制）和定量活性。在蜂胶提取物中定量具有明显效应的化合物，并通过 Western Blot 分析验证了其 PXR 调节活性。此外，研究进行了药代动力学分析以了解这些化合物在体内的代谢情况。最终，这些化合物的成分被认定为质量控制标志物，它们能够通过对 PXR/CYP3A4 表达的调节指示蜂胶抗高脂血症的疗效。

蜂胶在降低小鼠的甘油三酯（TG）和总胆固醇（TC）水平方面表现出显著效果，并且能够有效修复受损的肝脏组织。其活性与化学药物、中药阳性对照物相当。在与其他调节靶点的比较中，蜂胶主要通过抑制 PXR 表达发挥作用。蜂胶中的大部分单体化合物（15 种中的 13 种）对 PXR/CYP3A4 显示出明显的调节作用。然而，通过含量定量和药代动力学分析，研究将选择范围缩小至两种成分（山奈酚和白杨素），它们被认为是蜂胶抗高脂血症的主要活性成分。

综上所述，蜂胶的抗高脂血症作用主要依赖于其对 PXR/CYP3A4 表达的调节。山奈酚和白杨素可作为质量控制的标志物。此外，基于代谢物的活性评价方法相较于传统筛选方法更为迅速、高效和可靠，为蜂胶未来的应用开辟了新的途径。

（三）蜂胶抗高脂血症的临床试验研究

早在 1979 年，南京医学院病理生理教研室的冠心病科研组及其他研究者通过动物模型实验和临床试验，证实了蜂胶具有降血脂的效应。这一发现得到了江苏省组织苏州医学院附属一院、淮北盐务局工人医院、南京医学院附属医院等九所医院成立的蜂胶治疗高脂血症临床验证协作组的支持。

蜂胶的临床验证分为三个剂量组：大剂量组（每日口服蜂胶片 2.7g，共 125 例）、中剂量组（每日 1.8g，共 167 例）和小剂量组（每日 1.2g，共 27 例）。所有患者每天分 3 次服用药物，疗程持续 2~3 个月。治疗对象为血胆固醇水平超过 2300mg/dL 和 / 或甘油三酯水平超过 1500mg/dL 的患者。在服用蜂胶片之前，患者需停用其他降血脂药物，但饮食习惯保持不变。

苏州医学院的朱道程、李景祥等研究人员在《三种剂量蜂胶片治疗高脂血症 319 例的临床疗效》的总结报告中指出，无论是大剂量、中剂量还是小剂量组，蜂胶治疗高脂血症均显示出显著疗效。治疗前后血胆固醇和甘油三酯的含量差异极为显著，P 值均小于 0.01 或 0.001，表明蜂胶确实具有降血脂作用。研究还表明，小剂量蜂胶可以达到与大剂量蜂胶相同的疗效，因此建议每日使用 1.2g 的小剂量。临床显效率、有效率和总有效率（显效加有效）均随治疗时间的延长而逐月提高，以疗程满 3 个月者为最高。大、中、小剂量治疗 3 个月后，降低胆固醇的总有效率介于 61.02%~89.81%；降低甘油三酯的总有效率介于 79.03%~84.95%。此外，降低胆固醇和甘油三酯的有效率及总有效率均随着疗程的延长而逐步增加，因此建议疗程以 3 个月为宜。蜂胶降低血甘油三酯的效果较降低血胆固醇更为显著，其降低甘油三酯的幅度与常用的降脂药物安妥明相当。蜂胶无明显毒副作用，连续服用 3 个月未见因毒副作用而停药的案例。

Mujica et al.（2017）进行的研究探讨了口服蜂胶溶液对智利塔尔卡地区人群氧化状态和脂质调节的影响，包括化学特征和临床评估。研究中使用 ORAC 方法确定了蜂胶的化学特征，包括总酚、黄酮含量以及总抗氧化能力。研究采取了双盲、安慰剂对照的临床试验设计，且塔尔卡大学生物伦理委员会已批准了研究方案。符合条件的受试者（$n=67$）被随机分配到两组：蜂胶组（$n=35$）和安慰剂组（$n=32$）。所有受试者在研究的第 0 天（基线）、第 45 天和第 90 天接受了评估。

在蜂胶组中，观察到高密度脂蛋白胆固醇（HDL-C）水平显著增加，从基线的

53.9 ± 11.9 mg/dL 增加到 90 天时的 65.8 ± 16.7 mg/dL（$P < 0.001$）。与安慰剂组相比，蜂胶摄入导致谷胱甘肽（GSH）水平显著增加（$P < 0.0001$）以及蜂胶组的硫代巴比妥酸反应物质（TBARS）水平降低（$P < 0.001$）。这些发现揭示了蜂胶对氧化状态和 HDL-C 水平的积极影响，这两者均有助于降低心血管疾病的风险。本研究数据表明，蜂胶能够提高 HDL-C 水平，通过增强 GSH 水平和降低 TBARS 水平产生抗氧化效果，这些指标都是人类氧化应激的标志。

三、蜂胶的抗止血活性

止血是一系列复杂的过程，它在防止血管阻塞（即维持纤溶活性）的同时，确保破裂的血管得到封闭，并保持血液的适当流变性（Versteeg et al.2013）。这些过程涉及受损血管的痉挛、血小板塞的形成以及血液的凝固。血管一旦修复，纤溶作用随即启动。血管受损时，血小板会黏附于受损区域并被激活，通过释放多种自体活性物质，吸引更多的血小板，形成一个正反馈循环。血小板通过其表面受体与细胞外配体的相互作用聚集，形成一个止血塞。随后，凝血过程以形成纤维蛋白基质结束，这进一步稳定并加固了形成的塞子（Xu et al.2016）。

蜂胶提取物已展现出在体外和体内环境下对血小板活性的抑制作用。Ohkura et al.（2012）的研究指出，蜂胶及其主要成分白杨素能够抑制肿瘤坏死因子 –α 和脂多糖诱导的纤溶酶原激活物抑制剂 1（PAI-1）的产生。在实验中，小鼠连续 8 周口服巴西绿蜂胶的乙醇提取物后，观察到脂多糖（LPS）诱导的 PAI-1 及其血浆活性增加得到了缓解。此外，通过腹腔注射巴西绿蜂胶（剂量为 12.5mg/kg）也观察到，该物质能够预防由 LPS 引起的 PAI-1 活性上升。

Zhou et al.（2014）证明了 CAPE 类似物（CAPE-NO2）对胶原诱导的血小板聚集反应的抑制作用。他们还假设这与血栓素 B2（TXB2）、环氧合酶 1（COX-1）和 5- 羟色胺（SHT）的下调以及 NO 和环磷酸鸟苷（cGMP）升高有关。

Zhang et al.（2017）的研究表明，将水溶性蜂胶提取物添加到富含血小板的人类血浆中，能够抑制由 ADP、凝血酶受体激活肽和胶原蛋白引起的血小板聚集。此外，几种特定的蜂胶黄酮，包括芹菜素、高良姜素、阿魏酸、槲皮素、山奈酚、白杨素、乔松素、松香素和芦丁，也被发现能够适度抑制血小板的聚集。蜂胶还能通过抑制纤溶酶原激活物抑制剂 –1（PAI-1）的生成来干扰止血过程，而 PAI-1 是一种在炎症反应中被诱导产生的纤溶抑制因子。

Akbay et al.（2017）开展了一项研究，旨在探讨蜂胶对华法林药效的影响。研究结果显示，蜂胶展现出显著的抗凝血活性，这种活性足以干扰华法林的正常作用。在实验中，CD-1 小鼠同时接受了华法林（约 0.08 mg/d）和土耳其蜂胶的乙醇提取物（100mg/kg/d）的治疗，持续 8 天。与仅服用华法林的小鼠相比，这些小鼠表现出较低的国际标准化比率（INR）值。

Bojić et al.（2018）的研究表明，蜂胶的乙醇提取物能够降低全血中由腺苷二磷酸（ADP）诱导的血小板聚集。特别是来自东南欧样本的乙醇提取物，在加入到年轻血栓患者血液样本中后，显示对 ADP 诱导的血小板聚集有显著的抑制作用。这种高活性可能归因于其较低的白杨素［2-（3，4-二羟基苯基）-5，7-二羟基黄酮-4-酮］含量和（或）较高的芹菜素-7-甲醚含量。

Martina et al.（2018）在一项体内研究中，通过测量小鼠的出血时间，比较了阿司匹林、蜂胶和花粉作为抗血小板药物的效果。研究结果表明，摄入印度尼西亚蜂胶的小鼠出血时间延长，其效果与阿司匹林（2-乙酰氧基苯甲酸）相似。此外，有观点认为，蜂胶中高含量的酚类化合物可能与华法林等抗凝药物存在相互作用。

Kolaylı et al.（2022）探讨了华法林与乙醇蜂胶提取物（EPE）联合使用对大鼠血液凝固功能的影响。实验中，所有组别均对凝血酶原时间（PT）、国际标准化比率（INR）、活化部分凝血活酶时间（aPTT）以及纤维蛋白原进行了测定，以评估血液凝固效果。同时，对蜂胶提取物进行了体外分析，结果显示酚类和黄酮类物质的总含量分别为 82.40 ± 0.44mg 没食子酸当量（GAE/mL）和 28.62 ± 0.18mg 槲皮素当量（QUE/mL）。通过高效液相色谱（HPLC）分析，芦丁、咖啡酸苯乙酯（CAPE）和白杨素被识别为 EPE 中的主要成分。此外，单独使用 EPE（剂量为 200mg/kg·BW）对凝血参数未见显著影响，但与华法林联合使用时则会引起轻微的变化。与对照组（G1）相比，联合组（G4）的 PT 和纤维蛋白原水平显示出显著的统计学差异（$P \leq 0.005$）。然而，除了纤维蛋白原外，华法林组（G2）中所有凝血因子的增加更为显著，这些差异同样得到了统计学上的证实（$P \leq 0.005$）。总体而言，这些数据表明 EPE 剂量与华法林之间存在协同作用，尽管可能伴随着药物相互作用的风险。

四、蜂胶对血管内皮细胞的保护作用

内皮层构成了血管最内侧的组织层，对于血管系统的功能调节起着至关重要的作用。它负责调节血管的张力，保持血液的流动特性，控制炎症反应和免疫活动，以及促进新血管的形成。作为一道天然的屏障，内皮层是血管面对各种侵袭时的第一道防线，这些侵袭包括机械性的（如剪切应力）、化学性的和生物性的（Deanfield et al.2007）。当内皮层能够高效分泌一氧化氮（NO）时，它就被认为是处于功能性状态。NO 具有显著的抗动脉粥样硬化和抗血栓形成作用，同时它还具有扩张血管的效应。然而，氧化应激（通常由组织炎症引发）会导致活性氧（ROS）和反应性氮物质（RNS）的累积。在这些因素中，过氧亚硝酸盐通过直接和间接的方式减少了 NO 的可用性。首先，过氧亚硝酸盐直接与 NO 反应，减少了其可用量。其次，它氧化了四氢生物蝶呤（BH4）这一辅因子，并导致了 eNOS 的解偶联，这进一步增加了超氧阴离子的生成。最终，过氧亚硝酸盐还促进了蛋白质的硝化作用，这进一步导致了内皮细胞功能障碍和细胞死亡（Mathews et al.2008；Liaudet et al.2009）。

一氧化氮（NO）具有血管舒张特性。然而，多种病理生理压力，包括高血糖、高脂血症、氧化的低密度脂蛋白（ox-LDL）、高血压、精神压力、衰老以及某些药物的暴露，可能会干扰控制 NO 生物利用度的分子机制（Soultati et al.2011）。内皮功能障碍，表现为内皮释放 NO 的能力减弱，是多种心血管疾病的核心特征（Jay et al.2014）。众多研究（其中大多数采用了中国蜂胶品种）已经证实蜂胶对体外培养的血管内皮细胞具有显著的抗氧化作用。中国杨树蜂胶能够抑制 PI3K/Akt/mTOR 信号通路，降低 LOX-1/p38丝裂原活化蛋白激酶（MAPK）的表达，减少活性氧（ROS）的产生，并保护基质金属蛋白酶（MMPs），从而防止细胞凋亡和自噬，对抗由氧化低密度脂蛋白（oxLDL）引起的内皮功能障碍（Chang et al.2018）。中国蜂胶还能够抑制自噬并阻断 MAPK/NFκ-B 信号通路，以保护内皮免受脂多糖介导的损伤（Xuan et al.2019）。此外，它还抑制了由oxLDL 诱导的氧化低密度脂蛋白受体 -1（LOX-1）的上调，这是该过程中的关键受体，从而减少了 oxLDL 被人脐静脉内皮细胞（HUVECs）的摄取（Silva et al.2021）。

（一）蜂胶对氧化型低密度脂蛋白（ox-LDL）诱导的血管内皮功能障碍的保护作用

Chang et al.（2018）研究了杨树型蜂胶的生物活性成分及其在减轻氧化型低密度脂蛋白引起的内皮细胞损伤中的作用机制。为了深入探讨蜂胶的生物活性成分及其抗炎机制，研究者从蜂胶乙酸乙酯提取物（EACP）中分离出 8 个亚组分，并研究了氧化型低密度脂蛋白（ox-LDL）对人脐静脉内皮细胞（HUVEC）的损伤机制。

研究使用不同浓度的甲醇水溶液作为原料，从 EACP 中制备并分离出 8 个亚组分，并采用高效液相色谱 - 二极管阵列检测 / 质谱联用（HPLC-DAD/Q-TOF-MS）法对其化学成分进行了分析。接着，使用 40μg/mL 的氧化型低密度脂蛋白刺激 80% 的正常HUVEC 细胞，并分别采用磺酰罗丹明 B（SRB）法和 Hoechst 33258 染色法进行检测。通过 Western blotting 和免疫荧光法检测了 Caspase-3、PARP、LC3B、P62、p-mTOR、p70S6K、p-PI3K、p-Akt、LOX-1 和 p-p38 MAPK 的水平。利用荧光探针检测了活性氧（ROS）和线粒体膜电位（MMP）。

研究结果显示，这些亚组分对氧化型低密度脂蛋白诱导的人脐静脉内皮细胞凋亡均有抑制作用，能够降低 LC3-II/LC3-I 比值，提高 p62 表达水平，并激活 PI3K/Akt/mTOR的磷酸化，同时降低 LOX-1 的表达和 p38 MAPK 的磷酸化。经 EACP 处理后，细胞内ROS 的过度产生和 MMP 的损伤均得到改善。

研究结论表明，蜂胶的抗炎作用并非由单一成分所决定，而是由黄酮醇酯和酚类化合物等多种成分的复杂相互作用共同决定的。EACP 通过降低 LOX-1 水平，抑制氧化应激引起的氧化 LDL 对 HUVEC 的内源性损伤，并进一步激活 PI3K/Akt/mTOR 信号通路，同时抑制 p38 MAPK，从而抑制细胞凋亡和自噬。这些发现为蜂胶在慢性炎症调节方面的潜在应用提供了新的视角。

（二）蜂胶对脂多糖介导的血管内皮损伤的保护

脂多糖（LPS）是一种关键的促炎物质，主要作用于内皮细胞。Xuan et al.（2019）探讨了中国蜂胶通过抑制自噬和 MAPK/NF-κB 信号通路对脂多糖刺激的人脐静脉内皮细胞的抗炎效应。该研究旨在探究在营养丰富的条件下培养的血管内皮细胞（VECs）暴露于脂多糖（LPS）时，中国杨树蜂胶（CP）在抑制炎症方面的潜在益处。通过罗丹明 B 染色和 EdU 试剂盒评估细胞增殖情况。利用荧光探针 DCFH 和 JC-1 分别测定活性氧（ROS）的产生和线粒体膜电位的变化。通过免疫荧光染色和 Western blotting 技术检测蛋白质表达水平。研究结果显示，CP（浓度为 6.25、12.5 和 25g/mL）显著减轻了由 LPS 引起的细胞毒性，并在 CP 的刺激下显著抑制了 ROS 的过度产生，同时保护了线粒体膜电位。CP 通过抑制 LC3B 的分布和积累，并以 mTOR 独立的方式提高 p62 水平，但主要通过抑制 p53 从细胞质向细胞核的转移来显著抑制自噬。12 小时和 24 小时 CP 处理显著降低了 TLR4 蛋白水平，并显著抑制了 NF-κBp65 从细胞质向细胞核的核易位。此外，CP 处理显著降低了 JNK、ERK1/2 和 p38MAPK 的磷酸化水平。综上所述，CP 能够保护 VECs 免受 LPS 诱导的氧化应激和炎症，这可能与抑制自噬相关。

五、蜂胶抗血管生成的作用

血管生成是指从现有血管中形成新血管的精细调控且复杂的生理过程，它对于组织的发育、再生以及修复起着至关重要的作用（Tahergorabi et al.2012）。当组织检测到缺氧时，血管生成过程便被激活，其响应机制包括稳定并转移转录因子缺氧诱导因子 1-alpha（HIF1α）至细胞核内，在那里触发血管生成因子如 VEGF 的表达。随后，这些因子被释放并结合到邻近内皮细胞表面的 VEGF2 受体上，从而促进细胞迁移、增殖和新血管的形成（Potente et al.2017）。在多种病理条件下，例如炎症和癌症，血管生成功能失调，导致持续且不适当的血管形成（Carmeliet et al.2005；Ucuzian et al.2010）。此外，它还加剧了动脉粥样硬化的病理生理过程，即脂肪斑块的增生和随后的不稳定，这可能引发斑块内出血和斑块破裂。有超过 80 种疾病与异常的血管生成有关，因此，抗血管生成策略有可能延缓这些疾病的进展（Camaré et al.2017）。蜂胶及其相关研究中所展示的抗血管生成活性，详见表 4-8。

表 4-8　评估蜂胶抗血管生成活性的相关研究及主要发现

作者	品种/物质	剂量	研究类型	实验模型	主要成果
Izuta et al.（2009）	中国红蜂胶乙醇提取物	0.3~3.0μg/ml	在活体外试验	人脐静脉内皮细胞培养	抑制血管内皮生长因子诱导的人脐静脉内皮细胞（HUVEC）增殖和迁移

作者	品种/物质	剂量	研究类型	实验模型	主要成果
Chikaraishi et al.（2010）	巴西绿蜂胶水提取物	100mg/mL	在活体外试验	人脐静脉内皮细胞培养	咖啡酰奎宁酸抑制血管内皮生长因子（VEGF）诱导的人脐静脉内皮细胞（HUVEC）增殖、迁移以及管腔形成
Kunimasa et al.（2011）	巴西绿蜂胶乙醇提取物	6.25、12.5 和 25μg/mL	在活体外试验		在人脐静脉内皮细胞（HUVECs）中诱导细胞凋亡，该过程呈浓度依赖性
Meneghelli et al.（2013）	巴西蜂胶的水醇提取物	100、130、150 和 180μg/mL	在活体外试验		细胞活力、增殖、迁移以及毛细管形成能力显著降低
		450mg/kg	在活体内试验	鸡胚绒毛尿囊膜试验	抑制血管生成和血管发生
Cuevas et al.（2014）	智利蜂胶的乙醇提取物	250mg/kg	在活体外试验	低密度脂蛋白受体敲除雄性小鼠的主动脉环	血管内皮生长因子 A 的表达减少
Cuevas et al.（2015）	智利蜂胶的乙醇提取物	1~15μg/mL	在活体外试验	人脐静脉内皮细胞培养	迁移和出芽（现象）的减弱
		15μg/mL	在活体外试验	雄性 Wistar 大鼠的主动脉环	以浓度依赖的方式抑制缺氧诱导因子 1α 的积聚
Daleprane et al.（2012）	红蜂胶中的多酚提取物	10mg/L	在活体外试验	人脐静脉内皮细胞融合细胞（EA.hy926）培养	血管生成能力减弱；抑制缺氧诱导的血管内皮生长因子表达；缺氧诱导因子 1α 积聚减少
			在活体外试验	雄性 Wistar 大鼠的主动脉环	内皮细胞管状结构出芽
Park et al.（2014）	韩国蜂胶的乙醇提取物	6.25、12.5 或 25 μg/mL	在活体外试验	人脐静脉内皮细胞培养	抑制人脐静脉内皮细胞（HUVECs）的增殖及管腔形成
Chikaraishi et al.（2010）	巴西绿蜂胶水提取物	按 300 mg/kg/d 的剂量皮下给药，持续 5 天	在活体内试验	C57BL/6 小鼠的氧诱导视网膜病变	抑制视网膜新生血管形成，归因于咖啡酰奎宁酸的作用
Daleprane et al.（2012）	红蜂胶中的多酚提取物	10mg/L	在活体内试验	鸡胚绒毛尿囊膜试验	血管生成减少
Park et al.（2014）	韩国蜂胶的乙醇提取物	6.25、12.5 或 25 μg/枚（鸡蛋）	在活体内试验	鸡胚绒毛尿囊膜试验	血管生成减少

多个蜂胶品种，尤其是巴西蜂胶、智利蜂胶、韩国蜂胶以及中国红蜂胶，在与人脐静脉内皮细胞（HUVECs）共同孵育后，展现出显著的抗血管生成活性。蜂胶提取物通过促进细胞凋亡或抑制细胞增殖途径减少细胞迁移，从而降低内皮细胞的存活率（Xuan et al.2014；Teles et al.2015；Silva et al.2011；Rajesh et al.2011；Sun et al.2017；Ince et al.2006；Ozer et al.2004；Dianat et al.2018）。

在体外的鼠主动脉环实验或体内氧诱导的视网膜新生血管化动物模型中，蜂胶提取物通过减少 HIF1α 的积累（Cuevas et al.2014；）或降低 VEGF 的表达（Izuta et al.2009；Chikaraishi et al.2010；Cuevas et al.2014），抑制了血管生成早期的管状形成。

尽管大多数蜂胶品种的抗血管生成活性归因于多种化合物的协同作用，主要是多酚类化合物，但一些特定的蜂胶化合物被认为是这种活性的主要贡献者。阿替匹林 C、咖啡酸苯乙酯（CAPE）、高良姜素、山奈酚和槲皮素显示出显著的抗血管生成作用，这似乎部分与它们抗氧化活性有关。实际上，黄酮醇类化合物倾向于展示出非常强的抗血管生成活性，这似乎与它们强大的抗氧化活性相关；而黄酮类化合物则具有相对较高的抗血管生成活性，但抗氧化活性有限（Ahn et al.2009）。此外，绿原酸 CQA 衍生物也被认为具有相当的抗血管生成活性（Chikaraishi et al.2010）。

巴西蜂胶及其主要成分阿替匹林 C 已被证实能够以剂量依赖性的方式抑制人类脐静脉内皮细胞（HUVEC）的增殖、内皮细胞的迁移以及毛细血管的管状结构形成。此外，CAPE 被发现能够降低基质金属蛋白酶 –2（MMP–2）、金属蛋白酶 –9（MMP–9）和血管内皮生长因子（VEGF）的活性，而阿替匹林 C 在体内和体外模型中均展现出抗血管生成的效应（Ahn et al.2007；Hwang et al.2005；Jin et al.2005）。

六、蜂胶抗动脉血管粥样硬化的作用

动脉粥样硬化是一种慢性疾病，其特征表现为动脉逐渐硬化和狭窄，从而减少对器官的血液供应。这种状况源于脂肪斑块在动脉内壁的积累，包括低密度脂蛋白（LDL）、细胞废物和周围组织材料（Bergheanu et al.2017）。高 LDL 水平和低 HDL 水平是关键的风险因素。在动脉粥样硬化的发展过程中，血管内皮对血清脂质，尤其是 LDL 的渗透性增加。在内皮下空间，LDL 的氧化激活内皮细胞，促使它们产生黏附分子，这导致循环中的单核细胞和 T 淋巴细胞被吸引过来。单核细胞随后转变为表达吞噬受体的巨噬细胞，吞噬氧化的 LDL 并转化为泡沫细胞，最终经历细胞凋亡。这些细胞还会释放促炎细胞因子和活性氧（ROS），以维持 LDL 的氧化状态。随着病情的恶化，平滑肌细胞和结缔组织开始增殖，并发生营养不良性钙化，导致动脉粥样硬化、斑块增大并突入动脉腔内，限制血液供应。动脉粥样硬化病灶更易受到氧化和机械损伤，逐渐变得更加脆弱，这可能导致斑块破裂，启动止血过程，进一步减少血液供应并引发急性动脉粥样硬化症状。

（一）蜂胶抗动脉血管粥样硬化的分子机制

动脉壁内血浆脂蛋白的累积与修饰构成了一个复杂的过程，这会引发动脉壁免疫细胞的吸引和过度增殖。研究显示，食物中的多酚类化合物能够降低心血管疾病的风险，并且能够阻止动脉粥样硬化斑块的形成（Daleprane et al.2013）。因此，蜂胶作为多酚的丰富来源，被视为预防心血管疾病的潜在替代疗法。已有证据表明，蜂胶能够影响脂质和脂蛋白的代谢。为了调整血浆脂质的组成并稳定脂肪斑块，蜂胶能够抑制巨噬细胞的凋亡、血管平滑肌细胞的增殖以及金属蛋白酶的活性（Silva et al.2021）。蜂胶（12.5mg/mL）已被证实能够降低氧化低密度脂蛋白（ox-LDL，45g/mL）的水平，进而减少活性氧（ROS）的产生，并阻止了 NF-κB 在人类脐带静脉内皮细胞（HUVECs）中的激活。ox-LDL 是 ROS 的强力诱导剂。氧化应激是由于 ROS 的过量产生而引发的，它可以激活下游信号分子如 NF-κB，从而加速包括动脉粥样硬化在内的多种疾病的进展（Xuan et al.2014）。巨噬细胞吸收 ox-LDL 在动脉粥样硬化斑块的形成中扮演了关键角色。因此，巨噬细胞可能成为治疗动脉粥样硬化的一个有效靶点。在一项研究中，测试了蜂胶（20g/mL）对接受 ox-LDL 处理的巨噬细胞的影响。蜂胶通过限制细胞对 ox-LDL 的摄取，抑制了泡沫细胞的形成。此外，胆固醇酯（CE）的产生也相应减少。由于 TNF-α 和 IL-1β 对细胞内脂质代谢的影响，促进巨噬细胞对 ox-LDL 的摄取和 CE 的积累，从而加剧动脉粥样硬化斑块的形成。蜂胶通过抑制丝裂原活化蛋白激酶（MAPK）的激活，使细胞内脂质的分解代谢保持正常速率，从而防止细胞因子释放（Mohd et al.2021）。关于蜂胶对抗动脉粥样硬化的分子机制，请参见图 4-28。

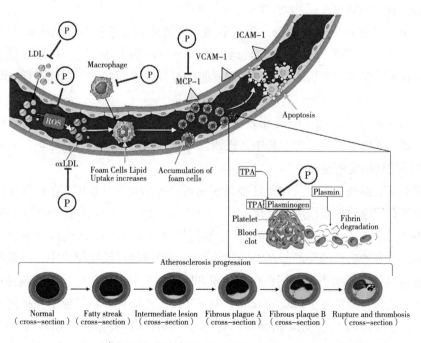

图 4-28　蜂胶抗动脉粥样硬化的分子机制（Chavda et al.2024）

活性氧（ROS）激活了低密度脂蛋白（LDL），使其转变为氧化型 LDL（ox-LDL）。即便是巨噬细胞，也可能因膜受损而进入血管内。这一过程促进了泡沫细胞（由 oxLDL 和巨噬细胞结合形成）的形成。随着时间的推移，泡沫细胞的积累可导致细胞凋亡。此外，血小板的聚集是动脉粥样硬化斑块形成的一个关键因素。给予蜂胶可以预防血栓素（一种促进血小板聚集的重要介质）的产生。同样，蜂胶通过抑制包括 oxLDL、LDL、巨噬细胞、MCP-1 等受体在内的多个步骤，确保了最大程度的治疗效果。图中的"P"代表蜂胶。

蜂胶中的多酚成分显著降低了促炎细胞因子、趋化因子以及血管生成因子的水平，并且改善了脂质代谢谱，有效预防了 LDLr-/- 小鼠动脉粥样硬化的发生。在动脉粥样硬化关键过程中的基因 mRNA 表达也有所下调，这些基因包括 MCP-1、INF、IL6、CD36 和 TGF（Daleprane et al.2013）。ABCA1 受体的参与被认为是蜂胶降低胆固醇的一个潜在机制。多项研究指出，蜂胶能够提升 ABCA1 基因的表达，这与提高 HDL 水平相关联。这表明，上调 ABCA1 可能是蜂胶改善脂质代谢谱的途径之一。

动脉粥样硬化的进展在很大程度上受到血小板聚集的推动。蜂胶中的成分已被证实能显著抑制血小板的聚集。特别是，咖啡酸苯乙酯（CAPE）显著降低了由胶原蛋白引发的血小板聚集。鉴于咖啡酸苯乙酯（CAPE）参与了多个抑制血小板聚集的机制，它可能在蜂胶的强效抗血小板作用中起到了关键作用（Chen et al.2007）。

炎症细胞能够产生大量一氧化氮（NO），它与其他氮和氧物种相互作用，引发氧化应激或亚硝胺应激。蜂胶通过抑制 NOS 活性、保护血管内皮细胞以及减轻神经毒性来降低 NO 水平。此外，蜂胶通过增强蛋白激酶活性和降低 NO、PGE2 活性，对糖尿病显示出药理作用（Fuliang et al.2005；Chen et al.2007）。

Yang et al.（2011）研究发现，源自中国安徽的蜂胶能够提升血清中高密度脂蛋白（HDL）的水平，并促进 ATP 结合盒转运蛋白 A1 和 G1 的表达。这一作用促进了胆固醇的逆向运输——即胆固醇从外周组织返回肝脏的过程，进而抑制了动脉粥样硬化病变的发展。

Daleprane et al.（2012）的研究表明，巴西绿、巴西红和智利棕蜂胶均展现出减少动脉粥样硬化病变面积的潜力。其中，巴西红蜂胶表现出最强的抑制效果，并且能够诱导动脉粥样硬化病变的逆转。

蜂胶不仅能够调节脂质代谢，还被证实对低密度脂蛋白（LDL）在血管中的代谢和转运过程具有积极的干预作用。氧化 LDL 是活性氧（ROS）的强烈诱导剂，而氧化应激是由 ROS 的过量产生引起的，能够激活下游信号分子如 NF-κB，从而加速包括动脉粥样硬化在内的多种疾病的发展。在晚期和不稳定的动脉粥样硬化斑块中，巨噬细胞的凋亡现象尤为显著；然而当这种凋亡在斑块早期阶段发生时，它与较少的细胞性和较慢的病变进展相关，有助于减少斑块的形成。中国蜂胶的乙醇提取物展现了保护巨噬细胞免受氧化低密度脂蛋白（oxLDL）诱导凋亡的潜力。这种提取物抑制了 CD36 介导的 oxLDL 摄取以及由内质网应激 C/EBP 同源蛋白（CHOP）途径诱导凋亡（Tian et al.2015）。

智利蜂胶的乙醇提取物以及分离出的乔松素，被发现对基质金属蛋白酶 –9（MMP-9）表现出浓度依赖性的抑制效果（Saavedra et al.2016）。此外，蜂胶还调节斑块内血管平滑肌（VSM）细胞的增殖和迁移，这一效应主要归功于咖啡酸苯乙酯（CAPE）。蜂胶通过其抗氧化、抗炎和免疫调节的活性，并通过预防血管内皮功能障碍，减缓了动脉粥样硬化的发展。

中国蜂胶和巴西蜂胶显示出对人脐静脉内皮细胞（HUVECs）中磷脂酰胆碱特异性磷脂酶 C 的抑制活性。这是磷脂酶 C 家族的重要成员，被认为与动脉粥样硬化的启动和进展有关。此外，这些蜂胶还显示出显著的活性氧（ROS）清除能力和核因子 κB（NF-κB）抑制效果，这些都有助于其抗动脉粥样硬化活性（Xuan et al.2014）。

蜂胶还被认为能够干扰基质金属蛋白酶的活性。这些酶在组织重塑和修复过程中表现活跃，但也与动脉粥样硬化斑块的不稳定性有关（Saavedra et al.2016）。特别是，基质金属蛋白酶 –9（MMP-9）由斑块中的巨噬细胞表达，并且在动物和人类中均会导致斑块的不稳定性（Gough et al.2005；Loftus et al.2000）。

蜂胶之所以具有抗动脉粥样硬化的效应，是因为它能够调节血清中的脂蛋白谱，并且改善血管组织以及浸润白细胞处理这些脂蛋白的能力。这些特性及其相关研究见表 4–9。

表 4–9　评估蜂胶抗动脉粥样硬化活性的相关研究及主要发现

作者	品种 / 物质	剂量 / 浓度以及治疗持续时间	研究类型	实验模型	主要成果
Xuan et al.（2014）	中国或巴西绿蜂胶的乙醇提取物	12.5μg/mL	在活体外试验	人脐静脉内皮细胞培养	抑制磷脂酰胆碱特异性磷脂酶 C 活性 清除活性氧物质 抑制核因子 κB 信号通路
Tian et al.（2015）	中国蜂胶的乙醇提取物	7.5、15 和 30mg/L	在活体外试验	RAW264.7 巨噬细胞培养	抑制 CD36 介导的氧化型低密度脂蛋白摄取以及随后斑块内巨噬细胞的凋亡
Saavedra et al.（2016）	智利蜂胶的乙醇提取物	1、2.5、5.0、7.5，10μg/mL	在活体外试验	RAW264.7 巨噬细胞培养	抑制基质金属蛋白酶 – 9 的浓度依赖性
Li et al.（2012）	智利蜂胶的乙醇提取物	每天 50、100 或 200mg/kg，持续 10 周	在活体外试验	高脂饮食诱导的 2 型糖尿病小鼠	肝脏中胆固醇和甘油三酯含量降低 肝脏合成甘油三酯的速率下降
Daleprane et al.（2012）	巴西绿蜂胶、红蜂胶和棕蜂胶的乙醇提取物	每天 250mg/kg，持续 4 周	在活体内试验	低密度脂蛋白受体敲除小鼠接受富含胆固醇的饮食以诱导动脉粥样硬化病变	通过调节炎症和血管生成因子来减轻动脉粥样硬化病变（红蜂胶的活性最高）
Azab et al.（2013）	利比亚蜂胶水提取物	每天 200mg/kg，持续 30 天	在活体外试验	醋酸铅中毒的雄性白化小鼠	防止血清胆固醇、甘油三酯、低密度脂蛋白和极低密度脂蛋白升高，同时提升高密度脂蛋白水平

作者	品种 / 物质	剂量 / 浓度以及治疗持续时间	研究类型	实验模型	主要成果
Fang et al.（2013）	中国蜂胶的乙醇提取物	每天 160mg/kg，持续 14 周	在活体外试验	载脂蛋白 E 基因敲除小鼠喂食高脂饮食	通过调节胆固醇含量、管理炎症过程以及减少内皮素和血管内皮生长因子的释放，抑制动脉粥样硬化的形成
Oršolic´ et al.（2019）	中国蜂胶的乙醇提取物	每天 50mg/kg，持续 30 天	在活体外试验	喂食高脂饮食的小鼠	防止血清胆固醇、甘油三酯、低密度脂蛋白和极低密度脂蛋白升高，同时提高高密度脂蛋白水平

（二）蜂胶抗动脉血管粥样硬化的动物实验研究

众所周知，血管平滑肌细胞（VSMCs）的增殖对于动脉粥样硬化的形成具有促进作用。Roos et al.（2011）评估了咖啡酸苯乙酯（CAPE）对血小板衍生生长因子（PDGF）诱导的原代大鼠主动脉 VSMCs 的抗增殖效应。研究发现，当 VSMCs 暴露于 PDGF 时，CAPE 能够以剂量依赖的方式抑制细胞周期从 G0/1 期向 S 期的过渡，从而降低它们的增殖活性。这项研究揭示了蜂胶抑制平滑肌细胞增殖的潜力，这可能也是其预防动脉粥样硬化形成的一个机制。

Purohit et al.（2012）在雄性白化兔中确认了蜂胶具有抗动脉粥样硬化的作用。他们观察到，经蜂胶治疗后，脂肪条纹显著减少，降幅达到 78.76%；同时，主动脉腔相应扩大。此外，结合蜂胶与他汀类药物的治疗，研究者们注意到泡沫细胞和沉积脂质的含量有所下降。

在高胆固醇血症的兔子中，蜂胶通过控制血液脂质水平，降低炎症和氧化压力引起的应激。其抗炎效果可能归因于 TLR4 介导的 NF-κB 途径（Ji et al.2021）。

在健康斯普拉格 – 道利大鼠模型中，中国蜂胶显示出降低肝脏胆固醇和甘油三酯（TG）含量的潜力，并且能够减缓 TG 的肝脏合成速率（Li et al.2012）。进一步的研究，包括在转基因动物模型中的实验，也支持了这些发现。例如，在接受高脂饮食的载脂蛋白 E 敲除（ApoE-/-）小鼠模型中，中国蜂胶的乙醇提取物（每日剂量为 160mg/kg，持续 14 周）通过调节胆固醇水平、抑制炎症反应以及抑制内皮素和血管内皮生长因子（VEGF）的分泌，有效地减缓了动脉粥样硬化的进程（Fang et al.2014）。

在 LDL 受体敲除（LDLr-/-）小鼠中，经过 4 周巴西红蜂胶多酚（250mg/kg/d）治疗，观察到 TG、总胆固醇和非高密度脂蛋白水平的下降（Daleprane et al.2012）。当使用富含阿替匹林 C、乔松素和山奈酚的巴西绿蜂胶，或富含乔松素、咖啡酸苯乙酯、槲皮素和高良姜素的智利棕蜂胶处理 LDLr-/- 小鼠时，也发现非 HDL 水平有所降低。在小鼠中，阿替匹林 C 还作用于脂肪组织，促进了白色脂肪细胞向棕色脂肪细胞（褐变）的转化，这表明其在增加能量消耗以及预防或治疗代谢性疾病如肥胖和糖尿病方面具有潜在的积极作用（Nishikawa et al.2016）。

七、蜂胶对心肌的保护作用

心肌细胞、心内膜以及冠状动脉内皮细胞，还有心脏神经，都是生成一氧化氮（NO）的源头。这种介质对于心脏的正常生理功能至关重要，并且在心脏缺血的情况下发挥着保护作用。已知氧化应激和亚硝化应激会加剧心肌细胞的功能障碍。过氧亚硝酸盐通过多种途径损害心脏功能，包括激活聚（ADP- 核糖）聚合酶（PARP）和 MMPs 家族酶，这些酶参与细胞外基质中蛋白质的降解，尤其是胶原蛋白和弹性蛋白。亚硝化应激还促进多种蛋白质中半胱氨酸残基的 S- 亚硝基化，这可能会干扰它们的正常功能（Gould et al，2013）。亚硝化应激与急性心力衰竭、充血性心力衰竭（Pacher et al.2005；Schiattarella et al.2019）以及冠状动脉心脏病（Rajesh et al.2011）的发病机制密切相关。

Ahmed et al.（2017）对马来西亚蜂胶的抗氧化特性及其对大鼠心脏的保护机制进行了研究。他们发现，预先用马来西亚蜂胶处理心肌细胞，可以通过其活性氧（ROS）清除活性来改善由异丙肾上腺素诱导的小鼠心肌梗死所引起的不良组织学效应。蜂胶的预处理不仅抑制了心脏标志物的释放，还通过其自由基清除活性和潜在的脂质过氧化抑制作用增强组织病理学结果的改善。

Sun et al.（2017）探讨了中国蜂胶中生物活性成分在对抗过氧化氢引发的心脏 H9c2 细胞急性氧化应激中的潜在保护作用。在分析的众多化合物中，CAPE（咖啡酸苯乙酯）、苯甲基咖啡酸酯和肉桂酸咖啡酸酯展现了显著的细胞保护效果，紧随其后的是芹菜素、松香素和 3，4- 二甲氧基肉桂酸。这些成分通过降低丙二醛水平，提升超氧化物歧化酶（SOD）和谷胱甘肽过氧化物酶的活性，以及减少细胞内钙离子水平，有效预防了细胞凋亡，从而增强了细胞的抗氧化能力。

目前，针对蜂胶对心脏活动影响的研究相对较少，现有的研究主要集中在咖啡酸苯乙酯（CAPE）和松香素两种化合物。在动物的缺血再灌注模型中，这些化合物展现了心脏保护的潜力，它们能够缩小梗死区域，并有助于预防心律失常（Ozer et al.2004；Huang et al.2005；Lungkaphin et al.2015）。

参考文献

程清洲，周威，瞿永华，等，2013. 蜂胶乙醇提取物调节大鼠血脂的效果研究［J］. 辽宁中医杂志，40（04）：810-811.

胡福良，詹耀锋，朱威，等，2006. 不同方法提取的蜂胶液调节血脂作用的实验研究［J］. 中国蜂业，（05）：13-15.

黄晓其，吴晓丽，颜思珊，等，2018. 蜂胶对 Triton-WR1339 所致高脂血症小鼠的降脂作用及调控脂质代谢机制［J］. 南方医科大学学报，38（08）：1020-1025.

李心怡，陈荷清，夏欢，等，2020. 蜂胶降脂方对高脂血症模型斑马鱼的降血脂作用研究［J］. 世界科学技术－中医药现代化，22（05）：1629-1635.

Ahmed R, Tanvir E M, Hossen M S, et al., 2017. Antioxidant properties and cardioprotective mechanism of Malaysian propolis in rats［J］. Evidence-Based Complementary and Alternative Medicine,（1）: 5370545.

Ahn M R, Kunimasa K, Kumazawa S, et al., 2009. Correlation between antiangiogenic activity and antioxidant activity of various components from propolis［J］. Molecular Nutrition & Food Research, 53（5）: 643-651.

Ahn M R, Kunimasa K, Ohta T, et al., 2007. Suppression of tumor-induced angiogenesis by Brazilian propolis: major component artepillin C inhibits in vitro tube formation and endothelial cell proliferation［J］. Cancer letters, 252（2）: 235-243.

Akbay E, Özenirler Ç, Çelemli Ö G, et al., 2017. Effects of propolis on warfarin efficacy［J］. Kardiochirurgia i Torakochirurgia Polska/Polish Journal of Thoracic and Cardiovascular Surgery, 14（1）: 43-46.

Bergheanu S C, Bodde M C, Jukema J W, 2017. Pathophysiology and treatment of atherosclerosis: Current view and future perspective on lipoprotein modification treatment［J］. Netherlands Heart Journal, 25: 231-242.

Bojić M, Antolić A, Tomičić M, et al., 2018. Propolis ethanolic extracts reduce adenosine diphosphate induced platelet aggregation determined on whole blood［J］. Nutrition Journal, 17: 1-8.

Camaré C, Pucelle M, Nègre-Salvayre A, et al., 2017. Angiogenesis in the atherosclerotic plaque［J］. Redox Biology, 12: 18-34.

Carmeliet P, 2005. Angiogenesis in life, disease and medicine［J］. Nature, 438（7070）: 932-936.

Chang H, Yuan W, Wu H, et al., 2018. Bioactive components and mechanisms of Chinese poplar propolis alleviates oxidized low-density lipoprotein-induced endothelial cells injury［J］. BMC Complementary and Alternative Medicine, 18: 1-11.

Chavda V P, Vuppu S, Balar P C, et al., 2024. Propolis in the management of cardiovascular disease［J］. International Journal of Biological Macromolecules: 131219.

Chen T, Lee J, Lin K, et al., 2007. Antiplatelet activity of caffeic acid phenethyl ester is mediated through a cyclic GMP-dependent pathway in human platelets［J］. Chinese Journal of Physiology, 50（3）: 121.

Chen Z, Luo W, Sun D, et al., 2021. Selection and evaluation of quality control markers in propolis based on its hyperlipidemia therapy via regulating PXR/CYP3A4 expression［J］. Phytomedicine Plus, 1（1）: 100006.

Chikaraishi Y, Izuta H, Shimazawa M, et al., 2010. Angiostatic effects of Brazilian green propolis and its chemical constituents［J］. Molecular Nutrition & Food Research, 54（4）: 566-575.

Cuevas A, Saavedra N, Cavalcante M F, et al., 2014. Identification of microRNAs involved in the modulation of pro-angiogenic factors in atherosclerosis by a polyphenol-rich extract from propolis［J］. Archives of Biochemistry and Biophysics, 557: 28-35.

Cuevas A, Saavedra N, Rudnicki M, et al., 2015. ERK1/2 and HIF1α Are Involved in Antiangiogenic Effect of Polyphenols-Enriched Fraction from Chilean Propolis［J］. Evidence-Based Complementary and

Alternative Medicine, (1): 187575.

Daleprane J B, Abdalla D S, 2013. Emerging roles of propolis: antioxidant, cardioprotective, and antiangiogenic actions [J]. Evidence-Based Complementary and Alternative Medicine, (1): 175135.

Daleprane J B, da Silva Freitas V, Pacheco A, et al., 2012. Anti-atherogenic and anti-angiogenic activities of polyphenols from propolis [J]. The Journal of Nutritional Biochemistry, 23 (6): 557–566.

Deanfield J E, Halcox J P, Rabelink T J, 2007. Endothelial function and dysfunction: testing and clinical relevance [J]. Circulation, 115 (10): 1285–1295.

Dianat M, Saadatfard S, Badavi M, et al., 2016. The Effect of Caffeic Acid Phenethyl Ester on Development of Left Ventricular Dysfunction in Cirrhotic Rats [J]. International Cardiovascular Research Journal, 10 (4).

Fang Y, Li J, Ding M, et al., 2014. Ethanol extract of propolis protects endothelial cells from oxidized low density lipoprotein-induced injury by inhibiting lectin-like oxidized low density lipoprotein receptor-1-mediated oxidative stress [J]. Experimental Biology and Medicine, 239 (12): 1678–1687.

Fuliang H U, Hepburn H R, Xuan H, et al., 2005. Effects of propolis on blood glucose, blood lipid and free radicals in rats with diabetes mellitus [J]. Pharmacological Research, 51 (2): 147–152.

Gough P J, Gomez I G, Wille P T, et al., 2006. Macrophage expression of active MMP-9 induces acute plaque disruption in apoE-deficient mice [J]. The Journal of Clinical Investigation, 116 (1): 59–69.

Gould N, Doulias P T, Tenopoulou M, et al., 2013. Regulation of protein function and signaling by reversible cysteine S-nitrosylation [J]. Journal of Biological Chemistry, 288 (37): 26473–26479.

Huang S S, Liu S M, Lin S M, et al., 2005. Antiarrhythmic effect of caffeic acid phenethyl ester (CAPE) on myocardial ischemia/reperfusion injury in rats [J]. Clinical Biochemistry, 38 (10): 943–947.

Hwang H J, Park H J, Chung H J, et al., 2006. Inhibitory effects of caffeic acid phenethyl ester on cancer cell metastasis mediated by the down-regulation of matrix metalloproteinase expression in human HT1080 fibrosarcoma cells [J]. The Journal of Nutritional Biochemistry, 17 (5): 356–362.

Ince H, Kandemir E, Bagci C, et al., 2006. The effect of caffeic acid phenethyl ester on short-term acute myocardial ischemia [J]. Medical Science Monitor, 12 (5): BR187–BR193.

Izuta H, Shimazawa M, Tsuruma K, et al., 2009. Bee products prevent VEGF-induced angiogenesis in human umbilical vein endothelial cells [J]. BMC Complementary and Alternative Medicine, 9: 1–10.

Jay Widmer R, Lerman A, 2014. Endothelial dysfunction and cardiovascular disease [J]. Global Cardiology Science and Practice, (3): 43.

Ji C, Pan Y, Xu S, et al., 2021. Propolis ameliorates restenosis in hypercholesterolemia rabbits with carotid balloon injury by inhibiting lipid accumulation, oxidative stress, and TLR4/NF-κB pathway [J]. Journal of Food Biochemistry, 45 (4): e13577.

Jin U H, Chung T W, Kang S K, et al., 2005. Caffeic acid phenyl ester in propolis is a strong inhibitor of matrix metalloproteinase-9 and invasion inhibitor: isolation and identification [J]. Clinica Chimica Acta, 362 (1–2): 57–64.

Khalaf D A, Thanoon I A J, 2018. Effects of bee propolis on blood pressure record and certain biochemical parameter in healthy volunteers [J]. Annals of the College of Medicine, Mosul, 40: 20–26.

Kolaylı S, Sahin H, Malkoc M, et al., 2022. Does ethanolic propolis extract affect blood clotting parameters? [J]. Progress in Nutrition, 24 (1).

Koya-Miyata S, Arai N, Mizote A, et al., 2009. Propolis prevents diet-induced hyperlipidemia and mitigates weight gain in diet-induced obesity in mice [J]. Biological and Pharmaceutical Bulletin, 32 (12): 2022-2028.

Li Y, Chen M, Xuan H, et al., 2012. Effects of encapsulated propolis on blood glycemic control, lipid metabolism, and insulin resistance in type 2 diabetes mellitus rats [J]. Evidence-Based Complementary and Alternative Medicine, 2012 (1): 981896.

Liaudet L, Vassalli G, Pacher P, 2009. Role of peroxynitrite in the redox regulation of cell signal transduction pathways [J]. Frontiers in Bioscience: a journal and virtual library, 14: 4809.

Loftus I M, Naylor A R, Goodall S, et al., 2000. Increased matrix metalloproteinase-9 activity in unstable carotid plaques: a potential role in acute plaque disruption [J]. Stroke, 31 (1): 40-47.

Lungkaphin A, Pongchaidecha A, Palee S, et al., 2015. Pinocembrin reduces cardiac arrhythmia and infarct size in rats subjected to acute myocardial ischemia/reperfusion [J]. Applied Physiology, Nutrition, and Metabolism, 40 (10): 1031-1037.

Martina S J, Luthfi M, Govindan P, et al., 2018. Effectivity comparison between aspirin, propolis, and bee pollen as an antiplatelet based on bleeding time taken on mice [C] //MATEC Web of Conferences. EDP Sciences, 197: 07008.

Mathews M T, Berk B C, 2008. PARP-1 inhibition prevents oxidative and nitrosative stress - induced endothelial cell death via transactivation of the VEGF receptor 2 [J]. Arteriosclerosis, Thrombosis and Vascular Biology, 28 (4): 711-717.

Mishima S, Yoshida C, Akino S, et al., 2005. Antihypertensive effects of Brazilian propolis: identification of caffeoylquinic acids as constituents involved in the hypotension in spontaneously hypertensive rats [J]. Biological and Pharmaceutical Bulletin, 28 (10): 1909-1914.

Mohd Suib M S, Wan Omar W A, Omar E A, et al., 2021. Ethanolic extract of propolis from the Malaysian stingless bee Geniotrigona thoracica inhibits formation of THP-1 derived macrophage foam cells [J]. Journal of Apicultural Research, 60 (3): 478-490.

Mujica V, Orrego R, Pérez J, et al., 2017. The role of propolis in oxidative stress and lipid metabolism: a randomized controlled trial [J]. Evidence-Based Complementary and Alternative Medicine, (1): 4272940.

Mulyati A H, Sulaeman A, Marliyati S A, et al., 2021. Preclinical trial of propolis extract in prevention of high salt diet-induced hypertension [J]. Pharmacognosy Journal, 13 (1): 89-96.

Nishikawa S, Aoyama H, Kamiya M, et al., 2016. Artepillin C, a typical Brazilian propolis-derived component, induces brown-like adipocyte formation in C3H10T1/2 cells, primary inguinal white adipose tissue-derived adipocytes, and mice [J]. PLoS One, 11 (9): e0162512.

Ohkura N, Takata Y, Ando K, et al., 2012. Propolis and its constituent chrysin inhibit plasminogen activator inhibitor 1 production induced by tumour necrosis factor-α and lipopolysaccharide [J]. Journal of Apicultural Research, 51 (2): 179-184.

Ozer M K, Parlakpinar H, Acet A, 2004. Reduction of ischemia - reperfusion induced myocardial infarct size in rats by caffeic acid phenethyl ester (CAPE) [J]. Clinical Biochemistry, 37 (8): 702-705.

Pacher P, Schulz R, Liaudet L, et al., 2005. Nitrosative stress and pharmacological modulation of heart failure [J]. Trends in Pharmacological Sciences, 26 (6): 302-310.

Potente M, Carmeliet P, 2017. The link between angiogenesis and endothelial metabolism [J]. Annual Review of Physiology, 79 (1): 43-66.

Purohit A, Joshi K, Kotru B, et al., 2012. Histological study of antiatherosclerotic effect of propolis in induced hypercholestrolemic male albino rabbits [J]. Indian Journal of Fundamental and Applied Life Sciences, 2 (2): 384-390.

Rajesh K G, Surekha R H, Mrudula S K, et al., 2011. Oxidative and nitrosative stress in association with DNA damage in coronary heart disease [J]. Singapore Medical Journal, 52 (4): 283.

Roos T U, Heiss E H, Schwaiberger A V, et al., 2011. Caffeic acid phenethyl ester inhibits PDGF-induced proliferation of vascular smooth muscle cells via activation of p38 MAPK, HIF-1α, and heme oxygenase-1 [J]. Journal of Natural Products, 74 (3): 352-356.

Saavedra N, Cuevas A, Cavalcante M F, et al., 2016. Polyphenols from Chilean propolis and pinocembrin reduce MMP-9 gene expression and activity in activated macrophages [J]. BioMed Research International, 2016 (1): 6505383.

Salmas R E, Gulhan M F, Durdagi S, et al., 2017. Effects of propolis, caffeic acid phenethyl ester, and pollen on renal injury in hypertensive rat: An experimental and theoretical approach [J]. Cell Biochemistry and Function, 35 (6): 304-314.

Schiattarella G G, Altamirano F, Tong D, et al., 2019. Nitrosative stress drives heart failure with preserved ejection fraction [J]. Nature, 568 (7752): 351-356.

Selamoglu Talas Z, 2014. Propolis reduces oxidative stress in l-NAME-induced hypertension rats [J]. Cell Biochemistry and Function, 32 (2): 150-154.

Silva H, Francisco R, Saraiva A, et al., 2021. The cardiovascular therapeutic potential of propolis—A comprehensive review [J]. Biology, 10 (1): 27.

Silva H, Lopes N M F, 2020. Cardiovascular effects of caffeic acid and its derivatives: a comprehensive review [J]. Frontiers in Physiology, 11: 595516.

Silva V, Genta G, Mo ller M N, et al., 2011. Antioxidant activity of Uruguayan propolis. In vitro and cellular assays [J]. Journal of Agricultural and Food Chemistry, 59 (12): 6430-6437.

Silveira M A D, Teles F, Berretta A A, et al., 2019. Effects of Brazilian green propolis on proteinuria and renal function in patients with chronic kidney disease: a randomized, double-blind, placebo-controlled trial [J]. BMC Nephrology, 20: 1-12.

Soultati A, Mountzios G, Avgerinou C, et al., 2012. Endothelial vascular toxicity from chemotherapeutic agents: preclinical evidence and clinical implications [J]. Cancer Treatment Reviews, 38 (5): 473-483.

Sun L, Wan K, Xu X, et al., 2017. Potential protective effects of bioactive constituents from Chinese propolis against acute oxidative stress induced by hydrogen peroxide in cardiac H9c2 cells [J]. Evidence-Based Complementary and Alternative Medicine, (1): 7074147.

Sun Y, Han M, Shen Z, et al., 2018. Anti-hypertensive and cardioprotective effects of a novel apitherapy formulation via upregulation of peroxisome proliferator-activated receptor-α and-γ in spontaneous hypertensive rats [J]. Saudi Journal of Biological Sciences, 25 (2): 213-219.

Tahergorabi Z, Khazaei M, 2012. A review on angiogenesis and its assays [J]. Iranian Journal of Basic Medical Sciences, 15 (6): 1110.

Teles F, da Silva T M, da Cruz Junior F P, et al., 2015. Brazilian red propolis attenuates hypertension and renal damage in 5/6 renal ablation model [J]. PLoS One, 10 (1): e0116535.

Tian H, Sun H W, Zhang J J, et al., 2015. Ethanol extract of propolis protects macrophages from oxidized low density lipoprotein-induced apoptosis by inhibiting CD36 expression and endoplasmic reticulum stress–C/EBP homologous protein pathway [J]. BMC Complementary and Alternative Medicine, 15: 1–12.

Ucuzian A A, Gassman A A, East A T, et al., 2010. Molecular mediators of angiogenesis [J]. Journal of Burn Care & Research, 31 (1): 158–175.

Veerappan R, Malarvili T, 2019. Chrysin pretreatment improves angiotensin system, cGMP concentration in L–NAME induced hypertensive rats [J]. Indian Journal of Clinical Biochemistry, 34: 288–295.

Versteeg H H, Heemskerk J W M, Levi M, et al., 2013. New fundamentals in hemostasis [J]. Physiological Reviews, 93 (1): 327–358.

Xu X R, Zhang D, Oswald B E, et al., 2016. Platelets are versatile cells: New discoveries in hemostasis, thrombosis, immune responses, tumor metastasis and beyond [J]. Critical Reviews in Clinical Laboratory Sciences, 53 (6): 409–430.

Xuan H, Li Z, Wang J, et al., 2014. Propolis reduces phosphatidylcholine–specific phospholipase C activity and increases annexin a7 level in oxidized–ldl–stimulated human umbilical vein endothelial cells [J]. Evidence–Based Complementary and Alternative Medicine, (1): 465383.

Xuan H, Yuan W, Chang H, et al., 2019. Anti–inflammatory effects of Chinese propolis in lipopolysaccharide–stimulated human umbilical vein endothelial cells by suppressing autophagy and MAPK/NF–κB signaling pathway [J]. Inflammopharmacology, 27: 561–571.

Yang H, Dong Y, Du H, et al., 2011. Antioxidant compounds from propolis collected in Anhui, China [J]. Molecules, 16 (4): 3444–3455.

Zhang Y X, Yang T T, Xia L, et al., 2017. Inhibitory effect of propolis on platelet aggregation in vitro [J]. Journal of Healthcare Engineering, (1): 3050895.

Zhou H, Wang H, Shi N, et al., 2020. Potential protective effects of the water–soluble Chinese propolis on hypertension induced by high–salt intake [J]. Clinical and Translational Science, 13 (5): 907–915.

Zhou K, Li X, Du Q, et al., 2014. A CAPE analogue as novel antiplatelet agent efficiently inhibits collagen–induced platelet aggregation [J]. Die Pharmazie–An International Journal of Pharmaceutical Sciences, 69 (8): 615–620.

第九节 蜂胶与蜂王浆的抗肿瘤作用

据预测，到 2050 年，全球每年新增的癌症病例将达到 3500 万例。尽管已经研发出多种策略和药物用于治疗和预防癌症，它依然是全球性的重大问题。目前，癌症的治疗方法多样，包括手术、放射治疗和化学治疗。手术切除肿瘤是治疗癌症的有效手段，但早期检测癌症仍然具有挑战性。化疗和放疗等治疗方法可能带来不良反应，损害正常细胞，并且癌细胞可能对药物产生抗性，导致化疗药物效果不佳，这限制了它们的临床应用。这些不良反应降低了患者的生活质量，有时也成为停止治疗的原因。此外，癌症治疗的高昂费用使得寻找替代疗法变得尤为迫切。

近年来，众多研究报道了多种天然替代疗法在治疗癌症中的潜力。不同研究指出，源自天然产物的药物可能成为一种有效的替代方案，因为它们易于获取、效果显著且不良反应较少。此外，许多天然产品被发现能够同时作用于多个癌症信号通路。

一、蜂胶的抗肿瘤作用

（一）蜂胶中的抗肿瘤活性成分

蜂胶具有抗氧化、抗菌、抗病毒、抗炎和免疫调节等多种药理活性。近年来，关于蜂胶及其抗肿瘤活性成分的研究也证实了蜂胶作为新型抗肿瘤药物开发的潜力。此外，蜂胶在人体中没有明显的毒副作用，它在开发成本相对较低的肿瘤治疗方案中逐渐得到应用（Altabbal，2023）。

1. 黄酮类化合物

黄酮类化合物构成了蜂胶的主要化学成分，并展现出显著的抗肿瘤活性。研究者们已经证实，在由二乙基亚硝胺诱发的小鼠早期肝癌模型中，柯因的效果是显著的。在癌症形成后，每周 3 次给予小鼠含有柯因的饲料，研究人员观察到小鼠肿瘤结节的数量和大小都有所减少。此外，小鼠血清中的门冬氨酸氨基转移酶（AST）、丙氨酸氨基转移酶（ALT）、碱性磷酸酶（ALP）、乳酸脱氢酶（LDH）以及 γ- 谷氨酰转移酶的活性也显著降低。同时，COX-2 和 NF-kB p65 的表达量大幅减少，而 p53、Bax 和 caspase3 蛋白质的表达量和转移量则有所增加。此外，研究人员还注意到，在肿瘤进展中起关键作用的 β- 休止蛋白以及抗凋亡标志物 Bcl-xL 的水平也明显下降（Patel et al.2016）。蜂胶中的 CAPE 通过多种机制促进了细胞凋亡。具体来说，它降低了 Bcl-XL 的表达，并促进了 PARP 和 Bax 的裂解。同时，CAPE 通过减少 CDK4、CDK6、Rb 和 p-Rb 的表达，诱导了 G1 期细胞的阻滞。此外，CAPE 通过与 EMT 途径的相互作用，抑制了肺癌细胞的迁移和侵袭能力。CAPE 还通过抑制 p65 亚基从细胞质到细胞核的转位，下调了 claudin-2 的表达和 NF-κB 信号通路以及磷酸化作用（Sonoki et al.2018；Liang et al.2019）。

Liang et al.（2021）的研究揭示，高良姜素能够通过促进细胞凋亡和抑制细胞增殖来抑制胃癌 MGC 803 细胞的生长。这一机制可能与调节 STAT3/ROS 信号轴有关。因此，高良姜素作为一种低毒性的胃癌治疗手段，显示出潜在的应用前景。

李欢等（2024）深入研究了槲皮素如何诱导乳腺癌细胞凋亡的分子机制。在这项研究中，研究者将人乳腺癌细胞 MCF-7 分为四组：对照组、实验组、阴性对照（NC）组和 miR-373-3p 模拟物组。对照组的细胞在标准条件下进行培养；实验组的细胞则用 80μmol/L 的槲皮素进行处理；NC 组的细胞同样用 80μmol/L 的槲皮素处理，随后转染了 50nmol/L miR-373-3p 的阴性对照；而 miR-373-3p 模拟物组的细胞在用 80μmol/L 的槲皮素处理后，转染了 50nmol/L 的 miR-373-3p。通过实时定量聚合酶链反应（qRT-PCR）技术，研究者检测了各组细胞中微小核糖核酸 -373-3p（miR-373-3p）、硫氧还蛋白互作蛋白（TXNIP）、NOD 样受体热蛋白结构域蛋白 3（NLRP3）、B 细胞淋巴瘤 - 2（Bcl-2）和 Bcl-2 相关 X 蛋白（Bax）的表达水平，并利用原位末端标记法（Tunel）实验评估了不同处理组细胞的凋亡率。研究结果揭示，槲皮素通过调节 miR-373-3p/TXNIP/NLRP3 信号通路来诱导乳腺癌细胞的凋亡。

2. 萜烯类化合物

萜烯类化合物构成了蜂胶中的一大类主要活性成分。Li et al.（2009）的研究揭示了缅甸蜂胶中的一种环阿尔廷醇型三萜——3a，27- 二羟基环阿尔廷 -24E- 烯 -26-酸，它展现了对抗 B16-BL6 黑素瘤细胞的显著毒性活性。此外，（2S）-5，7- 二羟基 -4'- 甲氧基 -8，3'- 二异戊烯基黄烷酮针对人体肿瘤细胞系，包括肺腺癌 A549 细胞、子宫颈海拉细胞和纤维肉瘤细胞也显示出强烈的抑制作用。缅甸蜂胶的另一种甲醇提取物在营养剥夺的条件下能够抑制人胰腺癌 PNAC-1 细胞的增殖。活性追踪分离的结果进一步表明，这种提取物含有一种环阿尔廷醇三萜类化合物——（22Z，24E）-3- 氧代环阿尔廷 -22，24- 二烯 -26- 酸，它具有随时间变化和剂量依赖的细胞毒性效应。

Pratsinis et al.（2010）的研究成果表明，希腊产的蜂胶提取物以及二萜类化合物对 HT-29 人类直肠癌细胞展现出显著的细胞毒性，同时对正常人类细胞无不良影响。在这些二萜化合物中，研究人员识别出一种名为泪杉醇的化合物，它表现出最强的活性，能够有效地抑制癌细胞周期在 G2/M 期的进展。

3. 酚酸类化合物

胶质瘤构成了中枢神经系统中最普遍的原发性恶性肿瘤类型，其死亡率和复发率均非常高。田美晨（2023）研究探讨了咖啡酸苯乙酯（CAPE）抑制 U87 胶质瘤细胞在体内外生长的作用机制。研究结果显示，口服 CAPE 能够显著抑制胶质瘤的皮下生长，并显示出一定的安全性。此外，CAPE 能够有效促进胶质瘤组织的坏死，从而抑制肿瘤的进一步发展。研究还发现，CAPE 通过抑制 Wnt/β-catenin 信号通路的激活，导致结缔组织生长因子（CTGF）表达降低，进而抑制了胶质瘤在体内的生长。

de Freitas et al.（2024）评估了阿替匹林 C 对两种不同的人类乳腺癌细胞系 MCF-7 和 MDA-MB-231 的抗肿瘤潜力及其作用机制，旨在探索一种新的治疗候选药物。研究发现，阿替匹林 C 对 MCF-7 和 MDA-MB-231 细胞系的细胞毒性效应具有显著的剂量和时间依赖性，尤其在 MCF-7 细胞系中表现更为突出。在这两种癌细胞系中，克隆形成能力显著下降，细胞形态发生改变。治疗还引发了 MCF-7 和 MDA-MB-231 细胞的坏死和晚期凋亡现象，并在 MCF-7 细胞中触发了细胞衰老。此外，阿替匹林 C 增加了两种癌细胞的总活性氧（ROS）水平，并降低了 MDA-MB-231 细胞的线粒体膜电位。

（二）蜂胶及其活性成分的抗肿瘤作用机制

1. 诱导细胞凋亡

细胞凋亡在维持细胞死亡与更新平衡中扮演着至关重要的角色，而肿瘤细胞的形成部分原因也归咎于细胞过度增殖与凋亡减少。蜂胶能够激活内源性和外源性的细胞凋亡信号通路。

Aso et al.（2004）通过使用蜂胶提取物处理 U937 白血病细胞，探究了其对 DNA 的影响。他们观察到蜂胶不仅抑制了 DNA 的复制，还阻碍了 RNA 和蛋白质的合成。DNA 合成的抑制部分是不可逆的，而且通过半胱氨酸蛋白酶（Caspase）抑制剂可以防止 DNA 的断裂。Chen et al.（2008）进一步证实了半胱氨酸蛋白酶在蜂胶细胞毒性中的关键作用。在他们的研究中，将胰腺癌细胞系 BxPC-3 和 PANC-1 与蜂胶提取物共同孵育，并利用台盼蓝染色排除法来监测细胞活力。蜂胶提取物不仅定量抑制了活细胞，还引发了 DNA 片段化和 G1 期细胞周期的停滞。半胱氨酸蛋白酶 3 和 7 的活性显著增加，突显了这一效应与半胱氨酸蛋白酶的关联。此外，泛半胱天冬酶抑制剂减少了细胞毒性及形态变化。同样地，Chen 等在 2004 年的另一项研究中评估了台湾蜂胶的自由基清除能力和诱导凋亡的活性。研究人员用蜂胶提取物处理 A2058 黑色素瘤细胞，随后评估了细胞活力、形态变化和半胱氨酸蛋白酶活性。研究结果表明，细胞增殖受到显著抑制，细胞周期停滞在 G1 期，半胱氨酸蛋白酶 3 活性增加。此外，死亡受体如 Fas 和 Fas-L 的活性被激活，可以促进肿瘤细胞的凋亡。然而，最显著的凋亡机制之一是肿瘤抑制基因的重新激活，尤其是 p53，它在细胞周期和凋亡的调控中起着关键作用。蜂胶在癌细胞中诱导凋亡的分子机制见图 4-29。

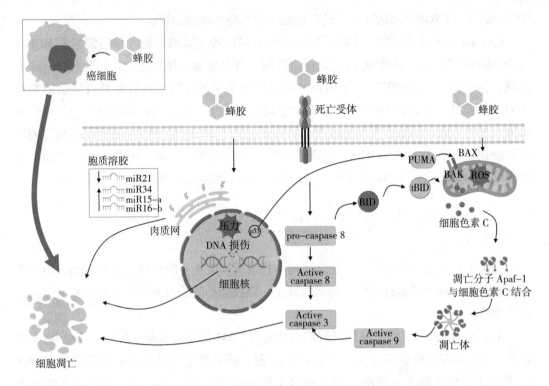

图 4-29 蜂胶诱导癌细胞凋亡的分子机制（Altabbal et al.2023）

2. 自噬诱导

自噬是一种细胞通过降解其组成部分（例如蛋白质和小细胞器）来维持体内平衡的保护性机制。这一过程有助于维护正常细胞免受多种疾病的侵袭。在癌细胞中，自噬既可以作为细胞生存的手段，也可以作为细胞死亡的途径，这取决于特定的条件。

Chang et al.（2017）的研究表明，中国蜂胶及其主要成分 CAPE 能够通过提高 LC3-II 水平和降低 p62 水平来触发乳腺癌细胞系（MDA-MB-231）的自噬，这两个指标是自噬途径的关键标志。Zheng et al.（2018）的研究也证实了中国蜂胶在黑色素瘤 A375 细胞系中诱导自噬的能力。通过检测自噬标志物，研究发现在蜂胶处理后 LC3-I 向 LC3-II 的转化、Atg5/Atg12 复合体以及 p62 均有所增加。此外，这些细胞中的 beclin-1 表达下调，这表明自噬已被激活。因此，蜂胶通过诱导自噬发挥的抗癌作用，可以作为一种阻止癌细胞增殖的细胞死亡机制。

然而，Endo et al.（2018）的研究指出，巴西蜂胶成分阿替匹林 C 诱导的自噬实际上促进了癌细胞的存活，并降低了它们对抗癌药物的敏感性。在 CWR22Rv1 前列腺癌细胞系中，自噬的激活作为一种保护机制，但当这些细胞同时使用自噬抑制剂处理时，细胞凋亡增强，并观察到更多的细胞死亡。这表明结合使用阿替匹林 C 和自噬抑制剂可能成为治疗前列腺癌的一种策略。

3. 抗增殖和细胞周期阻滞作用

细胞周期检查点的缺陷是肿瘤形成的关键机制之一。众多研究揭示了蜂胶在抗癌作用中对细胞周期的调控能力。Li et al.（2007）探讨了巴西蜂胶对前列腺癌 DU145 和 RC58T/h/SA#4 细胞系的作用。他们的研究不仅记录了显著的细胞生长抑制效果，还观察到蜂胶导致的 S 期停滞、G2 期调控以及细胞周期关键调节因子 cyclin D1、cyclin dependent kinase 4（CDK4）和 cyclin B1 的共同下调。Gunduz et al.（2005）描述了蜂胶对 U937 白血病细胞产生的类似细胞周期停滞和端粒缩短效应。Saarem et al.（2019）研究了蜂胶及其活性成分 CAPE 在口腔癌中的作用，发现它们通过调节细胞周期调控蛋白 cyclin D、Cdks–2/4/6 和 CDKI，导致癌细胞在 G2/M 阶段的阻滞，进而抑制了口腔癌细胞系的增殖。蜂胶在癌细胞中触发细胞周期阻滞的分子机制见图 4–30。

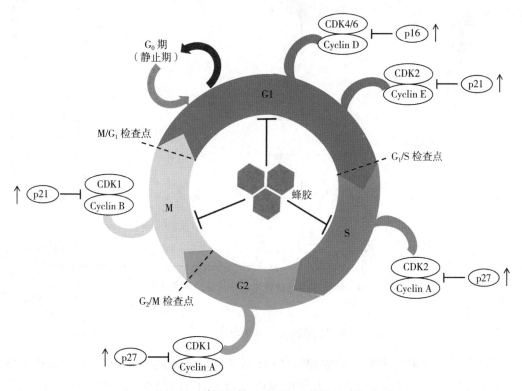

图 4–30　蜂胶诱导细胞周期阻滞的分子机制

4. 抗肿瘤转移和抑制血管生成

多项研究揭示了蜂胶及其成分在抑制肿瘤转移和抗血管生成方面的显著效果。例如，Hwang et al.（2006）的研究中探讨了蜂胶中的活性成分 CAPE 对 HT1080 纤维肉瘤细胞中金属蛋白酶基因表达的作用。他们观察到，蜂胶能够抑制金属蛋白酶的活性，从而降低癌细胞的运动性、迁移能力和集落形成能力。最近，Frión-Herrera et al.（2020）的研究揭示了古巴蜂胶及其活性成分奈莫松（Nemorosone）如何通过调节 HT-29 和 LoVo 结直肠癌细胞系中钙黏蛋白、波形蛋白和 β- 连环蛋白的表达，进而抑制细胞迁移。

阿替匹林 C 不仅能够直接抑制肿瘤细胞的生长，还能够通过抑制血管生成发挥其抗癌作用。Ahn et al.（2007）的研究发现，阿替匹林 C 在抑制人类脐带内皮细胞（HUVECs）的血管生成方面表现出显著的剂量 - 效应关系（在 3.13~50μg/mL 范围内），并且在抑制 HUVECs 增殖过程中也呈现出类似的剂量 - 效应关系。血管再生分析表明，阿替匹林 C 能够显著减少体内新生血管的数量，这表明其具有强大的抗血管生成能力。图 4-31 所展示的模型揭示了蜂胶在癌症细胞中诱导抗转移的分子机制。

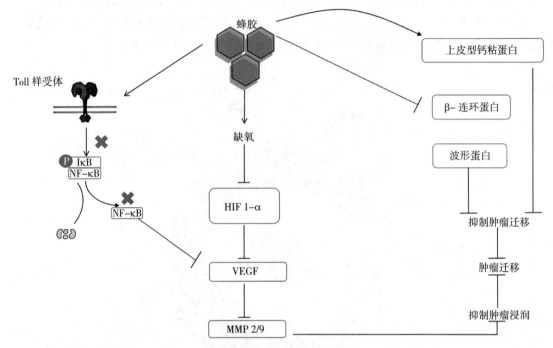

图 4-31　蜂胶在癌症细胞中诱导抗转移的分子机制

（三）蜂胶超临界 CO_2 萃取物的抗肿瘤作用

高寅飞等（2007）探讨了蜂胶超临界 CO_2 提取物的体外抗肿瘤活性。研究聚焦于蜂胶的超临界 CO_2 萃取物（SEP），并采用 MTT 法评估了其对 U937、95D、SGC-7901 和 TE-1 四种肿瘤细胞株的抑制效果。同时，将 SEP 的抗肿瘤效果与市售蜂胶乙醇提取物（MEP）以及蜂胶超临界 CO_2 萃余物的 95% 乙醇提取物（REP）进行了对比。结果显示，蜂胶超临界 CO_2 萃取物在体外对 U937、95D、SGC-7901 和 TE-1 四种肿瘤细胞均展现出显著的抑制作用，其半数抑制浓度（IC_{50}）分别为 117.42、138.92、37.76 和 67.89μg/mL。除 95D 细胞株外，SEP 对其他三种肿瘤细胞的抑制率均高于 MEP 和 REP。因此，研究得出结论，蜂胶的超临界 CO_2 萃取物（SEP）对体外培养的肿瘤细胞具有显著的生长抑制效果。

Zhu et al.（2024）探讨了超临界蜂胶萃取物（SEP）对荷瘤免疫抑制小鼠模型中肿瘤生长的影响及其对免疫抑制的调节作用。研究发现，经过 SEP 处理后，小鼠肿瘤的生长显著减缓，肿瘤体积从 1881.43mm³ 降至 1049.95mm³，重量从 2.07g 减少至 1.13g。

同时，免疫系统得到显著恢复，脾脏和胸腺指数有显著提升。脾脏和血液中的总 T 淋巴细胞（CD3⁺T 细胞）含量分别从 11.88%、15.32% 增加至 21.19%、22.19%。此外，CD4⁺/CD8⁺ 比率也恢复至健康水平。在脾脏中，IL-1β、IL-6 和 TNF-α 的水平分别增加了 2.17、2.76 和 7.15 倍，在血清中分别增加了 2.76、1.92 和 3.02 倍。免疫印迹分析显示，SEP 处理显著提升了 TLR4 的表达以及 p38、ERK、JNK 和 p65 的磷酸化水平。这些结果揭示了 SEP 通过 TLR4-MAPK/NF-κB 信号通路激活 RAW 264.7 巨噬细胞的免疫活性，发挥免疫调节功能并抑制肿瘤生长。该研究为超临界蜂胶萃取物作为免疫调节剂和抗肿瘤剂在功能性食品和补充替代药物领域中应用提供了理论支持。

（四）蜂胶减轻肿瘤患者放疗和化疗的不良反应

化疗与放疗是癌症治疗中最普遍的方法，然而，研究指出这些治疗手段在提升患者生存率的同时，也可能带来一系列的不良反应。这些不良反应包括：骨髓抑制，导致白细胞和血小板数量减少，从而引发感染和出血风险；消化系统反应，表现为食欲不振、恶心、呕吐和腹泻；口腔黏膜反应，如口炎、咽炎和溃疡；以及其他症状，如周围神经炎、失眠、脱发和出血性膀胱炎等。

口腔黏膜炎是癌症患者面临的一个极为常见且具有潜在严重性的不良反应。郑咪咪等（2021）通过 Meta 分析，研究了蜂胶在缓解放疗或化疗相关性口腔黏膜炎方面的效果。Meta 分析的结果表明，与对照组相比，接受蜂胶治疗的患者在治疗前后口腔黏膜炎的发生率和严重程度上存在统计学上的显著差异。具体来说，蜂胶组患者的口腔黏膜炎发生率低于对照组，且蜂胶组中重度口腔黏膜炎的发生率也显著低于对照组。这表明蜂胶能够显著降低由放疗或化疗引起的口腔黏膜炎发生率，并减轻其严重程度。

高春义等（2000）研究了蜂胶提取物在抗肿瘤和减轻化疗药物毒性方面的效果。研究显示，单独使用蜂胶提取物时，的肿瘤抑制率为 27.74%，而与环磷酰胺联合使用时，肿瘤抑制率提升至 50.32%，相较于单独使用蜂胶提取物或环磷酰胺，分别提升了 22.58% 和 9.03%。此外，蜂胶提取物与环磷酰胺的联合应用还能缓解由环磷酰胺引起的骨髓造血功能抑制，帮助维持血液中白细胞数量在正常范围内。综合来看，蜂胶提取物与环磷酰胺的联合使用在抗肿瘤方面具有协同效应，并且能够有效减轻化疗药物的毒副作用。

Ebeid et al.（2016）开展了一项临床试验，研究对象为 135 名确诊为乳腺癌并接受放射治疗的患者。这些参与者被分为三组，分别接受不同的测试，旨在比较不同年龄段、绝经状态的患者以及接受放射治疗的患者对蜂胶补充的特定反应性。研究结果表明，在接受放射治疗同时服用蜂胶的患者组中，辐射引起的 DNA 损伤显著减少。这是由于乳腺癌患者的白细胞受到了电离辐射的影响。因此，该研究揭示了蜂胶有助于提高血清对自由基的清除效率，并可能影响身体对铁的吸收以及血红蛋白的产生。Piredda et al.（2017）研究了乳腺癌患者在服用药物时蜂胶的耐受性、安全性和依从性，以及蜂胶预防口腔黏膜炎的效果。他们的研究结果表明，蜂胶与碳酸氢盐的组合可以有效预防乳腺癌患者的口腔黏膜炎。

Darvishi et al.（2020）开展了一项临床试验，旨在评估蜂胶补充剂对接受化疗的癌症患者在抗氧化和抗炎方面的潜在益处。研究发现，与接受蜂胶补充的患者相比，安慰剂组患者的促炎细胞因子如肿瘤坏死因子（TNF-α）水平显著上升，这被视为氧化应激的一个生物标志物。然而，接受蜂胶补充的患者并未表现出促炎细胞因子水平的显著增加，尽管他们的促氧化/抗氧化平衡（PAB）有所降低。

Davoodi et al.（2022）开展了一项随机双盲对照临床试验，旨在评估蜂胶与安慰剂对接受化疗的乳腺癌患者营养状态和生活质量的影响。研究对象为60名来自伊朗Sanandaj Tohid 医院肿瘤科的患者，他们被随机分为两组，一组接受蜂胶治疗（每日2次，每次250mg，持续3个月），另一组则接受安慰剂。3个月干预后，相较于接受安慰剂的患者，接受蜂胶治疗的患者在能量摄入量上表现出显著增加。此外，蜂胶治疗组患者在生活质量方面也显示出显著改善，特别是情感功能、整体生活品质以及经济状况。这项研究结果表明，蜂胶是一种适宜且安全的治疗选择，能够有效改善接受化疗的乳腺癌患者的营养状况和生活质量。

二、蜂王浆的抗肿瘤作用

（一）蜂王浆的抗肿瘤成分及其作用机制研究

"服用蜂王浆是否会导致乳腺癌？"这一行业问题备受关注。在2002至2003年间，江苏省疾病预防控制中心对南京地区9所三甲医院的300名妇女进行了乳腺癌与服用保健品特别是蜂王浆的相关性研究。研究结果显示，服用蜂王浆等保健品并未对妇女乳腺癌的发生产生影响。此外，减少服用避孕药和减少乳房疾病的发生，可以有效降低乳腺癌的发生率（袁宝君等，2005）。因此，选择正规的蜂王浆产品，其安全性是值得信赖的。

Zhang et al.（2017）开展了一项深入研究，揭示了蜂王浆对正常小鼠以及4T1乳腺癌模型小鼠的影响及其分子机制。研究结果显示，正常小鼠服用蜂王浆后，各主要器官未见显著不良影响，反而在一定程度上增强了血清的抗氧化能力、免疫力以及肝脏和肾脏的抗氧化功能。对于4T1乳腺癌模型小鼠，预防组在服用油菜花期蜂王浆后，肿瘤生长得到了显著抑制，血清中的IL-2、IFN-α、SOD和T-AOC水平显著上升，而IL-4和IL-10水平显著下降；肝脏和肾脏中的T-AOC和GR水平也有所增加。治疗组在服用蜂王浆后，对肿瘤生长的抑制作用并不显著，但其血清及肝脏中的生理生化指标变化与预防组相似。通过转录组学技术进一步研究油菜花期蜂王浆对4T1乳腺癌移植瘤模型小鼠肿瘤组织的影响。结果表明，蜂王浆处理组与对照组之间的差异基因参与的KEGG通路中，细胞因子–细胞因子受体相互作用，TNF信号通路显著富集，这表明蜂王浆对4T1乳腺癌移植瘤模型小鼠具有显著的免疫调节作用。综上所述，油菜蜂王浆能够减缓4T1乳腺癌模型小鼠肿瘤的生长，其中预防组的效果优于治疗组。此外，油菜花期蜂王浆的抗氧化和免疫调节功能可能在抑制肿瘤生长方面发挥着重要作用。

Albalawi et al.（2022）在小鼠模型中评估了蜂王浆对艾氏实体瘤（EST）的抗肿瘤效果。研究结果显示，相较于接受生理盐水处理的 EST 小鼠，那些摄入 200mg/kg 和 400mg/kg 剂量蜂王浆的小鼠，其肿瘤体积、体重、肿瘤标志物（包括 AFP 和 CEA）、肝脏和肾脏的血清水平、脂质过氧化物（LPO）和一氧化氮（NO）、肿瘤坏死因子 -α（TNF-α）水平，以及 Bcl-2 表达水平均有所降低。此外，蜂王浆还降低了小鼠体内谷胱甘肽过氧化物酶（GPx）、过氧化氢酶（CAT）和超氧化物歧化酶（SOD）等抗氧化酶的水平，以及 caspase-3 和 Bax 凋亡基因的表达水平。这些发现表明，蜂王浆可能会成为一种新型抗癌药物。

Abu-Serie.MM et al.（2022）成功分离并提取了具有抗肿瘤活性的蜂王浆成分 M 蜂王浆 P2。研究揭示，M 蜂王浆 P2 能够抑制与白血病干细胞（LIC）相关的两种癌基因 GATA2 和 Evi-1，并且能够清除 CD34+ LIC。此外，M 蜂王浆 P2 展现了促进细胞凋亡的能力，能下调 BCL2、E2F1、CDK4 和 NF-κB 等关键癌基因的表达，同时上调 p53 和 p21 等促凋亡基因的表达。M 蜂王浆 P2 还能够抑制 MMP10 的活性以及 HDAC8 介导的 LIC 存活。基于这些发现，M 蜂王浆 P2 被认为是一种极具潜力的新型治疗药物，适用于治疗髓系和淋巴系白血病。

刘雅鑫（2023）在其研究中，利用网络药理学的方法，深入探讨了蜂王浆中 10-HDA 对结肠癌的作用机制。研究还进一步考察了 10-HDA 对 SW620 细胞增殖和转移的抑制效果，以及其对 SW620 细胞凋亡的影响。研究结果显示，10-HDA 能够显著抑制 SW620 细胞的增殖和转移，并且能够促进结肠癌细胞的凋亡。其作用机制与激活 PI3K/AKT 信号通路紧密相关。因此，10-HDA 可能成为防治结肠癌的潜在治疗剂。

Xu et al.（2023）通过代谢组学和转录组学的多组学分析，深入研究了王浆酸抗肿瘤作用的机制。他们的研究揭示了糖酵解代谢途径是王浆酸发挥抗肿瘤效果的关键途径。进一步的机制研究揭示了 10-HDA 通过干扰乳酸的生成和抑制 H3K9la 及 H3K14la 位点的 H3 组蛋白乳酸化，从而抑制肝细胞癌（HCC）的发展。这一发现为未来抗肿瘤药物的筛选和机制探索提供了新的理论基础。

（二）蜂王浆减轻肿瘤患者放疗和化疗的不良反应

Erdem et al.（2014）探讨了蜂王浆对接受放疗和化疗患者口腔黏膜炎的疗效。该研究纳入了 103 名同时接受放疗和化疗的患者作为研究对象。依据世界卫生组织的口腔黏膜炎分级标准，患者被分为两组。所有参与者均接受了含有盐酸苄达明和制霉菌素的漱口液进行口腔冲洗治疗。实验组的患者额外使用了蜂王浆。研究发现，实验组患者的口腔黏膜炎平均缓解时间明显短于对照组。研究结果表明，通过特定程序给予的蜂王浆能够改善口腔黏膜炎症状，并显著减少愈合所需时间。

Rafat et al.（2016）证实了蜂王浆具有防辐射的效用。研究表明，蜂王浆能够预防由辐射引起的外周血白细胞凋亡。研究对象为一组健康男性志愿者，他们在连续 14 天内每天服用 1000mg 的蜂王浆胶囊，并在第 0、4、7 和 14 天采集血液样本。随后，这些样本被暴露于 4Gy 的 X 射线之下。研究结果表明，蜂王浆可能通过其抗氧化特性和清除自由基的能力，改变辐射诱导的外周血白细胞凋亡过程。

多柔比星（Doxorubicin），亦称阿霉素，是一种被广泛认可的抗癌药物。然而，它可能对睾丸组织造成损害，进而引发不育问题。蜂王浆以其卓越的抗氧化能力，被研究用于治疗男性不育症。Safaei et al.（2022）研究评估了蜂王浆在 8 个化疗周期内对多柔比星引起的雄性生殖系统不良反应的组织学、遗传和生化修复效果。在这项研究中，77 只雄性 Balb/c 小鼠（每组 11 只）被分成以下组：假手术组，生理盐水（0.09%），蜂王浆（50、100mg/kg），多柔比星（2mg/kg）以及蜂王浆 + 多柔比星组。所有小鼠每周接受一次治疗，持续 6 周。研究评估了雄性生殖系统的组织学和生化指标。结果显示，与对照组相比，多柔比星组的睾丸重量、精子参数、精管直径和总抗氧化能力水平显著下降（$P < 0.05$），而蜂王浆（50、100mg/kg）+ 多柔比星组的这些指标与多柔比星组相比有显著提升；多柔比星组的丙二醛、凋亡指数及调控基因表达显著上升，而蜂王浆（50、100mg/kg）+ 多柔比星组的这些指标则有所降低。这项研究表明，蜂王浆能够保护小鼠免受多柔比星治疗导致的雄性生殖系统损伤，其积极效果可能源于蜂王浆的抗氧化特性。

三、蜂胶与蜂王浆的联合应用在免疫系统抗肿瘤过程中的协同效应

免疫系统在肿瘤的发展和治疗中扮演着至关重要的角色，通过免疫应答机制识别并消灭肿瘤细胞。杨锋等（2007）研究了蜂胶对蜂王浆生物活性的增强效应。他们探究了蜂王浆与蜂胶的混合物对中老年大鼠免疫功能、性腺器官以及血常规的影响，并以单独的蜂王浆和蜂胶作为对照组。研究结果显示，这三种物质均能显著提升大鼠的 T 淋巴细胞转化功能、自然杀伤（NK）细胞活性、巨噬细胞（Mφ）的吞噬功能以及胸腺的重量，尤其是蜂王浆与蜂胶的组合效果最为显著。此外，蜂王浆与蜂胶的组合以及单独的蜂王浆均能显著增加中老年大鼠的卵巢重量，而对血常规指标没有明显的影响。基于这些发现，研究人员认为蜂胶能够显著增强蜂王浆的免疫增强和抗衰老作用。

细胞损伤与细胞膜的改变构成了肿瘤发生的关键启动因素和基础原因。一氧化氮（NO）是人体内重要的化学分子，然而作为自由基时，它能够对正常细胞造成损害。为了深入探讨蜂胶和蜂王浆对运动员血清中一氧化氮（NO）及其合成酶（NOS）的影响，张荷玲（2013）对 24 名青少年自行车运动员在为期 3 周的集训期间服用蜂胶和蜂王浆的效果进行了研究。研究结果显示，蜂胶和蜂王浆能够显著抑制 NOS 的合成，并限制 NO 的产生，从而减少 NO 对组织细胞的潜在伤害。此外，蜂胶与蜂王浆的联合使用相较于单独使用蜂胶，展现了更佳的效果。

为了深入探究蜂胶和蜂王浆对运动员免疫功能的促进效应，张荷玲等（2017）将 24 名青少年自行车运动员随机分为 3 组。其中一组运动员同时服用蜂胶和蜂王浆，另

一组仅服用蜂胶，而对照组则服用淀粉胶囊。在补剂服用前后的第 21 天，于清晨空腹状态下采集血清样本，并通过测定血清中 CD3、CD4 及 CD8 亚群的含量，评估运动员服用补剂前后的免疫水平变化。研究结果显示，服用补剂前，青少年自行车运动员的免疫功能普遍偏低；而服用蜂胶和蜂王浆后，他们的免疫能力得到了显著提升，尤其是同时服用蜂胶和蜂王浆的组别，其免疫功能的增强更为显著。

参考文献

高春义，张建，赵跃然，等，2000. 蜂胶提取物对肿瘤化疗药物减毒作用的实验与临床研究 [J]. 中国生化药物志，(02)：90-92.

高寅飞，马海乐，王振斌，等，2007. 蜂胶超临界 CO2 萃取物的体外抗肿瘤试验研究 [J]. 肿瘤，27（2）：115-117

李欢，温慧华，2024. 槲皮素诱导乳腺癌细胞凋亡的研究 [J]. 中国临床药理学杂志，40（18）：2704-2708.

刘雅鑫，2023. 基于 PI3K/AKT 信号通路探讨蜂王浆 - 王浆酸诱导人结肠癌细胞凋亡的作用机制研究 [D]. 长春：长春中医药大学.

田美晨，2023. 咖啡酸苯乙酯抑制 U87 胶质瘤细胞体内外生长的机制研究 [D]. 成都：成都医学院.

杨锋，戴关海，潘慧云，等，2007. 蜂胶增强蜂皇浆生物活性作用的实验研究 [J]. 中国中医药科技，14（1）：42-43.

袁宝君，戴月，史祖民，等，2005. 妇女乳腺癌与服用蜂王浆保健品等因素的病例对照研究 [J]. 江苏预防医学，16（1）：4-6.

张荷玲，史淑淑，2017. 蜂胶蜂王浆对自行车运动员免疫促进的研究 [J]. 武术研究，2（03）：129-131.

张荷玲，汪晓阳，2013. 蜂胶蜂王浆对运动员血清一氧化氮及一氧化氮合酶的影响 [J]. 搏击（体育论坛），5（06）：1-2，5.

郑咪咪，万宏伟，朱毓，等，2021. 蜂胶对放疗或化疗相关性口腔黏膜炎效果的 Meta 分析 [J]. 护士进修杂志，36（17）：1565-1569，1574.

Abu-Serie M M, Habashy N H, 2022. Suppressing crucial oncogenes of leukemia initiator cells by major royal jelly protein 2 for mediating apoptosis in myeloid and lymphoid leukemia cells [J]. Food & Function, 13（17）：8951-8966.

Ahn M R, Kunimasa K, Ohta T, et al., 2007. Suppression of tumor-induced angiogenesis by Brazilian propolis：major component artepillin C inhibits in vitro tube formation and endothelial cell proliferation [J]. Cancer Letters, 252（2）：235-243.

Albalawi A E, Althobaiti N A, Alrdahe S S, et al., 2022. Antitumor activity of royal jelly and its cellular mechanisms against Ehrlich solid tumor in mice [J]. BioMed Research International，(1)：7233997.

Altabbal S, Athamnah K, Rahma A, et al., 2023. Propolis：a detailed insight of its anticancer molecular mechanisms [J]. Pharmaceuticals, 16（3）：450.

Aso K, Kanno S, Tadano T, et al., 2004. Inhibitory effect of propolis on the growth of human leukemia

U937 [J]. Biological and Pharmaceutical Bulletin, 27 (5): 727–730.

Chang H, Wang Y, Yin X, et al., 2017. Ethanol extract of propolis and its constituent caffeic acid phenethyl ester inhibit breast cancer cells proliferation in inflammatory microenvironment by inhibiting TLR4 signal pathway and inducing apoptosis and autophagy [J]. BMC Complementary and Alternative Medicine, 17: 1–9.

Chen C N, Weng M S, Wu C L, et al., 2004. Comparison of radical scavenging activity, cytotoxic effects and apoptosis induction in human melanoma cells by Taiwanese propolis from different sources [J]. Evidence-based Complementary and Alternative Medicine, 1 (2): 175–185.

Chen M J, Chang W H, Lin C C, et al., 2008. Caffeic acid phenethyl ester induces apoptosis of human pancreatic cancer cells involving caspase and mitochondrial dysfunction [J]. Pancreatology, 8 (6): 566–576.

Darvishi N, Yousefinejad V, Akbari M E, et al., 2020, Antioxidant and anti-inflammatory effects of oral propolis in patients with breast cancer treated with chemotherapy: A Randomized controlled trial [J]. Journal of Herbal Medicine, 23: 100385.

Davoodi S H, Yousefinejad V, Ghaderi B, et al., 2022. Oral propolis, nutritional status and quality of life with chemotherapy for breast cancer: A randomized, double-blind clinical trial [J]. Nutrition and Cancer, 74 (6): 2029–2037.

de Freitas Meirelles L E, de Assis Carvalho A R B, Ferreira Damke G M Z, et al., 2024. Antitumoral potential of artepillin C, a compound derived from Brazilian propolis, against breast cancer cell lines [J]. Anti-Cancer Agents in Medicinal Chemistry, 24 (2): 117–124.

Ebeid S A, Abd El Moneim N A, El-Benhawy S A, et al., 2016. Assessment of the radioprotective effect of propolis in breast cancer patients undergoing radiotherapy. New perspective for an old honey bee product [J]. Journal of Radiation Research and Applied Sciences, 9 (4): 431–440.

Endo S, Hoshi M, Matsunaga T, et al., 2018. Autophagy inhibition enhances anticancer efficacy of artepillin C, a cinnamic acid derivative in Brazilian green propolis [J]. Biochemical and Biophysical Research Communications, 497 (1): 437–443.

Erdem Ö, Güngörmüs Z, 2014. The effect of royal jelly on oral mucositis in patients undergoing radiotherapy and chemotherapy [J]. Holistic Nursing Practice, 28 (4): 242–246.

Frión-Herrera Y, Gabbia D, Scaffidi M, et al., 2020, The Cuban propolis component nemorosone inhibits proliferation and metastatic properties of human colorectal cancer cells [J]. International Journal of Molecular Sciences, 21 (5): 1827.

Gunduz C, Biray C, Kosova B, et al., 2005. Evaluation of Manisa propolis effect on leukemia cell line by telomerase activity [J]. Leukemia Research, 29 (11): 1343–1346.

Hwang H J, Park H J, Chung H J, et al., 2006. Inhibitory effects of caffeic acid phenethyl ester on cancer cell metastasis mediated by the down-regulation of matrix metalloproteinase expression in human HT1080 fibrosarcoma cells [J]. The Journal of Nutritional Biochemistry, 17 (5): 356–362.

Li F, Awale S, Tezuka Y, et al., 2009. Cytotoxic constituents of propolis from Myanmar and their structure - activity relationship [J]. Biological and Pharmaceutical Bulletin, 32 (12): 2075–2078.

Li F, Awale S, Zhang H, et al., 2009. Chemical constituents of propolis from Myanmar and their preferential cytotoxicity against a human pancreatic cancer cell line [J]. Journal of Natural Products, 72 (7):

1283-1287.

Li H, Kapur A, Yang J X, et al., 2007. Antiproliferation of human prostate cancer cells by ethanolic extracts of Brazilian propolis and its botanical origin [J]. International Journal of Oncology, 31 (3): 601-606.

Liang X, Wang P, Yang C, et al., 2021. Galangin inhibits gastric cancer growth through enhancing STAT3 mediated ROS production [J]. Frontiers in Pharmacology, 12: 646628.

Liang Y, Feng G, Wu L, et al., 2019. Caffeic acid phenethyl ester suppressed growth and metastasis of nasopharyngeal carcinoma cells by inactivating the NF-κB pathway [J]. Drug Design, Development and Therapy: 1335-1345.

Patel S, 2016. Emerging adjuvant therapy for cancer: propolis and its constituents [J]. Journal of Dietary Supplements, 13 (3): 245-268.

Piredda M, Facchinetti G, Biagioli V, et al., 2017. Propolis in the prevention of oral mucositis in breast cancer patients receiving adjuvant chemotherapy: A pilot randomised controlled trial [J]. European Journal of Cancer Care, 26 (6): e12757.

Pratsinis H, Kletsas D, Melliou E, et al., 2010. Antiproliferative activity of Greek propolis [J]. Journal of Medicinal Food, 13 (2): 286-290.

Rafat N, Monfared A S, Shahidi M, et al., 2016. The modulating effect of royal jelly consumption against radiation-induced apoptosis in human peripheral blood leukocytes [J]. Journal of Medical Physics, 41 (1): 52-57.

Saarem W, Yang F W, Farfel E, 2019. Propolis or caffeic acid phenethyl ester (CAPE) inhibits growth and viability in multiple oral cancer cell lines [J]. International Journal of Medical and Biomedical Studies, 3 (1): 50.

Safaei Pourzamani M, Oryan S, Yaghmaei P, et al., 2022. Royal jelly alleviates side effects of Doxorubicin on male reproductive system: a mouse model simulated human chemotherapy cycles [J]. Research Journal of Pharmacognosy, 9 (1): 77-87.

Sonoki H, Tanimae A, Furuta T, et al., 2018. Caffeic acid phenethyl ester down-regulates claudin-2 expression at the transcriptional and post-translational levels and enhances chemosensitivity to doxorubicin in lung adenocarcinoma A549 cells [J]. The Journal of Nutritional Biochemistry, 56: 205-214.

Xu H, Li L, Wang S, et al., 2023. Royal jelly acid suppresses hepatocellular carcinoma tumorigenicity by inhibiting H3 histone lactylation at H3K9la and H3K14la sites [J]. Phytomedicine, 118: 154940.

Zhang S, Nie H, Shao Q, et al., 2017. RNA-Seq analysis on effects of royal jelly on tumour growth in 4T1-bearing mice [J]. Journal of Functional Foods, 36: 459-466

Zheng Y, Wu Y, Chen X, et al., 2018. Chinese propolis exerts anti-proliferation effects in human melanoma cells by targeting NLRP1 inflammatory pathway, inducing apoptosis, cell cycle arrest, and autophagy [J]. Nutrients, 10 (9): 1170.

Zhu H, Li C, Jia L, et al., 2024. Supercritical CO_2 extracts of propolis inhibits tumor proliferation and enhances the immunomodulatory activity via activating the TLR4-MAPK/NF-κB signaling pathway [J]. Food Research International, 196: 115137.

第十节 蜂王浆对女性围绝经期综合征的改善作用

更年期是女性生命历程中的一个关键时期，它标志着卵巢功能从活跃状态逐渐衰退，直至完全停止工作。这一阶段是每位女性从具有生育能力的阶段向老年阶段自然过渡的标志。围绝经期综合征（PMS）描述的是女性在绝经前后，由于性激素水平的波动或下降所引发的一系列身体和心理上的症状。这些症状可能包括月经不规律、热潮红、自主神经系统功能失调（如心悸、眩晕、失眠）、情绪波动（易怒、焦虑、抑郁）、泌尿生殖系统问题（如阴道干涩、排尿困难）、骨质疏松（导致疼痛、增加骨折风险）、阿尔茨海默病以及心血管疾病等。这些症状的严重程度在不同个体间存在显著差异。

激素替代疗法（HRT）是一种旨在缓解因雌激素水平下降而引起症状的治疗方式。尽管 HRT 能够带来一些积极的效果，但它也增加了患乳腺癌和子宫内膜癌的风险，这引发了对 HRT 使用的广泛争议。因此，补充和替代医学（CAM）领域的其他治疗方法，如中草药、植物雌激素或膳食补充剂等，逐渐受到更多关注。

日本的 Takashi et al.（2018）开展了一项研究，将 42 名绝经期女性随机分为两组：干预组和对照组。干预组每日口服 800mg 经过酶处理的蜂王浆片剂，每片含有至少 3.5% 的 10-HDA 和至少 0.6% 的 10-羟基癸烯酸（10-HDAA）；而对照组则接受安慰剂治疗。该研究持续了 12 周，实验结束时，所有参与者均完成了针对日本女性的经前期综合征（PMS）症状的调查问卷。研究结果表明，在 12 周干预后，蜂王浆治疗组与安慰剂治疗组在焦虑评分、背痛和腰痛评分方面有显著差异。

Sharif et al.（2019）在伊朗的班达尔阿巴斯进行了一项临床研究，该研究在 2018 年 6~10 月期间进一步验证了蜂王浆的积极影响。研究招募了 200 名绝经后女性，并将她们随机分为实验组和对照组，每组各包含 100 名受试者。实验组成员接受了为期 8 周的蜂王浆胶囊（1000mg）治疗，而对照组则服用相同剂量的安慰剂（1000mg 乳糖）。研究结果表明，在 8 周治疗后，实验组的经前期综合征（PMS）症状评分显著低于对照组。这一发现暗示蜂王浆可能对缓解人类 PMS 症状具有潜在的积极效果。

一、蜂王浆对泌尿生殖系统疾病的改善作用

泌尿生殖道疾病是影响更年期女性生活品质的关键因素。围绝经期女性常见的泌尿生殖系统症状包括阴道干涩、刺激或瘙痒、分泌物异常和排尿困难等。这些症状的根源在于雌激素水平下降，导致阴道上皮细胞减少以及宫颈分泌物减少，从而引起阴道萎缩。

更年期妇女体内雌激素水平的显著下降导致阴道皮层变薄，生殖道内杂菌繁殖和抑菌能力减弱，使得细菌性阴道感染的频率增高，抗菌能力下降。雌激素减少还会引起膀

胱、尿道黏膜萎缩，导致控制尿流的能力下降，从而引发尿失禁。同时，绝经后妇女由于阴道变短变浅，尿道口与阴道口的距离变近，容易导致反复尿路感染。

多项研究证明，蜂王浆能有效改善更年期泌尿及生殖道问题。Yakoot et al.（2011）将 120 名女性随机分为实验组和安慰剂组，进行更年期量表（menopause rating scale Ⅱ，MRS–Ⅱ）测评，探究含蜂王浆的草本制剂 LADY4 对更年期泌尿、生殖道问题及神经障碍的影响。结果显示，实验组女性在服用 LADY4 四周后，MRS–Ⅱ 评分上升了 86.7%，与安慰剂组的 56.7% 相比，提升效果更为显著。

一项随机双盲对照临床试验对 15% 的蜂王浆阴道乳膏与雌激素化合物在提升绝经后妇女的生活质量、性功能和尿功能方面的效果进行了对比研究。共有 73 名参与者完成了该实验，她们被随机分配到蜂王浆组（24 例）、结合雌激素组（22 例）和阴道润滑剂组（27 例）。实验结束时的数据分析显示，蜂王浆组和结合雌激素组在改善绝经后妇女的生活质量、性功能及尿功能方面均优于阴道润滑剂组；进一步分析还发现，蜂王浆组在提升生活质量方面的效果甚至超过了结合雌激素组，这可能与蜂王浆所含有的类似雌激素的特性有关。同时，由于蜂王浆含有 60%~70% 的水分，它能够增加阴道内的水分含量，有助于缓解阴道干燥症状，从而进一步改善生活质量（Seyyedi et al.2016）。

泌尿生殖道疾病往往与细菌感染相伴。蜂王浆内含多种抑菌成分，有助于提升阴道和尿道对病原菌的抵抗力。Alresboodi et al.（2015）的研究揭示了蜂王浆显著的抑菌活性，特别是对引起细菌性尿道炎的病原菌如大肠埃希菌、链球菌和葡萄球菌等，均显示出抑制作用。

俞利平等（2009）通过琼脂扩散法实验揭示，蜂王浆对金黄色葡萄球菌和白色念珠菌展现出显著的抗菌效果。这两种细菌与老年性阴道炎的发病密切相关。此外，蜂王浆中含有的主要王浆蛋白、多种生物活性肽以及特有的 10- 羟基 -2- 癸烯酸均表现出卓越的抗菌活性。

二、蜂王浆可改善围绝经期女性的血脂水平

随着女性体内雌激素水平的降低，血脂异常的风险会相应增加。由于血脂水平与心血管疾病和脑血管疾病的发生有着紧密的联系，因此，控制血脂水平对于降低绝经后妇女的心脑血管疾病风险至关重要。

一项来自希腊的研究表明，蜂王浆能够改善绝经后女性的血脂状况。在这项研究中，共有 36 名年龄在 53 至 66 岁之间的绝经后女性参与。研究期间，参与者每天早上口服 150mg 的蜂王浆。经过 3 个月的干预，与基线数据相比，干预组的高密度脂蛋白水平上升了 7.7%，总胆固醇水平下降了 3.09%，低密度脂蛋白水平下降了 4.1%（Lambrinoudaki et al.2016）。

此外，一项涵盖 6 项试验的 Meta 分析进一步证实，蜂王浆能够降低血液中的总胆固醇水平。其亚组分析揭示，在长期随访（≥ 90 天）的研究中，蜂王浆对降低总胆固

醇和提升高密度脂蛋白水平的作用更为显著（Hadi et al.2018）。

三、蜂王浆可改善绝经后骨质疏松

在更年期妇女中，绝经后的前五年骨量会以每年大约 3%~5% 的速度减少。这一现象主要是由于更年期时体内雌激素水平显著下降，导致破骨细胞生成的细胞因子系统发生改变，从而激活了破骨细胞的活性，同时抑制了成骨细胞的活性。这种骨吸收速度超过骨生成速度的状况，导致了骨代谢的负平衡。此外，肠道对钙的吸收减少，也会导致骨钙释放超过骨钙沉积，进而引起骨量的逐渐流失。

蜂王浆在维护骨质和减少骨质流失方面扮演着至关重要的角色。Kafadar et al.（2012）的研究发现，经过 3 个月的蜂王浆处理后，卵巢切除的大鼠其腰椎和股骨近端的骨密度与对照组相比有显著提高，骨组织中的钙和磷含量也有所增加。这表明蜂王浆能够通过减少骨质流失来降低骨质疏松症的发生风险。Ⅰ型骨胶原是细胞外基质的主要成分，约占骨组织有机成分的 90%。骨胶原分子通过其内部的交联键合，构建了特异性的胶原交联，为骨骼结构提供了支撑基础。因此，胶原交联是评估骨质量的一个关键因素。

Kaku et al.（2014）研究了蜂王浆对骨骼结构重建及骨质的影响。他们观察到，在移除卵后，Ⅰ型骨胶原分子交联化合物吡啶啉（PYD）和脱氧吡啶啉（DPD）的免疫反应性明显下降。然而，在接受蜂王浆处理的组别中，PYD 和 DPD 的信号强度几乎恢复至假手术组的水平。进一步的体外试验表明，蜂王浆能够促进编码赖氨酰氧化酶的 plods 基因的表达。

经研究证实，蜂王浆能够促进牙周韧带细胞系中成骨相关细胞外基质蛋白表达的能力，包括骨钙蛋白、骨桥蛋白以及成骨细胞转录因子的 mRNA 表达（Yamagita et al.2011）。

Narita et al.（2006）发现蜂王浆能够促进小鼠成骨样细胞系 MC3T3-E1 的增殖以及Ⅰ型骨胶原的产生。当加入雌激素受体拮抗剂 ICI 182、780 时，这种增殖效果受到了抑制，从而推测蜂王浆可能通过雌激素受体介导的方式发挥作用。

Moutatsou et al.（2010）通过分析蜂王浆中的脂肪酸成分及其功能，揭示了这些脂肪酸能够促进成骨细胞的矿化作用。研究同时发现，雌激素受体拮抗剂能够阻断这一矿化过程，这进一步表明蜂王浆是通过与雌激素受体的相互作用来发挥其生物活性的。

此外，蜂王浆有助于维持肌肉质量，并对骨骼提供保护作用，从而减少老年小鼠肌肉萎缩的发生，并增强肌肉力量。同时，研究人员在体外试验中发现，蜂王浆对肌卫星细胞的合成代谢具有一定的促进作用，能够刺激细胞增殖、分化，并激活 Akt 信号通路（Niu et al.2013）。

参考文献

罗泽华，屠越华，张帆，等，2023. 蜂王浆在围绝经期女性中的应用研究进展［J］. 中国食物与营养，29（08）：80-84.

俞利平，徐小冬，2009. 三种蜂产品体外抑菌试验的研究［J］. 中国蜂业，60（03）：13，16.

Alresboodi FM, Sultantawa, Yasmina, et al., 2015. Atimicrobial activity of royal jelly［J］. Infective Agents, 13（1）：50-59.

Hadi A, Najafgholizadeh A, Aydenlu ES, et al, 2018. Royal jelly is an effective and relatively safe alternative approach to blood lipid modulation: A meta-analysis［J］. Journal of Functional Foods,（41）：202-209.

Kafadar IH, Güney AY, Türk CY, et al. 2012. Royal jelly and bee pollen decrease bone less due to ostcoporosis in an oophorectomized rat model［J］. Eklem Hastaliklarive Cerrahisi, 23（2）：100-105.

Kaku M, Rocabado J M R, Kitami M, et al., 2014. Royal jelly affects collagen crosslinking in bone of ovariectomized rats［J］. Journal of Functional Foods, 7：398-406.

Lambrinoudaki I, Augoulea A, Rizos D, et al., 2016. Greek-origin royal jelly improves the lipid profile of postmenopausal women［J］. Gynecological Endocrinology, 32（10）：835-839.

Moutatsou P, Papoutsi Z, kassi E, et al., 2010. Fatty acids detived from oyal jelly aremodulators of estrogen receptor functions［J］. PLoS One, 5（12）：el5594.

Narita Y, Nomura J, Ohta S, et al., 2006. Royal jelly stimulates boneformation: physio logic and mutri genomic studies with mice and cellines［J］. Bioscience, Biotechnology, and Biochemistry, 70：2508-2514.

Niu K, Guo H, Guo Y, et al., 2013. Royal jelly prevents the progression of sarcopenia in aged mice in vivo and in vitro［J］. Journals of Gerontology Series A: Biomedical Sciences and Medical Sciences, 68（12）：1482-1492.

Seyyedi F, Rafiean-Kopaei M, Miraj S, 2016. Comparison of the effects of vaginal royal jelly and vaginal estrogen on quality of life, sexual and urinary function in postmenopausal women［J］. Journal of Clinical and Diagnostic Research: JCDR, 10（5）：QC01.

Sharif S N, Darsareh F, 2019. Effect of royal jelly on menopausal symptoms: A randomized placebo-controlled clinical trial［J］. Complementary Therapies in Clinical Practice, 37：47-50.

Takashi A, Hidenori M, Shinobu F, et al, 2018. Royal jelly sup plementation improves menopausal symptoms such as back ache, low back pain, and anxiety in postmenopausal japanese women［J］. Evidence-Based Complementray and Alternative Medicine, 4（29）：1-7.

Yakoot M, Helmy S, Fawal K, et al., 2011. Effectiveness of a herbal formula in women with menopausal syndrome［J］. Complementary Medicine Research, 18：264-268.

Yamagita M, Kojima Y, Mori K, et al., 2011. Osteoindictive and antiinflammutory efecof royal jelly on periodontal ligament cells［J］. Biomedical Research, 32：285-291.

蜂花粉与蜂胶在前列腺疾病防控方面的作用

前列腺增生，也称为良性前列腺肥大（benign prostatic hyperplasia，BPH），是一种中老年男性常见的泌尿系统疾病。其病理特征为细胞增生，且具有慢性进展的特点。前列腺在男性性成熟后进入成熟期，40岁之后更易发生病理性变化。然而，由于现代生活节奏的加快、生活压力的增大以及生活环境的恶化等因素，前列腺增生性病变的发病年龄有所提前。有研究指出，20岁以后的男性就可能出现前列腺增生性病变。相关数据显示，50岁以后的男性群体中，约有一半会表现出前列腺增生的症状，且不同年龄阶段的患病率存在差异，但总体上随着年龄的增长，发病率持续上升（50至59岁的发病率为20%~50%，60至69岁的发病率为35%~71%，70至79岁的发病率为40%~80%）。组织学证据表明，65岁以上的男性几乎都存在前列腺增生症，其中约2/3表现出症状，1/3需要接受治疗。随着前列腺增生发病率的上升，该疾病已成为中老年疾病的研究热点之一。

近年来的研究表明，前列腺增生可能是前列腺间质与上皮细胞相互作用的结果，上皮与间质通过多种细胞因子相互调控，促进上皮与间质的增生。在正常的前列腺内环境中，雌激素与雄激素维持相对平衡状态，细胞增生与凋亡保持精确平衡。但在多种复杂因素的影响下，这种平衡被破坏，导致性激素失衡，细胞增殖增加，细胞凋亡减少，并伴随炎症的发生，这些变化最终导致前列腺增生。在前列腺增生的病理过程中，雄性激素、雌性激素和炎症三者并非独立作用，而是相互关联。睾酮（Testosterone，T）在5α-还原酶的作用下可转化为雄激素二氢睾酮（Dihydrotestosterone，DHT），同时在芳香化酶的作用下可转化为雌激素。单独抑制雌激素可能导致雄激素DHT升高，反之亦然。最新研究揭示了雌激素与炎症之间的相互关系，前列腺基质细胞群在前列腺上皮细胞BPH-1分泌的前列腺素E2（PGE2）的刺激下可表达芳香化酶，芳香化酶可将体内的睾酮转变为雌激素，从而揭示了炎症因子PGE2与雌激素之间的联系。基于上述研究结果，可以推断前列腺增生是一种涉及雄激素、雌激素和炎症三方面的疾病，并可能是一种多病因组成的症候群。因此，前列腺增生的治疗策略应考虑多方面的因素（施金虎等，2014）。

前列腺增生初期，由于身体的代偿机制，症状往往不明显。但随着下尿路梗阻的加剧，症状会变得越来越显著。临床表现可以分为以下三个阶段（高静等，2020）。

① 储尿期症状：主要表现为尿频、尿急、尿失禁，以及夜间排尿次数增多等。

② 排尿期症状：包括排尿犹豫、排尿困难以及排尿中断等现象。

③ 排尿后症状：主要为排尿不尽感和尿后滴沥。

需要注意的是，临床症状的严重程度与膀胱出口梗阻的程度密切相关，而前列腺的体积大小与症状的严重程度并不一定成正比。

一、蜂花粉在前列腺疾病防控方面的作用

（一）蜂花粉对前列腺疾病预控作用的生物学基础研究

1959 年，瑞典企业推出了一款用于治疗慢性前列腺炎和前列腺增生的药物——普适秦片。得益于其卓越的疗效，1969 年，日本卫生部门正式批准了 Cernilton 的注册。至今，Cernilton 已成为全球范围内治疗慢性前列腺炎和前列腺增生的首选药物。Cernilton 的核心成分是黑麦草花粉提取物，其中包括水溶性成分 T60 和脂溶性成分 GBX。水溶性成分 T60 是一种酚胺类物质，即阿魏酰腐胺。经过超过半个世纪的研究与开发，蜂花粉在治疗前列腺疾病方面的功效已得到普遍认可。例如，联邦德国艾尔文哈根商行生产的"前列腺维他"（Witalprotata），日本扶桑药品工业株式会社与瑞典 Abcemll 公司合作制造的混合花粉浸膏片（emllton），以及我国生产的普乐安片等花粉相关药物，都已被广泛应用于前列腺疾病的治疗中。

蜂花粉在临床应用中显示出显著的抗前列腺增生效果，其作用机制可能涉及以下三个方面：首先，蜂花粉通过拮抗 α1- 受体，有助于缓解括约肌的紧张状态和减少前列腺的增生；其次，它抑制 5α- 还原酶的活性，阻断二氢睾酮的合成，从而抑制前列腺细胞的过度增殖，并缩小前列腺体积；第三，蜂花粉具有强大的抗炎特性，有助于对抗前列腺增生过程中出现的炎症反应（施金虎等，2014）。

蜂花粉富含不饱和脂肪酸和一定量的激素，这些成分可以在激素受体水平上发挥类雌激素和抗雄激素的药理作用，进一步抑制二氢睾酮的生物效应，促使增生的腺体体积减小。此外，蜂花粉中的维生素和微量元素能够调节器官功能，加强新陈代谢，提升机体活力和抗病能力，改善内分泌平衡，从而维持腺体内部环境的稳定。同时，蜂花粉含有丰富的蛋白质和人体必需的氨基酸。研究显示，谷氨酸和脯氨酸等氨基酸能够改善腺体内的血液循环，有效缓解前列腺增生引起的症状。蜂花粉中含有的黄酮类化合物，也能够有效治疗前列腺增生引起的炎症，并阻止病情的进一步恶化。作为一种天然的复合药物，蜂花粉能够从多个角度治疗和调理前列腺增生，实现预防与治疗的双重效果，同时避免了单一成分药物可能带来的不良反应（施金虎等，2014）。

Murakami et al.（2008）开展了一项研究，旨在调查花粉团提取物对良性前列腺增生（BPH）可能产生的积极影响。该研究采用了双盲、安慰剂对照的临床试验设计，以评估 47 名 BPH 患者连续摄入 12 周蜜蜂采集的花粉块提取物（HPLE）作为补充食品后的疗效和安全性。参与者被随机分配至三个不同的研究组：安慰剂组（每日摄入 0mg HPLE）、低剂量组（每日摄入 160mg HPLE）以及高剂量组（每日摄入 320mg HPLE）。研究的评估指标包括了 12 周干预期间的主观症状评分以及 2 个尿动力学参数——最大流速（Qmax）和残余尿量的变化。研究结果显示，高剂量组的最大流速（Qmax）显著提高（$P < 0.05$），而残余尿量在低剂量组和安慰剂组中显著增加（$P < 0.05$）。尽管

高剂量组和安慰剂组之间的残余尿量差异未达到统计学意义（$P=0.052$），但未发现与 HPLE 摄入相关的任何健康风险或具有临床意义的实验室异常。

王晶等（2017）对荞麦蜂花粉在治疗慢性非细菌性前列腺炎（CNP）方面的活性进行了深入研究。他们将荞麦蜂花粉的醇提取物应用于 CNP 模型大鼠，以评估其对 CNP 的治疗效果。研究结果表明，荞麦蜂花粉醇提取物能够显著减轻 CNP 模型大鼠的前列腺湿重和指数，并降低血清及前列腺组织匀浆中的白介素 –8（IL–8）浓度（$P < 0.01$ 或 $P < 0.05$），显示出其对 CNP 具有显著的治疗活性。

Bak et al.（2018）研究探讨了纳米级蜂花粉对啮齿类动物良性前列腺增生的影响。研究首次揭示，纳米级蜂花粉能显著抑制长期服用睾酮引起的前列腺体积增大。此外，纳米蜂花粉还显著降低了血浆中前列腺特异性抗原（PSA）的浓度。值得注意的是，尽管纳米级蜂花粉减少了前列腺体积和 PSA 血浆浓度，它并未抑制由睾酮诱导的前列腺素 E2（PGE2）血浆浓度的升高。纳米蜂花粉在缩小前列腺体积和降低 PSA 血浆浓度方面的积极作用，与度他雄胺相当。最终研究发现，纳米蜂花粉并未对雄激素敏感的前列腺腺癌细胞 LNCaP 造成损害。综上所述，纳米级蜂花粉可能是一种治疗良性前列腺增生的有效替代疗法。

（二）油菜蜂花粉对前列腺疾病的防控作用

Qiao et al.（2024）通过对油菜蜂花粉和其他蜂花粉中的酚胺类物质进行了比较，发现油菜蜂花粉中含有 9 种独特的酚胺类成分，分别是二–对香豆酰–咖啡酰亚精胺、二–对香豆酰–阿魏酰亚精胺、羟基阿魏酰–对香豆酰–咖啡酰精胺、三–对香豆酰–羟基阿魏酰精胺、二–对香豆酰–咖啡酰–羟基阿魏酰精胺、四–咖啡酰精胺、三–咖啡酰–阿魏酰精胺、二–咖啡酰–阿魏酰–羟基阿魏酰精胺、二–羟基阿魏酰–二–咖啡酰精胺。此外，油菜蜂花粉的另一显著特征是二–对香豆酰亚精胺的含量较高，达到 8.3mg/g，是其他蜂花粉的几十倍。这 10 种特殊的酚胺类成分可能是油菜蜂花粉发挥抗慢性前列腺炎和前列腺增生作用的关键。最近的研究也表明，油菜花粉中的二–对香豆酰亚精胺对慢性非细菌性前列腺炎具有良好的治疗效果。由此可见，酚胺类化合物是蜂花粉抗前列腺疾病的物质基础。

达热卓玛等（2016）通过使用大鼠良性前列腺增生（BPH）模型，深入探讨了油菜蜂花粉（Rape bee pollen）粗提取物 CII、CIII、CIV 混合物对 BPH 的抑制作用。研究结果表明，炎症可能在 BPH 的发生、发展及转归过程中扮演了角色，这一点是基于对 IL–8 水平的检测得出的推断。这些粗提取组分 CII、CIII、CIV 通过调节大鼠血清中的睾酮和雌二醇水平，有效地抑制了前列腺细胞的生长，并减少了炎症反应，从而缓解了尿路梗阻的症状。在实验期间，大鼠未表现出明显的毒副作用，这为油菜蜂花粉在治疗前列腺增生及前列腺炎方面的应用，以及相关蜂花粉产品的药品开发提供了科学依据和创新思路。

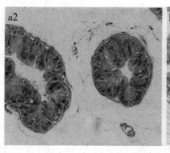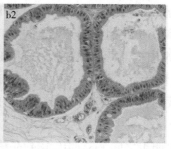

图 4-32　实验大鼠前列腺组织的病理形态学改变

　　在显微镜下观察经过 HE 染色处理的大鼠组织切片，模型组如图 a2 所示，前列腺腺体呈乳头状向腔内突出。腺上皮细胞层次增加，数目增多，细胞体积增大，胞质稀少，腔隙明显缩小。治疗组如图 b2 所示，前列腺腺上皮细胞呈立方柱状排列，较模型组更整齐，增生的上皮有不同程度减少，乳头状突起也减少，腺腔空间较大，胞浆比较透明。

　　郭欣欣（2019）通过构建良性前列腺增生（BPH）大鼠模型，深入探讨了油菜蜂花粉在治疗前列腺增生方面的机制、最适宜的使用剂量以及临床治疗效果。研究结果表明，油菜蜂花粉对大鼠 BPH 具有显著的抑制效果，能够有效降低大鼠前列腺的湿重和前列腺指数，并改善前列腺组织细胞的形态（图 4-33）。油菜蜂花粉通过降低 BPH 模型大鼠血清中的睾酮、雌二醇、总酸性磷酸酶水平，增强超氧化物歧化酶（SOD）和谷胱甘肽过氧化物酶（GSH-Px）的活性，减少丙二醛（MDA）的含量，调节细胞生长因子及其受体的表达水平，从而抑制 BPH 的发展。此外，油菜蜂花粉还能改善 BPH 患者的国际前列腺症状评分（IPSS）、生活质量评分（QOL）、最大尿流率（Qmax）和残余尿量（RUV），减少前列腺体积，进而提高患者的生活质量。

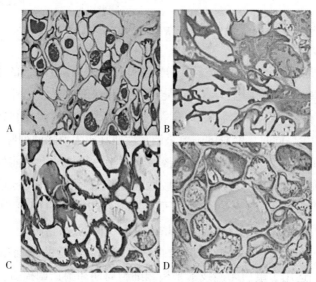

图 4-33　油菜蜂花粉对各组大鼠前列腺组织形态变化的影响（HE×200）

A. 假手术组；B. 模型组；C. 中剂量组；D. 高剂量组

　　Chen et al.（2020）研究了油菜蜂花粉（RBP）用于改善良性前列腺增生（BPH）的

作用。首先，为了筛选可能与 RBP 改善 BPH 相关的 miRNAs，他们通过高通测序比较了 BPH 模型组和 RBP 组之间差异表达的 miRNAs。研究发现，10 个已知的和 17 个新的 miRNA 在 RBP 组中被上调，6 个已知的和 13 个新的 miRNA 被下调。其次，在已知的 miRNA 中，通过 RT-qPCR 鉴定了可能与 BPH 相关的 miRNA，最终只有 rno-miR-184 被筛选出来，我们将其和正常对照组、BPH 模型组和 RBP 组进行了比较。结果显示，rno-miR-184 在 BPH 组中的表达显著降低，但随着 RBP 对 BPH 的改善而上调。此外，RBP 组和正常对照组之间 rno-miR-184 的表达水平没有差异。因此，研究认为 RBP 可能通过调节大鼠前列腺中 miRNAs 的表达（如 rno-miR-184）来改善 BPH。

油菜花粉已被视为慢性非细菌性前列腺炎（CNP）的关键治疗手段，它亦能调节肠道微生物群，进而改善肠道健康。Qiao et al.（2023）研究探讨了油菜花粉（无论是否破壁）对抗前列腺炎的效果，以及这种治疗与肠道微生物群之间的关联。研究结果表明，油菜花粉通过选择性调节肠道微生物群，能够有效缓解慢性非细菌性前列腺炎，尤其是高剂量和破壁的花粉表现出更显著的效果。经高剂量、破壁的油菜花粉（WDH，1.26g/kg·BW）处理后，前列腺湿重和前列腺指数分别减少了约 32% 和 36%，几乎接近对照组的水平。破壁的油菜花粉还显著降低了促炎细胞因子（IL-6、IL-8、IL-1β 和 TNF-α）的表达（$P < 0.05$），这一点通过激光扫描共聚焦显微镜的免疫荧光技术得到了证实。研究结果表明，油菜花粉能够抑制病原细菌并增强益生菌，特别是在厚壁菌与拟杆菌比例（F/B）和普氏菌（属）的丰度方面。此外，该研究首次提出了缓解效果可能源于降低肠道中的 F/B 和增加普雷沃氏菌属的丰度。基于这些发现，破壁的油菜花粉可以作为前列腺炎患者的辅助和替代疗法。

二、蜂胶在前列腺疾病防控方面的作用

研究表明，蜂胶中含有的苯醌类等成分能够降低前列腺素 PGE2 的生成，并缓解其分泌，从而对前列腺炎和前列腺肥大具有一定的预防和保健效果。此外，蜂胶亦可用于预防膀胱炎。蜂胶内的黄酮类化合物有助于净化血液，改善血液循环并软化血管，有效抑制前列腺组织的增生。同时，蜂胶的强效杀菌特性使其成为消除前列腺炎的有效手段。

冯学轩等（2018）探讨了番茄红素蜂胶胶囊对于去势雄性大鼠前列腺增生的潜在改善效果。研究发现，高剂量的番茄红素蜂胶胶囊能够显著降低前列腺增生大鼠的前列腺指数（PI）和前列腺增生率（$P < 0.05$），同时提升组织中的 SOD 活力（$P < 0.05$）。因此，番茄红素蜂胶胶囊对于实验性前列腺增生具有积极的改善作用。

Zingue et al.（2020）探讨了喀麦隆蜂胶对前列腺癌细胞的抗增殖效应及其潜在机制。研究中，他们运用了蛋白印迹技术来检测细胞周期和凋亡调控蛋白的变化。通过在睾酮诱导的 Wistar 大鼠良性前列腺增生（BPH）模型中评估蜂胶提取物（EEP）的抗增殖潜力，揭示了其在前列腺癌细胞中的作用。实验结果表明，EEP 能够降低 DU145 和 PC3 细胞的存活率，其半抑制浓度分别为 70 和 22μg/mL。在 50μg/mL 的浓度下，EEP

增加了 DU145 和 PC3 细胞中晚期凋亡细胞的数量以及 G0/G1 期细胞的比例。细胞周期蛋白（包括 cdk1、pc）及其相关蛋白 A 和 B 的表达均有所下调，而 cdk2 和 pcdk2 仅在 PC3 细胞中下调。同时，促凋亡蛋白 Bax 的表达上调，而抗凋亡蛋白 Akt、pAKT、Bcl-2 的表达下调。此外，EEP 还增强了前列腺细胞的黏附和趋化性。在体内试验中，EEP 减少了大鼠前列腺的重量、体积和上皮细胞的厚度（图 4-34）。这项研究首次证实了喀麦隆蜂胶在前列腺癌细胞中具有显著的体外和体内抗增殖特性。

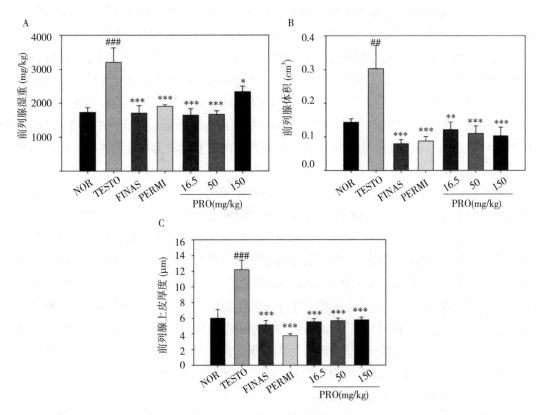

图 4-34　蜂胶对处理 28 天后前列腺湿重（A）、前列腺体积（B）和
前列腺上皮厚度（C）的影响

每个数据点代表平均值 ±ESM（n=6）。NOR 组为正常大鼠，给予 2% 乙醇；TESTO 组为大鼠，接受睾酮（3mg/kg）和 2% 乙醇；FINAS 组为大鼠，接受睾酮和非那雄胺（1mg/kg·BW）；PERMI 组为大鼠，接受睾酮和伯泌松（100mg/kg·BW）；PRO 组为大鼠，接受睾酮和 16.5、50 和 150mg/kg 的蜂胶乙醇提取物。$P < 0.05$；$P < 0.01$；$P < 0.001$：表示与阴性对照组（TESTO）存在显著差异；$P < 0.001$：表示与正常组（NOR）存在显著差异。

Abd-Alhassen et al.（2020）探究了伊拉克蜂胶在体内外对大鼠良性前列腺增生的抗氧化作用。研究发现，蜂胶提取物和作为对照的抗坏血酸在清除 DPPH 自由基方面的半抑制浓度分别为 1.65μg/mL 和 1.74μg/mL，而在增强还原力方面的半抑制浓度则分别为 1.08μg/mL 和 1.11μg/mL。在体内试验部分，研究者将剂量为 200mg/kg·BW 的蜂胶提取物每天 2 次施用于外源性睾酮诱导的良性前列腺增生（TIBPH）模型的雄性大鼠。这些大鼠被随机分为三组，每组包含 6 只。结果表明，与阳性对照组相比，蜂胶处理组的大鼠在前列腺重量和前列腺指数方面显示出显著改善（$P < 0.05$），同时 GSH 含量、CAT 和 SOD 活性也显著提高（$P < 0.05$）。总体而言，蜂胶对大鼠展现出显著的治疗效果和抗氧化活性。

三、蜂胶与蜂花粉联合应用对预控前列腺疾病的作用

巨万栋等（2005）对蜂产品在预防和治疗前列腺疾病方面的机制进行了深入研究。研究发现，蜂王浆、蜂花粉、蜂胶和蜂蜜中含有多种具有抗菌和消炎作用的物质。这些活性成分能够穿透前列腺外部的保护膜，穿过筋膜、纤维鞘和肌肉层，直达腺体内部。它们能够显著提升前列腺内吞噬细胞的活性，加强其对炎症细胞的吞噬作用，有效缓解由炎症引起的肿胀和不适。此外，这些成分还能破坏病原体的生存环境，迅速有效地消灭存在于前列腺和尿道壁内的淋球菌（该菌是引发前列腺及泌尿系统疾病的主要原因）以及多种致病菌，包括大肠埃希菌、金黄色葡萄球菌、变形杆菌、支原体和衣原体，同时还能抑制因病原体刺激产生的二氢睾酮（DHT）。

蜂产品还具有抗氧化特性，具备强大的分解和液化功能，能够清除体内多余的自由基和代谢产物等有害物质。这些物质能够液化并分解前列腺周围的毒素和堵塞物，随后通过尿道排出体外，确保前列腺的清洁和卫生，为腺体创造一个健康环境。一旦毒素和堵塞物被清除，感染源被切断，蜂产品中的丰富营养成分（特别是氨基酸、蛋白质、多肽、维生素、矿物质和激素）就能作用于腺体神经，提供生物营养因子和腺体表皮生长因子，改善腺体循环，调节内分泌，平衡多肽生长因子水平，使人体激素含量恢复正常。这些作用有助于自动修复受损的腺体和其他组织，增强机体对病原体的抵抗力，并避免其再次侵入，从而逐步恢复前列腺功能。因此，蜂产品不仅能有效治疗细菌性慢性前列腺疾病，对于反复充血引起的无细菌性慢性前列腺疾病也具有显著疗效，并且能够逐步消除前列腺增生（肥大）现象。

蜂胶与蜂花粉在辅助治疗前列腺增生方面展现出协同效应。一方面，这两种天然产物均富含黄酮类等抗氧化和抗炎成分，它们的联合使用能够增强前列腺局部炎症的抑制作用，更有效地减轻炎症对前列腺组织的损害和刺激。另一方面，蜂花粉在调节激素水平方面的功效与蜂胶在改善免疫功能和微循环方面的效果相辅相成。蜂花粉通过调节激素失衡来控制前列腺细胞的过度增殖，而蜂胶改善的微循环有助于更有效地输送营养物质和代谢废物。此外，蜂胶调节的免疫功能还能进一步抑制由免疫异常引起的前列腺增生。综上所述，蜂胶与蜂花粉共同作用有助于缓解前列腺增生的症状。

参考文献

达热卓玛，2016. 油菜蜂花粉抗前列腺炎及增生活性成分的研究［D］. 无锡：江南大学.

冯学轩，钟志勇，汪玉芳，等，2018. 番茄红素蜂胶胶囊改善大鼠前列腺增生的实验研究［J］.

中医药导报，24（12）：19-23.

高静，葛莉，2020. 中医健康管理［M］. 北京：中国中医药出版社.

郭欣欣，2019. 油菜蜂花粉抗前列腺增生的机制及其临床研究［D］. 上海：上海交通大学.

巨万栋，赵家明，2005. 蜂王浆、蜂花粉、蜂胶和蜂蜜与前列腺疾病［C］// 中国养蜂学会. 2005年全国蜂产品市场信息交流会论文集.

施金虎，平舜，蔺哲广，2014. 蜂花粉与前列腺增生［J］. 蜜蜂杂志，34（05）：44.

王晶，2017. 荞麦蜂花粉抗前列腺疾病与美白活性成分研究［D］. 无锡：江南大学.

Abd-Alhassen J K, Mohammed I A, Daham A F, 2020. In vitro and in vivo antioxidant activity of Iraqi propolis against benign prostatic hyperplasia in rats［J］. EurAsian Journal of BioSciences, 14（2）：7467-7472.

Bak J, Pyeon H I, So S, et al., 2018. Beneficial effects of nano-sized bee pollen on testosterone-induced benign prostatic hyperplasia in rodents［J］. Journal of Life Science, 28（4）：465-471.

Chen X, Wu R, Ren Z, et al., 2020. Regulation of microRNAs by rape bee pollen on benign prostate hyperplasia in rats［J］. Andrologia, 52（1）：e13386.

Murakami M, Tsukada O, Okihara K, et al., 2008. Beneficial effect of honeybee-collected pollen lump extract on benign prostatic hyperplasia（BPH）—a double-blind, placebo-controlled clinical trial［J］. Food Science and Technology Research, 14（3）：306-310.

Qiao J, Xiao X, Wang K, et al., 2023. Rapeseed bee pollen alleviates chronic non-bacterial prostatitis via regulating gut microbiota［J］. Journal of the Science of Food and Agriculture, 103（15）：7896-7904.

Qiao J, Zhang Y, Haubruge E, et al., 2024. New insights into bee pollen: Nutrients, phytochemicals, functions and wall-disruption［J］. Food Research International, 178：113934.

Zingue S, Maxeiner S, Rutz J, et al., 2020. Ethanol-extracted Cameroonian propolis: Antiproliferative effects and potential mechanism of action in prostate cancer［J］. Andrologia, 52（9）：e13698.

第十二节 蜂胶和蜂王浆对类风湿关节炎及痛风性关节炎的改善作用

一、蜂胶在改善类风湿关节炎中的作用

类风湿关节炎（RA）是一种慢性炎症性疾病，是由于免疫系统的异常激活而引发。这种病症会导致关节剧烈疼痛和功能障碍。RA 的病理过程和结果显著受到氧化应激和炎症的双重影响。氧化应激会削弱 RA 患者的血液抗氧化能力（Nattagh-Eshtivani et al.2022）。炎症与 RA 的进展密切相关，并且与活性氧（ROS）激活的核因子 κB（NF-κB）有关（Filippin et al.2008）。多种因素可能影响免疫反应，促使促炎细胞因子的产生。这些细胞因子能够引起炎症和滑膜细胞激活导致的关节结构变化。常见的促炎细胞因子包括肿瘤坏死因子 -α（TNF-α）、白细胞介素 -1β（IL-1β）和白细胞介素 -6（IL-6）。

蜂胶在治疗类风湿关节炎（RA）方面已被证实具有显著益处，这得益于其强大的抗氧化和抗炎特性，且不良反应较少，成本效益高（Farooqui et al.2012）。蜂胶的化学成分，包括萜烯类、酚类、甾体、醇类、萜类和糖类，已被证实对治疗过程具有积极作用。此外，蜂胶与骨、软骨和牙髓的再生过程密切相关。它还能通过阻断 NF-κB 途径和增强抗氧化剂的作用来抑制炎症级联反应，从而减少活性氧物质（ROS）的产生（Nattagh-Eshtivani et al., 2022）。换言之，蜂胶的化学成分展现了强大的抗炎特性，能够调节免疫细胞的基本功能，并减少由免疫反应和 NF-κB 激活引起的细胞因子的产生（Banskota et al.2001；Wolska et al.2019）。Ansorge et al.（2008）指出，蜂胶中的咖啡酸、CAPE、柚皮苷和槲皮素能够抑制 T 细胞中的 DNA 合成和炎症进程，同时促进细胞转化生长因子 -β1（TGF-β1）的形成。Zhang et al.（2014）报告称，芹菜素和高良姜素能够降低 TNF-α 的 mRNA 水平。此外，CAPE 作为蜂胶中的一个关键化合物，不仅具有抗炎特性，还可作为 NF-κB 激活的选择性抑制剂，精确抑制由多种炎症刺激引起的 NF-κB 激活，包括 TNF-α 在内（Ramos et al.2007）。

氧化应激会导致代谢功能紊乱，并对 DNA、脂质和蛋白质造成严重损害。在类风湿关节炎的病理过程中，巨噬细胞的激活会增加 ROS 的产生，而 ROS 在关节炎的发展中扮演着至关重要的角色（Roy et al.2017）。此外，抗氧化剂还能够抑制由肿瘤坏死因子 α（TNF-α）诱导的细胞因子生成，这构成了对抗类风湿关节炎的一种防御机制。Kurek-Górecka et al.（2014）的研究指出，蜂胶中发现的多酚类化合物的抗氧化作用可能源于它们清除 ROS 的能力。自由基的产生以及它们与抗氧化剂之间的相互作用，受到金属离子与氮物种的螯合作用的影响，在缓解类风湿关节炎（RA）方面显示出潜在的益处。

　　遗憾的是，蜂胶对类风湿关节炎（RA）疾病活动的潜在负面影响尚未得到明确。Matsumoto et al.（2021）开展了一项多中心、双盲、随机化的监测试验，旨在评估蜂胶对 RA 患者的影响。临床试验结果显示，无刺蜂胶并未显著改善 RA 患者的生活质量或降低疾病活动度。蜂胶在抑制疾病活动方面的效果不佳可能与临床研究前参与者所接受的药物治疗有关。相比之下，巴西蜂胶在减少小鼠 RA 疾病活动方面显示出积极效果，这表明蜂胶可能成为一种新的治疗选择。蜂胶能够抑制信号转导和转录激活因子通路的磷酸化，从而减少对 RA 疾病具有促进作用的白细胞介素 –17 的产生。因此，建议进一步探索蜂胶对 RA 疾病活动的影响，包括蜂胶对 RA 患者恢复时间的影响，剂量和性别因素对药物疗效的影响。

二、蜂王浆在改善类风湿关节炎中的作用

　　Wang et al.（2012）采用蛋白质组学分析技术，深入探究了经过 10- 羟基 –2- 癸烯酸（10–HDA）处理的类风湿关节炎滑膜成纤维细胞（RASFs）中表达差异的蛋白质。10–HDA 被认为是一种具有潜力的类风湿关节炎（RA）治疗药物，其作用机制涉及激活基质金属蛋白酶（MMPs）并通过丝裂原活化蛋白激酶（MAPK）信号通路发挥作用。通过二维电泳（2–DE）和 LC–MS/MS 分析，研究者确定了在 10–HDA 处理 24 小时后蛋白质表达的变化情况。进一步地，利用实时 PCR 和 Western blot 分析，他们鉴定出差异表达的蛋白质。通过 RNA 干扰（RNAi）技术，研究者探讨了下调结缔组织生长因子（CTGF）表达对 MMPs 活性的影响。研究结果显示，在 10–HDA 处理 24 小时后，共鉴定了 19 种差异表达的蛋白质，有 10 种蛋白质表达上调，而 9 种蛋白质表达下调。这些蛋白质参与了糖酵解、脂质代谢、细胞黏附、ATP 合成、氧化还原反应和抗凋亡等多种生物过程。CTGF，即富含半胱氨酸的 C 末端蛋白（CCN）家族成员，在 10–HDA 处理 24 小时后表达下调。通过 RNA 干扰技术（RNAi）特异性地抑制 CTGF 的表达后观察到 MMPs 活性降低。这些发现揭示了 CTGF 是 MMPs 表达的调节因子，而 10–HDA 可能通过降低 CTGF 的表达来减少 MMPs 的浓度。

　　随后，Wang 等在 2015 年进一步揭示了 10–HDA 抑制类风湿关节炎患者成纤维细胞样滑膜细胞（FLSs）增殖的机制。他们运用 MTT 检测、比色法 HDAC 活性测定和 Western–blot 技术，检测了经 10–HDA 处理的 FLS 细胞的细胞增殖、HDAC 活性和组蛋白乙酰化水平。从 RA 患者中分离出 FLS 细胞进行原代培养，并用 10–HDA 进行处理。接着，他们采用人类转录组 1.0 ST 微阵列进行筛选，并通过实时 PCR 技术进行验证。研究结果显示，经 10–HDA 处理的 FLSs 的细胞活力和 HDAC 活性呈现出剂量依赖性和时间依赖性的下降，同时 H3 和 H4 的乙酰化也呈现出时间依赖性的诱导。通过 HTA 1.0 识别出 697 个不同的基因。通过实时 PCR 验证了 PI3K‑AKT 通路的 7 个靶基因表达降低，以及 4 个细胞因子 – 细胞因子受体相互作用的靶基因表达增加。这些结果表明，10–HDA 是一种潜在的 HDAC 抑制剂，能够通过 PI3K‑AKT 通路抑制 FLS 细胞的增殖。

Mobedi et al.（2013）开展了一项随机双盲安慰剂对照试验，旨在研究口服蜂王浆对类风湿关节炎（RA）患者临床疾病活动指数（CDAI）和晨僵症状的影响。依据美国风湿病学会（ACR）1987 年的分类标准，80 名活动性 RA 患者（CDAI > 2.8）被随机分为两组，分别接受为期 3 个月的蜂王浆或安慰剂治疗。在治疗前后各 3 个月，对晨僵、压痛关节计数（TJC）、肿胀关节计数（SJC）、评估者总体评估（EGA）和患者总体评估（PGA）［基于视觉模拟量表（VAS）］进行了测定。共有 65 名患者完成了研究，其中蜂王浆组 35 人，安慰剂组 30 人。性别、年龄、居住地、病程和用药情况在两组间没有显著差异（$P > 0.050$）。在蜂王浆组中，CDAI（$P = 0.012$）、SJC（$P = 0.024$）、TJC（$P = 0.027$）和晨僵（$P = 0.004$）显示出显著的统计学变化；然而，只有晨僵的变化在两组间具有统计学意义（$P < 0.05$）。因此，蜂王浆对缓解晨僵具有积极效果，但对 CDAI 无显著影响，因此可能适合作为一种辅助治疗手段。

三、蜂胶对痛风性关节炎的改善作用

高尿酸血症是痛风的主要原因，并且与代谢紊乱相关的高脂血症和高血压等多种疾病的发生有关。炎症小体（NLRP3）由 NLRP3 蛋白、凋亡相关斑点样蛋白（ASC）和半胱天冬酶 –1（caspase-1）构成，与包括痛风性关节炎在内的多种代谢性疾病的发生机制紧密相关。痛风性关节炎是由尿酸盐晶体沉积引发的，这些晶体触发了 NOD 样受体家族中的炎症小体（NLRP3）。

日本学者吉积一真（2006）对来自中国和巴西的蜂胶中含有的 5 种成分——白杨素、高良姜素、阿替匹林 C、对羟基肉桂酸和咖啡酸苯乙酯的黄嘌呤氧化酶抑制活性进行了比较研究。研究结果表明，咖啡酸苯乙酯的抑制作用最为显著，其次是白杨素和高良姜素，而阿替匹林 C 和对羟基肉桂酸的抑制作用相对较弱。在高尿酸血症动物模型实验中，蜂胶在摄入后 2 小时内即可显著降低尿酸水平。此外，研究发现长期摄取蜂胶能够抑制黄嘌呤氧化酶的活性，阻碍尿酸的生成，降低血液中的尿酸含量，从而有效预防痛风和高尿酸血症的发生。

Lee et al.（2016）的研究发现，蜂胶中的咖啡酸苯乙酯（CAPE）是一种小分子 NLRP3 炎症小体抑制剂。在小鼠原代巨噬细胞实验中，咖啡酸苯乙酯（CAPE）阻断了由单钠尿酸晶体（MSU）诱导的 caspase-1 激活和 IL-1β 的产生，这表明 CAPE 抑制了 NLRP3 炎症小体的激活。在小鼠痛风性关节炎模型中，通过口服给予 CAPE，观察到其抑制了由单钠尿酸盐（MSU）诱导的气囊渗出物和足组织中的 caspase-1 激活以及 IL-1β 的产生，这与炎症症状的缓解密切相关。表面等离子体共振（SPR）分析和共沉淀实验揭示了 CAPE 能够直接与凋亡相关斑点样蛋白（ASC）结合，从而阻断了由 MSU 晶体诱导的 NLRP3-ASC 相互作用。因此，ASC 蛋白可能成为治疗痛风的新靶点。研究结果表明，利用口服小分子药物预防或治疗 NLRP3 相关炎症性疾病如痛风性关节炎，是一种潜在的可行策略。

Hsieh et al.（2018）的研究深入探讨了台湾绿蜂胶（TGP）的乙醇提取物对体外和体内 NLRP3 炎症小体的影响。TGP 能够通过降低核因子 κB 的激活和活性氧（ROS）的产生，抑制 LPS 激活的巨噬细胞中 proIL-1β 的表达。此外，TGP 还通过减少线粒体损伤、ROS 的产生、溶酶体破裂、c-Jun N- 末端激酶 1/2 的磷酸化以及与凋亡相关的斑点样蛋白寡聚化来抑制激活信号。研究还发现，TGP 部分通过诱导自噬来抑制 NLRP3 炎症小体。在尿酸晶体诱导的腹膜炎小鼠模型中，TGP 减轻了腹膜中中性粒细胞的招募以及洗液中 IL-1β、活性 caspase-1、IL-6 和单核细胞趋化蛋白 -1 的水平。他们还从台湾绿蜂胶（TGP）中纯化了一种化合物—propolin G，并确定了这种化合物可作为 NLRP3 炎症小体的潜在抑制剂。

芹菜素是一种存在于蜂蜜、蜂胶和蘑菇中的天然黄酮类化合物，具有很强的抗炎和抗氧化作用。Chang et al.（2021）研究揭示了芹菜素在高果糖玉米糖浆诱导的高尿酸血症大鼠模型中抗高尿酸血症的潜在机制。研究显示，连续 28 天的芹菜素口服治疗显著降低了尿酸水平，这一效果是通过抑制肝脏中黄嘌呤氧化酶（XO）活性实现的。此外，芹菜素还显著下调了尿酸转运蛋白 1（URAT1）和葡萄糖转运蛋白 9（GLUT9）的蛋白表达，同时上调了有机阴离子转运蛋白 1（OAT1）和人类 ATP 结合盒亚家族 G-2（ABCG2）的蛋白表达。芹菜素还展现了显著的抗氧化和抗炎作用，表现为大鼠肾脏和血清中丙二醛（MDA）和白细胞介素 1β（IL-1β）浓度的降低，这与抑制 NOD 样受体家族炎症小体（NLRP3）信号通路的激活相一致。研究结果支持芹菜素具有显著的抗高尿酸血症和抗炎作用，这可能为痛风的辅助治疗开辟新的途径。

徐军等（2021）探讨了蜂胶中具有降尿酸活性的白杨素 Mannich 碱衍生物对高尿酸血症小鼠模型的影响及其作用机制。研究采用氧嗪酸钾诱导建立高尿酸血症小鼠模型，进而研究了白杨素 Mannich 碱衍生物 CHY10 的降尿酸效果以及对尿酸合成相关酶基因的影响。研究结果显示，在末次给药后，CHY10 的低、中、高剂量组以及别嘌醇组均能有效降低尿酸水平。体内活性测定进一步揭示，CHY10 显著抑制了黄嘌呤氧化酶（XO）的活性，而对嘌呤核苷磷酸化酶（PNP）、腺苷脱氨酶（ADA）和 5'- 核苷酸酶（5'-NT）的 mRNA 表达没有显著影响。

参考文献

吉积一真，贺玉琢（摘），2006. 蜂胶降低黄嘌呤氧化酶活性及血浆尿酸值的作用［J］. 国际中医中药杂志，28（2）：2.

徐军，杨美林，仲崇琳，2021. 蜂胶中白杨素衍生物抗高尿酸活性研究［J］. 特产研究，43（06）：49-53.

Ansorge S, Reinhold D, Lendeckel U, 2003. Propolis and some of its constituents down-regulate DNA synthesis and inflammatory cytokine production but induce TGF-β1 production of human immune cells［J］. Zeitschrift für Naturforschung C, 58（7-8）：580-589.

Banskota A H, Tezuka Y, Kadota S, 2001. Recent progress in pharmacological research of propolis［J］.

Phytotherapy Research, 15（7）: 561–571.

Chang Y H, Chiang Y F, Chen H Y, et al., 2021. Anti–inflammatory and anti–hyperuricemic effects of chrysin on a high fructose corn syrup–induced hyperuricemia rat model via the amelioration of urate transporters and inhibition of NLRP3 inflammasome signaling pathway［J］. Antioxidants, 10（4）: 564.

Farooqui T, Farooqui A A, 2012. Beneficial effects of propolis on human health and neurological diseases［J］. Frontiers in Bioscience–Elite, 4（2）: 779–793.

Filippin L I, Vercelino R, Marroni N P, et al., 2008. Redox signalling and the inflammatory response in rheumatoid arthritis［J］. Clinical & Experimental Immunology, 152（3）: 415–422.

Hsieh C Y, Li L H, Rao Y K, et al., 2019. Mechanistic insight into the attenuation of gouty inflammation by Taiwanese green propolis via inhibition of the NLRP3 inflammasome［J］. Journal of Cellular Physiology, 234（4）: 4081–4094.

Kurek–Górecka A, Rzepecka–Stojko A, Górecki M, et al., 2013. Structure and antioxidant activity of polyphenols derived from propolis［J］. Molecules, 19（1）: 78–101.

Lee H E, Yang G, Kim N D, et al., 2016. Targeting ASC in NLRP3 inflammasome by caffeic acid phenethyl ester: a novel strategy to treat acute gout［J］. Scientific Reports, 6（1）: 38622.

Matsumoto Y, Takahashi K, Sugioka Y, et al., 2021. Double–blinded randomized controlled trial to reveal the effects of Brazilian propolis intake on rheumatoid arthritis disease activity index;BeeDAI［J］. PLoS One, 16（5）: e0252357.

Mobedi Z, Soleimani F, Rafieian M, et al., 2013. The effect of oral royal jelly on clinical disease activity index（CDAI）and morning stiffness in patients with rheumatoid arthritis（RA）; A randomized double–blind, placebo–controlled trial［J］. Journal of Isfahan Medical School, 31（252）: 1428–1434.

Nattagh–Eshtivani E, Pahlavani N, Ranjbar G, et al., 2022. Does propolis have any effect on rheumatoid arthritis? A review study［J］. Food Dcience & Nutrition, 10（4）: 1003–1020.

Ramos A F N, Miranda J L, 2007. Propolis: a review of its anti–inflammatory and healing actions［J］. Journal of Venomous Animals and Toxins Including Tropical Diseases, 13: 697–710.

Roy J, Galano J M, Durand T, et al., 2017. Physiological role of reactive oxygen species as promoters of natural defenses［J］. FASEB Journal, 31（9）: 3729–3745.

Wang J, Ruan J, Li C, et al., 2012. Connective tissue growth factor, a regulator related with 10–hydroxy–2–decenoic acid down–regulate MMPs in rheumatoid arthritis［J］. Rheumatology International, 32: 2791–2799.

Wang J, Zhang W, Zou H, et al., 2015. 10–Hydroxy–2–decenoic acid inhibiting the proliferation of fibroblast–like synoviocytes by PI3K–AKT pathway［J］. International Immunopharmacology, 28（1）: 97–104.

Wolska K, Górska A, Antosik K, et al., 2019. Immunomodulatory effects of propolis and its components on basic Immune cell functions［J］. Indian Journal of Pharmaceutical Sciences, 81（4）575–588.

Zhang X, Wang G, Gurley E C, et al., 2014. Flavonoid apigenin inhibits lipopolysaccharide–induced inflammatory response through multiple mechanisms in macrophages［J］. PloS One, 9（9）: e107072.

第十三节 蜂胶、蜂王浆和蜂花粉协同对骨骼肌少症的防控作用

随着全球老年人口的持续增长，肌肉减少症和骨骼肌流失的现象变得越来越普遍。瘦体重的减少是随着年龄增长而发展的炎症和氧化应激的直接结果。炎症介质和自由基在老年人和患有慢性疾病如 2 型糖尿病的患者中表达较高，这导致快速收缩的 I 型快肌纤维显著减少，并促进其向慢肌纤维的转化。

研究表明，久坐不动的生活方式和不健康的饮食习惯（低蛋白质、高脂肪、低纤维）可能在青春期后导致肌肉萎缩。这些行为因素改变了肠道菌群的组成，促进了肠道菌群失调，使得细菌内毒素进入血液循环，诱导了炎症和氧化应激，这与老年时发生的免疫老化相似。

鉴于肌肉减少症在普通人群中的高患病率（在西方国家介于 5% 至 40% 之间，在老年人中甚至增加到 50%），肌肉减少症被认为是公共健康问题。它导致患者的功能能力逐渐下降，增加了老年人跌倒和住院风险。许多药物正在作为抗肌少症药物进行测试，如 bimagrumab（BYM338）、enobasarm（GTx-024）、trevogrumab（REGN1033）和 sarconeos（B10101）。大多数试验处于 1 期或 2 期。此外，常用的治疗方法（如使用睾酮、生长激素和合成代谢类固醇）的效果并不令人满意。因此，预防和治疗肌肉减少症的最适当策略仅限于加强体育锻炼和摄入富含蛋白质的饮食。然而，老年人往往不太遵守体育锻炼计划。随着年龄的增长，肠道功能变化对蛋白质摄入的影响（例如牙齿脱落、味觉和嗅觉减退以及消化吸收能力下降）以及老年肌肉合成代谢的抵抗性问题，限制了高蛋白质食物在这一人群中的潜在益处。因此，探索新的预防和治疗肌少症的方法显得尤为重要，这需要考虑到与年龄相关的骨骼肌衰竭的多因素特性。

研究揭示，蜂王浆、蜂胶以及蜂花粉能够促进啮齿类动物肌肉减少症的结构和症状的改善，并减轻与肌肉减少症相关的运动功能障碍。无论是蜂王浆还是经过蛋白酶处理的蜂王浆，均能显著延缓由 d- 半乳糖诱导的老龄化小鼠模型中年龄相关的运动功能损伤。在自然衰老的瘦弱小鼠中，通过提升抓握力、悬线、水平杆和旋转杆测试的表现，蜂王浆在基因异质性头倾斜（HET）小鼠中缓解了前庭功能障碍、平衡失调和游泳能力的丧失。同样地，蜂王浆改善了老龄啮齿动物的身体性能——它显著提高了跨界次数和游泳速度，同时延长了水中迷宫的游泳距离。此外，蜂王浆还能减少骨骼肌中的脂质沉积。研究发现，在骨骼肌减少症的老年小鼠和 HET 小鼠中，肌卫星细胞的分化和增殖速度加快，损伤肌肉的再生能力得到增强，并抑制了分解代谢基因的表达。蜂王浆中 10-HDA 对雄性动物肌肉质量的促进作用比雌性动物更为显著。然而，10-HDA 也减轻了雌性小鼠脂肪组织的积聚（Ibrahim et al.2018；Weiser et al.2017）。

蜂花粉有助于体重的恢复，并能增加经过离心运动训练的大鼠腓肠肌的相对重

量（Ketkar et al.2015）。此外，它还能提升营养不良老鼠的足底肌和腓肠肌的绝对重量（Salles et al.2014）。

与仅富含多不饱和脂肪酸的牛奶相比，用全脂牛奶喂养的肥胖大鼠在摄入天然富含长链多不饱和脂肪酸以及蜂胶中多酚的高脂肪饮食后，其腓肠肌的肌肉质量显著增加。这些变化与多种分子机制相关（Santo et al.2017）。蜂胶中的咖啡酸苯乙酯（CAPE）能够恢复剧烈运动后大鼠及缺血再灌注后大鼠的腓肠肌质量（Shen et al.2013；Ozyurt et al.2006）。

研究表明，蜂产品具有抑制分解代谢基因的能力，能够纠正代谢异常、炎症和氧化损伤，并促进运动神经元再生，提升干细胞功能以及调整肠道微生物组群结构。以下综述所纳入的体内和离体研究揭示了一系列相互关联的细胞和分子事件，这些事件构成了蜂产品对骨骼肌影响的基础。

一、蜂产品在调节骨骼肌炎症反应中的作用

尽管炎症在骨骼肌中的作用尚未完全明确，但炎症介质似乎具有双重作用。在损伤情况下，它们可以促进肌肉的修复和再生；而在锻炼后，相关因子的变化也显示出积极的影响。然而，长期的炎症失调可能导致肌纤维问题和骨骼肌减少症。蜂产品在这方面显示出双重功效，它不仅能促进肌肉重塑（Washio et al.2015），还能抑制与肌肉消耗相关的因子（Egawa et al.2019；Shen et al.2013；Washio et al.2015）。蜂胶提取物在处理肌细胞时能够诱导巨噬细胞的迁移，并促进多种细胞因子的产生，这一过程与核因子 κB（NF-κB）信号通路密切相关（Ketkar et al.2015；Shen et al.2013；Cavendish et al.2015）。抑制特定激酶可减弱蜂胶对某些因子表达的作用，同时蜂胶亦能调节相关分子的表达。炎症细胞的浸润对肌肉组织具有潜在的损害性。CAPE 和蜂花粉能够减少受损大鼠肌肉中的炎症细胞浸润（Ketkar et al.2015；Shen et al.2013；Ozyurt et al.2006），它还能抑制脂质过氧化和某些肌肉消耗因子的产生，其机制与调节 NF-κB 有关，能够增加特定大鼠肌肉的质量并改善肌纤维结构。蜂王浆能够降低老年肥胖大鼠脂肪组织中肿瘤坏死因子受体 1（TNFR1）的活性，而 TNFR1 与炎症通路相关联，其活性的降低有助于肌肉重量的增加。

二、蜂产品在缓解骨骼肌氧化应激中的活性作用

在骨骼肌中，高水平的活性氧（ROS）具有破坏性，可能导致疲劳、肌肉萎缩和力量减弱等问题（Ketkar et al.2015；Shen et al.2013）。肌内的活性氧（ROS）来源多样，包括线粒体功能障碍、中性粒细胞的浸润等（Hardee et al.2019；Salles et al.2014；Egawa et al.2019；Shen et al.2013；Ozyurt et al.2006；Sriram et al.2011）。氧化应激和亚硝化损伤主要由促氧化酶所介导（Shen et al.2013），这些酶能够产生活性氧（ROS）和活

性氮（RNS），而 ROS 能够激活具有腐蚀性的分子活性。蜂胶处理大鼠可降低比目鱼肌核 ROS 水平和凋亡内皮细胞数量，抑制骨骼肌 MDA 活动并增加相关酶水平（Shen et al.2013；Ozyurt et al.2006）。蜂胶中的 CAPE 能够缓解与高水平活性氧（ROS）相关的不良影响。蜂王浆能够提升大鼠比目鱼肌中的酶活性。蜂花粉有助于使大鼠腓肠肌的相关指标恢复正常，并激活相应的生理机制（Ozyurt et al.2006）。蜂产品制品展现出多方面的抗氧化特性，这包括促进抗氧化酶的生成（Ketkar et al.2015；Ji et al.2016；Kwon et al.2014；Tanaka et al.2019）、降低 ROS 的产生（Ketkar et al.2015；Ji et al.2016；Kwon et al.2014；Tanaka et al.2019）（这与减少骨骼肌炎症细胞的浸润相关）（Ketkar et al.2015；Shen et al.2013；Ozyurt et al.2006；Ozyurt et al.2007），以及恢复线粒体的功能。这些作用可能与调节线粒体酶的活性（Salles et al.2014；Ketkar et al.2015；Takikawa et al.2013）、激活 NRF2 信号通路（Inoue et al.2018）等机制有关。

三、蜂产品在调节骨骼肌代谢中的作用

骨骼肌是人体主要负责摄取和利用葡萄糖的组织之一。胰岛素通过调节骨骼肌中的蛋白质线粒体氧化磷酸化，促进葡萄糖转运体 4（GLUT4）的易位，从而实现葡萄糖的摄取。此外，氨基酸的增加传递可以改善肌肉蛋白质的合成（Abdulla et al.2016；Guillet et al.2005；Tubbs et al.2018）。然而，随着年龄的增长，胰岛素抵抗和葡萄糖耐受不良的情况会加剧，从而导致肌肉损失。降糖药物如二甲双胍，通过激活腺苷单磷酸活化蛋白激酶（AMPK），有助于改善骨骼肌的代谢（Hardee et al.2019）。AMPK 是一种异三聚体复合体，它能够调节糖脂代谢。当 AMPK 被激活后，它会促进由葡萄糖和脂肪酸氧化产生的 ATP 信号通路，同时抑制合成胆固醇、脂肪酸和三酰基甘油的信号通路。此外，AMPK 还能控制包括叉头盒 O 转录因子（FOXO）和 AKT/mTOR 在内的多种信号级联，调节炎症、氧化应激、线粒体功能、自噬、代谢和凋亡相关基因的表达（Salminen et al.2012；Salminen et al.2019）。

蜂产品对骨骼肌质量有积极影响，对骨骼肌分解代谢基因和合成代谢抵抗的影响可能与降血糖作用密切相关,。例如，蜂王浆酸（10-HDA）通过上调 AMPK，对炎症和自噬产生积极作用。蜂王浆对骨骼肌的积极作用与改善胰岛素信号通路有关，还能诱导比目鱼肌的线粒体适应并增强葡萄糖摄取（Niu et al.2013；Ibrahim et al.2018）。蜂胶可能通过调节糖代谢来影响肌肉质量，在体内可提高骨骼肌糖原水平，降低血清葡萄糖和胰岛素水平。蜂胶和咖啡酸苯乙酯（CAPE）的乙醇提取物能诱导分化的 L6 成肌细胞摄取葡萄糖，增强胰岛素介导的 AKT 激活和葡萄糖摄取。浓度为 0.1 和 1mg/mL 的意大利蜂胶以及其中丰富的羟戊烯基苯丙素（如 4- 香叶酰基阿魏酸和奥拉普烯）能显著增加 GLUT4 向质膜的易位，并加速 L6 骨骼肌细胞中 GLUT4 介导的葡萄糖摄取。当蜂胶浓度达到 11mg/mL 时，其效果明显优于作为阳性对照的 0.1μM 胰岛素（Genovese et al.2017；Ueda et al.2013；Kwon et al.2014；Lee et al.2007）。

四、蜂产品有助于促进肌肉蛋白合成

老年人蛋白质摄入不足以及胃肠道效率的改变，会导致肌肉蛋白质合成与降解之间的不平衡，这可能引起骨骼肌的损失和身体性能的下降（Salles et al.2014；Cruz-Jentoft et al.，2017）。跨膜蛋白和微肽通过促进成肌细胞的融合机制发挥作用（Rong et al.2020）。年龄相关的骨骼肌萎缩主要是由于雷帕霉素靶蛋白复合物 1（mTORC1）和激活转录因子 -4（ATF4）介导的氨基酸传感通路活性失调，导致氨基酸向骨骼肌的传递不足（Salles et al.，2014；Cruz-Jentoft et al.2017），可以通过上调 mTORC1 和（或）ATF4 来改善这种情况。mTORC1 是蛋白质代谢的核心调节因子，对氨基酸、能量状态、应激和生长因子敏感。摄入蜂王浆和蜂花粉中的必需氨基酸可以增加氨基酸的细胞生物利用度，与内皮型一氧化氮合酶（eNOS）途径的激活有关，进而上调 mTORC1 激酶。mTORC1 从细胞质转移到溶酶体表面，与改善骨骼肌线粒体生物发生和细胞氧化能力有关（D'Antona et al.2010；Graber et al.2017；Ham et al.2016）。

蜂王浆和 10-HDA 能显著提升老年大鼠的肌肉质量并优化其运动表现。蜂花粉通过激活 mTOR 及其相关下游蛋白翻译调节因子（包括 p70S6k 和 4eBP1），有效抑制营养不良导致的老年大鼠肌肉萎缩，并促进肌肉蛋白质合成，从而恢复肌肉质量。含有丰富多不饱和脂肪酸和蜂胶多酚的牛奶亦能增加生长中肥胖大鼠的腓肠肌重量。综合这些研究结果，蜂王浆和蜂花粉的合成代谢效应可能与其蛋白质和氨基酸含量高紧密相关（Cornara et al.2017；Salles et al.2014；Campos et al.2008；Denisow et al.2016；Themelis et al.2019；Thakur et al.2020）。这些研究发现为增强肌肉质量和提升运动性能提供了新的潜在疗法。

五、蜂产品抑制骨骼肌分解代谢的活性作用

骨骼肌组织构成了人体内最大的蛋白质储存库。肌肉的质量受到肌肉蛋白质合成与分解的调控，这一过程由多种基因共同作用调控（Abdulla et al.2016）。随着年龄的增长，分解代谢基因的表达会增加，从而提高了与年龄相关的肌肉萎缩症的风险。然而，老年 HET 小鼠通过口服蜂王浆，可以降低分解代谢基因的水平，从而延缓肌肉的凋亡。蜂胶中的 CAPE 能够抑制大鼠腓肠肌的退行性肌病，并保护心肌组织（Eşrefoğlu et al.2011）。蜂王浆和蜂花粉通过阻断涉及肌肉蛋白质水解的信号通路的相互作用，激活了 mTOR 及其底物 AKT，从而抑制了肌肉蛋白的水解（Kunugi et al.2019；Zhu et al.2019）。使用蜂胶等处理，可以激活 AKT 对相关物质的磷酸化作用。AKT mTORC2 底物，PI3K 的激活可以刺激 AKT 激活信号的级联反应，进而激活 mTORC1，mTORC1 激活蛋白合成调控因子，并有助于自噬的周转（Zhu et al.2019）。蜂王浆能够调节胰岛素 /IGF-1 信号通路的活性，微调 FOXO 转录活性，而 FOXO 对于 AKT 通路的激活至关重要，

同时也影响肌肉萎缩相关基因（Milan et al.2015）。

六、蜂产品在抵御糖基化应激中的作用

随着年龄的增长，氧化应激、炎症和胰岛素抵抗的加剧会增强晚期糖基化终末产物（AGEs）的受体活性，进而促进 AGEs 的产生。AGEs 能够破坏肌肉组织的结构完整性。而多酚类化合物因其强大的抗氧化特性，具备抗糖基化作用，能够抑制 AGEs 的形成，对抗 AGEs 受体，并促进 AGEs 的分解。蜂王浆已被证实能够降低老年认知障碍模型中 AGEs 主要受体的活性，但其在骨骼肌中的抗糖基化作用尚未得到充分研究。蜂胶具有显著的抗 AGE 特性，其类黄酮成分能够阻断 AGEs 的合成，并且能够加速肌肉老化模型中 AGEs 的清除。蜂胶中的 CAPE 能够抑制大鼠腓肠肌中与 AGEs 相关的分子产生。然而，蜂胶无法完全抵消指长伸肌中 AGEs 的消耗效应，这表明不同肌肉组织对治疗的反应存在差异，因此早期使用蜂产品预防高风险人群骨骼肌中 AGEs 的形成十分必要。

七、蜂产品有助于促进神经元再生

神经元去神经支配是导致骨骼肌萎缩的核心因素，与多种病理状况紧密相连（Anagnostou et al.2020）。氧化应激和炎症可引发坐骨神经去神经支配，从而导致骨骼肌萎缩。周围神经损伤后的再灌注过程可能造成组织损伤（Yüce et al.2015）。老年大鼠的肠道微生物群变化会影响腓肠肌的质量等。过氧化物酶体增殖物激活受体 γ 辅激活因子 1α（PGC-1α）能够提升肌纤维对去神经支配的抵抗能力。蜂胶能够恢复坐骨神经损伤大鼠的腓肠肌重量，并提升其功能（Yüce et al.2015），这与促进神经愈合和再生相关。蜂胶对运动神经元具有保护作用。乙酰胆碱在运动神经传递中扮演着关键角色，但自由基等有害物质可能会损害神经传递。蜂王浆能够纠正乙酰胆碱的神经传递障碍，而且蜂产品富含抗氧化元素，有助于减轻相关病理机制（Havermann et al.2014；Shen et al.2013；Ozyurt et al.2006；Ozyurt et al.2007）。此外，蜂胶提取物能够缓解炎症性神经源性疼痛（Cavendish et al.2015）。

八、蜂产品有助于改善肌肉血液供应

衰老与动脉粥样硬化以及再狭窄的高发性紧密相关，其根本原因在于血管平滑肌细胞的过度增殖，这导致了血管及其微循环系统的损伤。肌肉卸载（如长期卧床）会减少骨骼肌中毛细血管的数量并增加抗血管生成因子（Tanaka et al.2019），微血管的改变以及一氧化氮产生的损害进一步减少了骨骼肌的血流量，从而导致肌肉萎缩（Ticinesi et al.2017；Mitchell et al.2013）。此外，缺血性损伤与高活性氧（ROS）的释放有关（Tanaka et al.2019）。因此，提升骨骼肌的血管化和血供是预防肌肉萎缩的关键。蜂花

粉和蜂胶能够促进微循环并纠正病理状态（Salles et al.2014；Roos et al.2011）。蜂胶中的CAPE能够对抗血管损伤，其机制涉及激活相关信号通路。蜂胶能够恢复毛细血管的数量，并在动物实验中显示出实验组肌肉体重高于对照组（Tanaka et al.2019）。而蜂花粉则能够增加受损大鼠腓肠肌的血管数量（Ketkar et al.2015）。

参考文献

Abdulla H，Smith K，Atherton P J，et al.，2016. Role of insulin in the regulation of human skeletal muscle protein synthesis and breakdown：a systematic review and meta-analysis［J］. Diabetologia，59：44-55.

Anagnostou M E，Hepple R T，2020. Mitochondrial mechanisms of neuromuscular junction degeneration with aging［J］. Cells，9（1）：197.

Campos M G R，Bogdanov S，de Almeida-Muradian L B，et al.，2008. Pollen composition and standardisation of analytical methods［J］. Journal of Apicultural Research，47（2）：154-161.

Cavendish R L，de Souza Santos J，Neto R B，et al.，2015. Antinociceptive and anti-inflammatory effects of Brazilian red propolis extract and formononetin in rodents［J］. Journal of Ethnopharmacology，173：127-133.

Cornara L，Biagi M，Xiao J，et al.，2017. Therapeutic properties of bioactive compounds from different honeybee products［J］. Frontiers in Pharmacology，8：412.

Cruz-Jentoft A J，Kiesswetter E，Drey M，et al.，2017. Nutrition，frailty，and sarcopenia［J］. Aging Clinical and Experimental Research，29：43-48.

D'Antona G，Ragni M，Cardile A，et al.，2010. Branched-chain amino acid supplementation promotes survival and supports cardiac and skeletal muscle mitochondrial biogenesis in middle-aged mice［J］. Cell Metabolism，12（4）：362-372.

Denisow B，Denisow-Pietrzyk M，2016. Biological and therapeutic properties of bee pollen：a review［J］. Journal of the Science of Food and Agriculture，96（13）：4303-4309.

Egawa T，Ohno Y，Yokoyama S，et al.，2019. The protective effect of Brazilian propolis against glycation stress in mouse skeletal muscle［J］. Foods，8（10）：439.

Eşrefoğlu M，Gül M，Ateş B，et al.，2011. The effects of caffeic acid phenethyl ester and melatonin on age-related vascular remodeling and cardiac damage［J］. Fundamental & Clinical Pharmacology，25（5）：580-590.

Genovese S，Ashida H，Yamashita Y，et al.，2017. The interaction of auraptene and other oxyprenylated phenylpropanoids with glucose transporter type 4［J］. Phytomedicine，32：74-79.

Graber T G，Borack M S，Reidy P T，et al.，2017. Essential amino acid ingestion alters expression of genes associated with amino acid sensing，transport，and mTORC1 regulation in human skeletal muscle［J］. Nutrition & Metabolism，14：1-11.

Guillet C，Boirie Y，2005. Insulin resistance：a contributing factor to age-related muscle mass loss?［J］. Diabetes & Metabolism，31：5S20-5S26.

Ham D J，Lynch G S，Koopman R，2016. Amino acid sensing and activation of mechanistic target of rapamycin complex 1: implications for skeletal muscle [J]. Current Opinion in Clinical Nutrition & Metabolic Care, 19 (1): 67–73.

Hardee J P, Lynch G S, 2019. Current pharmacotherapies for sarcopenia [J]. Expert Opinion on Pharmacotherapy, 20 (13): 1645–1657.

Havermann S, Chovolou Y, Humpf H U, et al., 2014. Caffeic acid phenethylester increases stress resistance and enhances lifespan in Caenorhabditis elegans by modulation of the insulin-like DAF–16 signalling pathway [J]. PLoS One, 9 (6): e100256.

Ibrahim S E L M, Kosba A A, 2018. Royal jelly supplementation reduces skeletal muscle lipotoxicity and insulin resistance in aged obese rats [J]. Pathophysiology, 25 (4): 307–315.

Inoue Y, Hara H, Mitsugi Y, et al., 2018. 4–Hydroperoxy–2–decenoic acid ethyl ester protects against 6–hydroxydopamine–induced cell death via activation of Nrf2–ARE and eIF2α–ATF4 pathways [J]. Neurochemistry International, 112: 288–296.

Ji W Z, Zhang C P, Wei W T, et al., 2016. The in vivo antiaging effect of enzymatic hydrolysate from royal jelly in d–galactose induced aging mouse [J]. Journal of Chinese Institute of Food Science and Technology, 16 (1): 18–25.

Ketkar S, Rathore A, Kandhare A, et al., 2015. Alleviating exercise–induced muscular stress using neat and processed bee pollen: oxidative markers, mitochondrial enzymes, and myostatin expression in rats [J]. Integrative Medicine Research, 4 (3): 147–160.

Kunugi H, Mohammed Ali A, 2019. Royal jelly and its components promote healthy aging and longevity: from animal models to humans [J]. International Journal of Molecular Sciences, 20 (19): 4662.

Kwon T D, Lee M W, Kim K H, 2014. The effect of exercise training and water extract from propolis intake on the antioxidant enzymes activity of skeletal muscle and liver in rat [J]. Journal of Exercise nutrition & Biochemistry, 18 (1): 9.

Lee E S, Uhm K O, Lee Y M, et al., 2007. CAPE (caffeic acid phenethyl ester) stimulates glucose uptake through AMPK (AMP–activated protein kinase) activation in skeletal muscle cells [J]. Biochemical and Biophysical Research Communications, 361 (4): 854–858.

Milan G, Romanello V, Pescatore F, et al., 2015. Regulation of autophagy and the ubiquitin-proteasome system by the FoxO transcriptional network during muscle atrophy [J]. Nature Communications, 6 (1): 6670.

Mitchell W K, Phillips B E, Williams J P, et al., 2013. Development of a new Sonovue™ contrast–enhanced ultrasound approach reveals temporal and age–related features of muscle microvascular responses to feeding [J]. Physiological Reports, 1 (5).

Niu K, Guo H, Guo Y, et al., 2013. Royal jelly prevents the progression of sarcopenia in aged mice in vivo and in vitro [J]. Journals of Gerontology Series A: Biomedical Sciences and Medical Sciences, 68 (12): 1482–1492.

Ozyurt B, Iraz M, Koca K, et al., 2006. Protective effects of caffeic acid phenethyl ester on skeletal muscle ischemia–reperfusion injury in rats [J]. Molecular and Cellular Biochemistry, 292: 197–203.

Ozyurt H, Ozyurt B, Koca K, et al., 2007. Caffeic acid phenethyl ester (CAPE) protects rat skeletal muscle against ischemia - reperfusion–induced oxidative stress [J]. Vascular Pharmacology, 47 (2–3): 108–112.

Rong S, Wang L, Peng Z, et al., 2020. The mechanisms and treatments for sarcopenia: could exosomes be a perspective research strategy in the future? [J]. Journal of Cachexia, Sarcopenia and Muscle, 11 (2): 348-365.

Roos T U, Heiss E H, Schwaiberger A V, et al., 2011. Caffeic acid phenethyl ester inhibits PDGF-induced proliferation of vascular smooth muscle cells via activation of p38 MAPK, HIF-1α, and heme oxygenase-1 [J]. Journal of Natural Products, 74 (3): 352-356.

Salles J, Cardinault N, Patrac V, et al., 2014. Bee pollen improves muscle protein and energy metabolism in malnourished old rats through interfering with the Mtor signaling pathway and mitochondrial activity [J]. Nutrients, 6 (12): 5500-5516.

Salminen A, Kaarniranta K, 2012. AMP-activated protein kinase (AMPK) controls the aging process via an integrated signaling network [J]. Ageing Research Reviews, 11 (2): 230-241.

Salminen A, Kauppinen A, Kaarniranta K, 2019. AMPK activation inhibits the functions of myeloid-derived suppressor cells (MDSC): impact on cancer and aging [J]. Journal of Molecular Medicine, 97: 1049-1064.

Santos N W, Yoshimura E H, Mareze-Costa C E, et al., 2017. Supplementation of cow milk naturally enriched in polyunsaturated fatty acids and polyphenols to growing rats [J]. PloS One, 12 (3): e0172909.

Shen Y C, Yen J C, Liou K T, 2013. Ameliorative effects of caffeic acid phenethyl ester on an eccentric exercise-induced skeletal muscle injury by down-regulating NF-κb mediated inflammation [J]. Pharmacology, 91 (3-4): 219-228.

Sriram S, Subramanian S, Sathiakumar D, et al., 2011. Modulation of reactive oxygen species in skeletal muscle by myostatin is mediated through NF-κB [J]. Aging Cell, 10 (6): 931-948.

Takikawa M, Kumagai A, Hirata H, et al., 2013. 10-Hydroxy-2-decenoic acid, a unique medium-chain fatty acid, activates 5'-AMP-activated protein kinase in L 6 myotubes and mice [J]. Molecular Nutrition & Food Research, 57 (10): 1794-1802.

Tanaka M, Kanazashi M, Maeshige N, et al., 2019. Protective effects of Brazilian propolis supplementation on capillary regression in the soleus muscle of hindlimb-unloaded rats [J]. The Journal of Physiological Sciences, 69: 223-233.

Thakur M, Nanda V, 2020. Composition and functionality of bee pollen: A review [J]. Trends in Food Science & Technology, 98: 82-106.

Themelis T, Gotti R, Orlandini S, et al., 2019. Quantitative amino acids profile of monofloral bee pollens by microwave hydrolysis and fluorimetric high performance liquid chromatography [J]. Journal of Pharmaceutical and Biomedical Analysis, 173: 144-153.

Ticinesi A, Meschi T, Narici M V, et al., 2017. Muscle ultrasound and sarcopenia in older individuals: a clinical perspective [J]. Journal of the American Medical Directors Association, 18 (4): 290-300.

Tubbs E, Chanon S, Robert M, et al., 2018. Disruption of mitochondria-associated endoplasmic reticulum membrane (MAM) integrity contributes to muscle insulin resistance in mice and humans [J]. Diabetes, 67 (4): 636-650.

Ueda M, Hayashibara K, Ashida H, 2013. Propolis extract promotes translocation of glucose transporter 4 and glucose uptake through both PI3K-and AMPK-dependent pathways in skeletal muscle [J]. Biofactors, 39 (4): 457-466.

Washio K, Kobayashi M, Saito N, et al., 2015. Propolis ethanol extract stimulates cytokine and chemokine production through NF-κB activation in C2C12 myoblasts [J]. Evidence-Based Complementary and Alternative Medicine, (1): 349751.

Weiser M J, Grimshaw V, Wynalda K M, et al., 2017. Long-term administration of queen bee acid (QBA) to rodents reduces anxiety-like behavior, promotes neuronal health and improves body composition [J]. Nutrients, 10 (1): 13.

Yüce S, Gökçe E C, Iskdemir A, et al., 2015. An experimental comparison of the effects of propolis, curcumin, and methylprednisolone on crush injuries of the sciatic nerve [J]. Annals of Plastic Surgery, 74 (6): 684-692.

Zhu Z, Yang C, Iyaswamy A, et al., 2019. Balancing mTOR signaling and autophagy in the treatment of Parkinson's disease [J]. International Journal of Molecular Sciences, 20 (3): 728.

第五章

蜂产品外用：对口腔、眼睛与皮肤的养护

一、蜂胶与蜂蜜在辅助治疗常见口腔疾病方面的研究

蜂胶展现出了显著的抗菌特性，尤其对革兰阳性细菌和耐酸细菌具有高度敏感性。它对金黄色葡萄球菌、绿色链球菌、溶血性链球菌以及变形杆菌的抑制作用，甚至超过了青霉素和四环素。链球菌的变异株，作为一种兼性厌氧的革兰阳性球菌，通常存在于人类口腔中，是导致蛀牙的主要原因之一。因此，蜂胶可能成为预防龋齿的有效替代方案。此外，蜂胶作为根管内药物在抗微生物活性方面也表现出积极的潜力，并在多项小型病例研究和初步的临床研究中，对治疗牙龈炎和口腔溃疡显示出潜在益处。

（一）蜂胶在防治龋齿中的作用

龋病是一种影响牙体硬组织的慢性感染性疾病，世界卫生组织已将其列为"重要的公共健康问题"。龋齿的主要致病菌包括变形链球菌、远缘链球菌、黏性放线菌和嗜酸乳杆菌，这些细菌主要存在于牙齿表面的龋斑中。在龋齿的形成过程中，变形链球菌和远缘链球菌的检出率最高，它们被认为是导致龋齿的主要病原菌。变形链球菌的致龋能力主要源自其强大的黏附能力和产酸能力。蜂胶能有效抑制变形链球菌的生长黏附，降低其产酸能力，抑制其葡糖基转移酶活性，还可以抑制其生物膜的形成，并能够穿透生物膜作用于膜内细菌，有效清除菌斑生物膜，从而预防和治疗龋齿。

蜂胶的防龋作用已被国内外学者广泛研究并证实。蔡爽等（2006）通过纸片琼脂扩散法研究了不同浓度（10、25、50g/L 和 100g/L）的蜂胶防龋涂膜对变形链球菌 c 型和 d 型的抗菌作用。研究结果显示，各个浓度的蜂胶涂膜及其基质均能有效抑制细菌的生长和黏附，并且抗菌效果与蜂胶浓度呈正相关。特别是 100g/L 浓度的涂膜组，其抗菌效果与 1.6g/L 洗必泰溶液相比，没有显著差异。这项研究证实了蜂胶涂膜能够释放其蜂胶成分，有效抑制变形链球菌 c 型和 d 型的生长，并且能够减少细菌的黏附。因此，蜂胶涂膜在预防龋齿方面具有潜在的应用价值。曾学宁等（2008）研究发现，蜂胶可影响变形链球菌的代谢，使变形链球菌产酸能力降低。王冰等（2014）测定了蜂胶中活性成分对变形链球菌的抑制作用，结果表明，蜂胶中黄酮酚类物质含量越高，对变形链球菌生长的抑制作用越强，对其产酸的抑制作用越强，抗龋齿活性越强。扫描电镜和透射电镜下观察发现，蜂胶对变形链球菌的菌体结构及细胞分裂过程产生了破坏。杨更森等（1999）对蜂胶防龋齿口胶的防龋作用进行了为期 2 年的临床观察，结果显示蜂胶防龋组的患龋率、龋均、龋面均明显低于木糖醇对照组和空白对照组，表明蜂胶防龋口胶有明显的防龋作用。Mohan et al.（2016）研究了酸性磷酸氟（APF）凝胶、蜂胶、激

光二极管和 2% 洗必泰作为消毒剂对 68 名患龋齿儿童的消毒效果。研究结果显示，蜂胶显著降低了血琼脂上的总活菌数、Mutans-Sanguis（MS）琼脂上的变形链球菌数以及 Rogosa 琼脂上的乳酸杆菌数，菌数减少率分别达到 98%、99% 和 98%。该结果与激光二极管和 2% 洗必泰的消毒效果相当。

（二）蜂胶与蜂蜜在牙周病治疗中的作用

牙周病是一种由微生物引起的慢性感染性疾病，它会对牙龈、牙槽骨和牙周膜等造成广泛的破坏。这种疾病会导致牙龈炎症和出血、牙周袋的形成、牙槽骨的吸收，以及牙齿的松动和移位，是成人牙齿丧失的主要原因。

牙周病的初始触发因素源于牙菌斑生物膜的形成。其主要致病因素是革兰阴性厌氧菌群的失衡，尤其是牙龈卟啉单胞菌、具核梭杆菌和伴放线放线杆菌，这些是成人牙周炎的典型致病菌种。特别是伴放线放线杆菌，它与侵袭性牙周炎的发生有着紧密的关联。人类口腔中存在数百种细菌，其中导致牙周病的牙周细菌种类已知超过一百种。因此，任何人都有可能感染牙周病。

蜂胶在预防牙周疾病方面表现出显著效果，能够减轻炎症、牙龈出血和疼痛，促进牙周疾病的康复。Gebaraa et al.（2003）的研究以 20 名慢性牙周炎患者为对象，发现蜂胶提取物在辅助治疗牙周病方面比传统方法更为有效。Martin et al.（2004）则以拔除的 70 颗健康牙齿为样本，收集其牙周膜组织并比较了牙周膜细胞在 Hanks 液、生理盐水和蜂胶液中的生长情况。研究结果显示，蜂胶液中的牙周膜细胞存活数量最多，这表明蜂胶对牙周组织再生具有积极影响。Al-Shaher et al.（2004）通过拔除健康的第三磨牙来收集牙周膜细胞和牙髓细胞，发现蜂胶液对这两种细胞的生长非常适宜。蒋琳等（2008）采用液体稀释法测定蜂胶对牙龈卟啉单胞菌的最小抑菌浓度，并通过 MTT 法测定不同浓度蜂胶作用 24 小时后牙龈成纤维细胞的相对增殖率。研究结果表明，蜂胶对牙龈卟啉单胞菌的生长具有显著的抑制作用，且细胞毒性较低。熊萍等（2009）研究探讨了蜂胶乙醇提取物（EEP）对牙周病原菌，包括牙龈卟啉单胞菌、具核梭杆菌和伴放线放线杆菌的抑制效果。研究结果表明，EEP 对这三种细菌均具有抑制作用；并且随着 EEP 浓度的增加，抑菌圈的直径不断增大。具体来说，EEP 对牙龈卟啉单胞菌的最小抑菌浓度（MIC）为 0.625g/100mL，对具核梭杆菌的 MIC 为 1.25g/100mL，而对伴放线放线杆菌的 MIC 为 2.5g/100mL。此外，蜂胶对这三种细菌的抑菌效果在统计学上没有显著差异。这项研究证实了云南产蜂胶对牙周病原菌的生长具有抑制作用，其抑制效果依次为：牙龈卟啉单胞菌＞具核梭杆菌＞伴放线放线杆菌。

Skaba et al.（2013）调查了 32 名成年患者的边缘牙周组织。研究发现，含有 3% 蜂胶的药膏能有效去除牙菌斑，并缓解边缘牙周组织的病变症状。

Siqueira et al.（2015）对红色蜂胶的乙醇提取物进行了评估，研究其对抗慢性牙周炎患者分离出的不同念珠菌种的抑菌和杀菌效果。结果显示，蜂胶的抑菌和杀菌特性优于氟康唑。所有分离出的念珠菌株均对蜂胶提取物的抗真菌活性表现出敏感性，然而，仅少数样本对氟康唑显示出抗性。

蜂蜜在口腔健康产品中的应用极为广泛。Hbibi et al.（2020）对 6 个主要电子数据库进行了详尽的筛选，旨在从蜂蜜的植物来源、对牙周病原体的微生物敏感性、最小抑菌浓度（MIC）、微生物生长条件、对照产品以及临床随访等多个维度，寻找评估蜂蜜对牙周病原体抗菌效果的随机临床试验（RCTs）和对照的体外研究。他们使用了 Cochrane 协作组的风险偏倚（RoB）工具来评估纳入的 RCTs 的风险偏倚，并依据适应蜂蜜背景的 Sarkis-Onofre 判断模型对体外研究的风险偏倚进行了评估。在筛选的数据库中，共识别出 1448 篇相关出版物作为初步搜索结果。基于既定的纳入标准，最终纳入了 16 篇合格的研究论文。这些保留的研究包括 5 个 RCTs 和 11 个对照的体外试验。测试结果显示，蜂蜜对 8 种牙周病原体具有显著的抗菌作用，且对这些病原体的 MICs 各不相同。在 5 项 RCTs 中，有 4 项显示出高风险偏倚，而保留的 11 项体外研究中有 4 项显示出中等风险偏倚。研究结果一致表明，蜂蜜对所有目标牙周病原体均表现出显著的抗菌活性。然而，为了全面了解蜂蜜对牙周病中涉及的所有病原体的抗菌谱，仍需开展更多的实验研究。

韩凌云等（2024）的研究报告进一步指出，来自不同植物源的特种蜂蜜展现出显著的抗菌特性。在琼脂扩散试验中，19 种蜂蜜展示了对金黄色葡萄球菌的抑制作用，而仅有 4 种蜂蜜对大肠埃希菌显示出抗菌效果。而茴香蜜、藿香蜜和苹果蜜对这两种细菌均产生了抑菌圈。在对金黄色葡萄球菌的最小抑菌浓度（MIC）和最小杀菌浓度（MBC）的测试中，茴香蜜达到了最低稀释区间，显示出最强的抑制效果。与此同时，枸杞蜜对大肠埃希菌展现了更为显著的抗菌活性。

（三）蜂胶在消除牙菌斑方面的功效

王银龙等（1997）的研究表明，将蜂胶添加到牙膏中制成的蜂胶牙膏展现出显著的抑菌和去除菌斑效果。Botushanov et al.（2001）选取了 42 名健康个体作为研究对象，对比了普通牙膏与蜂胶牙膏的效果。研究结果表明，蜂胶牙膏在控制菌斑、清除菌斑以及抗炎方面具有显著作用。

彭志庆等（2010）采用最小抑菌浓度（MIC）递增法，对 C 变形链球菌（S·m）和远缘链球菌（S·s）进行了氟化钠体外诱导耐氟菌株（S·m-FR、S·s-FR）的培育。他们利用液体稀释法评估了水溶性蜂胶对 S·m、S·m-FR、S·s、S·s-FR 生长的影响，并通过酶化学分析方法检测了蜂胶对葡糖基转移酶（GTF）活性的作用。研究结果显示，水溶性蜂胶对 S·m、S·m-FR、S·s、S·s-FR 的 MIC 分别为 0.39、0.78、0.20、0.39g/L；最小杀菌浓度（MBC）分别为 0.78、1.56、1.56、1.56g/L。随着蜂胶浓度的增加，葡糖基转移酶活性逐渐减弱，6.25、3.13、1.56g/L 与 0.78、0.39g/L 两个浓度组之间的差异具有统计学意义；且各浓度组与阳性对照组相比，差异具有统计学意义。该研究旨在从两个方面探讨水溶性蜂胶抑制菌斑形成的机制：首先，水溶性蜂胶能够直接抑制主要致龋链球菌的生长；其次，它还能抑制葡糖基转移酶的活性。

（四）蜂胶在缓解牙本质过敏方面的作用

Mahmoud et al.（2000）在利雅得的国王 Saud 大学牙科学院进行了一项为期四周的蜂胶临床试验，研究对象为女性受试者。该研究纳入了 26 名年龄在 16 至 40 岁之间的女性受试者，平均年龄为 28 岁。在试验中，蜂胶被涂抹于过敏牙齿上，每天两次。过敏程度在基线、1 周和 4 周后通过视觉量表 0-10 以及轻微、中度、重度分类进行评估。基线时，70% 的受试者表现出严重的过敏反应。在第一次随访时，50% 的受试者报告中度过敏反应；第二次随访时，50% 的受试者报告轻微过敏反应，30% 的受试者没有过敏反应，而只有 19% 的受试者报告中度过敏反应。研究得出结论，是蜂胶对控制牙本质过敏具有积极效果。

（五）蜂胶在根诊和牙髓治疗中的作用

蜂胶与特定抗生素联合使用，可作为根管治疗的药物。Shrivastava et al.（2015）的研究表明，蜂胶与莫西沙星或环丙沙星联合应用，对粪肠球菌具有协同抑制作用。其中，蜂胶与莫西沙星的联合应用在杀菌活性方面，相较于蜂胶与环丙沙星的组合，表现出更优的效能。

Kandaswamy et al.（2010）通过分析粪肠球菌感染的根管牙本质研究了蜂胶在根管治疗中的有效性。研究在 3 个时间点（第 1 天、第 3 天和第 5 天）收集了 2 个不同深度（200μm 和 400μm）的牙本质碎屑。从第 1 天到第 5 天，蜂胶在 200μm 和 400μm 的深度分别抑制了 66% 和 70% 的粪肠球菌数。相比之下，洗必泰在相同深度的抑制效果达到了 100%。然而，Carbajal Mejía（2014）并未发现蜂胶和洗必泰在粪肠球菌感染的根管杀菌活性方面有任何差异。

Parolia et al.（2010）对 Dycal、蜂胶和 MTA 作为牙髓覆盖材料在 15~25 岁患者的炎症反应和牙本质形成方面的效果进行了比较。研究发现，使用蜂胶和 MTA 处理的牙髓相较于 Dycal 处理的牙髓，炎症反应更轻微。同时，蜂胶和 MTA 处理的牙髓在牙本质桥形成方面也显示出更优的效果。Kim et al.（2019）的研究进一步证实，蜂胶和 MTA 作为牙髓覆盖材料结合使用，能够促进人牙髓干细胞（DPSC）的成牙本质细胞分化。MTA 和蜂胶的组合被证实能够增加细胞外信号调节激酶（ERK）的磷酸化水平，从而导致 DPSC 的矿化。

（六）蜂胶在治疗复发性口腔溃疡（RAU）中的作用

复发性口腔溃疡（RAU）也称"复发性阿弗它溃疡"或"复发性口疮"，是口腔黏膜病中最常见的一种病损。据报告，人群中 RAU 患病率高达 20% 左右。根据溃疡的大小、深浅及数目不同，RAU 可分为轻型口疮、重型口疮、疱疹型口疮。RAU 病因复杂，发病机制也不明确，有学者对 RAU 患者进行免疫学检测，认为 RAU 患者免疫功能异常。支持免疫因素为本病的病因治疗方法虽多，但疗效不理想。虽然 RAU 对患者不会造成生命威胁，但它的疼痛症状严重影响了患者的日常生活。

蜂胶有较强的抗菌消炎作用，同时，蜂胶还能促进组织再生、促进坏死组织脱落。所以不管是原发感染还是继发感染，蜂胶都会对 RAU 的愈合起到较好的作用。蜂胶还具有局麻作用。蜂胶的乙醇溶液和它的某些成分（乔松素、咖啡酸苯乙酯）都有局部麻醉作用，能迅速止痛并减轻症状。

姚嫣等（2001）用 20% 蜂胶酊治疗 31 例复发性口腔溃疡，结果第 1 天用药数分钟后，全部病例自发疼消失，激发疼减轻；第二天复诊用药见溃疡面充血减轻；所有患者均未进行第 3 次用药（经随访已愈），且无不适。

胡芳（2002）自 1998 年起，从其所在医院口腔科的临床资料中筛选出 78 例复发性阿弗它溃疡（RAU）患者进行研究，包括 33 名男性和 45 名女性。这些患者的病程最短为 2 年，最长达到 19 年，均属于轻型口疮，每月至少复发 1 次或无明显间歇期。患者年龄最小为 15 岁，最大为 49 岁。溃疡多发于唇颊及口底黏膜。在治疗过程中，所有患者均停用其他药物。78 例患者被随机分为两组，一般在 RAU 发病的第 2 天开始治疗。其中蜂胶治疗组 38 例，在治疗前先用 3% 双氧水清洗病变部位，然后用气枪吹干，在患处喷洒药剂，待形成一层膜后，再用气枪轻轻吹干，每天在医院重复治疗 2 次，在用餐前 30 分钟结束治疗。对照组 40 例，使用中成药锡类散粉剂均匀涂布于创面，每天 3 次。疗效评估标准为：显效——病程缩短 2/3，即溃疡在用药后 1 至 3 天内愈合，疼痛明显减轻或消失；有效——病程缩短 1/3，即溃疡在用药后 4 至 6 天内愈合，疼痛明显减轻；无效——治疗前后病情无改变。临床结果显示，在 38 例采用蜂胶治疗的 RAU 患者中，总有效率达到 100%，其中 30 例患者症状显著改善，8 例患者症状有所缓解。相比之下，对照组 40 例 RAU 患者中仅 77% 表现出有效反应，9 例无效，14 例症状有所改善。锡类散作为一种传统的中药制剂，因其价格低廉和使用便捷而受到青睐，对复发性口腔溃疡具有一定的治疗效果。然而，其主要作用机制在于解毒和化腐，这在针对 RAU 的病因方面并不具有很强的针对性。此外，锡类散味道苦涩且刺激性强，这使得它难以被患者广泛接受。

蜂胶因其增强免疫、抗病毒和抗菌等药理作用，对 RAU 的病因具有较强的针对性。此外，蜂胶还能促进组织再生，且具有局部麻醉效果，有助于减轻 RAU 的症状。因此，蜂胶的临床应用有望为 RAU 的治疗开辟新的途径。

（七）蜂胶的镇痛作用

张波等（2005）对蜂胶总黄酮的镇痛作用及其机制进行了研究。研究结果显示，给予蜂胶总黄酮的小鼠在用药后表现出疼痛评分降低，扭体反应次数减少，舔足潜伏期延长，以及缩尾反应潜伏期延长。此外，小鼠血清和脑组织中的丙二醛、前列腺素 E2 的合成以及一氧化氮（NO）的含量均显著下降。这些结果表明蜂胶总黄酮具有显著的镇痛效果，其作用机制可能与抑制前列腺素 E2 的产生、减少脂质过氧化反应以及降低脑组织中一氧化氮（NO）的释放有关。

（八）口腔炎症可能引发多种慢性疾病

牙周病不仅会导致牙龈出血、牙齿脱落，近年来它与多种全身性疾病之间的密切联系也引起了医学界的广泛关注。特别是它与糖尿病之间的关系，已经广为人知。传统观念认为，糖尿病患者更容易患上牙周病，并且可能引发其他严重疾病。然而，最新的研究揭示了两者之间存在双向的因果关系。患有牙周病的人群更易发展为糖尿病，甚至可能增加其他严重健康问题的风险。因为牙周病会导致牙周细菌的产生，这些细菌会释放出引发炎症的介质。这些介质随着血液传播至全身，干扰胰岛素的功能，从而影响血糖的正常调节。

动脉硬化的情况也与此类似。全球众多研究报告显示，在动脉硬化患者的血管中发现了牙周细菌。这意味着，原本局限于口腔的炎症有可能演变成身体其他部位的炎症。就像隐藏的火花，一旦在某处开始暗烧，就可能蔓延至远处，在新的地方引发新的炎症。

二、口腔护理类蜂产品

蜂产品类口腔护理产品有蜂胶牙膏、蜂胶口腔抑菌喷剂和蜂胶漱口水等。程光英等（2014）采用抑菌环试验作为评估工具，对含有蜂胶作为防腐剂的牙膏进行了评估。研究结果表明，相较于对照组，该牙膏的抑菌效果尤为突出。毛日文等（2014）获得了一项名为"一种抗菌消炎、防酸脱敏的复方牙膏及其制备方法"的发明专利授权。这项创新发明利用蜂胶提取物结合生物技术，制备出一种既具有抗菌消炎功能又能够防酸脱敏的复方牙膏。该牙膏不仅能够预防和治疗牙周炎、口腔溃疡、牙釉质损伤、牙痛和牙齿敏感等口腔问题，还能促进口腔组织的自我修复，加强牙龈健康，改善微循环，维护口腔整体健康，并提升牙齿的综合抗敏能力。

Ozan et al.（2007）通过琼脂扩散法比较了不同浓度的蜂胶（10%、5%、2.5%、1%）与双氯苯双胍己烷（0.2%）漱口水对口腔微生物和人类齿龈成纤维细胞的影响。在所检测的浓度下，蜂胶漱口水对口腔微生物有显著的抑制作用，并且对成纤维细胞的毒性更小，因此在使用上更为安全。

Pereira et al.（2011）开展了一项 II 期临床试验，研究对象为 25 名 18~60 岁的受试者，旨在评估含有蜂胶提取物的无酒精漱口水的效用。受试者的平均菌斑指数（PI）至少为 1.5，平均牙龈指数（GI）至少为 1.0。受试者每天刷牙后用 10mL 漱口水冲洗 1min，每日 2 次。经过 45 天的蜂胶治疗后，与基线值相比，PI 降低了 24%，GI 降低了 40%，牙菌斑有显著改善。

洗必泰（CHX）因其抗菌特性及减少牙菌斑的有效性，常被用作漱口水中的活性成分。但是，由于其细胞毒性和遗传毒性，并不被推荐长期使用。Santiago et al.（2018）比较了含 2.6%（W/V）蜂胶的漱口水与市售含有 0.12% 洗必泰的漱口水在减少牙菌斑积累方面的效果。研究结果显示，在 14 天试验期间含蜂胶的漱口水与洗必泰漱口水在减少牙菌斑积累方面效果相当。

Nazeri et al.（2019）进行了一项研究，评估了蜂胶漱口水对牙菌斑积聚和牙龈炎的影响。研究通过对比基线、5 天后的牙菌斑指数和牙龈指数，将漱口水与正负对照组进行对比分析。结果显示，在第 5 天使用生理盐水漱口的牙菌斑指数增加了 156%，而使用蜂胶漱口的牙菌斑指数增加了 68%，使用氯己定漱口的牙菌斑指数增加了 16%。在牙龈指数方面，使用生理盐水漱口增加了 14%，使用蜂胶漱口增加了 7%，使用氯己定漱口增加了 9%。从这些数据来看，含有蜂胶的漱口水在对抗口腔细菌方面，比氯己定（CHX）和生理盐水漱口水更为有效。尽管蜂胶在减少牙菌斑形成方面并不比氯己定更有效，但在减少牙龈炎症方面可能略胜一筹。这与 Murray 等人在 1997 年以及 Koo 等人在 1999 年的研究结果相一致。研究表明，含有蜂胶的漱口水其抗菌特性有助于预防口腔感染。

为了有效提高蜂胶的生物利用率，邵兴军等（2024）采用水提取法处理蜂胶超临界 CO_2 萃余物，成功制备出蜂胶水提取物。他们利用悬液定量抑菌试验法评估了 6% 浓度的蜂胶水提物溶液对三种主要牙周病原菌的抑菌效果。研究结果显示，该水提取物溶液对具核梭杆菌多形亚种（*Fusobacterium nucleatum subsp.polymorphum*）、伴放线放线杆菌（*Actinobacillus actinomycetemcomitans*）以及牙龈卟啉单胞菌（*Porphyromonas gingivalis*）的抑菌率均超过 90%，显示出较强的抑菌活性。该项研究为蜂胶水提取物在口腔护理产品领域的应用开发提供了坚实的理论基础。

第二节　蜂产品对眼睛的养护作用

一、蜂王浆对眼睛干涩症的作用

干眼症是一种以眼部不适和视力障碍为特征的多因素疾病。日本东京庆应义塾大学医学院眼科的 Imada et al.（2014）开展了一项研究，旨在探讨通过口服蜂王浆调节泪腺功能，以恢复大鼠在眨眼干眼模型中的泪液分泌能力。他们从市场上购买的蜂产品中挑选了蜂蜜、蜂胶、蜂王浆、花粉和幼虫进行实验。在大鼠眨眼抑制干眼症模型中，探究不同蜂产品对泪液分泌能力的影响。通过测定泪液分泌、泪腺 ATP 含量和泪腺线粒体水平的变化，发现蜂王浆在最大程度上恢复了泪液分泌能力，并降低了泪腺 ATP 含量和线粒体水平。因此，蜂王浆可以调节泪腺的泪液分泌能力。

2017 年该院眼科的 Inoue 等人又对蜂王浆补充剂在治疗干眼症方面的疗效进行了临床评估。研究纳入了 43 名年龄在 20 至 60 岁之间、自述有干眼症状的日本患者，这些患者被随机分配到蜂王浆组（每日 6 片，每片含 1200mg）或安慰剂组，持续 8 周。在研究开始时、干预后的第 4 周和第 8 周，通过问卷调查评估了角膜结膜上皮损伤、泪膜破裂时间、泪液分泌量、质量分级、生化指标以及主观干眼症状。结果显示，在蜂王浆组中，干预后泪液分泌量显著增加（$P=0.0009$）。特别是在安慰剂组中，基线泪液分泌量 ≤ 10mm 的患者在干预后泪液分泌量显著增加（$P=0.0005$）。研究期间未报告任何不良事件，蜂王浆被证实能改善干眼患者的泪液分泌量。此外，他们还利用干眼症小鼠模型，研究了蜂王浆（每天 300mg/kg）对干眼症的影响。研究结果表明，口服蜂王浆可能直接激活泪腺的分泌功能。

山田蜜蜂产品和健康科学研究所 Yamaga et al.（2021）对蜂王浆中参与泪液分泌能力的活性成分进行了研究。之前的研究表明，蜂王浆通过调节钙离子信号，恢复了泪液分泌的能力。本研究利用应激诱导的干眼模型小鼠，证实了含有三种脂肪酸（10- 羟基十烷酸、8- 羟基辛酸和（R）-3，10- 二羟基十酸）的乙酰胆碱对促进泪液分泌有一定作用。在体外 Ca^{2+} 成像实验中，三种脂肪酸在经过乙酰胆碱酯酶处理后，抑制了乙酰胆碱对泪腺细胞内 Ca^{2+} 调节的降低效应，这表明了特定类型的蜂王浆脂肪酸对乙酰胆碱稳定性具有积极影响。

Perminaite et al.（2021）对利用立陶宛蜂王浆制备的眼科微乳液及其生物特性进行了深入的研究和评估。他们通过结合蜂王浆、表面活性剂、共表面活性剂、油和水成功地制备出水型微乳液。采用兔角膜细胞培养模型对制备的微乳液配方进行了体外评价。研究结果显示，所有微乳液制剂的液滴尺寸介于 67.88 至 124.2 纳米之间，多分散性指数均低于 0.180。体外释放研究中，10-HDA 的释放量受到蜂王浆掺入量以及配方中表面活性剂和助表面活性剂比例的显著影响。兔角膜细胞培养系的体外试验表明，所有配方均表现出无刺激性。研究结果表明，含有立陶宛蜂王浆的微乳液成分在生理上是可接受的；所有配方均满足眼药水的物理化学标准。当实验持续 24 小时，该配方对兔角膜细胞的影响取决于蜂王浆的加入量和接触时间。10-HDA 和蜂王浆以抗氧化的方式发挥作用，有效降低了不同浓度下的细胞内活性氧（ROS）。所有经过兔角膜细胞短期暴露试验的配方均未显示出对细胞活力的毒性作用。在干眼模型中，蜂王浆微乳液在干燥后没有引起细胞死亡。

二、蜂胶对视网膜细胞的保护

黄斑变性以及近视的发病率在老年人群和年轻人群中持续上升。目前，近视影响了10%~20% 的中学生群体，长时间使用屏幕、户外活动的减少以及缺乏足够的身体锻炼，都增加了近视发展的风险。多项研究显示，蜂胶对视网膜细胞的神经具有保护作用。

Inokuchi et al.（2006）研究探讨了巴西绿蜂胶在体外与体内对视网膜神经细胞的保护作用。在体外试验中，研究者通过 24 小时的过氧化氢（H_2O_2）暴露模拟视网膜损伤，并使用荧光染料（Hoechst 33342）和 YO-PRO-1（一种荧光染料）染色技术或还原型染料法评估细胞活力。结果表明，蜂胶能够抑制由 24 小时过氧化氢（H_2O_2）暴露引起的视网膜神经节细胞（RGC-5，一种通过 E1A 病毒转化的大鼠神经节细胞系）的神经毒性作用和细胞凋亡。在小鼠体内试验中，通过腹腔内注射蜂胶（100mg/kg，共 4 次）后，观察到其减少了由玻璃体内注射 N- 甲基 -D- 天冬氨酸（NMDA）诱导的视网膜损伤，表现为视网膜神经节细胞数量减少和内丛状层厚度变薄。这些研究发现表明，无论是在体外还是在体内环境中，巴西绿蜂胶对视网膜损伤都具有显著的神经保护作用，并且蜂胶诱导的氧化应激抑制可能是实现这些神经保护作用的关键因素之一。

Nakajima et al.（2009）研究了巴西绿蜂胶水提取物（WEP）及其主要成分对由氧 - 葡萄糖剥夺 / 再氧合引起的 RGC-5 神经损伤的保护作用及其潜在机制。通过氧 - 葡萄糖剥夺 4 小时后继以再氧合 18 小时的处理，成功诱导了细胞损伤模型。研究发现，在RGC-5 细胞和 PC12 细胞（大鼠嗜铬细胞瘤来源的神经细胞）中，蜂胶水提物及其部分主要成分能够减轻细胞损伤。在氧 - 葡萄糖剥夺 / 再氧合周期结束后，研究人员提取了RNA，并进行了 DNA 微阵列分析，以评估 RGC-5 细胞中的基因表达变化。氧 - 葡萄糖剥夺应激后，酪蛋白激酶 2（CK2）的表达降低，而 B 淋巴细胞瘤 -2 基因（Bcl-2）相关卵巢杀手蛋白（Bok）的表达升高，这些结果通过定量逆转录 PCR（qRT-PCR）得到了验证。蜂胶水提取物能够使这些效应恢复至正常状态。研究结果表明，蜂胶水提物对氧 - 葡萄糖剥夺 / 再氧合引起的细胞损伤具有显著的神经保护作用，其部分成分（如咖啡酰奎尼酸衍生物、阿替匹林 C 和对香豆酸）可能在其中扮演重要角色。此外，其保护机制可能与抗氧化作用及调控 t- 相关基因和凋亡相关基因（如 CK2 和 Bok）有关。

第三节 蜂产品在皮肤保养及辅助治疗皮肤病变方面的功效

作为我们身体的外层和最大的器官，皮肤扮演着两个至关重要的角色：维持体温和感知外部环境。皮肤的复杂结构揭示了它由两个主要层次构成：表皮和真皮。表皮主要由富含角蛋白丝和蛋白质的角质形成细胞构成。而真皮则由乳头层和网状层组成，其主要细胞类型包括成纤维细胞、肥大细胞和巨噬细胞。皮肤是免疫系统的一部分，构成了阻止外来入侵者直接和自由进入我们身体的第一道物理防线。表皮中的抗氧化系统包含酶类和非酶类抗氧化剂。皮肤的主要酶类抗氧化剂包括超氧化物歧化酶（SOD）、谷胱甘肽过氧化物酶（GSH-Px）、过氧化氢酶（CAT）、硫氧还蛋白系统（Trx）和还原型辅酶Ⅱ/还原型辅酶Ⅰ（NADPH/NADH）。然而，一些基础的化学化合物，无论是脂溶性的还是水溶性的，在皮肤中的抗氧化作用似乎比上述酶系统（例如超氧化物歧化酶和谷胱甘肽）更为显著。同样值得注意的是，大部分抗氧化剂都集中在表皮层中（McMullen，2018）。

为了预防或减少皮肤健康问题和变化，并为消费者提供一种不含人工添加剂的安全产品，日化行业开始转向开发天然原料来源。蜂产品因其抗氧化、抗糖化、抗菌等特性，成为日化产品开发的热点。

一、蜂产品在皮肤护理中的作用

当前，预防和延缓皮肤衰老已经成为医学、化妆品以及生物材料研究领域的热点之一。皮肤衰老可划分为由内在因素引起的内源性衰老和由外在因素导致的外源性衰老，其中紫外线辐射是最关键的因素。因此，开发安全且有效的抗光老化产品，已成为研究的关键方向。

由于皮肤直接暴露于光线和太阳辐射之下，真皮层会发生一系列变化，导致皮肤失去其原有的良好性能，这一现象被称为光老化。光老化表现为皮肤出现深深的皱纹和色素沉着。紫外线辐射暴露与之相结合，可能引发皮肤产生一些致癌性变化。UVB辐射对皮肤中存在的不同色素体，特别是DNA和各种蛋白质，构成了最严重的威胁。此外，可见光和红外线可以诱导皮肤中活性氧（ROS）的产生和DNA损伤，从而导致光老化。在皮肤抵抗光老化的生物过程中，基因表达实际上是保护性基因与损伤性基因的共同作用。保护性基因主要包括基质金属蛋白酶（MMPs）家族蛋白的抑制基因和细胞凋亡的抑制基因，而损伤性基因则涉及胶原蛋白和弹性蛋白降解的相关基因。基质金属蛋白酶-1（MMP-1）是降解Ⅰ型和Ⅲ型胶原蛋白的关键酶。若皮肤细胞过度表达MMP-1，将严重破坏真皮层细胞外基质的结构，特别是胶原纤维和弹力纤维的正常结构。因此，

MMP-1是导致皮肤出现皱纹、细纹等衰老迹象的主要酶，其释放量是衡量光老化程度的关键指标。ROS 的增加会加速细胞凋亡甚至死亡的速率。在光老化过程中，紫外线的照射会导致皮肤细胞内生成过量的 ROS，进而引起皮肤组织的多种生物学效应，包括 MMP-1 的过度表达和细胞凋亡，以及抗氧化酶表达的降低。因此，ROS 的含量也是评价光老化程度的一个重要指标。

除了光线，空气污染物包括各种含氮和含硫氧化物、臭氧、颗粒物、多环芳烃（PAHs）、烟草烟雾和挥发性有机化合物（VOCs）也能触发皮肤中的一些不良效应，如外源性皮肤老化、炎症过程和过敏反应（McMullen，2018）。

（一）蜂胶抗光老化的功效

Bolfa et al.（2013）研究了蜂胶提取物在紫外线暴露前后的抗氧化、抗炎、抗凋亡和抗基因毒性作用。研究结果显示，无论是暴露前还是暴露后局部应用蜂胶提取物，均能显著减少丙二醛的生成并恢复谷胱甘肽过氧化物酶的活性，显著降低 IL-6 水平，减少表皮增生和皮肤炎症，以及降低晒伤细胞的形成和激活的 caspase-3 和 TUNEL 阳性细胞的数量。

黄莺莺等（2020）采用 UVA 辐照成纤维细胞的氧化损伤模型，对蜂胶乙醇溶液和蜂胶聚乙二醇溶液进行了细胞毒性测试，并进一步评估了蜂胶清除氧自由基和延缓皮肤光老化的能力。研究发现，在 0.08% 的给药浓度下，蜂胶乙醇溶液和蜂胶聚乙二醇溶液能够通过清除活性氧 ROS 和抑制 MMP-1 的表达，防止自由基引起的皮肤老化。此外，它们在基因和蛋白水平上显著抑制 MMP-1 的表达，从而抑制胶原等细胞外基质的降解。因此，蜂胶可能通过清除活性氧（ROS）和抑制细胞外基质的降解来实现抗光老化的效果。

（二）蜂王浆的保湿作用

当人体皮肤缺乏必要的润滑时，水脂代谢的平衡可能会遭到破坏，进而导致皮肤紧致度和弹性纤维的退化。保湿研究一直是化妆品和皮肤医学领域的热门话题，人们持续致力于开发性能卓越的保湿剂。蜂王浆作为一种对皮肤具有显著滋养效果的物质，能够有效提升皮肤的水分含量和弹性，因此它受到了广泛的关注。

孙丽萍等（2009）开展了蜂王浆萃取物的体外吸湿保湿实验。研究结果显示，蜂王浆中确实含有与吸湿和保湿性能相关的成分，这些成分存在于其水溶性物质中。因此，蜂王浆萃取物展现出了优异的吸湿和保湿能力，且保湿效果持久稳定，即便在干燥环境下也未见明显减弱，显示出其作为长效保湿剂的巨大潜力。

李英华等（2012）的研究进一步发现，经过碱性蛋白酶酶解处理的蜂王浆产物，在保湿和吸湿性能上优于蜂王浆冻干粉，并且明显超过了骨胶原，表明蜂王浆在吸湿保湿化妆品的开发上具有广阔的前景。

Bocho-Janiszewska et al.（2013）研究设计了一种基础乳液面霜，并制备了含有蜂王浆的面霜样品。分析结果显示，与基础乳液相比，添加了冻干蜂王浆的样品在动态黏度上有所降低。涂抹含有蜂王浆的乳霜后，角质层的水合程度显著高于仅使用基础霜的对照组。同时，含有 1% 蜂王浆的样品在水分值上表现最佳，且水分下降幅度最小。消费者对含有 0.5% 和 1% 蜂王浆的面霜给出了更高的偏好评价。基于这些发现，研究人员认为蜂王浆可以作为一种有效的保湿霜添加剂。

Gu et al.（2017）探讨了蜂王浆提取物在局部应用时对人体皮肤保湿效果的影响。研究发现，与使用安慰剂乳液相比，连续 4 周使用含有蜂王浆提取物的乳液后，皮肤角质层的水分含量显著提升。蜂王浆提取物中含有的关键成分包括 10- 羟基 -2- 癸烯酸（10-HDA）和 10- 羟基癸酸（10-HDAA）。该研究进一步评估了这些成分对体外培养的人三维表皮模型中角质层的游离氨基酸含量的影响。此外，研究还通过 mRNA 水平和免疫组织化学技术，分析了 10-HDA 和 10-HDAA 对丝聚合蛋白（FLG）和水通道蛋白 3（AQP3）表达量的影响。结果表明，10-HDA 能够提升体外培养的人表皮模型中角质层的游离氨基酸含量，并在 mRNA 和蛋白质水平上增加了 FLG 的表达，而这些效应在使用 10-HDAA 时并未观察到。同时，使用 10-HDA 或 10-HDAA 均未导致 AQP3 的 mRNA 和蛋白质水平增加。因此，研究得出结论，长期使用蜂王浆提取物乳液，特别是 10-HDA，通过增加 FLG 的数量和角质层游离氨基酸的含量，有助于角质层保湿功能的提升。

Maeda et al.（2022）选取了 35 名意识到自己皮肤干燥的日本健康男性和女性，让他们分别使用含有蜂王浆提取物或安慰剂的精华液。研究结果显示，与使用安慰剂的对照组相比，在脸颊上涂抹含有蜂王浆提取物的精华液 4 周后，角质层的水分含量显著增加。这项研究验证了蜂王浆提取物的保湿效果。此外，在整个应用期间，未观察到任何不良事件，表明蜂王浆提取物具有良好的安全性。

（三）蜂花粉在皮肤护理中的作用

蜂花粉中含有丰富的酚胺类化合物，这些成分作用于皮肤时，会展现出显著的皮肤美白效果。首先，它们能够抑制酪氨酸酶的活性。酪氨酸酶是黑色素合成过程中的关键酶，而酚胺类化合物通过阻碍这一酶的活性，有效减少黑色素的生成。这就好比在黑色素生产的工厂中，它们阻断了生产线上的关键步骤，从而降低了黑色素的产量。其次，酚胺类化合物具备抗氧化特性。我们的皮肤经常遭受自由基的侵袭，这些自由基会促使黑色素细胞产生更多的黑色素。酚胺类化合物则能像"清道夫"一样清除这些自由基，减少外部因素对黑色素细胞的刺激，从而抑制黑色素的过度生成。最后，酚胺类化合物还能促进皮肤的新陈代谢。它们有助于皮肤细胞的更新，加速脱落含有黑色素的细胞，使皮肤从内到外焕发自然的白皙。

在护肤化妆品领域，活性成分通常分为亲水性和亲脂性两大类，它们各自面临着独特的挑战。水溶性化合物难以穿透皮肤的某些屏障；相反，油溶性化合物常常带有不受欢迎的油腻感，这限制了它们在消费者中的普及度。在这两种情况下，蜂花粉展现出了其作为天然化合物来源的巨大潜力。作为一种优秀的亲水性（特别是富含维生素 C、锌和硒离子）和亲脂性抗氧化剂（尤其是含有维生素 E、槲皮素和芹菜素等成分），蜂花粉因其卓越的乳化性能，可作为多种乳液的理想载体和基础成分，这些乳液可广泛应用于皮肤护理化妆品中。此外，花粉还能助力开发现代传递系统，例如固体脂质纳米颗粒、纳米载体和纳米乳液，以提升皮肤化妆品中靶向活性成分的传递效率（Khater et al.2021）。这一观点已得到研究证实，Ageitos et al.（2021）成功地从向日葵和洋甘菊花粉粒中纯化出空心孢粉素微胶囊。

二、蜂产品在辅助治疗皮肤病变方面的功效

蜂产品在治疗皮肤病方面的应用拥有悠久的历史。蜂蜜作为治疗创伤伤口的天然良药，其使用历史可追溯至远古时期。众多古代文献中记载了利用蜂蜜促进皮肤伤口愈合的案例。在我国，早在 16 世纪的汉代，蜂蜜已被《神农本草经》列为上等药材，并且在民间医学中蜂蜜常被用于治疗烧伤、感染、慢性伤口和皮肤溃疡等创伤。《中国药典》（2020 年版）一部中也记载了蜂蜜外用的疗效，包括"促进肌肤生长、治疗疮疡不愈合、水火烫伤"。公元前 300 多年，文献中就提到了蜂巢中一种具有强烈刺激性气味的物质——蜂胶（古称"黑蜡"）在治疗皮肤病、化脓和刀伤方面的应用。《中国药典》（2020 年版）一部同样明确指出，蜂胶外用具有"解毒消肿、收敛生肌；治疗皮肤皲裂、烧烫伤"的功效。

（一）蜂产品在辅助治疗湿疹方面的功效

湿疹是一种极为复杂的皮肤疾病，其病因病机繁杂多变，所以湿疹在临床治疗上也往往会出现缠绵难愈、反复无常、难以根治的表现。梅雨航等（2023）研究认为湿疹的发病与脏腑、经络二者之间的联系紧密，将"脏腑－经络－皮肤"视为一个整体进行辨证论治，脏腑的病变可通过经络传变至皮肤，从而反映为皮损表现，而皮肤的病变亦可通过经络传内，从而损害脏器。注重将"脏腑－经络－皮肤"视为一个完整的系统，从外入内，由内达外，内外合治，才可从较为全面的角度对湿疹进行审视，从而完善对于湿疹的治疗。通过蜂产品的内服改善"内环境"状态，再结合蜂产品外用的良好功效，全面地对湿疹进行治疗。

早在 1990 年，伊和姿等报告了蜂胶软膏在治疗带状疱疹、扁平疣、寻常疣、毛囊炎、疖、癣、湿疹、皲裂、神经性皮炎、银屑病等多种皮肤病方面展现出了显著的疗效。研究结果表明，蜂胶软膏及蜂胶在治疗湿疹、神经性皮炎和手足癣方面的总有效率分别达到了 88.5%、83.3% 和 93.3%。

威海市文登中心医院于丽华等在 2005 年 3 月至 2007 年 12 月期间，使用槐花蜂蜜对 36 例婴儿湿疹患儿进行治疗，治疗结果显示：显效 29 例，占 80.6%；有效 5 例，占 13.9%；无效 2 例，占 5.6%；总有效率为 94.4%。

四川省渠县蜜蜂医疗所代乾（2008）使用蜂针治疗后，再将复方蜂胶液涂抹在患处和病变部位来治疗湿疹。患者共计 104 例，包括急性湿疹 78 例，慢性湿疹 26 例。其中6 个疗程痊愈 37 例，10 个疗程痊愈的 58 例，好转 6 例，无效 3 例，有效率达 91.3%。

Mirzabeigi et al.（2013）进行了一项双盲临床试验，72 名手部患有湿疹的患者被平均分为两组，第一组使用蜂蜜加冷霜的混合物，而另一组仅使用冷霜。患者每天两次在其病变处涂抹治疗，持续 21 天。干燥、红肿、瘙痒和脱屑等症状的缓解效果由皮肤科医生以及患者本人评估。根据医生的评估结果发现，蜂蜜和冷霜联合组有 26 名患者治愈，9 名患者未康复；而单独使用冷霜组有 6 名患者康复，30 名患者未康复。这一差异具有统计学意义。

（二）蜂产品在辅助治疗创（烫）伤方面的功效

创伤从广义上讲，是由物理、化学及生物因素引起的机体损伤，涵盖了刀伤、挤压伤、冻伤等多种类型。其中，烫伤作为创伤的一种，具有较高的发生率。针对创伤修复，人们从抗炎、抗菌、防腐等多个维度进行了深入研究，并开发出多种用于临床治疗局部创伤（包括烫伤）的药物。然而，这些药物往往药理活性较为单一，并可能带来一定的不良反应。相比之下，蜂产品因其抗炎、抗菌、抗氧化等多种生物学活性，在促进创伤（特别是烫伤）修复方面展现出显著优势，并取得了令人满意的效果。

1. 蜂蜜对创（烫）伤的作用

Subrahmanyam et al.（1991，2001）对 104 例表层烧伤的患者用蜂蜜、磺胺嘧啶银和一种叫 opsite 的烧伤药物作比较性治疗，发现蜂蜜是治疗烧伤的理想敷料，不仅能缓解痛感，而且很少留下肥厚的伤疤及烧后的挛缩。由此可见，蜂蜜是治疗烫、烧伤的优选药物和理想的创面敷料，蜂蜜对烧伤伤口的治疗作用优于磺胺嘧啶银。另外，蜂蜜治疗组的伤口痊愈时间（平均病程 15.4 天）早于磺胺嘧啶银治疗组（平均病程 17.2 天）。治疗过程中，血清过氧化脂质水平升高，而蜂蜜能够抑制脂质过氧化作用（蜂蜜治疗组的丙二醛值的下降显著），有助于伤口的快速愈合。

Robson et al.（2009）研究了 105 例不同慢性伤口患者，分析医用蜂蜜治疗和常规治疗处理后伤口的愈合情况。结果表明，蜂蜜组伤口平均愈合时间为 100 天，显著低于对照组的 140 天。

Yilmaz et al.（2020）对 2009—2019 年间 30 篇符合评估标准的出版物进行了综述，结果表明，蜂蜜在急性和慢性伤口中提供了快速的上皮化和伤口收缩疗效，具有抗炎和清创效果。

郭娜娜等（2021）归纳了蜂蜜对创伤愈合的作用机制，详见图 5-1。

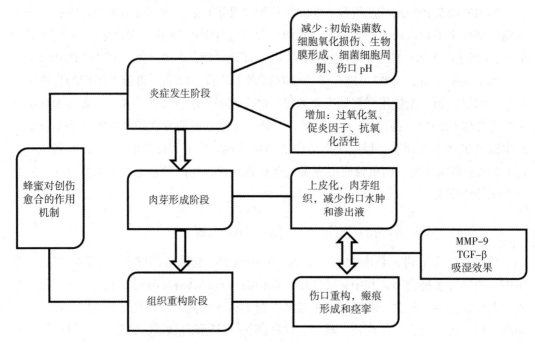

图 5-1　蜂蜜对创伤愈合的作用机制

2. 蜂王浆对创（烫）伤的作用

蜂王浆的抗氧化特性在促进伤口愈合过程中发挥着关键作用。活性氧（ROS）的过量积累会导致细胞损伤并抑制新血管的生成。特别是糖尿病患者，伤口愈合的难题常常与抗氧化酶的活性下降相关，这些酶包括谷胱甘肽过氧化物酶（GSH-Px）、锰超氧化物歧化酶（MnSOD）和过氧化氢酶。众所周知，ROS 的过度产生与抗氧化防御机制的减弱会导致氧化应激，这种应激会通过减少角质形成细胞的增殖和迁移以及促进细胞凋亡，延缓伤口的愈合过程。总体而言，蜂王浆的抗氧化活性证实了这种独特的蜂产品对加速伤口愈合的积极效果。因此，考虑到其抗炎特性，蜂王浆被认为是一种具有潜力的伤口敷料成分。

Kim et al.（2010）的研究发现，蜂王浆能够提升人真皮成纤维细胞的迁移能力，并在体外伤口愈合模型中改变胆固醇和鞘氨酸的水平。

Bucekova et al.（2017）运用反向高效液相色谱技术，从蜂王浆蛋白中成功分离出一种分子量为 5.5kDa 的蛋白，命名为防御素 -1。他们在小鼠体表制造了相同尺寸的伤口，并分别施用蜂王浆和防御素 -1。随后，在 0、1、3、5 和 7 天对伤口愈合情况进行拍照记录。结果显示，与对照组相比，施用蜂王浆和防御素 -1 的伤口在第 7 天时几乎完全愈合，而对照组的伤口愈合率仅为 80%。

Yakoot et al.（2019）的研究表明，Pedyphar 软膏（含有 5% 的天然蜂王浆和 1% 的泛醇）通过为糖尿病足溃疡创面提供碱性环境，并利用蜂王浆作为主要功能性成分，促进了伤口的愈合，并有助于消除感染。

Lin et al.（2021）的研究揭示了两种蜂王浆——Castanea mollissima Bl.RJ（简称CmRJ–Zj）和 Brassica napus L.RJ（简称 BnRJ–Zj）对促进伤口愈合的显著效果。研究指出，蜂王浆通过促进角质形成细胞的生长和活性，调节水通道蛋白 3（AQP3）的表达，影响丝裂原活化蛋白激酶（MAPK）和钙信号通路，以及介导炎症反应，能够加速皮肤伤口的愈合过程。

鉴于蜂王浆在促进伤口愈合方面的活性，Kudłacik–Kramarczyk et al.（2023）尝试将蜂王浆用于改性聚乙烯吡咯烷酮（PVP）基水凝胶敷料，并对其吸附能力、润湿性、表面形貌、降解性和机械性能进行了分析。研究结果显示，这种蜂王浆改性的水凝胶敷料在伤口护理材料领域具有潜在的应用价值。

3. 蜂蜡对创（烫）伤的作用

付辉等（2007）为了研究蜂蜡膏对糖尿病新西兰兔创面愈合的影响，构建了 9 只四氧嘧啶诱导的糖尿病新西兰兔模型。14 天后在每只兔子背部制备了 3 个面积为 2.54cm^2 的全层皮肤缺损创面，并将这些创面分为三组：蜂蜡膏组、湿润烧伤膏组和空白对照组。通过评估剩余创面面积、创面愈合时间、组织病理学量化以及免疫组化结果，综合评价了治疗效果。研究结果显示，蜂蜡膏能显著促进糖尿病新西兰兔创面的愈合，其药理作用强度与湿润烧伤膏相当。

王会芹等（2008）将 24 名烫伤患者随机分为两组，其中一组作为对照组，采用常规治疗方法；另一组作为观察组，采用蜂蜡疗法进行治疗。研究结果表明，观察组的 12 名患者均完全康复，且愈合后的伤口局部未留下任何瘢痕。与对照组相比，观察组不仅显著减少了医疗费用，而且平均治疗周期缩短了 3~5 天。

Bayir et al.（2019）开展了一项研究，探讨了使用蜂蜡 – 橄榄油 – 黄油混合物（BOB）浸渍的绷带在促进伤口愈合方面的效果。研究中，他们在大鼠身上创建了 Ⅱ 度烧伤模型，并将实验组分为健康组、烧伤组、磺胺嘧啶银（SS）治疗组和 BOB 组。通过组织病理学分析，评估了 BOB 对皮肤再生、水疱和大疱形成以及成纤维细胞活性的影响，并计算了伤口收缩的百分比。研究结果显示：①与烧伤组相比，BOB 治疗显著提升了 TGF–β1 和 VEGF–α 的表达水平；②组织病理学分析揭示，烧伤导致表皮和真皮层受损，而 BOB 治疗有助于这些层次的再生，并增强了成纤维细胞的活性和角质化，这对于新血管的生成起到了关键作用；③BOB 治疗后的伤口收缩率高于烧伤组和 SS 治疗组。因此，研究得出结论，使用浸有蜂蜡 – 橄榄油 – 黄油混合物（BOB）的绷带处理烧伤伤口，能够改善愈合效果，并通过调节 TGF–β1 和 VEGF–α 的表达促进皮肤更新。

4. 蜂胶对创（烫）伤的作用

蜂胶中含有的咖啡酸、阿魏酸、对香豆酸和肉桂酸等成分，已被证实具有抗溃疡的活性。王元元等（2013）的研究表明，蜂胶外用可以显著减少创面愈合所需的时间，并且能显著提升大鼠血清中的超氧化物歧化酶（SOD）含量，同时降低血清中丙二醛（MDA）的含量。这些变化增强了机体清除自由基的能力，防止了自由基对机体组织细胞的损害，并促进了皮肤溃疡创面的愈合。此外，给药后成纤维细胞的数量增多，毛囊、汗腺、皮脂腺等皮肤组织结构也基本恢复完整。

肖丽玲等（2013）观察蜂胶对兔全层皮肤缺损愈合及创面炎性介质的影响，发现蜂胶通过抑制炎症介质 IL-8、IL-18 释放，减轻创面局部的炎性反应，促进创面愈合并提高愈合的质量。

Puspasari et al.（2018）局部应用蜂胶提取物凝胶治疗创伤糖尿病所致溃疡，治疗组比对照组呈现更快的愈合过程，治疗组在第 5 天和第 7 天可提高成纤维细胞生长因子 -2 和成纤维细胞的表达。治疗组在第 5 天溃疡开始愈合，出现轻微红斑，第 7 天观察到白色黏膜伴红斑，第 9 天出现正常黏膜。蜂胶提取物凝胶外用具有抗炎作用，可触发血管生成，直接信号转导诱导成纤维细胞生长因子 -2，促进糖尿病溃疡创面愈合，促进成纤维细胞增殖，加速伤口愈合。

Yang et al.（2022）深入研究了蜂胶促进创伤愈合的机制，内容涉及抗炎、抗菌、抗氧化、免疫调节以及肥大细胞的调节作用等多个层面。伤口愈合是一个复杂且精细的过程。除了上述的抗氧化、抗菌和抗炎特性外，免疫系统也起着至关重要的作用。多种关键的免疫细胞和免疫分子参与其中。肥大细胞在伤口愈合的三个阶段（炎症期、增殖期和重塑期）中扮演着至关重要的角色。当身体遭受创伤时，肥大细胞是首批响应的细胞之一，它们是体内广泛存在的炎症细胞。在炎症阶段，肥大细胞迅速聚集至伤口部位，调节单核细胞和中性粒细胞的释放介质。进入增殖期，肥大细胞与角质形成细胞相互作用，促使它们从基底膜上脱离并迁移到伤口区域。同时，肥大细胞与成纤维细胞相互作用导致后者释放生长因子，这些因子有助于伤口愈合。此外，肥大细胞分泌的介质对血管生成具有调节作用，它们在修复过程中促进新生血管的形成、纤维蛋白的生成以及再上皮化。到了重塑期，肥大细胞招募的其他细胞开始发挥作用，例如巨噬细胞通过释放 FGF 和 TGF-β 在再上皮化、成纤维细胞增殖和组织重塑中扮演重要角色。研究比较了蜂胶和地塞米松对口腔手术伤口周围肥大细胞的影响，发现使用蜂胶处理的伤口中肥大细胞数量减少，显示出更佳的抗炎效果。

Rosa et al.（2022）总结了 1990—2021 年关于蜂胶在皮肤伤口愈合潜力方面的临床研究。详见表 5-1。

表 5-1　1990—2021 年关于蜂胶在皮肤伤口愈合潜力方面的临床研究

年份	蜂胶类型	目标	结果
2007	蜂胶软膏	评估局部使用蜂胶对慢性溃疡（血管性、糖尿病性和压力性）演变的影响	伤口平均愈合时间为 13.1 周，研究随访 20 周；74.1% 的溃疡在 13 周前愈合。35% 的静脉性溃疡患者愈合，10% 的压力性溃疡患者愈合。患者报告了镇痛效果以及局部发热、异味、肿胀、分泌物和瘙痒的改善。病变的外观有所改善，分泌物减少，肉芽组织增加
1990	蜂胶水溶液（3%）和乙醇提取物（30%）	描述蜂胶的生化作用，并评估其杀菌和抑菌潜力	在患者的伤口中观察到有肉芽组织形成，分泌物的气味和疼痛敏感性有所改善，证明了蜂胶的麻醉作用

续表

年份	蜂胶类型	目标	结果
1996	Propoline（乙醇载体）and propodal（丙二醇）	评估蜂胶在外科治疗和口腔溃疡中的效果	蜂胶治疗后组织恢复
2017	蜂胶软膏（30%）	30% 蜂胶软膏对不同类型溃疡愈合的影响分析	该软膏作为一种替代性愈合治疗是有效的。愈合时间短，仅为 45 天；20% 的患者实现了伤口完全闭合
2019	由智利马乌莱地区一家蜂产品公司生产的蜂胶喷雾（3%），以丙二醇为制剂	评价蜂胶作为辅助剂在人类糖尿病足溃疡愈合中的作用	蜂胶促进了糖尿病足伤口的愈合并减少了病变面积，这与细胞外基质沉积的增加有关，从而有助于愈合
2018	蜂胶软膏（5%），即将蜂胶水提取物添加到软膏基质（例如凡士林、矿物油、石蜡和合成碳氢化合物）中，最终浓度为 5%。	探讨蜂胶局部应用对糖尿病足溃疡愈合的影响	尽管红斑和溃疡分泌物的变化没有显著改变，但溃疡面积在 4 周内减少，伤口愈合过程得到改善
2012	含有蜂胶、蜂蜜、砂糖、黄油和蛋白粉的配方	研究使用该配方观察到的肿瘤切除后伤口的平均愈合时间	最小愈合时间为 30 天，最大愈合时间为 45 天
2002	巴西蜂胶软膏	比较蜂胶软膏和磺胺嘧啶银对轻度烧伤的疗效	虽然磺胺嘧啶银显示出良好的效果，但蜂胶效果更好，可减少炎症过程，促进快速愈合
2006	蜂胶（800mg）、没药和蜂蜜（50mg）	研究蜂胶、没药和蜂蜜的混合物对糖尿病足溃疡的影响	4 周后观察到有效的愈合情况
2014	源自澳大利亚的液态蜂胶	确定澳大利亚蜂胶在人类糖尿病足溃疡愈合试点研究中是否有效	第 1 周时，蜂胶组的溃疡面积平均减少了 41%，而对照组减少了 16%；在第 3 周时，分别减少了 63% 和 44%
2021	安纳托利亚蜂胶（15%）	比较经过良好评估和标准化使用的蜂胶（安纳托利亚蜂胶）与常规敷料在骶尾囊肿患者接受袋状化治疗后的伤口愈合率	在术后 7 天和 14 天的间隔内，研究组的溃疡有更好的演变
2018	蜂胶软膏（7%）	研究蜂胶软膏局部治疗非愈合性慢性静脉腿部溃疡的有效性	使用双层绷带和局部涂抹蜂胶软膏的治疗，溃疡在治疗的前 6 周内成功愈合

（三）蜂产品在辅助治疗银屑病方面的功效

银屑病即牛皮癣，是一种顽固性皮肤病，患处常出现皮肤干燥、丘疹、红斑、瘀血、结痂和瘙痒，蜂胶具有良好的杀菌、消炎、解毒、止痒作用，可以在一定程度上减轻患者的痛苦。银屑病的发病往往与免疫异常、炎症反应及角质细胞过度增生相关，蜂胶中的活性成分（如黄酮类、多酚类等）对免疫系统和炎症反应具有一定的调节作用。这些成分能够抑制免疫细胞活性、减少炎症反应，并对角质细胞增生起到一定的抑制作用。

史杰山（1991）采用 15% 蜂胶酊或蜂胶软膏、蜂胶丸药剂治疗寻常型银屑病 148

例，基本痊愈 58 例，占比 39.2%；显效 39 例，占 26.4%；好转 47 例，占 31.8%；无效 4 例，占 2.7%。

Al-Waili et al.（2003）探讨了蜂蜜混合物（包含蜂蜜、蜂蜡和橄榄油比例为 1∶1∶1）对特应性皮炎（AD）或寻常型银屑病（PV）患者的影响。21 例皮炎患者和 18 例银屑病患者参与了这项双盲部分对照研究；蜂蜜混合物和皮质类固醇软膏混合物 A、B 和 C 比例分别为 1∶1、2∶1 和 3∶1。结果发现，在蜂蜜混合物组中，8/10 例皮炎患者在 2 周后显著改善，5/11 例预先使用倍他米松酯的患者在皮质类固醇剂量减少 75% 并使用 C 混合物后未出现恶化。在银屑病中，5/8 例患者对蜂蜜混合物有显著反应。在使用氯倍他索丙酸酯的患者中，5/10 例患者在皮质类固醇剂量减少 75% 并使用 C 混合物后未出现恶化。因此认为，蜂蜜混合物在治疗皮炎和寻常型银屑病方面具有一定的潜力。

Skurić et al.（2011）通过监测腹腔内炎症细胞总数、巨噬细胞扩散指数和热成像扫描来监控炎症过程。受试动物被分为十六组，并在 5 天内局部处理 PPD、蜂胶提取物（WSDP 或 EEP）以及黄酮类化合物（表没食子儿茶素、3- 没食子酸酯、槲皮素、白杨素、姜黄素）。热成像结果显示，在银屑病皮肤损伤的部位，各试验组之间的温度变化没有统计学上的显著差异。接受测试成分治疗的银屑病小鼠腹腔内炎症细胞总数和巨噬细胞扩散指数减少。这些结果表明，局部应用蜂胶和黄酮类化合物可能通过抑制巨噬细胞的功能活性和 ROS 产生来改善银屑病样皮肤损伤。综上所述，蜂胶和黄酮类化合物通过其抗炎作用和自由基清除作用，对银屑病并发症提供了一定的保护。

Hegazi et al.（2013）评估了蜂毒和蜂胶作为局限性斑块型银屑病新型治疗方法的可行性。48 名患者被随机分为四组：第一组每周接受皮下注射蜂毒两次；第二组局部涂抹以凡士林为基质的蜂胶软膏；第三组每天口服 1g 蜂胶胶囊；第四组接受皮下注射蜂毒以及口服和局部蜂胶治疗。治疗效果通过计算治疗前后 3 个月的银屑病面积和严重程度指数（PASI）评分以及测量血清白细胞介素 -1β（IL-1β）水平来评估。所有组均观察到 PASI 评分和血清 IL-1β 水平的显著降低。与第二组和第三组相比，第一组和第四组的 PASI 评分和 IL-1β 变化更为显著。所有治疗均可耐受，不良反应小。总之，皮下注射蜂毒和口服蜂胶是治疗局限性斑块型牛皮癣的安全有效方法，不良反应小，可耐受。皮下注射蜂毒单独使用或与蜂胶联合使用时，效果优于口服或局部涂抹蜂胶。

El-Gammal et al.（2018）研究跟踪了年龄范围 9~62 岁的 857 名患者（包括 354 名女性，503 名男性），均患有手掌和脚底部位的中度至重度银屑病。治疗方法是使用蜂胶和芦荟混合制成的软膏，经过 12 周的治疗，观察到总体反应率为 86%，其中 62% 显示出极佳的结果，24% 显示良好的结果，因此证明了 50% 蜂胶和 3% 芦荟作为外用软膏在中度至重度银屑病治疗中的有效性。此外，2012—2015 年作者还对 2248 例轻、中度银屑病患者进行了评估。结果发现，在 12 周结束时实验组的总体缓解情况如下：64.4% 的患者痊愈（极佳反应），22.2% 的患者缓解良好，5.6% 的患者反应较弱，7.7% 的患者无反应。安慰剂组在治疗 12 周后没有观察到明显的改善。此外，组织学检查也显示角化过度和棘突症明显减少。研究结果证实了蜂胶和芦荟在治疗轻度至中度银屑病方面的应用价值。

Rivera-Yañez et al.（2021）综述了蜂胶黄酮类抗银屑病的机制，收集的信息表明，黄酮类化合物的抗氧化和抗炎特性在控制和调节由光老化和银屑病引起的细胞和生化变化方面发挥着关键作用。此外，不同产地的全球蜂胶样品中含有的黄酮类化合物，如花青素、黄酮醇、黄烷酮、黄烷 -3- 醇和异黄烷，是这两种疾病中通常评估的黄酮类化合物类型。

（四）蜂胶对痤疮的改善作用

痤疮是一种在青春期常见的慢性炎症性皮肤病，与性腺内分泌功能失调紧密相关，主要表现为毛囊和皮脂腺的阻塞。这种病症通常在面部、胸背部较为多发，临床症状包括白头粉刺、黑头粉刺、炎性丘疹、结节和囊肿等。

痤疮的成因复杂，涉及内分泌因素（尤其是雄性激素）、毛囊皮脂腺导管的角化异常、毛囊内微生物的定植（其中痤疮丙酸杆菌、金黄色葡萄球菌和表皮葡萄球菌是主要的病原体），以及炎症反应和遗传等。除此之外，气候变化、精神压力、饮食习惯、某些化学因子及药物等因素也可能影响痤疮的发生，尽管其确切的发病机制尚不完全清楚。

目前，痤疮的治疗方法多样，包括局部外用药物（如过氧化苯甲酰、壬二酸、水杨酸）、口服药物（如抗生素、维甲酸）以及激素疗法。在临床实践中，医生在开具处方时通常会基于药物的确切疗效、个人偏好和性价比等因素进行选择，而往往忽视了细菌耐药性的问题。尽管抗生素类药物能够抑制或清除痤疮丙酸杆菌、具有抗炎作用，但长期或不规范使用可能导致痤疮丙酸杆菌耐药性增加，也可能引发过敏反应。因此，现有的痤疮治疗方法都存在潜在的不良反应风险，患者对于快速、安全、无不良反应的新疗法的需求日益增长。

痤疮的发病机制不仅与内分泌失调、免疫系统异常、皮脂分泌过多以及毛囊角化过度等因素相关，还与厌氧的痤疮丙酸杆菌感染紧密相连。Rojas et al.（1990）对从人体分离出的 100 株金黄色葡萄球菌进行了蜂胶和 6 种抗生素的药敏性测试，发现 95 株菌对蜂胶敏感，而对这些抗生素敏感的菌株仅有 49 株。厌氧菌作为人体正常菌群的一部分，广泛存在于皮肤和腔道的深层黏膜表面。蜂胶对多种厌氧菌显示出显著的抑制作用。特别是对于感染根管中常见的主要厌氧菌，例如中间普氏菌和具核梭杆菌，蜂胶的最小杀菌浓度（MBC）分别达到了 0.025% 和 0.025%，而对于它们的混合菌群，MBC 为 0.05%（蒋琳等，2008）。Gergova et al.（2006）研究了 30% 保加利亚蜂胶乙醇提取物对 94 株临床分离的厌氧菌的影响，结果显示只有 15% 的梭状芽孢杆菌、3.3% 的其他革兰阳性菌和 9.1% 的革兰阴性厌氧菌未受到抑制。这表明蜂胶对口腔病原体、梭状芽孢杆菌、类杆菌和丙酸杆菌等大多数不同属的厌氧菌均具有抑制作用。

张芳英等（2012）的研究表明，蜂胶提取物对痤疮丙酸杆菌在体外具有显著的抑制效果。炎症反应在痤疮的发病机制中扮演着关键角色。痤疮丙酸杆菌的细胞壁成分主要被 TLR2 识别，进而通过 TLR 途径诱导人体免疫细胞产生包括 IL-1、IL-8、TNF-α、IL-12 在内的多种促炎因子，从而引发毛囊炎症。蜂胶对多种急性和慢性炎症模型展现出显著的抑制作用。

史满田等（1989）用蜂胶健肤液治疗痤疮 340 例，总有效率为 93%，许多患者涂抹 1 周即可见效。

Park et al.（2009）选取了首尔 K 大学的 18 名未曾接受皮肤科医生治疗的痤疮学生作为研究对象，以评估蜂胶对缓解面部皮肤炎症性痤疮的效果。在实验中，蜂胶提取物经过稀释和纯化处理后，与水以相同比例混合用于面部皮肤。实验组将稀释后的蜂胶浸透的纱布敷于面部皮肤 15 分钟，随后再覆盖橡皮膜 15 分钟。对照组则使用纯水浸泡的纱布敷于面部皮肤 15 分钟，再用橡皮膜敷 15 分钟以镇静皮肤。研究对象每周接受 2 次治疗，持续 8 周。在实验开始前、第 4 周后以及最后一次治疗结束后，分别测量红细胞数、色素沉着数和水分含量。结果显示，实验组的红细胞数和色素沉着显著减少，水分含量显著增加；而对照组则未见明显变化。通过对比实验期间拍摄的照片，观察到炎症缓解情况，从而证实了蜂胶提取物对面部皮肤具有显著的改善作用。

Miskulin et al.（2011）采用含有蜂胶提取物的油基软膏对轻度面部寻常痤疮进行了局部治疗研究，发现该软膏对于年轻人因痤疮和黑头引起的皮脂腺分泌异常以及恢复皮肤自然平衡具有显著效果。Mazzarello et al.（2018）对一种新型乳膏（含有 20% 蜂胶、3% 茶树油和 10% 芦荟）的抗痤疮效果进行了评估，并将其与红霉素乳膏和安慰剂进行了对比。研究结果表明，在减少红斑、瘢痕、痤疮严重指数和总病损计数方面，该乳膏组的表现均优于 3% 红霉素乳膏组。

参考文献

蔡爽，时清，李玉晶，等，2006. 蜂胶涂膜对变形链球菌生长和黏附的抑制作用［J］. 实用口腔医学杂志，（02）：171-174.

曾学宁，2008. 蜂胶对不同龋敏感者变形链球菌临床分离株产酸影响的体外试验研究［J］. 西南军医，（6）：16-18.

程光英，陈万金，陈良雄，等，2014. 蜂胶牙膏抑菌环实验的研究［J］. 口腔护理用品工业，（4）：20-22.

代乾，2008. 蜂针与复方蜂胶液治疗湿疹 104 例［J］. 中国蜂业，（07）：38.

付辉，王新建，卢焕福，等，2007. 蜂蜡膏促进糖尿病新西兰兔创面愈合的实验研究［J］. 大连医科大学学报，（04）：340-342.

郭娜娜，赵亚周，王凯，等，2021. 蜂蜜对创伤愈合的作用及机理研究进展［J］. 中国农业科技导报，23（02）：123-133.

韩凌云，张国志，刘瑶，等，2024. 不同植物来源特种蜂蜜生物活性评价［J］. 福建农业学报，M39（7）：857-867.

胡芳，2002. 蜂胶治疗复发性口腔溃疡临床分析［J］. 广东牙病防治，（03）：199.

黄莺莺，张翠平，张言政，等，2020. 蜂胶抗光老化功效［J］. 福建农林大学学报（自然科学版），49（01）：80-85.

蒋琳，林居红，张红梅，等，2008. 蜂胶对牙龈卟啉单胞菌及牙龈成纤维细胞的影响［J］. 第三军医大学学报，16：1538-1540.

李英华，胡福良，2012. 不同湿度环境下蜂王浆酶解产物的吸湿保湿性能［J］. 浙江大学学报（农业与生命科学），38（04）：504-510.

毛日文，2014-3-26. 一种抗菌消炎、防酸脱敏的复方牙膏及其制备方法［P］. 江苏省：ZL201210349766.1.

梅雨航，卢益萍，2023. 从脏腑-经络-皮肤一体观探讨湿疹的发病机理［J］. 中国医药科学，13（23）：101-104.

牛德芳，柳刚，花晓艳，等，2022. 蜂胶对痤疮的作用机理研究［J］. 中国蜂业，73（05）：31-33，35.

彭志庆，林居红，刘明方，等，2010. 国产水溶性蜂胶对主要致龋链球菌及其耐氟菌株致龋性的影响［J］. 第三军医大学学报，32（08）：798-801.

史杰山. 1991. 蜂胶药剂治疗银屑病148例疗效小结［J］. 蜜蜂杂志，11（12）：6.

史满田，陈莉莉. 1989. 天然健肤液的研制［J］. 中国养蜂，（05）：5-7，28.

孙丽萍，张红城，张智武，等，2009. 蜂王浆萃取物保湿性能评价［J］. 食品科学，30（03）：33-35.

王冰，2014. 不同地理源蜂胶酚类物质分析及其对变形链球菌抑制作用研究［D］. 武汉：华中农业大学.

王会芹，刘文，2008. 蜂蜡治疗烫伤［J］. 中国社区医师（医学专业半月刊），（13）：118.

王银龙，张丽敏，周健. 1997. 蜂胶保健牙膏防治牙周疾病的研究［J］. 中国中西医结合杂志，17（7）：431-432.

王元元，张德芹，沈丽，等. 2013. 蜂蜜、蜂胶对大鼠皮肤溃疡创面愈合的影响［J］. 天津中医药，30（5）：305-307.

肖丽玲，刘宏伟，杜彬，等，2013. 蜂胶对创面愈合及局部炎性介质释放的影响［J］. 中华实验外科杂志，（07）：1428-1430.

熊萍，张明珠，雷雅燕，等，2009. 云南蜂胶对3种牙周致病菌的抑制作用［J］. 昆明医学院学报，30（09）：23-26.

杨更森，侯晓薇，郭兰英，等. 1999. 蜂胶口胶防龋作用初步研究［J］. 中国临床药理学与治疗学杂志：4：40-41.

姚嫣，王玲，2001. 蜂胶酊治疗复发性口腔溃疡31例［J］. 河南医科大学学报，36：229

伊和姿，余虹雯，陈瑞华. 1990. 蜂胶在皮肤科中的应用［J］. 上海中医药杂志，（11）：28-29.

于丽华，邱建华，侯艳玲，2008. 涂搽槐花蜂蜜消退婴儿湿疹36例［J］. 中国民间疗法，（07）：18.

张波，王东风，王爽，2005. 蜂胶总黄酮镇痛作用及其机制研究［J］. 中国药房，（19）：1458-1460.

张芳英，杨继章，杨树民，等，2012. 河北产蜂胶提取物对痤疮丙酸杆菌的抑制作用［J］. 医药导报，31（12）：1553-1555.

Ageitos J M, Robla S, Valverde-Fraga L, et al., 2021. Purification of hollow sporopollenin microcapsules from sunflower and chamomile pollen grains [J]. Polymers, 13 (13): 2094.

Al-Shaher A, Wallace J, Agarwal S, et al., 2004. Effect of propolis on human fibroblasts from the pulp and periodontal ligament [J]. Journal of Endodontics, 30 (5): 359-361.

Al-Waili N S, 2003. Topical application of natural honey, beeswax and olive oil mixture for atopic dermatitis or psoriasis: partially controlled, single-blinded study [J]. Complementary Therapies in Medicine, 11 (4): 226-234.

Bayir Y, Un H, Ugan R A, et al., 2019. The effects of Beeswax, Olive oil and Butter impregnated bandage on burn wound healing [J]. Burns, 45 (6): 1410-1417.

Bocho-Janiszewska A, Sikora A, Rajewski J, et al., 2013. Zastosowanie mleczka pszczelego wkremach nawilżających [J]. Polish Journal of Cosmetology, 16 (4): 314-320.

Bolfa P, Vidrighinescu R, Petruta A, et al., 2013. Photoprotective effects of Romanian propolis on skin of mice exposed to UVB irradiation [J]. Food and chemical Toxicology, (62): 329-342.

Botushanov PI, Grigorov GI, Aleksandrov GA, 2001. A clinical study of a silicate toothpaste with extract from propolis [J]. Folia Medica(Plovdiv), 43 (1-2): 28-30.

Bucekova M, Sojka M, Valachova I, et al., 2017. Bee-derived antibacterial peptide, defensin-1, promotes wound reepithelialisation in vitro and in vivo [J]. Wound Healing Southern Africa, 10 (2): 25-35.

da Rosa C, Bueno I L, Quaresma A C M, et al., 2022. Healing potential of propolis in skin wounds evidenced by clinical studies [J]. Pharmaceuticals, 15 (9): 1143.

El-Gammal A, Di Nardo V, Daaboul F, et al., 2018. Is there a place for local natural treatment of psoriasis? [J]. Open Access Macedonian Journal of Medical Sciences, 6 (5): 839.

El - Gammal E, Di Nardo V, Daaboul F, et al., 2018. Apitherapy as a new approach in treatment of palmoplantar psoriasis [J]. Open Access Macedonian Journal of Medical Sciences, 6 (6): 1059.

Gebaraa EC, Pustiglioni AN, de Lima LA, et al., 2003. Propolis extractas an adjuvant to periodontal treatment [J]. Oral Health & Preventive Dentistry, 1 (1): 29-35.

Gergova G, Kolarov R, Boyanova L, et al., 2006. In vitro activity of Bulgarian propolis against 94 clinical isolates of anaerobic bacteria [J]. Anaerobe, 12 (4): 173-177

Gu L, Zeng H, Maeda K, 2017. 10-Hydroxy-2-decenoic acid in royal jelly extract induced both filaggrin and amino acid in a cultured human three-dimensional epidermis model [J]. Cosmetics, 4 (4): 48.

Hbibi A, Sikkou K, Khedid K, et al., 2020. Antimicrobial activity of honey in periodontal disease: a systematic review [J]. Journal of Antimicrobial Chemotherapy, 75 (4): 807-826.

Hegazi A G, Abd Raboh F A, Ramzy N E, et al., 2013. Bee venom and propolis as new treatment modality in patients with localized plaque psoriases [J]. International Research Journal of Medicine and Medical Sciences, 1 (1): 27-33.

Imada T, Nakamura S, Kitamura N, et al., 2014. Oral administration of royal jelly restores tear secretion capacity in rat blink-suppressed dry eye model by modulating lacrimal gland function [J]. PloS One, 9 (9): e106338.

Inokuchi Y, Shimazawa M, Nakajima Y, et al., 2006. Brazilian green propolis protects against retinal damage in vitro and in vivo [J]. Evidence-Based Complementary and Alternative Medicine, 3 (1): 71-77.

Inoue S, Kawashima M, Hisamura R, et al., 2017. Clinical evaluation of a royal jelly supplementation for the restoration of dry eye: a prospective randomized double blind placebo controlled study and an experimental mouse model [J]. PloS One, 12 (1): e0169069.

Khater D, Nsairat H, Odeh F, et al., 2021. Design, preparation, and characterization of effective dermal and transdermal lipid nanoparticles: a review [J]. Cosmetics, 8 (2): 39.

Kim J, Kim Y, Yun H, et al., 2010. Royal jelly enhances migration of human dermal fibroblasts and alters the levels of cholesterol and sphinganine in an in vitro wound healing model [J]. Nutrition Research and Practice, 4 (5): 362-368.

Kudłacik-Kramarczyk S, Krzan M, Jamroży M, et al., 2023. Exploring the potential of royal-jelly-incorporated hydrogel dressings as innovative wound care materials [J]. International Journal of Molecular Sciences, 24 (10): 8738.

Lin Y, Zhang M, Lin T, et al., 2021. Royal jelly from different floral sources possesses distinct wound-healing mechanisms and ingredient profiles [J]. Food Function, 12 (23): 12059-12076.

Maeda Y, Fujikura C, Asama T, et al., 2022. Effect of facial application of essence containing royal jelly extract on stratum corneum moisture content: A placebo-controlled, double-blind, parallel-group study [J]. Journal of Cosmetic Dermatology, 21 (11): 5747-5754.

Mahmoud A S, Almas K, Dahlan A A. 1999. The effect of propolis on dentinal hypersensitivity and level of satisfaction among patients from a university hospital Riyadh, Saudi Arabia [J]. Indian Journal of Dental Research, 10 (4): 130-137.

Mahmood A, Almas K, Dahlan A, 2000. The effect of propolis on female subjects with dentinal hypersensitivity [J]. Journal of Dental Research, 79: 406.

Martin M P, Pileggi R, 2004. A quantitative analysis of propolis: a promising new storage media following avulsion [J]. Dent Traumatol, 20(2): 85-89.

Mazzarello V, Donadu M G, Feffari M, et al., 2018. Treatment of acne with a combination of propolis, tea tree oil, and Aloe vera compared to erythromycin cream: two double-blind investigations [J]. Clinical Pharmacology & Therapeutics, (10): 175-181.

McMullen R L, 2018. Antioxidants and the Skin [M]. New York: CRC Press.

Mirzabeigi H, Mamizadeh M, Delpisheh A, et al., 2013. Therapeutic effects of natural honey plus cold cream compared to cold cream alone on hand eczema: A controlled clinical trial [J]. Journal of Dermatology & Cosmetic, 4 (4): 1-6.

Miskulin M, Lalic Z, Vuksic M, et al., 2011. Significance of propolis in the local treatment of the mild facial acne vulgaris. [C] //4th Congress of Croatian Dermatovenereologists with International Participation, Osijek-Vukovar Hrvatska: 5-8.

Nakajima Y, Shimazawa M, Mishima S, et al., 2009. Neuroprotective effects of Brazilian green propolis and its main constituents against oxygen-glucose deprivation stress, with a gene-expression analysis [J]. Phytotherapy Research, 23 (10): 1431-1438.

Nazeri R, Ghaiour M, Abbasi S, 2019. Evaluation of antibacterial effect of propolis and its application in mouthwash production [J]. Frontiers in Dentistry, 16 (1): 1.

Ozan F, Sümer Z, Polat Z A, et al., 2007. Effect of mouthrinse containing propolis on oral microorganisms and human gingival fibroblasts [J]. European Journal of Dentistry, 1 (4): 195-201.

Papk E S, Kim S M, Kim E J, et al., 2009. The Effect of facial skin care by propolis on the inflammatory acne [J]. Korean Journal of Aesthetic Cosmetology, 7 (1): 61-69.

Perminaite K, Marksa M, Ivanauskas L, et al. , 2021. Preparation of ophthalmic microemulsions containing lithuanian Royal Jelly and their biopharmaceutical evaluation [J]. Processes, 9 (4): 616.

Puspasari A, Harijanti K, SOEBADI B, et al. , 2018. Effects of topical application of propolis extract on fibroblast growth factor-2 and fibroblast expression in the traumatic ulcers of diabetic Rattus norvegicus [J]. Journal of Oral and Maxillofacial Pathology, 22 (1): 54-58.

Rivera-Yañez C R, Ruiz-Hurtado P A, Mendoza-Ramos M I, et al. , 2021. Flavonoids present in propolis in the battle against photoaging and psoriasis [J]. Antioxidants, 10 (12): 2014.

Robson V, Dodd S, Thomas S, 2009. Standardized antibacterial honey (Medihoney™) with standard therapy in wound care: randomized clinical trial [J]. Journal of Advanced Nursing, 65 (3): 565-575.

Rojas Hernandez N M, Cuetra Bernal K D L. 1990. Antibiotic effect of propolis against strains of Staphylococcus aureus of human clinical origin [J]. Revista Cubana De Farmacia, 24 (1): 45-50.

Siqueira A B S, Rodriguez L R N D A, Santos R K B, et al. , 2015. Antifungal activity of propolis against Candida species isolated from cases of chronic periodontitis [J]. Brazilian Oral Research, 29 (1): 1-6.

Skaba D, Morawiec T, Tanasiewicz M, et al. , 2013. Influence of the toothpaste with brazilian ethanol extract propolis on the oral cavity health [J]. Evidence-Based Complementary and Alternative Medicine, (1): 215391.

Skurić J, Oršolić N, Kolarić D, et al. , 2011. Effectivity of flavonoids on animal model psoriasis - thermographic evaluation [J]. Periodicum Biologorum, 113 (4): 457-463.

Subrahmanyam M, Sahapure A. G. , Nagane N. S, 2001. Effects of topical application of honey on burn wound healing [J]. Annals of Burns and Fire Disasters, 14 (3), 1-3.

Subrahmanyam M. 1991. Topical application of honey in treatment of burns [J]. British Journal of Surgery, 78: 497-498.

Yakoot M, Abdelatif M, Helmy S, 2019. Efficacy of a new local limb salvage treatment for limb-threatening diabetic foot wounds-a randomized controlled study [J]. Diabetes, Metabolic Syndrome and Obesity: Targets and Therapy: 1659-1665.

Yamaga M, Imada T, Tani H, et al. , 2021. Acetylcholine and royal jelly fatty acid combinations as potential dry eye treatment components in mice [J]. Nutrients, 13 (8): 2536. .

Yang J, Pi A, Yan L, et al. , 2022. Research progress on therapeutic effect and mechanism of propolis on wound healing [J]. Evidence-Based Complementary and Alternative Medicine, (1): 5798941.

Yilmaz A C, Aygin D, 2020. Honey dressing in wound treatment: a systematic review [J]. Complementary Therapies in Medicine, 51: 102388.

Mohan P V M U, Uloopi K S, Vinay C, et al. 2016. In vivo comparison of cavity disinfection efficacy with APF gel, Propolis, Diode Laser, and 2% chlorhexidine in primary teeth [J]. Contemporary Clinical Dentistry, 7 (1): 45-50.

Shrivastava R, Rai V K, Kumar A, et al. 2015. An in vitro comparison of endodontic medicaments propolis and calcium hydroxide alone and in combination with ciprofloxacin and moxifloxacin against enterococcus faecalis [J]. The Journal of Contemporary Dental Practice,16 (5): 394-399.

Kandaswamy D, Venkateshbabu N, Gogulnath D, et al. 2010. Dentinal tubule disinfection with 2% chlorhexidine gel, propolis, morinda citrifolia juice, 2% povidone iodine, and calcium hydroxide [J].

International Endodontic Journal, 43（5）：419-423.

Carbajal Mej í a J B. 2014. Antimicrobial effects of calcium hydroxide, chlorhexidine, and propolis on E nterococcus faecalis and C andida albicans［J］. Journal of Investigative and Clinical Dentistry, 5（3）：194-200.

Parolia A, Kundabala M, Rao N N, et al. 2010. A comparative histological analysis of human pulp following direct pulp capping with Propolis, mineral trioxide aggregate and Dycal［J］. Australian Dental Journal, 55（1）：59-64.

Kim J H, Kim S Y, Woo S M, et al. 2019. Combination of mineral trioxide aggregate and propolis promotes odontoblastic differentiation of human dental pulp stem cells through ERK signaling pathway［J］. Food Science and Biotechnology, 28：1801-1809.

Pereira E M R, da Silva J L D C, Silva F F, et al. 2011. Clinical evidence of the efficacy of a mouthwash containing propolis for the control of plaque and gingivitis：a phase II study［J］. Evidence-Based Complementary and Alternative Medicine,（1）：750249.

Santiago K B, Piana G M, Conti B J, et al. 2018. Microbiological control and antibacterial action of a propolis-containing mouthwash and control of dental plaque in humans［J］. Natural Product Research, 32（12）：1441-1445.

第六章

蜜蜂、生态与人类的可持续发展：蜂产品的高值化利用

🐝 第一节　蜜蜂、生态与人类的可持续发展

2017 年 12 月 20 日，联合国大会正式宣布将每年的 5 月 20 日定为世界蜜蜂日。这一天恰逢现代养蜂业的先驱安东·兹尼的诞辰（他在 1734 年 5 月 20 日出生），其研究成果为现代养蜂业的发展奠定了基石。蜜蜂等传粉昆虫对人类赖以生存的农作物至关重要，全球约三分之一的粮食生产依赖于蜜蜂的授粉。然而，环境恶化、杀虫剂的过度使用以及疾病的蔓延正导致蜜蜂数量急剧减少。设立世界蜜蜂日的目的在于提升公众对蜜蜂及其他传粉昆虫重要性的认识，并促进对它们的保护措施，以应对全球粮食安全问题，助力消除发展中国家的饥饿问题。自 2017 年起，中国在世界蜜蜂日发起了以下倡议和行动。

（1）强调蜜蜂对生活的贡献："蜜蜂授粉水果，自然健康生活！千万里，甜蜜为你！""酿造甜蜜，传递健康""每天一勺蜜，健康添活力"。

（2）突出蜜蜂对生态环境和人类健康的重要性："关爱蜜蜂，保护地球，维护人类健康""感恩小蜜蜂，保护生态环境，让人与自然和谐共存"。

（3）体现蜜蜂与农业生产的关系："蜜蜂授粉的月下老人作用，对农业的生态、增产效果似应刮目相看"。

（4）关注蜂产业发展："小蜜蜂大产业，助力脱贫攻坚决胜""小蜜蜂托起乡村振兴新梦想"。

（5）弘扬蜜蜂精神："弘扬蜜蜂精神，共筑人类命运共同体"。

一、蜜蜂在生态系统和经济领域的重要性

曾有个广为流传的预言："如果蜜蜂从地球上消失，人类最多只能存活四年。没有蜜蜂，就没有授粉，没有植物，没有动物，最终也没有人类……"这句话所提出的时限虽然不应被字面解读，但其深层含义却极为深远。蜜蜂不仅是完美的环境指示生物，更是地球生态系统中不可或缺的长期塑造者，其重要性是无法估量的。

多年来，许多国家一直致力于推动养蜂业的发展，实施国家养蜂计划以振兴农村经济。这些举措不仅关注环境保护，旨在促进农业的可持续发展，还致力于保护蜜蜂的健康和提升生物多样性。欧洲食品安全局（EFSA）在 2021 年的研究中强调，"蜜蜂在生态系统中扮演着至关重要的角色，它们为众多作物和野生植物提供必需的授粉服务，从而维护了生物多样性"。我们越来越认识到蜜蜂对维护生物多样性的重要性，即便是看似平凡的草地也是一个有力证明，蜜蜂的活动与我们餐桌上的食物息息相关。例如，牛肉的质量与蜜蜂的存在密切相关，因为蜜蜂确保了田野中植物的多样性。这仅是蜜蜂对自然和人类生态系统产生广泛影响的一个例证。据估计，如果我国当前种植的农作物全

面采用蜜蜂授粉技术，其产量提升将相当于额外开垦 5%~10% 的耕地，换言之，相当于每年增加约 1 亿亩的农田面积。这一数据无疑令人瞩目。因此，人们将蜜蜂访花采蜜的作用形象地比喻为"蜜蜂是农业增产之翼"。授粉服务不仅对生物多样性的维护具有至关重要的价值，而且据估算，全球每年授粉服务的经济价值高达数百亿欧元。此外，蜜蜂通过生产蜂蜜、花粉、用于食品加工的蜂蜡、作为功能性食品的蜂胶，以及作为膳食补充剂的蜂王浆，直接为人类的健康和福祉做出了贡献。

鉴于蜜蜂在生态系统和经济领域的重要性，监测并维护健康的蜜蜂种群已成为至关重要的任务。这不仅需要在地方和国家层面上进行，更需要在全球范围内实施。蜜蜂的健康状况被视为人类活动和其所处环境状况的晴雨表。地球上许多区域的生态和经济严重依赖大量健康蜜蜂的存在，我们只有很好地了解蜂群这一超个体的内部生活和功能，才能在其需要关注时，提供支持和保护。

蜜蜂激发年轻人在复杂生物相互作用中的兴趣，以便使他们能及时意识到接管和维护人类赖以生存的生态环境的责任和价值。在基础研究方面，蜜蜂是无穷无尽的思想源泉，包括产生应用技术的思路、洞察生物学上成功生存的超个体的内部组织等。在生物医学基础研究领域，蜜蜂也提供了多种的可能性，对蜜蜂免疫系统的研究将丰富人类的知识结构，并且非常适合于基本问题的研究。譬如，遗传组成相同的蜜蜂在不同的环境条件下寿命差异非常显著，这为衰老研究提供了良好的切入点；蜜蜂蛹的理想发育温度与人类的体温非常接近，引申出许多有趣的问题。

二、科技创新是蜂产业可持续发展的核心驱动力

蜜蜂产业涵盖三大关键领域：首先是蜂产品的生产、加工与销售；其次是蜜蜂的授粉服务；第三是蜜蜂饲养产业，包括繁殖产品的培育（如商品蜂王、种蜂王、笼蜂等）以及蜂粮、蜂药和蜜蜂饲养装备。目前，蜜蜂产业正通过产学研合作来发展新质生产力，迫切需要在三个主要方面加强创新。首先，培育优质蜂种和研究、推广高效的现代化养蜂技术。其次，开发天然、安全且具有高附加值的蜂产品。最后，研究并推广科学的农作物蜜蜂授粉技术。通过基础研究和科技成果的产业化应用，提升蜜蜂产业的整体价值。通过产学研合作、科技赋能蜂业高质量发展，是产业发展的核心动力。在此基础上，蜂业企业提档升级品牌化发展，行业协会及行业专家积极参与主动健康与蜂产品营养的科普教育，以及蜂产品健康管理师（销售员）做好科普教育和专业服务，还有消费者对优质蜂产品的选择，都是推动产业发展的关键力量。此外，养蜂人的科学养蜂实践同样至关重要。这些参与者各自扮演着不可替代的角色，共同促进蜜蜂、生态和人类的可持续发展。参见图 6-1。

蜂产品生产企业秉承"科技与自然的完美嫁接"理念，致力于保持蜂产品的天然属性，同时研发并生产效果显著、生物利用度高且深受消费者喜爱的天然蜂产品，以满足消费者对高品质蜂产品的需求。

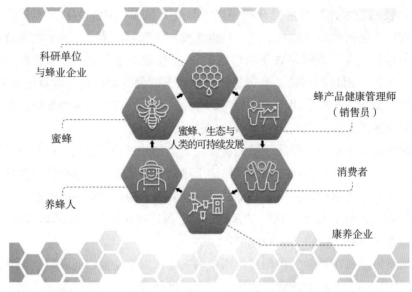

图 6-1 蜜蜂、生态与人类的可持续发展

作为食药同源的珍品，蜂产品在延缓衰老和慢性疾病防控方面展现了其独特的天然优势。其在大健康领域的应用前景广阔，不仅包括医学领域的蜂疗技术，还扩展到非医疗领域的营养干预和美容行业，显示出巨大的发展潜力。此外，蜂产品适用于广泛的消费群体。为了提升蜂产品在大健康产业中的市场份额，关键在于加强消费者的科普教育和提供针对不同人群的蜂疗和个性化营养指导。这对蜂产品科普教育和蜂产品养生保健服务提出了新的要求。具体而言，我们需鼓励越来越多的医生、健康管理师和营养师参与蜂产品健康实践，利用现代营养科学和前沿医学的视角来阐释蜂产品的应用及其对人类健康的贡献。同时，我们还应致力于培育高素质的蜂产品健康管理师（销售员），并推动传统蜂产品养生知识向全面健康科普提升。

消费者往往期望通过市场竞争来降低商品价格，但这种做法有时会限制那些价格较高却对社会和生态可持续性更有益的产品，例如蜂产品。只有当消费者充分认识到蜜蜂产业的生态价值和健康益处时，他们才会支持高品质的蜂产品，并愿意为此支付合理的价格，进而提升整个蜂产品产业链的价值。我们应倡导蜂产品生产企业、销售商和养蜂人之间进行公平交易，确保上游向下游提供一个比自由市场更为公正的价格，保障养蜂人的利益，从而将关爱蜂农、保护蜜蜂的愿望转化为实际行动。此外，我们鼓励大健康领域的康养企业积极拓展以蜂元素为核心的康养服务，推动第一、第二、第三产业的深度融合，这将有助于进一步提升蜂产品产业链的附加价值。

目前，养蜂行业正遭遇严重的人才断层危机。为了克服这一难题，关键措施包括提高养蜂从业者的薪酬水平，并减轻他们的工作负担。这需要实施一系列综合策略：一方面，蜂产品生产企业应致力于产品高端化，提升产品附加值，进而增加蜂农的原料销售收入；同时，农业推广部门应积极开拓授粉服务市场，全方位提升养蜂人的收益。另一方面，推动先进养蜂技术和设备的研发与应用也至关重要。这些措施的顺利推进，将有助于吸引年轻一代加入养蜂行业，为该领域注入新的生机与活力。

蜜蜂的福利往往被人们所忽略，然而在蜜蜂、人类以及生态可持续发展的互动关系中，蜜蜂发挥着不可或缺的作用。只有当蜜蜂享有良好的福利时，它们才能为人类提供高品质的蜂产品，高效地执行农作物授粉任务，从而促进生态平衡，助力可持续发展。

保护蜜蜂就是保护人类自身！

一、蜂产品的高值化开发

随着消费者环保意识的增强和对气候变化问题的深切关注，可持续和环保农业实践得到了显著的推动。蜂产品因其促进健康和节约自然资源的特性，与这些趋势高度契合。它为生产者提供了天然成分，支持了全天然营养功能食品、化妆品和药品的开发。根据市场研究机构 Research and Markets 在 2021 年发布的报告摘要，2019 年全球养蜂市场估值为 89.43 亿美元，并预计将以 3.02% 的复合年增长率增长，到 2026 年将达到 110.15 亿美元的市场规模。尽管面临诸多挑战，这些数据也证实了蜂产品在食品、膳食补充剂、药品和化妆品应用中不断增长的趋势。随着全球消费者健康意识的不断提升，对天然产品和天然成分的偏好也在不断上升。因此，可以合理预测蜂产品作为营养补充剂、食品或天然成分，都显示出巨大的市场潜力。

（一）蜂产品开发的原则

蜂产品工程师在开发高品质蜂产品时，必须坚守五大原则：产品的天然性、有效性、生物利用度、安全性和便捷性。蜂产品开发的核心技术包括：对原料进行深度加工，设计实现特定功能的产品配方，确保最佳生物利用度的产品制剂技术，以及设计出能激发消费者购买欲望的适宜产品形态。

（二）提高蜂产品的生物利用度

如何通过高效的加工技术提升蜂产品中活性物质的生物利用度？这一问题对蜂产品的开发构成了挑战。以蜂产品中丰富的多酚类化合物为例，其生物利用度主要受到肠道吸收、内脏代谢以及肠道分泌的影响（Stromsnes et al.2021）。摄入后，食物基质中的多酚化合物会在肠道中经历消化过程。这些生物活性化合物的生物可利用性数据为我们提供了关于其益处的额外信息，这取决于化合物的化学状态、从食物基质中的释放情况、与其他食物成分的潜在相互作用以及抑制剂或协同因子的存在（Ozdal et al.2019）。体外模拟胃肠道消化方法揭示了消化过程对多酚代谢和吸收的影响，在胃相中观察到总酚类和黄酮类物质含量以及总抗氧化能力比口服相更高，而在肠相中这些值甚至更高。尽管使用模拟的体外胃肠消化获得的结果并不能直接预测人体内的实际情况，但这种模型仍被认为有助于研究蜂胶中多酚的生物可利用性（Ozdal et al.2019；Yesiltas et al.2014）。大部分多酚类物质能够在胃部以自由形态被吸收，但当它们结合成复合物时，则无法被吸收。与此同时，非糖苷结构主要在肠道部位被吸收。鉴于蜂胶成分中存在显著的变异性，且受到多种因素的影响，不同蜂胶产品的生物利用度和生物活性也会表现出明显差异。

为了增强蜂王浆的稳定性和可消化性，Tao et al.（2024）运用了纳米嵌入技术，通过离子凝胶法成功制备了负载蜂王浆的壳聚糖纳米颗粒（RJNPs）。他们对 RJNPs 进行了详细的表征和生物活性评估。在蜂王浆（RJ）与壳聚糖（CS）最佳比例 1∶1 的混合下，蜂王浆中的甲基和亚甲基基团与壳聚糖（CS）的氨基发生了结合，形成了无定形聚合物（RJNPs），实现了 48.68% 的包封效率和 31.90% 的载药量，其平均粒径小于 500 纳米。随着蜂王浆比例的提升，RJNPs 的抗氧化活性也逐渐增强。有趣的是，RJNPs 对革兰阳性菌的抗菌活性优于革兰阴性菌。总体而言，这些研究结果表明蜂王浆可以有效地嵌入壳聚糖中，而 RJNPs 相较于单一蜂王浆展现了更优越的稳定性和消化性。此外，RJNPs 还表现出良好的热稳定性、抗氧化活性、抗菌活性和生物利用度，这对于蜂王浆的高品质利用开发和应用具有重要意义。

蜂花粉的外壁和内壁表现出对化学、物理和生物降解的高度抵抗性（Wu et al.2020）。鉴于其营养物质在生食状态下仅有 10%~15% 能被生物体吸收利用（Kieliszek et al.2018），因此必须对花粉进行彻底咀嚼。为了提高其消化性和生物利用度，人们尝试了多种方法（包括研磨、温水浸泡或与不同食物混合）溶解外层并释放花粉中的营养成分。经过机械研磨处理后，该产品成分对生物体的生物利用度可提升 60%~80%（Komosinska-Vassev et al.2015）。

Wu et al.（2020）成功运用了超声波和高剪切技术的组合来破坏蜂花粉壁，从而释放出其中的营养物质。鉴于蜂花粉壁的复杂结构，其内含的宝贵营养成分难以被消化和吸收。高剪切技术的应用使得花粉中的蛋白质和粗脂肪在体外消化过程中的动态释放量增加了 80% 以上，所有经过壁破坏处理的样品中的氨基酸和还原糖的释放速度几乎是未处理花粉粒的 1.5 倍和 2 倍。

（三）针对特定功能的蜂产品设计

1. 蜂产品中避免非天然成分

天然蜜蜂产品可能含有环境污染物。当前，环境对大多数授粉昆虫而言正变得愈发严酷。滥用植物保护性农药、土壤污染、灌溉水污染、车辆排放、工业活动以及周边农业和工业区的不当农业实践，都可能导致植物组织中重金属的累积。这些因素最终会对蜜蜂的健康及其产品产生影响。因此，食品制造商必须确保在加工过程中去除可能存在的污染物。

食品添加剂的使用可能改变蜂产品的天然特性。目前，食品添加剂的批准使用范围涵盖了来自天然和人工合成的品种。尽管天然食品添加剂的分离和提取过程既工序复杂又成本高昂，致使其价格相对较高，但这类添加剂通常被认为更稳定且安全。然而，使用化工合成的食品添加剂不可避免地会影响蜂产品的天然属性。

2. 强化特定功能的蜂产品及其协同作用因子

蜂产品种类繁多，以原材料形式呈现的产品占据多数，而蜂产品制品则相对较少。尽管如此，针对增强功效的蜂产品制品的研究与开发正不断深入。

（1）蜂胶产品及其协同作用因子

鉴于蜂胶独特的理化特性，其在制剂制备过程中可选用的剂型相对有限。目前市场上流通的蜂胶制剂主要包括酊剂、口服液、片剂、胶囊剂（包括硬胶囊和软胶囊）以及乳剂等多种形式。然而，部分消费者无法摄入含有酒精的产品；同时，有专家指出长期摄入乳化剂可能对健康产生不利影响；尽管淀粉类辅料对患者无害，但由于其导致蜂胶的吸收效率变低，为了确保疗效，通常需要增加服用剂量。而软胶囊剂型产品在生产过程中，不需要添加酒精、乳化剂等助剂，也不需要添加淀粉等辅料，内容物全部采用物理方法制备，具有高生物利用度，能迅速在胃肠中崩解并被人体吸收，食用安全性较高，适宜作为保健食品长期服用；同时软胶囊便于携带，方便服用。因此，软胶囊剂型是蜂胶产品开发中的最佳剂型选择（沈伟征等，2014）。

根据相似相溶原理，利用超临界 CO_2 或乙醇萃取的蜂胶提取物可以选用富含高不饱和脂肪酸的小麦胚芽油、鱼油、紫苏籽油等作为软胶囊的油相基质。这些富含高不饱和脂肪酸的油脂与蜂胶结合使用，能够进一步提升其功效。

（2）增强蜂王浆预防神经退行性病变的产品设计实例

蜂王浆在延缓衰老、改善记忆以及神经退行性病变方面作用显著。因此，我们选择蜂王浆冻干粉作为主要原料，辅以磷脂和磷脂酰丝氨酸以及核桃肽强化记忆、保护神经系统；同时添加白蛋白肽和胶原三肽，以增强抗氧化和抗衰老的能力；此外，通过添加菊粉、低聚果糖和酵母 β- 葡聚糖，以调节肠道微生态进而加强改善神经退行性病变。

（3）蜂花粉产品及其互补功能因子

蜂花粉的成分和功效因种类而异，通过将几种蜂花粉与互补功能因子相结合，可以实现协同效应，使得产品的整体功效超越单一成分的简单相加，达到"1+1 > 2"的效果。

①增强蜂花粉对男性前列腺保护作用的产品设计实例

以油菜蜂花粉和荞麦蜂花粉作为主要成分，辅以雄蜂蛹冻干粉、蛹虫草、牡蛎肽，利用这些成分复配后产生的协同或增强效应，增强对男性前列腺健康的维护作用。

油菜蜂花粉和荞麦蜂花粉均展现出多种生物活性和药理作用。油菜蜂花粉在抗氧化、抗炎、增强免疫力、抗菌、预防糖尿病并发症以及抗肿瘤方面表现出显著效果，特别是在对抗前列腺炎和前列腺增生方面，其活性尤为突出。而荞麦蜂花粉不仅在预防和治疗心脑血管疾病、降低血糖和血脂以及消炎方面显示出积极作用，在预防和治疗前列腺疾病方面也展现出良好的效果。

雄蜂蛹冻干粉作为集营养价值与药理作用于一身的蜂产品，具有提升免疫力、增强机体的抗病能力、缓解疲劳以及延缓衰老等功效。

蛹虫草作为天然冬虫夏草的首要替代品，富含多种生物活性成分，不仅能够滋补身体、强健体魄，还具有补肺益肾以及抑制癌细胞扩散的显著功效。

牡蛎肽具有补肾益精、生精强壮功效，并具有抗疲劳等多重生理活性，能够显著改善男性的身体功能。

②专为女性养颜美容功效而设计的蜂花粉制品实例

采用茶花蜂花粉、荷花蜂花粉和玫瑰蜂花粉作为主要成分，辅以胶原蛋白肽和蔓越莓粉，通过它们的协同作用——"相加"或"相乘"效应，显著提升对女性生理健康的保养效果。

茶花蜂花粉、荷花蜂花粉与玫瑰蜂花粉的结合，不仅展现出延缓衰老、美容养颜、滋润肌肤的功效，还具备抗炎、抗氧化和免疫调节等多重活性作用。

胶原蛋白肽作为一种关键的生物活性成分，有助于维持皮肤的水分平衡，促进皮肤新陈代谢，预防骨质疏松症并提高骨密度，同时对保持头发和指甲的健康状态也至关重要。

蔓越莓粉富含抗氧化物质，有助于清除体内自由基，增强血管弹性，改善血液循环。它还能改善皮肤质感，减少炎症和过敏反应，同时促进肠道蠕动，加速体内排毒。

二、蜂胶、蜂王浆和蜂花粉的高新加工技术

（一）蜂胶的提取技术

直接从蜂巢中采集的蜂胶并不适合直接食用。因此，在使用蜂胶时人们通常会选用其提取物。不同的提取方法和工艺流程对蜂胶的活性成分及其功能活性产生显著影响。目前，已广泛应用于产业化生产的蜂胶提取技术主要包括蜂胶乙醇溶剂提取技术、蜂胶水溶剂提取技术和蜂胶超临界 CO_2 流体萃取技术。

1. 蜂胶乙醇溶剂提取技术

蜂胶的乙醇提取物通常呈现黑色或赤褐色。当杨树属蜂胶溶解于乙醇时，会产生一种名为多酚咖啡酸的聚合物，正是这种聚合物的黑色特性使得蜂胶液呈现深色，并在入口时带来一种麻木感。尽管蜂农采收的蜂胶中包含蜂尸、杂草、木屑、昆虫等杂质，在乙醇浸泡后可以通过过滤去除，但这些杂质的存在仍可能在加工过程中对蜂胶提取物的质量和纯度产生不利影响。

传统的蜂胶乙醇提取工艺耗时较长。但是，近年来，超声波技术和超高压技术与乙醇提取技术的结合已经在产业化中得到应用。超声波的热效应、机械作用和空化效应有助于乙醇更深入地渗透至溶质内部，精确控制的工艺参数不仅缩短了提取时间，还提高了蜂胶活性成分的提取效率，从而提升了蜂胶乙醇提取物的整体品质。

2. 蜂胶超临界 CO_2 萃取技术

（1）超临界 CO_2 萃取蜂胶的技术原理

超临界流体是指在超过其临界温度（Tc）和临界压力（Pc）的条件下存在的物质，此时物质以流体形式存在，同时具备液体的高密度和气体的低黏度特性。当流体达到超

临界状态时，其密度接近液体。超临界流体萃取技术利用流体在高压下卓越的溶剂性能，通过增加压力来溶解目标产物，在压力降低或流体温度升高时促使目标产物分离，从而完成萃取过程。与传统萃取方法相比，超临界流体萃取具有低温、无氧、高压密闭、无污染等优点，特别适合热稳定性差、易氧化分解、化学性质不稳定的物质分离。

二氧化碳（CO_2）是最为广泛使用的超临界流体。其在超临界状态下的临界温度（Tc=31.1℃）和临界压力（Pc=7.38MPa）使得它具备了强大的溶解能力，同时温度适宜活性成分的萃取，对环境友好，成本低廉且性质稳定。因此，二氧化碳被广泛应用于天然产物有效成分的萃取生产过程中。

超临界 CO_2 萃取技术在常温高压无氧环境下进行，在蜂胶萃取中能够有效避免萜烯类、芳香类等具有"热敏性"和"易氧化性"的物质发生变性、挥发和氧化问题。在提取高度不饱和脂肪酸或多酚化合物时，一旦接触氧气，这些活性成分就会遭到破坏；而在有氧环境下提取黄酮类多酚化合物时，它们容易氧化形成无活性的聚合物，从而失去黄酮类的生物活性。此外，蜂胶的超临界 CO_2 萃取方法具备以下显著优势：首先，它避免了引入额外的过敏原，确保了产品的安全性和天然性。其次，该方法生产效率高，周期短，仅需 3~5 小时即可完成一釜料的萃取，并且完成后能立即进行分离。最后，通过超临界 CO_2 萃取技术可以有效地去除蜂胶中的强极性重金属如铅，从而提升了产品的纯净度。

自 20 世纪 80 年代起，日本的佐藤利夫对超临界 CO_2 流体萃取技术展开了深入研究，并取得了显著成果。到了 90 年代，他成功地从蜂胶原块中萃取出了"天然的"黄色蜂胶。Be-Jen Wang 等 2004 年发表了关于超临界流体萃取分馏蜂胶中抗氧化活性成分的研究成果。巴西的 Danielle Biscaia 2009 年发表了关于低压和超临界流体萃取蜂胶的研究成果。同年，台湾的 Chao-Rui Chen 也对巴西蜂胶的超临界 CO_2 萃取技术进行了深入研究。

（2）超临界 CO_2 萃取技术在蜂胶萃取加工中的产业化历程

蜂胶中天然成分多达 1000 种，由于二氧化碳是一种非极性溶剂，它对蜂胶中极性较强成分的溶解和萃取构成了挑战。此外，蜂胶具有黏性胶状特性，在高温和高压条件下容易发生结块和板结现象。这导致超临界 CO_2 流体无法与板结的蜂胶充分接触，使得超临界 CO_2 流体的通过方式从弥散式转变为通道式。这种现象还会造成流动阻力不均，引发流体流动短路。在这种情况下，CO_2 流体主要通过阻力较小的区域，导致沟流现象的产生，大幅度减少了与萃取物料的接触面积，进而降低了萃取效率。尽管超临界 CO_2 萃取技术具有显著的优势，但在常规的蜂胶超临界 CO_2 萃取过程中所遇到的上述问题，曾一度阻碍产业化进程。

为了攻克蜂胶超临界 CO_2 萃取技术产业化的难关，科技工作者从多个维度进行了深入探索和创新。他们尝试了混合溶剂萃取、改变萃取物料的物理特性以及提升 CO_2 流体在萃取物料中的传质效率等策略，这些努力显著促进了超临界 CO_2 萃取蜂胶产业化的进程。

（3）混合式超临界 CO_2 萃取蜂胶

吴家森等（2000）发明了"一种超临界多重提取蜂胶的方法"，其特征是先用乙醇对蜂胶进行溶润处理，然后置于萃取釜中用超临界 CO_2 流体萃取。溶润处理就是将蜂胶冷冻粉碎后与一定比例的乙醇混合静置，让部分极性的、超临界 CO_2 不容易溶解的成分从蜂胶中首先游离出来。

高荫榆等（2002）采用乙醇作为携带剂，研究人员针对蜂胶中的黄酮类化合物进行了超临界萃取工艺研究。他们确定，在优化的工艺条件下，即萃取压力设定为 25MPa，乙醇浓度为 95%，固液比为 6∶1，萃取温度保持在 50℃，萃取时间持续 4 小时，流体流速维持在 35kg/h，萃取效果达到最佳。在这些条件下，黄酮类化合物的萃取率能够超过 15%。相较于未使用夹带剂的超临界流体萃取技术，该方法显著提升了黄酮类化合物的萃取率，并且大幅缩短了生产周期。

谷玉洪等（2006）采用超临界 CO_2 并结合乙醇作为携带剂，成功萃取了蜂胶中的黄酮类有效成分。在萃取物中，仅发现少量的树脂和蜂蜡等亲脂性杂质。该萃取过程简便易行，且最佳萃取条件已经确定，即蜂胶的粉碎粒度应为 20 目，萃取压力设定为 35MPa，萃取温度维持在 40 ℃，并且蜂胶与夹带剂的比例应为 1∶2。

邓泽元等（2024）开发了一种超临界 CO_2 萃取技术，用于萃取富含黄酮的蜂胶。该技术流程如下：首先将蜂胶原料用碱性溶液进行润湿，接着利用微波技术破坏蜂胶细胞壁。经过预处理的蜂胶随后被放置于一个三级分离功能的超临界 CO_2 萃取器中，使用特定比例的含水乙醇和乙酸乙酯作为混合溶剂，执行超临界萃取过程，以获得富含黄酮的蜂胶产品。该发明首先通过微波处理经过弱碱溶液润湿的蜂胶原料，然后采用特定比例的含水乙醇和乙酸乙酯作为携带剂与 CO_2 混合，形成一个具有较宽极性范围的萃取介质，该介质能够有效地萃取蜂胶中的多种极性活性成分。此外，该发明还采用了多梯度温度和压力调节系统对萃取物质进行三级分离，最终分别得到低黄酮含量和高黄酮含量的蜂胶产品。

（4）改变物料物理特性的蜂胶超临界 CO_2 萃取

刘晶晶等（2007）发现，采用梯度升温技术能够有效提升超临界萃取的产率。该方法首先在较低温度下萃取出低熔点的有效成分，随后适当增加温度，以萃取出一些熔点稍高的成分。

徐响等（2008）采用超声强化超临界 CO_2 萃取蜂胶，采用气相色谱 – 质谱法（GC-MS）分离鉴定了蜂胶萃取物中的成分，并与采用超临界 CO_2 萃取的产物成分进行了比较。实验共鉴定出 40 种组分，超声强化超临界 CO_2 萃取物与超临界 CO_2 萃取物样品的化学组成相似，但超声强化超临界萃取物中的苯甲酸、肉桂酸肉桂酯、Z-14- 二十四碳烯酸和柯因等物质含量较高。结果表明，超声强化对超临界 CO_2 萃取蜂胶中有效成分（如柯因等化合物）有一定的强化作用。

为了确保蜂胶在萃取过程中与超临界 CO_2 流体始终保持充分接触，从而实现高效的传质效果，邵兴军等（2009）开发了一项创新技术——模拟生物流化床式超临界 CO_2 流体萃取蜂胶技术。这项技术充分利用了固体颗粒在流化状态下的高效传质特性，通过精确设定一系列关键工艺参数，如介质充填比例为 4 : 1，萃取压力设定为 32MPa，萃取温度维持在 39℃，CO_2 流化量为 800L/h，以及萃取时间定为 4 小时，成功实现了至少 26% 的萃取率和超过 12% 的黄酮化合物含量（图 6-2）。这项技术有效克服了蜂胶在超临界 CO_2 萃取过程中出现的板结和沟流问题，显著提升了萃取效率，并增加了蜂胶萃取物中有效成分的含量。此外，它还成功萃取了蜂胶中的大量极性成分。

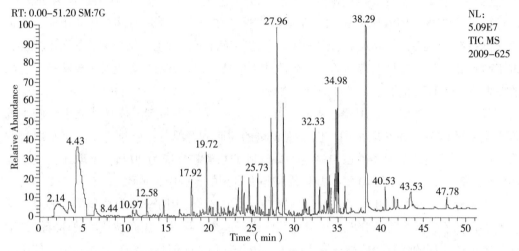

图 6-2　模拟生物流化床式蜂胶超临界 CO_2 萃取物 GC–MS 总离子流色谱图

（5）模拟半仿生技术的蜂胶超临界 CO_2 萃取

为了提升蜂胶的生物利用度，邵兴军等（2024）发明了"一种模拟半仿生技术的超临界 CO_2 流体萃取蜂胶高活性成分的设备及方法"。该发明采用了一种动态双腔室模型的仿生萃取装置，旨在模拟人体胃肠道的酸碱环境。经过预处理的蜂胶原料，在 pH 值的动态调节和恒温连续酶解的辅助作用下，通过超临界 CO_2 流体的动态传热传质过程进行萃取和分离，从而得到具有高单体指标成分、易于人体吸收的小分子活性成分混合物。该技术以萃取物的生物活性成分为导向，结合超临界 CO_2 流体和半仿生萃取技术，模拟口服制剂在人体内的消化和吸收过程以及胃肠道转运吸收的环境，有效解决了蜂胶多组分萃取和活性成分吸收的问题。它最大限度地萃取了蜂胶的活性成分，提高了活性成分的生物利用度。这些活性成分更易于被胃肠吸收、代谢并发挥其作用，从而增强了机体的免疫能力，并提升了抗氧化性能；同时，该技术减少了有效成分的损耗。通过液质联用（HPLC–MS）检测分析，该技术所得的超临界蜂胶萃取物中黄酮单体成分短叶松素 –3– 乙酸酯的含量高达 6.6% 以上，松属素的含量高达 3.2% 以上。这不仅能够充分发挥混合物的综合作用，还能利用单体成分来控制口服制剂的质量（图 6–3）。

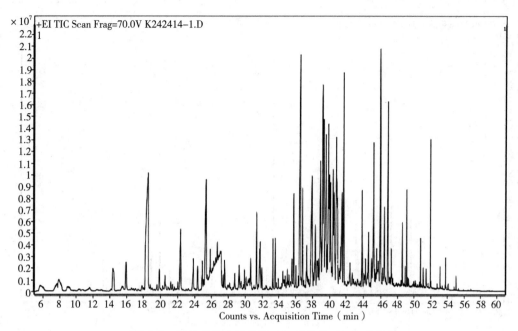

图 6-3　模拟半仿生超临界 CO_2 萃取物 GC-MS 图谱

回顾近年来超临界 CO_2 萃取技术在蜂胶萃取加工领域的研究与应用进展，正如国内外众多专家所预测，该技术在蜂胶萃取方面的应用前景十分广阔。尽管在产业化初期，该技术面临生产效率较低等问题，但经过二十多年的产业化实践，其萃取物的安全性、天然性和无污染特性已得到普遍认可。随着技术的不断升级，目前该技术的产业化水平已经相当成熟，所生产的产品已经带来了显著的经济效益和社会效益。

3. 蜂胶水溶剂提取技术

鉴于蜂胶的大部分成分在水中溶解性较差，通过水溶剂直接提取天然蜂胶的方法缺乏经济可行性，蜂胶水溶剂提取技术的商业化进程一直较为缓慢。然而，众多研究显示，蜂胶水提取物具有多种生物学活性。

邵兴军等（2024）对蜂胶超临界 CO_2 萃余物进行水提取得到了蜂胶水提取物，提取物中总黄酮含量达到了 8% 以上。通过检测与分析，发现提取物中包含了大量极性强的蜂胶成分，例如咖啡酸、p-香豆酸、阿魏酸、短叶松素、松属素、短叶松素 3-乙酸酯、高良姜素、柯因、槲皮素等（图 6-4、图 6-5）。这种提取物具有良好的水溶性，为开发蜂胶口腔健康产品以及蜂胶日化产品提供了极大的便利，进而拓宽了蜂胶的应用范围。

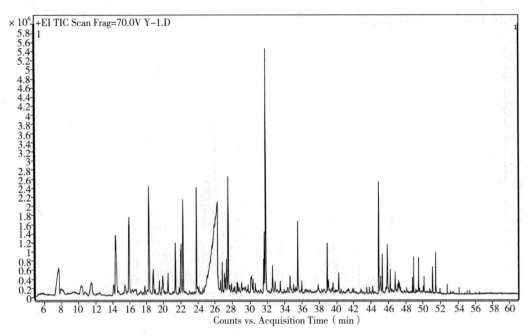

图 6-4　蜂胶水提取物 GC–MS 图谱

农业农村部蜂产品质量检验测试中心（北京）

检验报告

No.K24666　　　　　　　　　　　　　　　　　　　共 2 页第 2 页

检验项目	检测依据	单位	实测值	标准要求	单项判定
咖啡酸	GB/T 19427–2022	g/kg	26.1	/	/
p- 香豆酸	GB/T 19427–2022	g/kg	10.8	/	/
阿魏酸	GB/T 19427–2022	g/kg	3.84	/	/
槲皮素	GB/T 19427–2022	g/kg	1.65	/	/
莰菲醇	GB/T 19427–2022	g/kg	0.812	/	/
芹菜素	GB/T 19427–2022	g/kg	0.327	/	/
松属素	GB/T 19427–2022	g/kg	4.79	/	/
柯因	GB/T 19427–2022	g/kg	2.35	/	/
高良姜素	GB/T 19427–2022	g/kg	3.68	/	/
短叶松素 3- 乙酸酯	GB/T 19427–2022	g/kg	10.4	/	/
绿原酸	GB/T 19427–2022	g/kg	未检出	/	/
阿替匹林 C	GB/T 19427–2022	g/kg	未检出	/	/

图 6-5　蜂胶水提取物 12 种酚类化合物检测结果

（二）蜂王浆的深加工技术

1. 新鲜蜂王浆的冻干技术

蜂王浆在常温下保存极为困难，易受空气、日光和水分的影响导致其活性成分受损。蜂王浆冻干技术，亦称冷冻干燥技术，是一种在低温下将蜂王浆冻结随后在低压环境下去除水分的加工工艺。当压强降至 4.6mmHg 以下时，冰可直接升华成水蒸气。依据这一原理，通过将蜂王浆迅速冷冻，在低压真空环境下促使其中的冰晶直接升华成水蒸气并逸散，以此去除水分。

　　将经过预处理的蜂王浆放置于真空冷冻干燥机的托盘上，随后送入冷冻干燥室。在该室内，将温度调节至 –40℃，以实现蜂王浆的快速冻结。接着，启动真空冷冻干燥机，并将真空度维持在大约 10mmHg，同时确保蜂王浆料温稳定在 –25℃左右，冷凝器温度则控制在 –50℃左右，从而形成蒸汽压差，有效促进水蒸气的排出。同时，对冷冻干燥室的部件进行适度加热，以促进水分的升华。这一过程通常持续约 12 小时，直至蜂王浆中的水分含量降至大约 10%。之后，将干燥室温度提升至 30~40℃，持续 4~5 小时，以促使水分快速蒸发，最终将蜂王浆的水分含量降低至约 2%。经过冷冻加工，新鲜蜂王浆便制作完成。

　　运用蜂王浆冻干技术时，整个冻干过程在低温低压的环境下进行，冻干脱水率高达 95%~99%，这有效地保留了蜂王浆中的热敏性物质、营养成分以及活性物质。通过真空冷冻干燥工艺，蜂王浆中的大部分水分被去除，便于长期保存。冻干后的蜂王浆产品为结晶粉末，在常温下也能稳定存放和流通，解决了液态蜂王浆不稳定的问题，提升了蜂王浆的利用价值。

2. 蜂王浆主蛋白高压处理防细丝聚集

　　王浆主蛋白（MRJPs）是蜂王浆中的主要活性成分之一。但是在加工和储存过程中，MRJPs 会因静电和疏水作用而自发聚集，形成纤维状的聚集体。这些聚集体难以被胃肠道消化，这不仅影响了蜂王浆的品质，也限制了其营养成分的吸收。因此，如何有效控制蜂王浆主蛋白的自发聚集，成为了实现蜂王浆高值化利用所必须克服的关键技术难题。

　　Pan et al.（2023）研究报道了高压处理（HPP）对王浆主蛋白（MRJPs）聚集行为的影响，并揭示其在分子水平上的调控机制。研究结果表明，HPP 处理（尤其是 100~200MPa 的压力范围）能够有效地破坏 MRJPs 的纤维状聚集，从而产生更小且均匀的颗粒。这一变化有助于提升 MRJPs 的消化吸收率和生物利用度。然而，更高压力（400~600MPa）会导致小颗粒聚集形成更大的聚集体，这反而不利于 MRJPs 的消化吸收。此外，HPP 处理主要通过影响 MRJPs 的高级结构（三级和四级结构）来调节聚集行为，而非通过改变其二级结构。在高压环境下对蛋白质构象动态的研究表明，高压处理（HPP）主要通过改变链间氢键和疏水相互作用来调节蜂王浆主要蛋白（MRJPs）的聚集行为（图 6-6）。综合以上分析，本研究运用多学科交叉的方法，揭示了高压处理调控蜂王浆主要蛋白聚集的分子机制，并为蜂王浆主要蛋白的结构特性提供了新的认识，从而为蜂王浆功能性食品的开发提供了理论支持。

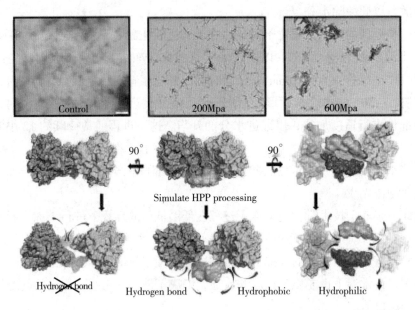

图 6-6　在高压条件下 MD 模拟系统中 MRJP1 复合物残基最小接触分布图

（三）蜂花粉的深加工技术

食用蜂花粉或蜂花粉制品可能会引起过敏反应，这是影响其食用安全性的主要问题，并限制了产品开发和应用的潜力。蜂花粉的外壁阻碍了蜂花粉内营养物质的释放以及人体对蜂花粉中功能成分的充分吸收。针对这些问题，蜂花粉的深加工技术主要集中在降低过敏性和蜂花粉破壁。

1. 蜂花粉降敏的酶解技术

Tao et al.（2022）通过蛋白质组学和生物信息学分析，鉴别出油菜花粉中的五种潜在过敏原：profilin（前纤维蛋白）、cystatin（半胱氨酸蛋白酶抑制剂）、alcohol dehydrogenase（醇脱氢酶）、prolamin（醇溶蛋白）和 expansin（扩展蛋白）。这些过敏原能够激发 B 细胞和 T 细胞的潜在抗原表位反应。他们研究发现，经过果胶酶、纤维素酶和木瓜蛋白酶处理，油菜花粉中前纤维蛋白、半胱氨酸蛋白酶抑制剂和醇脱氢酶的含量显著减少。免疫印迹分析显示，酶处理后的蜜蜂花粉蛋白的 IgE 结合能力显著降低，这表明酶解作用显著降低了蜜蜂花粉的过敏性。进一步研究发现，经酶处理后，油菜花粉中的主要成分，包括九个寡肽和六种氨基酸，其含量与未处理的花粉相比有显著增加。这暗示了特定酶处理在改善油菜花粉的营养特性方面也发挥了积极作用。此外，代谢组学分析进一步揭示了酶处理促进了蛋白质向氨基酸的转化，包括 $L-$ 缬氨酸、$L-$ 苯丙氨酸、$L-$ 赖氨酸、$L-$ 异亮氨酸、$L-$ 色氨酸和 $L-$ 蛋氨酸。

2. 蜂花粉降敏的发酵技术

Yin et al.（2022）通过蛋白质组学分析，成功识别出油菜花粉中的两种潜在过敏原蛋白，即谷氧还蛋白和油质蛋白 –B2（oleosin-B2），并利用生物信息学预测了这些蛋白对 B 细胞和 T 细胞的抗原表位。他们的研究结果表明，利用酿酒酵母对油菜花粉进行发酵处理，发酵后的花粉中这两种过敏原蛋白的含量显著降低。免疫印迹分析进一步揭示，发酵后的油菜花粉蛋白提取物的 IgE 结合亲和力降低，这表明发酵过程有效减少了过敏性。此外，研究还发现未发酵与发酵油菜花粉中过敏原蛋白的水平、特征肽和主要氨基酸之间存在显著差异。特别值得注意的是，发酵后的油菜花粉中五种主要寡肽和四种氨基酸的含量显著高于未发酵的花粉样本。代谢组学分析进一步显示，发酵过程显著促进了必需氨基酸的生物合成，这暗示啤酒酵母发酵不仅降低了过敏性，还对油菜花粉的营养价值产生了正面影响。运用扫描电子显微镜（SEM）可以观察醇母菌发酵对油菜花粉粒的形态影响，以观察花粉粒在微观层面的结构差异（图 6-7）。

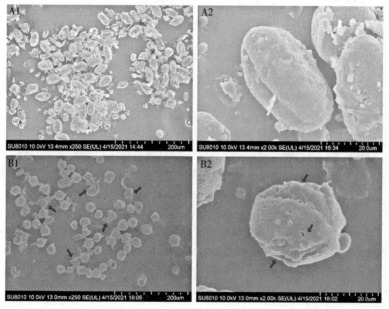

图 6-7　使用扫描电子显微镜 (SEM) 观察酵母菌发酵前后油菜花粉粒的形态变化

A1：未发酵的油菜花粉（250×）；A2：单个未发酵的油菜花粉粒（2000×）

B1：发酵后的油菜花粉（250×）；B2：单个发酵后的油菜花粉粒（2000×）

蓝色箭头指示外层花粉壁的破裂和通过发酵暴露的细胞内物质。

Yin et al.（2024）运用乳酸菌（LAB）发酵技术处理油菜花粉，目的是降低其致敏性。他们利用蛋白质组学分析技术，成功鉴定出四种过敏原，包括谷氧还蛋白（glutaredoxin）、油质蛋白 –B2（oleosin–B2）、过氧化氢酶和脂肪酶。通过蛋白质组学、代谢组学和免疫印迹的综合分析，乳酸菌发酵技术能够将油菜花粉中的这四种过敏原分解为小分子肽和氨基酸（图 6-8）。同时，乳酸菌发酵产物（LAB–FBP）有助于缓解病理症状，并在敏感小鼠中减少肥大细胞和过敏介质（如生物胺和 IgE 抗体）的产生。这一过程改变了过敏原的表位，显著降低了它们的致敏性。代谢组学分析显示，发酵后的油菜花粉相较于未发酵油菜花粉，28 种特征性寡肽和氨基酸有显著增加，这表明乳酸菌在降解过敏原方面具有显著效果。通过微生物高通量测序分析，研究团队发现发酵后的油菜花粉能够调节肠道微生物群和代谢，从而增强免疫力，这与缓解过敏反应有着密切的联系。这些研究结果为低过敏性油菜花粉产品的开发和应用提供了重要的科学依据。

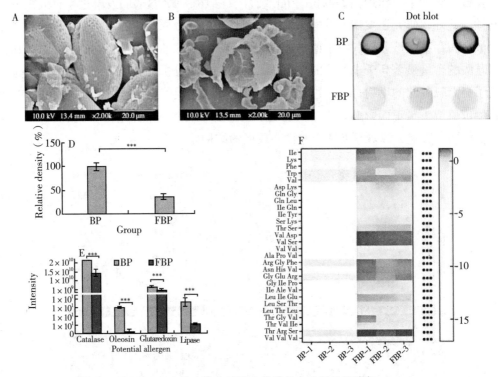

图 6-8　乳酸菌发酵的油菜花粉中过敏原的降解

自然和乳酸菌发酵的油菜花粉的扫描电子显微镜（SEM）分析（A 和 B）；自然和乳酸菌发酵的油菜花粉蛋白的 IgE 结合亲合力（C 和 D）；基于蛋白质组学的自然和乳酸菌发酵的油菜花粉中过敏原检测（E）；基于代谢组学的自然和乳酸菌发酵的油菜花粉中寡肽和氨基酸分析（F）。*** 表示 $P < 0.001$。

3. 蜂花粉的超临界加工技术

孙丽萍等（2008）利用超临界 CO_2 对蜂花粉进行破壁处理。该方法涉及在特定的压力和温度条件下，让超临界 CO_2 流体作用于花粉一段时间后，迅速打开排气阀排空 CO_2。这一过程导致花粉细胞因内外压差显著增大而剧烈膨胀，最终破裂。该发明的优势在于操作简单、成本低廉，并且整个过程在 50℃ 以下完成，破壁时间不超过 30 分钟，有效减少了产品热变性的影响。活性成分得以完整保存，同时该方法还能杀灭细菌，实现了破壁与杀菌同步。此外，该技术确保了高破壁率与低破碎率，使得在干燥条件下花粉的内含物仍然保留在破裂的花粉壁内，有利于营养成分的保存。

邵兴军等（2024）发明了"一种蜂花粉组合物及其应用"。该发明将蜂花粉组合物（油菜花粉、荞麦花粉、雄蜂蛹粉、蛹虫草粉、牡蛎肽、乳糖和微晶纤维素）混合后进行微波杀菌，杀菌后进行超临界 CO_2 萃取。所选的组分生物活性无拮抗作用，结合超临界处理可避免营养物质的流失和破坏；同时各组分发挥协同作用，有效改善记忆、提高抗疲劳性，可用于调理和改善亚健康状态，应用前景广阔。

第三节 消费者：选择优质蜂产品，享受蜂主题康养

一、像蜜蜂一样生活

苏联科学院院士尼古拉·齐金曾对 200 位百岁以上的老人进行了深入调查，发现其中 143 人是养蜂人，另外 34 人曾经养过蜜蜂。基于这些发现，他首次提出了"养蜂人长寿"的观点。我国的医学家和营养保健专家通过调查分析，也得出了养蜂者在 10 种长寿职业中位居首位的结论。

养蜂人长寿的原因主要包括以下几点：首先，他们工作生活在大自然之间。养蜂人追随花期，采集花蜜，生活在充满鸟鸣花香、空气清新的地方，远离污染，这对健康极为有益。其次，养蜂人拥有强健的体魄。他们需要进行打扫、喂养、检查等一系列繁杂而忙碌的工作，四季无休，身体在不断的劳动中得到锻炼。第三，他们心态平和。养蜂人与大自然和蜜蜂亲密接触，容易培养出豁达的胸怀，同时研究养蜂技术使他们的生活更加充实，作息也变得规律。最后，他们常食用蜂产品如蜂蜜、蜂王浆和蜂胶等，这些产品营养丰富，具有增强免疫力、调节代谢等功效，有助于改善体质，益寿延年。

人们不禁会思考，在这亿万年的自然选择和优胜劣汰的竞争中，蜜蜂是如何凭借其独特的能力脱颖而出的呢？它既没有坚硬的甲壳和锋利的牙齿，也不是两栖动物，那么它依靠的是什么呢？鳄鱼之所以能在地球上生存亿万年，依赖的是其"硬实力"，而蜜蜂则依靠的是"软实力"。蜜蜂的"软实力"可以概括为"三个心"，即事业上有颗进取心，生活中有颗平常心，心灵中有颗慈爱心。

（1）事业上的进取心。勤劳的小蜜蜂，每天清晨便早早起床，欢快地飞向百花盛开的花丛中，追逐着花香，采集着甜蜜。朝霞迎接，和风送行；蓝天作伴，小鸟和鸣。它们拥有严密的组织结构、严明的纪律以及严格的分工。工作时专心致志，一丝不苟，不遗漏任何一朵花。当发现远处有优质花源时，它们会发出信息，互相呼唤，集体前往，不畏辛劳，不惧远行。为了采得上等花粉，蜜蜂对花儿一面歌唱，一面舞蹈，又是问候又是微笑，花儿也舒展起自己的花瓣和花蕊，以甜美的笑容回应，献出最优质的花粉。蜜蜂以花为伴，与花为善，在花丛中牵线搭桥如"月下老人"，使花儿满树、青果满枝。蜜蜂工作精益求精，他们善于精选能酿造好蜜的新鲜花粉。蜜蜂的进取心同样彰显于它们显著的集体主义和团队协作精神。它们的组织架构紧凑且运作高效，即便在庞大的蜂群中，也仅有一位领导者——蜂王，而且这一角色是兼职的。蜂王的核心职责是繁衍后代，但它还肩负着管理的职能。得益于其科学的管理方法和合理的制度，蜜蜂的工作流程文明而有序，这在管理领域无疑是一个奇迹。在这一点上，我们人类或许只能表示敬佩。蜜蜂构建的蜂房，专为幼蜂设计，其形状为六边形，既美观又高效。蜜蜂们似乎天

生就懂得遵循这一建筑标准，没有一个"违法乱纪"，建成三边形、四边形的。这里反映的是一种团队和自信精神，它们如此齐心协力，如此遵守规则，真是令人感叹不已。如遇外敌，蜜蜂展现了卓越的团结精神。蜜蜂社群拥有强大的内聚力，一致对外，为了捍卫蜂巢，它们勇敢地战斗，不计代价，整个蜂群展现出令人瞩目的战斗力。即便是那些凶猛的天敌，也不敢轻易侵犯蜂群。蜜蜂虽小，其灵气可谓大矣。

（2）生活中的平常心。蜜蜂在事业上展现出的进取心固然令人钦佩，但其在日常生活中所持有的那份平常心更是难能可贵。成千上万的蜜蜂紧密地挤在一个蜂巢中，尽管它们之间的摩擦和碰撞在所难免，但与蚂蚁不同，蚂蚁群体中常因争夺食物而发生争斗，蜜蜂却展现出一种宽容的心态。它们之间从不发生争执，反而相互礼让，即便蜂口众多，依然井然有序，这实在令人赞叹。在自然界严酷的生存竞争中，蜜蜂以爱心为根本，以助人为乐趣，将善良、明理、创新视为生活信条，始终不伤害他人。蜜蜂在采集花蜜的过程中，并非仅仅是辛勤的搬运工，它们在享受劳动的同时，也在传播友谊，从而实现与花朵的互利共赢；当它们将花蜜带回蜂巢后，并非仅仅将其储存，而是通过复杂的转化过程，利用自身的唾液将花蜜中的普通成分转化为甜美诱人的果糖和富含营养的葡萄糖，最终制成令人喜爱的蜂蜜。这一创新性的劳动极大地提升了花蜜的科技附加值，使得蜂蜜成为全球知名的绿色产品，既造福了蜂群自身，也惠及了整个社会。

（3）心灵中的慈爱心。在蜂群中，蜂王承担着母亲的角色。正如古诗所言，"慈母手中线，游子身上衣"，母亲总是怀揣着一颗慈爱的心。蜂王以每天产下5000至1万枚卵的惊人速度，连续产卵长达30年，这几乎是一个令人难以置信的奇迹。蜜蜂的慈爱之心不仅限于其种群内部，对人类更是慷慨无私，它们通过其产品——蜂蜜、蜂胶、蜂王浆等，为人类提供了丰富的营养和健康益处。在挑选蜂产品时，消费者不仅仅是在享受自然的馈赠，更是在体验一种由蜜蜂传递的慈爱与和谐。因此，选择优质的蜂产品，不仅是对身体的滋养，也是对心灵的抚慰。

人类接受了蜜蜂的慈爱之后，结果如何呢？自然是"善有善报"。正如古语所说，"爱人者人恒爱之，敬人者人恒敬之"，蜜蜂与人类建立了深厚的友谊。作为回报，人类为蜜蜂创造了越来越优越的生活条件，使得蜜蜂的生活变得更加轻松愉快。

二、蜜蜂与康养产业完美融合

美国哈里斯调查中心的数据显示，60%~90%的疾病与压力相关联，且在城市中几乎有一半的人感受到压力正在影响他们的健康状况。然而压力无处不在，是每个人都会经历的。那么，我们该如何应对压力呢？蜜蜂为我们提供了答案。蜜蜂不仅创造了卓越的物质成果，还创造了令人赞叹的休闲方式，真是令人称奇。

在压力的作用下，人类的生物钟可能会受到干扰，从而导致昼夜节律的紊乱。人们可能会沉溺于吸烟、酗酒、熬夜，甚至在饭后立即参与赌博活动。城市中的摩天大楼可能带来压抑感，而空气污染则进一步恶化了环境。这些因素共同作用，引发了一系列与生活方式相关的疾病。然而，蜜蜂的生活却截然相反。它们与蓝天为伴，与花朵为友；日出而作，日落而息，生活规律而有序，饮食适度；工作八小时，生活节奏稳定。它们的生活态度是适度工作，"努力工作，流汗但不流血"，因为世上没有不劳而获的事物，但也不应以牺牲健康为代价；勤奋工作，但不过度，"用脑用力，但不玩命"，因为不努力固然不会有成就，但也不应以生命为代价。毕竟，工作是无休无止的，少了任何一个人，总会有其他人继续。我们应当多花时间走进大自然，亲近大自然，回归大自然，观察蜜蜂的生活，感悟大自然的美好。经历了大自然的洗礼，我们的心灵会变得更加纯净，生活也会因此充满幸福。

像蜜蜂一样生活成为了现代人追求健康的一种生活方式，在《康养蓝皮书：中国康养产业发展报告（2021）》中指出："随着我国人口日渐老龄化、亚健康状态普遍化、慢性疾病及重症患者年轻化以及科学健康观念普及化，以全龄康养为对象的疗愈康养业态逐渐兴起"。目前，研学康养、旅居康养和疗愈康养已经成为消费者极为追捧的康养产品类型。尤其是中医药疗愈康养和森林疗愈康养，它们正逐渐成为当下最受欢迎的康养场景。蜜蜂所处的生态环境，以及它们生产的蜂产品和蜂疗项目，为森林康养与中医药康养的结合提供了宝贵的资源。

与此同时，我国已成功建立了多个蜜蜂文化科普示范基地，例如中国蜜蜂博物馆和重庆武隆蜜蜂科普馆（蜂疗中心）等。这些基地位于风景秀丽的自然保护区内，不仅为蜜蜂提供了理想的栖息环境，也为开展以蜜蜂为主题的研学康养和疗愈康养活动提供了坚实基础。参与这些活动的消费者能够亲近大自然，体验养蜂生活，并且能够亲身体验到蜂产品内服和外用的神奇效果。

三、走进蜂主题康养之旅

重庆武隆区的蜂疗中心位于享有"南国第一高山草甸""南国牧原""东方瑞士"以及"凡间的伊甸园"美誉的仙女山国家森林公园内。它基于武隆区中医院蜂疗特色门诊打造，是将森林康养与疗愈康养相结合的又一成功典范。

在蜂疗中心内的科普展览区，参观者可以通过实物、文字、动画、标本模型等结合声、光、电等特效的形式，了解到蜂疗产业链、蜜蜂养殖、蜂产品功效等相关内容，学习"小蜜蜂"精神。

在蜂疗治疗区，以蜂毒为原料的蜂毒疗法和蜂针疗法在治疗风湿性关节炎等慢性疾病方面展现了显著的疗效，促进了蜂疗康养产业在健康调理和慢性病治疗方面的蓬勃发展。居住于此的康养人群不仅能够沉浸在森林之中，汲取大自然的活力；还能够体验到蜂疗的独特益处，并享受蜂产品带来的营养，从而在精神和身体两个层面获得全面的滋养。

2023 年，"世界蜂疗大会·川渝工作站"在重庆武隆正式成立。依托于仙女山蜂疗中心，蜂主题康养产业在产、学、研三个方面的高质量同步发展得到了进一步推动，此举为蜂主题大健康产业的发展注入了新的活力。

高品质蜂产品的价值不仅在于外表的光鲜和包装的夺目，更在于真实的内在品质。为了让消费者感受到内在的高品质，国内首个以"蜜蜂及蜂胶文化"为主题的科普文化馆于 2007 年在江苏建立。该文化馆以"四大透明"为核心，打造以"蜂营养"为主题的工业旅游项目。参观者不仅可以深入了解蜜蜂和蜂胶文化，还能通过原料透明、提取透明、制剂透明、配方透明这四大透明环节，目睹高品质蜂胶原料的形态，并亲自体验 DIY 蜂胶配方的乐趣。每一个环节都真实可见，确保了高品质的可见性。

与此同时，将蜂产品的营养价值与康养理念相结合，汲取中医传统养生的智慧精华，在 2021 年亚布力健康管理论坛上，推出了以"静神、动形、通络、营养"为核心理念的真健康四大行动。这一系列行动，旨在通过结合蜂产品的天然营养成分与中医养生理念，为消费者提供全方位的健康方案。例如，通过开展"静神"行动，参与者通过静坐、站桩等方法进行内心调养，同时利用蜂产品的益处来缓解压力、提升睡眠质量；"动形"行动则通过练习传统养生导引功法，并结合蜂产品的营养成分摄入，旨在强化体质、补充内在能量；"通络"行动侧重于利用蜂产品的外用效果，如蜂蜡热敷和蜂疗通络等方法实现温经通络的目的；而"营养"行动强调通过合理膳食搭配蜂产品，实现营养均衡，增强免疫力。这些行动不仅提升了蜂产品的附加价值，也为消费者提供了科学、系统的健康管理方法，从而推动了蜂产业与康养产业的深度融合。

随着公众对自然、健康和环保理念的日益重视，蜜蜂文化及其相关产品将更加贴合现代消费者对健康生活方式的追求，成为其中不可或缺的一部分。消费者越来越倾向于选择以蜜蜂为核心元素的养生方式，并愿意投资高品质的蜂产品。这种积极的消费行为为蜂产业的高质量发展注入了必需的资金支持。正是这样的资金支持，使得对蜂农的关怀和对蜜蜂的保护措施得以落实，从而推动了蜜蜂、生态环境与人类社会的和谐共生和可持续发展。

第四节　养蜂人：优质蜂产品的生产与生态养蜂

养蜂场被誉为优质蜂产品生产的"第一车间"。确保蜂产品原料的优质生态，需要全社会共同关注蜜蜂的福利。政府与行业协会应加强对蜜蜂福利的重视，引导农民种植蜜源植物，并禁止使用对蜜蜂有害的农药。这些措施将有助于强化蜜蜂的生态作用，并促进蜂业的可持续发展。

蜜蜂采集的花蜜和其他蜂产品极易受到其采食区域环境条件的影响。过度或无差别地使用农业杀虫剂以及气候变化、自然环境破坏等问题，都对养蜂业构成了严峻挑战。因此，养蜂人在生产过程的每一个环节，包括养蜂作业、收获以及收获后的加工和储存，都需采取预防措施以控制农药、重金属、抗生素和产霉菌素真菌污染的风险。

蜜蜂产品中生物活性成分的组成和含量高度依赖于植物和地理来源、养蜂实践、季节变化以及各种采后技术的应用，这些都依靠养蜂人。此外，养蜂人还是蜜蜂福利的守护者，是提升蜂群生产力的关键所在。

一、养蜂人应给蜜蜂提供优质的生活环境

（1）优质的食物供应。在外界蜜源匮乏时，养蜂人会给蜜蜂喂食白糖、果葡糖浆或蜂蜜等。如越冬期来临前，会补足整个越冬期所需饲料；春繁时，进行奖励饲喂，刺激蜂王产卵和激励工蜂哺育幼虫；过箱、合并蜂群或介入新王后，也会及时饲喂以安抚蜂群，促使其恢复正常秩序。

（2）适宜的居住环境。蜂农会为蜜蜂提供干净、干燥且通风良好的蜂箱，定期检查和清理蜂箱，去除杂物、害虫和病菌，防止疾病传播，保障蜜蜂健康。在夏季高温时，会为蜂箱遮阴降温；冬季寒冷时，会采取保暖措施，如给蜂箱包裹保温材料等，帮助蜜蜂安全过冬。

（3）优质蜂王的培育和引入。蜂王的品质对蜂群发展至关重要，蜂农会注重培育或引入优质蜂王，以提高蜂群的繁殖能力、生产性能和抗病能力，进而提升蜂产品的产量和质量。比如，佳县畜牧服务中心曾免费给蜂农发放优良蜜蜂品种。

（4）疾病防治与健康管理。蜂农会密切关注蜜蜂的健康状况，定期检查蜂群，及时发现和处理疾病问题，采用生物防治、物理防治和药物防治等综合措施，保障蜜蜂健康，减少疾病对蜂群的影响；且会注意合理用药，避免药物残留对蜜蜂和蜂产品造成污染。

（5）充足的休息和繁殖时间。蜂农会根据蜜蜂的生活习性和生长规律，合理安排取蜜时间和频率，不过度干扰蜜蜂的正常生活，给蜜蜂留下足够的蜂蜜作为食物储备，保证其有充足的休息和繁殖时间，让蜂群能够自然发展壮大。

（6）丰富的蜜源植物种植。部分蜂农会在蜂场周边种植各种蜜源植物，如油菜花、紫云英、洋槐等，为蜜蜂提供丰富多样的花蜜和花粉来源，延长蜜蜂的采集期，增加蜂产品的产量和种类，同时也有助于提高蜜蜂的体质和免疫力。

二、养蜂场的优质蜂产品原料生产

（一）优质蜂王浆的生产

中国是全球蜂王浆的主要生产国，贡献了全球 90% 以上的产量。这些蜂王浆主要销往日本、欧洲和美国。在过去的四十年间，蜂王浆产量的增长主要得益于生产技术的进步与优化，以及意大利蜜蜂品种的遗传改良。这些改良使得意大利蜜蜂的蜂王浆产量是未经过选择的蜜蜂品种的 10 倍（Ahmad et al.2020）。

蜂王浆的生产过程需要在人工辅助下为蜂群营造一个适宜的养王环境。所谓的"养王框"，也就是采浆框，通过将幼虫移至塑料台基中，蜜蜂便会开始喂养蜂王浆。在台基内王浆积累到最多时进行采集，采集后立即再次移虫，蜜蜂会继续提供王浆，从而实现蜂王浆的持续生产。蜂王浆的产量和品质受到多种因素的影响，包括蜂种、蜜粉源、蜂群状态、环境条件、养蜂管理方式、气候条件、泌浆蜂的日龄以及取浆的时机等。在缺乏自然蜜粉源的条件下，饲料的种类和品质也会对蜂王浆的产量和品质产生影响。

在外界蜜粉源充足的情况下，单群蜜蜂能够分泌足够的蜂王浆来哺育超过 300 个由人工制作的王台中的幼虫。为了深入理解王台数量对蜂王浆产量及其品质的影响，Ma et al.（2022）探讨了王台数量对蜂王浆产量、化学成分以及抗氧化活性的影响。在大约有 11 足框蜜蜂的蜂群中，分别引入了 1~5 个含有 64 个王台的产浆条，这些王台中装有适龄的幼虫。通过比较，研究者们分析了由此获得的蜂王浆产量、成分和功能上的差异。研究结果显示，随着王台数量的增加，幼虫的接受率并没有显著变化；然而，每个王台中蜂王浆的重量呈现下降趋势，当增至 5 个产浆条时，这种下降趋势具有统计学上的显著性；单群蜜蜂的总蜂王浆产量呈现递增趋势，但是当使用 4 个和 5 个产浆条时，产量之间没有显著差异。因此，在该实验条件下，单群蜜蜂放置 4 个产浆条被证明是蜂王浆生产的最高效方式。代谢组学分析揭示，王台数量对蜂王浆代谢谱有显著影响，增加王台数量会显著降低脂肪酸含量，其中王浆酸含量从 1 个产浆条时的 2.01% 降低到 5 个产浆条时的 1.52%。而王台数量的增加对蜂王浆蛋白谱的影响较小，仅显著降低了 12 个低丰度蛋白的含量，对王浆主要蛋白（MRJPs）的含量没有影响。此外，王台数量的变化并未显著影响蜂王浆的抗氧化活性。

转地养蜂活动可能会引起哺育蜂的氧化应激水平变化，并导致主要泌浆腺体——咽下腺体积缩小。此外，不同的蜜粉源植物会对蜂王浆中诸如 10-HDA 等关键成分的含量产生影响。为了深入理解转地养蜂对蜂王浆品质的具体影响，Ma et al.（2022）选取了高产蜂种浆蜂作为研究对象，对比分析了同一转地蜂场在五个不同花期生产的蜂王浆的成分及抗氧化活性差异。通过代谢组学和蛋白质组学分析，研究团队揭示了迁徙养蜂期间，蜜蜂在不同花期生产的蜂王浆成分变化。蜂王浆代谢谱和蛋白谱均受花期影响，其中棉子糖、吡喃葡糖基蔗糖、蔗糖等低含量糖类和蜂王浆主蛋白 5（MRJP5）的含量变化最大。10-HDA 含量也受花期影响，在茶花期升高了 11.05%~19.65%。3- 甲基组氨酸、N- 乙酰多巴胺等物质的含量变化影响了蜂王浆的抗氧化活性，荆条期生产蜂王浆的铁离子还原抗氧化能力增加了 2.19~2.65 倍。此外，蜂王浆样品的含水量、蛋白质含量、10-HDA 含量等均符合蜂王浆国际标准（ISO 12824:2016）。该研究为全面评价我国浆蜂生产的蜂王浆品质提供了丰富的组学数据，进一步证明了浆蜂蜂王浆的优质特性。

Liu et al.（2023）利用稳定同位素技术结合机器学习技术揭示了不同花期（如油菜、荆条和芝麻）蜂王浆的差异，并分析了环境因子对其 $\delta 13C$、$\delta 15N$、$\delta 2H$ 和 $\delta 18O$ 的影响，评估了在定地养蜂条件下不同花期蜂王浆 $\delta 13C$、$\delta 15N$、$\delta 2H$ 和 $\delta 18O$ 之间的差异。结果表明，荆条蜂王浆、芝麻蜂王浆和油菜蜂王浆中 $\delta 13C$、$\delta 15N$ 和 $\delta 18O$ 值存在显著差异，这些差异不仅受到植物自身特性的影响，还与植物栽培方式、气候、环境等有关。荆条蜂王浆和芝麻蜂王浆的 $\delta 13C$ 与最高气温和降雨量呈显著正相关，$\delta 2H$ 与降水量呈显著负相关。最后，利用机器学习结合稳定同位素技术对不同花期蜂王浆进行鉴别，发现人工神经网络（ANN）模型在多个评价指标上明显优于随机森林（RF）模型，具体表现为：灵敏度高达 96.4%，特异性为 98.1%，识别率高达 98.5%。该研究揭示了蜂王浆中稳定同位素与环境因子之间的独特关联性，并挖掘出稳定同位素技术与 ANN 模型的高效结合能力，为蜂王浆的品种溯源和分等分级提供了新的研究方向和思路。

春季王浆顾名思义是指在 5 月中旬之前采集的蜂王浆，而 5 月中旬之后采集的则被称作秋季王浆。通常而言，春浆的品质优于秋浆。春季的气候温和，蜜源植物生长繁茂，蜜蜂在经历冬季的休整后，采蜜活动更为活跃，分泌的激素水平也较高，达到了最佳的产浆状态。因此，春季王浆中的活性物质更为丰富，王浆酸含量也相对较高。

养蜂场产出的鲜浆必须在 -5℃ 至 -7℃ 的环境中冷藏以保持新鲜。当温度降至 -18℃ 或更低时，蜂王浆中的氧化过程将被抑制，微生物的增殖也受到抑制，活性成分的降解速率减缓，从而确保其多年不腐败。然而，长时间的强烈光照会导致蜂王浆颜色逐渐变深，化学性质发生改变。因此，蜂王浆在储存时应尽可能避免阳光直射。

（二）优质蜂胶的生产

生产优质蜂胶的关键在于以下几个方面。

（1）选择环境宜人、长寿胶源植物繁茂且未受污染的场地开展养蜂活动。例如，胶东半岛、华北太行山区、西北秦岭山区的原生态天然环境，都是理想的养蜂场所。

（2）选择具备高效采胶能力的蜜蜂品种至关重要。引入和自主培育优质蜂种，例如意大利蜂、高加索蜂等以高产蜂胶著称的品种，并确保蜂群健康无病且强壮。在适宜的地区，探索引进非洲蜂种也是可行的策略。我国的蜂胶产量通常在每群蜂 100g 至 200g 之间，而巴西每群蜂的蜂胶产量可达到 500g 左右，这主要归功于巴西广泛使用的非洲蜂种，它们以凶猛强悍、不易患病和卓越的采胶能力而闻名。近年来国内蜜蜂育种机构也开始重视培育高产蜂胶的蜂种，并取得了显著成果。例如，吉林省养蜂科学研究所培育的"蜜胶1号"，以及江山二号蜂胶高产蜂种，都已纳入了推广计划。

（3）使用尼龙纱盖和集胶器进行取胶，新棉纱作为覆布，确保采胶蜂群的蜂箱内部和巢门保持清洁，采胶器具也应保持洁净。对于专门生产蜂胶的蜂群，应采用尼龙纱网和竹丝副盖式聚积蜂胶器，放置在蜂巢上门，让蜜蜂在此聚积蜂胶。大约30天后，收取聚积器械，进行冷冻处理。竹丝副盖式积胶器通过敲击或抠刮分离蜂胶，尼龙纱网积胶器通过折叠或揉搓分离蜂胶。

（三）优质蜂花粉的生产

当蜜蜂探访花朵之际，它们会搜集雄蕊上的植物雄性生殖细胞，并将唾液与花蜜混合，形成花粉团。这些团状物随后被蜜蜂装入其后足的花粉篮中，带回蜂巢。我们称这些花粉团为蜂花粉。蜂花粉的种类主要根据其来源的花朵进行区分，常见的种类包括油菜花粉、茶花粉、荷花粉、荞麦花粉、玫瑰花粉、紫云英花粉、向日葵花粉、玉米花粉、高粱花粉、柑橘花粉、南瓜花粉等。图6-9展示了蜂花粉的生产过程。

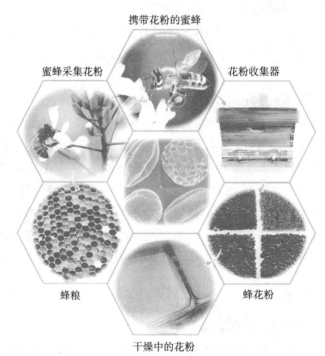

图6-9　蜂花粉的生产过程
（包括蜜蜂采集花粉、蜂粮形成、通过花粉陷阱拦截花粉粒）

为了确保蜂花粉的品质，采收过程中需要遵循以下几点。

（1）选择无污染的蜜粉源场地：确保放蜂场地的生态环境保持优良状态，避免水土遭受化工产品、重金属等污染，并维护良好的空气质量。同时，蜜粉源植物的培育应避免施用任何有毒有害的农药。

（2）保持生产器具的清洁。所有用于收集蜂花粉的器具都应采用不锈钢材质，并在使用前后进行彻底的清洗和消毒。

（3）适宜的干燥加工。真空脉动干燥法和低温冷冻干燥法是较为理想的选择，因为它们能更好地保留花粉的营养成分。

（4）蜂花粉智能色选。使用蜂花粉智能色选机可以快速筛选蜂花粉，获得高纯度的单一蜂花粉，有效去除杂质。

（5）蜂花粉灭菌加工。通常采用紫外线消毒法、射线辐照灭菌法等方法对蜂花粉进行灭菌加工。

参考文献

陈文松，2007．浅析中医运动康复之"动"与"静"［J］．陕西中医，（08）：1051–1053．

邓泽元，李静，李广焱，等，2018–02–09．一种高黄酮含量蜂胶的超临界CO_2萃取方法［P］．江西省：CN201510129680．1．

高荫榆，游海，陈芬，等，2002．蜂胶黄酮类化合物超临界萃取工艺研究［J］．食品科学，23（8）：154–157．

谷玉洪，罗濛，徐飞，等，2006．超临界CO_2提取蜂胶中总黄酮的工艺研究［J］．中草药，（3）：380–382．

郭双庚，2018．通络养精动形静神通络养生八字文化［J］．中华养生保健，（7）：18–19．

何莽，彭菲，杜洁，等．2001．康养蓝皮书：中国康养产业发展报告（2021）［M］北京：社会科学文献出版社．

江绪旺，俞书涵，李益辉，等，2023．适老疗愈型森林康养基地评价研究［J］．林业资源管理，（3）：71–79．

刘晶晶，张盛木，章晋武，等，2007．梯度升温法对超临界CO_2萃取蜂胶的影响［J］．食品研究与开发，28（1）：116–118．

邵兴军，马海燕，毛日文，2011．蜂胶高效优质生产的方式［J］．中国蜂业，62（7）：26–27．

邵兴军，孙海燕，毛日文，等，2011．模拟生物流化床式超临界CO_2萃取蜂胶的工艺研究［J］．天然产物研究与开发，23（B12）：132–136．

邵兴军，仲延龙，毛日文，等，2024–07–16．一种蜂花粉组合物及其应用［P］．江苏省：CN202410491743．3．

邵兴军，2024–12–06．半仿生超临界CO_2流体蜂胶高活性成分萃取设备及方法［P］．江苏省：CN202411458858．2．

沈伟征，贾英杰，2014．蜂胶软胶囊产品开发与制备［J］．食品工业，35（8）：175–177．

孙丽萍，徐响，高彦祥，等，2012–06–13．蜂花粉超临界二氧化碳破壁方法［P］．北京市：CN200810007855．1．

吴家森，钱律余，2002–10–23．一种超临界多重萃取蜂胶的方法［P］．江苏省：CN99114559．3．

吴晓闻，佐藤利夫，2001．超临界CO_2流体萃取蜂胶工艺的优点［J］．养蜂科技，（06）：25–26．

徐响，孙丽萍，董捷，2008．超声强化对蜂胶超临界CO2萃取物组成的影响［J］．农产品加工

（学刊），（11）：4-7+46.

于尔根·陶茨，陶茨，海尔曼，等 . 2008. 蜜蜂的神奇世界［M］. 北京：科学出版社 .

Ahmad S, Campos M G, Fratini F, et al., 2020. New insights into the biological and pharmaceutical properties of royal jelly［J］. International Journal of Molecular Sciences, 21（2）：382.

Dilek Boyaciogluleditor, 2022. Bee products and their applications in the food and pharmaceutical industries［M］. NewYork：Academic Press.

Kieliszek M, Piwowarek K, Kot A M, et al., 2018. Pollen and bee bread as new health-oriented products：A review［J］. Trends in Food Science & Technology, 71：170-180.

Komosinska-Vassev K, Olczyk P, Kaźmierczak J, et al., 2015. Bee pollen：chemical composition and therapeutic application［J］. Evidence-Based Complementary and Alternative Medicine,（1）：297425.

Liu Z, Yin X, Li H, et al., 2023. Effects of different floral periods and environmental factors on royal jelly identification by stable isotopes and machine learning analyses during non-migratory beekeeping［J］. Food Research International, 173：113360.

Ma C, Ahmat B, Li J, 2022. Effect of queen cell numbers on royal jelly production and quality［J］. Current Research in Food Science, 5：1818-1825.

Ma C, Ma B, Li J, et al., 2022. Changes in chemical composition and antioxidant activity of royal jelly produced at different floral periods during migratory beekeeping［J］. Food Research International, 155：111091.

Ozdal T, Ceylan F D, Eroglu N, et al., 2019. Investigation of antioxidant capacity, bioaccessibility and LC-MS/MS phenolic profile of Turkish propolis［J］. Food Research International, 122：528-536.

Pan F, Li X, Tuersuntuoheti T, et al., 2023. Molecular mechanism of high-pressure processing regulates the aggregation of major royal jelly proteins［J］. Food Hydrocolloids, 144：108928.

Stromsnes K, Lagzdina R, Olaso-Gonzalez G, et al., 2021. Pharmacological properties of polyphenols：Bioavailability, mechanisms of action, and biological effects in in vitro studies, animal models, and humans［J］. Biomedicines, 9（8）：1074.

Tao J, Bi Y, Luo S, et al., 2024. Chitosan nanoparticles loaded with royal jelly：Characterization, antioxidant, antibacterial activities and in vitro digestion［J］. International Journal of Biological Macromolecules, 280：136155.

Tao Y, Yin S, Fu L, et al., 2022. Identification of allergens and allergen hydrolysates by proteomics and metabolomics：A comparative study of natural and enzymolytic bee pollen［J］. Food Research International, 158：111572.

Wu W, Qiao J, Xiao X, et al., 2021. In vitro and In vivo digestion comparison of bee pollen with or without wall-disruption［J］. Journal of the Science of Food and Agriculture, 101（7）：2744-2755.

Xu X, Sun L, Dong J, et al., 2009. Breaking the cells of rape bee pollen and consecutive extraction of functional oil with supercritical carbon dioxide［J］. Innovative Food Science & Emerging Technologies, 10（1）：42-46.

Yesiltas B, Capanoglu E, Firatligil-Durmus E, et al., 2014. Investigating the in-vitro bioaccessibility of propolis and pollen using a simulated gastrointestinal digestion System［J］. Journal of Apicultural Research, 53（1）：101-108.

Yin S, Li Q, Tao Y, et al., 2024. Allergen degradation of bee pollen by lactic acid bacteria fermentation and its alleviatory effects on allergic reactions in BALB/c mice [J]. Food Science and Human Wellness, 13 (1): 349-359.

Yin S, Tao Y, Jiang Y, et al., 2022. A combined proteomic and metabolomic strategy for allergens characterization in natural and fermented Brassica napus bee pollen [J]. Frontiers in Nutrition, 9: 822033.

第七章

基于红外热成像与中医AI技术对蜂产品调理效果的可视化检测实例

在现代社会，随着人们对健康和养生的关注日益增加，天然、无污染的食品及其保健品逐渐成为消费者的首选。蜂产品如蜂蜜、蜂胶、蜂王浆等，因其富含丰富的营养成分和生物活性物质，在健康调理和疾病治疗方面逐渐受到人们的青睐。然而，如何科学、客观地评价蜂产品的健康调理效果，一直是该领域研究的热点问题。医用红外热成像技术作为一种非侵入性的检测手段，在评估人体健康状况和治疗效果方面展现出了巨大的潜力。

医用红外热成像技术在中医的"治未病"理论体系中扮演了关键角色，它能够预先识别疾病风险，实现疾病的早期发现、早期干预和早期治疗。该技术深入贯彻了中医"治未病"理念中的三个核心环节：未病先防、既病防变、瘥后防复。它为中医体质辨识、诊断、证型分析以及疗效评估提供了有力的辅助。通过探讨医用红外热成像技术在中医"治未病"理念中的应用，我们能够进一步提升中医的诊断能力，提前采取措施切断疾病发展的各种途径，旨在减少疾病发生甚至达到不生病的状态，从而为人民的健康福祉做出贡献（程波敏，2019）。

运用红外热成像技术来研究蜂产品对人体健康的益处，具有极其重要的意义。作为传统中药材的蜂产品，其疗效已普遍获得认可。然而，深入研究蜂产品在人体内的代谢途径和作用机制，将有助于更全面地理解其药用价值和保健功效，从而为蜂产品的研发和应用提供坚实的科学支撑。此外，采用医用红外热成像技术对蜂产品的效果进行客观评估，能够规避传统评估方法的主观偏差和不精确性，进而提升评估结果的客观性和精确度。

一、红外热成像技术原理

当物体表面的温度超过绝对零度（−273.15℃）即会辐射出电磁波；随着温度变化，电磁波的辐射强度与波长分布特性也随之改变；波长介于 0.75~1000μm 的电磁波称为"红外线"，而人类视觉所能看见的"可见光"介于 0.4~0.75μm。红外热成像技术运用光电技术检测物体热辐射的红外线特定波段信号，将该信号转换成可供人类视觉分辨的图像和图形，并可以进一步计算出温度值。

一个健康的人体是由众多组织、器官和系统构成的开放性热能平衡体系。在健康状态下，人体借助复杂的下丘脑体温调节中枢维持体温的恒定。正常情况下，人体的温度分布呈现出一定的稳定性和对称性。然而，由于人体各组织器官在解剖结构、血液循环和神经活动方面存在差异，它们的新陈代谢状态也不尽相同。在新陈代谢的过程中，热量和温度会发生转化和变化，并最终通过辐射散热的方式释放红外线。当人体的某个部位出现病理性变化时，该部位或全身的新陈代谢状态将发生改变，这会破坏局部或全身的热平衡状态，导致温度异常区域的出现，进而影响辐射出的红外线特性。比如，炎症可以是感染性的，也可以是非感染性的。它既可能是有益的防御性反应，也可能是有害的自身免疫反应，通常表现为红肿、发热、疼痛和功能障碍等症状。当炎症发生时，血管扩张导致局部充血，进而引起局部温度升高。

红外热成像技术（IRT）是医学技术、红外摄像技术及计算机多媒体技术相结合的产物，它通过收集人体产生的远红外辐射热，经计算机处理形成直观的温度彩色图谱来显示和重建出人体体表的温度分布，将人体红外线转化为可视化热图像，精确捕捉温度差异，通过对体表温度分布进行剖析，从而获得人体相应部位组织、细胞新陈代谢的温度分布图，经专业人员分析并判断可能出现的相关病症，从而达到临床辅助诊断的目的（周晓玲，2022）。

二、红外热成像技术的临床应用

朱学才（1997）在红外热成像（IRT）技术对肺癌诊断研究的启示下，首次尝试将 IRT 用于检测呼吸道炎症。他挑选了 30 名患有呼吸道炎症的儿童，并对其胸部和背部进行了热成像分析。结合 X 射线检查（其阳性率高达 96.7%），朱学才确定了红外热图中温度差异在 0.4℃或以上的区域为阳性标准，阳性率为 66.7%。研究发现，IRT 能够揭示病变部位的温度升高，但与 X 射线相比，它无法展现肺纹理的增生现象。因此，IRT 检查在辅助诊断小儿呼吸道炎症性疾病方面具有一定的应用价值。

李惠军等（2001）研究了红外热成像技术在诊断增生性疾病、炎症以及早期癌症方面的应用潜力。他们使用红外热成像仪对 5647 名患者的多个部位进行了检测，并依据体表热辐射的温度差异及热图的大小，成功区分了增生性疾病、炎症和早期癌症。研究发现，正常人的体表温度分布相对均匀，而增生性疾病、炎症和癌症患者的体表热辐射温度及热区表现出特有的规律性变化。这项研究证明了红外热成像技术能够清晰地揭示 X 线、B 超和 CT 等传统影像设备难以发现的人体病变，对于诊断增生性疾病、炎症和早期癌症具有显著的临床价值。

王晓非等（2003）选取了 31 名患者进行了红外热成像（IRT）检查，这些患者主诉手或足部自觉发凉，且没有明显的风湿性疾病体征。结果显示，有 58%（即 18 例）的患者出现了异常的热像改变。进一步的机体免疫指标检测揭示，在这 18 例红外热像异常的患者中，大多数还伴有免疫指标的异常。然而，在 13 例红外热像显示异常的患者中，仅有 4 例的免疫指标检测结果异常。鉴于风湿性疾病的病理变化涉及血管炎性改变，疾病早期的血液循环异常或微循环障碍往往难以通过肉眼观察到。因此，IRT 检查的应用为早期预防和治疗提供了宝贵的机会，这对于早期诊断风湿性疾病具有重要的临床意义。

Spalding et al.（2008）发现，随着温度的升高，通过三维图像检测到的手指关节肿胀现象与温度变化高度一致。该方法在诊断关节炎引起的肿胀方面显示出 67% 的敏感性和 100% 的特异性。

李自立等（2008）使用红外热成像技术（IRT）诊断脊柱疼痛性疾病，包括颈椎病、腰椎间盘突出、强直性脊柱炎等，并进行了深入分析。他们指出，根据疼痛的区域和范围，代谢活跃、血液循环丰富的疾病如炎症和肿瘤，其 IRT 温度较高；代谢较为活跃、血液循环较好的疾病如肌肉劳损，其红外热图温度则低于前者；而代谢和血管循环功能低下、局部缺血的疾病如骨转移痛，通常表现为明显的低温区域。

在针对风湿性关节炎的临床试验中，非甾体类抗炎药和甾体类抗炎药的使用效果得到了研究。研究发现，红外热成像（IRT）作为一种客观的检测方法，能够通过监测温度变化来间接评估药物剂量对疾病疗效的影响（Ring，2012）。

叶文倩等（2017）对60名表现为上热下寒型感冒后咳嗽的患者进行了研究，他们在应用乌梅丸治疗前后利用红外热成像技术检测了患者的胸腹部体表温度。研究结果显示，经过一周的治疗，患者的胸腹部红外热图温度普遍较治疗前有所上升，治疗的总有效率达到86.7%。实验表明，患者治疗后红外热图温度的升高反映了寒象的减弱，这进一步证实了乌梅丸在治疗此类证候方面的明确疗效。中医的八纲辨证理论强调了表里、寒热、虚实、阴阳的辨识，而红外热成像技术的应用使得对患者寒热变化的观察更为清晰，从而能够更精确地评估中药方剂的治疗效果。

许艳巧等（2017）对130名胃痛患者进行了中医证素辨证与红外热成像特征相关性的研究。他们纳入了130名符合标准的胃痛患者，并依据中医辨证理论将患者分为八个证型组：寒邪客胃、肝气犯胃、痰饮停胃、湿热蕴胃、瘀血阻胃、胃阴亏虚、脾胃虚寒以及饮食停胃。研究对象通过WF–Ⅲ中医辅助诊疗软件进行中医证素辨证诊断，并利用IR236M医用人体热像检测系统对脘腹部和背部进行扫描，记录了脾俞、胃俞、肝俞、中脘、章门、期门、膻中的红外温度数据。研究发现，胃痛的病位证素主要集中在胃、脾、肝三个部位；病性证素的出现频次依次为阳虚、气滞、食积、热、阴虚、寒、湿、瘀血、痰饮，其中阳虚、气滞、食积是主要证素。红外热成像图的研究结果表明，健康对照组左右两侧穴位温度差异无统计学意义（$P > 0.05$），而胃痛患者组左右两侧穴位温度分布不对称，差异具有统计学意义（$P < 0.05$）。在各证型组穴位相对温度的比较中，寒邪客胃组和脾胃虚寒组的脾俞、胃俞、中脘穴位温度均低于健康组（$P < 0.05$），湿热蕴胃组和胃阴亏虚组的脾俞、胃俞、中脘穴位温度则高于健康组（$P < 0.05$），其他证型组的穴位温度与健康组相比，差异无统计学意义（$P > 0.05$）。这项研究揭示了寒证和热证胃痛患者的红外热成像表现与中医证素基本相符，表明红外热成像技术可以作为一种中医辅助诊断工具应用于临床实践。

廖结英等（2021）系统地梳理了红外热成像技术的发展历程，并对国内外应用该技术进行疾病诊断以及中医证候辨识的研究进行了评述和分析。研究结果显示，红外热成像技术在疾病诊断和疗效评估方面发挥着重要的辅助作用，并且对于某些特定疾病，其诊断价值甚至超过了传统检查方法。

三、红外热成像技术在蜂产品治疗或健康调理效果可视化检测中的应用实例

当人体摄入蜂产品后，这些产品会对我们的生理状态产生显著影响，这一点在红外热成像技术中能够得到体现。以蜂胶为例，其具有抗菌消炎的特性，有助于改善体内的微循环，特别是在炎症区域。在热成像图中，我们可以观察到原本异常高温的炎症点逐

渐恢复至正常温度范围，温度分布趋向均衡。蜂王浆则因其对内分泌系统的调节作用，可能使机体的代谢过程更加稳定，这在热成像图上表现为内分泌相关脏腑区域的温度更加稳定，避免了内分泌失调引起的局部温度波动。至于蜂花粉，它对消化系统的改善作用可能在热成像图上表现为腹部区域温度分布的均衡，从而反映出消化功能的增强。这些热成像图的变化为评估蜂产品在健康调理方面的实际效果提供了直观的证据。

（一）IRT 在蜂胶治疗银屑病中的应用案例

Skurić et al.（2011）研究了蜂胶及其黄酮类化合物对二丙基二硫醚（PPD）诱导的银屑病动物模型可能具有的积极影响，并探讨了热成像技术在监测银屑病病变消退中的潜在应用价值。研究通过监测腹膜腔内炎症细胞总数、巨噬细胞铺展指数以及热成像扫描来跟踪炎症进程。热成像扫描作为一种高效且简便的成像方法，能够反复记录检查区域的热成像图像。实验动物被分为 16 组，并在 5 天内接受局部处理，包括 PPD、蜂胶水提取物（WSDP）和蜂胶乙醇提取物（EEP）以及黄酮类化合物（表没食子儿茶素没食子酸酯、槲皮素、姜黄素）。

热成像结果显示，在带有银屑病样病变的动物模型的皮肤温度变化上，各测试组之间没有显著差异。比较第一次和第二次热成像测量结果，各组之间未观察到统计学上的显著差异。详细数据见图 7–1 和图 7–2。PPD 与姜黄素联合处理组中单个动物样本的第一次和第二次测量结果见图 7–3 和图 7–4。

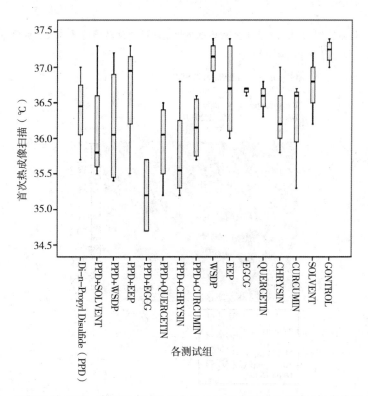

图 7–1　局部使用 PPD、蜂胶及黄酮类化合物处理的受试动物的首次热成像测量结果

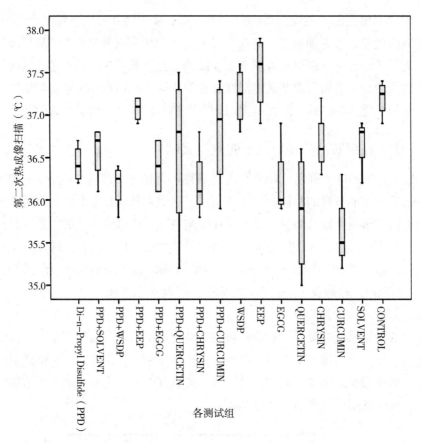

图 7-2　局部使用 PPD、蜂胶及黄酮类化合物处理的受试动物的第二次热成像测量结果

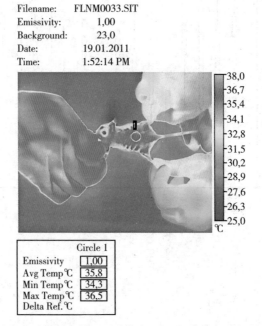

图 7-3　首次测量腹部皮肤的热成像显示（来自 PPD 与姜黄素联合处理组的第一个样本）

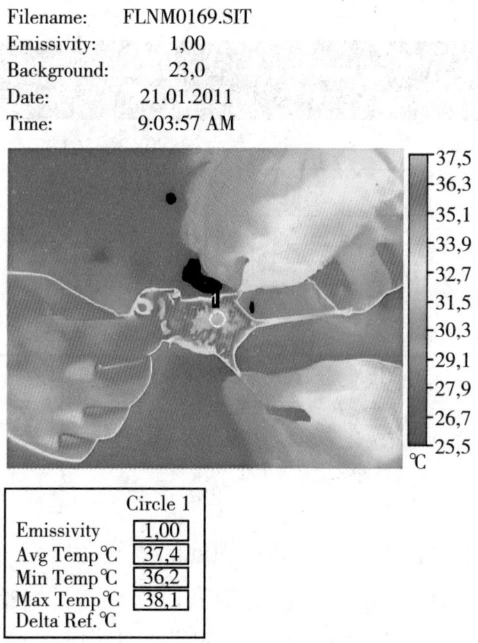
Filename: FLNM0169.SIT
Emissivity: 1,00
Background: 23,0
Date: 21.01.2011
Time: 9:03:57 AM
37,5
36,3
35,1
33,9
32,7
31,5
30,3
29,1
27,9
26,7
25,5
℃
1
Circle 1
Emissivity 1,00
Avg Temp℃ 37,4
Min Temp℃ 36,2
Max Temp℃ 38,1
Delta Ref.℃

图 7–4　第二次测量腹部皮肤的热成像显示（来自 PPD 与姜黄素联合处理组的第一个样本）

表 7–1 的结果显示，与接受 PPD 和测试成分联合处理的小鼠相比，PPD 组小鼠中活化巨噬细胞的百分比显著增加。此外，无论是银屑病小鼠还是非银屑病小鼠，在接受测试成分处理后功能性活化巨噬细胞的百分比均表现出相似的趋势。

表 7–1　局部使用 PPD 或蜂胶制剂、黄酮类化合物单独或联合处理的小鼠腹腔内的炎症细胞总数和巨噬细胞铺展情况

实验组 [a]	腹腔内总 N_0 细胞 $\times 10^3$（平均值 ± 标准误）	巨噬细胞铺展指数（%）
PPD	6796.87 ± 866.45$^{\#}$	67.50 ± 2.63$^{\#}$
PPD+ 溶剂（载体）	5038.97 ± 1401.40	61.00 ± 1.30$^{\#}$
PPD+ 蜂胶水溶性衍生物	2871.09 ± 868.43*	45.50 ± 2.50*
PPD+ 蜂胶乙醇提取物	4921.87 ± 1111.74	48.00 ± 2.45*
PPD+ 表没食子儿茶素没食子酸酯	4277.37 ± 1071.38	38.50 ± 4.99*
PPD+ 槲皮素	4335.94 ± 803.40	32.00 ± 6.88*
PPD+ 白杨素	4628.90 ± 889.26$^{\#}$	54.00 ± 4.55*
PPD+ 姜黄素	3808.59 ± 996.09	36.50 ± 6.24*
蜂胶水溶性衍生物	6914.06 ± 564.77$^{\#}$	48.50 ± 3.86*
蜂胶乙醇提取物	2656.25 ± 563.37*	38.67 ± 5.81*
表没食子儿茶素没食子酸酯	4687.50 ± 993.34	54.67 ± 4.81

实验组 [a]	腹腔内总 N_0 细胞 $\times 10^3$（平均值 ± 标准误）	巨噬细胞铺展指数（%）
槲皮素	$2890.62 \pm 563.37^*$	46.00 ± 9.16
白杨素	$2109.37 \pm 703.12^*$	$36.67 \pm 3.53^{* \blacktriangle}$
姜黄素	$1484.37 \pm 434.98^*$	$28.67 \pm 5.81^*$
对照组 + 溶剂（载体）	$2031.25 \pm 546.88^*$	$42.67 \pm 2.91^*$
对照组	$1796.87 \pm 340.54^*$	$31.33 \pm 7.05^*$

[a] 小鼠连续 5 天局部使用 PPD 或单独使用测试成分或联合使用

* 与 PPD 相比具有统计学上的显著差异（$P < 0.05$）

▲ 与 PPD 相应的组合相比，差异具有统计学意义（$P < 0.05$）

\# 与溶剂对照组相比，差异具有统计学意义（$P < 0.05$）

热成像结果表明，在检查组中银屑病皮损处的皮肤温度变化没有统计学上的显著差异。然而，治疗组小鼠的腹腔内炎症细胞总数和巨噬细胞扩增指数均有所下降。这些发现表明，局部应用蜂胶及其黄酮类化合物能够通过抑制巨噬细胞的功能活性和 ROS 的产生来改善银屑病样皮肤病变。总体而言，蜂胶和黄酮类化合物能通过发挥炎症抑制剂和自由基清除剂的作用，为银屑病患者预防并发症提供了一定程度的保护。热成像技术被证实是有效的，可用于监测银屑病中的炎症过程，并评估测试药物的有效性。

（二）IRT 在蜂疗法治疗脾气虚型过敏性鼻炎中的应用实例

朱景智等（2022）运用红外热成像技术评价无痛蜂疗法治疗肺脾气虚型过敏性鼻炎的临床疗效。将 82 例过敏性鼻炎患者随机分为蜂疗组和西药组，蜂疗组选用大椎、足三里穴位进行无痛蜂疗法操作，西药组给予氯雷他定片口服。评价两组的临床疗效，比较治疗两组过敏性鼻炎症状评分量表（TNSS）、过敏性鼻炎伴随症状评分表（TNNSS）、鼻结膜炎生活质量调查问卷（RQLQ）的变化，同时采用红外热成像技术观察治疗前后大椎穴、肺俞穴的温度变化情况。治疗后，蜂疗组总有效率高于对照组；两组鼻塞、流涕、鼻痒、喷嚏评分及 TNSS 总分、TNNSS 评分和 RQLQ 评分均较治疗前降低（均 $P < 0.05$），且蜂疗组均低于对照组（$P < 0.05$）。治疗后，两组大椎、左右肺俞温度极差均较治疗前降低（$P < 0.05$），且蜂疗组均低于对照组（$P < 0.05$）。研究结果表明，无痛蜂疗法效果较好，红外热成像技术用于评价肺脾气虚型过敏性鼻炎疗效具有一定的应用价值。

（三）IRT 在蜂胶调养慢性炎症和胃肠病变中的应用实例

周峰、蒋冬亮等 2024 年监测了慢性咽炎、肺部炎症以及胃肠道疾病患者服用蜂胶产品后的改善情况。

1. 慢性咽炎患者在服用蜂产品前后的热成像图片对比

患者伏某，65 岁，主诉及现病史：感觉咽喉有异物，伴有咽干和干咳症状。既往病史：患有慢性咽炎。通过红外热成像技术观察到咽喉部位呈现高热反应（图 7-5）。在连续服用蜂胶产品 60 天左右，症状有了显著的改善。患者再次进行红外热成像检测，结果显示咽喉部位未见异常热源（图 7-6）。

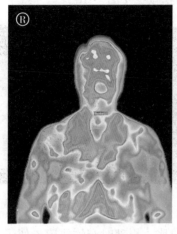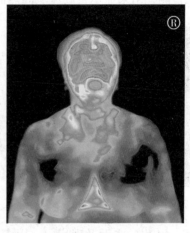

图 7-5　咽喉部高热反应　　　图 7-6　服用蜂胶后咽喉部无异常热源

2. 肺部炎患者在服用蜂产品前后的热成像图片对比

患者秦某，64 岁，主诉及现病史：咳嗽、气喘，伴有心慌和乏力症状，易患感冒。既往病史：患有慢性支气管炎。通过红外热成像技术观察到肺部区域呈现大面积高热反应（图 7-7）。连续服用蜂胶和蜂王浆产品 9 个月左右，期间未出现感冒症状，咳嗽和气喘的问题也得到了显著改善。患者再次进行红外热成像检测，结果显示肺部区域高热面积减少（图 7-8）。

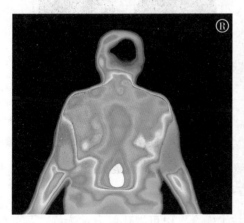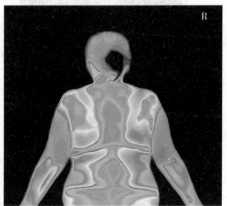

图 7-7　肺部大面积异常高热　　　图 7-8　服用蜂产品后肺部异常高热区面积缩小

3. 胃肠道病患者在服用蜂产品前后的热成像图片对比

患者赵某，64岁，主诉及现病史：平时身体困倦乏力，便秘，胃口一般，伴随胃部不适，反酸、打嗝。既往病史：患有慢性胃肠炎。通过红外热成像技术观察到胃肠区域呈现大面积高热反应（图7-9）。连续服用蜂胶、蜂王浆和蜂花粉产品5个月左右，出汗情况、困倦乏力等症状明显减轻，胃部不适症状缓解，便秘症状有所改善。再次进行红外热成像检测，结果显示胃肠区域高热面积减少（图7-10）。

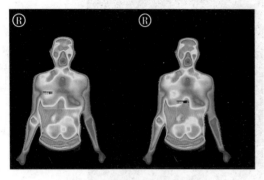 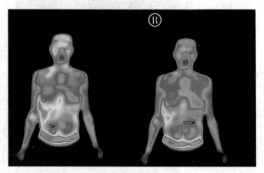

图7-9　胃肠区域异常高热　　　　　图7-10　服用蜂产品后胃肠区域无异常高热

患者宋某，64岁，主诉及现病史：胃痛胃胀，胃部时有灼热感、便溏。既往病史：患有慢性萎缩性胃炎。通过红外热成像技术观察到食道及胃部区域呈现大面积高热反应（图7-11）。连续服用蜂胶、蜂王浆和蜂花粉产品6个月左右，胃痛胃胀症状有所好转，大便基本成型。再次进行红外热成像检测，结果显示胃部区域高热面积减少（图7-12）。

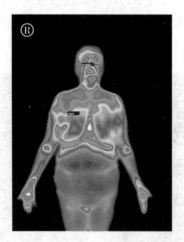 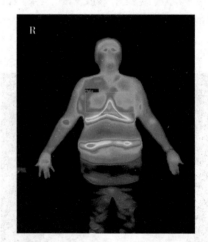

图7-11　胃部及食道区域异常高热　图7-12　服用蜂产品后胃部及食道区域无异常高热

综合上述案例，中医AI与红外热成像技术融合，以可视化的方式为蜂产品的健康调理领域开拓了新的实践探索途径，助力蜂产品健康价值的精准评估与高效应用。红外热成像技术能够以一种无创的方式监测人体的热能分布，进而为中医诊断提供辅助。通过融合人工智能技术，我们能够对采集的热成像数据进行深入分析，识别出人体的异常热区，为蜂产品在健康调理方面的应用提供科学依据。例如，通过分析红外图像，我们可以评估蜂产品在缓解疼痛和皮肤外用方面的功效，特别是在改善炎症和调理中焦脾胃等健康问题上的应用效果。这种将现代科技与传统中医相结合的方法，不仅提升了诊断的精确度，还为蜂产品的健康益处提供了直观的证据，促进了蜂产品在健康调理领域的应用与进步。

《中医药创新发展规划纲要》和《中医药事业发展"十二五"规划》中提出：中医学发展战略要以"治未病"临床应用需求为导向，研究预防和早期诊断关键技术，通过智能化集成创新开发支撑和带动中医预防服务业发展的"中医预警"技术和关键医疗设备，显著提高重大疾病早期诊断和防治能力。医用红外热成像技术是最佳的"中医预警"技术之一，是一把打开中医药现代化大门的金钥匙（孙涛等，2014）。将医用红外热成像技术与蜂产品健康调理相结合，为蜂胶在中医"治未病"领域提供了具有视觉可感性的理论支撑。这种技术的可视化效果为中医"治未病"的理念赋予了直观的科学证据，使得蜂产品的健康益处不局限于理论探讨，而是通过现代科技手段得到了充分的实践验证。此外，红外热成像技术的运用还能够协助医生更精确地评估治疗效果，为制定个性化治疗方案提供数据支持，进而促进中医预防服务业的发展。

参考文献

程波敏，吴海滨，尹霖，等，2019. 红外热成像技术在中医"治未病"思想中的应用概况［J］. 红外，40（004）：29-34.

李惠军，刘兆平，张美娜，2001. 红外热成像诊断增生、炎症和癌症的临床价值［J］. 中国医学影像技术，07：681-683.

李自立，赵敏，2008. 红外热像对脊柱疼痛性疾病的诊断应用［J］. 激光与红外，38（2）：137-140.

廖结英，王天芳，李站，等，2021. 红外热成像技术用于疾病诊断及中医辨证研究进展［J］. 中国中医基础医学杂志，27（4）：5.

孙涛，张冀东，2014. 医用红外热成像技术——打开中医现代化大门的金钥匙［C］// 世界中医药学会联合会亚健康专业委员会中韩传统医药与亚健康高峰论坛. 世界中医药学会联合会亚健康专业委员会.

王晓非，张洪峰，蒋莉，等，2003. 红外热像技术在早期风湿性疾病诊断中应用探讨［J］. 中国药物与临床，3（1）：60-61.

许艳巧，黄碧群，周娴，等，2017. 130 例胃痛患者中医证素辨证与红外热成像特征相关性的研究［J］. 湖南中医杂志，33（02）：5-8.

叶文倩，刘忠达，郑勇飞，等，2017. 乌梅丸治疗上热下寒型感冒后咳嗽临床疗效及红外热成像效果观察［J］. 新中医，49（12）：33-35.

周晓玲，2022. 红外热力学之中医药临床应用［M］. 北京：中国中医药出版社.

朱景智，陈文芬，朱焕，等，2022. 基于红外热成像技术评价无痛蜂疗法治疗肺脾气虚型过敏性鼻炎的临床疗效［J］. 中医外治杂志，31（02）：27-29.

朱学才，1997. 用红外热图辅助诊断小儿炎症性呼吸道疾病［J］. 红外技术，（06）：43-44.

Ring E F J, Ammer K, 2012. Infrared thermal imaging in medicine［J］. Physiological Measurement, 33（3）：R33.

Skurić J, Oršolić N, Kolarić D, et al., 2011. Effectivity of flavonoids on animal model psoriasis-thermographic evaluation［J］. Periodicum Biologorum, 113（4）：457-463.

Spalding S J, Kwoh C K, Boudreau R, et al., 2008. Three-dimensional and thermal surface imaging produces reliable measures of joint shape and temperature: a potential tool for quantifying arthritis［J］. Arthritis Research & Therapy, 10: 1-9.